Physik der Duroplaste und anderer Polymerer

Vorträge der
Frühjahrstagung der Deutschen Physikalischen Gesellschaft
Fachausschuß „Physik der Hochpolymeren"
in Rothenburg o. T. vom 28. bis 31. März 1977

Herausgegeben von

Prof. Dr. E. W. FISCHER — Mainz
Prof. Dr. F. HORST MÜLLER — Marburg
Prof. Dr. R. BONART — Regensburg

Mit 371 Abbildungen und 31 Tabellen

SPRINGER-VERLAG BERLIN HEIDELBERG GMBH 1978

ISBN 978-3-662-15714-5   ISBN 978-3-7985-1807-0 (eBook)
DOI 10.1007/978-3-7985-1807-0

INHALT

Dieser Ausgabe ist eine Mitteilung des Verlages beigefügt.

PROGRESS IN COLLOID AND POLYMER SCIENCE

Fortschrittsberichte über Kolloide und Polymere

Supplements to "Colloid and Polymer Science" · Continuation of „Kolloid-Beihefte"

Vol. 64   1978

Progr. Colloid & Polymer Sci. **64**, 1—16 (1978)
© 1978 by Dr. Dietrich Steinkopff Verlag GmbH & Co. KG, Darmstadt
ISSN 0340-255 X

Vorgetragen auf der Frühjahrstagung des Fachausschusses
Physik der Hochpolymeren in der Deutschen Physikalischen Gesellschaft
in Rothenburg o. T. vom 28.—31. März 1977

CIBA-GEIGY AG, Basel (Schweiz)

Chemische Strukturprinzipien der Duroplaste

F. Lohse

Mit 24 Abbildungen und 1 Tabelle

(Eingegangen am 2. Mai 1977)

1. Einleitung

In bezug auf den chemisch-strukturellen Aufbau wie die Verarbeitungstechnik unterscheiden sich Thermoplaste und Duroplaste in charakteristischer Weise. Während Thermoplaste als lösliche, in der Wärme schmelzbare und verformbare Polymere definiert werden, verstehen wir unter Duroplasten makromolekulare organische Verbindungen, die dreidimensional vernetzt, damit unlöslich und unschmelzbar, bestenfalls quellbar sind. Die chemischen Bindungen in diesen Stoffen müssen dabei von kovalenter Natur sein, also Elektronenpaar- oder Hauptvalenzbindungen darstellen.

Diese Werkstoff-Definitionen, gleichzeitig Ordnungsprinzip der makromolekularen Verbindungen, umfassen auch die Elastomeren, eine Polymergruppe, welche aufgrund ihres physikalischen Verhaltens meist getrennt behandelt wird, obwohl sie chemisch strukturell Polymere aus dem Thermoplast- und Duroplast-Bereich umfaßt.

Daß es gelingt, völlig starre vernetzte Systeme durch Einbau entsprechender Struktursegmente nahezu stufenlos zu wandeln und in Elastomere überzuführen, dürfte als bekannt vorausgesetzt werden können. Eine exakte physikalische Abgrenzung zwischen Duroplasten einerseits und vernetzten Elastomeren andererseits ist deshalb nur äußerst schwer zu ziehen.

2. Strukturmerkmale

Vernetzte Strukturen lassen sich schematisch wie in Abbildung 1 veranschaulichen.

Die chemischen und physikalischen Eigenschaften dieser Stoffe werden durch folgende Fakten bestimmt:

1. Chemische Struktur und sterische Anordnung der Vernetzungsstelle und ihrer näheren Umgebung.

2. Chemische Struktur der Segmente zwischen den Vernetzungsstellen (z.B. Ester-, Amid-, Äthergruppierungen enthaltende Strukturen).

3. Länge der Segmente zwischen den Vernetzungsstellen (Vernetzungsdichte).

4. Topochemische Merkmale der Segmente zwischen den Vernetzungsstellen (z.B. Helixstrukturen).

5. Substituenten und Seitenketten im Netzwerk.

6. Wirkung inter- wie intramolekularer Kräfte (Van der Waals-Kräfte, Wasserstoffbrücken).

Auf dem freien Zusammenspiel dieser Fakten beruht die Vielfalt an physikalischen und morphologischen Eigenschaften dieser Polymergruppe. Spezifische Strukturen und reaktives Verhalten der Ausgangskomponenten vorausgesetzt ermöglichen es, Körper mit oder ohne β- und γ-Relaxationen zu erzeugen, Netzwerke

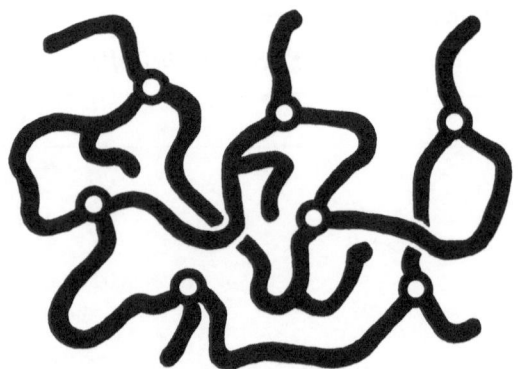

Abb. 1. Schematische Darstellung eines Netzwerkes

mehr oder weniger regelmäßig aufzubauen, amorphe, kristalline, ein- oder mehrphasige Körper zu erzeugen (1, 17).

3. Bindungskräfte

In den Abbildungen 2 und 3 sind die Kräfte zusammengestellt, die wir bei der Beurteilung eines vernetzten Körpers zu berücksichtigen haben, wobei über den Glasumwandlungs- und Schmelzbereich hinaus nur die kovalenten bzw. Hauptvalenzbindungen den Zusammenhalt des Netzwerkes bewirken. Ihre Bindungsenergien liegen zwischen 70—147 kcal/Mol.

Verschlaufungen müßten eigentlich als physikalische Vernetzungen angesprochen werden, obwohl dies definitionsgemäß nicht zutrifft. Die von *Schill* (2) auf dem niedermolekularen Gebiet in recht eindrücklicher Weise synthetisierten Catena-Strukturen — also kettengliederartig verhängte Strukturen — haben auf dem Makro-

molekulargebiet in den sogenannten Durchdringungsnetzwerken, engl. „Interpenetrating Networks" (3), ein Analogon gefunden. Es ist aber anzunehmen, daß allein aus der Statistik des Netzwerkaufbaues auch bei schwach vernetzten Körpern mit Verhakungen und Catena-Strukturen zu rechnen ist, ihr Nachweis gestaltet sich nur wesentlich schwieriger. Es tritt hier der eigenartige Fall ein, daß durch chemische Synthese physikalisch „verhängte" Strukturen gebildet werden, die aber nur durch Brechen von Hauptvalenzbindungen — wiederum also auf chemischem Wege — geöffnet oder abgebaut werden können.

A—B

Homöopolare-		—C—C—	84 kcal
Kovalente-	Bindung	—C=C—	147 kcal
Elektronenpaar-		—C—O—	84 kcal
		—C—N—	70 kcal

Verschlaufungen Catena-Strukturen	analoge Bindungsenergien	

Abb. 2. Energiebeträge der Hauptvalenzbindungen

In Abbildung 3 werden die approximativen Energiebeträge der Nebenvalenzkräfte, Wasserstoffbrücken und Ionenbindungen gegenübergestellt (4); sie liegen z.T. beträchtlich unter denjenigen der kovalenten Bindungen.

Van der Waals-Kräfte und unter entsprechenden strukturellen Voraussetzungen auch Wasser-

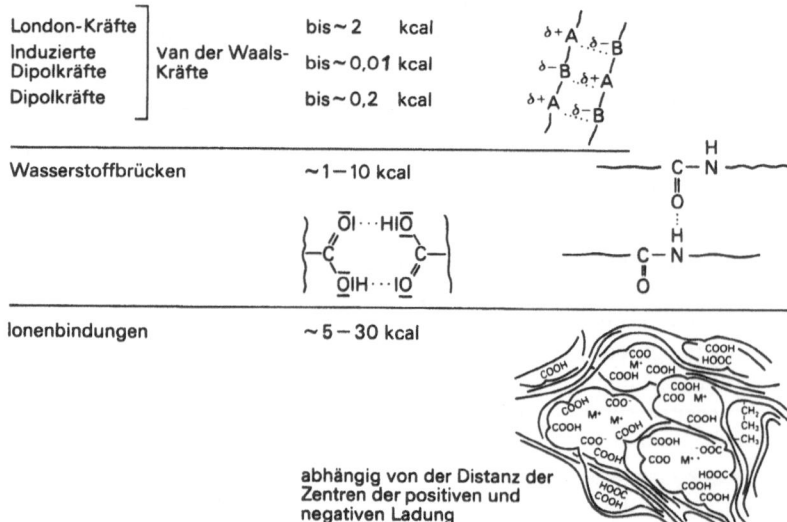

London-Kräfte		bis ~2 kcal
Induzierte Dipolkräfte	Van der Waals-Kräfte	bis ~0,01 kcal
Dipolkräfte		bis ~0,2 kcal

Wasserstoffbrücken	~1—10 kcal

Ionenbindungen	~5—30 kcal

abhängig von der Distanz der Zentren der positiven und negativen Ladung

Abb. 3. Energiebeträge der Nebenvalenzkräfte, Wasserstoffbrücken, Ionenbindungen

Abb. 4. Schematische Darstellung physikalischer Vernetzungen

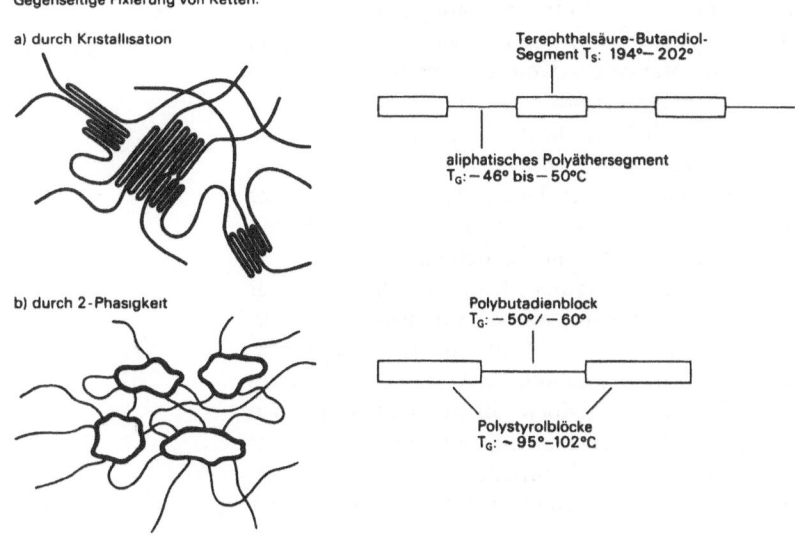

stoffbrücken treten in makromolekularen Netzwerken stets in hoher Anzahl auf, so daß die Summen dieser kleinen Energiebeträge recht beträchtliche Beiträge an die mechanischen Festigkeiten der Werkstoffe leisten. Sie lassen sich durch Zuführung von Energie (Aufwärmen, Überschreitung der Glasumwandlungs- und Schmelzbereiche) ohne chemische Abbau-Erscheinungen lösen und durch Abführung von Energie, oft erst nach Durchlaufen einer bestimmten Zeitspanne (Temperung, Kristallisation) im analogen Umfang wieder aufbauen.

Der Begriff der physikalischen Vernetzung wird heute vorzugsweise auf die gegenseitige Fixierung von linearen Kettenmolekülen durch physikalische Effekte wie Kristallisation oder Ausbildung von Zweiphasensystemen angewendet (Abb. 4), wie dies beim thermoplastischen Kautschuk, einem Blockcopolymeren aus Styrol-Butadien-Styrol-Blöcken (5) durch Zweiphasigkeit, bei Polyäther-Polyester-Elastomeren (6) und linearen Polyurethanen (7) durch kristalline Anteile bewirkt und realisiert wird. Durch Zuführung von Wärme — Überschreiten der Glasumwandlungs- oder Schmelztemperatur — werden diese Fixierungsstellen aufgehoben und die Materialien thermoplastisch verformbar.

4. Aufbau von vernetzten Polymeren

Theoretisch sind dem Aufbau vernetzter Polymerer keine Grenzen gesetzt. Die technisch leicht und mit guten Ausbeuten durchführbaren Grundreaktionen der Polymerchemie: Poly-

merisation, Polykondensation und Polyaddition werden auch hier angewendet und — je nach Ausgangsstoffen und Zielsetzungen — stufenweise kombiniert (siehe Abschnitt 5). Da Duroplaste thermisch nicht mehr verformbar sind und damit jegliche Formgebung im unvernetzten Zustand zu erfolgen hat, kommen bei diesen Harzsystemen stets relativ niedermolekulare, niederviscose bis zähflüssige, auch kristalline Reaktionspartner zum Einsatz.

Prinzipiell werden mindestens zwei in ihren reaktiven Gruppen aufeinander abgestimmte Komponenten benötigt, von denen wiederum eine mindestens bifunktionell und die zweite unbedingt mehr als bifunktionell sein muß. Nur bei polyfunktionellen Verbindungen (mit drei und mehr reaktiven Stellen pro Molekül) genügt eine einzige Molekülart.

Man unterscheidet zudem zwischen einstufigem und zweistufigem (1. Stufe: Voraddukt- oder Vorkondensat-Bildung, 2. Stufe: Vernetzung) Netzwerkaufbau, hierfür sind chemische, physikalische und applikationstechnische Kriterien ausschlaggebend.

Polymerisationen und Polyadditionen besitzen den großen Vorteil, ohne Abspaltung niedermolekularer Komponenten zum Netzwerk zu führen. Da die bei Polykondensationen gebildeten niedermolekularen Kondensate aus den Netzwerken — ausgenommen bei dünnen Filmen — nicht entweichen können und demzufolge je nach Temperatur und Vernetzungsgrad des Systems und Siedepunkt des Kondensates zu unerwünschten Schaum- oder Rißbildungen

Anlaß geben, wird oft zweistufig gearbeitet und
durch weitgehende Vorkondensation in der ersten
Stufe die Menge des Kondensates in der zweiten
oder Vernetzungsstufe stark reduziert. Eine
andere Möglichkeit besteht in der Beimischung
entsprechender Kondensat-Acceptoren (bei
Amino- oder Phenoplasten Gesteinsmehl oder
Holzmehl); höher siedende Kondensate bleiben
meist als Weichmacher gefangen.

Die Grundbedingung für die Synthese linearer
Polymerer, nämlich einen einheitlichen Reaktionsablauf und gegen 100% strebende Umsatz-
werte zu haben, ist auch für vernetzte Produkte
wünschenswert, jedoch nicht von derselben
fundamentalen Bedeutung. Je mehr die Rein-
heit der Reaktionskomponenten bei vernetzenden Systemen von 100% abfällt, um so weniger
Netzwerkmaschen können gebildet werden, d. h.
um so weitmaschiger werden die resultierenden
Polymeren, was charakteristische Konsequenzen
bei den physikalischen Eigenschaften der Endprodukte zeitigt. Die damit verbundene gleich-
zeitige Ausbildung von Seitenketten (siehe Abschnitt 2, Pkt. 5) führt allgemein zu einem Abfall der physikalischen Eigenschaften.

5. Strukturen technischer Duroplaste

In den nachfolgenden Betrachtungen soll
anhand weniger ausgewählter technischer Produkte der Aufbau von Netzwerkstrukturen
demonstriert werden.

a) Vernetzung durch Polykondensation

Phenoplaste (8) und Aminoplaste (9) basieren
auf der hohen Reaktionsfähigkeit von Formaldehyd mit den spezifisch schwach aciden Wasserstoffatomen von Phenol, Melamin und Harnstoff.

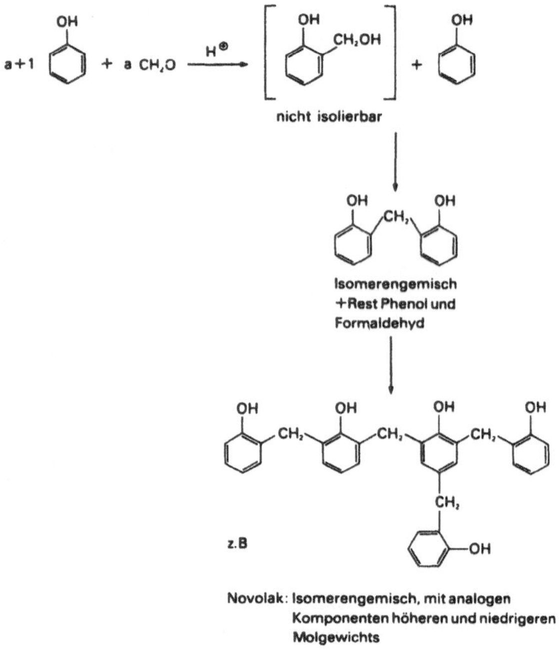

Abb. 5. Synthese eines Novolaks

Wird Phenol (seltener auch Kresol) mit einem
Unterschuß von Formaldehyd (Mol-Verhältnis
ca. 1:0,8) vorzugsweise schwach sauer konden-
siert, so resultieren über die auf der Abbildung 5
gezeigten Zwischenstufen die löslichen, relativ
niedermolekularen Novolake als Isomerenge-
mische. Sie sind lagerstabil und können jederzeit
durch Zugabe von Formaldehyd oder einem
leicht aufspaltbaren Formaldehyd-Derivat,
Hexamethylentetramin oder auch Paraformal-
dehyd, vernetzt werden.

Wird gegenüber Phenol ein Überschuß Formaldehyd eingesetzt und die Reaktion alkalisch
geführt, so entstehen die auf der nächsten Abbildung 6 dargestellten Resole, ebenfalls nieder-
molekular als Isomerengemisch. Die hohe Reaktivität der Hydroxymethylgruppe, die durch

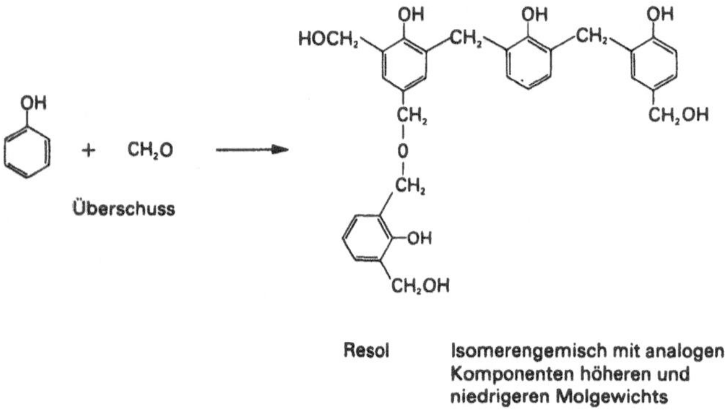

Abb. 6. Synthese eines Resols

Abb. 7. Schematische Darstellung eines
Phenol-Formaldehyd-Kondensat-
Netzwerkes

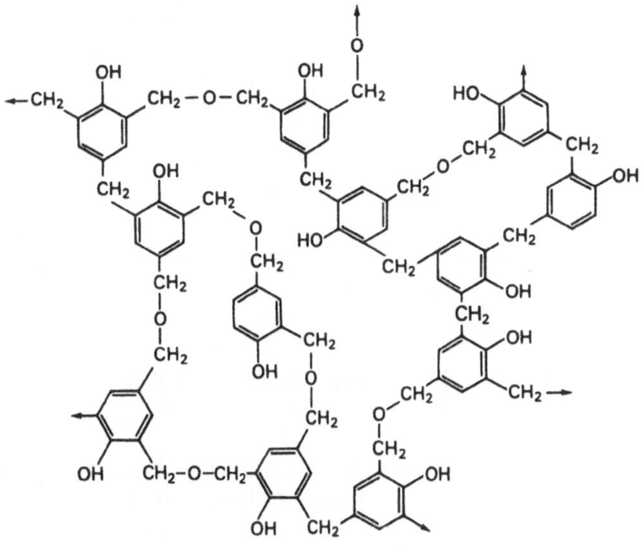

Abb. 8. Herstellung eines vernetzten
Melamin-Formaldehyd-Kondensates

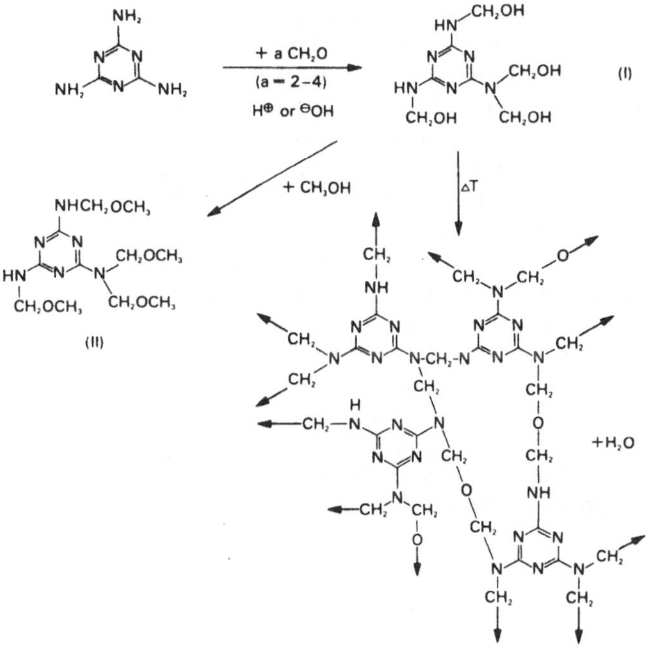

Wärme oder Spuren von Säuren noch erhöht wird, bedingt in der Technik eine rasche Verarbeitung. Da aus denselben Gründen Netzwerkaufbaureaktionen relativ unkontrollierbar ablaufen, eignen sich diese Systeme nur schlecht für Struktur-Eigenschafts-Untersuchungen.

In der Technik haben sich für optimale Endeigenschaften der vernetzten Produkte je nach Anwendungsgebiet spezifische Phenol-Formaldehyd-Verhältnisse eingespielt. Die Vernetzungs- bzw. Härtungstemperaturen liegen bei 140 bis 180 °C. Durch die sehr enge Verknüpfung der

Phenolkerne über eins bis maximal drei Kettenglieder, siehe Abbildung 7, ist die starre Phenolstruktur dominanter Eigenschaftsträger, und die Glasumwandlungstemperaturen liegen zwischen 125—170 °C, variierend je nach Vernetzungsdichte und Art des Verstärkungsstoffes/Füllstoffes (Asbest, Glimmer, Cellulose), der oft gleichzeitig als Kondensationswasseracceptor dient.

Völlig analog verläuft der Netzwerkaufbau bei den Melamin-Formaldehyd- und Harnstoff-Formaldehyd-Kondensaten (9) (Abb. 8, 9). Die

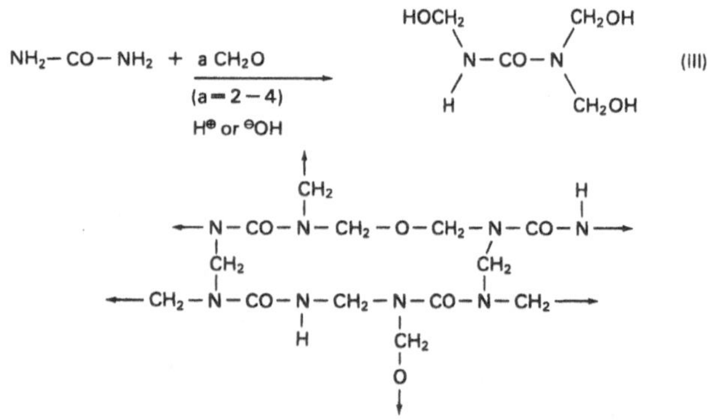

$$NH_2-CO-NH_2 \; + \; a \, CH_2O \xrightarrow[\substack{(a=2-4) \\ H^{\oplus} \text{ or } {}^{\ominus}OH}]{} \begin{array}{c} HOCH_2 \qquad CH_2OH \\ N-CO-N \\ H \qquad CH_2OH \end{array} \qquad (III)$$

Abb. 9. Herstellung eines vernetzten Harnstoff-Formaldehyd-Kondensates

hier vorliegenden Methylol-Strukturen (I) und (III) sind weniger reaktiv, weshalb der Verarbeitungsgang besser steuerbar ist als bei den Resolen und Novolaken. Durch Verätherung der Hydroxymethylgruppen (Abb. 8, Struktur (II)) können lösungsmittellösliche Derivate, z.B. für Einbrennlacke, hergestellt werden, woraus dann beim Vernetzungsvorgang die Ätherreste als Alkohole abspalten.

Die Vernetzung der Methylolverbindungen erfolgt bei ca. 140—170 °C — nach Zugabe von Säuren als Katalysatoren bei tieferen Temperaturen — unter Abspaltung von Wasser, welches auf verschiedene Weise den Systemen entzogen werden kann, so z.B. durch stufenweisen Aufbau zu höhermolekularen Vorkondensaten, aus denen das Wasser noch entweichen kann, durch kurzzeitiges Öffnen der Pressen beim Verarbeitungsgang, durch Beimischung von Wasseracceptoren (Cellulose, Holzmehl) oder Einbau hydrophiler Strukturen.

Die Glasumwandlungstemperaturen der vernetzten Melamin-Systeme liegen bei ca. 125 bis 140 °C, die der Harnstoff-Systeme bei ca. 100 °C. Im Gegensatz zu den Melaminharzen sind Harnstoffharze etwas weniger hydrolysestabil. Zwecks Variation der chemischen und physikalischen Eigenschaften der Produkte werden auch Mischkondensate mit Phenol/Formaldehyd-Vorkondensaten und mit Alkydharzen hergestellt.

Als Alkydharze bezeichnet man Polyester, die durch reine Veresterungsreaktionen

$$R_1-COOH + HO-R_2$$
$$\rightarrow R_1-COO-R_2 + H_2O$$

äquivalenter Mengen Polycarbonsäuren und Polyole erhalten werden, wobei eine der Komponenten mindestens bi-, die andere mindestens tri-funktionell sein muß (Abschnitt 4). Vorzugsweise kommen dabei Phthalsäure, Iso- und Terephthalsäure, auch Adipinsäure und Maleinsäure sowie ihre Gemische zum Einsatz. Als Polyalkohole dienen Glycerin, Trimethylolpropan, Pentaerythrit, zur Netzkettenverlängerung Glycole wie z.B. Äthylenglycol. Veresterungen derartiger Gemische führen sehr rasch zu vernetzten und nicht mehr applizierbaren Gelen. Diese Schwierigkeit wird umgangen, indem anteilmäßig ungesättigte Fettsäuren (Leinöl) mit umgesetzt werden. Sie wirken während der Synthese als Kettenabbrecher und verhindern damit das Gelieren. Die Vernetzung zu unlöslichen Produkten erfolgt dann in der zweiten Stufe nach der Applikation, indem die Doppelbindungen der eingebauten Fettsäuren durch Luftoxidation verknüpfen.

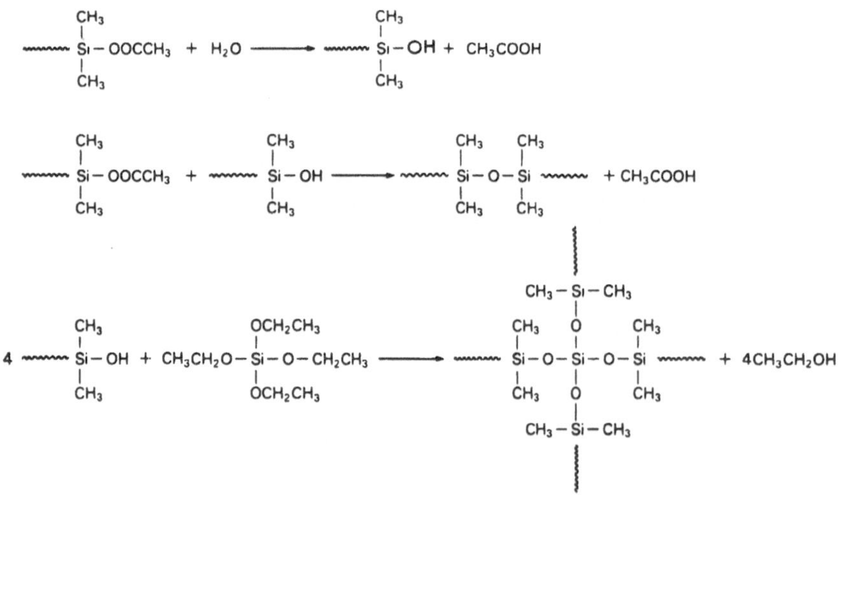

Abb. 10. Netzwerkaufbaureaktionen mit Acetoxy- und Aethoxysiloxanen (kaltvernetzende Systeme)

Abb. 11. Synthesestufen eines ungesättigten Polyesters

$$
\begin{array}{c}
\underset{\displaystyle CH}{\overset{\displaystyle CH}{\Big\|}}\!\!\!\!\!\!\Big\rangle\!\!\!\begin{array}{c}CO\\O\\CO\end{array} \quad + \quad HO-CH_2-CH_2-OH
\end{array}
$$

$$
HOOC-CH=CH-COO-CH_2-CH_2-OH
$$

$$
\downarrow H^{\oplus}
$$

$$
HO\Big[OC-CH=CH-COO-CH_2-CH_2-O\Big]_a OC-CH=CH-COO-CH_2-CH_2-OH
$$

$$
+\, a\, H_2O
$$

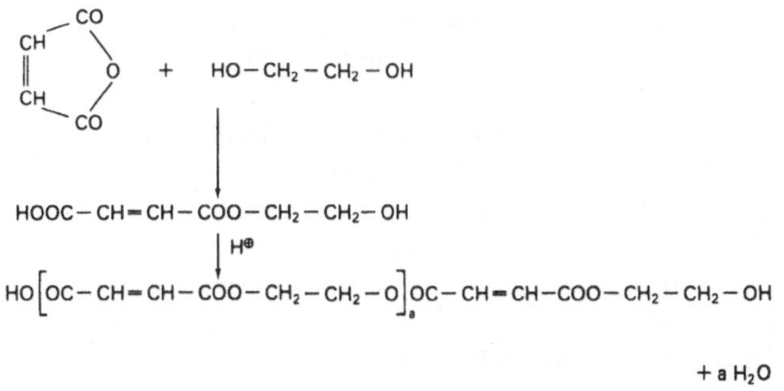

Vernetzte Siliconkautschuke (10) werden nach zwei unterschiedlichen Reaktionsprinzipien gewonnen. In heißvulkanisierbaren Systemen werden organische Peroxide dispergiert und die erhaltenen Mischungen bei 100 °C vernetzt. Der Vernetzungsmechanismus ist dabei radikalischer Natur und verknüpft die Ketten über die Si—CH$_3$-Gruppen gemäß folgendem Reaktionsablauf:

$$
\begin{array}{ccc}
\uparrow & & \uparrow \\
CH_3-\underset{\underset{\downarrow}{\overset{|}{O}}}{Si}-CH_3 & + & CH_3-\underset{\underset{\downarrow}{\overset{|}{O}}}{Si}-CH_3 \\
\end{array}
$$

$$
\rightarrow \quad \overset{\uparrow}{}CH_3-\underset{\underset{|}{\overset{|}{O}}}{Si}-CH_2-CH_2-\underset{\underset{|}{\overset{|}{O\cdot}}}{Si}\overset{\uparrow}{-}CH_3
$$

wobei mit relativ großen Abständen zwischen den Verknüpfungsstellen zu rechnen ist.

Bei den kalthärtenden Systemen handelt es sich um vernetzende Polykondensationen wie sie in der Abbildung 10 wiedergegeben sind.

Acetoxy-Endgruppen enthaltende Oligosiloxane vernetzen gemäß den oberen beiden Gleichungen. Initiator ist hierbei lediglich die Luftfeuchtigkeit. Die Siloxanketten (〜〜) verknüpfen sich über die durch Hydrolyse entstandenen Si—OH-Gruppen mit weiteren Acetoxysiliciumgruppen wie dies in der zweiten Reaktionsgleichung festgehalten ist. Die gebildete Essigsäure entweicht dabei — besonders aus dünnen Schichten — langsam nach außen. Eine Vernetzung über Alkoxysilane (Tetraäthoxysilan) wird in der dritten Gleichung beschrieben. Hier wird Äthanol als Kondensat freigesetzt, welches aus dem weitmaschigen Netzwerk ebenfalls leicht nach außen diffundieren

und verdampfen kann. Derartige vernetzte Polysiloxane stellen Elastomere mit besonders guten Tieftemperaturflexibilitäten (bis — 100 °C) dar.

b) Vernetzung durch Polymerisation

Die Herstellung von Duroplasten aus ungesättigten Polyestern (11) ist ein typisches Beispiel eines zweistufig verlaufenden Netzwerkaufbaues. Zwei Komponenten entscheiden hier über die Eigenschaften der Endprodukte:

1. Die Struktur der ungesättigten Polyester,
2. Die Struktur der Copolymerisationskomponente.

Die Synthese eines Polyesters, dessen Molekulargewicht durch die Vielzahl der enthaltenen Doppelbindungen nicht hoch zu sein braucht — Molekulargewichte von 1000—3000 genügen —, wird in Abbildung 11 beschrieben.

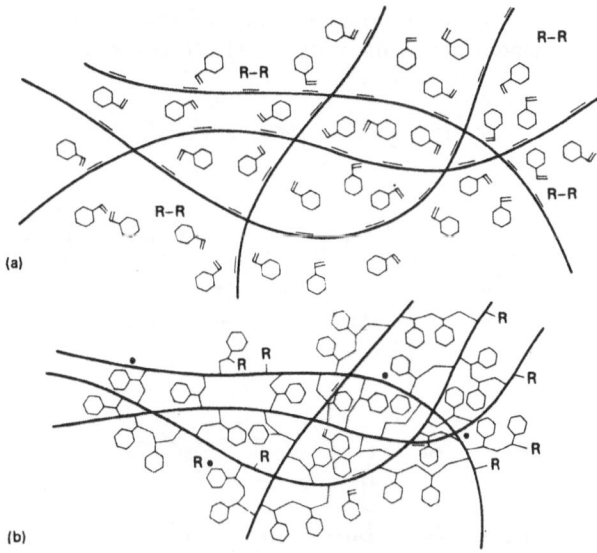

Abb. 12. Aufbau eines Netzwerkes mit Hilfe eines ungesättigten Polyesters und Styrol (nach *C. Srna*)

Als Oligoesterkomponenten dienen Maleinsäure und als Cokondensationspartner Phthalsäure neben 2wertigen Alkoholen z. B. Äthylenglycol, Butan-1,4-diol etc. Zur vernetzenden
Copolymerisation kommen Styrol, Vinylacetat,
Diallylphthalat, Acrylnitril oder Acrylester zum
Einsatz. Ringe enthaltende Strukturen bewirken
eine Anhebung der Glasumwandlungstemperatur; die meist im Oligoester verwendeten
aliphatischen Glycole zeichnen eher für die
Flexibilität und Zähigkeit der Produkte verantwortlich. Den polaren Gruppen, hier Ester-
gruppen, ist die gute Haftung auf Glasfasern
zuzuschreiben.

Nach Zugabe eines Monomeren, in Abbildung 12 nach *C. Srna* (11), z. B. Styrol mit
Radikalbildnern R—R, wird in üblicher Weise
die Copolymerisation herbeigeführt und aus der
Ausgangsmischung a das Netzwerk b erzeugt.

c) Vernetzung durch Polyaddition

Der heute für die *Vulkanisation* von Natur-
und Synthesekautschuk vertretene Reaktionsablauf (12) rechtfertigt seine Einordnung bei den
Polyadditionsreaktionen. Er wird in grundlegenden Zügen in Abbildung 13 an wenigen
Gleichungen dargestellt. Naturkautschuk (Poly-
isopren) wird hier unter der Wirkung von
elementarem Schwefel S_x, der als cyclo-Hexa-,
cyclo-Octa- usw. -schwefel ($x = 6, 8, 10, 12$) vorliegt, gemäß der linken vertikalen Gleichung
vernetzt.

Die resultierenden Schwefelbrücken können
eines oder mehrere ($y, z \geqq 1$) Schwefelatome ent-

halten. Die Anlagerung des zu den Doppelbindungen α-ständigen aktiven Allylwasserstoffs
an die Cyclo-Schwefel-Verbindungen wird im
Detail in der Gleichung oben rechts veranschaulicht, wobei hier auf die hohe Additionsfähigkeit
der gebildeten Hydropolysulfide an Doppelbindungen hingewiesen werden muß (Brücke
—S_z— in Formel unten links). Unter den üblichen Vulkanisationsbedingungen ist mit einem
weitgehenden Abbau der Polysulfid- zu Mono-
sulfid-Brücken zu rechnen (Gleichung unten
rechts). Der dabei frei werdende Schwefel (z. B.
S_{8-1}) wird in analogen Verbrückungsreaktionen
in benachbarten Olefinbezirken verbraucht.

Durch die Verbrückung mit Schwefel wird
ein Abgleiten der Ketten bei Belastung verhindert. Deformiert man einen vulkanisierten
Körper, so werden durch die Anspannung Kon-
formationsänderungen in den Ketten und eine
Orientierung der Kettensegmente erzielt, alles
in allem ein entropieverminderter Vorgang.
Bei Entlastung wird durch die S-Brücken die
ungeordnete entropiereichere Lage zurückgebil-
det. Mitbestimmend für die Qualität dieser
gummielastischen Körper ist die Anzahl der
freien Kettenenden, welche — da sie keine
S-Brücken enthalten — den Rückstellungsvor-
gang erschweren. Die Kettenlänge der Kau-
tschukmoleküle und der S-Gehalt sind damit
entscheidende Fakten. Kurzkettige oder zu
stark abgebaute Polyolefine besitzen größere
Anteile an Kettenenden und ergeben deshalb
nur schlechte Gummieigenschaften.

Die *Vernetzung von Isocyanaten* (13) führt, wie
in Abbildung 14 dargestellt, zu amidartigen Ver-

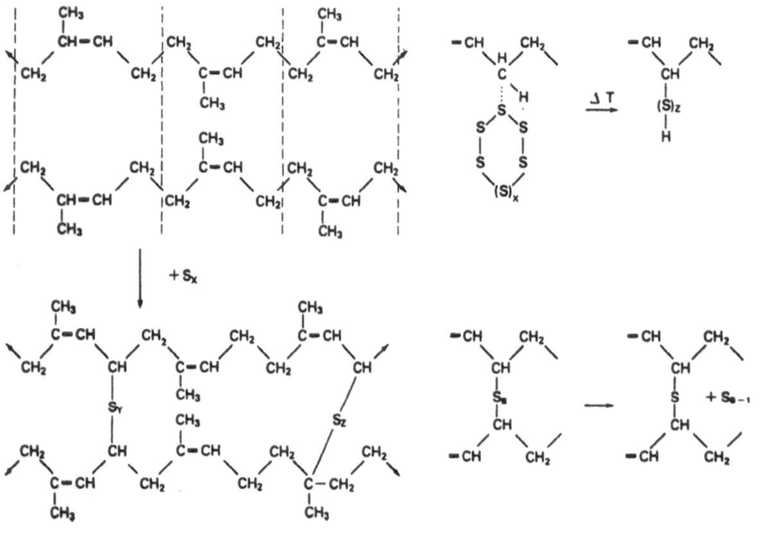

Abb. 13. Reaktionsabläufe bei der
Vernetzung von Naturkautschuk
mit Schwefel (Vulkanisation)

Abb. 14. Additionsreaktionen an Isocyanaten und Folgeprodukte

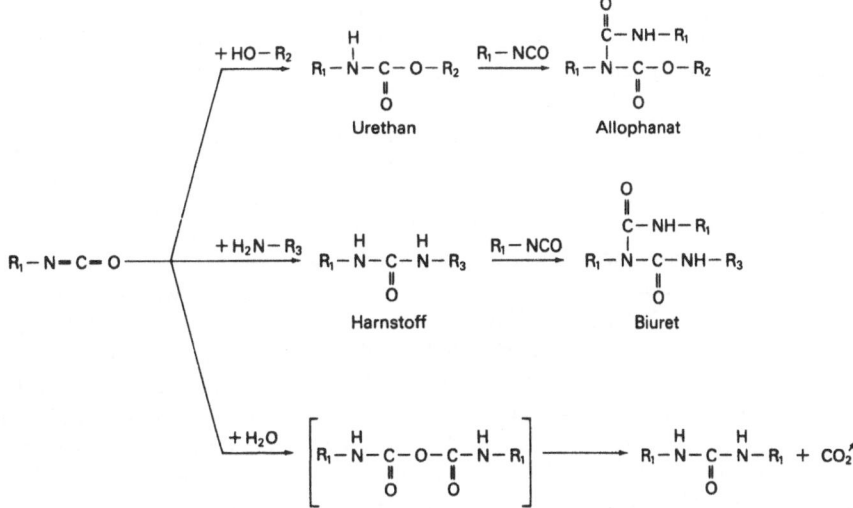

knüpfungsstellen der aufbauenden Reaktionspartner.

Die Addition von Alkoholen an Isocyanatgruppen liefert Urethan-Derivate, welche unter Anlagerung einer weiteren Isocyanatgruppe bei erhöhten Temperaturen in der zweiten Stufe in Allophanatstrukturen übergehen. Amine reagieren, wie in der zweiten Gleichung beschrieben, analog zu Harnstoff-Derivaten. Die Hydrolyse von Isocyanaten (3. Gleichung) ergibt instabile Carbaminsäureanhydride, welche bereits bei schwachem Erwärmen Kohlendioxid abgeben und in Harnstoffstrukturen übergehen; eine Reaktionsfolge, welche die Isocyanate unter Verwendung des gebildeten Kohlendioxids als Treibmittel zu den bevorzugten Schaumstoff-Rohmaterialien (14) werden ließ.

Unter Zugrundelegung des in Abschnitt 4 Gesagten läßt sich leicht erkennen, daß unter Verwendung von Di- oder Triisocyanaten in Kombination mit Polyhydroxy- oder Polyamino-Verbindungen ein breiter Fächer an Netzwerksystemen mit den unterschiedlichsten Eigenschaften aufgebaut werden kann. Neben der Strukturkombinatorik besitzt man im Reaktionstemperaturunterschied zwischen der ersten und zweiten Aufbaustufe noch eine weitere Variationsmöglichkeit, was anhand der Glycol-Kettenverlängerung mit Isocyanatvoraddukten in Abbildung 15 dargelegt werden soll.

Isocyanatvoraddukte gemäß der obersten Formel lassen sich technisch unter Verwendung des 2,4-Toluylendiisocyanates in übersichtlichen

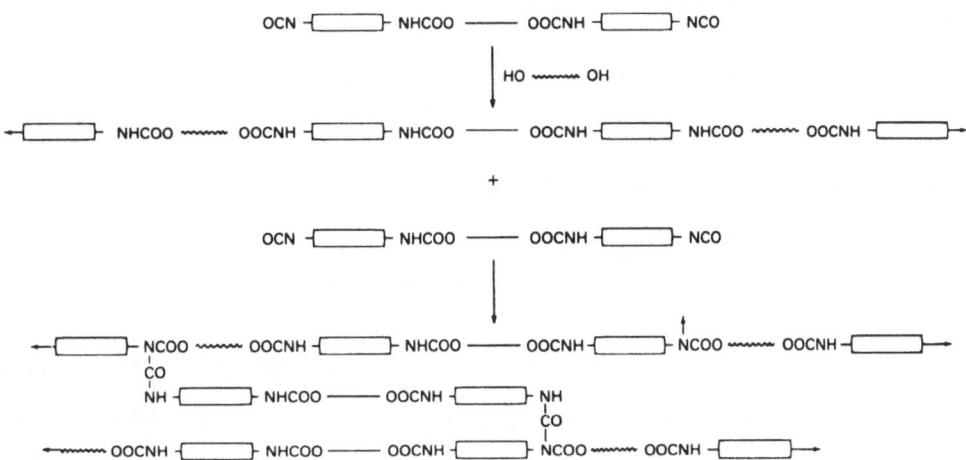

Abb. 15. Aufbau vernetzter Polyurethane unter Verwendung von Voraddukten und niedermolekularen Glycolen

Reaktionen gewinnen. Ihre Synthesen basieren auf der leichten bei Temperaturen unter 50 °C ablaufenden Addition von primären Hydroxygruppen an die 4-Isocyanatgruppe des 2,4-Toluylendiisocyanates. Die innere Verbindungsgerade dieser Formel soll ein solches flexibles aliphatisches Oligoester- oder Oligoäther-Segment mit ursprünglich freien primären Hydroxylgruppen und Molgewichten zwischen 500 bis 2500 repräsentieren.

Die für den Netzwerkaufbau verwendeten Kettenverlängerungsmittel z. B. niedermolekulare Glycole (HO~~~OH) wie Äthylenglykol, Hexan-1,6-diol werden nur im Unterschuß verwendet, so daß nach ihrem völligen Einbau noch freie isocyanatgruppenhaltige Voraddukte vorhanden sind. Die Verknüpfung der Ketten zum Netzwerk erfolgt anschließend bei erhöhter Temperatur (> 100 °C) unter Ausbildung von Allophanatstrukturen (Abb. 15, unterste Formel). Die Rechtecke im Formelschema sollen dabei die relativ starren aromatischen Ringstrukturen der verwendeten Diisocyanate verkörpern.

Die Anhäufung starrer Struktursegmente um die Vernetzungsstellen gepaart mit zahlreichen Wasserstoffbrücken der Amidstrukturen ist ein Charakteristikum dieser Netzwerksysteme, was in Abbildung 16 in einer Gegenüberstellung der Endprodukte bei

IV) Direkte Vernetzung eines Isocyanatvoradduktes mit Trimethylolpropan;

V) Netzwerk aus Isocyanatvoraddukt und einem niedermolekularen Glycol (gemäß Abb. 15);

VI) Netzwerk aus Isocyanatvoraddukt und Wasser (Syntheseprinzip gemäß 2. und 3. Gleichung in Abb. 14 und Abb. 15) unter Bildung von Kohlendioxid; Schaumstoff-Netzwerk

gezeigt werden soll. Diese Strukturmerkmale führen zur Ausbildung von Hartbereichen, die als getrennte Phase in einer Matrix von Weichsegmenten eingebettet liegen. Derartige Polymere besitzen zwei Glasumwandlungsbereiche, jede Phase ist verantwortlich für eine Gruppe spezifischer Eigenschaften; so die beweglichen Segmente u. a. für die Elastizität, die starren Segmente für Härte und hohe Zug- und Einreißfestigkeiten.

Beim *Epoxidpolyadditionssystem* (15, 16) lassen sich die Strukturprinzipien ebenso übersichtlich ordnen, was bereits aus den Polyadditionsmechanismen auf der folgenden Abbildung 17 hervorgeht.

Die Amin- und Anhydridvernetzung (15, 16) unterscheiden sich in der Struktur der Vernetzungsstelle, d. h. dem die Verzweigungsstelle bildenden Atom sowie dessen nächster Umgebung, also jenes Strukturteiles der Epoxidverbindung, welcher im Lauf der Additionsreaktion eine chemisch strukturelle Änderung erfahren hat.

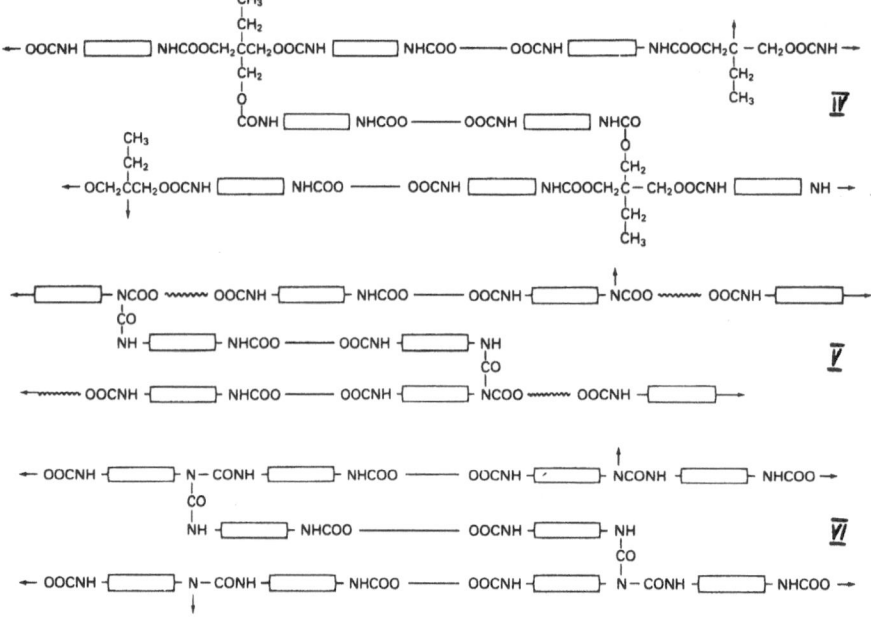

Abb. 16. Gegenüberstellung der Endprodukte bei Vernetzung von Isocyanatvoraddukten mit IV) Trimethylolpropan, V) Glycolen, VI) Wasser

Bei Glycidylverbindungen, unabhängig ob Glycidylester, Glycidyläther oder N-Glycidylverbindungen etc., besitzen hauptsächlich Amine und Polycarbonsäureanhydride bzw. die daraus entstehenden Carbonsäurehalbester als Reaktions- oder Vernetzungskomponenten technische Bedeutung. Die Additionsreaktion führt zu Umsetzungsprodukten, welche die in Abbildung 17 für die reaktiven Gruppen fragmentweise wiedergegebene Atomanordnung aufweisen.

Die aktiven Wasserstoffatome einer Aminogruppe reagieren mit Glycidylgruppen unter Bildung von Bis-(β-hydroxypropyl)-amin-Strukturen, wie dies in Strukturfragment VII, für eine primäre Aminogruppe zur Darstellung kommt. Dieses Fragment wird damit ebenfalls zu einem Charakteristikum der Netzwerkstruktur, wobei das Stickstoffatom die Verzweigungs- bzw. Vernetzungs-Stelle darstellt.

Im Gegensatz hierzu greifen bei der Anhydridvernetzung an einer Glycidylgruppe, besonders bei basisch katalysierten Systemen zwei Mole Dicarbonsäureanhydrid unter Bildung einer Äthylenglycoldiester-Struktur (Abb. 17, Strukturfragment VIII) an, wodurch das mittlere C-Atom des Glycidylrestes zur Verzweigungsstelle wird und der

$$-CH-CH_2-O-$$
$$\quad |$$
$$\quad O \qquad\qquad \text{-Rest}$$
$$\quad |$$

als neues Strukturfragment im Netzwerk berücksichtigt werden muß.

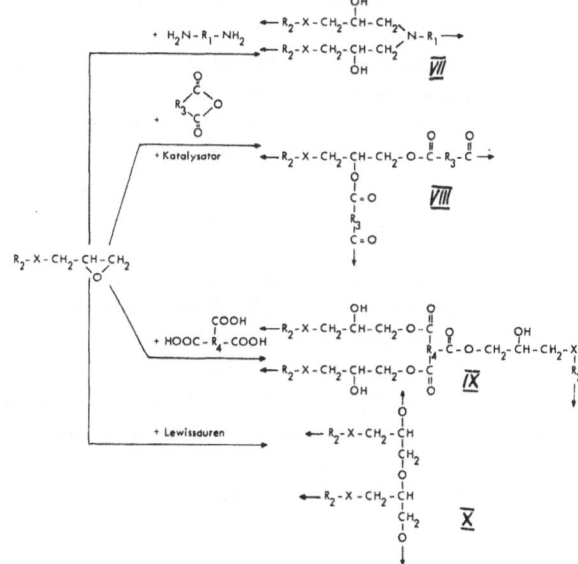

Abb. 17. Vernetzungsstellenfragmente, gebildet bei der Reaktion von Glycidylverbindungen mit Aminen, Anhydriden und Lewissäuren

Wird die Polyaddition ohne basische Katalysatoren durchgeführt, so muß mit geringeren Anteilen Anhydrid gearbeitet werden, da ein Teil der vorhandenen Glycidylgruppen je nach Reaktionsbedingungen und Acidität der intermediär auftretenden Estercarbonsäuren unter Bildung von Äthergruppen gemäß Abbildung 17, Strukturfragment IX, vernetzt (kationisch induzierte Polymerisation).

Bei Verwendung von Lewis-Säuren als Katalysatoren wird eine direkte Polymerisation der Epoxidgruppen unter Ausbildung des Strukturfragmentes X bewirkt.

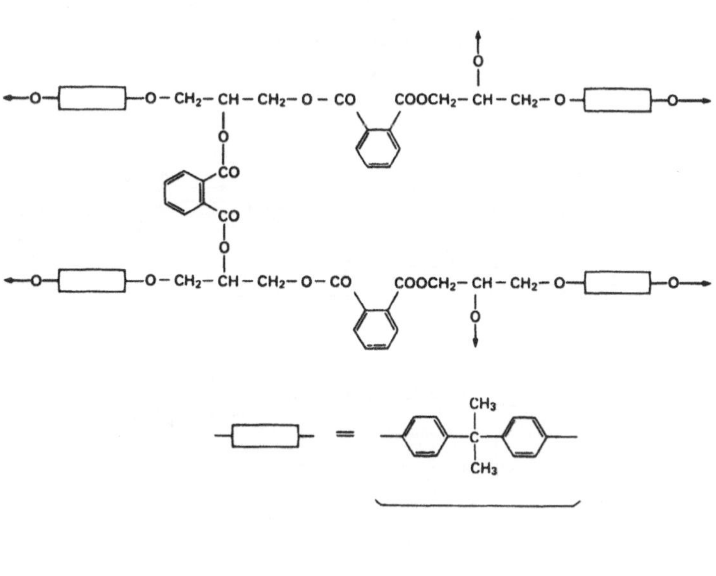

Abb. 18. Netzwerkstrukturfragment des mit Phthalsäureanhydrid vernetzten Bisphenol-A-diglycidyläthers

Zur Veranschaulichung des Netzwerkaufbaues eines mit Phthalsäureanhydrid vernetzten technischen Bisphenol-A-diglycidyläthers soll das Strukturfragment von Abbildung 18 dienen. Die Aminvernetzung desselben Epoxidharzes führt zum Fragment der Abbildung 19.

Aus den Abbildungen 20 und 21, die nur zwecks heuristischer Betrachtungen völlig geometrisch gehalten sind, ist zudem erkennbar, daß sich die Netzwerkmaschen beider Systeme durchschnittlich aus 10 Ausgangsmolekülen (Epoxidharz und Vernetzungskomponente) aufbauen (16), die entsprechend dem Reaktionsablauf in äquivalenten Mengenverhältnissen in die Harz/Härter-Mischung eingegeben werden.

Wird nun in beiden Systemen dasselbe Epoxidharz mit Verbindungen vernetzt, in denen der Abstand der aktiven Wasserstoffatome gleich gehalten ist, wie dies z. B. mit Bernsteinsäureanhydrid und 1,4-Diaminobutan praktisch durchführbar ist, so ergeben sich beim Anhydridsystem im Vergleich zum Aminsystem kleinere Maschengrößen. Einerseits wird dies durch die vergleichsweise kürzerkettigen Vernetzungsfragmente verursacht, andererseits aber auch durch die Molgewichtsanteile der in beiden Systemen in unterschiedlichen Mengenverhältnissen einzusetzenden Harz/Härter-Paare. Diese Unterschiede spiegeln sich neben anderen Effekten charakteristisch in den physikalischen Eigenschaften der Endprodukte wider (16).

Epoxidharzsysteme sind für Untersuchungen der Zusammenhänge zwischen chemischer Struktur und physikalischen Eigenschaften vorzüglich

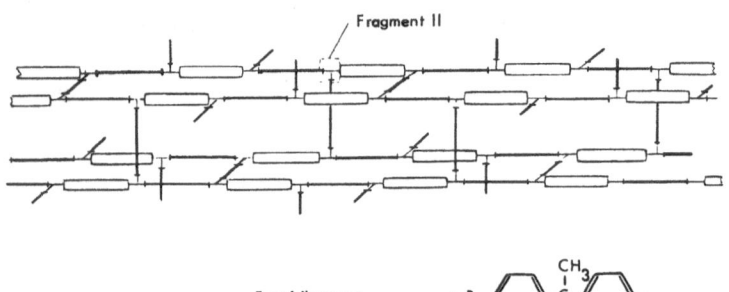

R = Rumpfstück eines beliebigen diprimären Amins

Abb. 19. Netzwerkstrukturfragment des mit diprimärem Amin vernetzten Bisphenol-A-diglycidyläthers

Abb. 20. Idealisiertes Netzwerkschema bei Anhydridhärtung des Bisphenol-A-diglycidyläthers (entsprechend Abb. 18)

Abb. 21. Idealisiertes Netzwerkschema bei Aminhärtung des Bisphenol-A-diglycidyläthers (entspr. Abb. 19)

Tabelle 1. Physikalische Eigenschaften von Bisphenol-A-diglycidyläther vernetzt mit Anhydriden vergleichbarer Struktur (16)

Anhydrid	Glasumw. Temp. $T\perp_{max}$ °C	Biegef. kg/mm^2	Durchb. mm	Schlagb. cmkg/cm^2
-O-CO-CH$_2$-CH$_2$-CO-O	96	11	18	32
-O-CO CO-O-	136	14	11	16
-O-CO CO-O-	142	14	9	40
-O-CO CO-O-	147	12	7	12
-O-CO CO-O- (CH$_2$)	162	12	4	4

geeignet, da Epoxidverbindungen und Härter niedermolekulare Verbindungen darstellen, die in zahlreichen Strukturvariationen zugänglich sind.

In der Tabelle 1 soll z. B. der Einfluß unterschiedlicher Anhydridstrukturen auf die physikalischen Eigenschaften eines vernetzten Bisphenol-A-diglycidyläthers (Araldit® F) dargestellt werden.

Der Einfluß der Maschengröße auf die physikalischen Eigenschaften der Endprodukte kann durch Vernetzung von Bisphenol-A-diglycidyläthern unterschiedlicher Molekulargewichte (Advancementprodukte) mit z. B. Phthalsäure-

anhydrid stufenweise verfolgt werden (1, 17) und führt zu dem erwarteten Abfall in der Glasumwandlungstemperatur bei zunehmender Flexibilität der Materialien. Zur Ausbildung von Mehrphasensystemen werden vorwiegend Strukturkombinationen zwischen aliphatischen Kettensegmenten und cycloaliphatischen oder auch aromatischen Ringstrukturen herangezogen (1, 17).

Untersuchungen über den Reaktionsablauf (18) in vernetzenden Systemen zeigten, daß selbst bei Einhaltung extremer Härtungsbedingungen eine völlige Vernetzung, d. h. ein völliger Verbrauch aller reaktiven Gruppen nicht möglich ist. Im folgenden soll daher das Verhalten des sich aufbauenden Netzwerkes eingehender betrachtet werden.

Während der sogenannten Härtung, d. h. vom Zeitpunkt der gegenseitigen Lösung der Ausgangsstoffe über die fortschreitende Reaktion der Komponenten bis zum völlig vernetzten Körper, sind die Moleküle dauerndem Wachstum unterworfen. Bei steigendem Molekulargewicht und steigender Viskosität wird schließlich der Gelierpunkt durchschritten und mit zunehmender Vernetzungsdichte der Endpunkt erreicht. Bei normalen Experimentierbedingungen steigt dabei, besonders beim Einsatz von Verbindungen mit cyclischen Strukturelementen, die Glasumwandlungstemperatur des Gemisches kontinuierlich an, so daß z. B. bei zu tief gesetzten Vernetzungs-(Härtungs-)Temperaturen mit einem „Einfrieren" des Systems gerechnet wer-

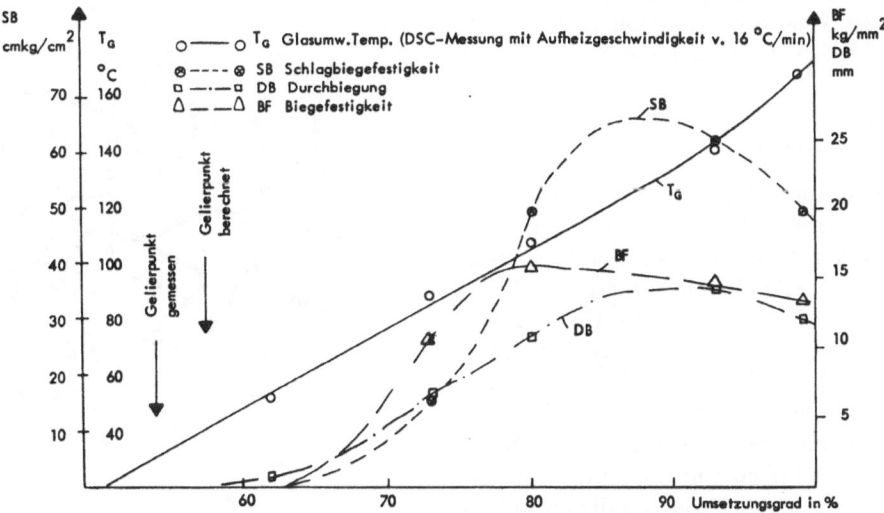

Abb. 22. Abhängigkeit der physikalischen Eigenschaften vom Umsetzungsgrad. System: Araldit F + 4,4'-Diaminodiphenylmethan 1,0:1,0 Äquivalent

2

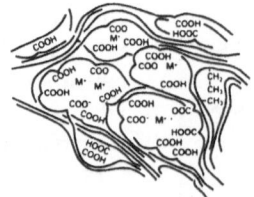

← CH₂CH₂CH₂CHCH₂CH₂CH₂CH₂CH₂CHCH₂ →

Abb. 23.
Strukturfragmente von Ionomeren

den muß. Um die optimalen Glasumwandlungs-Temperaturen bzw. Erweichungs-Temperaturen eines Systems erreichen zu können, müssen die Härtungstemperaturen $\geq T_G$ der resultierenden Körper sein. Glasumwandlungstemperatur und Umsetzungsgrad stehen in direkter Beziehung miteinander, wie dies z. B. für das Epoxidharz-System Bisphenol-A-diglycidyläther (Araldit® F)/4,4′-Diaminodiphenylmethan in Abbildung 22 dargestellt ist. Welche Bedeutung der Maschengröße und damit dem Aushärtungsgrad eines Netzwerkes zukommt, geht deutlich aus der Tatsache hervor, daß beim genannten System mit den letzten 12% der reaktiven Epoxidgruppen die Glasumwandlungs-Temperatur um 52 °C angehoben werden kann.

Die Schlagbiegefestigkeit erreicht bei 87% Umsatz ein Maximum, um gegen Schluß der Aufbaureaktion infolge der stark ansteigenden Glasumwandlungstemperatur wieder abzufallen. Obschon dieses Epoxidharz/Amin-System bereits bei 54% Umsatz geliert, setzt der Anstieg der Schlagbiegefestigkeit erst bei 62% Umsatz ein. Ebenfalls bei 60% steigt die Flexibilität, gemessen an der Durchbiegung beim Bruch, an, während die Grenzbiegespannung, welche vor allem von den Nebenvalenzkräften abhängig ist, bei etwas kleineren Umsätzen ein Maximum erreicht.

6. Spezielle Strukturen

Einen eigenartigen Spezialfall stellen die sogenannten *Ionomeren* (19) dar. Copolymere von Äthylen und Acrylsäure können Metalle ionisch binden. So sind Alkaliionen enthaltende Ionomere thermoplastisch; mit zweiwertigen Kationen müßten folglich ionisch vernetzte Produkte resultieren (Abb. 23, Formel links). Trotzdem mußten *S. Bonotto* und *E. Bonner* (20) feststellen, daß monovalente und divalente Salze dieselben physikalischen Eigenschaften ergeben. Sie schlossen daraus, daß die Metallionen nicht permanent zum gleichen Carboxylanion gebunden sind, sondern unter der Wirkung von

Wärme und mechanischen Spannungen mit Umverteilungen zu rechnen ist und die erwartete Netzwerkbildung auch nicht im erwarteten Umfang eintritt. Der Ionisationsgrad der Säuregruppen spielt dabei offensichtlich eine wichtigere Rolle als die Wertigkeit des Kations.

So vermuten die Autoren, daß um die Kationen Bezirke mit erhöhtem Carboxylgruppengehalt gelagert sind (Abb. 23, Struktur rechts), wobei aber immer noch Zweifel offen sind, ob die Kationen wirklich gleichmäßig in der Kohlenwasserstoffmatrix verteilt sind. Mindestens die bis heute bekannten Ionomeren sind deshalb bei den Thermoplasten einzureihen, es sei denn, es könnte gezeigt werden, daß Ionomere divalenter Kationen spezifisch andere, vernetzten Produkten ähnlichere Eigenschaften aufweisen als diejenigen monovalenter Vertreter.

Schließlich sollen noch die bereits eingangs erwähnten *Durchdringungsnetzwerke* (21) besprochen werden, die in den letzten Jahren wieder vermehrt Gegenstand wissenschaftlicher Untersuchungen wurden. Ihr Strukturaufbau sei in der folgenden Abbildung 24 wiedergegeben.

Abb. 24. Strukturfragment eines Durchdringungsnetzwerkes, idealisiert

Man besitzt für solche „Kombinationsstrukturen" verschiedene Synthesewege:

1. Man synthetisiert in einer ersten Stufe ein relativ weitmaschiges Netzwerk, läßt dieses in einem weiteren Monomeren mit Polymerisationsinitiator quellen und polymerisiert dann den gequollenen Körper (21), wodurch das 2. durchdringende Netzwerk gebildet wird, oder

2. man mischt zwei Paare ausgewählter Reaktionspartner, die sich gegenseitig nicht beeinflussen und die entweder bei unterschiedlichen Temperaturen oder nach unterschiedlichen Reaktionsmechanismen vernetzen. Sehr oft resultieren bei diesem Verfahren aber nur „Semi-Interpenetration-Networks" (22) oder Pfropfpolymere.

Bei Auswahl entsprechender Partner läßt sich ohne weiteres in den resultierenden Systemen Zweiphasigkeit nachweisen. Über das wirkliche Vorhandensein solcher Durchdringungsstrukturen gehen die Ansichten heute noch stark auseinander, auch ist die exakte Beweisführung mit etlichen Problemen verbunden.

Diese Zusammenstellung war im wesentlichen darauf ausgerichtet, die heute bekanntesten Netzwerkstrukturen in ihren Synthesen und Strukturmerkmalen vorzustellen. Viele interessante, technisch aber weniger bedeutungsvolle Systeme mußten aus Zeitgründen weggelassen werden; auf spezielle neuere Entwicklungen wie Ionomere und Durchdringungsnetzwerke wurde hingewiesen.

Ich danke Herrn Prof. Dr. *H. Batzer* für die stets großzügige Unterstützung unserer Strukturuntersuchungen an Netzwerksystemen. Herrn Dr. *R. Schmid* bin ich für eine Vielzahl von Messungen, die die Arbeiten wegleitend beeinflußten, zu großem Dank verpflichtet.

Zusammenfassung

In einem Überblick werden Bindungskräfte und charakteristische Strukturmerkmale, die das chemische und physikalische Verhalten vernetzter Polymerer begründen, diskutiert und an Beispielen ausgewählter technischer Duroplast-Systeme die wichtigsten Aufbauprinzipien beschrieben. Auf die speziellen Probleme bei Ionomeren und Durchdringungsnetzwerken wird hingewiesen.

Summary

In a survey the significance of the bond energies and characteristic structural features causing the chemical and physical behaviour of crosslinked polymers is discussed. As shown by the examples of selected technical systems the most important synthesis principles of these polymers are described. Reference is also made to the special problems with ionomers and interpenetrating systems.

Literatur

1) Siehe auch nachfolgendes Referat von *R. Schmid.*

2) *Schill, G.*, Chem. Ber. **100**, 2021 (1967); *Schill, G.*, Catenanes, Rotaxanes and Knots in: *A. T. Blomquist*, A Series of Monographs, Bd. 22, 1. Aufl. (New York, London 1971).

3) *Huelck, V., D. A. Thomas, L. H. Sperling*, Macromolecules **5**, 340 (1972); *Sperling, L. H.* et al. Macromolecules **9**, 743 (1976).

4) *Pauling, L.*, Grundlagen der Chemie, S. 340 f., 372 f., 149 f. (Weinheim/Bergstr. 1973); *Campbell, J. A.*, Allgemeine Chemie, S. 389 f., 397 f. (Weinheim/Bergstr. 1975).

5) *Hoffmann, M., G. Pampus, G. Marwede*, Kaut.-Gummi, Kunststoffe **22**, 691 (1969); *Saechtling, H.*, Kunststoff-Taschenbuch, 20. Ausg., S. 247 (München, Wien 1977).

6) *Gladding, E. K.* et al., Kaut.Gummi, Kunststoffe *28*, 506 (1975); *Hoeschele, G.*, Chimia **28**, 544 (1974); *Hoeschele, G., W. K. Witsiepe*, Ang. Makr. Chem. **29/30**, 267 (1973); *Saechtling, H.*, Kunststoff-Taschenbuch, 20. Ausg., S. 312 (München, Wien 1977).

7) *Gable, C. L., G. Banamnu, K. Ellegast*, In: *R. Vieweg, A. Höchtlen*, Kunststoff-Handbuch, Bd. 7, S. 287, Carl Hanser Verlag (München 1966); *Saechtling, H.*, Kunststoff-Taschenbuch, 20. Ausg., S. 298 (München, Wien 1977).

8) *Holz, E.*, In: *R. Vieweg, E. Becker*, Kunststoff-Handbuch, Bd. 10, S. 19 ff. (München 1968); *Wegler, R., H. Herlinger*, In: *Houben-Weyl*, Methoden der organischen Chemie, Bd. 14/2, S. 193 ff. (Stuttgart 1963); *Bachmann, A., K. Müller*, Phenoplaste (Leipzig 1973).

9) *Becker, E., A. Vlachos*, In: *R. Vieweg, E. Becker*, Kunststoff-Handbuch, Bd. 10, S. 134 ff. (München 1968); *Wegler, R.*, In: *Houben-Weyl*, Methoden der organischen Chemie, Bd. 14/2, S. 319 ff. (Stuttgart 1963); *Bachmann, A., T. Bertz.* Aminoplaste (Leipzig 1970).

10) *Nitsche, S., M. Wick*, Kunststoffe **47**, 431 (1957); *Noll, W.*, Chemie und Technologie der Silicone, 2. Aufl., S. 339 ff. (Weinheim/Bergstr. 1968).

11) *Srna, C.*, In: *R. Vieweg, L. Goerden*, Kunststoff-Handbuch, Bd. 8, S. 247 ff. (München 1973).

12) *Farmer, E. H.*, Trans. Faraday Soc. **38**, 340 (1942); *Farmer, E. H., F. W. Shipley*, J. Chem. Soc. **1947**, 1519; *Bateman, L.* et al., J. Chem. Soc. **1958**, 2838, 2846, 2866; *Cherubim, M., S. Boström*, In: *S. Boström*, Kautschuk-Handbuch, Bd. 1, S. 200 (Stuttgart 1959); *Hofmann, W.*, Vulcanisation and Vulcanizing Agents, S. 73 ff. (New York 1967). Agents, S. 73 ff. (New York 1967).

13) *Nordt, H., A. Altner, M. Dahm*, In: *R. Vieweg, A. Höchtlen*, Kunststoff-Handbuch, Bd. 7, S. 45 ff. (München 1966); *Müller, E.*, In: *Houben-Weyl,*

Methoden der organischen Chemie, Bd. 14/2, S. 57 ff. (Stuttgart 1963); *Dietrich, D., S. Petersen*, Kautschuk und Gummi, Kunststoffe **27**, 467 (1974).

14) *Eisenmann, K., F. K. Brochhagen, G. Braun, R. Zöllner*, In: *R. Vieweg, A. Höchtlen*, Kunststoff-Handbuch, Bd. 7, S. 440f., resp. 504f. (München 1966).

15) *Batzer, H., F. Lohse*, In: *Ullmanns* Encyclopädie der technischen Chemie, 4. neubearbeitete und erweiterte Auflage, Bd. 10, S. 563 (Weinheim 1975); *Batzer, H., W. Fisch*, Kautschuk und Gummi, Kunststoffe **17**, 563 (1964); *Batzer, H.*, Kunststoffe und Plastik **14**, 77, 177 (1967); *Lee, H., K. Neville*, Handbook of Epoxy Resins (London 1967).

16) *Batzer, H., F. Lohse, R. Schmid*, Angew. Makromol. Chem. **29/30**, 349 (1973).

17) *Lohse, F., R. Schmid*, Chimia **28**, 576 (1974).

18) *Fisch, W., W. Hofmann*, Makromol. Chem. **44/46**, 8 (1961).

19) *Longworth, R.*, In: *L. Hollyday*, Ionic Polymers, S. 69f. (London 1975).

20) *Bonotto, S., E. F. Bonner*, Macromolecules **1**, 510 (1968).

21) *Sperling, L. H.* et al., Macromolecules **9**, 743 (1976); *Huelck, V., D. A. Thomas, L. H. Sperling*, Macromolecules **5**, 341, 349 (1972); *Millar, J. R.*, J. Chem. Soc. **1960**, 1311.

22) *Donatelli, A. A., L. H. Sperling, D. A. Thomas*, Macromolecules **9**, 671, 676 (1976).

Anschrift des Verfassers:

F. Lohse
Ciba Geigy AG
CH-4000 Basel

Progr. Colloid & Polymer Sci. **64**, 17—32 (1978)
© 1978 by Dr. Dietrich Steinkopff Verlag GmbH & Co. KG, Darmstadt
ISSN 0340-255 X

Vorgetragen auf der Frühjahrstagung des Fachausschusses
Physik der Hochpolymeren in der Deutschen Physikalischen Gesellschaft
in Rothenburg o. T. vom 28.—31. März 1977

CIBA-GEIGY AG, Basel (Schweiz)

Spezifische Eigenschaften von hochvernetzten Polymeren

R. Schmid

Mit 31 Abbildungen und 2 Tabellen

(Eingegangen am 2. Mai 1977)

1. Einleitung

Die Polymeren unterscheiden sich in den drei Hauptmerkmalen Aufbau (linear — vernetzt), Ordnung (amorph — kristallin) und Phase (einphasig — mehrphasig). Es resultieren somit 8 Polymerfamilien, in die sich sämtliche bekannten Polymeren einreihen lassen (Tabelle 1) und die durch spezifische Familieneigenschaften gekennzeichnet sind. Abgesehen vom Kautschuk, der unter den vernetzten Polymeren eine Sonderstellung einnimmt, erreichen die vernetzten Systeme nur etwa 15—20% der Weltproduktion. Als Hauptnachteil wirkt sich die Tatsache aus, daß Vernetzungs- und Aufbaureaktion gleichzeitig mit der Formgebung durchgeführt werden müssen. Dies erschwert und verlangsamt die Herstellung von Werkstücken, Fasern und Folien. Die vernetzten Polymeren zeichnen sich aber auch durch einige attraktive Eigenschaften aus wie z. B.

1. Hohe Dimensionsstabilität und Widerstand gegen Kaltfluß,
2. Beständigkeit gegen Lösungsmittel und Chemikalien,
3. Hohe Formbeständigkeit in der Wärme,
4. Verarbeitbarkeit in flüssiger Form in Abwesenheit von Lösungsmittel (Gieß-, Imprägnierharze, Klebstoffe),
5. Härtbare Pulver und Prepregs,
6. Kombinierbarkeit mit hohem Anteil an Füll- und Faserstoffen,
7. Relativ einfache Herstellung großvolumiger Körper,
8. Gummielastizität oberhalb T_g resp. T_m.

Die vernetzten Polymeren eroberten dank dieser Eigenschaften einige technisch wichtige Anwendungsgebiete, obschon die Herstellung der Halbfabrikate teilweise einen erheblichen Zeitaufwand erfordert (Glasfaserlaminate für den Bootsbau, Gießen von Isolatoren aus gefüllten Epoxidharzen). Da die Werkstücke oft einen großen Anteil an Füll- und Faserstoffen aufweisen, verschiebt sich der wertmäßige Umsatz von Werkstücken wesentlich zugunsten der vernetzten Polymeren. Im nachfolgenden wird eine Übersicht gegeben, wie sich die Vernetzung auf das physikalische Verhalten von Polymeren auswirkt, wobei die hoch vernetzten Polymeren im

Tabelle 1. Die Polymer-Familien entsprechend den drei Hauptmerkmalen Aufbau, Ordnung und Phase

L = linear   V = vernetzt
A = amorph   K = kristallin
E = einphasig   M = mehrphasig

1	L	A	E	Plexiglas, Polystyrol Polycarbonat (PVC)
2	V	A	E	Phenol-, Melamin-, Epoxid-Harze Kautschuk, Silikongummi
3	L	A	M	ABS, Polyblends thermoplastische Elastomere
4	V	A	M	schlagfeste Epoxid-, Phenol- und U.P.-Harze
5	L	K	E	Polyäthylen, Polypropylen, Polyäthylenterephthalat, Nylon
6	V	K	E	(kristalline Epoxidharze) strahlenvernetztes PE
7	L	K	M	thermoplastische Polyurethane Äthylen-Propylen-Blockpolymere
8	V	K	M	PU-Elastomere (vernetzt) (Epoxid-Elastomere)

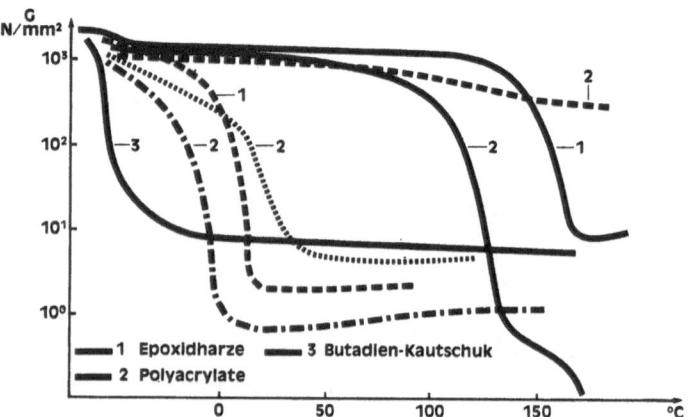

Abb. 1. *G*-Modul-Temperatur-Charakteristik von amorphen vernetzten Polymeren

Vordergrund des Interesses stehen. Anhand von eigenen z. T. neuen Untersuchungen an Epoxidharzen soll auch die technologische Bedeutung der Vernetzung gezeigt werden.

2. Charakterisierung der verschiedenartigen vernetzten Polymeren

Das auffallendste Merkmal der vernetzten amorphen Polymeren (= Familie 2) ist der Übergang vom hartelastischen in den gummielastischen Zustand (Abb. 1), der durch einen starken Abfall des Moduls und ein ausgeprägtes Dämpfungsmaximum charakterisiert ist. Die glasige Erstarrung ist bedingt durch das Einfrieren der Bewegung längerer Kettensegmente (Translations-Bewegung). Bei tieferen Temperaturen (ca. —50 °C) friert die Bewegung kürzerer aliphatischer Hauptkettensegmente ein. Es folgen bei noch tieferen Temperaturen das Einfrieren der Bewegung aliphatischer Seitenketten und spezifischer Schwingungs-Bewegungen, bis schließlich bei 3—20 °K auch die Rotationsbewegung der Methylgruppe zum Stillstand kommt. Jedes Einfrieren ist gekennzeichnet durch einen Modulanstieg und ein Dämpfungsmaximum. Bei hochvernetzten Polymeren mit hohem Glaspunkt sind derartige Nebenrelaxationen von entscheidender Bedeutung, da nur bei genügender Flexibilität gute mechanische Festigkeit erzielt werden kann. Epoxidharze weisen im hartelastischen Zustand vor allem deshalb hohe mechanische Festigkeit auf, weil die Bewegung von aliphatischen Zwischenketten, Ester-Gruppen oder cycloaliphatischen Ringen einen vorzeitigen Sprödbruch verhindert. Die Beweglichkeit wird durch hohe Vernetzungsdichte und cyclische Strukturelemente besonders

dann stark eingeschränkt, wenn diese zugleich die Vernetzungsstelle enthalten. Phenol-, Melamin- oder Epoxidharze aus epoxidierten Cycloolefinen erweichen daher erst bei hoher Temperatur und oft nur zögernd, so daß man kaum mehr von einem eigentlichen Glaspunkt reden kann (Abb. 2).

Kautschuke können ebenfalls der Familie 2 zugeordnet werden, wenn man von der Dehnungskristallisation absieht. Es sind allgemein relativ schwach vernetzte, vorwiegend aus aliphatischen Segmenten aufgebaute Netzwerke. Durch Einbau aliphatischer Kettensegmente können mit verschiedenen Aufbauprinzipien (Acrylate, Epoxide, Polyurethane, Polyester) praktisch alle Übergänge vom hartelastischen Duroplast bis zum Elastomer realisiert werden (Abb. 1).

Charakteristisch ist die Gummielastizität der vernetzten Polymeren oberhalb der Glasumwandlung, ein Phänomen, das schon früh die Neugier der Physico-Chemiker geweckt hat. Ausgehend von der Boltzmannschen Gleichung zwischen Entropie und Wahrscheinlichkeit entwickelten *Kuhn* und *Grün* (1) und später *Flory* (2) auf Grund der Kettenbeweglichkeit die grundlegenden Gesetze der Gummielastizität mit der Beziehung zwischen Modul, Vernetzungsdichte und Temperatur. *Tobolsky* und Mitarbeiter befaßten sich dann auch mit hochvernetzten Polymeren (3—8). Ein Vergleich der aus der chemischen Struktur und aus Modulmessungen ermittelten Vernetzungsdichte zeigt, daß auch bei stark vernetzten Polymeren die Werte in der gleichen Größenordnung liegen (9). Es wäre jedoch verfehlt, eine exakte Übereinstimmung der Werte zu erwarten, da einerseits die Aufbaureaktion infolge von Nebenreaktionen, sterischen

Abb. 2. Thermomechanisches Verhalten zweier verschieden strukturierter Epoxidharze

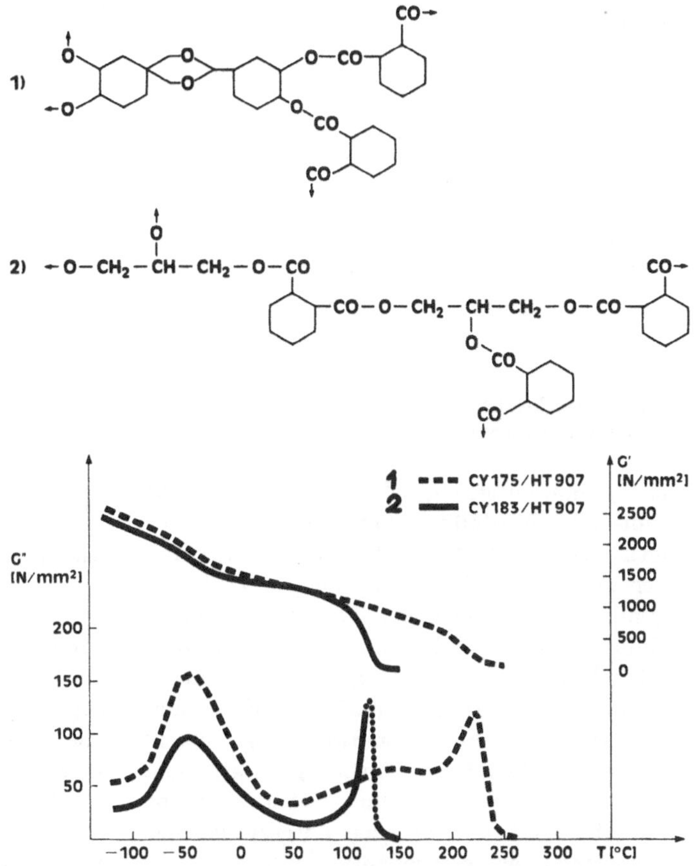

Hinderungen und Verunreinigungen, andererseits durch intramolekulare Faltungen, Kettensteifigkeit (sterische Hinderung der Anordnung) Wasserstoffbrücken oder trans-gauche Umlagerungen Abweichungen vom statistisch idealen Netzwerkaufbau bewirken können. *Benoit* und Mitarbeiter fanden mittels Kleinwinkel-Neutronenbeugung, daß bei Netzwerken aus Styrol-Divinylbenzol-Blockcopolymeren die markierten Vernetzungsstellen nicht der klassischen Gauß-Verteilung entsprechen (10). Die Abweichungen lassen sich durch den von *Tobolsky* eingeführten Frontfaktor veranschaulichen. Niedrige Ver-

netzungsdichte, aliphatische Seitengruppen oder Polymerisation in Lösung scheinen meist zu niedrige G-Werte zu geben, während an hochvernetzten Systemen und bei hohem Anteil an cyclischen Strukturelementen zu hohe G-Werte gemessen werden (Tabelle 2), obschon gerade hier eine 100%ige Vernetzungsreaktion sehr fraglich ist, ein weiterer Hinweis, daß die Bewegungsfreiheit durch diese Faktoren besonders eingeschränkt ist.

Bei kristallinen vernetzten Polymeren ist die Haupterweichung durch das Aufschmelzen der Kristallite bedingt, wobei der Körper in den

Tabelle 2. Einfluß von Struktur und Vernetzungsdichte auf Schubmodul G im gummielastischen Zustand und Frontfaktor

Polymer				G, dyn/cm²	Φ
EA	+	5,46 Mol%	TEGDM	$2,2 \cdot 10^7$	0,77
EA	+	18,13 Mol%	TEGDM	$9,0 \cdot 10^7$	1,04
MMA	+	15,38 Mol%	TEGDM	$1,04 \cdot 10^8$	1,62
OA	+	11,32 Mol%	TEGDM	$1,28 \cdot 10^7$	0,42
St	+	15,05 Mol%	TEGDM	$8,5 \cdot 10^7$	1,74
UP 1				$9,8 \cdot 10^7$	1,22
UP 2				$1,35 \cdot 10^8$	2,06
BDGA	+	ED		$1,43 \cdot 10^8$	1,36
BDGA	+	DT		$1,91 \cdot 10^8$	1,87

$$F = \Phi \cdot N \cdot k \cdot T \,(\alpha - 1/\alpha^2)$$
$$G = \Phi \cdot N \cdot k \cdot T$$
$$\Phi = \frac{r^2_i}{r^2_f}$$

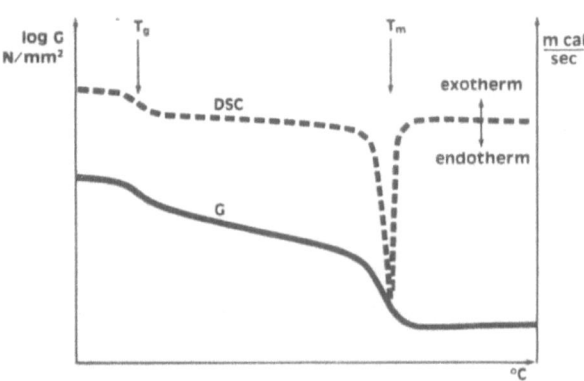

Abb. 3. Charakteristisches Verhalten von kristallinen vernetzten Polymeren

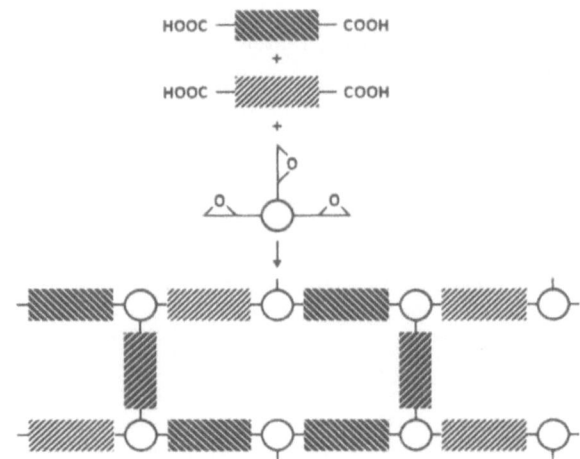

Abb. 5. Schematische Darstellung von vernetzten Mehrphasensystemen aus Polyester-Dicarbonsäuren unterschiedlicher Struktur und dreiwertigen Epoxidharzen

weich-gummi-elastischen Zustand übergeht. Der Großteil der Kristallite schmilzt innerhalb eines engen Temperaturbereichs unter Aufnahme einer relativ großen Wärmemenge. Trotzdem beginnen — wie allgemein bei den kristallinen Polymeren — sowohl G-Modul als auch Zugfestigkeit bereits weit unterhalb des T_m deutlich abzufallen (Abb. 3). Das Einfrieren der amorphen Bereiche, die Glasumwandlung, macht sich je nach dem Kristallisationsgrad als mehr oder weniger ausgeprägte Nebenrelaxation bemerkbar und führt zu einer ausgesprochenen Versteifung oder Versprödung.

Kristalline vernetzte Polymere werden z.B. durch Strahlenvernetzung von Polyäthylen oder bei thermohärtenden Kunststoffen durch Reaktion eines kristallisierbaren längeren Kettensegmentes mit aktiven Endgruppen und niedermolekularen 3-wertigen Epoxidverbindungen hergestellt. Im vernetzten Polymeren alternieren Polyester- und Epoxid-Rest regelmäßig (Abb. 4).

Interessant sind derartige Aufbaureaktionen auch für die Herstellung von vernetzten Blockcopolymeren (Abb. 5), insbesondere von Mehrphasensystemen mit Blöcken unterschiedlicher Flexibilität und Glasumwandlung. Die Kombination von Weichsegmenten mit kristallinen Segmenten führt zu kristallinen Elastomeren. Werden 2 Blöcke von unterschiedlicher Kristallart miteinander kombiniert, so finden sich auch im vernetzten Polymeren die gleichartigen Segmente zu Kristalliten zusammen; es resultieren Polymere mit 2 verschiedenen Schmelzpunkten in ein und derselben Matrix (11). Diese Polymere sind gekennzeichnet durch eine Glasumwandlung und zwei Kristallitschmelzpunkte. Bei Erwärmung über den Schmp. des höher-

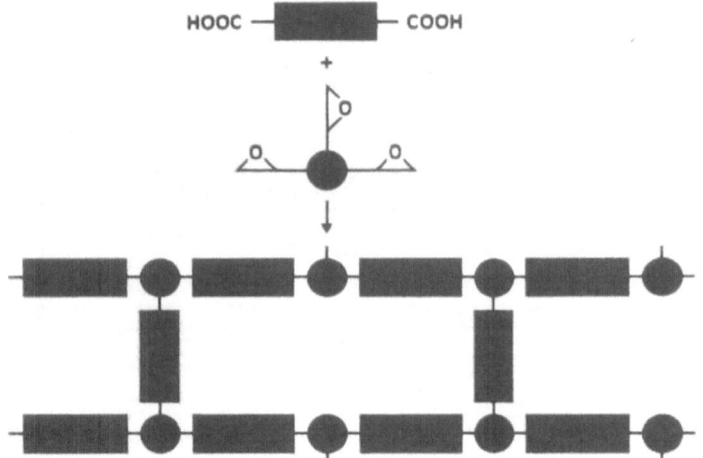

Abb. 4. Schematische Darstellung der Herstellung von vernetzten kristallinen Polymeren aus Polyester-Dicarbonsäuren und dreiwertigen Epoxidharzen

Abb. 6. DSC-Diagramm von kristallinem Mehrphasensystem enthaltend zwei verschiedene Kristallarten

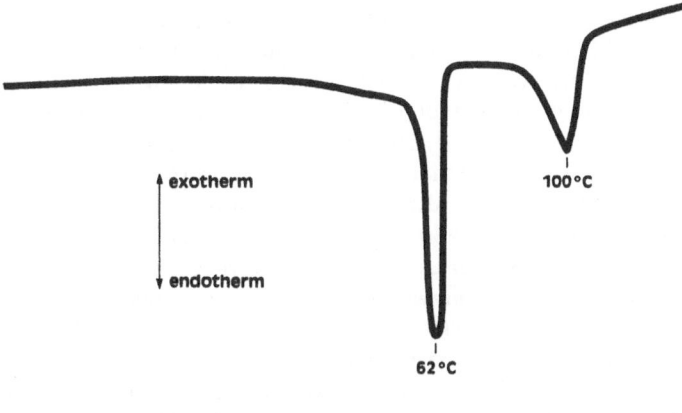

schmelzenden Kristallits hinaus gehen sie in den gummielastischen Zustand über (Abb. 6).

3. Arten von Netzwerken

Selbst wenn nur die Vernetzung durch kovalente Bindungen betrachtet wird, ist eine Vielzahl unterschiedlicher Netzwerke zu berücksichtigen. Netzwerke können sich in der mittleren Vernetzungsdichte unterscheiden: sie können stark oder schwach vernetzt sein. In der Praxis kann man nie mit einem räumlich gleichmäßig aufgebauten Netzwerk rechnen. Es kann jedoch der Abstand zwischen den einzelnen Vernetzungsstellen gleichbleibend (evtl. alternierend) oder aber auch sehr unregelmäßig sein (Abb. 7). Das vernetzte Polymere kann aus gleich strukturierten Kettensegmenten aufgebaut sein (strahlenvernetztes PE) oder es kann unterschiedliche chemische Struktur zwischen den Vernetzungsstellen aufweisen wie z.B. vulkanisierter Kautschuk und besonders die un-

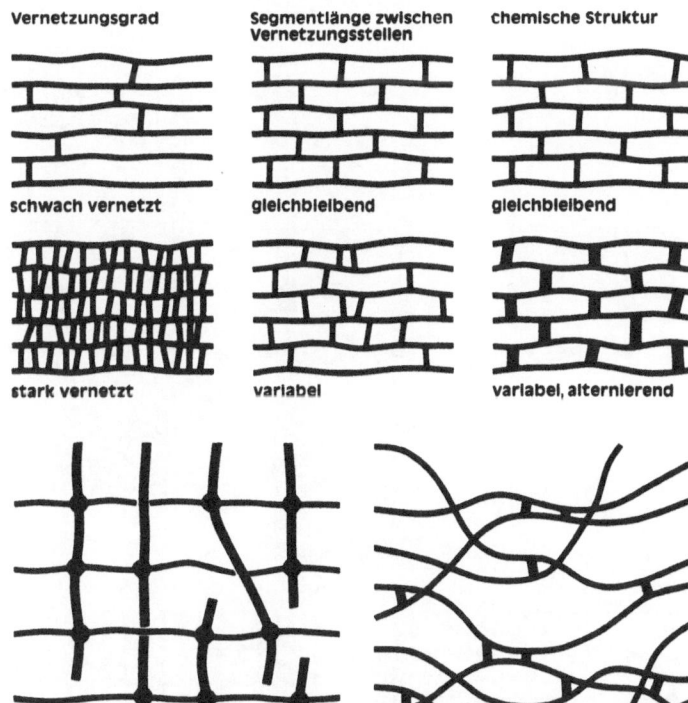

Abb. 7. Netzwerkaufbau (schematische Darstellung)

Abb. 8. Schematische Darstellung von Netzwerken

gesättigten Polyester (Abb. 8). Auf Basis von Epoxidharzen ist es möglich, Netzwerke aufzubauen, bei welchen sowohl die Abstände zwischen den Vernetzungsstellen, und zwar in Hauptkettenrichtung und quer dazu, wie auch die Anordnung der Strukturelemente durchwegs gleich bleiben. Besonders interessant ist der Vergleich von Polyaddukten aus Triestertricarbonsäuren mit solchen aus Tetraestertetracarbonsäuren. Es sind Netzwerke, die sich nur durch die Vernetzungsdichte, nicht aber die Struktur oder den Abstand zwischen den Vernetzungsstellen unterscheiden. Beide Netzwerke zeigen gleiches Alternieren von Vernetzungsstelle, Carbonsäurerest, Brückensegment, gebildet durch die Additionsreaktion, Epoxidrest, Brückensegment, Carbonsäurerest, Vernetzungsstelle (Abb. 9). Derartige Systeme sind für Untersuchungen über den Einfluß der Vernetzung auf das physikalische Verhalten von Polymeren besonders geeignet.

Netzwerke unterscheiden sich auch in bezug auf ihre Überstruktur (Abb. 10). Nach *Funke* kommt es beim Aufbau eines Netzwerks aus niedermolekularen Komponenten zu Entmischungserscheinungen zwischen dem sich bildenden Makromolekül und den Ausgangs-

verbindungen (12). Hierdurch werden intramolekulare Ringschluß-Reaktionen bevorzugt, so daß stark vernetzte Bereiche entstehen, die über schwach vernetzte Zwischenphasen miteinander verbunden sind. Es ist leicht einzusehen, daß sich eine derartige Globularstruktur vor allem nachteilig auf die Festigkeit und besonders die Einreißfestigkeit im gummielastischen Zustand auswirkt (13). Die Globularstruktur wirkt sich auch auf den Bruchmechanismus im hartelastischen Zustand aus, indem der Bruch bevorzugt in den weniger vernetzten Zwischenbereichen erfolgt. Sie kann daher durch elektronenmikroskopische Aufnahmen von Bruchflächen nachgewiesen werden. Globulen in der Größenordnung von ca. 1000 Å wurden an allen stark vernetzten Polymeren (Phenol-, Silikon-Epoxid-Acrylat-Polyurethan- und UP-Harze) gefunden (14—19). Abbildung 11 zeigt eine derartige Globularstruktur eines mit Anhydrid gehärteten Epoxidharzes mit Globulen in der Größenordnung von etwa 1000 Å. Die Interpretation der EM-Aufnahmen der Bruchflächen ist nicht immer eindeutig, da sehr unterschiedliche Bilder erhalten werden.

Bei langsamem Weiterreißen eines angerissenen Probekörpers erkennt man neben den

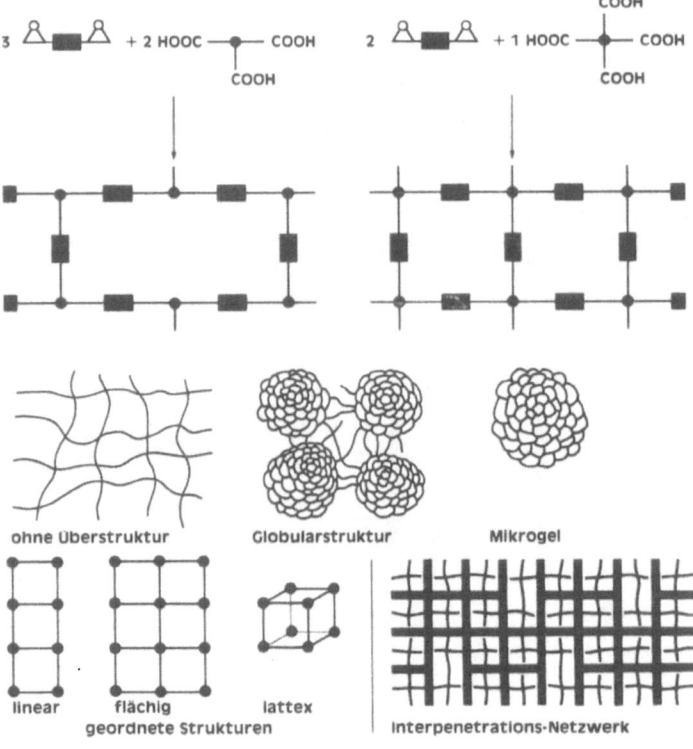

Abb. 9. Aufbau von vernetzten Polymeren mit gleichbleibender Segmentlänge und Struktur (schematische Darstellung)

Abb. 10. Netzwerk-Überstruktur

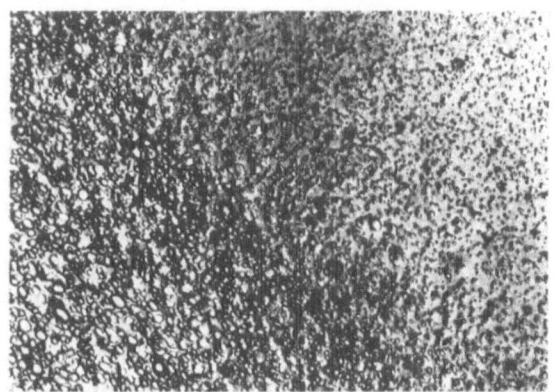

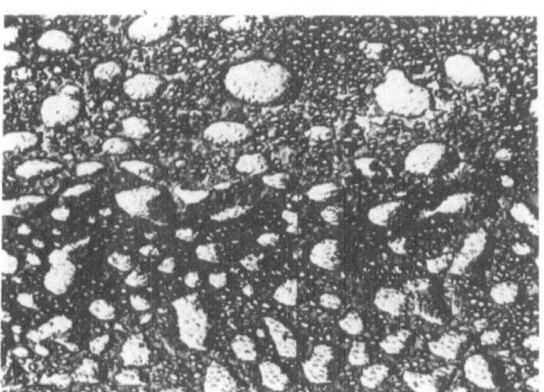

Abb. 11. Elektronenmikroskopische Aufnahme einer Bruchfläche eines mit Anhydrid gehärteten Epoxidharzes (chrombeschatteter Kohleabzug; Durchmesser der Globulen 1000 Å)

Abb. 12. Wie Abbildung 11, jedoch von Bruchfläche, welche durch langsame Fortpflanzung eines Risses entstanden ist

kleineren Globulen auch große Partikel in der Größenordnung von 25000 Å (20) (Abb. 12). In Abbildung 13 ist eine Anhäufung von Globulen entlang bestimmter Spannungslinien zu erkennen. Es handelt sich jedoch immer nur um Erhöhungen, nie um Vertiefungen. Sie müssen demnach durch einen Fließvorgang zustande gekommen sein. Ganz andere Bilder entstehen wiederum durch Stereoscan-Aufnahmen von Oberflächen nach Ionen-Ätzung (Abb. 14). Die Bilder mögen einen Eindruck vermitteln, daß hier noch nicht alle Zusammenhänge zwischen Globularstruktur und Bruchmechanismus geklärt sind.

Die Globularstruktur beeinflußt auch das Eindringen von Feuchtigkeit und Chemikalien. Niedermolekulare Flüssigkeiten dringen bevorzugt in die schwächer vernetzten Bereiche, was hier zu stärkerer Flexibilisierung führt. Hoch-

vernetzte Polymere zeigen daher nach Feuchtlagerung 2 Glasumwandlungen resp. 2 Maxima bei der Aufzeichnung der Eindringgeschwindigkeit eines belasteten Stempels unter gleichmäßigem Aufwärmen (20, 21). Bei ausgeprägt aromatischen Epoxidharzen dringt die Feuchtigkeit praktisch nicht in die stark vernetzten Bereiche ein, so daß der 2. Peak unverändert ist oder sogar noch etwas höher liegt (Abb. 15). Polare Systeme auf Basis von Dimethylhydantoin nehmen mehr Wasser auf, und zwar auch in den Globulen, so daß zwei Maxima bei tieferer Temperatur resultieren. Schwächer vernetzte Polymere mit größerem Anteil an Estergruppen haben nach Feuchtlagerung praktisch nur noch einen Peak. Bei einem mittleren Abstand von 20—40 Kettengliedern zwischen den Vernetzungsstellen vermag das Netzwerk dem Eindringen von Feuchtigkeit keinen nennens-

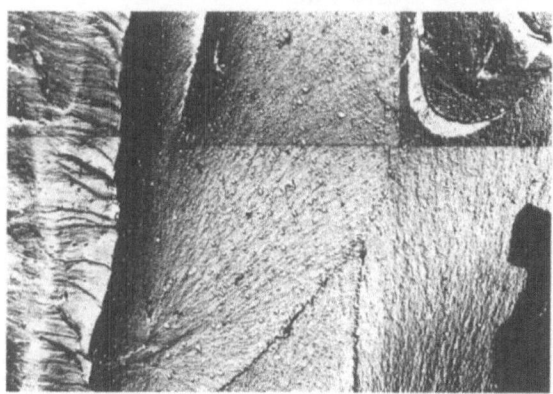

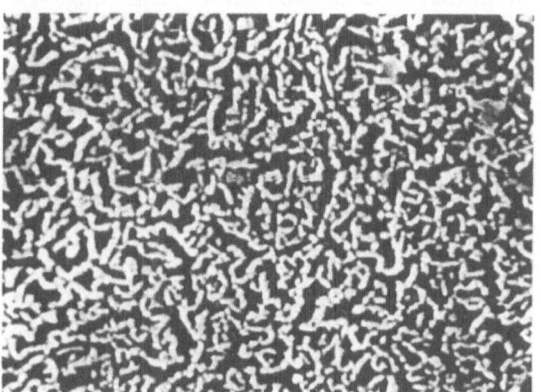

Abb. 13. Wie Abbildung 11, jedoch anderer Ausschnitt

Abb. 14. Stereoscan-Aufnahme einer Epoxidharz (Anhydrid-Härtung)-Oberfläche nach Ionen-Ätzung

Einfluss von chemischer Struktur und Feuchtlagerung auf die Glasumwandlung

Thermomechanische Analyse : Penetration/Derivative

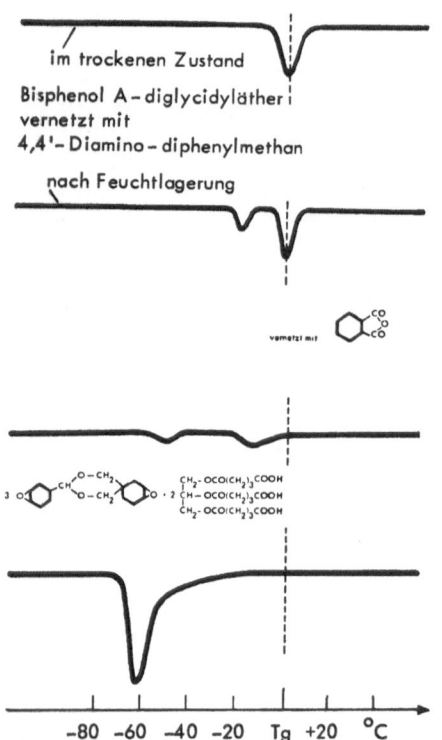

Abb. 15. Einfluß von chemischer Struktur und Feuchtlagerung auf die Glasumwandlung. Thermomechanische
Analyse: Penetration/Derivative

werten Widerstand mehr entgegenzusetzen. Die
Feuchtigkeitsaufnahme bei Raumtemperatur ist
ein rein physikalischer Vorgang. Durch Trocknen
bei erhöhter Temperatur und/oder Vakuum
gehen die Polymeren praktisch wieder auf den
ursprünglichen Zustand zurück. Allerdings schei-

nen Spuren von Feuchtigkeit im Polymeren
zurückzubleiben analog der Inclusions-Cellulose.

Eine spezielle Klasse von Polymeren bilden
die Interpenetrationsnetzwerke, bei welchen
sich zwei Netzwerke unterschiedlicher Struktur
durchdringen (22). Hier sind vor allem Kombina-
tionen von starren und flexiblen Netzwerken
interessant. Da sich die verschiedenen Kettensegmente durchdringen, ist ihre Fähigkeit zu
einem Eigenleben jedoch sehr begrenzt, so daß
die T_g von Hart- und Weichsegment relativ nahe
beieinander liegen. Der wertvolle Effekt des
Mehrphasensystems geht daher großenteils verloren (Abb. 16).

Auf Basis von Polyurethanen und Epoxiden
können auch kristalline Polymere mit relativ
hoher Vernetzungsdichte hergestellt werden.
Polymere aus Polyesterdicarbonsäuren und Tri-
epoxiden kann man sich etwa entsprechend
Abbildung 17 vorstellen, indem Kristallite aus

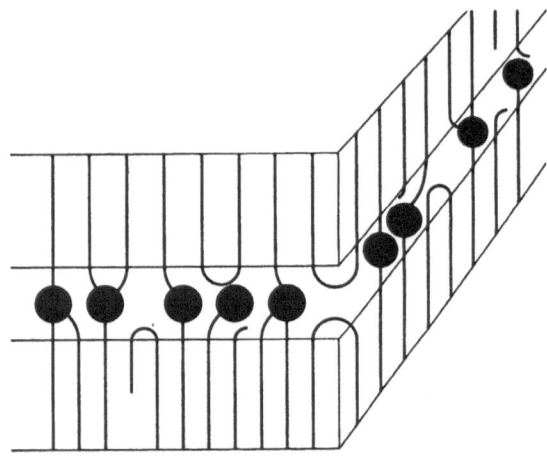

Abb. 17. Schematische Darstellung eines kristallinen,
vernetzten Epoxidharzes

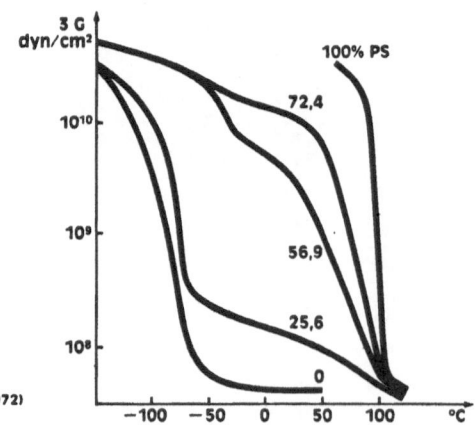

Literatur:
A.J. Curtius, M.J. Covitch,
D.A. Thomas, L.H. Sperling,
Pot. Engg + Science 12, 101 (1972)

Abb. 16. Polybutylen-Polystyrol
Interpenetrationsnetzwerk

Abb. 18. Einfluß der Vernetzungsdichte auf
T_g, T_m und T_g/T_m bei kristallinen Epoxidharzen.

System: Hexahydrophthalsäurediglycidyl-
        ester
        + Sebacinsäure-Hexandiol 11:10
          Polyester (PE)
        + Hexahydrophthalsäureanhydrid
          (Anh)

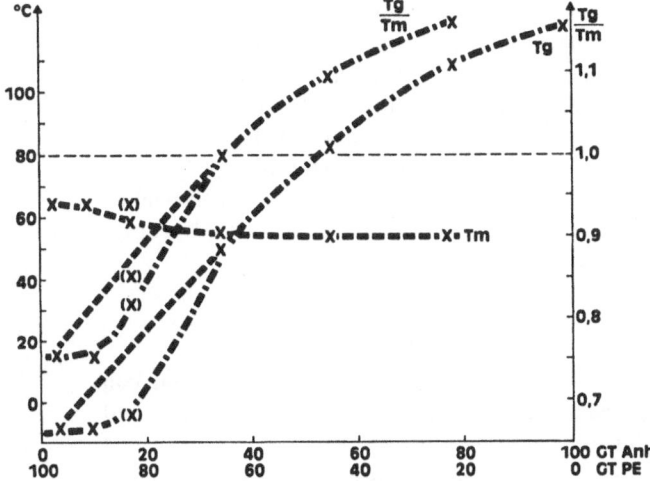

Polyestersegmenten über eine amorphe Phase bestehend aus Polyesterresten und Triepoxid miteinander verbunden sind. Die Kristalldicke entspricht etwa 1/2 bis 1/3 der Länge eines Sebacinsäure-Hexandiol 11:10 Polyesters, so daß dieses Segment etwa 1—2mal gefaltet sein dürfte. Mit zunehmender Vernetzung (Zusatz von Anhydrid und entsprechender Menge Diepoxid) steigt — wie in Nauheim gezeigt wurde — die Glasumwandlung an. Obschon der Kristallinitätsgrad abnimmt, weisen auch noch stark vernetzte Polymere kristalline Bereiche auf, deren T_m nur wenig niedriger liegt (Abb. 18). Dementsprechend steigt der Quotient T_g/T_m (Enthalpie/Entropie) auf Werte von über 1,1 an. Die Vernetzung bewirkt generell bei kristallinen Polymeren

a) Erniedrigung des Kristallisationsgrades (ΔH),
b) Erhöhung von T_g der amorphen Bereiche,
c) Erniedrigung von T_m (meist weniger ausgeprägt),
d) Erhöhung des Verhältnisses T_g/T_m.

Es ist fraglich, ob der Tempereffekt als Überstruktur betrachtet werden darf. Temperung wenig unterhalb T_g führt nicht nur zu dem bekannten Peak im DSC-Diagramm; das Polymere zeigt auch deutlich höheren Formveränderungswiderstand (Streckspannung) und ist weniger flexibel (Abb. 19). Beim Abkühlen unter Druck resultiert ebenfalls eine höhere Dichte; interessanterweise bleiben jedoch die calorimetrischen wie auch mechanischen Effekte der Temperung aus. Am Beispiel der Epoxidharze konnte gezeigt werden, daß Polarität und Wasserstoffbrücken kaum von Einfluß sind (23),

daß aber die Symmetrie des strukturellen Aufbaus entscheidend ist für das Ausmaß der physikalischen Veränderung. Es bilden daher nicht Kettenfaltungen oder Wasserstoffbrücken Ursache dieses Phänomens, vielmehr muß angenommen werden, daß durch das Tempern ein „Einrasten" kleinster benachbarter Strukturelemente erfolgt, wodurch eine Abweichung von der statistisch wahrscheinlichen Anordnung —

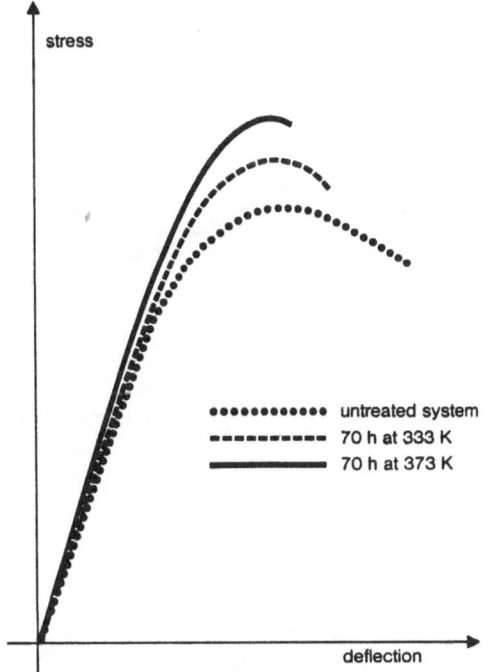

Abb. 19. Einfluß der Temperung auf das Spannungs-Durchbiegungs-Diagramm.
System: Hexahydrophthalsäurediglycidylester
    + Hexahydrophthalsäureanhydrid

also eine Entropieabnahme — stattfindet. Wenn auch heute die Existenz einer Nahordnung noch umstritten ist, so muß doch bei hochvernetzten amorphen Polymeren die mechanische Veränderung durch die Temperung, insbesondere die Einbuße an Flexibilität (Durchbiegung beim Bruch) von über 20—30% beim technischen Einsatz und bei der Auswertung von Alterungsversuchen berücksichtigt werden.

4. Die Vernetzungsreaktion

Aufschlußreich sind auch Veränderungen von physikalischen Eigenschaften, welche während der Vernetzungsreaktion erfolgen.

Die Additionsreaktion ist vor allem mit einer Volumenänderung verbunden, welche in erster Annäherung proportional dem Umsetzungsgrad und der Anzahl aktiver Gruppen verläuft. Die isotherme Reaktion kann durch Messung der Volumenänderung über größere Zeitintervalle verfolgt werden als mit konventionellen kalorimetrischen Methoden. Bei gleichzeitiger Messung

von Volumenänderung und Gelierpunkt erhält man folgende Information (Abb. 20):

a) Umsatz bei Gelierpunkt: Aussage über Vernetzungsmechanismus;

b) Zeit bis Gelierpunkt: Hinweis über die maximale Gebrauchszeit;

c) Totaler Volumenschwund;

d) Schwund bis Gelierpunkt: bei genügend niedriger Viskosität kann diese Volumenänderung durch Nachfließen kompensiert werden;

e) Schwund ab Gelierpunkt: Maß für Schwundspannungen z.B. beim Umgießen von metallenen Körpern;

f) Die zeitliche Ableitung der Volumenänderung vermittelt ein Bild über die Änderung der Reaktivität während der Polyadditionsreaktion.

Für Gieß- und Imprägnierharze ist eine Charakteristik entsprechend Kurve 2 in Abbildung 21 wünschenswert, nach der sich die Härtungsreaktion erst nach einer Anlaufphase

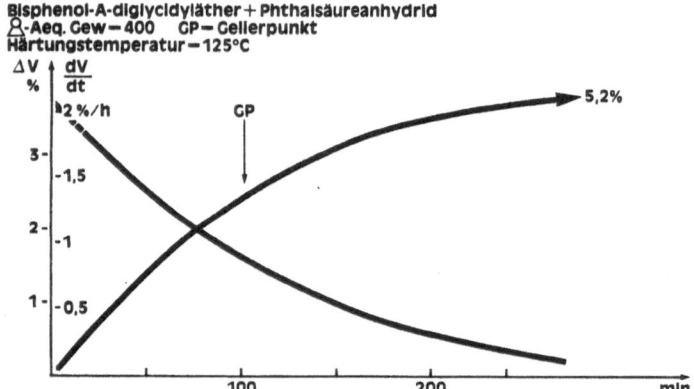

Abb. 20. Aushärtungscharakteristik eines Epoxidharzes

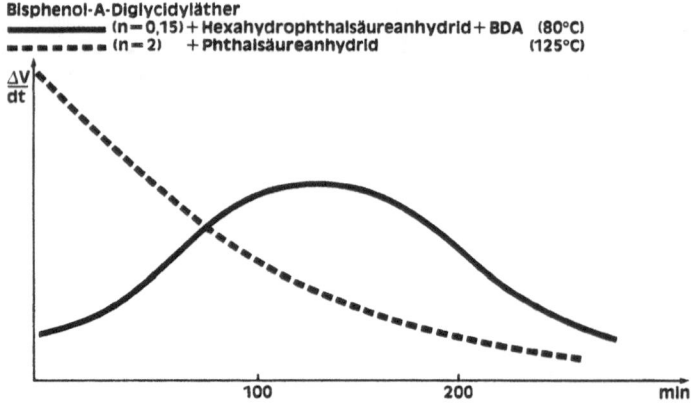

Abb. 21. Isotherme Aushärtung von Epoxidharzen

Abb. 22. Aushärtungscharakteristik
von Araldit B + Phthalsäureanhydrid

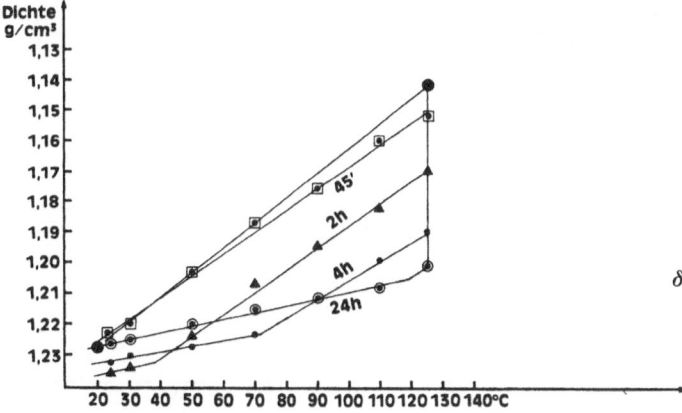

Abb. 23. Aushärtungscharakteristik
eines Epoxidharzes

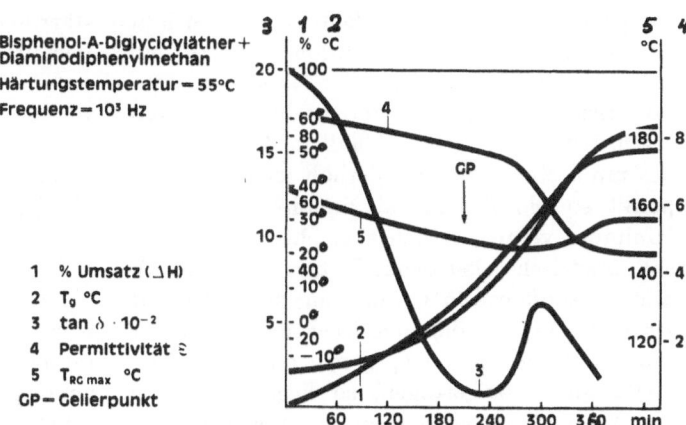

Bisphenol-A-Diglycidyläther +
Diaminodiphenylmethan

Härtungstemperatur = 55°C

Frequenz = 10³ Hz

1   % Umsatz (ΔH)
2   T_g °C
3   tan δ · 10⁻²
4   Permittivität ε
5   $T_{RG\,max}$ °C
GP = Gelierpunkt

beschleunigt. Solche Systeme, wie sie z. B. mit Anhydrid-Härtung hydroxylarmer Epoxidverbindungen erhalten werden, weisen über längere Zeit eine relativ niedrige Viskosität auf, härten aber nach der Inkubationsperiode doch zügig durch. Für Klebstoffe oder Lackharze sind Systeme mit rasch einsetzender Reaktion (Härtung mit aliphatischen Aminen, Polycarbonsäuren, Anhydrid-Härtung von hydroxylhaltigen Epoxidharzen) vorteilhaft (Kurve 1), da diese rasch antrocknen.

Verfolgt man das Volumen oder die Dichte einer härtbaren Mischung über den ganzen Aushärtungsprozeß, so beobachtet man zuerst die relativ starke Ausdehnung der flüssigen Mischung. Anschließend erfolgt eine Volumenkontraktion während der Vernetzungsreaktion (Abb. 22). Die einzelnen Kettensegmente werden zusammengezogen, wodurch das freie Volumen im gummielastischen Zustand reduziert wird. Gleichzeitig verringert sich auch die Segmentbeweglichkeit, was eine T_g-Erhöhung zur Folge hat. Hohe Vernetzung führt bei der Härtungs-

temperatur zu höherer Dichte. Infolge des stark angestiegenen T_g friert jedoch das System beim Abkühlen bei einem größeren freien Volumen ein als bei geringerem Umsetzungsgrad, wodurch bei Raumtemperatur Körper niedriger Dichte resultieren. Derartige Zusammenhänge zwischen Glastemperatur, freiem Volumen und Ausdehnungskoeffizienten sind für das Verständnis des mechanischen Verhaltens von fundamentaler Bedeutung (24).

Abbildung 23 zeigt die Änderung weiterer Eigenschaften während der isothermen Härtung eines Epoxidharzes mit einem aromatischen Diamin. Der Umsatz steigt kontinuierlich an, bis bei etwa 75% die Härtungsreaktion einfriert. Die Temperatur der maximalen Reaktionsgeschwindigkeit $T_{RG\,max}$ (max. Wärmeabgabe pro Zeiteinheit) zeigt fallende Charakteristik bis etwa 60% Umsatz. Sie deutet damit eine Erhöhung der Härtungsgeschwindigkeit an, obschon die Zahl der aktiven Gruppen abnimmt. Die T_g zeigt stetigen Anstieg bis 75% Umsatz, um nach dem Einfrieren nur noch unwesentlich

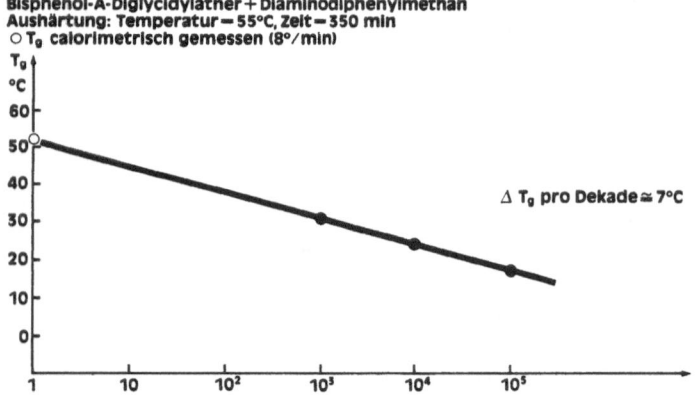

Bisphenol-A-Diglycidyläther + Diaminodiphenylmethan
Aushärtung: Temperatur — 55°C, Zeit — 350 min
○ T$_g$ calorimetrisch gemessen (8°/min)

Δ T$_g$ pro Dekade ≈ 7°C

Abb. 24. T_g als tan δ_{max} in Funktion der Frequenz

weiter anzusteigen. Der dielektrische tan δ fällt im Anfang der Härtungsreaktion stark ab und durchschreitet ein ausgeprägtes Maximum. Charakteristisch ist auch der Verlauf der Permittivität mit dem deutlichen Abfall im Zeitintervall des tan δ Maximum. Wiederholt ist der Gelierpunkt sowohl für das Maximum wie für das Minimum verantwortlich gemacht worden. Die calorimetrisch gemessene T_g beim tan δ Maximum beträgt ca. 35 °C (Messung des tan δ mit 10^3 Hz). Werden die den Reaktionszeiten der tan δ max zugehörigen T_g-Werte in Funktion der Meßfrequenz aufgetragen, so liegen diese im log. Maßstab auf einer Geraden, welche bei der Frequenz 1 den calorimetrisch ermittelten T_g-Wert erreicht (Abb. 24). Dies zeigt klar, daß die Maxima des tan δ auf das Durchschreiten der Glasumwandlung resp. Dämpfung bei der isothermen Härtung und der entsprechenden Frequenz zurückzuführen sind. Die glasige Er-

starrung ist auch die Ursache für den Abfall der Permittivität. Die T_g-Erhöhung beträgt bei dem untersuchten Epoxidharz 7 °C pro Frequenzverschiebung um 1 Zehnerpotenz.

5. Einfluß der Vernetzung auf das mechanische Verhalten der Polymeren

Das mechanische Verhalten von Polymeren bei Raumtemperatur und erhöhter Temperatur wird weitgehend durch die Glasumwandlungstemperatur bestimmt. Die Erhöhung der T_g mit zunehmender Vernetzungsdichte ist daher von erheblicher technischer Bedeutung. Für die Untersuchung der Zusammenhänge zwischen Vernetzungsdichte und T_g sind Polymere mit möglichst gleichbleibender Struktur beizuziehen, da die T_g ebenfalls durch die Molekülbewegung resp. Kettensteifigkeit, durch Wechselwirkungskräfte und durch die Raumerfüllung resp. das

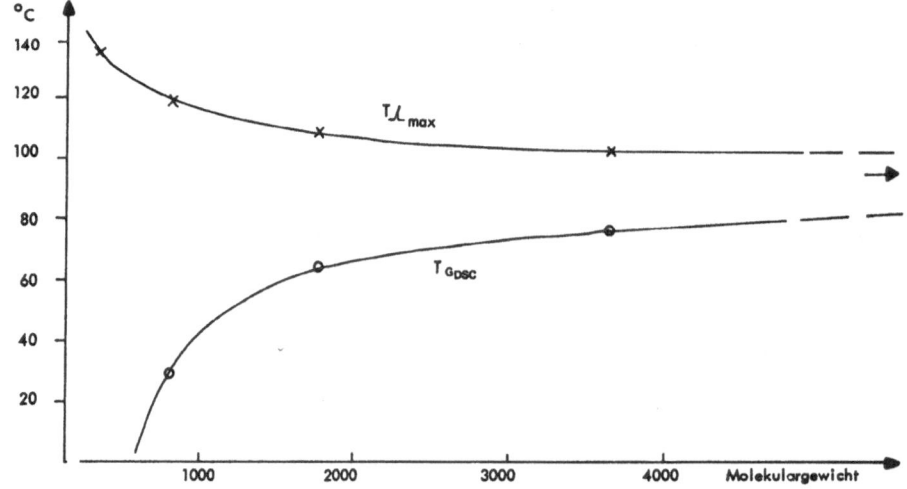

Abb. 25. T_g und T_m in Funktion von Kettenlänge und Vernetzungsdichte. System: siehe Abb. 22

freie Volumen bestimmt wird. Bis zu einem gewissen Grade können diese Voraussetzungen durch Polyaddition von Bisphenol-A-Diglycidyläthern unterschiedlicher Kettenlänge mit einem cyclischen Dicarbonsäureanhydrid erfüllt werden. Hierbei wirkt sich lediglich der variable Anteil des Anhydrids etwas störend aus. Mit zunehmender Kettenlänge der Epoxidverbindung steigt die T_g des linearen Epoxids an und erreicht asymptotisch einen Endwert (Abb. 25). Bei hoher Maschenweite erhöht sich die T_g mit steigender Vernetzungsdichte vorerst nur zögernd. Die zunehmende Vernetzung bringt erst ab etwa 20—40 Kettengliedern zwischen zwei Vernetzungsstellen eine T_g-Erhöhung von praktischer Bedeutung.

Di Marzio und *Di Benedetto* hatten eine Theorie abgeleitet, nach welcher zwischen T_g und Vernetzung folgende Beziehung gilt:

$$\frac{T_g - T_{g0}}{T_{g0}} = \frac{\left[\dfrac{\varepsilon_x}{\varepsilon_M} - \dfrac{F_x}{F_M}\right] X_c}{1 - \left(1 - \dfrac{F_x}{F_M}\right) X_c}, \qquad [1]$$

wobei

T_{g0} = T_g des linearen Polymeren gleicher Struktur,
$\varepsilon_x/\varepsilon_M$ = Verhältnis der Gitterenergie (Lattice-energy) von vernetztem und unvernetztem Polymeren,
F_x/F_M = Verhältnis der Segmentbewegung (vernetzt-unvernetzt),
X_c = Mol-Fraktion von Monomer-Einheiten, welche im Polymeren vernetzt sind.

Ausgehend von der Tatsache, daß für die meisten Polymeren die Beweglichkeit einer vernetzten Einheit praktisch Null ist ($F_x/F_M = 0$), gelangt man zur Gleichung (25, 26)

$$T_g - T_{g0} = \frac{1{,}2\,X_c}{1 - X_c} \cdot T_{g0} = \frac{2\,T_{g0}}{n_c}. \qquad [2]$$

Diese Beziehung hat große Ähnlichkeit mit den empirisch abgeleiteten Formeln (26, 27)

$$T_g = T_{g0} + \frac{3{,}9 \cdot 10^4}{M_c}, \qquad [3]$$

$$T_g = T_{g0} + \frac{788}{n_c}, \qquad [4]$$

wobei im einen Fall das Molekulargewicht, im anderen die Kettengliederzahl zwischen den Vernetzungsstellen als Bezugsgröße benutzt wird.

Schließlich sei noch auf den Versuch von *Becker* (28) hingewiesen, die T_g von vernetzten Polymeren entsprechend der für lineare Polymere entwickelten Inkrementmethode zu berechnen:

$$T_g = \frac{\sum a_i\, n_i\, T_{gni} + K_n \cdot P}{a_i \cdot n_i}, \qquad [5]$$

wobei

T_{gni} = Glasumwandlungsinkremente,
u_i = Zahl der Strukturelemente i pro wiederkehrendes Segment,
n_i = Zahl der Hauptkettenatome pro Strukturelement,
K_n = Beitrag der Vernetzungsstelle zu T_g,
P = Zahl der trifunktionellen Vernetzungsstellen.

Die Inkrementwerte sind von den Wechselwirkungsparametern abhängig und gelten daher nur innerhalb homologer Reihen. Bei vernetzten Polymeren wirkt sich nachteilig aus, daß für gewisse Struktureinheiten beim gleichen Harztyp je nach Reaktionspartner z. T. ganz unterschiedliche Inkrementwerte eingesetzt werden müssen. Innerhalb ähnlich strukturierter Polymerer erreicht man z. T. gute Übereinstimmung der berechneten Werte mit den gemessenen Daten. Es fehlen heute noch viele Inkrementwerte. Auch ist die Berücksichtigung der Vernetzungs-

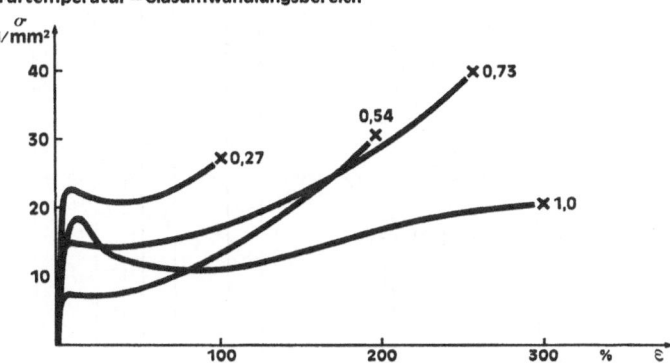

Abb. 26. Spannungs-Dehnungs-Verhalten von Epoxidharzen unterschiedlicher Vernetzungsdichte (respektive Anteil an disekundärem Amin)

Netzwerkaufbau	T_G	Messung bei Raumtemp.			Messung i. gummielast. Bereich		
		BF N/mm²	DB mm	SB N/mm	E-Modul	ZF N/mm²	Bruchdeh- nung %
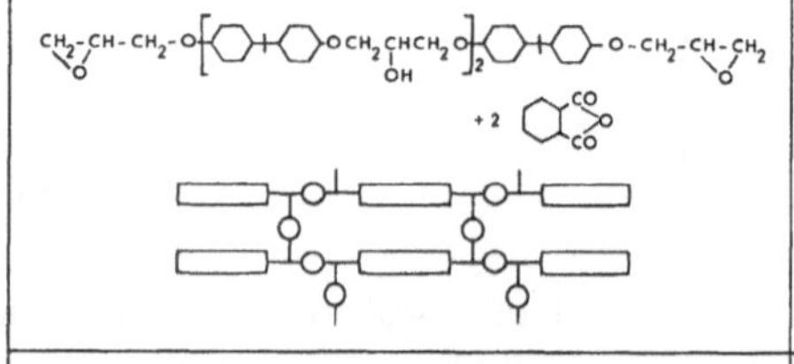 (Struktur)	119	130	12	29	8,7	1,2	17
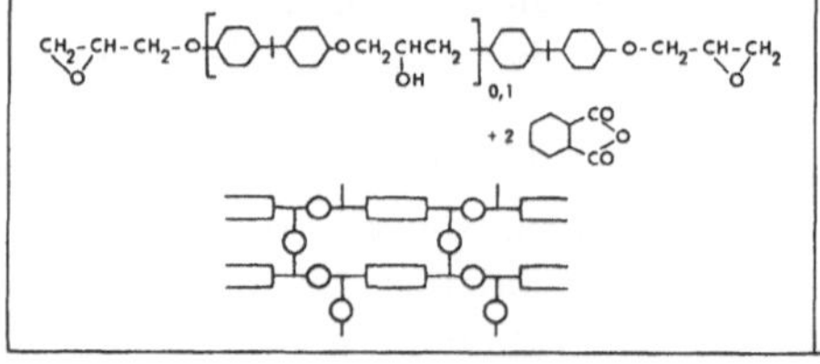 (Struktur)	136	140	9	16	14,9	1,8	13

Abb. 27. Einfluß der Vernetzungsdichte auf die physikalischen Eigenschaften.

BF = Biegefestigkeit (VSM 77103)
DB = Durchbiegung
SB = Schlagbiegefestigkeit (VSM 77105)
ZF = Zugfestigkeit

dichte nach der angegebenen Beziehung etwas problematisch, wahrscheinlich ein Grund, weshalb besonders bei stark vernetzten Systemen teilweise größere Abweichungen festgestellt werden.

Ein Vergleich der nach der empirischen Formel [4] berechneten mit den experimentell ermittelten T_g-Werten ergibt bei den mit Anhydrid vernetzten Bisphenol-A-Diglycidyläthern unterschiedlicher Kettenlänge eine recht gute Übereinstimmung.

Werden analog strukturierte, aber verschieden stark vernetzte Epoxidharze im Bereich der Glasumwandlung auf Zug beansprucht, so erfolgt vorerst ein relativ steiler Anstieg der Spannung (Abb. 26). In diesem Fall wurde die Vernetzungsdichte durch Ersatz eines diprimären Amins durch ein disekundäres Amin analoger Struktur sukzessive reduziert (13). Nach einer Periode ohne nennenswerten weiteren Anstieg der Spannung erfolgt — offensichtlich beim Anziehen der Maschen — ein zweiter Spannungsanstieg, der bei dem unvernetzten, d.h. nur mit disekundärem Amin umgesetzten Epoxidharz wegfällt. Der Spannungsanstieg erfolgt um so früher und rascher, je stärker das Polymere vernetzt ist. Die Versuchsreihe deutet darauf hin, daß bei mechanischer Beanspruchung im viscoelastischen Bereich die Vernetzungsdichte den 3. Abschnitt des Spannungs-Deformations-Verhaltens beeinflußt, nicht aber den 1. Teil, welcher im hartelastischen Zustand festigkeitsbestimmend ist.

Nach *J. P. Bell* (29) sollen unterschiedlich vernetzte Epoxidharze von etwa gleicher Struktur auch gleiche Zugfestigkeit bei Raumtemperatur aufweisen. Bei dem mit Anhydrid gehärteten Bisphenol-A-Diglycidyl-Äther ist je-

Netzwerkaufbau	T_G	Messung b. Raumtemp.			Messung i. gummielast. Bereich		
		BF N/mm²	DB mm	SB N/mm	E-Modus	ZF N/mm²	Bruchdeh- nung %
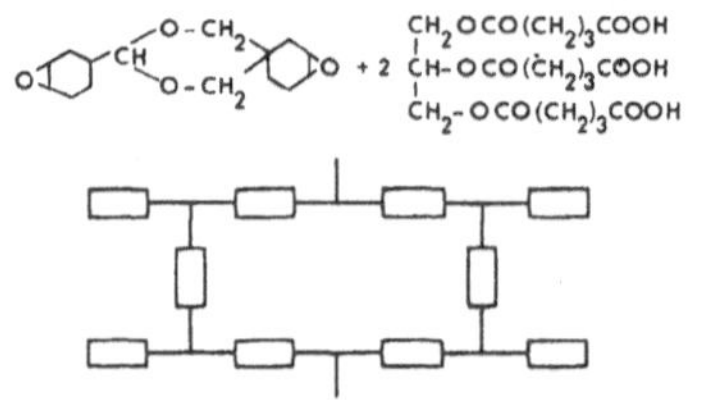 (Struktur)	70	130	15	32	3,9	0,8	21
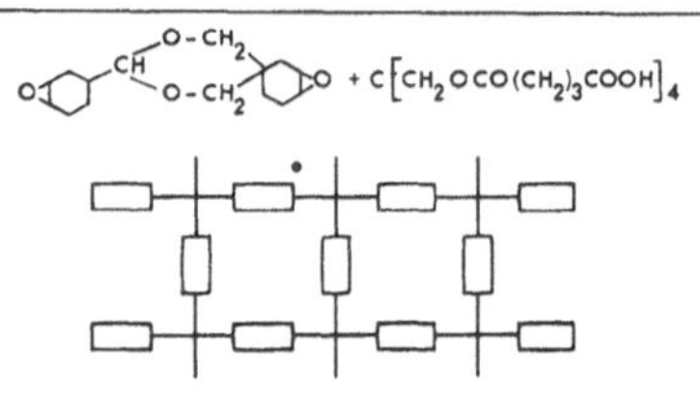 (Struktur)	84	140	13	28	6,3	1,5	29

Abb. 28. Physikalische Eigenschaften gleichstrukturierter Epoxidharze von unterschiedlicher Vernetzungsdichte

Abb. 29. Temperaturabhängigkeit von
E-Modul und Zugfestigkeit eines stark
vernetzten Epoxidharzes

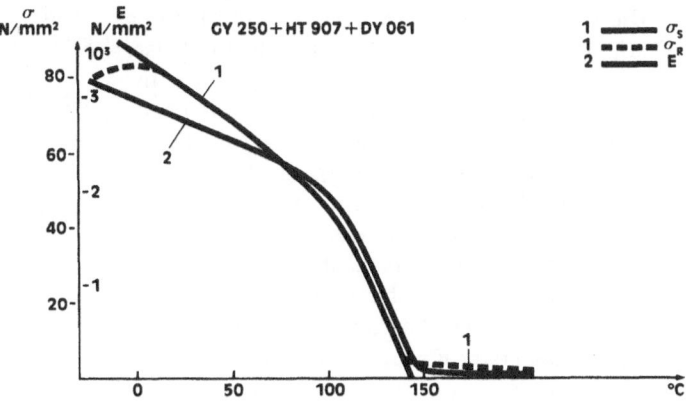

Abb. 30. Einfluß von M_c auf die Temperaturabhängigkeit der Zugfestigkeit

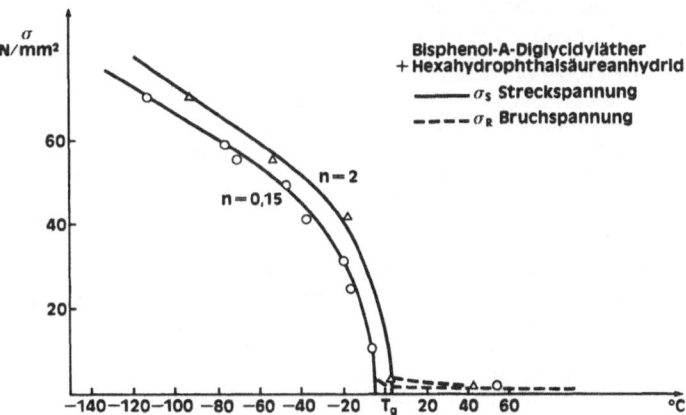

doch nicht nur der Glaspunkt, sondern auch die mechanische Festigkeit bei Raumtemperatur beim stark vernetzten Polymeren höher (Abb. 27). Ähnlich wirkt sich die Vernetzungsdichte beim Polycarbonsäure-Epoxid-Addukt aus (Abb. 28). Die Vernetzung hat demnach sowohl höhere T_g wie auch höhere mechanische Festigkeit bei Raumtemperatur zur Folge. Modul und Festigkeit steigen unterhalb T_g vorerst rasch dann etwas langsamer an. Hierbei erfolgt der Anstieg der Festigkeit kontinuierlicher (Abb. 29).

Die Festigkeit bei einer bestimmten Temperatur hängt somit einerseits von der T_g, andererseits von der Steilheit des Anstiegs der Streckspannung unterhalb T_g und eines eventuell eintretenden Sprödbruchs ab. Die Vernetzungsdichte beeinflußt die T_g und damit naturgemäß auch die Festigkeit unterhalb T_g. Wie wirkt sich aber die Vernetzung auf die Steilheit des Anstiegs aus?

Abbildung 30 zeigt bei den verschieden stark vernetzten Polymeren einen innerhalb der Fehlergrenze gleichen Anstieg der Zugfestigkeit.

Auch beim Vergleich der Zugfestigkeitswerte (Streckspannung) von Polyaddukten aus Diepoxid mit Tri- und Tetracarbonsäure, d. h. bei völlig gleich strukturierten Polymeren unterschiedlicher Vernetzungsdichte resultiert ein paralleler Verlauf der Streckspannung innerhalb des meßbaren Bereichs (Abb. 31).

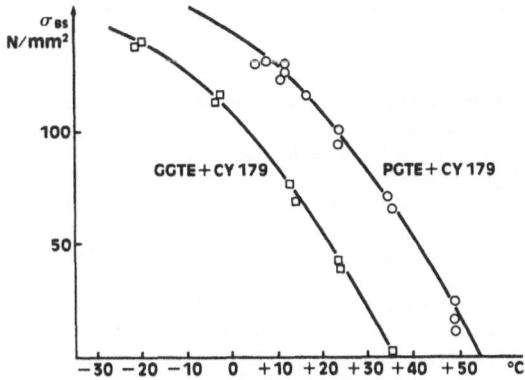

Abb. 31. Einfluß der Vernetzungsdichte auf die Temperaturabhängigkeit der Biege-Streckspannung

Diese Ergebnisse zeigen, daß der Anstieg der Festigkeit unterhalb T_g dadurch bedingt ist, daß das Abgleiten benachbarter Segmente infolge von Wechselwirkungen resp. zwischenmolekularen Kräften erschwert wird. Dabei üben, wie *Bell* vermutete (29), die kovalenten Bindungen keine oder nur untergeordnete Stützwirkung aus. Es ist ferner interessant, daß das 2. System mit dem niedrigeren T_g, der höheren Polarität und der höheren Beweglichkeit einen stärkeren Anstieg unterhalb T_g aufweist als das erste. Es bleibt abzuklären, inwieweit für die Zusammenhänge zwischen Beweglichkeit, Vernetzung, Polarität, freiem Volumen und mechanischer Festigkeit allgemeingültige Beziehungen abgeleitet werden können.

Der Forschungsleitung der CIBA-GEIGY AG, Herrn Prof. *Batzer* und Herrn Dr. *Gysling*, möchte ich für die Unterstützung sowie Frl. Dr. *Kreibich* für die calorimetrischen Messungen und Herrn Dr. *Fischer* für mechanische Untersuchungen herzlich danken.

Zusammenfassung

Es wird eine Übersicht über den Einfluß der Vernetzung auf das physikalische Verhalten von Polymeren gegeben. Anhand von Untersuchungen an speziell strukturierten Epoxidharzen wird die technologische Bedeutung der Vernetzungsreaktion gezeigt. Netzwerke unterscheiden sich nicht nur in der Vernetzungsdichte, sondern auch in bezug auf die Regelmäßigkeit von chemischer Struktur und Kettenlänge zwischen den Vernetzungsstellen sowie in der Überstruktur. Besondere Beachtung verdient der Einfluß der Vernetzung bei kristallinen Polymeren.

Die Vernetzung wirkt sich in charakteristischer Weise auf den Modul im gummielastischen Zustand aus. Von größerer technischer Bedeutung ist die T_g-Erhöhung und die Behinderung der Penetration von Wasser. Durch Verringerung des freien Volumens resp. der Bewegungsfreiheit der Segmente bewirkt die Vernetzung auch eine Erhöhung der Festigkeit bei Raumtemperatur, obschon die kovalente Bindung keine signifikante Stützwirkung ausübt.

Summary

The influence of crosslinking on the physical properties of polymers is surveyed. The technological importance of crosslinking is demonstrated by investigations of specially structured epoxide resins. Networks differ in crosslinking density, regularity of chemical structure and chain length between crosslinks and in supermolecular structure. Special attention has to be paid to the crosslinking of crystalline polymers.

The crosslinks cause a typical behaviour in the rubbery state. The increase of T_g and the decrease of water permeation improve the technical abilities of the material considerably. Crosslinking reduces free volume and mobility of segments. This yields in an increase in strength at room temperature although the covalent bonds are not able to contribute as load bearing elements.

Literatur

1) *Kuhn, W., F. Grün,* Kolloid-Z. **101,** 248 (1942).
2) *Flory, P. J.,* Principles of Polymer Chemistry (Ithaca 1953).
3) *Tobolsky, A. V., D. W. Carlson, N. Indictor,* J. Polymer Sci. **54,** 175 (1960).
4) *Tobolsky, A. V.,* J. Polymer Sci. C **9,** 157 (1965).
5) *Katz, D., A. V. Tobolsky,* J. Polymer Sci. **A 2,** 1595 (1964).
6) *Tobolsky, A. V., D. Katz, M. Takahashi, R. Schaffhauser,* J. Polymer Sci. **A 2,** 2749 (1964).
7) *Katz, D., A. V. Tobolsky,* J. Polymer Sci. **A 2,** 1587 (1964).
8) *Shen, M. C., A. V. Tobolsky,* J. Polymer Sci. **A 2,** 2513 (1964).
9) *Lunak, S., E. Krejcar,* Angew. Makromol. Chemie **10,** 109 (1970).
10) *Benoit, H., D. Decker, R. Duplessix, C. Picot, P. Rempp, J. P. Cotton, B. Farnoux, G. Jannik, R. Ober,* J. Polymer Sci. Phys. **14,** 2119 (1976).
11) *Kreibich, U. T., R. Schmid,* Progr. Colloid & Polymer Sci. **62,** 106 (1977).
12) *Funke, W.,* Chimia **22,** 111 (1968).
13) *Lohse, F., R. Schmid, H. Batzer, W. Fisch,* Br. Polymer J. **1,** 110 (1969).
14) *Erath, E. H., M. Robinson,* J. Polymer Sci. C **3,** 65 (1963).
15) *Kenyon, A. S., L. E. Nielson,* J. Makromol. Sci.-Chem. **A 3,** 275 (1969).
16) *Maiorova, N. V., M. M. Mogilevich, M. J. Karyakina, A. V. Udalova,* Vysocomol. Soyed. **A 17,** 471 (1975).
17) *Sukhareva, L. A., Yu. P. Kovrizhnykh, P. E. Zubov,* Vysocomol. Soyed. **A 11,** 1888 (1969).
18) *Cuthrell, R. E.,* J. Appl. Polymer Sci. **12,** 1263 (1968).
19) *Lipatova, T. E., V. K. Ivaschenko, L. I. Bezruk,* Vysocomol. Soyed. **A 13,** 1701 (1971).
20) *Lohse, F., R. Schmid,* Chimia **28,** 576 (1974).
21) *Batzer, H., F. Lohse, R. Schmid,* Angew. Chemie **29/30,** 349 (1973).
22) *Sperling, L. H., H. F. George, V. Huelck, D. A. Thomas,* J. Appl. Polymer Sci. **14,** 2815 (1970).
23) *Kreibich, U. T., R. Schmid,* J. Polymer Sci. **53,** 177 (1975).
24) *Fisch, W., W. Hofmann, R. Schmid,* J. Appl. Polymer Sci. **13,** 295 (1969).
25) *Di Marzio, E. A.,* J. Research NBS **68 A,** 611 (1964).
26) *Nielsen, L. E.,* J. Makromol. Sci. C **3,** 69 (1969).
27) *Heinze, D. H., K. Schmieder, G. Schnell, K. A. Wolf,* Kautschuk und Gummi **7,** 208 (1961); Rubber Chem. Tech. **35,** 776 (1962).
28) *Becker, R.,* Plaste und Kautschuk **22,** 790 (1975).
29) *Bell, J. P.,* J. Appl. Polymer Sci. **14,** 1901 (1970).

Anschrift des Verfassers:

R. Schmid
CIBA-GEIGY AG, R 1066
CH-4000 Basel

Progr. Colloid & Polymer Sci. **64**, 33—37 (1978)
© 1978 by Dr. Dietrich Steinkopff Verlag GmbH & Co. KG, Darmstadt
ISSN 0340-255 X

Vorgetragen auf der Frühjahrstagung des Fachausschusses
Physik der Hochpolymeren in der Deutschen Physikalischen Gesellschaft
in Rothenburg o. T. vom 28.—31. März 1977

HOECHST AG, Angewandte Physik, Frankfurt/Main

Die spezifische Wärme von Duroplast-Formstoffen

H. Wilski

Mit 5 Abbildungen und 1 Tabelle

(Eingegangen am 27. Mai 1977)

Einleitung

Der Aushärtungsprozeß von härtbaren Formmassen (und zwar auf Basis von Phenol- und Kresolharzen) wurde erstmals von *Gast* 1958 kalorimetrisch verfolgt (1). Der Temperaturverlauf der spezifischen Wärme gab damals interessante Einblicke in den Ablauf des Härtungsprozesses; trotzdem wurden die Messungen nicht wiederholt, wahrscheinlich wegen der damals noch schwierigen Meßtechnik. Erst in jüngerer Zeit wurde von *Nachtrab* 1970 (2) sowie von *Knappe*, *Nachtrab* und *Weber* 1971 (3) die kalorimetrische Untersuchung des Aushärtungsprozesses wieder aufgegriffen und ein Verfahren zur Bestimmung des Aushärtungsgrades von Duroplast-Formstoffen mit Hilfe der Differentialthermoanalyse entwickelt. Die differentialthermoanalytische Untersuchung dieser Vorgänge ist inzwischen in der Industrie allgemein üblich geworden.

Die spezifische Wärme von ausgehärteten Duroplast-Formstoffen wurde, soweit uns bekannt ist, bisher nur in einigen wenigen Fällen gemessen. In den durchweg älteren Arbeiten wurden vielfach Formstoffe untersucht, die jetzt nicht mehr im Handel sind, und in einem Teil dieser Arbeiten wurde auch nur die mittlere spezifische Wärme zwischen 20 und 100 °C (also nur ein einziger Meßpunkt pro Formstoff) bestimmt (4 bis 11). Im Hinblick auf die geringe Anzahl der heute noch brauchbaren Meßergebnisse erschien eine grundsätzliche Untersuchung der spezifischen Wärme und ihrer Temperaturabhängigkeit für einige ausgehärtete Formstoffe angebracht. Es sei aber vorweggenommen, daß die Angaben der Literatur, soweit sie mit unseren Messungen überhaupt vergleichbar sind, mit diesen i. a. gut übereinstimmen.

Experimentelle Angaben

Die untersuchten Formstoffe sind in Tabelle 1 zusammengefaßt. Die Proben wurden in der Form von Normstäben der Abmessungen $120 \times 15 \times 10$ mm³ von Herrn Dr. *H. P. Gilfrich*, Werk Albert der Hoechst AG, Wiesbaden, zur Verfügung gestellt. Sie waren im Sechsfachwerkzeug nach DIN 53470 aus den entsprechenden Formmassen hergestellt worden. Für die kalorimetrische Untersuchung wurden aus den (rechteckigen) Normstäben zylindrische Stäbe der Abmessungen 6 bzw. 10 mm Durchmesser und 70 mm Länge gedreht, die genau in die Bohrungen des verwendeten Kalorimetergefäßes paßten. Das benutzte adiabatische Kalorimeter ist in (12) beschrieben. Die Messungen wurden stets kontinuierlich mit Heizgeschwindigkeiten zwischen 11 und 16 °C/h durchgeführt. Die Meßgenauigkeit dürfte etwa 2% betragen. Die Streuung der Meßpunkte innerhalb einer Meßreihe ist, wie die Abbildungen zeigen, häufig erheblich geringer.

Bei kalorimetrischen Messungen an Duroplast-Formstoffen muß man grundsätzlich mit mehreren Schwierigkeiten rechnen:

Nachhärtung

Wie bei allen thermischen Nachbehandlungen von Duroplast-Formstoffen können während der Messung Nachhärtungsreaktionen auftreten, die mit ihren verhältnismäßig großen exothermen Wärmetönungen erhebliche Abweichungen vom „normalen“ Temperaturverlauf der spezifischen Wärme verursachen können.

Thermischer Abbau

Infolge der geringen Heizgeschwindigkeit von (im Mittel) 13,5 °C/h wird für eine Messung von — 50 bis + 200 °C eine Zeit von rund 18 Stunden benötigt. Es erscheint daher durchaus möglich, daß bei den langen Meßzeiten, insbesondere bei den höheren Temperaturen, eine gewisse thermische Zersetzung der Proben eintritt, deren Reaktionswärme Abweichungen von der wahren $c(T)$-Kurve verursacht.

Flüchtige Bestandteile

Flüchtige Bestandteile, die im Formstoff eingeschlossen sind oder die während der Nachkondensation entstehen, können während des Aufheizens entweichen. Die mit dem Verdampfen verbundene endotherme Wärmetönung kann (ähnlich wie vorher) Abweichungen vom „normalen“ Temperaturverlauf der spezifischen Wärme bringen.

Tabelle 1. Spezifische Wärme und Dichte verschiedener Formstoffe bei 20 °C

Formstoff		Füll- und Verstärkerstoffe	Dichte (g/cm³) Anlieferungs- zustand	Spezifische Wärme (J/gK) Getempert	Abgeschreckt
Phenolformaldehyd-Preßharz (Labormuster)		—	1,271	1,185	1,185
PF Typ 31-1449	DIN 7708	46,7% Holzmehl 7,9% Anorganika	1,388	1,248	1,323
PF Typ 12-1349	DIN 7708	49,7% Asbest, kurz 5,2% Anorganika	1,764	1,097	1,097
MF Typ 156	DIN 7708	43,4% Asbest, kurz	1,874	0,963	1,114
UP Typ 801	DIN 16911	37,8% Kalkstein 30,0% Glasfasern, lang	1,944	0,909	0,879
UP Typ 802	DIN 16911	54,0% Kalkstein 15,0% Glasfasern, kurz	2,068	0,913	0,913

Thermische Vorgeschichte

Von verschiedenen anderen Kunststoffen her ist bekannt, daß die thermische Vorbehandlung einen rein physikalisch bedingten Einfluß auf die spezifische Wärme haben kann. Ein solcher Einfluß kann auch bei den hochvernetzten Duroplasten nicht von vornherein ausgeschlossen werden.

Um einen Eindruck von der Größe dieser Einflüsse zu bekommen, wurden alle Proben mindestens zweimal gemessen, und zwar einmal mit einer Temperung und einmal mit einer Abschreckung als Vorbehandlung. Unabhängig von der Reihenfolge der Messungen sollte die thermische Vorbehandlung auch in jedem Fall das Auftreten von Nachhärtungsreaktionen während der Messung möglichst ausschließen. Für die Temperung wurden die Proben in einen auf 200 °C vorgeheizten Trockenschrank gelegt und dieser dann (nach Füllung mit Stickstoff) abgeschaltet. Die Proben nehmen innerhalb weniger Minuten die Temperatur von 200 °C an und kühlen dann mit dem Trockenschrank innerhalb von etwa 4 h auf 20 °C ab. In ganz ähnlicher Weise kühlen auch die Proben nach der Messung im Kalorimeter ab; beide Vorbehandlungen werden daher im folgenden einfach als „Temperung" bezeichnet. Für das Abschrecken wurden die Proben 30 Minuten in einen auf 200 °C vorgeheizten Trockenschrank gelegt (zum Durchwärmen und Nachhärten) und dann in Eiswasser geworfen. Anschließend wurden die Proben 30 Minuten bei Raumtemperatur im Vakuum getrocknet. Sämtliche Vorbehandlungen wurden, ebenso wie die Messung selbst, unter Stickstoff ausgeführt. Eine besondere Konditionierung der Proben unmittelbar vor der Messung erfolgte nicht.

Ergebnisse

Formstoffe auf Basis Phenolformaldehyd-Harz (PF)

Phenolformaldehyd-Preßharz (Labormuster ohne Füll- oder Verstärkerstoff)

PF Typ 31 — 1449 DIN 7708,
PF Typ 12 — 1349 DIN 7708.

Die Meßergebnisse an den getemperten, also weitgehend ausgehärteten, trockenen Proben sowie ein Vergleich mit den Daten der Literatur sind in Abbildung 1 dargestellt. Für 20 °C

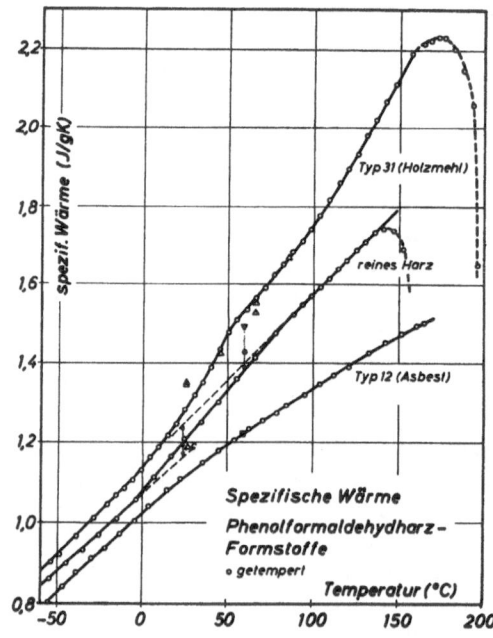

Abb. 1. Spezifische Wärme der Phenolformaldehydharz-Formstoffe Typ 12 und 31 sowie die eines Labormusters ohne Zusätze (getempert). Zum Vergleich eingezeichnete Literaturdaten: ▼ *Vieweg* und *Gottwald* (4), ◐◼◻ *Heuse* (5), △ *Krischer* (8)

interpolierte Werte sind in Tabelle 1 zusammengefaßt. Um zu einem besseren Verständnis des Temperaturverlaufs der spezifischen Wärme der Formstoffe mit hohen Füllstoffgehalten zu kommen, wurde zunächst eine Messung an einem Preßharz-Formstoff ohne jeden Füllstoff (Labormuster) ausgeführt. Bei diesem reinen Preßharz-Formstoff läßt sich deutlich ein sehr breiter Einfrierbereich von − 6 bis + 73 °C, also von rund 80 °C Breite, erkennen mit einer Einfriertemperatur von 24 °C[1]). Diese Einfriertemperatur erscheint überraschend niedrig, doch stimmt sie mit früheren dilatometrischen Untersuchungen von *Ueberreiter* und *Benkendorff* (13) gut überein. Der (idealisierte) Anstieg der spezifischen Wärme bei der Einfriertemperatur beträgt $\Delta c = 0{,}080$ J/gK (vgl. Abb. 1), also nur etwa 20% des Wertes, den man bei unvernetzten Polymeren findet. Dieser kleine Δc-Wert bedeutet, daß bei dem reinen Phenolharz-Formstoff der Unterschied zwischen eingefrorenem und „erweichtem" Zustand sehr gering ist. Oberhalb 140 °C sinkt die spezifische Wärme plötzlich steil ab, ein Zeichen beginnender (exothermer) Zersetzung. In Abbildung 1 wurden die Kurven im Zersetzungsbereich gestrichelt gezeichnet.

Die spezifische Wärme des PF-Formstoffs Typ 31-1449 (46,7% Holzmehl, 7,9% Anorganika) zeigt einen Kurvenverlauf, der dem des reinen Preßharz-Formstoffs ähnelt. Vermutlich ist diese Ähnlichkeit aber nur zufällig. Aufgrund des geringeren Harzgehaltes sollte man nämlich eine entsprechend schwächer ausgeprägte Einfrierstufe erwarten; der Kurvenverlauf ist wahrscheinlich wesentlich durch den Holzmehlgehalt beeinflußt. Oberhalb 160 °C sinkt die spezifische Wärme wieder, wie vorher, steil ab. Die spezifische Wärme des PF-Formstoffes Typ 12-1349 (49,7% kurzfaseriger Asbest und 5,2% sonstige Anorganika) steigt im Bereich − 60 bis + 160 °C monoton mit der Temperatur an. Ein Einfrierbereich ist nicht zu erkennen. Ein Versuch, die spezifische Wärme des Typs 12 aus der der Einzelkomponenten zu berechnen, ergab nur eine mäßige Übereinstimmung (10% Differenz) zwischen gemessenen und berechneten Werten. Dies liegt vermutlich einerseits an der Unsicherheit der Daten für Asbest, andererseits ist aber

auch nicht sicher, ob das Phenolformaldehyd-Preßharz (Labormuster) wirklich die gleiche Zusammensetzung hatte wie der Harzanteil im Typ 12. Die verhältnismäßig niedrige spezifische Wärme des Typs 12 ist jedoch qualitativ verständlich. Zur Kontrolle unserer Ergebnisse wurden in Abbildung 1 uns zugängliche Messungen anderer Autoren mit eingetragen. Beim reinen Phenolformaldehyd-Harz stimmen zwei Meßpunkte von *Vieweg* und *Gottwald* (4) und *Heuse* (5) mit unseren Resultaten nur mäßig überein, was im Hinblick auf das etwas undefinierte Harz nicht weiter verwunderlich ist. Beim Typ 31 fallen die Meßpunkte von *Krischer* (8) mit geradezu überraschender Genauigkeit auf unsere Kurve. Die Messungen von *Gast* (7) (nicht eingezeichnet) liegen dagegen etwas niedriger, doch darf man auch hier zumindest bei höheren Temperaturen von befriedigender Übereinstimmung sprechen. Beim Typ 12 liegt zum Vergleich nur ein Meßpunkt von *Heuse* (5) vor (mittlere spezifische Wärme zwischen 20 und 100 °C ≙ wahre spezif. Wärme bei 60 °C), der ausgezeichnet mit unseren Ergebnissen übereinstimmt.

Der Einfluß der thermischen Vorbehandlung auf die spezifische Wärme geht aus Abbildung 2 hervor. Die spezifische Wärme des reinen Preß-

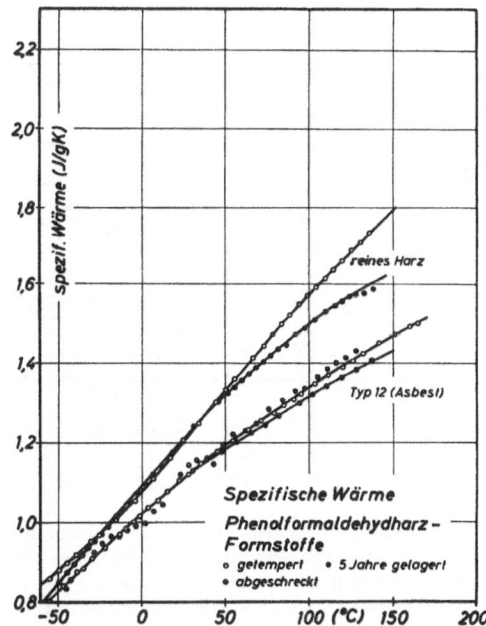

Abb. 2. Spezifische Wärme des Phenolformaldehydharz-Formstoffs Typ 12 und eines Labormusters ohne Zusätze nach verschiedenen thermischen Vorbehandlungen

---

[1]) Wegen der Breite des Einfrierbereiches läßt sich die Einfriertemperatur (= Temperatur der halben Stufenhöhe) nur auf etwa ± 5 °C genau festlegen.

harz-Formstoffs und die des Typs 12 wird (oberhalb 50 °C) durch das Abschrecken ein wenig erniedrigt. Ein Einfrierbereich läßt sich jetzt bei dem Preßharz-Formstoff nicht mehr erkennen. Eine Erklärung hierfür läßt sich z.Z. nicht geben. Ein Einfluß der Lagerzeit auf die spezifische Wärme ist nicht vorhanden. Die Wiederholung der Messung an den bereits einmal untersuchten (also getemperten) Proben des Typs 12 nach 5 Jahren Lagerzeit bei 20 °C ergab das gleiche Ergebnis wie vorher.

Formstoff auf Basis Melaminformaldehyd-Harz (MF)

MF Typ 156 DIN 7708

Die Meßergebnisse für diese Probe (43,4% kurzfaseriger Asbest) sind in Abbildung 3 und auszugsweise in Tabelle 1 dargestellt. Der Formstoff auf Basis Melaminformaldehyd-Harz verhält sich etwas komplizierter als die bisher untersuchten Formstoffe. Bei dem Erhitzen vor dem Abschrecken hat offensichtlich noch in größerem Umfang eine Nachhärtungsreaktion stattgefunden, bei der Kondensationswasser frei wurde. Außerdem haben sich beim Tempern, wie erst die nachträgliche Betrachtung zeigte, zahlreiche kleine Haarrisse gebildet[1]). Beim Abschrecken konnte durch diese Risse Wasser in die Probe eindringen, das beim Trocknen bei

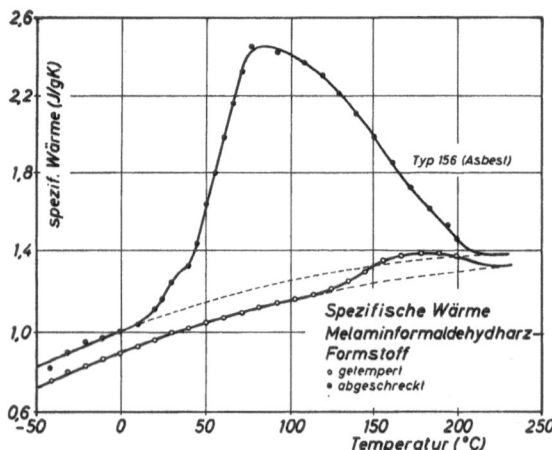

Abb. 3. Spezifische Wärme des Melaminformaldehydharz-Formstoffs Typ 156 nach verschiedenen thermischen Vorbehandlungen. Der endotherme Buckel ist auf das Verdampfen von Wasser zurückzuführen

---

[1]) Zum thermischen Verhalten der Duroplast-Formstoffe vgl. (14).

20 °C selbst im Vakuum nicht vollständig aus den verhältnismäßig dicken Probestäben herausdiffundieren konnte. Bei dem langsamen Aufheizen im Kalorimeter (bei ca. 10 mbar) konnte jedoch das vorher entstandene, das aufgenommene und eventuell neu gebildetes Wasser entweichen. Diesem Verdampfungsprozeß entspricht der große endotherme Buckel in der Kurve für die spezifische Wärme, der sich von 20 bis 200 °C erstreckt. Nimmt man an, daß die wahre spezifische Wärme der Probe (ohne Verdampfungsverluste) der gestrichelt eingezeichneten Kurve folgen würde, so erhält man durch Integration als Wärmetönung für den Verdampfungsprozeß 126 J/g. Die Nachprüfung des Gewichtes der Probe nach der Messung ergab einen Gewichtsverlust von 4,86%. Hiermit ergibt sich eine Wärmetönung von 2580 J/g verdampfte Substanz. Diese verhältnismäßig große Wärmetönung weist auf quasichemisch gebundenes Wasser hin (Verdampfungswärme von Wasser bei 100 °C $\Delta H = 2257$ J/g).

Nach dem Abkühlen der Probe im Kalorimeter wurde die Messung wiederholt („Probe getempert"). Diesmal ergab sich nur ein sehr kleiner endothermer Buckel zwischen 110 und 200 °C und ein geringfügiger Gewichtsverlust von 0,33%. Die Kurve zwischen −50 und 110 °C dürfte diesmal die wahre spezifische Wärme des nahezu trockenen Melaminharzformstoffs (ohne überlagerte Reaktionen) wiedergeben. Wegen des geringeren Wassergehaltes sind die Absolutwerte der spezifischen Wärme jetzt kleiner als vorher. Literaturangaben, die zum Vergleich herangezogen werden könnten, liegen unseres Wissens nicht vor.

Formstoffe auf Basis von ungesättigten Polyesterharzen (UP)

UP Typ 801 DIN 16911,
UP Typ 802 DIN 16911.

In Abbildung 4 ist die spezifische Wärme für eine getemperte, weitgehend ausgehärtete Probe von UP Typ 801 (30,0% Glasfasern, lang; 37,8% Kalkstein) dargestellt. Der Kurvenverlauf ist so monoton, wie er für ein ausgehärtetes Harz mit einem hohen Anteil an anorganischen Verstärkerstoffen zu erwarten ist. Abbildung 5 gibt die entsprechenden Messungen an dem ähnlich aufgebauten UP-Formstoff Typ 802 (15,0% Glasfasern, kurz; 54,0% Kalkstein) wieder. Die Probe zeigt im Anlieferungs-

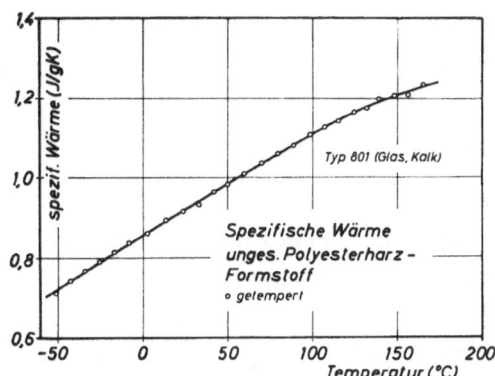

Abb. 4. Spezifische Wärme des unges. Polyesterharz-Formstoffs Typ 801 (getempert)

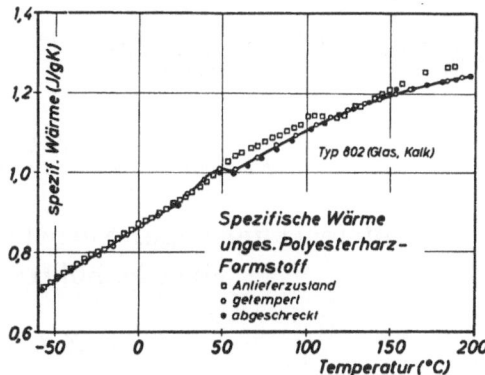

Abb. 5. Spezifische Wärme des unges. Polyesterharz-Formstoffs Typ 802 nach verschiedenen Vorbehandlungen

zustand kleine, verwaschene Maxima unbekannter Herkunft. Nach der Messung kühlte die Probe im Kalorimeter langsam ab. Nach dieser „Temperung" ergab sich ein einfacherer Kurvenverlauf mit nur einem verwaschenen Maximum zwischen 25 und 58 °C. Die Meßwerte für die abgeschreckte Probe schließlich fallen mit denen für die getemperte Probe zusammen. Der Unterschied zwischen den spezifischen Wärmen der getemperten Proben der Typen 801 und 802 ist so gering, daß man in der Praxis sicherlich mit einer Kurve für beide Materialien auskommt.

Den Herren Dr. *H. P. Gilfrich* und Dr. *Th. Grewer* möchte ich auch an dieser Stelle für zahlreiche sachkundige Ratschläge und Hinweise herzlich danken.

Zusammenfassung

Die spezifischen Wärmen von Phenolformaldehydharz-Formstoffen ohne Verstärkerstoff (Labormuster), mit Asbest (Typ 12) und mit Holzmehl als Verstärker (Typ 31) sowie die eines Melaminformaldehydharz-Formstoffs (Typ 156) und die zweier ungesättigter Polyesterharz-Formstoffe (Typ 801 und 802) wurden im Temperaturbereich — 50 bis 200 °C mit einem adiabatischen Kalorimeter untersucht. Der reine PF-Formstoff ließ trotz seines hohen Vernetzungsgrades einen Einfrierbereich um 24 °C erkennen. Der Einfluß der thermischen Vorgeschichte und der Lagerzeit (5 Jahre) auf die spezifische Wärme der ausgehärteten Formstoffe erwies sich als sehr gering.

Summary

The specific heat of a number of amorphous thermosetting polymers has been determined over the temperature range — 50 to 200 °C by means of an adiabatic calorimeter. Only the unfilled phenolformaldehyde resin showed a glass transition temperature near 24 °C. The influence of thermal history and annealing time (5 years at 20 °C) resp. is very small.

Literatur

1) *Gast, Th.*, VDI-Zeitschrift **100**, 1081 (1958).
2) *Nachtrab, G.*, Kunststoffe **60**, 261 (1970).
3) *Knappe, W., G. Nachtrab, G. Weber*, Angew. Makromol. Chem. 18, 169 (1971).
4) *Vieweg, R., F. Gottwald*, Kunststoffe **30**, 138 (1940).
5) *Heuse, W.*, Kunststoffe **39**, 41 (1949).
6) *v. Meysenbug, C. M.*, Kunststoffe **47**, 482 (1957).
7) *Gast, Th.*, Forschungsber. des Landes Nordrhein-Westfalen **697** (1959).
8) *Krischer, O.*, Forschungsber. des Landes Nordrhein-Westfalen **697** (1959).
9) *Warfield, R. W., M. C. Petree, P. Donovan*, SPE-J. **15** (1959).
10) *Aukward, J. A., R. W. Warfield, M. C. Petree, P. Donovan*, Rev. Sci. Instr. **30**, 597 (1959).
11) *Warfield, R. W., M. C. Petree, P. Donovan*, J. Appl. Chem. **10**, 429 (1960).
12) *Grewer, Th., H. Wilski*, Kolloid-Z. u. Z. Polymere **229**, 137 (1969).
13) *Ueberreiter, K., G. Benkendorff*, Kunststoffe **31**, 396 (1941).
14) *Gilfrich, H.-P., H. Wallhäußer*, Kunststoffe **62**, 519 (1972).

Anschrift des Verfassers:

Dr. *H. Wilski*, Hoechst AG
Angewandte Physik
D-6230 Frankfurt (M) 80

Progr. Colloid & Polymer Sci. **64**, 38—42 (1978)
© 1978 by Dr. Dietrich Steinkopff Verlag GmbH & Co. KG, Darmstadt
ISSN 0340-255 X

Vorgetragen auf der Frühjahrstagung des Fachausschusses
Physik der Hochpolymeren in der Deutschen Physikalischen Gesellschaft
in Rothenburg o. T. vom 28.—31. März 1977

*Institut für Nichtmetallische Werkstoffe/Polymerphysik Technische Universität Berlin
und Institut für Physik III, Angewandte Physik, Universität Regensburg*

Untersuchungen zur Vernetzungskinetik und Vernetzungsstruktur eines heißhärtenden Epoxidharzsystems

K. E. Lüttgert und *R. Bonart*

Mit 8 Abbildungen

(Eingegangen am 12. Mai 1977)

Einleitung

Der Aushärtungsgrad gehärteter Epoxidharzformkörper wird bei der Serienfertigung an Stichproben gemessen. Eine Zerstörung der Formteile wird dabei in Kauf genommen.

Zur zerstörungsfreien Prüfung hochwertiger, einzeln gefertigter Teile fehlten jedoch geeignete Meßverfahren.

Als Meßmethoden zur zerstörungsfreien Untersuchung werden vorgeschlagen:

1. Beobachtung der chemischen Veränderung mittels IR-Spektroskopie in Reflexion.
2. Ultraschallmessungen, da sich die Schallgeschwindigkeit mit der Härtung erhöht (1).
3. Elektrische Messungen, z. B. Bestimmung des dielektrischen Verlustfaktors, der Dielektrizitätskonstanten oder der Leitfähigkeit (2, 3).
4. Dichtemessung.
5. Beobachtung des Brechungsindexes. (Bei ungefüllten, durchsichtigen Teilen).

Als zerstörungsarm können angesehen werden:

1. Messung der exothermen Reaktionsenthalpie (Reaktionswärme) von noch nachhärtenden Gemischanteilen.
2. Bestimmung der Glastemperatur, deren Wert sich mit fortschreitender Härtung erhöht.

In einer früheren Arbeit (4) ist geprüft worden, in welchem Umfang die Infrarotspektroskopie, die Differential-Scanning-Calorimetrie, die Dilatometrie und die Biegefestigkeit zur Charakterisierung des Härtungszustandes herangezogen werden können. Dabei hat sich gezeigt, daß man neben der rein chemischen Aushärtung unterschiedliche physikalische Härtungszustände zu

beachten hat, die mit unterschiedlichen Morphologien verknüpft sind. Ausgehend von dem früher diskutierten Harz-Härter-System (Araldit F/HY 905 der Ciba Geigy AG) soll hierüber im folgenden berichtet werden.

Mikrogelbereiche und „Keim"-Bildung

Die Abbildungen 1 bis 4 stellen rasterelektronenmikroskopische Aufnahmen von Quellbruchflächen dar. Unabhängig von der Härtungsdauer zeigen Proben, die 10 bzw. 42 h bei 403 K gehärtet worden sind, eine ausgeprägte globuläre Struktur, während bis zum etwa gleichen Oxirangehalt bei 453 K gehärtete Proben keine solche Struktur bzw. andeutungsweise sehr viel kleinere Globulen erkennen lassen.

Es darf angenommen werden, daß der durch die Abbildungen 1 bis 4 zum Ausdruck kommende Befund auf charakteristischen Inhomogenitäten der örtlichen Netzstellendichte beruht. Das zur

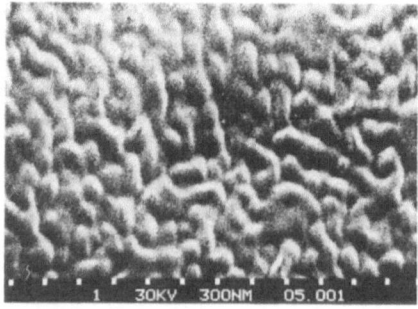

Abb. 1. Rasterelektronenmikroskopische Aufnahme der Bruchflächenstruktur einer Probe aus Araldit F/HY 905. Härtung: 48 h bei 403 K. Bruchbildung durch Quellung in DMF

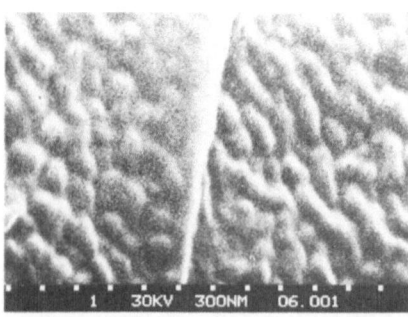

Abb. 2. Rasterelektronenmikroskopische Aufnahme der Bruchflächenstruktur einer Probe aus Araldit F/HY 905. Härtung: 30 h bei 403 K. Bruchbildung durch Quellung in DMF

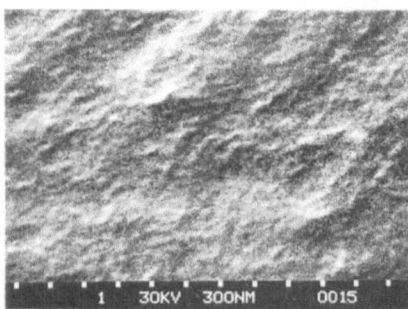

Abb. 3. Rasterelektronenmikroskopische Aufnahme der Bruchflächenstruktur einer Probe aus Araldit F/HY 905. Härtung: 40 min bei 453 K. Bruchbildung durch Quellung in DMF

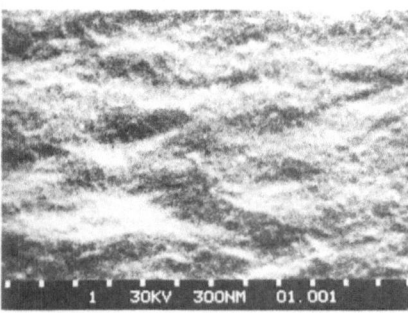

Abb. 4. Rasterelektronenmikroskopische Aufnahme der Bruchflächenstruktur einer Probe aus Araldit F/HY 905. Härtung: 365 min bei 453 K. Bruchbildung durch Quellung in DMF

Herstellung des Quellbruches verwendete DMF dürfte bevorzugt in die weniger dicht vernetzten Bereiche eindringen, so daß die Bruchfläche im wesentlichen die örtliche Variation des Vernetzungsgrades wiedergibt.

Über ähnliche Beobachtungen haben *Erath* und *Spurr* (5) und *Erath* und *Robinson* (6) berichtet. Sie führen die Globulen auf eine unvoll-

ständige Löslichkeit von Harz und Härter ineinander zurück. Da jedoch keine Mischungslücke beobachtet wurde und die Befunde auch nach intensivem Mischen unverändert erhalten bleiben, neigen wir dazu, sie, wie unten erläutert, auf eine Art „Keim"-Bildung bei der Härtung zurückzuführen.

Zu erwähnen sind weiterhin Untersuchungen von *Bergmann* und *Demmler* (7), die in gehärteten Proben aus ungesättigtem Polyester (UP) entstandene Globulen diskutieren. Deren Entstehung hat jedoch offensichtlich andere Ursachen als bei Epoxidharzen. Bei der radikalischen Härtung entstehen statistisch verteilt Radikale, die die Copolymerisation des PU mit Styrol starten. Die Autoren berichten, daß sich infolge der schlechten Löslichkeit von UP in Styrol zunächst ein weitmaschiges Netz aus losen Gelknäueln bildet. Durch Copolymerisation innerhalb dieser Knäuel ziehen sie sich zusammen. Nichteingebautes Material wird dabei herausgequetscht, wodurch eine Phasentrennung im Mikrobereich erfolgt.

Wir gehen, wie bereits gesagt, davon aus, daß die beim Quellbruch im Rasterelektronenmikroskop sichtbar werdenden Globulen auf eine Art „Keim"-Bildung beim Härten hinweisen. Die Vernetzungsreaktionen scheinen nicht unabhängig voneinander, örtlich rein statistisch verteilt, sondern bevorzugt innerhalb kleiner Mikrogelpartikeln abzulaufen. Die Größe der sich im voll gehärteten Material ausbildenden Globulen ist danach durch die Zahl der wirksamen „Keime" gegeben. Bei 403 K müßten sich also weniger Keime bilden als bei 453 K.

Die Natur der Reaktionskeime kann man sich so vorstellen, daß erste spontane Vernetzungsreaktionen zu lokalen Erwärmungen führen, die die Reaktionswahrscheinlichkeit in unmittelbarer Nachbarschaft der ersten Reaktionen erhöhen. Infolgedessen bilden sich in der Umgebung erster spontaner Vernetzungsreaktionen relativ hoch vernetzte Mikrogelpartikeln. Sobald diese Partikel bei ihrem weiteren Wachstum aneinanderstoßen und zusammenwachsen, geliert das Material, während es bis dahin flüssig und lösbar bleibt. Neben dem Wachstum der bereits vorhandenen Gelpartikeln ist allerdings mit einer laufenden Neubildung weiterer Keime durch spontane Reaktionen zu rechnen.

Je höher die Härtungstemperatur ist, desto höher ist die Keimbildungsrate. Bei hoher Härtungstemperatur entstehen deshalb wesent-

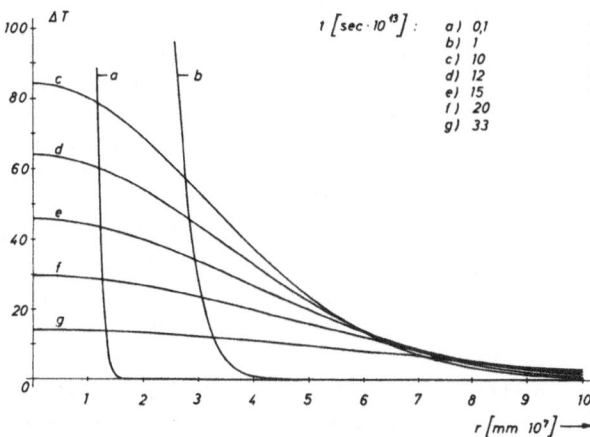

Abb. 5. Temperaturerhöhung in Abhängigkeit vom Radius. Parameter: Zeit. Nach Reaktion einer Oxirangruppe und Ansatz der Reaktionswärme als Punktwärme zur Zeit $t = 0$ in $r = 0$

lich mehr, aber kleinere Globulen als bei tieferer Härtungstemperatur.

Wird die Härtung bei einem definierten chemischen Vernetzungsgrad (nach Erreichen der gleichen Oxirankonzentration) abgebrochen, so daß das angehärtete Material noch löslich ist, so findet man mit der Gelchromatographie bei tiefer Härtungstemperatur eine wesentlich größere molekulare Uneinheitlichkeit als bei hoher Härtungstemperatur, wodurch unsere Vorstellung gestützt wird. Würden die Vernetzungsreaktionen nämlich rein statistisch, d.h. spontan und unabhängig voneinander auftreten, so sollte die molekulare Uneinheitlichkeit bei vergleichbarem chemischem Härtungsgrad von der Härtungstemperatur unabhängig sein. Dies ist jedoch offensichtlich nicht der Fall, worüber in Kürze a.a.O. ausführlich berichtet wird.

Abschätzung der Keimbildungsgeschwindigkeit

Die Erhöhung der Reaktionswahrscheinlichkeit in der unmittelbaren Umgebung einer spontan eintretenden Reaktion läßt sich wie folgt abschätzen:

Nimmt man an, daß zur Zeit $t = 0$ in einem kugelförmigen Volumenelement mit verschwindendem Radius die Enthalpie einer einzelnen Vernetzungsreaktion in der Größenordnung von $Q_0 = 3 \cdot 10^{-20}$ cal frei wird, so läßt sich das Temperaturfeld, das sich um den Ort der Reaktion ausbreitet, als Funktion der Zeit und des Abstandes mit Hilfe der dreidimensionalen Wärmeleitungsgleichung (8) sowie der spezifischen Wärme $c_p = 0,5$ cal/g grd und der Wärmeleitzahl $\lambda = 0,11$ kcal/m h grd des Harz-Härtergemisches berechnen. In Abbildung 5 ist der

örtliche Temperaturverlauf für verschiedene Zeiten nach der Reaktion bzw. in Abbildung 6 der zeitliche Temperaturverlauf für verschiedene Abstände vom Reaktionszentrum wiedergegeben. Die Temperatur durchläuft jeweils ein Maximum, um nach längerer Zeit wieder auf T_{Umgebung} abzufallen. Weiter entfernt liegende Bereiche erfahren erst später eine Temperaturerhöhung, die zwar nicht so hoch ist wie in unmittelbarer Nähe, dafür aber länger andauert.

Aus der Arrhenius-Auftragung der Härtungskinetik ergibt sich die Aktivierungsenergie zu 20 kcal/Mol, wie in einer folgenden Arbeit näher ausgeführt werden soll. Hiermit läßt sich ein Reaktionsverstärkungsfaktor F definieren, der angibt, um wieviel die Reaktionswahrscheinlichkeit als Funktion des Ortes und der Zeit über der mittleren Wahrscheinlichkeit liegt. Aus-

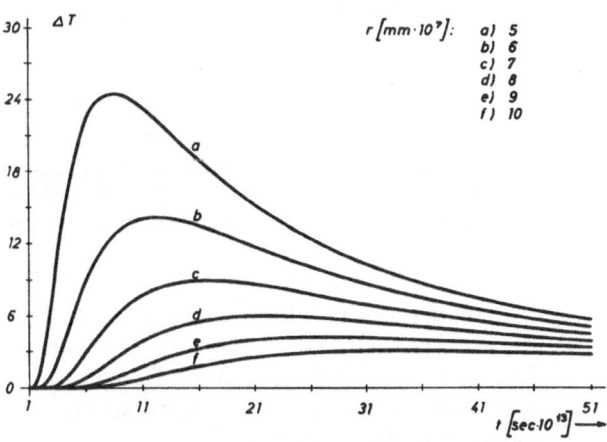

Abb. 6. Temperaturerhöhung in Abhängigkeit von der Zeit. Parameter: Radius. Nach der Reaktion einer Oxirangruppe und Ansatz der Reaktionswärme als Punktwärme zur Zeit $t = 0$ in $r = 0$

gehend von Abbildung 5 und 6 erhält man für
F die Diagramme Abbildung 7 und 8. In die
tatsächliche Reaktionsbeschleunigung geht zusätzlich die örtliche Konzentration, d.h. der
kürzeste Abstand zwischen reaktionsfähigen und
reagierenden Gruppen ein. Im hier betrachteten
Bereich von 5 bis 10Å liegen etwa 8 reaktions-
fähige Oxirangruppen, deren mittlere Reaktionswahrscheinlichkeit sich im dargestellten
Radiusbereich von 5 bis 10 Å auf das 1,6- bis
1,8fache gegenüber weit entfernten Gruppen erhöht (Abb. 8).

Während des außerordentlich kurzen Zeit-
raumes von ca. $2 \cdot 10^{-12}$ sec steht gegebenenfalls kein geeigneter Reaktionspartner zur Verfügung. Geht man von der kurzen Zeit $2 \cdot 10^{-12}$ sec
aus, bei der die deutliche Reaktionsverstärkung
von $F \sim 1,7$ vorliegt, so würde das Wachstum
der Globulen bis zur Größe von 300 nm (Abb. 1
und 2) innerhalb von ca. 10^{-4} sec abgeschlossen
sein. Die Gelierzeit beträgt jedoch 6 h, so daß
eine Zeit von 10^{-4} sec pro Reaktion erforderlich
wäre. Nach dieser Zeit ist die Reaktionsverstärkung jedoch verschwindend gering. Andererseits
ist jedoch zu beachten, daß die Wärmeleitung
längs der einzelnen Moleküle besser ist als die
Wärmeübertragung von Molekül zu Molekül.
Infolgedessen breitet sich die Wärme im molekularen Bereich im wesentlichen „eindimensional“ aus, was zu entsprechend höheren Temperaturen Anlaß gibt. Im Zusammenhang hiermit
bleibt die Wärme über einen längeren Zeitraum
im Einzelmolekül „gespeichert“. Infolgedessen
dürfte die Reaktionswahrscheinlichkeit einer
reaktionsfähigen Gruppe an einem Molekül, an
dem eine Reaktion stattfindet, auch nach längeren Zeiten über der mittleren Reaktionswahrscheinlichkeit liegen, was in der vorliegenden
Arbeit jedoch nicht diskutiert wird.

Die skizzierte Abschätzung, wie auch die
experimentellen Befunde, sprechen unserer Über-
zeugung nach für eine Keimbildung bei der Härtung, wobei die Keimbildungsrate von der
Härtungstemperatur abhängt. Falls dies zutrifft,
dürfte es von erheblicher praktischer Bedeutung
sein, da die mechanischen Eigenschaften der gehärteten Epoxidharze dann nicht alleine mit der
chemischen Netzstellendichte korreliert werden
dürfen. Vielmehr ist daneben auch die jeweilige
Morphologie zu betrachten, die trotz idealer
Durchmischung von Harz und Härter bei
gleichem Härtungsgrad unterschiedliche Härtungszustände zur Folge hat.

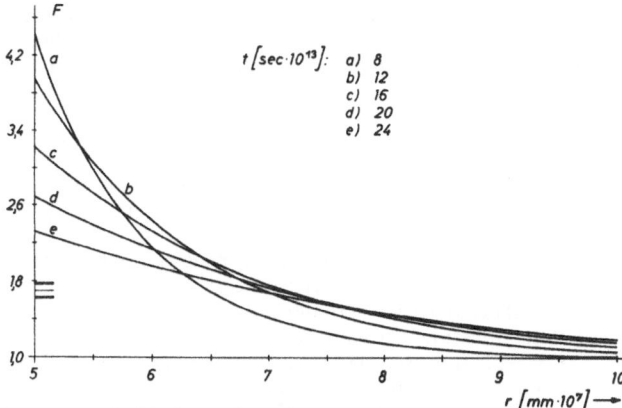

Abb. 7. Reaktionsverstärkungsfaktor F als Funktion
der Zeit und $\bar{F}$ im betrachteten Zeitraum. Parameter:
Radius. Nach Reaktion einer Oxirangruppe und Ansatz
der Reaktionswärme als Punktwärme zur Zeit $t = 0$
in $r = 0$

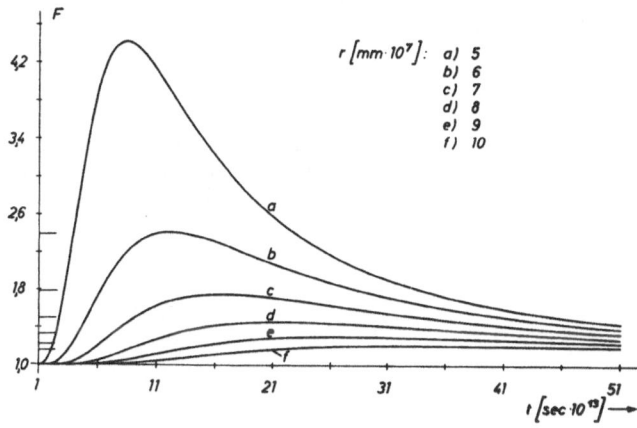

Abb. 8. Reaktionsverstärkungsfaktor F als Funktion
des Radius und $\bar{F}$ im betrachteten Radiusbereich. Parameter: Zeit. Nach Reaktion einer Oxirangruppe und
Ansatz der Reaktionswärme als Punktwärme zur Zeit
$t = 0$ in $r = 0$

Zusammenfassung

Der Härtungszustand gehärteter Epoxidharz-Proben
aus heißhärtendem Araldit F/HY 905 der Ciba Geigy
AG wurde untersucht.

Rasterelektronenmikroskopische Aufnahmen von
Quellbruch-Oberflächen zeigen eine globuläre Struktur.
Die Größe der Globulen hängt von der Härtungstemperatur ab. Die Härtungszeit beeinflußt die Entstehung
nicht.

Es wird angenommen, daß die gezeigte Struktur auf
unterschiedlichen Netzstellendichten beruht, die von
globulär gewachsenen Gelpartikeln hervorgerufen werden.

Eine mathematisch-thermodynamische Abschätzung
spricht für die Annahme, daß derartige Gelpartikeln von
Keimen zu wachsen beginnen, wobei die Keimbildungsrate temperaturabhängig ist.

Es wird erwartet, daß mechanische Eigenschaften, wie Zähigkeit und Festigkeit, sowie die Klebefähigkeit von der Morphologie maßgeblich beeinflußt werden.

Summary

The estate of curing of cured samples made of Epoxyresin Araldit F/HY 905, produced by Ciba Geigy AG, was examined.

Scanning electrical microscopy shows a globular structure of swelling-fracture-surface.

The dimension of the structure depends on the curing-temperature. Curing time has no influence.

It is supposed that the structure depends on different crosslink-densities which is caused by globular grown gel-particles. A mathematical-thermodynamic estimating calculation is taken as a hint that gel-particles grow up from "nuclei". The nucleation rate depends on the curing temperature.

(A "nuclei" is understood as a spontaneous statistical crosslinking reaction which causes a local warming.)

We expect that the mechanical behaviour like toughness, strength and adhesive properties, is influenced by the morphology.

Literatur

1) *Speake, J. H., R. G. C. Arridge, G. J. Curtis*, Measurement of cure of resins by ultrasonic techniques. J. Phys. D: Appl. Phys., Vol. 7, (1974).

2) *Loss, F.*, Einige Eigenschaften der Epoxidharze als Isolierwerkstoffe in der Elektroindustrie. Kunststoff-Rundschau 9, 546—549 (1962).

3) *Fisch, W., W. Hofmann*, Chemischer Aufbau von gehärteten Epoxidharzen. III. Mitteilung über Chemie der Epoxidharze. Die Makromolekulare Chemie, S. 8—23, (1961).

4) *Lüttgert, K. E., R. Bonart*, Untersuchung der Aushärtung von Epoxidharzen. Colloid & Polymer Sci. 254, 310—318 (1976).

5) *Erath, E. H., R. A. Spurr*, Occurence of Globular Formations in Thermosetting Resins. J. Polymer Sci. 35, 391—399 (1959).

6) *Erath, E. H., M. Robinson*, Colloidal Particles in the Thermosetting Resins. J. Polymer Sci., Part C, No. 3, S. 65—76.

7) *Bergmann, K., K. Demmler*, Untersuchung des Härtungsablaufes ungesättigter Polyesterharze mit Hilfe von NMR-Messungen. Colloid & Polymer Sci. 252, 193—206 (1974).

8) *Macke*, Thermodynamik und Statistik, Lehrbuch der theoretischen Physik. 3. Auflage 1967, S. 25.

Für die Verfasser:

Dipl.-Ing. *K. E. Lüttgert*
Institut für Nichtmetallische Werkstoffe
Technische Universität Berlin
Englische Straße 20
D-1000 Berlin 12

Progr. Colloid & Polymer Sci. **64**, 43—48 (1978)
© 1978 by Dr. Dietrich Steinkopff Verlag GmbH & Co. KG, Darmstadt
ISSN 0340-255 X

Vorgetragen auf der Frühjahrstagung des Fachausschusses
Physik der Hochpolymeren in der Deutschen Physikalischen Gesellschaft
in Rothenburg o. T. vom 28.—31. März 1977

Süddeutsches Kunststoff-Zentrum Würzburg

Möglichkeiten zur Beurteilung des Vernetzungsgrades von kalthärtenden, ungesättigten Polyesterharzen im Hinblick auf das Langzeitverhalten unter statischer Belastung

W. Woebcken und *H. W. Franken*

Mit 11 Abbildungen und 1 Tabelle

(Eingegangen am 7. April 1977)

Unter statischer Belastung mit konstanter Spannung dehnen sich Kunststoffe, sie kriechen, was bei der Dimensionierung für z. B. Kunststoff-Bauteile berücksichtigt werden muß. Hierzu ermittelt man am Werkstoff die Dehnung $\varepsilon(t)$ als Funktion der Zeit und errechnet den Kriechmodul E_c nach

$$E_c(t) = \sigma / \varepsilon(t) \qquad [1]$$

oder auch das isochrone Spannungs-Dehnungsdiagramm (Abb. 1) (1).

Bei glasfaserverstärkten Polyesterharzen (GF-UP) begrenzen diese Kriecherscheinungen die möglichen Belastungen u. U. eher als die Zeitstandfestigkeit, wie sie im Zeitstandversuch ermittelt werden (Abb. 1).

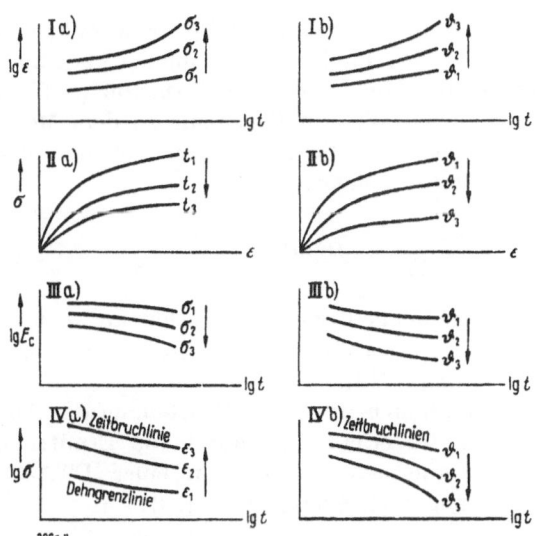

Abb. 1. Darstellungsarten für das mechanisch-thermische Verhalten der Kunststoffe (1)

Die zeitliche Abhängigkeit des Kriechmoduls läßt sich bei Duroplasten annähernd als Potenzfunktion beschreiben nach:

$$E_c(t) = E(t_0) \cdot (t/t_0)^{-k_t}, \qquad [2]$$

worin der Zeitexponent k_t abhängt vom Harz (k_{t0}), der Temperatur ϑ und dem Glasgehalt φ; weiterhin ist $E(t_0)$ der Kriechmodul z. Z. t_0 (2).

Im Kriechversuch bei UP-Harzen ergeben sich bis zur Prüfzeit von 10^1 Stunden häufig nichtlineare Abhängigkeiten bei doppeltlogarithmischer Darstellung (Abb. 2 und 3) (3). Solche Abweichungen vom linearen Verlauf in doppeltlogarithmischer Darstellung haben zahlreiche Forscher durch Näherungsformeln zu erfassen versucht (Tabelle 1). Eine zusammenfassende Literaturübersicht für das Kriechen von GF-UP findet man bei *O. Schwarz* (8), für Thermoplaste bei *Taprogge* (9). Molekularkinetische Betrachtungen findet man z. B. bei *Krum* und *F. H. Müller* (10).

Nach (2) setzt man für den Zeitexponenten k_t in [2] an:

$$k_t = l + k_{t0} \cdot (m - n \cdot \varphi + p \cdot \varphi^2), \qquad [3]$$

hierin sind l, m, n und p Konstanten.

Der Zeitexponent k_{t0}, welcher das Kriechverhalten des unverstärkten Harzes betrifft, ist nicht nur temperaturabhängig (Abb. 4) (2), sondern zweifellos auch beeinflußt von Art und Umfang der Aushärtung des Harzes, worauf unten näher einzugehen ist.

Mögliche Einflüsse des Glasgehaltes auf den Zeitexponenten k_t zeigt Abbildung 5 (2).

[1]) Mitteilung aus dem Süddeutschen Kunststoff-Zentrum in Würzburg.

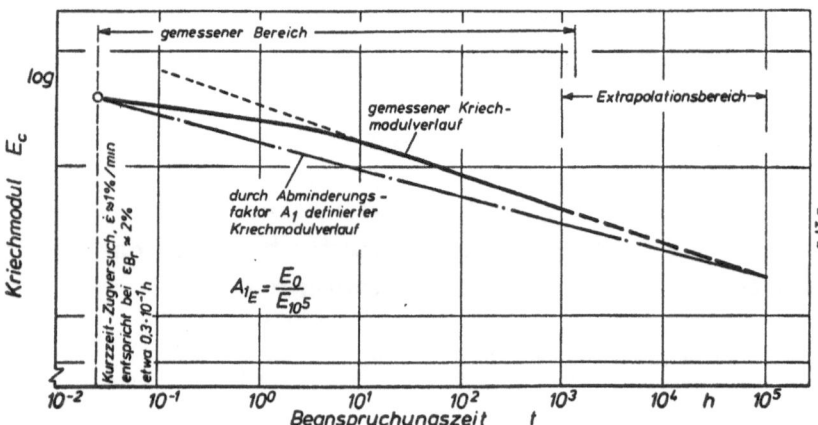

Abb. 2. Typische Kriech-modulkurve von UP-Harzen, Extrapolation auf 10^5 h, Definition des Ab-minderungsfaktors A_{1E} (3)

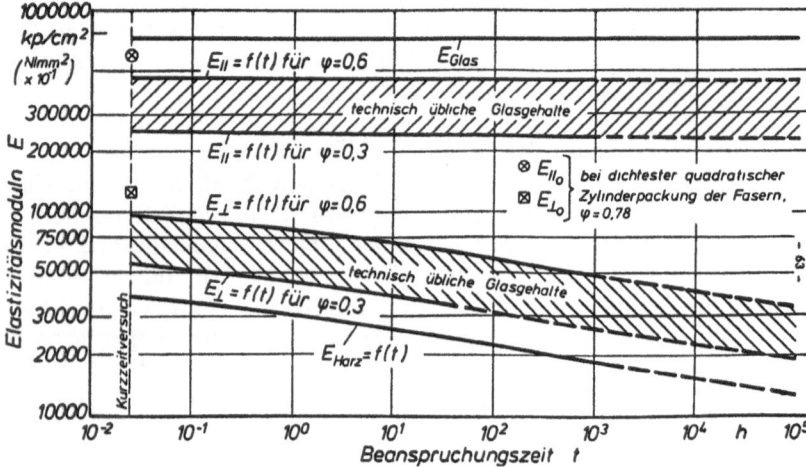

Abb. 3. Kriechmodul-bereiche von UD-Schichten für technisch übliche Glas-gehalte (3)

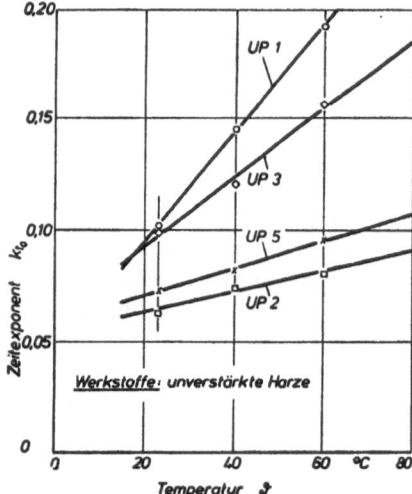

Abb. 4. Temperaturabhängigkeit des Zeitexponenten k_{t0} von Gleichung [2] des unverstärkten Harzes (2). (UP = ungesättigtes Polyesterharz im Anwendungsbereich)

Den Aushärtegrad von UP-Harzen mißt man nach *Alt* (11) durch Bestimmung des noch nicht vernetzten Monostyrols im Formstoff (S_x) und setzt diesen Wert in Beziehung zu dem Mono-styrolgehalt im flüssigen Harz vor der Ver-netzung (S_f) gemäß:

$$A_S = \frac{S_f - S_x}{S_f} \cdot 100 \ (\%) \ . \qquad [4]$$

In Abhängigkeit von der Aushärtungszeit er-geben sich z. B. Aushärtegrade A_S nach Abbildung 6 (12).

Eine ähnlich pauschale Beurteilung des Aus-härtegrades erhält man durch die Ermittlung der exothermen Reaktion in einer DTA-Be-stimmung nach *Knappe* u. a. (13):

$$A_{\mathrm{DTA}} = \frac{Q_f - Q_x}{Q_f} \cdot 100 \ (\%) \ . \qquad [5]$$

Tabelle 1. Formeln zur phänomenologischen Beschreibung des Kriechvorganges von Hochpolymeren

---

4) Dehnungsgeschwindigkeit $\dot{\varepsilon} = B(\sigma/\sigma_1)^n$

B, n = Werkstoff- und Temperaturkonstanten

σ = aufgebrachte, konstante Spannung

σ_1 = willkürlich wählbare Maßstabkonstante

5) Dehnung $\varepsilon = \varepsilon_0 + m \cdot t^n$

ε_0, m, n = Werkstoff-, Temperatur- und Spannungskonstanten

6) Dehnung $\varepsilon = \varepsilon_0 \sinh \dfrac{\sigma}{\sigma_\varepsilon} + m' \cdot t^n \cdot \sinh \dfrac{\sigma}{\sigma_m}$

$\varepsilon_0, \sigma_\varepsilon, \sigma_m, m'$ = Werkstoff-, Temperatur- und Spannungskonstanten

$\sinh$ = Sinus-Hyperbolicus

7) Dehnung $\varepsilon = \dfrac{\sigma}{E} + D \cdot \sigma^m (1 - P \cdot e^{-pt}) + B \cdot \sigma^n$

B, D, P und p = temperaturabhängige Materialkonstanten

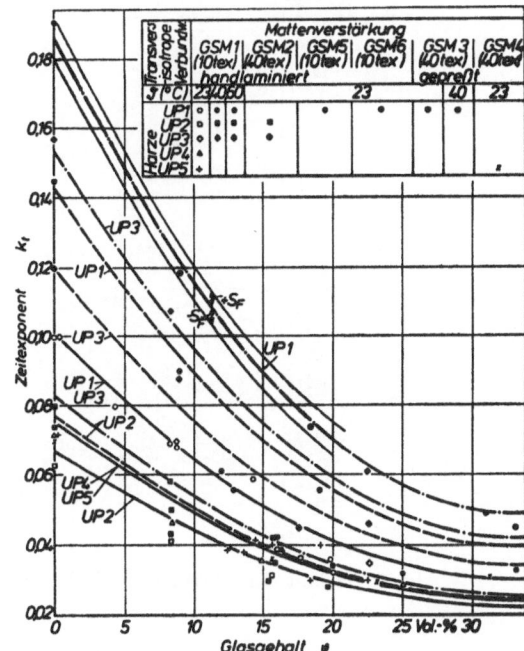

Abb. 5. Einfluß des Glasgehaltes φ auf den Zeitexponenten k_t in [1] und [2] (2)

Beide Untersuchungsmethoden berücksichtigen jedoch nicht die Art der Härtung, d.h. die Inhomogenitäten in der Verteilung der Styrolbrücke, wie sie *Demmler* bei Styrol als Vernetzer in UP-Harzen nachwies (14) (Abb. 7). Aus diesem Grunde ist man bei der Beurteilung des Aushärtegrades von UP-Harzen mit der inzwischen genormten Prüfmethode des Reststyrolgehaltes (DIN 53394) unzufrieden, man kann keine zuverlässige Aussage über z.B. das Kriechverhalten oder die Zeitstandfestigkeit allein aus einer A_S- oder DTA-Ermittlung machen. Für den Kriechversuch ist naturgemäß entscheidender die Vernetzung zwischen den Knäueln als die innerhalb der Knäuel.

Aus diesem Grunde wurde für die Bestimmung des Aushärtegrades der Kriechversuch angewendet, wobei das Kriechen in Beziehung gesetzt

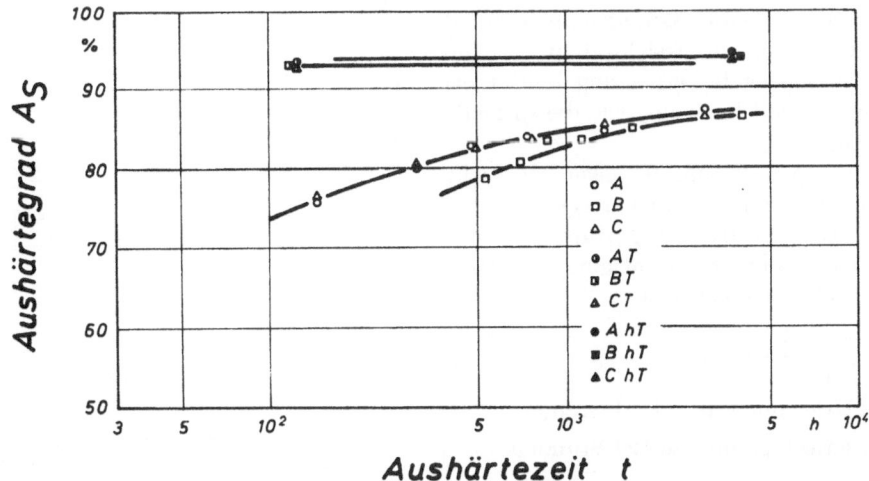

Abb. 6. Zunahme des Aushärtungsgrades A_s von 3 kalthärtenden UP-Laminaten (A, B, C), untere Kurven; nach Temperung ($T = 80\,°C$, 7 h; $hT = 100\,°C$, 24 h) keine weitere Änderung mehr, obere Linien (12)

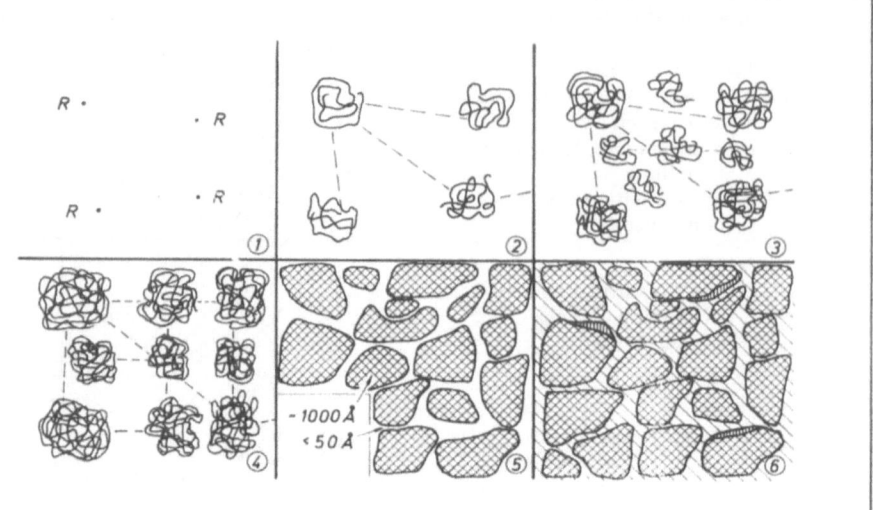

Abb. 7. Verlauf der Härtung von UP-Harzen, schematisch (nach *Demmler*), R = Radikal (14)

wird zum Kriechen des technisch vollausgehärte-
ten Harzes (Temperung z. B. bei 100 °C, 24 Std.)
(15):

$$A_M = \frac{M_{100,\,24} - (M_{100,\,24} - M_{\vartheta,\,t})}{M_{100,\,24}}$$

$$= \frac{M_{\vartheta,\,t}}{M_{100,\,24}} \cdot 100 \;(\%), \qquad\qquad [6]$$

worin $M_{\vartheta,\,t}$ eine technische Eigenschaft nach
einer Temperaturbeanspruchung bei $\vartheta,\,t$ ist,
$M_{100,\,24}$ die gleiche Eigenschaft nach Temperung
bei 100 °C über 24 Stunden.

Dieser Beurteilungsmaßstab hat sich bei der
Zulassung von Kunststoff-Bauteilen aus GF-UP
sehr gut bewährt, er berücksichtigt die für die
Anwendung maßgebende Vernetzung des Styrols
zwischen den Molekül-Knäueln, d. h. die spezielle
Harz-Struktur.

Die Abbildungen 8 und 9 zeigen die sehr
abweichenden Prozente des Aushärtegrades eines
Harzes bei jeweils 2 Härtetemperaturen. Zusätzlich ist die sogenannte Kriechneigung eingetragen, welche sich errechnet nach:

$$\mathrm{KN} = \frac{E_{c1} - E_{c24}}{E_{c1}} \cdot 100 \;(\%) \qquad\qquad [7]$$

mit E_{c1} = Kriechmodul nach 1 Stunde,

$\qquad E_{c24}$ = Kriechmodul nach 24 Stunden.

Der Vorschlag, den Aushärtegrad des Harzes
im Kriechversuch zu ermitteln, mag zunächst

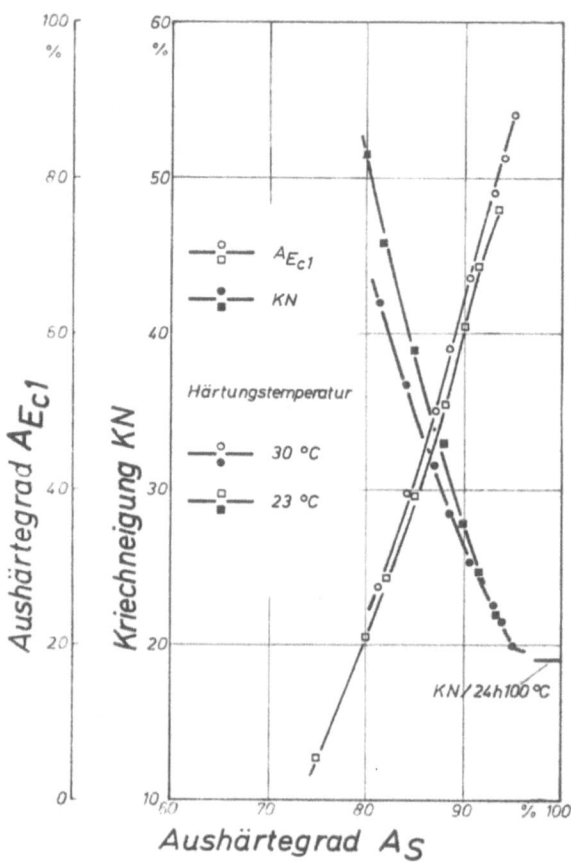

Abb. 8. Aushärtegrad $A_{E c1}$ und Kriechneigung KN als
Funktion des Aushärtegrades A_S (15)

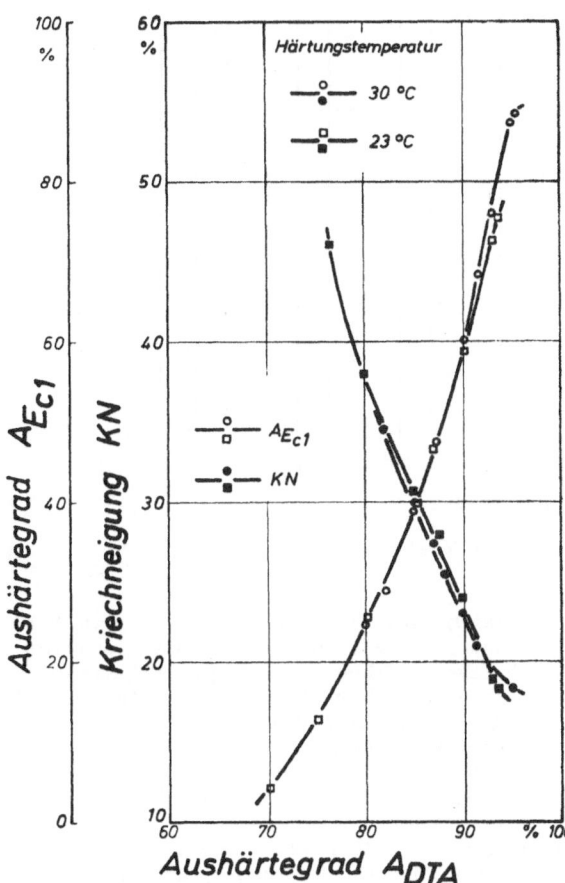

Abb. 9. Aushärtegrad $A_{E_{c1}}$ und Kriechneigung KN als Funktion des Aushärtegrades A_{DTA} (15)

ungewöhnlich erscheinen. Da aber der Kriechversuch letztlich ein rheologischer Versuch ist, wäre diese Meßmethode gewissermaßen eine Fortsetzung rheologischer Viskosimeter-Messungen (durchzuführen am noch flüssigen Harz) am festen, noch nicht voll ausgehärteten Harz, bei dem die Beweglichkeit der Moleküle lediglich noch die geringe Deformation im Bereich von z.B. 0,2% zuläßt, sofern man Werkstoffschädigungen bei GF-UP vermeiden will.

Eine Übertragung dieser Erfahrungen auf andere Härtersysteme und andere Duroplaste wäre wünschenswert. Weiterhin erscheint es aussichtsreich, die Abweichungen von der Linearität der Kriechkurven im doppeltlogarithmischen Maßstab im Bereich bis zu 10^1 Stunden näher zu untersuchen, da in diesem Bereich des „Primärkriechens" möglicherweise Zusammenhänge mit dem Aushärtegrad bestehen. Die Extrapolation der Kriechkurven von z.B. 10^3 auf 10^5 Stunden zur Beurteilung der Kriechneigung von GF-UP bleibt hiervon unberührt, siehe auch Abbildungen 10 und 11 (12).

Zusammenfassung

Die zeitliche Abhängigkeit des Kriechens von Kunststoffen, z.B. auch von den für statische Belastung häufig verwendeten glasfaserverstärkten Polyesterharzen (GF-UP), läßt sich annähernd als Potenzfunktion beschreiben. Dieser Kriechvorgang wird u.a. auch beeinflußt von dem Aushärtegrad des Harzes.

Es wird vorgeschlagen, diesen Aushärtegrad nicht durch integrale Bestimmungsmethoden (z.B. Reststyrolgehaltsmessung oder DTA-Messung), sondern durch Kriechversuche zu ermitteln. Die prozentualen Werte liegen hierbei deutlich tiefer als bei den integralen

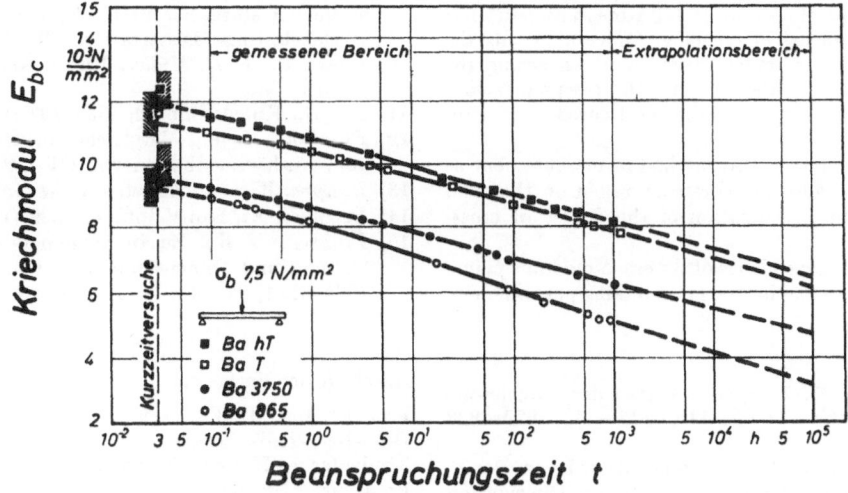

Abb. 10. E_c als Funktion von t, Laminat B axial, Biegung (12)

4*

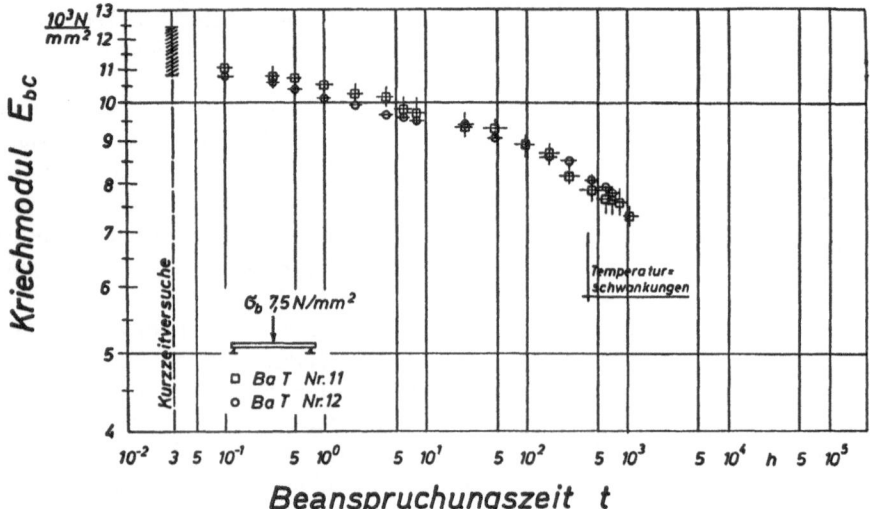

Abb. 11. Zeitabhängigkeit des Kriechmoduls. GF-UP-Mischlaminat $\psi = 52\%$ (12)

Bestimmungsmethoden. Dabei wird das Kriechen in Beziehung gesetzt zum Kriechen des technisch voll ausgehärteten Harzes nach Temperung.

Man kann diese Meßmethode als eine Art rheologische Messung am festen Werkstoff zur Ermittlung des Vernetzungsgrades betrachten.

Die Zeitabhängigkeit des Kriechmoduls gibt offensichtlich Hinweise auf die komplizierten Vernetzungsvorgänge.

Summary

The temporal dependence of the creeping of plastics, for instance also of the reinforced Polyester-Resins (GF-UP) which are often used for static load, can be approximately described as power-function. This creeping is among other things influenced by the degree of cure of the resin.

The suggestion is not to find out this degree of cure through integrate method of analysis (for instance measurement of styrol-residue or DTA-measurement) but through experiments of creeping. Concerning this the percental values are much lower than concerning the integral destinate methods. Here, the creeping is connected with the creeping of the total cured resin after annealing.

One can understand this method of measurement as a type of rheological measurement taken on the solid material for the investigation of the degree of crosslinking.

The temporal dependence of the creep-modulus points obviously to the complicated cross-linking phenomenon.

Literatur

1) *Woebcken, W.*, Langzeitverhalten der Kunststoffe als Baustoffe. VDI-Z **116**, 335–342; 829–833 (1974).
2) *Roßkothen, H. J.*, Untersuchungen zur Dimensionierung von Bauteilen aus Kunststoffen. Dissertation (D 82) (TH Aachen, 1974).
3) *Brintrup, H.*, Beitrag zum zeitabhängigen Verformungsverhalten und zur Rißbildung orthotrop glasfaserverstärkter ungesättigter Polyesterharze unter ebener Normalbeanspruchung. Dissertation (D 82) (TH Aachen, 1975).
4) *Norton, F. H.*, Creep of Steel and High Polymers, S. 58ff. (New York 1929).
5) *Findley, W. N.*, In Symposium of Plastics, ASTM, 1944, S. 118ff.
6) *Findley, W. N., G. Khosla*, An Equation for Tension Creep of Three Unfilled Thermoplastics. SPE-Journal, S. 20–25 (1956).
7) *Mavin, J., YH. Pao*, Creep Relaxation Relations for Styrene and Acrylic Plastics. Proceedings of the ASTM, Vol. 51, S. 1277–1295 (1951).
8) *Schwarz, O.*, Beitrag zum statischen Langzeitverhalten glasfaserverstärkter Kunststoffe. Dissertation (TH Aachen, 1968).
9) *Taprogge, R.*, Untersuchungen zur Ermittlung zulässiger Beanspruchungen thermoplastischer Kunststoffe bei statischer und schwingender Zug- und Biegebelastung. Dissertation (TH Aachen, 1966).
10) *Krum, F., F. H. Müller*, Rheol. Acta **1**, 446–451 (1961).
11) *Alt, B.*, Kunststoffe **52**, 133–137 (1962).
12) *Franken, H. W.*, Vergleichende Untersuchungen zum Aushärteverhalten von GF-UP-Laminaten.
13) *Knappe, W. u.a.*, Kunststoffe **62**, 455–459 (1972).
14) *Demmler, K.*, Kunststoffe **55**, 929 (1965).
15) *Franken, H. W.*, Zusammenhänge zwischen Aushärtung und Dimensionierung. Kunststoffberater, **1975**, H. 1, 27–30; H. 4, 212–214.

Anschrift der Verfasser:

Prof. Dr.-Ing. *W. Woebcken*
Dipl.-Ing. *H. W. Franken*
Süddeutsches Kunststoff-Zentrum
Frankfurter Straße 15
D-8700 Würzburg

Progr. Colloid & Polymer Sci. **64**, 49—53 (1978)
© 1978 by Dr. Dietrich Steinkopff Verlag GmbH & Co. KG, Darmstadt
ISSN 0340-255 X

Vorgetragen auf der Frühjahrstagung des Fachausschusses
Physik der Hochpolymeren in der Deutschen Physikalischen Gesellschaft
in Rothenburg o. T. vom 28.—31. März 1977

Abteilung für Physikalische Chemie der Kunststoffe, RWTH Aachen

Mechanisch-dynamische Untersuchungen an Phenol-Formaldehyd-Preßmassen

J. Brandt und *R. Kosfeld*

Mit 5 Abbildungen

(Eingegangen am 10. Oktober 1977)

I. Einleitung

Die Phenolharze verdanken ihre große technische Bedeutung insbesondere der Möglichkeit, daß sie sich mit einer Vielzahl von Zusatzstoffen kombinieren lassen und dabei Produkte mit sehr unterschiedlichen physikalischen Eigenschaften ergeben. Aufgrund der komplexen Zusammenhänge, die zwischen der Zusammensetzung und den mechanischen Eigenschaften solcher Mehrstoffsysteme bestehen, ist es im allgemeinen nicht möglich, das Deformationsverhalten von Verbundsystemen sicher vorherzusagen.

Um einen Einblick in diese Zusammenhänge zu gewinnen, wurde der Einfluß unterschiedlicher Zusatzstoffe auf das mechanisch-dynamische Verhalten von Phenolharz-Formstoffen untersucht (1—4). Neben diesen durch die Zusammensetzung des Verbundwerkstoffes vorgegebenen Größen beeinflussen auch die Umgebungsbedingungen, wie Temperatur oder Klima, insbesondere das mechanische Langzeitverhalten dieser Stoffe (5—6). Da Phenolharze nach der Verarbeitung einen bestimmten Gehalt an Feuchtigkeit aufweisen, der das Eigenschaftsbild von Phenolharz-Werkstoffen beeinflußt (7—8), kommt bei diesen Stoffen der Feuchtigkeitsaufnahme bzw. Feuchtigkeitsabgabe bei einer Variation der Umgebungsbedingungen eine entsprechende Bedeutung zu. Über diese Zusammenhänge soll im folgenden berichtet werden.

II. Experimentelles

Als Grundwerkstoff wurden Phenol-Formaldehydharze auf Novolak- und Resolbasis verwendet. Als Zu- satzstoffe wurden Glaskugeln (ohne Haftvermittler) mit drei unterschiedlichen Korngrößen, Gesteinsmehl ($BaSO_4$) und ein Zeolithpulver, jeweils in unterschiedlichen Gewichtsanteilen, eingesetzt (4).

Die dynamisch-mechanischen Messungen wurden mit einem Torsionspendel durchgeführt, das einen vollautomatisierten Meßablauf gestattet (9).

III. Versuchsergebnisse und Diskussion

Zur Ermittlung der Abhängigkeit des mechanischen Verhaltens vom Füllstoffgehalt wurden in einer Versuchsreihe Torsionsschwingungsmessungen an Probekörpern durchgeführt, deren Füllstoffkonzentration im Bereich von 0% (Reinharz) bis 50% variiert wurde. Die Ergebnisse dieser Untersuchungen (4) sollen am Beispiel des Systems Novolakharz-Gesteinsmehl erläutert werden. Abbildung 1 zeigt in räumlicher Darstellung den Zusammenhang zwischen Speichermodul G', Temperatur und Füllstoffkonzentration.

Ausgehend von $-180\,°C$ fällt der Speichermodul mit steigender Temperatur ab und durchläuft bei $+190\,°C$ ein Minimum. Der bei weiterer Temperaturerhöhung beobachtete Wiederanstieg des Speichermoduls wird auf eine bei diesen Temperaturen einsetzende Nachhärtung der Harzmatrix zurückgeführt. Dieses Verhalten ist beim Reinharz am stärksten ausgeprägt.

Mit zunehmendem Gehalt an Füllstoff tritt — wie es bei allen anderen von uns untersuchten Verbundwerkstoffen ebenfalls der Fall ist — eine Erhöhung der Speichermodulwerte ein. Das temperaturabhängige mechanisch-dynamische Verhalten der gefüllten Proben wird dabei deutlich vom viskoelastischen Verhalten des Grundwerkstoffs bestimmt.

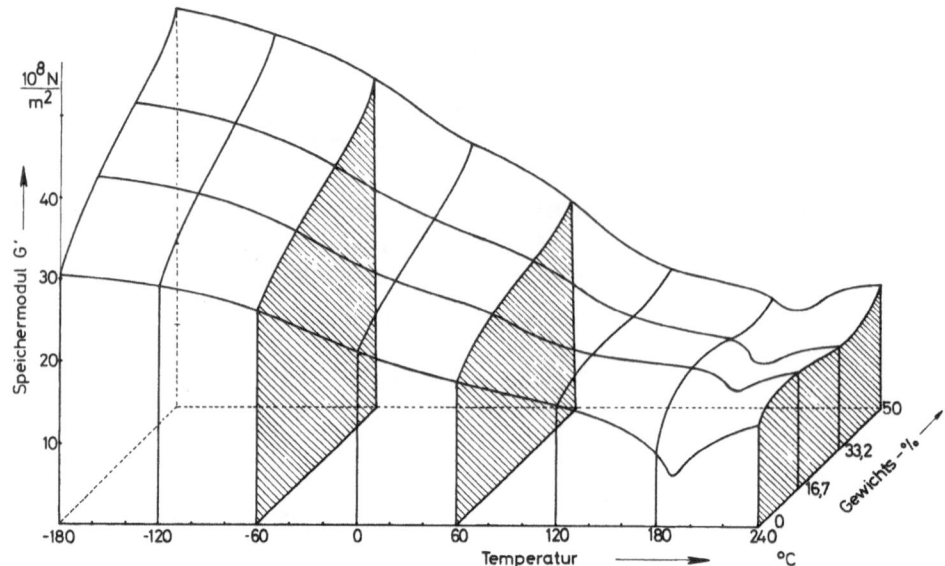

Abb. 1. Zusammenhang zwischen Speichermodul, Temperatur und Füllstoffkonzentration für den Verbund Novolakharz-Gesteinsmehl (BaSO₄)

Wird bei gleichem Harzkörper die Korngröße des Füllstoffes geändert, so wirkt sich dies deutlich auf die Verstärkungseigenschaften des Zusatzstoffes aus. Auf der Abbildung 2 ist das Schubmodulverhältnis G'/G'_0 in Abhängigkeit von der Temperatur für drei mit Glaskugeln unterschiedlicher Größe (GK I: $d < 65$ μm, GK II: 100 μm $< d < 124$ μm, GK III: 167 μm $< d < 250$ μm) gefüllte Verbundwerkstoffe bei gleicher Füllstoffkonzentration von 50 Gewichtsprozenten aufgetragen. Es bedeuten G' den Speichermodul der gefüllten Probe und G'_0 den Speichermodul des Reinharzes.

Die Darstellung macht deutlich, daß die Verwendung von Glaskugeln mit dem kleinsten Korngrößenspektrum (GK I) die größte Verstärkerwirkung hervorruft. Dieser Zusammenhang wird bei den beiden anderen verwendeten Größenklassifikationen erst bei erhöhter Beanspruchungstemperatur, bei der die Harzmatrix an Festigkeit verliert, klar ersichtlich.

Die starke Zunahme des Modulverhältnisses im Erweichungsbereich des Harzes (200 °C) weist aus, daß in diesem Temperaturbereich der Zusatzstoff als Hauptträger der mechanischen Belastung anzusehen ist. Dies gilt jedoch nur

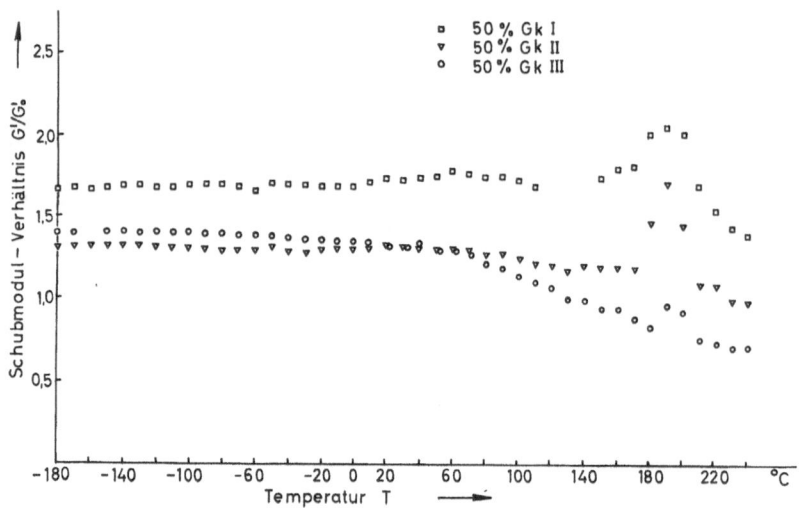

Abb. 2. Schubmodulverhältnis von mit Glaskugeln gefülltem zu ungefülltem Novolakharz in Abhängigkeit von der Temperatur für verschiedene Korngrößen (GK I: 0,065 mm, GK II: 0,1 bis 0,124 mm, GK III: 0,167 bis 0,25 mm)

dann, wenn eine ausreichende Haftung zwischen den Füllstoffteilchen und der Harzbasis vorhanden ist. Die niedrigen Werte des Modulverhältnisses im Falle des Verbundsystems Novolakharz-Glaskugeln GK III weisen auf eine bei erhöhter Temperatur stark nachlassende Haftung der Glaskugeln im Harzverband hin. Diese Annahme konnte durch rasterelektronenmikroskopische Untersuchungen (4) bestätigt werden.

Die insgesamt nicht befriedigenden Haftungsverhältnisse der Glaskugeln in der Harzmatrix im Vergleich zu den mit Gesteinsmehl gefüllten Systemen zeigten sich bei rasterelektronenmikroskopischen Aufnahmen der Bruchflächen dieser Verbundsysteme. Trägt man das Speichermodulverhältnis G'/G_0' als Funktion der Füllstoffkonzentration in Volumenprozent bei konstanter Temperatur, hier 20 °C, für diese beiden Verbundwerkstoffe (Abb. 3) auf, so zeigt sich, daß die Schubmodulerhöhung bei den mit Gesteinsmehl gefüllten Proben größer ist als bei jenen mit Glaskugeln als Zusatzstoff. Es liegt nahe anzunehmen, daß diese Unterschiede in der Verstärkungswirkung in der stark unterschiedlichen Verankerung der Füllstoffteilchen in der Harzbasis begründet sind.

Es ist daher nicht überraschend, daß nur im Falle des Verbundsystems Novolakharz-Gesteinsmehl eine gute Übereinstimmung der experimentellen Werte mit berechneten Schubmodulsteigerungen, wie sie von verschiedenen Autoren aufgrund von Modellvorstellungen abgeleitet wurden, festgestellt wurde (1).

Das mechanische Eigenschaftsbild von Phenolharz-Formstoffen wird neben der ausgeprägten Füllstoffabhängigkeit auch in starkem Umfang von den Umgebungsbedingungen, wie Temperatur und Klima, beeinflußt. Wie im folgenden gezeigt werden soll, führen thermische Belastungen zu charakteristischen Änderungen im mechanischen Verhalten dieser Stoffe. Diese mechanischen Eigenschaftsänderungen stehen mit im Polymeren ablaufenden molekularen Vorgängen, wie Nachvernetzungsreaktionen oder Diffusionsprozessen, im Zusammenhang.

Das mechanische Relaxationsverhalten von Phenolharz-Formstoffen wird dabei stark von der Art der Vorbehandlung und der damit in Zusammenhang stehenden Änderung des Feuchtigkeitsgehaltes des Harzes beeinflußt (6). Die Abbildungen 4a und 4b zeigen am Beispiel des Systems Novolakharz-Gesteinsmehl das Ergebnis eines Versuchs, bei dem ein Probekörper folgenden Vorbehandlungen unterworfen wurde:

— Lagerung im Wärmeschrank bei 170 °C und daran anschließende Messung;
— Lagerung im Wärmeschrank bei 170 °C und anschließende Lagerung im Raumklima;
— Wasserlagerung bei 20 °C.

Zum Vergleich ist der Schubmodulverlauf für eine unvorbehandelte, d.h. preßfrische Probe eingetragen worden. Aus dem temperaturabhängigen Verlauf des Verlustmoduls ist zu entnehmen, daß die direkt nach der thermischen Behandlung (600 h bei 170 °C) erfolgte Messung ein im Vergleich zur unvorbehandelten Probe erheblich verringertes Dämpfungsmaximum aufweist (Abb. 4b), das außerdem zu tiefen Temperaturen verschoben ist. Mit dieser Intensitätsabnahme des Dämpfungsmaximums ist auch

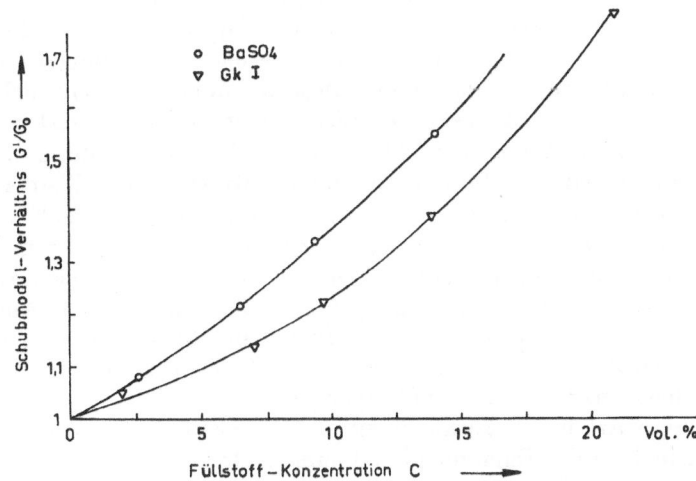

Abb. 3. Vergleich der relativen Schubmodulerhöhung bei Raumtemperatur (20 °C) für die Verbundsysteme Novolakharz-Glaskugeln (GK I) und Novolakharz-Gesteinsmehl (BaSO₄)

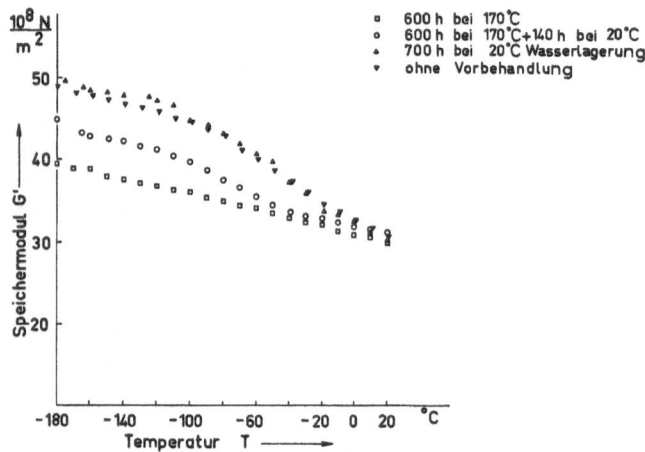

Abb. 4a. Speichermodul G' des Verbundes Novolakharz-Gesteinsmehl (50 Gew.-%) in Abhängkeit von der Temperatur für verschiedene Vorbehandlungen

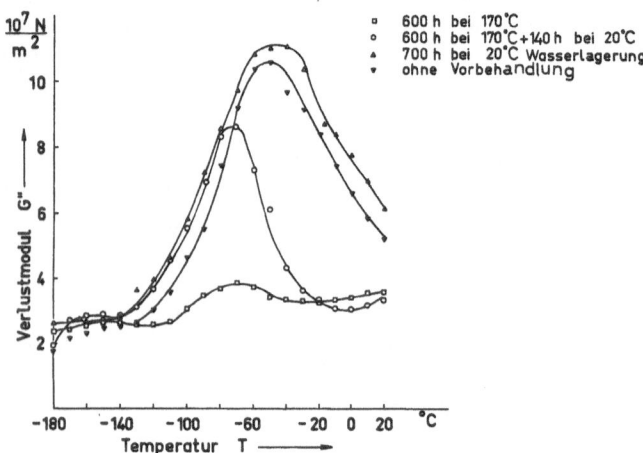

Abb. 4b. Verlustmodul G'' des Verbundes Novolakharz-Gesteinsmehl (50 Gew.-%) in Abhängigkeit von der Temperatur für verschiedene Vorbehandlungen

eine deutliche Erniedrigung der Speichermodul-werte (Abb. 4a) im Tieftemperaturbereich ver-bunden.

Wird der Probekörper mit dieser Vorgeschichte anschließend im Raumklima gelagert (600 h bei 170 °C und 140 h bei 20 °C) und der Torsions-schwingungsversuch an dieser Probe wiederholt, so zeigt sich, daß das Dämpfungsmaximum in seiner Höhe fast wieder den Wert der unvorbe-handelten Probe erreicht. Der gleiche Zu-sammenhang gilt für den Speichermodulverlauf, wobei nun in Analogie zur Temperaturlage des Dämpfungsmaximums die Dispersionsstufe zu niedrigen Temperaturwerten verschoben ist.

Der in Ergänzung durchgeführte Torsions-schwingungsversuch an einer Probe, die über einen Zeitraum von 700 Stunden in Wasser bei 20 °C gelagert wurde, läßt erkennen, daß durch diese Art der Vorbehandlung eine Intensitäts-zunahme des Dämpfungsmaximums eintritt.

Parallel zu diesen Torsionsschwingungsmes-sungen wurde an den Probekörpern die relative Gewichtsänderung ermittelt, die in Abhängigkeit von der Lagerungsdauer und den vorgegebenen Umgebungsbedingungen zu verzeichnen war. So wurde festgestellt, daß eine 600stündige Lage-rung des Verbundsystems Novolakharz-Gesteins-mehl (50 Gew.-%) bei einer Temperatur von 170 °C zu einem Gewichtsverlust von 2,5% führt (4).

Werden solche ,,getrockneten" Proben an-schließend in einem feuchten Klima gelagert, so findet in Abhängigkeit von der relativen Luft-feuchtigkeit eine schnelle Gewichtszunahme statt. Abbildung 5 zeigt diesen Zusammenhang für drei unterschiedliche relative Luftfeuchtig-keiten.

Zusammenfassend läßt sich aus den angege-benen (Abb. 4 und 5) und weiteren durchgeführ-ten Untersuchungen (6) der Schluß ziehen, daß

Abb. 5. Wasseraufnahme eines thermisch vorbehandelten (200 h bei 170 °C) Novolak-Gesteinsmehl-Verbundsystems in Abhängigkeit von der Lagerungsdauer in einer Umgebung mit unterschiedlichen relativen Luftfeuchtigkeiten

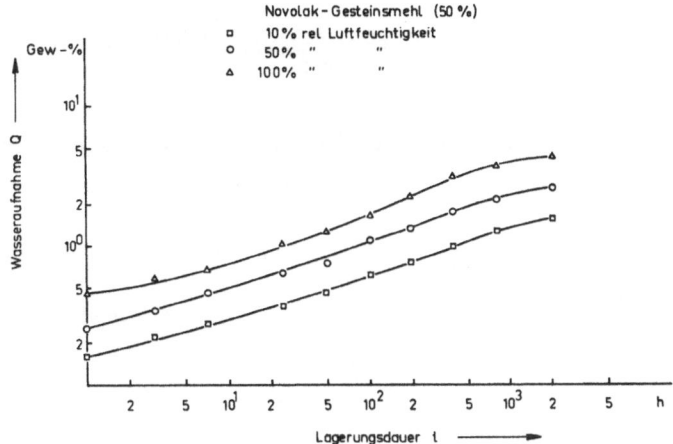

bei Vorhandensein von Wasser in Phenolharz-Formstoffen ein Tieftemperaturdämpfungsmaximum im Verlustmodul beobachtet wird. Dies ist bei Phenolharzkörpern nach dem Verpressen der Fall. Nach einer thermischen Behandlung, bei der die Proben durch Austritt von Feuchtigkeit einen Gewichtsverlust erleiden, ist dieses Dämpfungsmaximum nicht mehr vorhanden.

Bei einer Lagerung von getrockneten Proben in einer Umgebung, die Feuchtigkeit enthält, findet in Abhängigkeit von der Feuchte eine Aufnahme von Wasser statt, deren Ausmaß von der Zusammensetzung des Formstoffs abhängt.

Die Intensität des Dämpfungsmaximums ist jedoch kein absolutes Maß für den Feuchtigkeitsgehalt des Probekörpers, da ab einem bestimmten Wassergehalt die Anzahl der an diesem Relaxationsprozeß teilnehmenden Wassermoleküle nicht mehr erhöht wird. Hieraus wird die Schlußfolgerung gezogen, daß in Phenolharz-Formstoffen mit erhöhtem Feuchtigkeitsgehalt zwei Arten von unterschiedlich stark gebundenen Wassermolekülen vorhanden sind.

Der Arbeitsgemeinschaft industrieller Forschungsvereinigungen e.V. (AIF), Köln, danken wir für die großzügige finanzielle Förderung, der Bakelite GmbH, Letmathe, für die Bereitstellung des Probenmaterials und für die Unterstützung bei der Herstellung der Proben.

Zusammenfassung

Mit Hilfe des Torsionsschwingungsversuchs wurde an Phenolharzpreßmassen der Einfluß verschiedener Zusatzstoffe auf den Schubmodul im Temperaturbereich von -180 °C bis $+240$ °C in Abhängigkeit vom Füllstoffgehalt untersucht. Weiterhin wird über Experimente berichtet, die aufzeigen, in welchem Maße das mechanische Relaxationsverhalten von Phenolharz-Formstoffen durch Feuchtigkeit beeinflußt wird.

Summary

The effect of different additives on the shear modulus of phenolic resin moulding compounds of different filler concentrations was investigated by means of a torsional vibration experiment in the temperature range from -180 °C to $+240$ °C. Further a report is given on experiments which show the effect of moisture on the mechanical relaxation behaviour of phenolic resin moulding compounds.

Literatur

1) *Brandt, J., R. Kosfeld*, Rheol. Acta **15**, 64 (1976).
2) *Günther, K. O.*, Diss., (TH Aachen 1974).
3) *Specht, K.*, Diss., (TH Aachen 1975).
4) *Brandt, J.*, Diss., (TH Aachen 1976).
5) *Müller, K.*, Kunststoffe **60**, 873 (1970).
6) *Kosfeld, R., J. Brandt*, Kunststoffe **67**, 215 (1977).
7) *Loos, W.*, Kunststoffe **63**, 460 (1973).
8) *Eichler, K.*, Kunststoffe **63**, 436 (1973).
9) Veröffentlichung in Vorbereitung (*Pendel*).

Anschrift des Verfassers:

Prof. Dr. *R. Kosfeld*
Fachbereich 6 — Chemie
Physikalische Chemie
der GH Duisburg
Bismarckstraße 81
D-4100 Duisburg 1

Progr. Colloid & Polymer Sci. **64**, 54—55 (1978)
© 1978 by Dr. Dietrich Steinkopff Verlag GmbH & Co. KG, Darmstadt
ISSN 0340-255 X

Vorgetragen auf der Frühjahrstagung des Fachausschusses
Physik der Hochpolymeren in der Deutschen Physikalischen Gesellschaft
in Rothenburg o. T. vom 28.—31. März 1977

Anisotropes Gefüge von spritzgegossenen Formteilen aus gefüllten duroplastischen Formmassen

W. Woebcken (Würzburg) *)

Mit 2 Abbildungen

(Eingegangen am 7. April 1977)

Bei der Verarbeitung gefüllter duroplastischer Formmassen entsteht infolge der Verdichtung bzw. der Dehnströmung der Masse ein anisotropes Gefüge, durch welches zumindest die mechanischen Eigenschaften und das Schwindungsverhalten stark beeinflußt werden (1, 2).

Während beim reinen Preßvorgang — ohne seitliche Fließbewegung — lediglich eine Verdichtung der Masse mit Orientierung der Füllstoffteilchen (z. B. Holzmehl, Asbestfasern, Glasfasern, Textilfasern) senkrecht zur Druckrichtung stattfindet, bewirkt das heute dominierend angewandte Spritzgießen durch Einspritzen der Formmassen durch einen Punkt- oder Stangenanguß in den vorher geschlossenen Formenraum eine mehrschichtige Orientierung, welche hervorgerufen wird durch die Wandreibung in den Außenschichten und durch Dehnströmung im Inneren.

Nimmt man z. B. für das Volumenelement a_1 in Abbildung 1 eine noch regellose Verteilung der Füllstoffteilchen an, so findet während des „Pfropfenflusses" beim Transport über b_1 nach c_1 eine starke seitliche Volumenverzerrung statt und damit eine Orientierung auf Kreisbahnen. Das wandnähere Volumenelement a_2 erfährt zusätzlich zur Querorientierung eine Längsorientierung und eine Rotation und erscheint als biaxial orientierte Schicht auf der Formteiloberfläche bei c_2. Dieser Befund entspricht dem Postulat, welches *Helmholtz* an den Anfang seiner Arbeit über die Wirbelbewegung stellte, wonach die Ortsveränderung eines deformierbaren Körpers für ein hinreichend kleines Volumenelement darstellbar ist als Summe von Translation, Rotation und Dehnung bzw. Zusammen-

ziehung in drei zueinander senkrechten Richtungen.

Prinzipiell gilt diese „Drei-Schichten-Orientierung" in Anschnittnähe sowohl für Thermoplaste als auch für Duroplaste, Abbildung 2 (3).

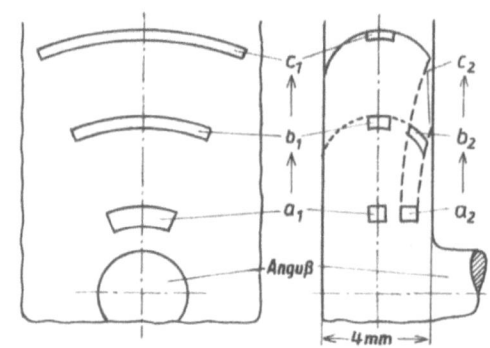

Abb. 1. Deformation und Drehung von Volumenelementen im Inneren des Massestromes beim Spritzgießen mit zentralem Anguß. a_1, b_1, c_1 = Deformationen; a_2, b_2, c_2 = Drehung und Deformation

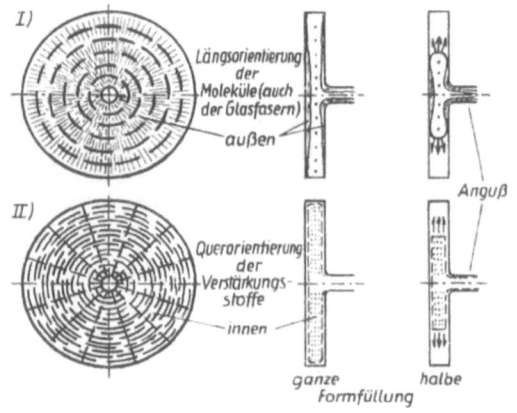

Abb. 2. Drei-Schichten-Orientierung beim Spritzgießen. I) Thermoplast; II) Duroplast

---

*) Mitteilung aus dem Süddeutschen Kunststoff-Zentrum in Würzburg.

Infolge des Temperaturunterschieds zwischen heißer Formmasse innen und kalter Form außen und der dadurch bedingten starken Scherung der Schmelze überwiegt beim Spritzgießen der Thermoplaste die Längsorientierung in Spritzrichtung in den beiden Außenschichten. Die Querorientierung innen ist lediglich in einer schmalen Mittelzone nachweisbar, z.B. durch Glasfasern in einer 0,2 mm dicken Mittelschicht bei einer Wanddicke von 2 mm (4, 5); Molekül- und Kristallitorientierungen relaxieren im allgemeinen stark in diesem Bereich.

Bei duroplastischen Kunststoffen überwiegt — bei nahezu gleichen Temperaturen zwischen Formmasse und Wand — die Querorientierung im Inneren, die Längsorientierung in der nur 0,1 bis 0,2 mm dicken Außenschicht kompensiert den Anisotropieeffekt nur geringfügig. Man mißt bei Formteilen aus Typ 31 (Phenolharz mit Holzmehl) z.B. Anisotropien der Biegefestigkeit von 1:2 bis 1:3, in der Verarbeitungs- und Nachschwindung stets größere Schwindungswerte senkrecht zur Füllstofforientierung innen, d.h. in Spritzrichtung. Dadurch wird die Maß-haltigkeit beeinflußt. Man kann diesen Effekt durch Wahl des Ortes und der Art des Angusses beeinflussen. Die Anisotropieeffekte beruhen im übrigen auf der Formanisotropie der Füllstoff-teilchen (6), sie sind gering bzw. verschwinden in dem Maße, wie sich die Form der Teilchen der Kugel annähert.

Literatur

1) *Woebcken, W.*, Kunststoffe **49**, 373—381 (1959).
2) *Woebcken, W.*, Kunststoffe **51**, 547—562 (1961).
3) *Woebcken, W.*, VDI-Zeitschrift **112**, 1015—1021 (1970).
4) *Woebcken, W., L. Kniesburges*, Heft 43 des Forschungskuratoriums Maschinenbau e.V. (Frankfurt 1976).
5) *Woebcken, W., L. Kniesburges*, Ind. Anz. 98, 1467 bis 1474 (1976).
6) *Knappe, W., P. Martinez-Freise*, Kunststoffe 54, 678 bis 682 (1964).

Anschrift des Verfassers:

Prof. Dr.-Ing. *W. Woebcken*
Unterer Neubergweg 19a
D-8700 Würzburg

Progr. Colloid & Polymer Sci. **64**, 56—67 (1978)
© 1978 by Dr. Dietrich Steinkopff Verlag GmbH & Co. KG, Darmstadt
ISSN 0340-255 X

Vorgetragen auf der Frühjahrstagung des Fachausschusses
Physik der Hochpolymeren in der Deutschen Physikalischen Gesellschaft
in Rothenburg o. T. vom 28.—31. März 1977

Institut für Technische Physik, Kernforschungszentrum und Universität Karlsruhe

Tieftemperatureigenschaften von Epoxidharzen

G. Hartwig

Mit 8 Abbildungen und 4 Tabellen

(Eingegangen am 12. Juli 1977)

I. Übersicht

An unterschiedlich strukturierten Epoxidharzen wurden vornehmlich im Bereich 4,2 bis 77 K deren mechanische und thermische Tieftemperatureigenschaften bestimmt. Bezüglich dieser Eigenschaften werden folgende Fragen behandelt:

1. Temperaturabhängigkeit,
2. Abhängigkeit von der chemischen Struktur, insbesondere von der Vernetzungsdichte bei Epoxidharzen,
3. Korrelationen.

Es zeigte sich, daß bei tiefen Temperaturen nur die physikalischen Eigenschaften, bei denen anharmonische Schwingungsanteile eine wichtige Rolle spielen, eine Abhängigkeit von der Vernetzungsdichte aufweisen. Die Ergebnisse deuten darauf hin, daß durch unterschiedliche Vernetzungsabstände anharmonische Schwingungsanteile verändert und/oder unterschiedliche lokalisierte Phononenzustände (Moden) favorisiert werden.

II. Tieftemperaturanwendungen von Epoxidharzen

Epoxidharze werden vornehmlich als *Verguß-material* z.B. für Spulen und als *Matrix* für verstärkte Kunststoffe verwendet. Sie besitzen relativ zu anderen Hochpolymeren folgende Vorteile:

a) einfache Vergießbarkeit,
b) geringere Schrumpfung,
c) geringere thermische Ausdehnung,
d) durchwegs guter Bond mit Fasern.

Der Einsatz von Spulen und verstärkten Kunststoffen im Tieftemperaturbereich liegt derzeit bei der Supraleitungstechnologie und der Raumfahrt:

1. Hochfeld SL-Magnete (derzeit bis 18 Tesla),
2. SL-Großmagnete (z.B. für Fusionsreaktoren als Plasmaeinschlußmagnete),
3. SL-Generatoren,
4. Spacelab (z.B. Antennen, Sonden).

Verstärkte Kunststoffe gewinnen auch in der Tieftemperaturtechnologie wegen ihrer relativ zu Metallen hohen spezifischen Festigkeit und ihrer geringen Wärmeleitfähigkeit zunehmend an Bedeutung. Ein wichtiger Materialparameter ist ferner die thermische *Kontraktion*. Die bei Raumtemperatur gebauten Geräte erfahren beim erforderlichen Abkühlvorgang Kontraktion, die bei Konstruktionen mit ungleichen Materialien zu inneren Spannungen führen kann. Ein weiterer großer Vorteil von Kunststoffverbunden liegt bekanntlich in der enormen Variierbarkeit ihrer Parameter durch Füller.

III. Materialien

In den folgenden Untersuchungen werden Epoxidharze im Hinblick auf Verguß- und Matrixmaterial behandelt. Zum Vergleich wird teilkristallines unvernetztes Polyäthylen herangezogen.

Epoxidharze sind bekanntlich Zweikomponentensysteme bestehend aus Harz + Härter, die beim Härtungsprozeß über Epoxidgruppen vernetzt werden.

Für die Materialauswahl erhebt sich hier die generelle Frage: Welche strukturellen Unterschiede eines Epoxidharzes können zu Änderungen ihrer Tieftemperatureigenschaften führen? Gemäß der dominanten Phononenwellenlängen bei tiefen Temperaturen (≈ 50 Å bei 4 K) dürfte zumindest für thermische Eigenschaften der

Tabelle 1. Epoxidharze *)

Bezeichnung	Chem. Klassifizierung	Zustand bei RT	Dichte g/cm³	Mittlerer Vernetzungs-Abstand |Å|
Handelsübliche Systeme				
X 186/2476	Glycidylester	hart	1,26	≈ 15
Hy 905	Anhydrid			
Cy 221	Bisphenol A, aliphat.	semi-flexibel	1,22	~ 35
Hy 979	Aromat. Amin			
My 740	Bisphenol A	semi-flexibel		~ 30
Jeffamin D 230				
Cy 221	Bisphenol A, aliphat.	flexibel	1,1	~ 75
Hy 956	Aliphat. Amin			
Spezielle Systeme				
My 790	jeweils: Härtung mit Hexahydrophthalsäure			~ 15
Araldit B	Anhydrid			~ 30
A 6084				~ 50
A 6097				~100

*) Ciba-Geigy Basel.

detaillierte Ketten- oder Segmentaufbau von den Phononen nicht aufgelöst werden und deshalb nur eine geringe Rolle spielen. Hauptsächlich kommen Kollektivschwingungen von Ketten oder Segmenten zum Tragen. Bei vernetzten Systemen, wie Epoxidharzen, ist dabei anzunehmen, daß der Vernetzungsabstand (Größenordnung 10 bis 100 Å) ein einflußreicher Parameter ist.

Folgende in Tabelle 1 zusammengestellte Epoxidharzsysteme werden betrachtet:

a) Vier handelsübliche Systeme, die bei Raumtemperatur flexibel, semiflexibel und fest sind. Sie unterscheiden sich stark im Vernetzungsabstand und im Segmentaufbau.

b) Spezielle Systeme, bei denen der Vernetzungsabstand durch Einsetzen von homologen Segmentstücken verändert wird [1].

Von diesen Stoffen sollen mechanische und thermische Eigenschaften und deren Abhängigkeit vom Vernetzungsabstand untersucht werden.

IV. Mechanische und thermische Eigenschaften

Tieftemperatureigenschaften von Hochpolymeren erscheinen auf den ersten Blick wenig er-giebig, da die meisten thermischen Schwingungszustände eingefroren sind, wenig Fließvorgänge auftreten und kaum Phasenübergänge stattfinden. Es soll jedoch in den nächsten Abschnitten gezeigt werden, daß eine Reihe von wichtigen Aufschlüssen gerade bei tiefen Temperaturen gewonnen werden können.

Nach dem 3. Hauptsatz der Wärmelehre ist am absoluten Nullpunkt die spezifische Wärme und die thermische Ausdehnung Null, und die Elastizitätsmoduln sind temperaturunabhängig. Letztere beiden Aussagen ergeben sich generell für harmonische Schwingungen. Übliche Bindungspotentiale sind in der Nähe ihres Minimums harmonisch, und die bei sehr tiefen Temperaturen angeregten Energieniveaus liegen im harmonischen Bereich. Die Elastizitätseigenschaften und die spezifische Wärme sind mikromolekular in erster Näherung durch harmonische Anteile des Bindungspotentials gegeben, während für die Wärmeleitung und thermische Ausdehnung anharmonische Bindungsanteile eine wichtige Rolle spielen.

Die relativ zu anorganischen Festkörpern hohe thermische Ausdehnung von Hochpolymeren ordnet man den Zwischenkettenschwingungen im van-der-Waals-Potential zu, das anharmonischer als z.B. kovalentes Hauptbindungspotential ist (siehe Abb. 7). Dies kann an ausgerichte-

---

[1] Die Strukturprinzipien wurden in den Vorträgen der Herren *Lohse* und *Schmid* gegeben.

Mikro-Anisotropie von Epoxidharzen

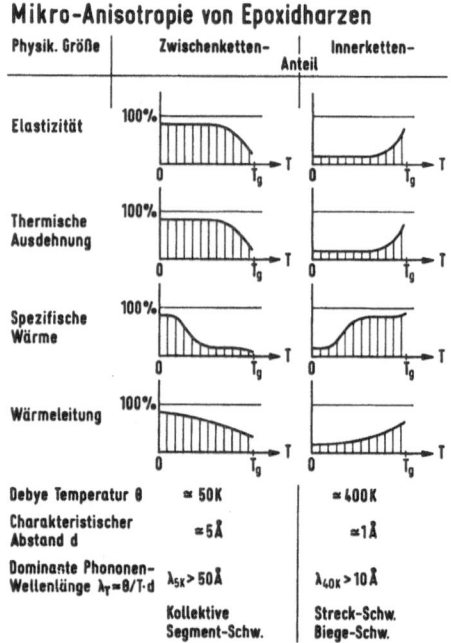

Abb. 1. Schematische Darstellung von Zwischenketten- und Innerkettenanteilen in Abhängigkeit von der Temperatur

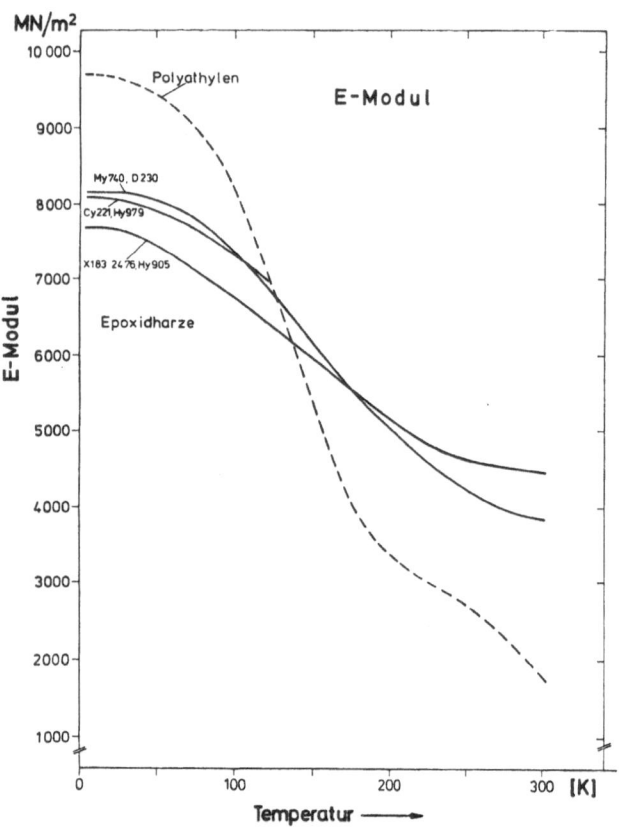

Abb. 2. Elastizitätsmodul verschiedener Epoxidharze als Funktion der Temperatur

ten Hochpolymeren gezeigt werden, bei denen die thermische Ausdehnung senkrecht zur Kettenrichtung um mindestens eine halbe Größenordnung höher ist als bei üblichen Festkörpern mit allseitiger Hauptbindung (7).

Für die folgenden Betrachtungen ist eine Unterscheidung von *Zwischenketten- und Innerkettenanteilen* der einzelnen physikalischen Eigenschaften sinnvoll. Diese sind durch wesentlich unterschiedliche Bindungspotentiale gegeben (siehe Abb. 7) und führen zu unterschiedlichen Moden und Mechanismen[1]). Das Zwischenkettenpotential (van-der-Waals-Potential) und das Innerkettenpotential (Kovalenzbindung) werden dementsprechend durch zwei Debye-Temperaturen charakterisiert. Die charakteristischen Abstände sind der mittlere Ketten- bzw. Atomabstand. Im folgenden *Schema* (Abb. 1) ist dies dargestellt. Die Ordinate markiert *nicht* die physikalische Größe, sondern nur die prozentuale Beteiligung an dieser Größe. Zum Beispiel sind an der spezifischen Wärme bei tiefen Temperaturen vornehmlich Zwischenketten-Moden beteiligt und bei höheren Temperaturen Innerketten-Moden. Generell ist klar, daß man die Innerketteneigenschaften am reinsten in der Nähe der Glasübergangstemperatur T_g und die *Zwischenketteneigenschaften* am klarsten bei tiefen Temperaturen studieren kann.

1. Elastizitäts- und Festigkeitseigenschaften

Für eine Reihe von Epoxidharzen ist in Abbildung 2 der *E*-Modul als Funktion von *T* dargestellt. Es zeigt sich *erstens*, daß nahe beim absoluten Nullpunkt der *E*-Modul temperaturunabhängig ist, wie es bei einem harmonischen Bindungspotential erwartet wird. Die daran anschließende Abnahme des *E*-Moduls ist durch die Anharmonizität des Bindungspotentials erklärbar. Bei Temperaturen > 100 K spielen Relaxationen eine entscheidende Rolle.

Zweitens zeigt sich von der Materialseite her, daß bei sehr tiefen Temperaturen die betrachteten Epoxidharze innerhalb $\pm 10\%$ die gleichen Werte besitzen; also ziemlich unabhängig von

---

[1]) Im Falle von vernetzten Systemen wie Epoxidharzen sind Zwischenkettenschwingungen genauer durch *Kollektivschwingungen von Segmenten* oder Segmentstücken beschrieben. Segment ist das Kettenstück zwischen zwei Vernetzungspunkten. Auch der Begriff translatorische Schwingungen soll hier gebraucht werden. Sie werden generell als *Zwischenkettenschwingungen* bezeichnet.

Abb. 3. Zug-Dehnungsdiagramme bei
verschiedenen Temperaturen
und Dehnungsgeschwindigkeiten $\dot{\varepsilon}$

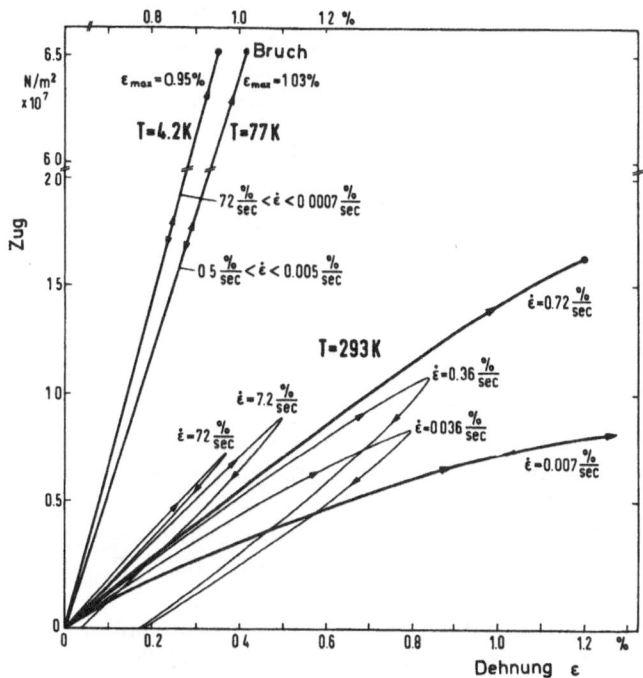

der chemischen Struktur sind. (Selbst unvernetztes PE hat bei 4,2 praktisch den gleichen Wert wie vernetzte Epoxidharze.)

Das erlaubt eine Aussage zumindest über die Gleichheit des harmonischen Bindungsanteiles, da der Elastizitätsmodul proportional zur 2. Ortsableitung des Bindungspotentials ist. (Für die Bestimmung der Potentialtiefe und des mittleren Bindungsabstandes sind noch weitere Daten erforderlich, auf die hier nicht eingegangen werden kann.) (Siehe (1).)

Die *E-Modulwerte* wurden aus Zug-Dehnungsdiagrammen bestimmt, von denen einige bei verschiedenen Temperaturen und Dehnungsgeschwindigkeiten $\dot{\varepsilon}$ in Abbildung 3 gezeigt sind. Bei tiefen Temperaturen treten bei Epoxidharzen praktisch keine Fließvorgänge auf; Relaxationsvorgänge sind eingefroren; Epoxidharze verhalten sich *energieelastisch* bis zum Bruch. Viskoelastische Anteile treten erst ab etwa $T > 150$ K in Erscheinung. Dies steht im Gegensatz zu einigen unvernetzten Hochpolymeren. Zum Vergleich ist in Abbildung 4 ein Zug-Dehnungsdiagramm von unvernetztem PE bei 4,2 und 77 K dargestellt.

Dort zeigt sich selbst bei Heliumtemperatur ab einer gewissen Spannung ein deutliches Fließen. Eine viskoelastische, über mehrere Stunden bleibende Dehnung von ca. 1% wurde beobachtet.

Die *Bruchspannungswerte* [1]) von Epoxidharzen bei 4,2 K zeigen eine größere Materialabhängigkeit als die Elastizitätswerte, liegen aber innerhalb eines Bandes von 30% (siehe Tab. 2). Auch der Wert des zum Vergleich betrachteten PE liegt in diesem Band.

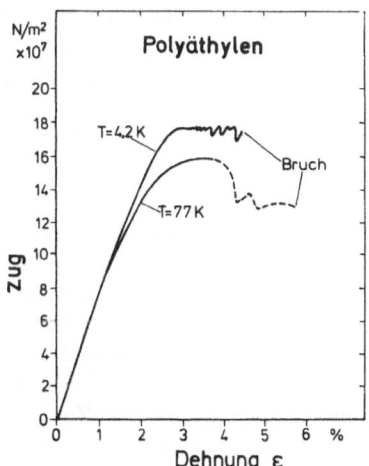

Abb. 4. Zug-Dehnungsdiagramme von handelsüblichem Polyäthylen bei 4,2 und 77 K

[1]) Hier muß noch bemerkt werden, daß die Probenabkühlung zu inneren Spannungen führen kann, die die Bruchspannung verringern. Dieser Effekt wurde durch sehr geringe Abkühlgeschwindigkeit (ca. 1 Tag Vorkühlung) vermieden.

Tabelle 2. Mechanische Kenngrößen von Epoxidharzen bei 4,2 K

Harz-Härtetyp	Zustand bei Raumtemperatur	E-Modul MN/m²	Bruchspannung MN/m²	Bruchdehnung %	Poisson- zahl μ
Cy 221, Hy 956	flexibel	7350	·/.	·/.	0,36
Cy 221, Hy 979	semiflexibel	7300	171	2,1	0,37
My 740, Jeffamin D 30	semiflexibel	8170	200	2,4	0,37
X 186/2476, Hy 905	hart	7650	142	1,9	0,37
zum Vergleich Polyäthylen	60–80% teilkristallin	9730	175	1% visko-elast. Dehnung	
		Fehler ca. ±1%	Streuung ≈7%		

Die Bruchdehnung von Epoxidharzen liegt bei ~ 2–2,5% ($T = 4,2$ K).

Die *Poissonzahl* ist *ziemlich strukturunabhängig* und liegt bei Werten von $\mu = 0,36$–$0,37$ ($T = 4,2$ K).

Die Elastizitäts- und Festigkeitseigenschaften bei 4,2 K sind in Tabelle 2 zusammengefaßt.

> Die bemerkenswerten mechanischen Tieftemperatureigenschaften von Epoxiden sind die geringe Strukturabhängigkeit der Elastizitäts- und Festigkeitswerte und das energielastische Verhalten bis hin zum Bruch.
>
> Als Ergänzung zu diesen Betrachtungen soll erwähnt werden, daß die Elastizitäts- und Bruchspannungswerte unabhängig von einer dynamischen Vorbelastung sind (2).

2. Wärmeleitfähigkeit

Anhand von ausgerichteten, unvernetzten Hochpolymeren wurde im Bereich der Raumtemperatur mehrfach gezeigt, daß die Wärmeleitfähigkeit senkrecht zur Kettenrichtung wesentlich kleiner ist als in Kettenrichtung (6, 7). Das wird erklärt durch verschieden starke Phononenkopplung über das Zwischenketten- und Innerkettenpotential. Bei tiefen Temperaturen verliert sich diese Anisotropie, da dort vornehmlich niederenergetische, langwellige Phononen angeregt sind (8), die gleichermaßen zu (transversalen) Zwischenketten- und (longitudinalen) Innerkettenschwingungen führen.

In Abbildung 5 sind Messungen von 4,2 bis 293 K an speziellen Epoxidharzsystemen (siehe Tab. 1) dargestellt, deren mittlerer Vernetzungs-abstand durch unterschiedliche Anzahl homologer Segmentstücke variiert ist. Man sieht, daß sich bei ca. 4,2 K die Wärmeleitfähigkeit von Epoxidharzen mit mittleren Vernetzungsabständen von ≈ 15 und 150 Å um knapp den Faktor 2 unterscheiden. Die dominante Phononenwellenlänge ist dort ca. 50 Å, also im Bereich des Vernetzungsabstandes. Die stärker vernetzten Systeme zeigen eine geringere Wärmeleitung, was bedeutet, daß durch stärkere Vernetzung die Phononenausbreitung vermindert wird. Erklärungen könnten sein, daß aufgrund unterschiedlicher Vernetzungsabstände a) unterschiedliche *lokalisierte* Schwingungszustände angeregt werden (ein Hinweis dafür wird im späteren Kapitel unter „Freie Phononenwellenlänge" gegeben), b) die anharmonischen Schwingungsanteile und/oder c) die Störstellenkonzentration verändert werden.

Messungen an anderen Epoxidharzen (9) mit anderer Segmentkettenstruktur, aber ähnlichen Vernetzungsabständen lieferten ähnliche Ergebnisse wie in Abbildung 5. Das legt den erwarteten Schluß nahe, daß bei den großen Phononenwellenlängen im Tieftemperaturbereich die Innerkettenstruktur kaum erfaßt wird und nur die Vernetzung eine Rolle spielt.

Im Bereich höherer Temperaturen, wo die *Innerketten*-Leitfähigkeit dominiert, wurde ein verschwindender Vernetzungseinfluß gefunden. Das ist verständlich, wenn man annimmt, daß der Wärmewiderstand entlang der Ketten schon so groß ist, daß eine zusätzliche Störung durch Vernetzungsstellen wenig ins Gewicht fällt. Das gilt insbesondere bei der hier verwendeten Epoxidharzserie, bei der die Ketten aus einer unterschiedlichen Anzahl gleichartiger Segmentstücke zusammengesetzt sind.

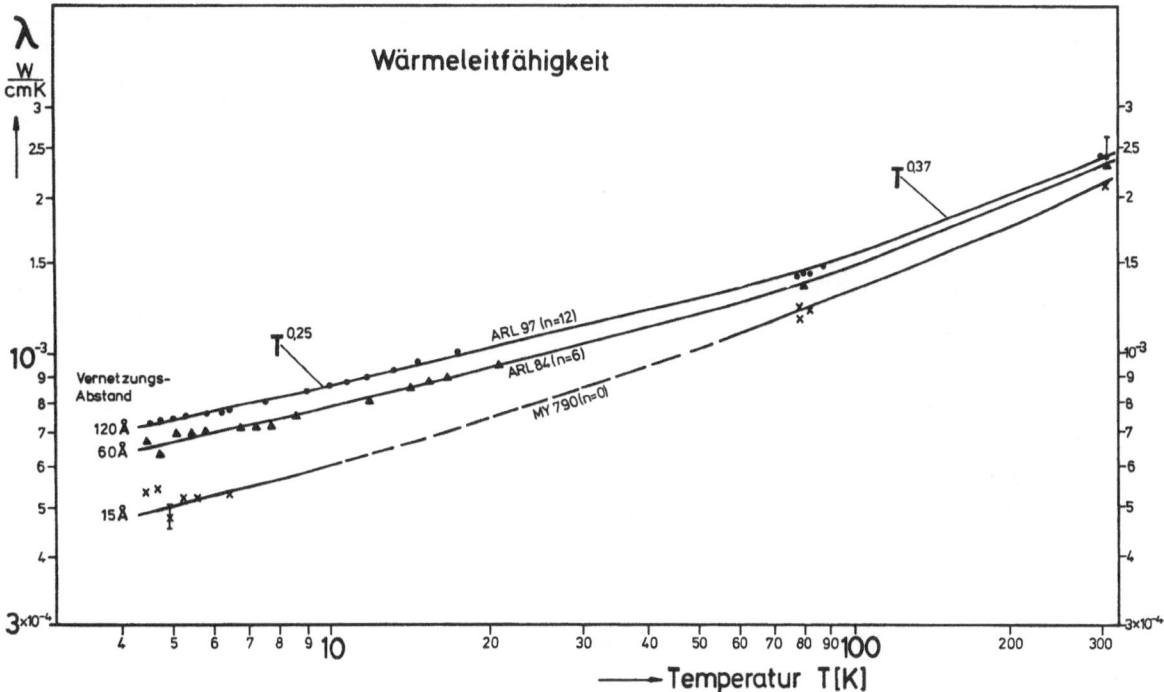

Abb. 5. Wärmeleitfähigkeit von Epoxidharzen mit unterschiedlichen Vernetzungsabständen

Die *Temperaturabhängigkeit* der Wärmeleitung von Epoxidharzen unterscheidet sich von der von anderen amorphen Hochpolymeren und Gläsern. Dort wird im Bereich von 10 K meist ein temperaturkonstantes „Plateau" gefunden, das in verschiedenen Arbeiten von *Klemens* und anderen Autoren erklärt wurde (10). Oberhalb und unterhalb des Plateaus wurden stärkere Temperaturabhängigkeiten gefunden[1]). Im Bereich von 4,2 bis 293 K wurde bei Epoxidharzen eine sehr geringe Temperaturabhängigkeit gefunden, die von $T^{0,2}$ im Tieftemperaturbereich bis $T^{0,4}$ im Raumtemperaturbereich ansteigt[2]).

> Anhand von mehreren Epoxidharzsystemen wurde gezeigt, daß im Bereich 4,2 bis 293 K die Wärmeleitfähigkeit nur eine geringe Temperaturabhängigkeit besitzt.
>
> Eine deutliche Vernetzungsabhängigkeit wurde in dem Temperaturbereich gefunden, wo die dominante Phononenwellenlänge von der Größenordnung der mittleren Vernetzungsabstände ist. Es ist anzunehmen, daß durch zunehmende Vernetzungsdichte der anharmonische Potentialanteil und/oder die Störstellenkonzentration erhöht werden.

3. Thermische Ausdehnung

Wenn durch größere Vernetzungsdichte die anharmonischen Bindungsanteile erhöht werden, dann müßte sich dies besonders bei der thermischen Ausdehnung zeigen. Die thermische Ausdehnung ist vornehmlich eine Folge der Anharmonizität eines Bindungspotentials.

Die bisherigen Messungen der integralen thermischen Ausdehnung $\int_{4,2}^{T} \alpha \, dT = \Delta L/L$ und des linearen Ausdehnungskoeffizienten α an vier speziellen Epoxidharztypen (siehe Tab. 1) sind in Abbildung 6 als Funktion der Temperatur aufgetragen. Es kann in diesem Stadium noch keine abschließende Interpretation gegeben werden, aber folgende Fakten wurden gefunden:

Der Vernetzungsabstand hat unterhalb ≈ 80 K einen merklichen Einfluß auf die thermische Ausdehnung. Die differentielle und die integrale Ausdehnung bei $T = 15$ K ist bei dem Epoxidharz mit einem Vernetzungsabstand von ca. 15 Å etwa dreimal so groß wie bei einem System

---

[1]) Oberhalb von 30 K findet man bei vielen Hochpolymeren eine $T^{(1/2)}$-Abhängigkeit, die durch Biegeschwingungen erklärbar ist.

[2]) Als Fit-Kurven wurden $\lambda = a \, T^m$ in den jeweiligen Bereichen von 4,2 – 300 K angenommen.

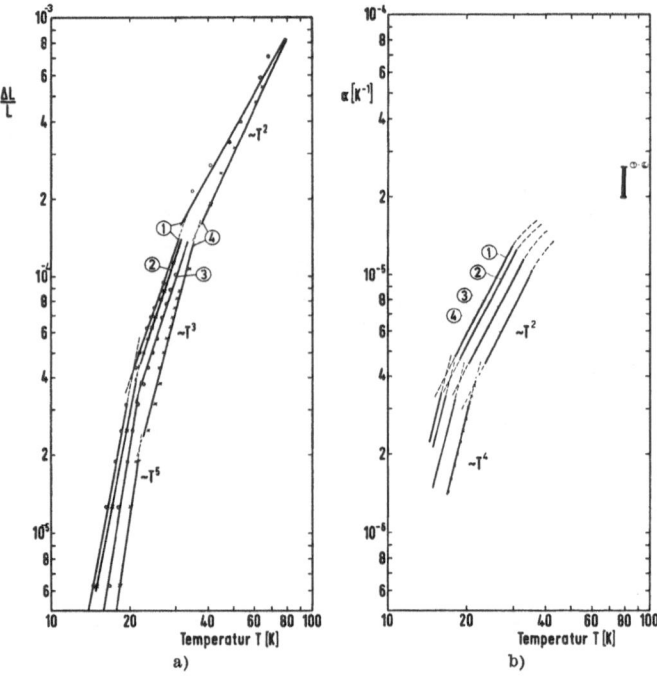

a)   b)

Abb. 6. a) Integrale thermische Ausdehnung $\Delta L/L$. b) Linearer, thermischer
Ausdehnungskoeffizient α von Epoxidharzen mit unterschiedlichen Vernetzungsabständen S.

1. MY 790; $S \approx$ 15 Å;
2. Araldit B; $S \approx$ 30 Å;
3. A 6084; $S \approx$ 50 Å;
4. A 6097; $S \approx$ 100 Å.

Härter jeweils Hexahydrophthalsäure-
anhydrid. Die Exponenten von T sind
grobe Mittelwerte obiger Substanzen

von ca. 100 Å. Das bedeutet, daß die thermische
Ausdehnung beachtlich von dem Vernetzungsabstand abhängt. (Genauere Messungen unterhalb
15 K sind in Vorbereitung). Bei höheren Temperaturen verschwindet dieser Unterschied all-
mählich. Oberhalb 80 K kann kaum mehr von
einer Vernetzungsabhängigkeit gesprochen werden.

Bindungspotentiale

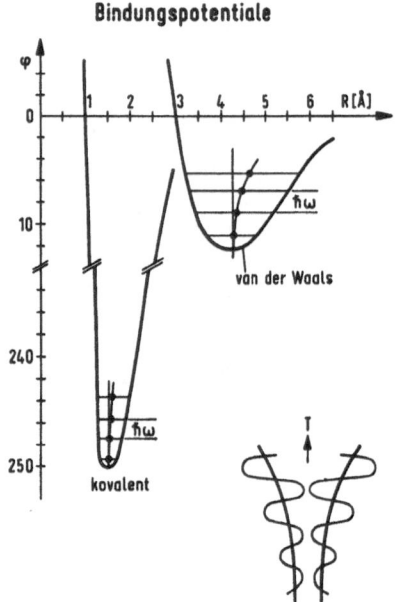

Abb. 7. Schematische Darstellung von Haupt- und
Nebenvalenzpotentialen

Es zeigt sich, daß die Vernetzung gerade in
dem Tieftemperaturbereich, wo die dominante
Phononenwellenlänge von der Größenordnung
des Vernetzungsabstandes ist, einen Einfluß auf
die thermische Ausdehnung hat. Und zwar nimmt
der thermische Ausdehnungskoeffizient mit zunehmender Vernetzungsdichte zu, was analog
wie bei der Wärmeleitung auf eine Erhöhung der
anharmonischen Potentialanteile zurückgeführt
werden könnte.

Die *Temperaturabhängigkeit* selbst zeigt oberhalb 15 K wenig Vernetzungseinfluß, aber unterschiedliche Bereiche. In der folgenden Darstellung sind die Exponenten als grober Mittelwert der vier untersuchten Epoxidharze angegeben:

$$\Delta L/L \sim T^5 \rightarrow \alpha \sim T^4 \quad \text{(für } T \lesssim 15 \text{ bis } 21 \text{ K)},$$

$$\Delta L/L \sim T^3 \rightarrow \alpha \sim T^2 \quad \text{(für } T \sim 21 \text{ bis } 40 \text{ K)},$$

$$\Delta L/L \sim T^2 \rightarrow \alpha \sim T^1 \quad \text{(für } T \sim 40 \text{ bis } 80 \text{ K)}.$$

> Die relativ zu anderen Festkörpern be-
> reichsweise starke Temperaturabhängig-
> keit des thermischen Ausdehnungskoeffi-
> zienten α, nämlich $\alpha \sim T^4$, ist eine weitere
> bemerkenswerte Eigenschaft von Epoxid-
> harzen bei tiefen Temperaturen. (Übliche
> Festkörper haben bei tiefen Temperaturen
> meist eine T^3-Abhängigkeit.)

Abb. 8. Spezifische Wärme von Epoxidharzen mit unterschiedlichen Vernetzungsabständen

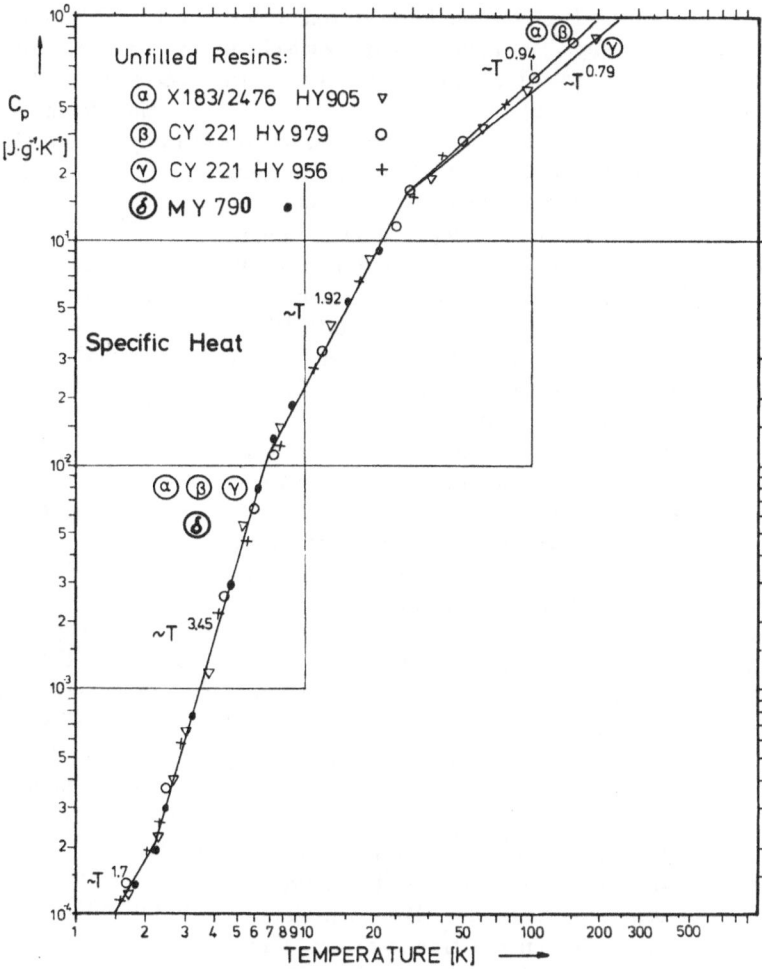

Abb. 8. Spezifische Wärme von Epoxidharzen mit unterschiedlichen Vernetzungsabständen

4. Spezifische Wärme

Die Knicks in der Temperaturabhängigkeit des thermischen Ausdehnungskoeffizienten sollten sich im Temperaturverlauf der spezifischen Wärme zeigen.

Für vier der hier behandelten chemisch sehr unterschiedlichen Epoxidharze ist c_p als Funktion der Temperatur in Abbildung 8 aufgetragen[1].

Es zeigen sich eine Reihe von Knicks, die charakteristisch für Hochpolymere sind. Nur liegen die Knicks nicht bei den gleichen Temperaturen wie bei der thermischen Ausdehnung. Dieser Punkt muß noch untersucht werden. Interessant ist jedoch die Temperaturabhängigkeit der spezifischen Wärme in einzelnen Temperaturbereichen.

---

[1] Herrn Dr. *Schwab* (Physikal. Institut Universität Karlsruhe) sei für die Meßwerte von My 790 gedankt.

Nach einem Vorschlag von *Tarasov* (4) liegt bei hohen Temperaturen der Fall von isolierten linearen Ketten vor, deren spezifische Wärme bekanntlich proportional zu T ist.

Die Ketten sind in einem schwachen Nebenvalenzpotential gehalten, dessen Bindungsenergie viel kleiner als die Schwingungsenergie bei hohen Temperaturen ist (daher isolierte Kette). Mit kleiner werdender Temperatur ändert sich aber diese Relation, und die Schwingungsenergie ist schließlich vergleichbar mit der Nebenvalenzbindungsenergie. Dies ist aber der Beginn der Ausbreitung von dreidimensionalen Kontinuumsschwingungen (2 transversale und 1 longitudinale Kollektivschwingungen von Segmenten), bei denen die Debyesche T^3-Abhängigkeit gilt. Bei Nebenvalenzbindung wird dieser Zustand i. allg. erst bei tieferen Temperaturen als bei Hauptvalenzbindungen erreicht. Bei Epoxidharzen ist dies erst bei einer Temperatur $T \lesssim 10\,\mathrm{K}$

erreicht. Dieser Sachverhalt kann durch unterschiedliche Debye-Temperaturen für Zwischenketten- und Innerkettenbindung charakterisiert werden (siehe Abb. 2).

Die Betrachtung ist nicht vollständig, da nur zentrale Bindungskräfte berücksichtigt werden. Bei Polymerketten spielen jedoch nicht nur Streckschwingungen, sondern auch Valenzwinkeldeformationen (Biegeschwingungen) eine Rolle, die Schwingungen transversal zur Kettenachse bewirken. *Baur* (5) zeigte, daß Biegeschwingungen mit Streckschwingungen gekoppelt sind und ihr Anteil zur spezifischen Wärme bei einer isolierten eindimensionalen Kette proportional $T^{1/2}$ ist. Dies ist zusammen mit der T-Abhängigkeit der eindimensionalen Streckschwingungen zu sehen.

Auch bei den Biegeschwingungen gilt wie bei den translatorischen Schwingungen, daß eindimensionale Schwingungsausbreitung nur so lange dominant ist, als die Biegeschwingungsenergie groß gegen die Zwischenkettenbindungsenergie ist (isolierte Kette). Erst bei kleiner werdenden Temperaturen sind diese Energien vergleichbar, und es ist eine dreidimensionale Schwingungsausbreitung dominant, die zu einer $T^{3/2}$-Abhängigkeit des Biegeschwingungsanteils zur spezifischen Wärme führt. Dieser Sachverhalt kann durch zusätzliche Debye-Temperaturen charakterisiert werden. Bei noch tieferen Temperaturen werden die transversalen, durch Valenzwinkeldeformationen entstandenen Biegeschwingungen von den ebenfalls zur Kettenrichtung transversalen Zwischenkettenschwingungen überragt, da dann die Innerkettenbiegekräfte gewissermaßen durch die Zwischenkettenkräfte entlastet werden. Aus den Messungen an Epoxidharzen (Abb. 8) sieht man, daß die einzelnen Temperaturabhängigkeiten näherungsweise in folgenden Bereichen vorliegen:

$$c_p \sim T^3 \qquad (3-10 \text{ K}) \qquad [1\,a]$$

$$c_p = a \cdot T^3 + b \cdot T^{3/2} \quad (10-30 \text{ K}) \qquad [1\,b]$$

$$c_p = c \cdot T + d \cdot T^{1/2} \quad (> 30 \text{ K}). \qquad [1\,c]$$

Die im Experiment gefundene etwas höhere Tieftemperaturabhängigkeit, nämlich $T^{3,4}$, kann auf lokale Moden zurückführbar sein. (Immerhin zeigte die thermische Ausdehnung im benachbarten Temperaturbereich auch eine höhere Abhängigkeit als T^3, nämlich T^4.)

Eine weitere interessante Aussage gewinnt man aus Abbildung 8, nämlich daß die spezifi-

sche Wärme unterhalb 100 K für diese Substanzen vollständig gleich, also *unabhängig von der chemischen Struktur* ist[1].

Eine formale Erklärung kann im Rahmen der Debyeschen Theorie gegeben werden:

Danach ist c_p nur eine Funktion von Θ/T:

$$c_p = f(\Theta/T). \qquad [2]$$

Der funktionelle Zusammenhang ist unabhängig von der Substanz. Die substanzabhängige Debye-Temperatur Θ ist aber gemäß der Kontinuumstheorie eine Funktion der Elastizitätswerte (z.B. E-Modul) und der Oszillatorendichte $\hat{N}$.

$$\Theta = g(E, \hat{N}), \qquad [3]$$

$$\Theta = h \, \nu_{\max}/k \quad \text{und}$$

$$3\hat{N} = \frac{4}{3} \pi \left(\frac{1}{v_l^3} + \frac{2}{v_t^3} \right) \nu_{\max}^3, \quad \bar{v} \sim E^{1/2}. \qquad [4]$$

Im vorigen Abschnitt wurde jedoch gezeigt, daß der E-Modul bei Epoxidharzen im Tieftemperaturbereich praktisch strukturunabhängig ist. Ferner kann man wegen der ziemlich gleichen Dichte und der ähnlichen mittleren Atomanteile annehmen, daß die Oszillatorendichte näherungsweise ebenfalls gleich ist. Unter dieser Annahme ist Θ für die betrachteten Epoxidharze näherungsweise strukturunabhängig und damit auch die spezifische Wärme.

> Die spezifische Wärme der untersuchten Epoxidharze hängt also bei tiefen Temperaturen nicht von der chemischen Struktur ab. Die Temperaturabhängigkeit in einzelnen Temperaturbereichen ist durch ein- und dreidimensionale Streck- und Biegeschwingungen erklärbar.

IV. Korrelationen

1. Freie Phononenweglänge

Die mittlere freie Phononenweglänge l_t hängt über die bekannte Debyesche Beziehung mit der Phononenausbreitungsgeschwindigkeit v_t, den Anteilen zur spezifischen Wärme c_t und der Wärmeleitfähigkeit λ zusammen, wobei der

---

[1] Für strahlenvernetztes PE wurde unterhalb **4 K** eine Abhängigkeit vom Vernetzungsabstand gefunden, der mit einer Behinderung von lokalen Moden durch zunehmende Vernetzung erklärt wurde (3).

Index i die beteiligten Schwingungsmoden bezeichnet:

$$\lambda = \tfrac{1}{3} \sum_i v_i \, l_i \, c_i \, . \qquad [5\,\mathrm{a}]$$

Die Mittelung

$$\lambda \approx \tfrac{1}{3} \, \bar{v} \, l \, \bar{c} \qquad [5\,\mathrm{b}]$$

ist sicher im vorliegenden Fall von Epoxidharzen eine schlechte Näherung, da sehr unterschiedliche Moden beteiligt sind. Sie soll aber als Abschätzung der mittleren freien Phononenwellenlänge dienen. Unter der unbewiesenen Annahme, daß $\bar{v}$ unabhängig von der Vernetzung ist — für $\bar{c}$ wurde gezeigt, daß sie im Tieftemperaturbereich vernetzungsunabhängig ist —, ergibt sich die Proportionalität $l \sim \lambda$. Im vorhergehenden Abschnitt wurde gezeigt, daß bei tiefen Temperaturen λ für kleinen Vernetzungsabstand kleiner wird und umgekehrt. Das bedeutet somit, daß bei tiefen Temperaturen l sich gleichsinnig mit dem Vernetzungsabstand ändert.

Die Größe der freien Weglänge l_0 wurde aus den behandelten Daten und $\bar{v} = 2{,}5 \cdot 10^5$ cm/s berechnet. Dabei stellt sich heraus, daß diese in der Größenordnung der jeweiligen dominanten Phononenwellenlänge λ_D liegt (z. B.

$$l_0(4{,}2 \text{ K}) \approx 150 - 300 \text{ Å}; \quad \lambda_D(4{,}2) \approx 50 \text{ Å}).$$

Das heißt, die Phononen des Zwischenkettenpotentials besitzen nur eine Reichweite von wenigen Wellenlängen. (Ähnliche Relationen findet man auch bei höheren Temperaturen für die Phononen des Innerkettenpotentials.)

Lokalisierte Moden, bei denen der Hauptphononenanteil stationär ist und nur ein Teil sich ausbreitet, dürfte besser für die Beschreibung von thermischen Eigenschaften amorpher Substanzen passen. Der Begriff von lokalisierten Moden ist hier auf die Schwingung ganzer Segmente zu beziehen.

Grüneisenbeziehung

Der Grüneisenparameter γ ist ein Maß für die Anharmonizität eines Bindungspotentials bzw. für die Volumenabhängigkeit der Debye-Temperatur Θ. Eine makroskopische bzw. mikroskopische Definition ist durch die Ausdrücke [6 a] bzw. [6 b] gegeben:

$$\gamma = \frac{3\alpha}{c \cdot \varkappa \cdot \varrho} \qquad [6\,\mathrm{a}]$$

α linearer Ausdehnungskoeffizient,
$\varkappa$ Kompressibilität,

ϱ Dichte,
c spezifische Wärme[1]).

$$\gamma = - \frac{\partial \ln \Theta}{\partial \ln V} \, . \qquad [6\,\mathrm{b}]$$

Außer einer nützlichen Korrelation von physikalischen Größen ist es bei Kenntnis des Grüneisenparameters möglich, die Änderungen von thermischen Größen durch aufgeprägte Volumänderungen, z. B. deren Druckabhängigkeit, zu berechnen.

Einfache Verhältnisse herrschen bei kubisch flächenzentrierten Metallen, bei denen γ ziemlich temperaturunabhängig ist und etwa den Wert $\gamma \approx 1 - 2$ besitzt.

Dagegen wird man bei Hochpolymeren und Gläsern mit Werten konfrontiert, die sich um mehr als 2 Größenordnungen und um das Vorzeichen unterscheiden. Das ist nicht verwunderlich, wenn man berücksichtigt, daß genau genommen jeder Mode „i" ein anderes γ besitzen kann. Es kommt darauf an, welche Moden ein bestimmtes Meßverfahren favorisiert. *Barron* (11) hat gezeigt, daß bei einer Mittelung von γ die einzelnen Moden mit dem Anteil ihrer spezifischen Wärme c_i gewichtet werden müssen:

$$\bar{\gamma} = \sum \frac{c_i}{c} \cdot \gamma_i \, . \qquad [7]$$

Soweit man γ aus der makroskopischen Beziehung nach Gl. [6 a] bestimmt, kommt eine weitere Schwierigkeit hinzu, nämlich, daß deren Bestimmungsgrößen von unterschiedlichen Moden herrühren, deren Anteile außerdem temperaturabhängig sind. Bei sehr tiefen Temperaturen könnte man jedoch annehmen, daß nur Zwischenkettenmoden an den in Gl. [6 a] auftretenden Größen beteiligt sind. Bei höheren Temperaturen > 100 K wird die thermische Ausdehnung α weiterhin von Zwischenkettenmoden bestimmt, während die spezifische Wärme c vornehmlich von Innerkettenmoden herrührt.

Damit kann man nach Gl. [6 a] eine grobe Trennung von Zwischen- und Innerkettenanteilen zur spezifischen Wärme $c(T)$ vornehmen. Man bestimmt bei sehr tiefen Temperaturen $\gamma \equiv \gamma_{ZK}(T \to 0)$ und nimmt an, daß dieser Wert auch bei höheren Temperaturen T für Zwischenkettenmoden gilt (14). Ebenso werden $\alpha(T) \equiv \alpha_{ZK}(T)$ und $\varkappa(T) \equiv \varkappa_{ZK}(T)$ auch bei

---

[1]) Für tiefe Temperaturen kann man $c_p \approx c_v$ annehmen.

höheren Temperaturen als von Zwischenkettenmoden herrührend betrachtet.

Den Anteil $c_{ZK}(T)$ zur gesamten spezifischen
Wärme $c(T)$ gewinnt man nach Gl. [6a] aus dem
bei der Temperatur T bestimmten Wert $\gamma(T)$

$$\frac{c_{ZK}(T)}{c(T)} = \frac{\gamma(T)}{\gamma_{ZK}(T \to 0)} \,. \qquad [8]$$

Bei den hier behandelten Epoxidharzen scheint
dieses Vorgehen problematisch, da γ zu tieferen
Temperaturen hin abfällt (zumindest im Bereich
15—21 K) und $\gamma(T)/\gamma_{ZK} > 1$ werden kann. Das
rührt daher, daß die thermische Ausdehnung
unterhalb 21 K mit einer höheren Potenz von
T abfällt als die spezifische Wärme. Die nach
Gl. [6a] für die behandelten speziellen Epoxidharzsysteme berechneten Werte von γ sind in
Tabelle 3 zusammengestellt. Nach einem ziemlich starken Anstieg im Tieftemperaturbereich
wird die Temperaturabhängigkeit von γ gering.

Tabelle 3. Grüneisenparameter γ

T [K]	My 790	Araldit B	A 6084	A 6097
15	1,3	1,1	0,7	0,4
16	1,6	1,3	0,9	0,5
19	1,8	1,6	1,3	0,8
20	1,9	1,7	1,4	0,9
21	2,0	1,7	1,4	1,0
22	1,9	1,7	1,4	0,9
23	1,9	1,6	1,3	1,0
25	1,5	1,4	1,1	0,9
29	1,7	1,5	1,3	1,0
30	1,8	1,6	1,3	1,0
80	1,3	1,3	1,3	1,3

Bei tiefen Temperaturen ist γ ziemlich abhängig
vom Vernetzungsabstand. Bei zirka 80 K wird
ein kaum vernetzungs- und temperaturabhängi-
ger Wert von ca. 1,3 erreicht. Für den Bereich
15—80 K kann man pauschal sagen, daß γ für
die behandelten Epoxidharzsysteme zwischen
0,4 und 2 variiert. Dieser Wert liegt in der Größe
der bei vielen Festkörpern gefundenen Werte.
Bei Hochpolymeren darf aber nicht übersehen
werden, daß bei höheren Temperaturen ver-
schiedenartige Moden (bei der spezifischen
Wärme Zwischenketten plus verschiedene Innerketten-Moden) den Wert von γ bestimmen.
Weitere Messungen und Analysen sind in Vorbereitung.

Gemäß der mikroskopischen Definition nach
Gl. [6b] wurde γ von *Curro*, *Barker* und anderen
berechnet, indem angenommen wurde, daß die
Volumabhängigkeit der Debye-Temperatur aus
dem Zwischenketten-Bindungspotential beschrieben werden kann. Unter der Annahme
eines Lennard-Jones-Potentials hat *Curro* (12)
einen Wert von $\gamma = 3{,}16$ für $T \to 0$ gefunden.
Dieser Wert sollte unter bestimmten Modell-
annahmen (Zellenmodell) für alle Hochpolymere
gelten, deren Ketten durch ein solches Potential
gebunden sind.

Barker (13) hat unter spezielleren Annahmen
für ein Kettenbündel-Modell einen Wert $\gamma = 4$
für $T \to 0$ erhalten. Bei höheren Temperaturen
fallen diese Werte bis unter 1 und sind ziemlich
temperaturunabhängig.

Dagegen ergeben Messungen der Druckabhängigkeit der Schallgeschwindigkeit bei
Raumtemperatur einen Wert von $\gamma \approx 3$ (*Wada*
(14)).

Die bei Epoxidharzen gefundenen Werte
liegen außer im Tieftemperaturbereich zwischen
diesen aus Rechnungen und Messungen ge-
wonnenen Ergebnissen. Es sind jedoch weitere
klärende Untersuchungen erforderlich.

Für die Mitarbeit der Herren *H. Binder*, *V. Detampel*,
B. Kneifel, *P. Raber*, *B. Vogeley* und *W. Weiß* sei sehr
herzlich gedankt. Den Herren Dr. *F. Lohse* und
R. Schmid (Ciba-Geigy) gilt besonderer Dank für die
Präparation der speziellen Epoxidharzsysteme. Für Diskussionen mit den Herren Dr. *Halbritter* (IEKP-Karls-
ruhe) und Dr. *H. Baur* (BASF, Ludwigshafen) sei be-
stens gedankt.

Zusammenfassung

Physikalische Eigenschaften von Epoxidharzen, wie
spezifische Wärme und Elastizität, hängen bei tiefen
Temperaturen kaum von der chemischen Struktur ab.
Bei Wärmeleitung und thermischer Ausdehnung zeigt
sich bei tiefen Temperaturen eine ausgeprägte Vernetzungsabhängigkeit, und zwar nur in dem Temperaturbereich, in dem die dominante Phononenwellenlänge
in der Größe des Vernetzungsabstandes liegt. Das deutet
auf Phononenzustände der Segmente nach Art von
stehenden Wellen hin. Zusammen mit der ermittelten
kurzen Phononenreichweite könnte dies zumindest eine
teilweise Beschreibung von thermischen Eigenschaften
durch lokalisierte Phononen nahelegen. Umgekehrt
könnten anhand von Eigenschaften mit einer definierten Abhängigkeit vom Vernetzungsabstand Aufschlüsse
über Phononenzustände amorpher Substanzen gewonnen werden. Eine Zusammenstellung der Abhängigkeit
vom Vernetzungsabstand und der Temperatur der behandelten Eigenschaften ist in Tabelle 4 gegeben.

Tabelle 4. Vernetzungs- und Temperaturabhängigkeit

Physikalische Größe	Abhängigkeit vom Vernetzungsabstand S	Temperaturabhängigkeit
Elastizität	sehr gering (ca. 10%)	sehr gering für $T < 20$ K stark $\qquad T > 50$ K
Festigkeit	gering (ca. 30%)	gering für $\qquad T < 77$ K
Thermische Ausdehnung α	groß $\alpha\uparrow S\downarrow$	$T^4 \quad (15 \leq T \leq 21$ K) $T^2 \quad (21 \leq T \leq 40$ K) $T^1 \quad (40 < T \leq 80$ K)
Spezifische Wärme	keine	$T^{3,4} \quad (\;2 \leq T \leq 10$ K) $T^{1,9} \quad (10 < T < 30$ K) $T^{0,9} \quad (30 < T < 150$ K)
Wärmeleitung λ	groß $\lambda\uparrow S\uparrow$	gering für $4 \leq T \leq 293$ K

Die Pfeile charakterisieren die gleich- oder gegenläufige Abhängigkeit.

Summary

Physical properties like specific heat and elasticity of epoxy resins at low temperatures are rather independent of chemical structure. Heat conductivity and thermal expansion however are influenced at low temperatures by cross-link density but only in that temperature range where the dominant phonon wave length is about equal to the cross-link distance. This may indicate that standing waves are set up in the segments. This picture combined with the experimentally determined short phonon mean free path suggests a partial description of thermal properties by localized phonons. On the other side one could gain information about phonon states of amorphous materials by means of properties which show a well defined dependence on cross-link distance. A summary of the dependence on cross-link distance and temperature of the properties considered is given in table 4.

Literatur

1) *Hartwig, G., B. Vogeley,* Low Temperature Mechanical Properties of Filled and Unfilled Epoxy-Resins (to be published in Cryogenics).
2) *Weiß, W.,* Progr Colloid & Polymer Sci. **64**, 68–72 (1978).
3) *Reese, W., P. J. Higgins, G. W. Rostine,* J. Appl. Phys. **39**, 1800 (1968).
4) *Tarasov, V. V.,* Zhur. Fiz. Khim. **24**, 111 (1950) und **27**, 1430 (1953).
5) *Baur, H.,* Z. Naturforsch. **26a**, 979 (1971).
6) *Eiermann, K.,* Kolloid-Z. u. Z. Polymere **198**, 6 (1964) und Kunststoffe **50**, 512 (1960).
7) *Hellwege, K. H., J. Hennig, W. Knappe,* Kolloid-Z. u. Z. Polymere **188**, 121 (1962).
8) *Choy, C. L., D. Greig,* J. Phys. C. Solid State Phys. **10**, 169 (1976).
9) *Detampel, V., G. Hartwig, B. Kneifel,* Low Temperature Thermal Conductivity of Epoxy-Resins With Different Cross-Link-Density (to be published in Cryogenics).
10) *Klemens, P. G.,* Solid State Phys. (New York 1958).
11) *Barron, T. H. K.,* Phil. Mag. **46**, 720 (1955).
12) *Curro, J. G.,* J. Chem. Phys. **58**, 374 (1973).
13) *Barker, R. E.,* J. Appl. Phys. **38**, 4234 (1967).
14) *Wada, Y.* et. al., J. Polymer Sci. **7**, 201 (1969).

Anschrift des Verfassers:

G. Hartwig
Institut für Technische Physik
Kernforschungszentrum und Universität Karlsruhe
D-7500 Karlsruhe

Progr. Colloid & Polymer Sci. **64**, 68—72 (1978)
© 1978 by Dr. Dietrich Steinkopff Verlag GmbH & Co. KG, Darmstadt
ISSN 0340-255 X

Vorgetragen auf der Frühjahrstagung des Fachausschusses
Physik der Hochpolymeren in der Deutschen Physikalischen Gesellschaft
in Rothenburg o. T. vom 28.—31. März 1977

Institut für Experimentelle Kernphysik, Universität und Kernforschungszentrum Karlsruhe

Ermüdungsverhalten von Epoxidharzen bei tiefen Temperaturen

W. Weiss

Mit 10 Abbildungen und 2 Tabellen

(Eingegangen am 5. Mai 1977)

Bei tiefen Temperaturen sind Epoxidharze spröde (1, 2). Aus diesem Grunde ist das Ermüdungsverhalten bei dynamischer mechanischer Belastung besonders interessant. Spröde Stoffe sind besonders anfällig für Ermüdung, da vorhandene Oberflächenkerben nicht durch plastische Verformung entschärft werden können. Es gibt jedoch auch spröde Stoffe, die überhaupt keine Ermüdung zeigen (3).

I. Wöhlerkurven

a) Rundproben

Für Anwendungen ist es wichtig zu wissen, wie lange ein Material mit einer vorgegebenen Last σ dynamisch beansprucht werden kann, ohne daß es Schaden leidet, d.h. wie groß die Bruchlastspielzahlen N sind. Abbildung 1 zeigt eine solche Wöhlerkurve (σ über N), aus der

man diese Daten für verschiedene Bruchwahrscheinlichkeiten P entnehmen kann. Die Rundproben aus Epoxidharz *) sind im Zugschwellbereich belastet worden, und die Oberspannungen sind auf die mittlere Bruchspannung im Zugversuch σ_{BS} normiert worden. Die Geraden sind aus den Meßwerten mit Hilfe des Arcsin $\sqrt{P}$-Verfahrens berechnet worden (4). Die Grenzlastspielzahl wurde aus Zeitgründen auf 10^7 Lastwechsel festgesetzt, da längere Meßzeiten mit den in den Belastungsfrequenzen begrenzten Prüfmaschinen nur bei einzelnen Proben möglich sind. Eine werkstoffphysikalische Begründung für die Wahl der Grenzlastspielzahl kann zur Zeit nicht gegeben werden (5). Die wichtige Größe der Dauerfestigkeit (0% Bruchwahrscheinlichkeit bei 10^7 Lastwechseln) liegt bei diesem Material bei etwa 40% der Bruchspannung aus dem statischen Zugversuch. Die Streuspanne T_N ($T_N := N_{min} : N_{max}$ bei gleicher Belastung) der Bruchlastspielzahlen N ist verglichen mit anderen Materialien sehr groß (größtes $T_N = 1 : 1000$). Das liegt wahrscheinlich an der Kerbempfindlichkeit und der Schwierigkeit, die große, maximal belastete Oberfläche vieler Proben in gleicher Güte herzustellen.

b) Rißaufweitungsproben

Da gekerbte Proben im allgemeinen kleinere Streuungen der Meßwerte aufweisen, wurden Testversuche mit Rißaufweitungsproben (CT = compact tension (6)) durchgeführt. Es zeigte sich, daß die Streuspanne T_N auf $1 : 11$ sinkt. Die Streuspanne wird wie bei vielen anderen Stoffen mit zunehmender Lastspielzahl größer

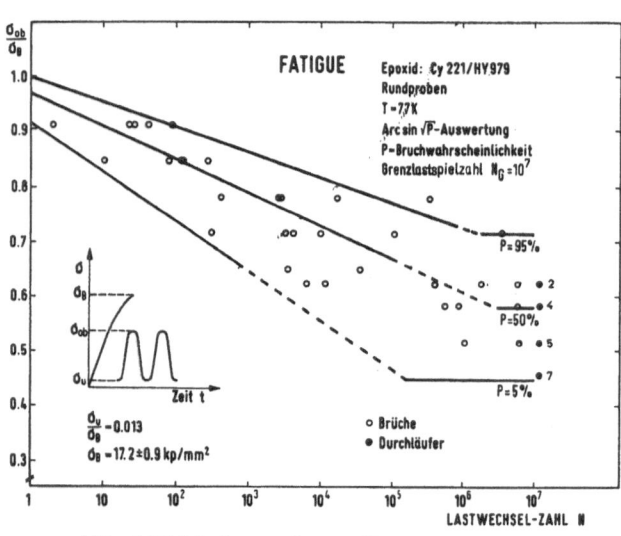

Abb. 1.Wöhlerkurve bei 77 K

*) CY 221/HY 979 von Ciba-Geigy.

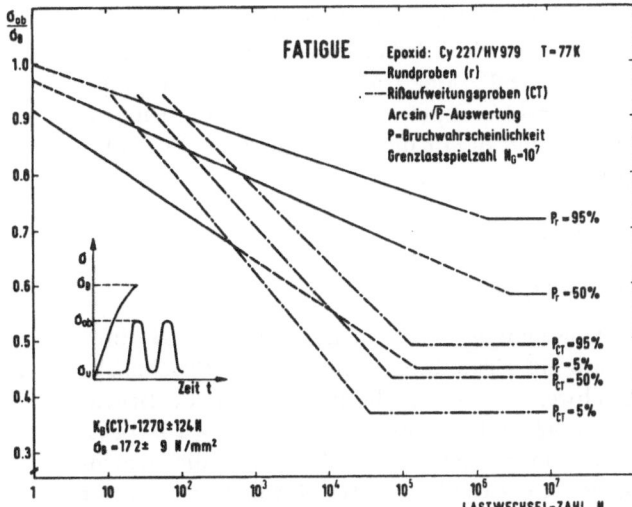

Abb. 2. Wöhlerkurven unterschiedlicher Probenformen

(CT-Proben: 1:4 bei kleinem N, 1:11 bei großem N).

Aus diesen Gründen wurde auch mit den CT-Proben eine Wöhlerkurve erstellt.

In Abbildung 2 ist die Wöhlerkurve von Rißaufweitungsproben aufgetragen.

Die Oberkraft bei dynamischer Belastung der Rißaufweitungsproben ist auf die Bruchkraft im Zugversuch K_{BS} von Rißaufweitungsproben normiert. Die Geraden sind wieder mit Hilfe des Arcsin $\sqrt{P}$-Verfahrens aus den Meßwerten gewonnen worden. Zum Vergleich ist auch die

Kurve aus Abbildung 1 eingetragen. Die Rißaufweitungsproben leben bei großen Lastspielzahlen nicht so lange wie die Rundproben. Die Dauerfestigkeit (0% Bruchwahrscheinlichkeit) sinkt bei den CT-Proben auf 35% der Bruchkraft verglichen mit 40% bei den Rundproben. Die Ursache dafür ist wahrscheinlich die Spannungsüberhöhung durch die starke Kerbe, die ja bei jeder CT-Probe vorhanden ist, wogegen die Rundproben teilweise eine gute glatte Oberfläche haben. Ungeklärt bleibt, warum im Bereich der Kurzzeitfestigkeit die CT-Proben gleich gut oder sogar besser als die Rundproben der Belastung standhalten und warum die Geraden nicht auf die Bruchkraft im Zugversuch zulaufen.

II. Mechanische Parameter während und nach dynamischer Belastung

a) Rundproben

Für Wöhlerkurven mit statistischer Untermauerung sind zeitaufwendige Messungen notwendig. Diese sind bei tiefen Temperaturen kostspielig. Daher untersucht man, ob sich Materialkennwerte mit der Ermüdung ändern. Um nun festzustellen, wann die Schädigung bei unserem Epoxid eintritt, wurde bei einigen Versuchen der E-Modul bei Rundproben während der dynamischen Belastung gemessen. Aus Abbildung 3 sieht man, daß dieser bis zum Bruch

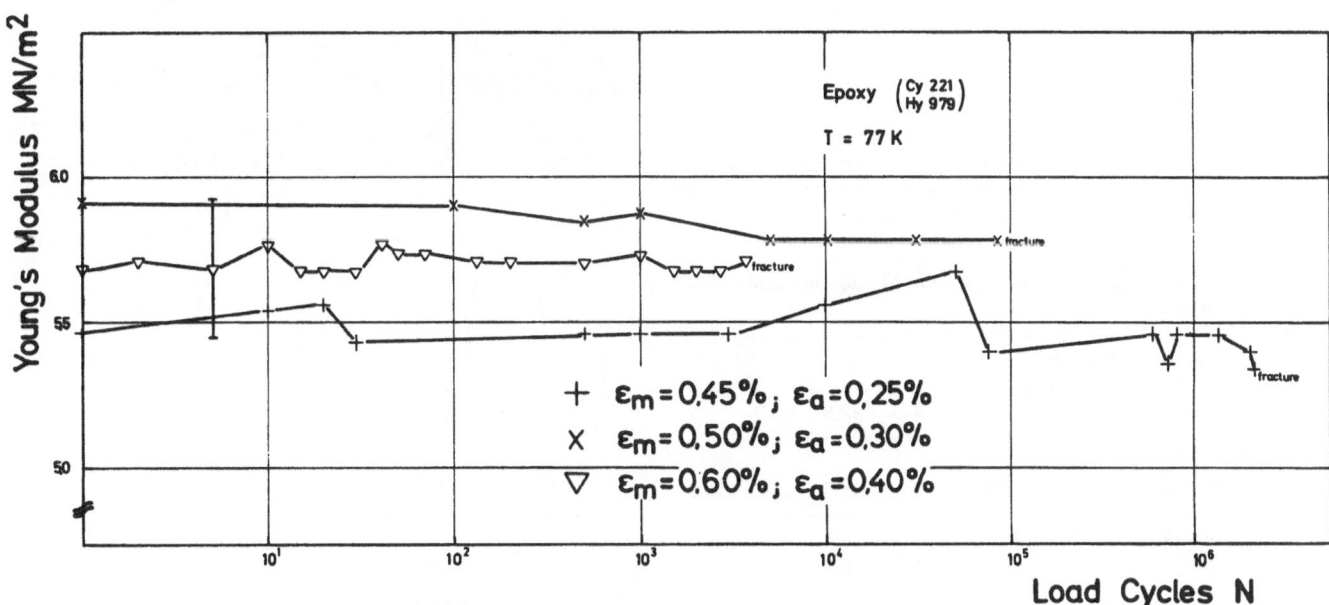

Abb. 3. E-Modul in Abhängigkeit dynamischer Belastung

selbst bei großer Belastung nahe der Bruchgrenze in etwa gleich groß bleibt. Die Schwankungen liegen innerhalb der Meßgenauigkeit von ± 5%.

Nun kann es sein, daß der *E*-Modul ein zu unempfindlicher Indikator für eine schleichende Zerstörung der Proben ist. Eine Schädigung durch dynamische Belastung sollte sich jedoch in einer Erniedrigung der Bruchspannung zeigen. Deswegen wurden „Durchläufer" (das sind Proben, die 10^7 Lastwechsel überlebt haben) einer Zugprüfung unterworfen. Die mittlere Bruchspannung und die Streuung der Werte sind jedoch unabhängig von der Höhe der Vorbelastung gleich den jungfräulichen Proben (Tabelle 1). Daraus kann man schließen, daß die Fatigueproben erst ganz kurz vor dem Bruch geschädigt wurden.

Tabelle 1. Bruchspannung der Durchläufer bei Rundproben

Oberlast normiert auf die statische Zugbruchspannung σ_{BS} in %	0	45,5	52	58,5	62,5
$\sigma_B \left[\dfrac{N}{mm^2} \right]$ nach 10^7 Lastwechsel	172	177	168	175	175
Streuung von σ_B in %	5	1,3	6,7	3,8	2,4
Anzahl der Proben	8	5	4	4	2

b) Rißaufweitungsproben

Die Durchläufer bei den CT-Proben wurden ebenfalls zerrissen. Die Bruchkraft K_B ist wie bei den Rundproben in Mittelwert und Streuung unabhängig von der dynamischen Vorbelastung (Tab. 2).

Tabelle 2. Bruchkraft der Durchläufer bei Rißaufweitungsproben

Oberlast normiert auf die statische Zugbruchkraft K_{BS} in %	0	35,5	39,2	43,2	47
K_B [N] nach 10^7 Lastwechsel	1250	1252	1208	1205	1330
Streuung von K_B in %	9,7	8,7	6,3	—	10,3
Anzahl der Proben	8	6	3	1	3

In Übereinstimmung damit wurde bei einigen CT-Proben eine Rißaufweitung festgestellt, die bei etwa 90% der Gesamtlebensdauer beginnt. Das würde bedeuten, daß erst dann ein Rißfortschritt und damit die Schädigung der Probe beginnt.

III. Bruchflächen

a) Rundproben

Unabhängig vom Zeitpunkt des Beginns sollte ein Ermüdungsanriß auf der Bruchfläche nachweisbar sein. Abbildung 4 zeigt die Bruchfläche einer Rundprobe, die nach 5×10^6 Lastwechseln gebrochen ist. Man kann die Bruchfläche in 4 Gebiete unterschiedlicher Struktur einteilen (vgl. (7)): am Rand sieht man eine spiegelglatte halbkreisförmige Fläche (A), in diese hinein ragen schuppenförmige Gebilde (B), daran schließt sich als dritte eine rauhe Zone an (C); die letzte spiegelnde Fläche ist nicht bei jedem Bruch vorhanden (D).

Die erste Fläche (A) ist besonders interessant, da dort der Riß beginnt (8). Die Bruchfläche von

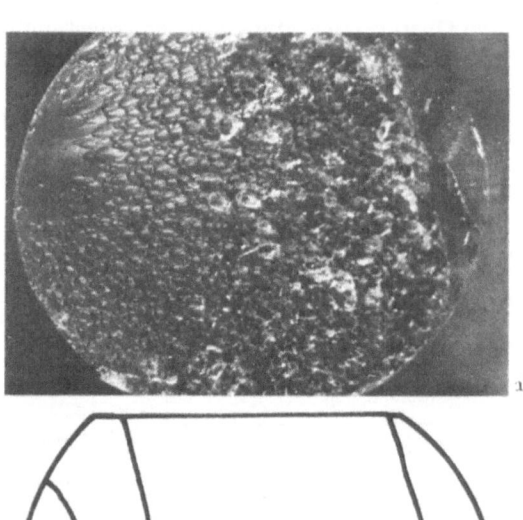

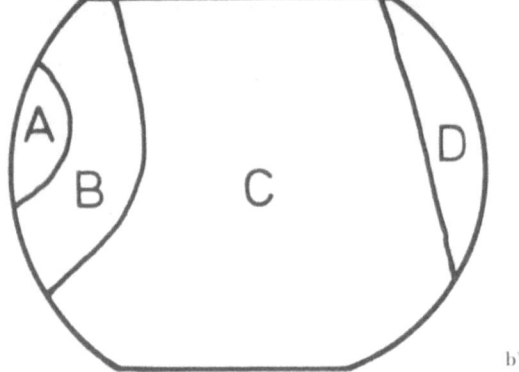

Abb. 4. a) Bruchfläche einer dynamisch belasteten Rundprobe; b) Unterteilung dieser Fläche

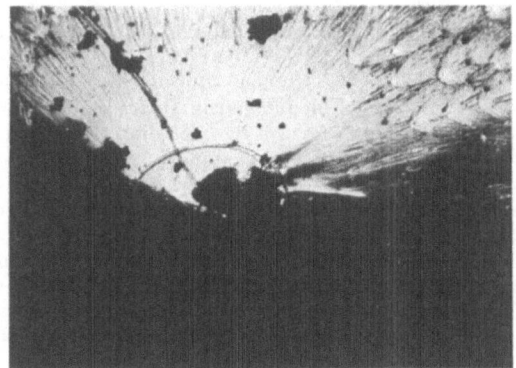

Abb. 5. Spiegelfläche einer Rundprobe

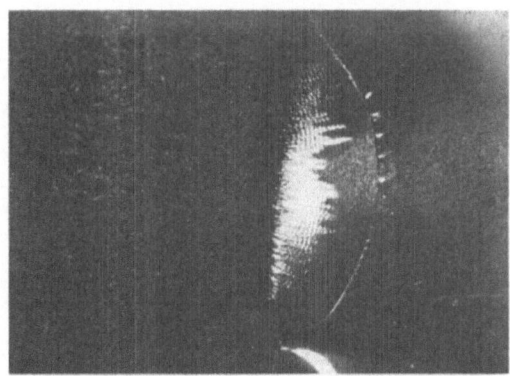

Abb. 6. Fatiguebruchfläche einer Rißaufweitungsprobe

Zugproben sieht qualitativ genau so aus, nur sind die 1. und 2. Zone meist kleiner.

In Abbildung 5 ist diese Spiegelfläche vergrößert dargestellt. Die Fläche hat keine Struktur (vgl. (7) und (9)). Am Rande der Probe sieht man jedoch einen halbkreisförmigen Bogen. Solche Bögen treten aber bei Ermüdungsproben nicht immer auf, dagegen manchmal auch bei Zugproben. Ein qualitativer Unterschied in der Bruchfläche zwischen Fatigue- und Zugproben ist möglich, aber jedoch nicht gesichert.

b) Rißaufweitungsproben

Vergleicht man die Bruchfläche im statischen Zugversuch gebrochener Rißaufweitungsproben mit solchen, die dynamisch belastet wurden, so ergibt sich bei allen Proben ein markanter Unterschied: Die Fatiguebruchfläche hat nach der Kerbe eine halbkreisförmige Zone (Abb. 6), innerhalb welcher sich Bruchlinien befinden (Abb. 7), die denen von Metallen gleichen (10). Manchmal hat diese Zone teilweise eine Oberfläche mit größerer Rauhigkeit, in der wiederum Linien erkennbar sind (Abb. 8). Ähnliche Strukturen gibt es auch bei Metallen (11).

Am Rißanfang findet man oft sich kreuzende Linien, so als ob von mehreren Stellen kleine Risse ausgegangen wären, die sich dann zu einem großen Riß vereint haben. Die Fläche der Zugbruch-Rißaufweitungsproben sieht spiegelnd aus, und unter dem Mikroskop sind schuppenförmige Gebilde zu sehen (Abb. 9). Mit zunehmendem Rißfortschritt wird die Anzahl der Schuppen kleiner. Bei den Fatigueproben sind auch solche Schuppen auf der spiegelglatten Restbruchfläche zu sehen. Diese Schuppen sind allerdings viel kleiner und weniger häufig (Abb. 10).

Abb. 7. Bruchlinien am Ermüdungsrißende einer Rißaufweitungsprobe

Abb. 8. Rauhe Ermüdungsbruchfläche

Weitere Zonen, wie etwa bei den Rundproben, sind bei den CT-Proben nicht vorhanden.

In weiteren Untersuchungen soll unter anderem die Ursache der unterschiedlichen Wöhlerkurven und der Mechanismus der Ermüdung einschließlich Rißbeginn und Rißfortschritt geklärt werden.

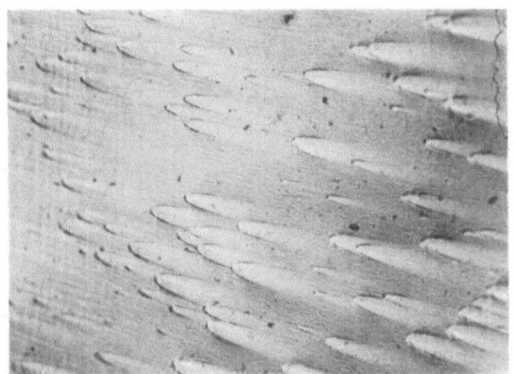

Abb. 9. Bruchfläche einer im Zugversuch gebrochenen Rißaufweitungsprobe

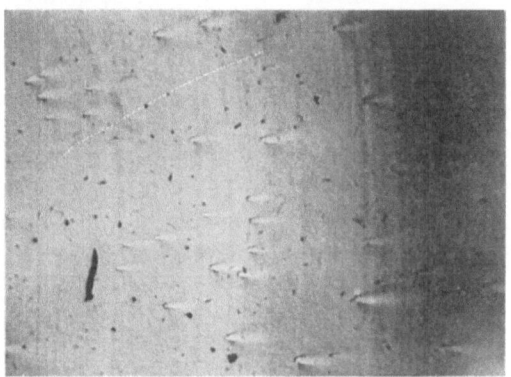

Abb. 10. Restbruchfläche einer dynamisch belasteten Rißaufweitungsprobe

Zusammenfassung

An einem bei Raumtemperatur semiflexiblen Epoxidharz wurden Wöhlerkurven bei 77 K mit dem Arcsin $\sqrt{P}$-Verfahren (P = Bruchwahrscheinlichkeit) erstellt. Die Dauerfestigkeit (10^7 Lastwechsel) liegt in der gleichen Größenordnung von 40% der Bruchkraft bei ungekerbten Rundproben und 35% bei Rißaufweitungsproben. Dynamische Belastung ändert nicht den E-Modul und beeinflußt nicht die Bruchspannung, so daß auf eine späte Schädigung des Materials geschlossen werden kann. Bei Rißaufweitungsproben ist im Gegensatz zu den Rundproben immer ein durch Wechselbelastung verursachter Anriß auf der Bruchfläche zu erkennen.

Summary

The fatigue behavior of an epoxy resin was studied at 77 K and a stress(s)-fatigue life (N) diagram was derived from the experimental fracture probability (P) data. The arc sine $\sqrt{P}$ method was used in treating the data. The fatigue limit, defined as 95% probability of surviving 10^7 cycles, was determined using both unnotched tensile and compact tension samples. For unnotched tensile samples the fatigue life was found to be 40% of the tensile strength, while for the compact tensile samples a slightly lower figure, 35%, was obtained.

Periodi cobservations made during the tests showed that the Young's modulus (the slopes of the force-elongation curves) for the samples did not depend on the number of load cycles applied. Also, the tensile strength of run-out specimens was found to be unaltered from the initial value. These two observations suggest that most of the damage occurs late in the fatigue life. Characteristic markings from fatigue cracks were always observed on the fracture surfaces of the fatigue tested compact tensile samples but these markings were never observed on the fracture surfaces of companion tensile tested specimens.

Literatur

1) *Pink, E., J. D. Campbell*, The low-temperature macrodeformation of an epoxy resin, Mat. Sci. and Eng. **15**, 187—194 (1974).
2) *Hartwig, G.*, Low-temperature properties resins and their correlations, In: *K. D. Timmerhaus, R. P. Reed, A. F. Clark* (Hrsg.), Advances in Cryogenic Engineering, Kingston 22.—25. Juli 1975, S. 283 —290, Bd. 22 (New York 1977).
3) *Kossowsky, R.*, Cyclic Fatigue of Hot-Pressed Si_3N_4, J. Amer. Ceramic Soc. **15**, 531—535 (1973).
4) *Dengel, D.*, Eine zweckmäßige statistische Auswertung von Dauerschwingversuchen, im Werkstoffkolloquium Uni (Karlsruhe 1976).
5) *Dengel, D., H. Harig*, Zur Frage der Grenzlastspielzahl und deren Einfluß auf den Schätzwert der Dauerfestigkeit, Materialprüfung **16**, 88—93 (1974).
6) Plane-strain fracture toughness of metallic materials, In: Annual Book of ASTM-Standards 1974, Part 10: Metals-physical, mechanical and corrosion testing, E 399-74, S. 432—451.
7) *McMaster, A. D., D. R. Morrow, J. A. Sauer*, Nature of fatigue behaviour and effect of flaw size in polystyrene, Polymer Eng. sci. **14**, 801—805 (1974).
8) *Jacoby, G., C. Cramer*, Vorgänge vor und bis zum Bruch bei statischer und dynamischer Beanspruchung von Polycarbonat, Rheol. Acta **7**, 23—51 (1968).
9) *Sutton, S. A.*, Fatigue crack propagation in an epoxy pclymer, Eng. Fracture Mecha. **6**, 587—595 (1974).
10) *Munz, D., R. Schwalbe, P. Mayer*, Dauerschwingverhalten metallischer Werkstoffe, In: *E. Macherauch, V. Gerold* (Hrsg.), Werkstoffkunde, Bd. 3, S. 130 (Braunschweig 1971).
11) *Macherauch, E., P. Mayr*, Strukturmechanische Grundlagen der Ermüdung metallischer Werkstoffe, In: VDI Bericht 268, Werkstoff- und Bauteilverhalten unter schwingender Beanspruchung, Stuttgart 1976, S. 5—20 (Düsseldorf 1977).

Anschrift des Verfassers:

W. Weiss
Institut für Experimentelle Kernphysik
Universität und Kernforschungszentrum Karlsruhe
D-7500 Karlsruhe

Progr. Colloid & Polymer Sci. **64**, 73—78 (1978)
© 1978 by Dr. Dietrich Steinkopff Verlag GmbH & Co. KG, Darmstadt
ISSN 0340-255 X

Vorgetragen auf der Frühjahrstagung des Fachausschusses
Physik der Hochpolymeren in der Deutschen Physikalischen Gesellschaft
in Rothenburg o. T. vom 28.—31. März 1977

Laboratorium für Kunststofftechnik am Technologischen Gewerbemuseum, LKT-TGM Wien
und Institut für Kunststoffverarbeitung an der Montanuniversität Leoben (Österreich)

Röntgen-Grobstrukturuntersuchungen an Polyurethan-Schaumstoffen

H. Hubeny, E. Feitl und *W. Knappe*

Mit 9 Abbildungen

(Eingegangen am 10. Juni 1977)

Einleitung

Dichte und Dichteverteilung gehören zu den wichtigsten Charakteristika von Polyurethan-Homogen- und Strukturschaumstoffen. Zur quantitativen Kennzeichnung des Dichteprofils wurde 1971 der „Dichtegradient" definiert und später verbessert (1, 2). Nach Erprobung mehrerer zerstörungsfreier Verfahren zur Bestimmung der Dichteverteilung in Struktur-Schaumstoffen stellte sich die röntgenografische Methode als die am besten geeignete für Formteile einfacher Geometrie heraus (3). Während in Kunststoffen diese Methode nur für die Fehlerbestimmung herangezogen wurde (4), ist sie zur Bestimmung der Rohdichteschwankungen in Holzspanplatten seit 1969 bekannt (4, 5). *May, Schätzler* und *Kühn* führten die Bestimmung des Dichteprofils von Spanplatten schließlich mit Gammastrahlen durch (6). Zur Bestimmung des Dichtegradienten an Polyurethan-Strukturschaumstoffen wurden in einer früheren Arbeit Proben mit Röntgenstrahlen eines kontinuierlichen Spektrums durchstrahlt (7). Durch Photometrieren der geschwärzten Filme ergab sich das Dichteprofil über den Querschnitt der Probe und daraus der Dichtegradient in Abhängigkeit vom Treibmittelgehalt des Schaumstoffes. Je höher der Treibmittelgehalt, desto größer war der Dichtegradient (Abb. 1). Wenn der Dichtegradient mit einem Rechenwert der „Biegefestigkeit" als einer praktischen mechanischen Kenngröße verknüpft wird, zeigt sich eine starke Abhängigkeit der Prüfergebnisse von der angewendeten Prüfmethode. Aus der zu-

nächst angewendeten Dreipunkt-Biegeprüfung gemäß DIN 53423 mit einer Stützweite von 100 mm ergab sich mit zunehmendem Dichtegradient eine abnehmende „Biegefestigkeit" (3, 7). Die Versuche wurden von *Börger* wiederholt und bestätigen sowohl das Dichteprofil als auch die Tendenz abnehmender „Biegefestigkeit" nach DIN 53423 (8). Es stellt sich jedoch heraus, daß bei Strukturschaumstoffen eine hohe Steifigkeit der Probe mit sehr niedrigen Kerndichten verbunden sein kann. Bei Biegeproben mit kleiner Stützweite müssen sehr hohe Kräfte auf die Randschichten aufgebracht werden, was in vielen Fällen zum Bruch der Kernschichten unter Druckbeanspruchung und nicht zum Ver-

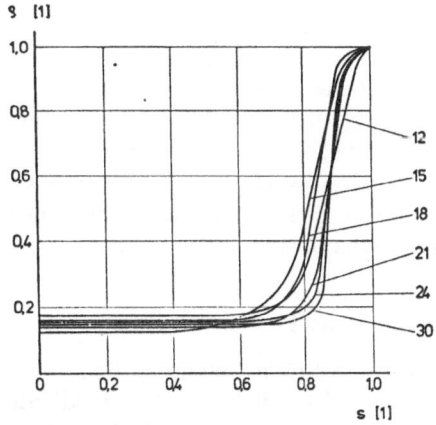

Abb. 1. Dichteprofil über den Querschnitt eines Polyurethan-Strukturschaumstoffes in Abhängigkeit vom Treibmittelgehalt. Treibmittelgehalt in Gewichtsteilen bezogen auf 100 Teile Polyol (3)

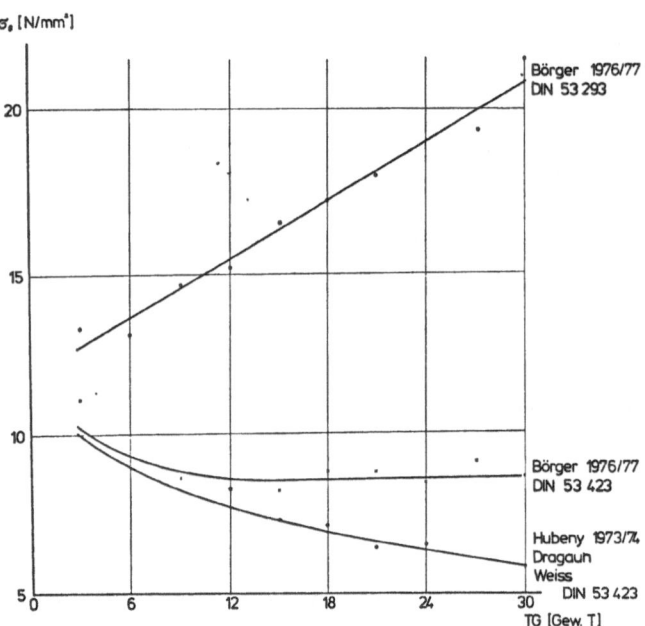

σ, [N/mm²]

Börger 1976/77
DIN 53 293

Börger 1976/77
DIN 53 423

Hubeny 1973/74
Dragaun
Weiss
DIN 53 423

TG [Gew. T]

Abb. 2. Abhängigkeit der Biegefestigkeit nach DIN 53423 (3, 8) und DIN 53293 (8) vom Treibmittelgehalt

sagen der Randschicht führt. In einem solchen Fall mißt man eher die Druckfestigkeit der Kernschicht und weniger die Biegefestigkeit der Struktur-Schaumprobe. Unter Anwendung einer Vierpunkt-Biegeprüfung mit einer Stützweite von 400 mm gemäß DIN 53292 kommt *Börger* zu technischen Werten für die Biegefestigkeit (8).

In Abbildung 2 sind sämtliche Meßwerte für die Biegefestigkeiten in Abhängigkeit vom Treibmittelgehalt dargestellt. Wegen der Wichtigkeit des Dichteprofils für das Versagen des Werkstoffes und wegen der Möglichkeit seiner zerstörungsfreien Bestimmung ist es wünschenswert, die Ergebnisse der röntgenografischen Messungen auch quantitativ zu erfassen. Es ist daher Ziel dieser Arbeit, durch Variation der Dicke und der Probekörperdichte den Massenschwächungs-Koeffizienten von homogenem Polyurethanschaum experimentell für ein bestimmtes Bremsspektrum zu bestimmen und für die direkte Ermittlung des Dichteprofils in Strukturschaumstoffen einzusetzen.

Herstellung der Proben

Es wurden Blöcke 300 mm × 60 mm × 50 mm im Bereich der mittleren Formteildichten von 0,07 bis 0,9 g/cm³ mit einer Hochdruckmaschine Krauss Maffei PU 8/16-3 K bei einem Arbeitsdruck von 150 bar und mit dem Handmischer hergestellt.

Polyol ICI DRE 138	100 Teile
Diisocyanat Suprasec DRC	130 Teile
Treibmittel FRIGEN 11	10 bis 20 Teile.

Die Rezeptur wurde durch Treibmittelgehalt und Inhibitoren so variiert, daß sich ein Füllfaktor von 2,5 und eine Startzeit von 30 s bei niederen Dichten und von 60 s bei hohen Dichten ergab. Für die weiteren Messungen wurden Probekörper mit den Abmessungen 40 × 50 mm in den Dicken von 2,5 bis 50 mm spanabhebend entnommen.

Röntgenmessungen

Die Durchstrahlung der Proben erfolgte mit dem kontinuierlichen Bremsspektrum einer Wolfram-Glühkathodenröhre im Bereich zwischen 52,5 und 100 kV, entsprechend einer errechneten Wellenlänge von 23 bis 12 pm. Der optimale Film-Fokus-Abstand betrug 70 cm. Die Schwärzung der beidseitig beschichteten Röntgenfilme Agfa Gevaert Strukturix D 2 mit Verwendung von Verstärkerfolien aus Blei wurde in einem Einstrahl-Mikrodensitometer ausgemessen. Die Breite des Photometerspaltes war 50 µm, die Geschwindigkeit betrug 0,25 mm/s. Um etwaige Entwicklungsunterschiede im Film zu kompensieren, wurde zusätzlich zur Ausmessung der Grundhelligkeit eine Eichprobe mit 20 mm Dicke und 0,544 g/cm³ Dichte mitregistriert.

Abb. 3. Abhängigkeit der Filmschwärzung von der Betriebsspannung bei verschiedenen Probekörperdicken

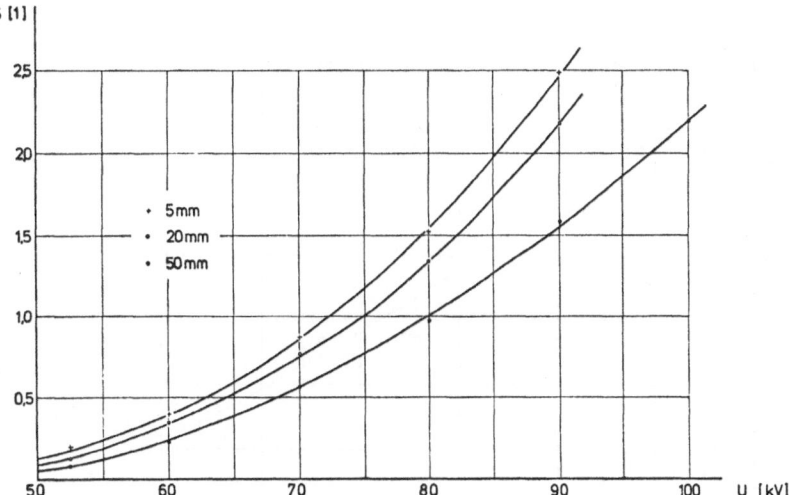

Die günstigsten Bedingungen für die Durchstrahlung wurden experimentell ausgewählt.

Ergebnisse

Die Schwärzung S ist bekanntlich durch die Funktion $S = \log(T_u/T_B)$ definiert, wobei T_u die Transparenz des unbestrahlten Films und T_B die Transparenz des bestrahlten Films ist. T_u und T_B können direkt in Einheiten der Photometeranzeige (mV) eingesetzt werden.

Abbildung 3 zeigt die bekannte Abhängigkeit der Schwärzung von der Betriebsspannung für verschiedene Dicken der Proben gleicher Dichte 0,544 g/cm³. Die Linearität in Abbildung 4 be-

stätigt, daß bei hinreichend entwickeltem Röntgenfilm im Gebiet kleiner Schwärzung S diese direkt proportional zur Intensität I der Röntgenstrahlung ist:

$$S_1/S_2 = I_1/I_2 \quad [\text{z.B. (9)}].$$

Zur Berechnung des Schwächungskoeffizienten μ und des Massenschwächungskoeffizienten μ/ϱ wird die bekannte Abhängigkeit

$$I = I_0 \exp(-\mu/\varrho \cdot \varrho \cdot s)$$

herangezogen. Der Zusammenhang gilt für monochromatische Strahlung. Die Schwächung einer heterogenen Strahlung ist nicht so einfach darstellbar. Um das Exponentialgesetz anzu-

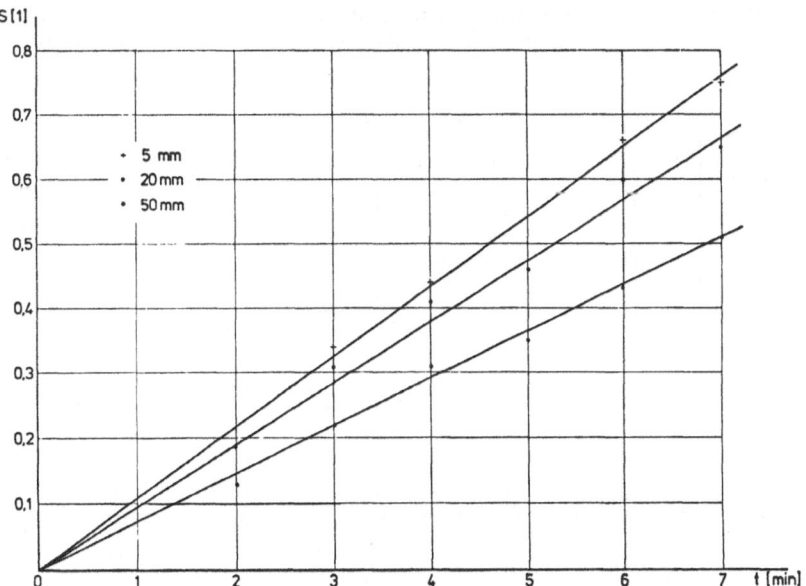

Abb. 4. Abhängigkeit der Schwärzung von der Belichtungszeit bei verschiedenen Probekörperdicken

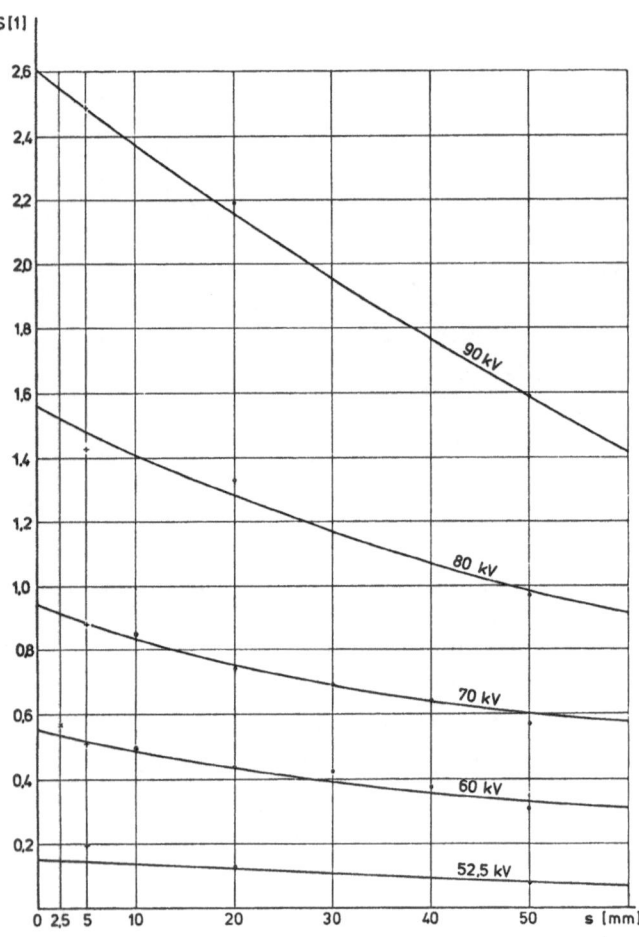

Abb. 5. Abhängigkeit der Schwärzung von der Dicke bei verschiedenen Betriebsspannungen

wenden, wird im allgemeinen die Strahlung durch Filterung zu einer wirksamen Wellenlänge λw homogenisiert. Zur Überprüfung der Strahlungshomogenität wurde für Proben konstanter Dichte die Abhängigkeit der Schwärzung von der Dicke bei unterschiedlichen Betriebsspannungen bestimmt (Abb. 5). Aus der logarithmischen Darstellung in Abbildung 6 wird ersichtlich, daß in diesem Bereich der errechneten Wellenlängen von 0,012 bis 0,023 nm

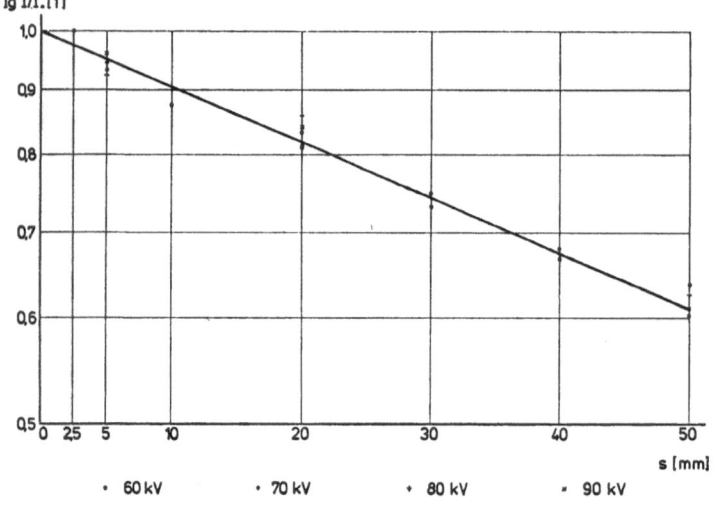

Abb. 6. Abnahme der Intensität mit der Probendicke zur Bestimmung des Schwächungskoeffizienten

das Schwächungsverhalten der Schaumstoffe innerhalb der Fehlergrenzen unabhängig von der Wellenlänge ist, daß also mit einem konstanten Schwächungskoeffizienten $\mu = 0,096 \pm 0,005$ bei einer Dichte von 0,544 g/cm³ gerechnet werden kann. Gleichzeitig ist gezeigt, daß für diesen Bereich die Strahlung als homogen angenommen werden darf.

Zur Bestimmung des Einflusses der Dichte auf die Intensitätsschwächung wurden Proben konstanter Dicke im gesamten Dichtebereich durchstrahlt. Abbildung 7 zeigt den Zusammenhang zwischen normierter Transparenz $T_{rel} = T/T_{max}$ und normierter Probekörperdichte $\mu_{rel} = \mu/\mu_{max}$. Die ausgezeichnete Korrelation zeigt, daß die im Photometer erhaltenen Kurven direkt zur Kennzeichnung der Dichte verwendet werden können. Dieser Zusammenhang ist vor allem bei Strukturschäumen bedeutungsvoll, weil damit das Dichteprofil relativ einfach erhalten werden und zur quantitativen Bestimmung des Dichtegradienten herangezogen werden kann (7).

Die Auswertung von Abbildung 8 zeigt schließlich, daß die Intensität bei konstanter Dicke mit geringen Abweichungen exponentiell mit der Probekörperdichte abnimmt. Auch für diesen Fall ist die Strahlung daher als ausreichend homogen zu betrachten.

Eine zusammenfassende Darstellung gibt Abbildung 9. Daraus ist für jede Dicke und jede

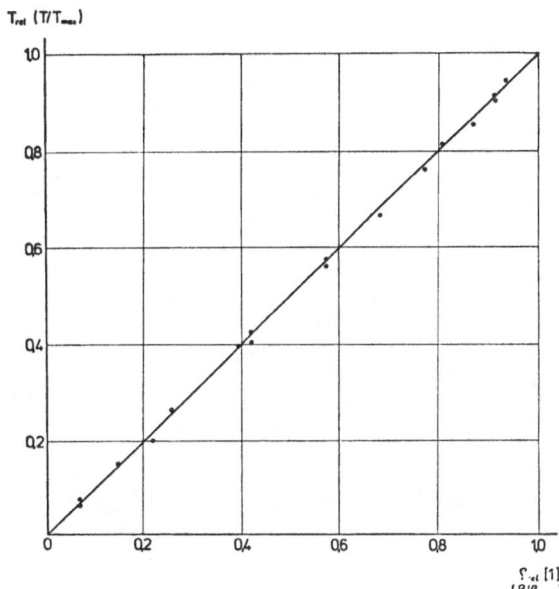

Abb. 7. Korrelation der normierten Transparenz mit der normierten Dichte

Dichte der Polyurethanschaumstoffe im untersuchten Bereich die Abnahme der Röntgenintensität quantitativ ablesbar. Unter Berücksichtigung der technologischen Fehler bei der Probenherstellung und der Meßfehler ergibt sich für den errechneten Bereich der Wellenlängen von 0,012 bis 0,023 nm ein Massenschwächungskoeffizient $\mu/\varrho = 0,19 \pm 0,02$ cm²/g. Die Ab-

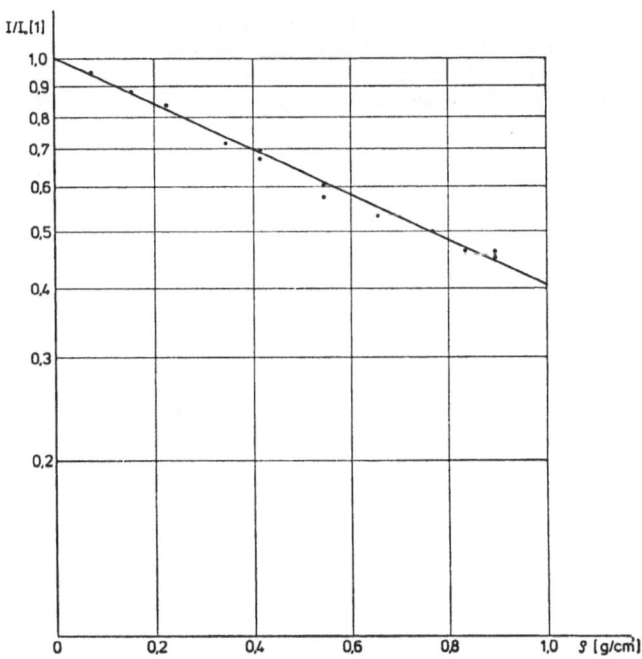

Abb. 8. Abnahme der Intensität mit der Probekörperdichte zur Bestimmung des Massenschwächungskoeffizienten

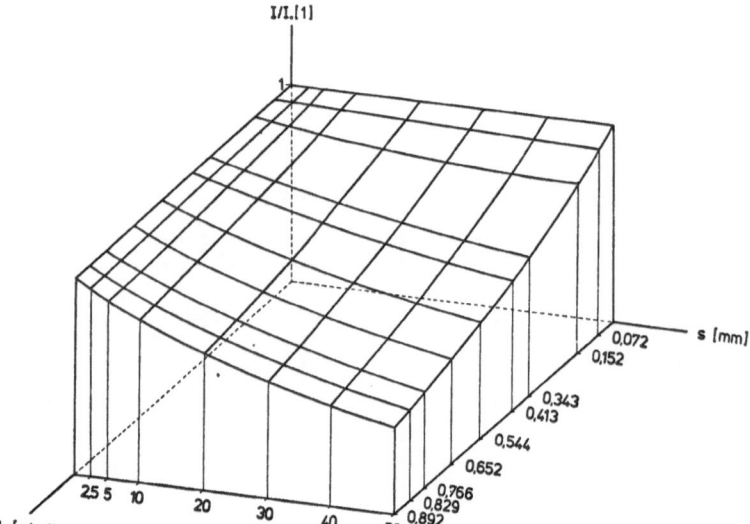

I/L.[1]

s [mm]

0,072
0,152
0,343
0,413
0,544
0,652
0,766
0,829
0,892

25 5   10   20   30   40   50

ℐ [g/cm]

Abb. 9. Zusammenfassende Darstellung der Intensitätsabnahme
mit Dichte und Dicke von Probekörpern aus Polyurethanschaum

hängigkeit von der Wellenlänge liegt innerhalb
der angegebenen Fehlergrenzen.

Das Ergebnis steht in guter Übereinstimmung
mit den in der Literatur angegebenen Werten für
Luft und Kohlenstoff (10).

Die Autoren danken Herrn Prof *Maurer* für die Überlassung der Röntgenanlage, Herrn Prof. *Skalicky* für die
Überlassung des Photometers und dem Forschungsförderungsfonds der gewerblichen Wirtschaft für die
Teilfinanzierung der Arbeit.

Literatur

1) *Hubeny, H.*, 4. Int. Tagg. Forschungsfonds gewerbl.
   Wirtschaft, 3. Dez. 1971, Wien, Österreich.
2) *Hubeny, H.*, 14th Prague Microsymposium on
   Macromolecules, 26.—29. Aug. 1974, Prag, CSSR.
3) *Hubeny, H.*, Kunststoffe **66**, 746—748 (1976).

4) *Polge, H., P. Lutz*, Holztechnologie **10**, 75—79
   (1969).
5) *Henkel, M.*, Holztechnologie **10**, 93—96 (1969).
6) *May, H. A., H. P. Schätzler, W. Kühn*, Kerntechnik
   18, 491—494 (1976).
7) *Hubeny, H., E. Weiß, H. Dragaun*, J. Cellular Plastics **11**, 256—261 (1975).
8) *Börger, H.*, private Mitteilung, 7. März 1977.
9) *Glocker, R.*, Materialprüfung mit Röntgenstrahlen
   (Berlin-Heidelberg-New York 1971).
10) *Flügge, S.*, Handbuch der Physik, Band XXX (Ber-
    lin-Göttingen-Heidelberg 1957).

Für die Verfasser:

H. Hubeny
Laboratorium für Kunststofftechnik LKT-TGM Wien
Severingasse 9
A-1090 Wien

Progr. Colloid & Polymer Sci. **64**, 79–90 (1978)
© 1978 by Dr. Dietrich Steinkopff Verlag GmbH & Co. KG, Darmstadt
ISSN 0340-255 X

Vorgetragen auf der Frühjahrstagung des Fachausschusses
Physik der Hochpolymeren in der Deutschen Physikalischen Gesellschaft
in Rothenburg o. T. vom 28.–31. März 1977

Institut für Angewandte Physik der Universität Regensburg
und Institut für Nichtmetallische Werkstoffe der Technischen Universität Berlin

Untersuchungen über den thermischen Schrumpf von einachsig verstrecktem PMMA als Modell für verstreckte teilkristalline Synthesefäden

R. Bonart und *V. Rudolph*

Mit 12 Abbildungen

(Eingegangen am 6. Juni 1977)

Problemstellung

Molekülorientierungen und dadurch bedingte Schrumpfvorgänge spielen bei der Verarbeitung und Anwendung der Polymeren eine entscheidende, teils erwünschte, teils unerwünschte Rolle (1). Ersteres ist u.a. bei Schrumpffolien, letzteres im allgemeinen bei Spritzgußteilen und Extrudaten der Fall. Analoges gilt für synthetische Fasern. So verarbeitet die Textilindustrie u.a. verstreckte Garne, deren Schrumpf beim Erwärmen u.a. während des Färbens oder beim Waschen einen vorgegebenen Wert nicht überschreiten darf, obwohl die Fasern infolge einer Verstreckung hohe Molekülorientierungen aufweisen (2). Beim Gebrauch textiler Artikel soll im allgemeinen keinerlei Faserschrumpf auftreten. Andererseits beruht jedoch die Texturierbarkeit (3) gerade darauf, daß bei der Entwicklung der Kräuselung ein von Volumenelement zu Volumenelement stark unterschiedlicher Schrumpf ausgelöst wird. Bei der Herstellung von Bauschgarnen wird von der Schrumpffähigkeit einer Komponente um einen definierten Betrag Gebrauch gemacht (4). Analoge Probleme treten auch bei der Verarbeitung von Polyurethan-Elastomerfäden auf (5).

Die praktische Bedeutung des Schrumpfes kann durch eine nahezu beliebige Zahl von Anwendungsbeispielen erhärtet werden. Deshalb empfiehlt es sich, den Schrumpf zunächst losgelöst von anwendungstechnischen Fragestellungen als physikalisches Phänomen zu untersuchen. Hierzu sind in einer vorausgehenden Arbeit sogenannte Spann- und Fixiersysteme definiert worden (6), die insbesondere dann von Bedeutung sind, wenn sich mehrere derartige Systeme gegenseitig durchdringen, wie es bei der Nachbehandlung synthetischer Fasern häufig der Fall ist. Andererseits kommt der Schrumpf durch das Zurückkriechen zuvor deformierter Volumenelemente zustande, die unter inneren Spannungen stehen. Er ist also mit dem Retardationsverhalten des betreffenden Materials verknüpft, das durch Kelvin-Voigt-Modelle zu beschreiben ist. Deshalb sollen die früher eingeführten Spann- und Fixiersysteme in der vorliegenden Arbeit durch Kelvin-Voigt-Modelle veranschaulicht und präzisiert werden. Derartige Modelle enthalten zwar keinerlei molekulare Information; sie führen jedoch anhand formal definierter Einfriertemperaturen und Nachgiebigkeiten zu einer phänomenologischen Charakterisierung des Materials, die von unmittelbarem anwendungstechnischem Interesse ist.

Kelvin-Voigt- wie Maxwell-Modelle dienen im allgemeinen dazu, lineare Effekte zu beschreiben, wie sie bei Deformationen bis maximal etwa 3% auftreten. Größere Deformationen setzen dagegen nicht-lineare Elemente voraus, wobei insbesondere auch zwischen Dehnungen und Stauchungen zu unterscheiden ist. Da der technologisch bedeutsame Schrumpf häufig außerhalb des linearen Bereiches liegt, können lineare Modelle bestenfalls eine erste, grobe Näherung liefern, die aber dennoch von Interesse ist, da sie zur Verdeutlichung einiger grundsätzlicher Gesichtspunkte beiträgt.

6*

Es empfiehlt sich, von vornherein zwischen amorphem und teilkristallinem Material zu unterscheiden, die unterschiedliche Betrachtungsweisen erfordern. Bei amorphen Thermoplasten entwickelt sich der Schrumpf im wesentlichen im gummielastischen Bereich oberhalb der Glastemperatur. Um eine eventuelle Nicht-Linearität zu erfassen, liegt es deshalb nahe, mit Gummi- statt mit Stahlfedern zu arbeiten, die Neo-Hookesches oder Rivlin-Mooney-Verhalten zeigen (siehe u. a. (7)). Wir werden hierauf in einer späteren Untersuchung ausführlich zurückkommen. Bei teilkristallinen Substanzen liegen dagegen wesentlich komplexere Zusammenhänge vor, da sich mit der Kristallinität und der Morphologie neben den Retardationszeiten und -stärken auch der Charakter der Nicht-Linearität ändert, was durch einfache Gummifedern nicht wiedergegeben werden kann. In der vorliegenden Arbeit beschränken wir uns deshalb auf ein spezielles amorphes Material, und zwar auf hochmolekulares PMMA (Plexiglas 233 der Röhm GmbH, Darmstadt) mit einer mittleren Molekularmasse von ca. $3 \cdot 10^6$ (vgl. (8)). Darüberhinaus begnügen wir uns mit der linearen Näherung, um einige allgemeine Gesichtspunkte zur Sprache zu bringen, die vom Problem der Linearität unabhängig sind. Kelvin-Voigt-Modelle eignen sich zur Beschreibung des Retardations-, Maxwell-Modelle dagegen zur Beschreibung des Relaxationsverhaltens (siehe u. a. (9)). Da der Schrumpf eine spezielle Form des Kriechens darstellt, beschäftigen wir uns in der vorliegenden Arbeit nur mit Kelvin-Voigt-Modellen. Dabei soll jedoch ausdrücklich betont werden, daß die Elemente der Modelle keinesfalls mit unterschiedlichen Volumenelementen der Probe zu identifizieren sind, sondern ausschließlich formale Bedeutung haben (vgl. im Gegensatz hierzu (10)). Die molekulare Interpretation des Schrumpfes amorpher Thermoplaste kann nämlich eher von Maxwell- als von Kelvin-Voigt-Modellen ausgehen, so daß letztere zunächst auf äquivalente Maxwell-Modelle abzubilden sind, die dann gegebenenfalls wie folgt molekular interpretiert werden können.

In Abbildung 1 gehen wir von einem physikalischen Netzwerk aus, dessen Netzpunkte von Verhakungen und Verschlaufungen oder analogen Wechselwirkungen herrühren, die rein physikalischer Natur sind, also reversibel gelöst und wieder neu gebildet werden können. Die

NETZWERKMODELL

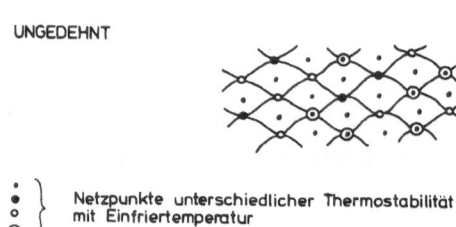

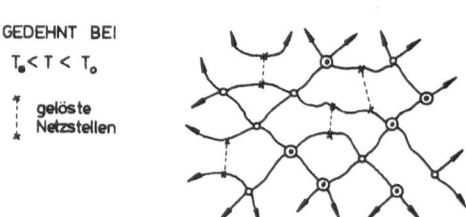

Abb. 1. Grobschematisiertes Netzwerkmodell mit Netzpunkten unterschiedlicher Thermostabilität im ungedehnten und gedehnten Zustand. Je nach der Belastungstemperatur treten unterschiedliche weite oder enge Maschen auf, so daß man entsprechend unterschiedliche Nachgiebigkeiten und Rückstellkräfte beobachtet

Netzpunkte sollen je nach ihrer Struktur thermomechanisch unterschiedlich stabil sein. Die Punkte bezeichnen Rotationsbarrieren bzw. Kinkumlagerungen innerhalb einzelner Ketten oder in Kettenbündeln usw. (11) sowie van der Waals-Kontakte mit Kettenteilen, die in Abbildung 1 nicht wiedergegeben sind. Die thermische „Aufhebung" dieser Netzpunkte soll der Glaserweichung entsprechen. ○, ● und ⊙ beziehen sich auf thermomechanisch stabilere Verhakungen und Verschlaufungen usw., die sich erst oberhalb der Glastemperatur bzw. erst nach vergleichsweise langer Belastungsdauer lösen. Je nach der Deformationstemperatur und der Belastungsdauer hat man es so oberhalb der Glastemperatur mit Netzwerken unterschiedlicher Maschenweite zu tun (12), die entsprechend unterschiedliche Rückstellkräfte hervorrufen. Phänomenologisch kann dies durch ein Maxwell-Modell wiedergegeben werden, dessen Dämpfungsglieder unterschiedlichen Netzstellenarten entsprechen. Die Federn charakterisieren

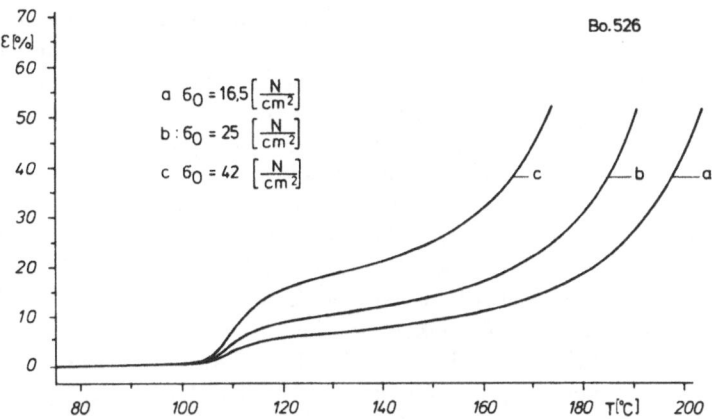

Abb. 2. Temperatur-Dehnungs-Kurven anfangs isotroper konstant belasteter PMMA-Proben bei kontinuierlicher Erwärmung mit 7 °C pro Minute. Man beobachtet bei ca. 110 °C die Glas- und oberhalb von ca. 160 °C die Fließerweichung

die Nachgiebigkeit, im wesentlichen also die Länge der Netzbögen zwischen Netzpunkten der betreffenden Art. Durch die Abbildung dieses Maxwell- auf ein entsprechendes Kelvin-Voigt-Modell gelangt man zu einer rationellen Beschreibung des Kriechens und des Schrumpfes. Der Versuch, das Netzwerk Abbildung 1 direkt mit einem Kelvin-Voigt-Modell in Verbindung zu bringen trifft dagegen auf Schwierigkeiten bzw. ist zumindest unbefriedigend. Im Unterschied zum Maxwell-Modell werden bei der Dehnung des Kelvin-Voigt-Modelles nämlich gerade diejenigen Federn gespannt, die mit leicht beweglichen Dämpfungsgliedern verbunden sind, während alle Netzbögen in Abbildung 1, die zwischen instabilen Netzpunkten liegen, bei der Dehnung des Modelles im wesentlichen ungespannt bleiben, wie es dem Maxwell-Modell entspricht.

Kriechkurven

Abbildung 2 gibt Temperatur-Dehnungs-Kurgen wieder, die mit einer Aufheizgeschwindigkeit von 7 °C/min und drei unterschiedlichen Belastungen bestimmt worden sind. Der Ausgangsquerschnitt aller Proben betrug 2 mm × 4 mm. Bei 105° bis 115 °C beobachtet man die Glaserweichung, sowie ab ca. 160 °C die sogenannte Fließerweichung. Letztere kommt durch Verhakungen und Kettenverschlaufungen zustande, die sich erst oberhalb von ca. 160 °C zu lösen beginnen.

In erster Näherung könnte man daran denken, die Kurven Abbildung 2 auf ein Kelvin-Voigt-Element für die Glaserweichung mit nachgeschaltetem Dämpfungsglied für die Fließerweichung zurückzuführen. Aus den isothermen

Kriechkurven Abbildung 3 ergibt sich jedoch ein wesentlich komplexeres Bild. Zur phänomenologischen Beschreibung der Kurven Abbildung 3 benötigt man nämlich eine praktisch unbegrenzte Zahl von Elementen, die unterschiedliche Einfriertemperaturen und erstaunlich scharfe Einfrierbereiche besitzen, so daß eine „schwarz-weiß" Unterscheidung zwischen eingefrorenen und nicht eingefrorenen Elemen-

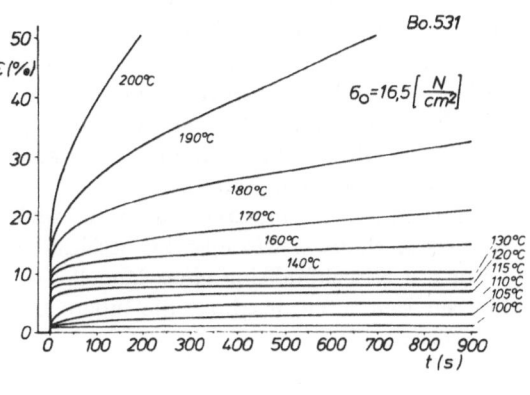

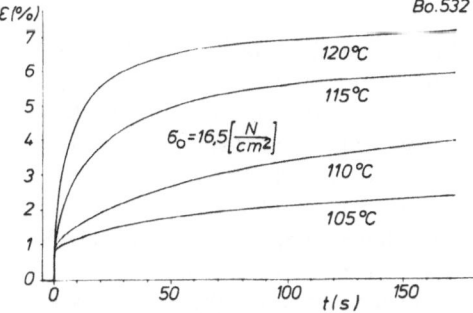

Abb. 3. Isotherme Kriechkurven von konstant belastetem, anfangs isotropem PMMA. Bis ca. 140 °C wird nach ca. 100 sec eine zeitlich konstante Gleichgewichtslängung erreicht, die in hohem Maße temperaturabhängig ist

ten möglich ist *). Besonders deutlich wird dies an den 120°- und 130°-Isothermen, die nach ca. 100 sec zeitlich konstante, aber unterschiedliche Endwerte erreichen. In beiden Fällen sind die eingefrorenen Elemente offensichtlich so starr, daß sie innerhalb der Beobachtungsdauer von 900 sec keine meßbare Längung zeigen, während alle nicht-eingefrorenen Elemente nach einer Kriechzeit von ca. 100 sec bereits vollständig gelängt sind. Bei 130 °C ist die Zahl der in diesem Sinne voll eingefrorenen Elemente offensichtlich kleiner bzw. die Zahl der beweglichen Elemente größer als bei 120 °C, ohne daß die Unterscheidung zwischen beiden Gruppen verloren geht. Dies kann nur so verstanden werden, daß die Viskosität der bei 120 °C eingefrorenen, bei 130 °C aber beweglichen Dämpfungsglieder in schmalen Einfrierbereichen von nur wenig Grad nahezu unstetig um Größenordnungen abfällt.

Ähnliches gilt für den Temperaturbereich von 100° bis 120 °C, wo allerdings die 105°- und die 110°-Isotherme auf merklich breitere Einfrierbereiche der betreffenden Dämpfungsglieder hinweisen. Eine analoge Verbreiterung der Einfrierbereiche beobachtet man auch oberhalb von 140 °C. In Übereinstimmung mit Abbildung 1 entnimmt man den Endwerten der Kriechisothermen, daß die temperaturabhängige Nachgiebigkeit des Materials von 100° bis 115 °C sowie oberhalb von 160 °C weit schneller ansteigt als zwischen 115° und 140 °C.

Im Rahmen der linearen Näherung sind die skizzierten Befunde wie folgt zu beschreiben.

Für die Kriechfunktion eines Modelles aus N linearen Elementen, das durch die äußere Kraft F belastet ist, gilt

$$\Delta L(T, t) = F \sum_{i=1}^{N} J_i \left(1 - e^{-t \frac{\varphi_i(T)}{J_i}} \right).$$ [1]

Wenn J_i und φ_i die Nachgiebigkeit bzw. die Fluidität sind, müßte statt L bzw. F die relative Dehnung bzw. die Spannung geschrieben werden. Wegen der Querschnittsabnahme, die von Kelvin-Voigt-Modellen nicht wiedergegeben wird, bliebe jedoch unklar, ob man es mit der Real- oder mit der Nominalspannung zu tun hat, wodurch das Ungenügen des linear-viskoelastischen Ansatzes zum Ausdruck kommt. Wir benutzen in der vor-

*) Kontinuierliche Verteilung von „Haftstellen" sind von *W. Hoffmann* in gleichem Zusammenhang bereits 1966 ausführlich diskutiert worden.

liegenden Arbeit deshalb die direkte Längenänderung und die Kraft, wobei J_i dann allerdings aus Dimensionsgründen die reziproke Federkonstante und φ_i der reziproke Reibungskoeffizient sein müssen. Einfachheitshalber sprechen wir von „Nachgiebigkeit" bzw. „Fluidität". Hierin ist J_i die auf die Gesamtlänge des Modelles bezogene temperaturkonstante Nachgiebigkeit der Feder bzw. $\varphi_i(T)$ die gleichfalls auf die Gesamtlänge bezogene temperaturabhängige Fluidität des Dämpfungsgliedes im $i$ten Element. Der durch

$$\frac{\partial^2 \varphi_i(T)}{\partial T^2} = 0 \quad \text{für} \quad T = T_{Ei} \triangleq T' \qquad [2]$$

definierte Wendepunkt der Fluidität $\varphi_i(T)$ wird als Einfriertemperatur T_{Ei} des $i$ten Elementes gewählt, für die im folgenden einfachheitshalber T' geschrieben wird.

Bei unendlich vielen Elementen mit kontinuierlich aufeinanderfolgenden Einfriertemperaturen empfiehlt es sich, die Elemente unmittelbar durch T' statt durch eine Laufzahl i zu kennzeichnen. Für die Nachgiebigkeit hat man dann $J(T') dT'$ (statt J_j) bzw. für die Fluidität $\varphi(T, T') dT'$ (statt $\varphi_i(T)$) zu schreiben, womit jeweils der Summenwert über alle Elemente gemeint ist, deren Einfriertemperaturen zwischen T' und $T' + dT'$ liegen. Die Summe (Gl. [1]) geht damit in das Integral

$$\Delta L(T, t) = F \int_0^\infty J(T') \left(1 - e^{-t \frac{\varphi(TT')}{J(T')}} \right) dT' \qquad [3]$$

über. Dabei wird $J(T')$ im folgenden als Nachgiebigkeits- und $\varphi(T, T')$ als Fluiditätsfunktion bezeichnet.

Indem man für die Nachgiebigkeitsfunktion eine Summe von δ-Funktionen ansetzt,

$$J(T') = \sum_{i=1}^{N} J_i \, \delta(T' - T_{Ei}), \qquad [4]$$

gelangt man vom kontinuierlichen zum diskontinuierlichen Modell. Der Quotient

$$\frac{J(T')}{\varphi(T, T')} = \tau(T, T') \qquad [5]$$

gibt die Retardationszeit $\tau(T, T')$ des Elementes mit der Einfriertemperatur T' bei der Versuchstemperatur T wieder. Elemente, für die

$$t/\tau(T, T') \approx 0$$

ist, können bezüglich der Beobachtungsdauer t als voll eingefroren, solche, für die $t/\tau(T, T') \gg 1$

ist, als voll beweglich angesprochen werden. Für erstere gilt $\mathrm{e}^{-t/\tau(T,\,T')} \approx 1$ bzw. für letztere $\mathrm{e}^{-t/\tau(T,\,T')} \approx 0$.

Geht man vereinfachend davon aus, daß alle Elemente des Modelles innerhalb der Beobachtungsdauer $t_{\max}$ entweder voll eingefroren oder voll beweglich sind, so reduziert sich Gl. [3] mit $t \to t_{\max}$ auf

$$\Delta L(T, t_{\max}) = F \int_0^T J(T')\,\mathrm{d}T'\,. \qquad [6]$$

Der von T abhängige zeitliche Endwert der isothermen Kriechkurven Abbildung 3 ist also durch das Integral über die Nachgiebigkeiten aller beweglichen Elemente gegeben. Durch Differentiation dieses Endwertes nach der Versuchstemperatur T erhält man die Nachgiebigkeitsfunktion

$$J(T') = \frac{\mathrm{d}}{\mathrm{d}T}\,(\Delta L(T, \infty)), \qquad [7]$$

die im Falle des untersuchten PMMA offensichtlich einen kontinuierlichen Verlauf besitzt und keinesfalls durch die Summe einiger weniger δ-Funktionen beschrieben werden kann, wie es im Rahmen des diskontinuierlichen Modelles der Fall sein müßte.

Durch zeitliche Differentiation der Kriechkurve Gl. [6] erhält man die Kriechgeschwindigkeit

$$\dot{\Delta L}(T, t) = F \int_0^\infty \varphi(T, T')\,\mathrm{e}^{-t\frac{\varphi(T,\,T')}{J(T')}}\,\mathrm{d}T'\,. \qquad [8]$$

Integriert man diese unter Beachtung eventueller zeitlicher Temperaturänderungen, so erhält man im Falle eines zeitlinearen Temperaturanstieges

$$T = T_0 + c\,t \quad \text{für} \quad t > 0\,,$$

wo c die Aufheizgeschwindigkeit ist, mit der Integrationsvariablen $\tilde{T}$ den Ausdruck

$$[9]$$

$$\Delta L(T) = \frac{F}{c} \int_0^T \int_0^\infty \varphi(\tilde{T}\,T')\,\mathrm{e}^{-t\frac{\tilde{T} - T_0}{c}\cdot\frac{\varphi(\tilde{T},\,T')}{J(T')}}\,\mathrm{d}\tilde{T}\,\mathrm{d}T'$$

für die Temperatur-Dehnungs-Kurven Abbildung 2.

Mit $t \to 0$ ergibt sich aus Gl. [8], daß die Kriechgeschwindigkeit unmittelbar nach der Belastung durch

$$\dot{\Delta L}(T, 0) = F \int_0^T \varphi(T, T')\,\mathrm{d}T'\,, \qquad [10]$$

d. h. durch die Summe über die Fluiditäten aller „beweglichen" Elemente gegeben ist. Sie wächst mit steigender Versuchstemperatur an, was teils durch die Fluiditätszunahme der bereits „beweglichen" Elemente, teils durch zusätzlich „beweglich" werdende Elemente zustande kommt, ohne daß beide Effekte experimentell voneinander separiert werden können. Ausschlaggebend hierfür ist, daß zwar für $t = t_{\max}$, nicht aber für $t \approx 0$ eine eindeutige Unterscheidung zwischen „voll beweglichen" und „voll eingefrorenen" Elementen möglich ist, da sich bei $t \approx 0$ die nicht vernachlässigbaren Einfrierbereiche bemerkbar machen. Untersuchungen mit kleinen Deformationsamplituden lassen grundsätzlich keinen Rückschluß darauf zu, ob man es mit nur wenigen Elementen, die breite, oder statt dessen mit vielen Elementen zu tun hat, die schmale, sich aber überlappende Einfrierbereiche besitzen. Die konventionelle Relaxationsspektroskopie ist diesbezüglich ohne Aussagekraft, obwohl man im einen bzw. im anderen Fall charakteristische Unterschiede im Schrumpfverhalten zu erwarten hat. Wegen der erheblichen praktischen Bedeutung dieser Diskrepanz soll sie anhand der Abbildungen 4 und 5 wie folgt näher präzisiert werden.

Abbildung 4 stellt ein spezielles Modell mit zwei gleichen, relativ schwachen Federn $F_2 = F_3$ und einer wesentlich stärkeren Feder F_1 dar. Die Fluiditäten der Dämpfungsglieder sollen alternativ die in Abbildung 5a, b schematisch dargestellte Temperaturabhängigkeit zeigen, wobei die mittlere Fluidität in beiden Fällen die gleiche ist. Im Fall a) hat man es nur mit einer, im Fall b) dagegen mit zwei Einfriertempera-

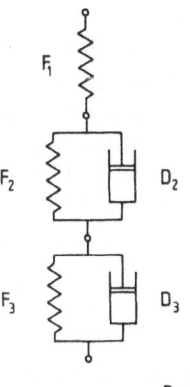

Bo. 502

Abb. 4. Ein spezielles Modell zur Präzisierung des Einfrierspektrums

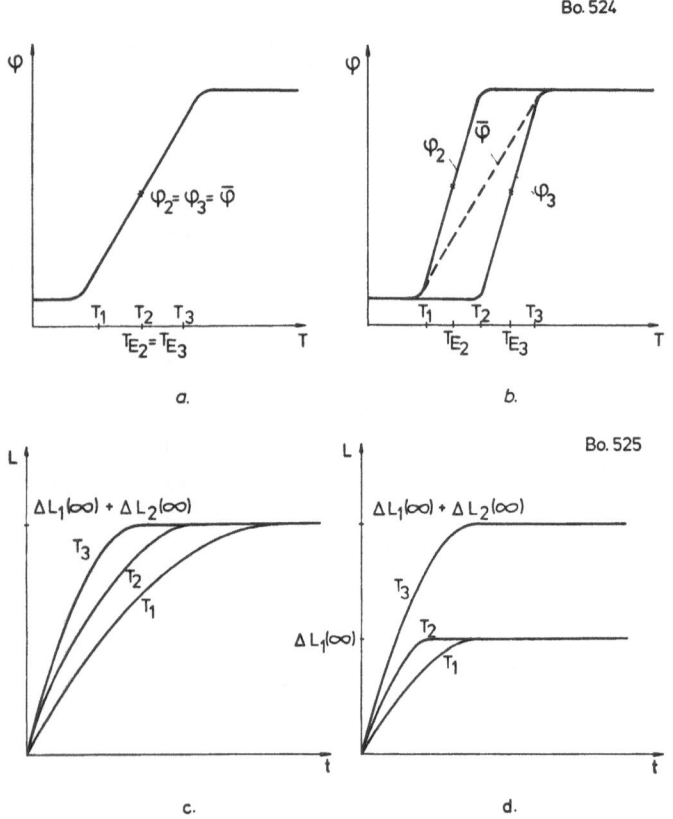

Bo. 524

Bo. 525

a.

b.

c.

d.

Abb. 5. (a, b) Alternativer Temperaturverlauf der Fluiditäten der Dämpfungsglieder in Abbildung 4. a: Beide Dämpfungsglieder besitzen die gleiche Fluidität. Es existiert nur eine Einfriertemperatur. b: Die Dämpfungsglieder haben unterschiedliche Fluiditäten, jedoch so, daß ihre mittlere Fluidität bei allen Temperaturen gleich der Fluidität im linken Fall ist. Es existieren jedoch zwei Einfriertemperaturen. (c, d) Schematisierte isotherme Kriechkurven ausgehend von den in (a, b) angenommenen Fluiditäten für drei spezielle Temperaturen. Die Kriechkurven auf der linken bzw. rechten Seite besitzen die gleiche Anfangssteilheit

turen zu tun, so daß die Nachgiebigkeitsfunktion durch nur eine bzw. durch zwei δ-Funktionen zu beschreiben ist. Abbildung 5c, d gibt dazugehörige Kriechkurven für je drei charakteristische Temperaturen wieder, die je nachdem zu einem gemeinsamen Endniveau bzw. zu zwei unterschiedlichen Endniveaus führen (vgl. Gl. [6]). Die anfängliche Kriechgeschwindigkeit (für $t = 0$) ist bei gleicher Versuchstemperatur in beiden Fällen gleich groß, da sie durch die in beiden Fällen gleiche mittlere Fluidität $\varphi(T)$ gegeben ist. Auch die Relaxationszeiten sind in beiden Fällen miteinander identisch. Sie kommen durch das Verhältnis der Nachgiebigkeit von F_1 zur mittleren Fluidität $\varphi(T)$ zustande und lassen somit keinerlei Rückschluß auf den Charakter der Nachgiebigkeitsfunktion $J(T')$ zu, die sich ausschließlich aus der Lage bzw. der Zahl der Endniveaus mit $t \to \infty$ (bzw. $t \to t_{max}$) ergibt.

Schrumpf und Schrumpfspannung

Werden Probestäbe zwischen 120° und 220 °C in 10 sec um 100% isotherm verstreckt und un-

mittelbar anschließend durch Eintauchen in kaltes Wasser abgeschreckt, so beobachtet man beim erneuten kontinuierlichen Erwärmen den in Abbildung 6 wiedergegebenen Schrumpf. Die bei 120 °C verstreckte Probe kehrt in einem einzigen Schritt, die bei 220 °C verstreckte Probe dagegen in zwei Teilschritten auf die Ausgangslänge zurück.

Während die Temperatur-Dehnungs-Kurven in Abbildung 2 in erster, grober Näherung auf ein Kelvin-Voigt-Element mit nachgeschaltetem Dämpfungsglied zurückgeführt werden können, ergibt sich aus Abbildung 6 in gleich grober Näherung, daß zumindest zwei Kelvin-Voigt-Elemente benötigt werden. Bei der Verstreckung bei 120 °C wird nur das erste, bei der Verstreckung bei 220 °C werden dagegen beide Elemente gedehnt (siehe Abb. 7), ohne daß irreversible Fließprozesse auftreten. Beim Abschrecken im kalten Wasser frieren die Elemente in ihrem jeweiligen Dehnungszustand ein, um sich beim Überschreiten ihrer Einfriertemperatur, sofern sie gedehnt waren, wieder zu kontrahieren. Wie man sich anhand der Abbildung 8 klar macht, sind entsprechend Abbildung 6 im ersten Fall

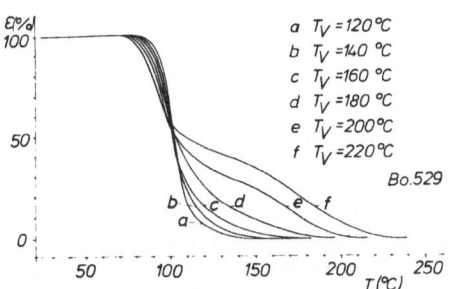

Abb. 6. Schrumpfkurven von PMMA-Proben, die bei unterschiedlichen Temperaturen jeweils um 100% verstreckt und nach einer Verstreckzeit von insgesamt 10 sec durch Eintauchen in kaltes Wasser abgeschreckt worden sind. Die Proben wurden während der Messung kontinuierlich mit 7 °C pro sec erwärmt

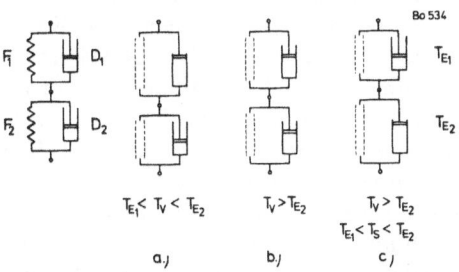

Abb. 7. Kelvin-Voigt-Modell mit zwei Elementen: ungedehnt und in unterschiedlichen Deformationszuständen

eine, im zweiten Fall dagegen zwei Schrumpfstufen zu erwarten.

Mit steigender Verstreckungstemperatur setzt der Schrumpf in Abbildung 6 zunehmend früher ein. Maßgeblich hierfür ist das eingefrorene freie Volumen, das um so größer ist, von je höherer Temperatur aus die Proben abgeschreckt werden. Entsprechende Dichteunterschiede sind mit Hilfe einer Dichtegradientensäule aus n-Heptan und Tetrachlorkohlenstoff leicht nachweisbar. Wir kommen hierauf weiter unten noch einmal zurück.

Werden die Proben beim erneuten kontinuierlichen Erwärmen durch äußere Zwangskräfte am Schrumpf gehindert, so treten Schrumpfkräfte entsprechend Abbildung 9 auf, die wie folgt zu verstehen sind*).

Im eingefrorenen Zustand werden die Federspannungen von den zunächst starren Dämp-

*) Um die anfängliche thermische Ausdehnung zu kompensieren, werden die Proben mit einer geeigneten Vorspannung untersucht, was einen anfänglichen Spannungsabfall zur Folge hat. Die Höhe der Vorspannung hat auf die Schrumpfkraft keinen meßbaren Einfluß.

fungsgliedern getragen, so daß sie nach außen nicht in Erscheinung treten. Sobald jedoch die Dämpfungsglieder beim kontinuierlichen Erwärmen beweglich werden, rufen die frei werdenden Federn äußere Zwangskräfte hervor, die sich als Schrumpfkraft bemerkbar machen. Vom Modell Abbildung 7a ausgehend hat man deshalb beim Überschreiten von T_{E1} einen stufenförmigen Anstieg der Schrumpfkraft zu erwarten, wie es in Abbildung 8 wiedergegeben ist. Beim weiteren Erwärmen bleibt die Schrumpfkraft zunächst konstant, bis beim Erreichen von T_{E2} das Dämpfungsglied D_2 beweglich wird und die in Abbildung 7 ungespannte Feder F_2 unter der Wirkung von F_1 nachzugeben vermag. Dabei verteilt sich die insgesamt vorhandene, konstant gehaltene Dehnung von einer auf zwei Federn, so daß die äußere Schrumpfkraft auf ein tieferes, aber wieder konstantes Niveau abfällt. Erst beim Beweglichwerden weiterer in Abbildung 7 nicht wiedergegebener Einfriermechanismen fällt die Schrumpfkraft weiter ab, bis sie schließlich verschwindet.

Im Modell Abbildung 7b steigt die Schrumpfkraft beim Beweglichwerden von D_1 auf den Wert an, auf den sie im Fall der Abbildung 7a beim Beweglichwerden von D_2 abfällt, da sich

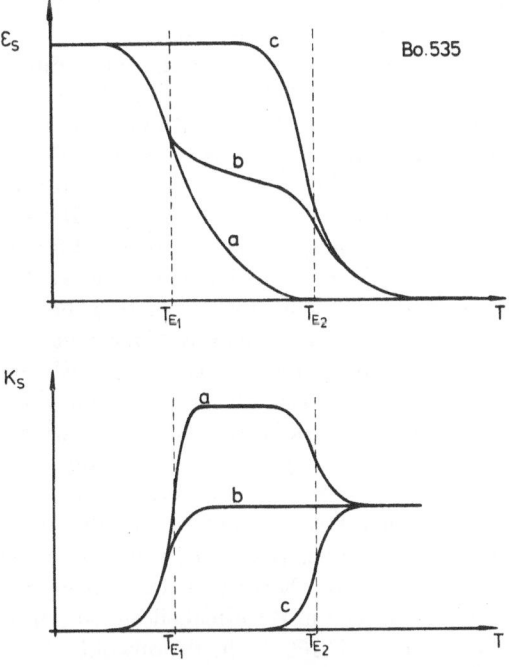

Abb. 8. Schematisierte Schrumpf- und Schrumpfkraftkurven zu den gedehnten Modellen in Abbildung 7

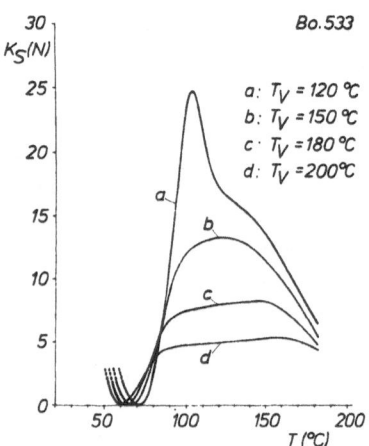

Abb. 9. Schrumpfkraftkurven von PMMA-Proben entsprechend Abbildung 6.

die Dehnung in Abbildung 7b von vornherein auf die beiden Federn F_1 und F_2 verteilt. Das Beweglichwerden von D_2 hat im Falle der Abbildung 7b keinerlei Einfluß auf die Schrumpfkraft, die vielmehr konstant bleibt, bis weitere, in Abbildung 7 nicht berücksichtigte Einfriermechanismen beweglich werden.

Zusammenfassend macht man sich leicht klar, daß die Schrumpfkraft während des kontinuierlichen Erwärmens ansteigt oder abfällt, je nach dem, ob die jeweils beweglich werdenden Elemente stärker oder schwächer gespannt sind als die, die bereits beweglich sind.

Hiervon ausgehend wird deutlich, daß man zur Deutung der Abbildung 9 in gleicher Weise wie bei Abbildung 3 ein kontinuierliches Modell mit unbegrenzt vielen Elementen benötigt. So rührt die linke Flanke des Schrumpfkraftmaximums in der Kurve a) vom Beweglichwerden stark gespannter, die rechte Flanke dagegen vom Beweglichwerden nur schwach oder ungespannter Elemente her, so daß man es im Bereich der Glaserweichung offensichtlich mit teils gespannten, teils ungespannten Elementen zu tun hat. Anders als man in erster grober Näherung denken könnte, ist die Glaserweichung, wie oben bereits gesagt, nicht durch nur ein Kelvin-Voigt-Element zu beschreiben. Wäre letzteres nämlich der Fall, so müßte man bei der bei 120 °C verstreckten Probe entsprechend Abbildung 8 ein Plateau in der Schrumpfkraft finden, während in Wirklichkeit ein ausgeprägtes Maximum bei 100 °C liegt, obwohl die Verstreckung bei 120 °C durchgeführt worden ist. Offensichtlich werden während der kurzen Ver-

streckdauer von 10 sec nur diejenigen Elemente gespannt, deren Retardationszeit bei 120 °C kürzer als 10 sec ist, während die anderen Elemente im wesentlichen ungespannt bleiben, obwohl ihre Einfriertemperaturen überschritten wurden.

Die zunehmende Abflachung der Kurven b) bis d) ist durch die zunehmend gleichmäßigere Spannungsverteilung über die verschiedenen Elemente des Modelles bedingt, wobei der nahezu lineare Spannungsanstieg in der Kurve d) (und in geringerem Maße auch in der Kurve c)) durch entropieelastische Effekte zu erklären ist. Die Extrapolation des linearen Kurvenstückes zu tiefen Temperaturen schneidet die vertikale Koordinatenachse beim absoluten Nullpunkt der Temperatur, wie es nach der Kautschuk-Theorie im Rahmen des Netzwerkmodelles Abbildung 1 erwartet werden muß. In der vorliegenden Arbeit soll hierauf jedoch nicht näher eingegangen werden. Der Abfall der Kurve d) oberhalb von ca. 160 °C weist wieder darauf hin, daß die Retardationszeit der Elemente mit Einfriertemperaturen über ca. 160 °C bei der Verstrecktemperatur von 200 °C über der Verstreckdauer von 10 sec liegt, so daß die betreffenden Elemente im wesentlichen ungespannt bleiben.

Um den Einfluß des freien Volumens zu veranschaulichen, ist in Abbildung 10a die Schrumpfkurve einer Probe wiedergegeben, die nach dem Verstrecken bei 200 °C mit konstant gehaltener Länge in 24 Stunden langsam auf Raumtemperatur abgekühlt worden ist, sowie zum Vergleich dazu in Abbildung 10b die Schrumpfkurve einer Probe, die nach dem Verstrecken bei 200 °C 5 Minuten mit konstant gehaltener Länge ge-

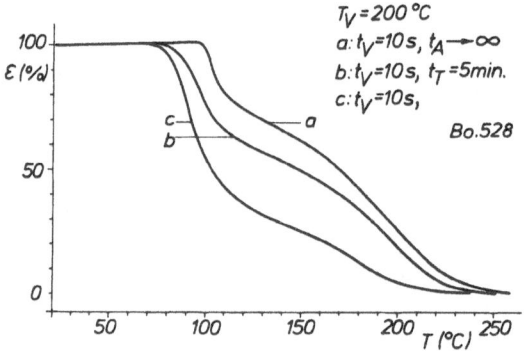

Abb. 10. Schrumpfkurven von PMMA-Proben, die bei 200 °C um je 100% verstreckt und in unterschiedlicher Weise abgekühlt worden sind.

tempert und dann durch Eintauchen in kaltes Wasser abgeschreckt wurde. Die Kurve c) ist mit Abbildung 6e identisch. Die unmittelbar nach dem Verstrecken bzw. nach einer vorhergehenden Temperung abgeschreckten Proben c) und b) zeigen praktisch den gleichen Schrumpfbeginn, der wegen des erhöhten freien Volumens weit unterhalb der konventionellen Glastemperatur des PMMA liegt, während der Schrumpf der langsam abgekühlten Probe wegen des geringeren freien Volumens bei der konventionellen Glastemperatur einsetzt. Darüber hinaus fällt auf, daß der Gesamtschrumpf trotz des Temperns bzw. des langsamen Abkühlens voll erhalten bleibt, also keinerlei irreversible Fließprozesse auftreten. Andererseits wird jedoch die erste Schrumpfstufe zugunsten der zweiten kleiner, die um den gleichen Betrag anwächst. Maßgeblich hierfür ist ein charakteristischer „Umspann"-Prozeß, der wie folgt zustande kommt: Während des Verstreckens werden die einzelnen Elemente um so stärker gespannt, je kürzer ihre Retardationszeiten sind. Trotz der Verstrecktemperatur von 200 °C konzentriert sich deshalb die Deformation zunächst vor allem auf Elemente mit Einfriertemperaturen unter ca. 120 °C, die stärker gespannt werden, als es der Nachgiebigkeit ihrer Federn entspricht. Je länger aber die Proben in gedehntem Zustand bei erhöhter Temperatur verweilen, desto mehr können sich die zunächst übermäßig gespannten Elemente wieder kontrahieren, indem sich die Elemente mit Einfriertemperaturen über ca. 120 °C entsprechend dehnen. Auf diese Weise verschiebt sich die Dehnungsverteilung zunehmend von thermomechanisch instabilen zu stabileren Elementen, wobei die Gesamtdehnung jedoch konstant bleibt. Gleichzeitig egalisieren sich die anfänglichen Spannungsunterschiede zwischen den Elementen, so daß die mittlere Schrumpfkraft abfällt, aber über einen längeren Temperaturbereich hin konstant bleibt (siehe Abb. 11).

Abbildung 10 wie auch Abbildung 11 scheint anzudeuten, daß der Umspannprozeß wegen der bei 200 °C etwa 20° bis 30 °C breiten Einfrierbereiche auch solche Elemente erfaßt, deren Einfriertemperatur über 200 °C liegt. Dies ist zum Teil sicher zutreffend, zum Teil aber durch die nicht vernachlässigbare Zeitkonstante für das Rück-Kriechen bzw. für den Spannungsausgleich zwischen unterschiedlich gespannten Elementen nur vorgetäuscht.

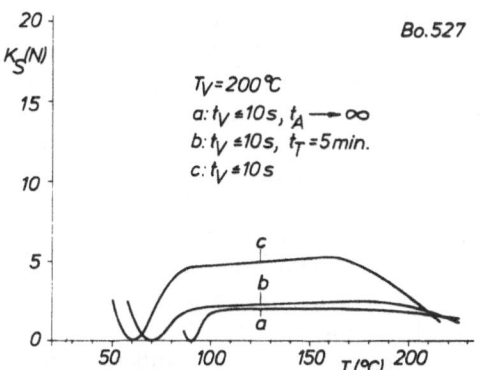

Abb. 11. Schrumpfkraftkurven von PMMA-Proben entsprechend Abbildung 10

Die Kriechfunktion für ein einzelnes Kelvin-Voigt-Element folgt aus dem Gleichgewicht der äußeren Kraft F mit den Kräften F_F und F_D an der Feder bzw. am Dämpfungsglied ($F = F_F + F_D$). Setzt man die äußere Kraft gleich Null ($F = 0$), nimmt aber eine gespannte Feder an ($F_F \neq 0$), so erhält man in analoger Weise die Schrumpffunktion. In linearer Näherung gilt für das Element mit der Laufzahl i:

$$\Delta L_i(T, t) = F_{Fi} J_i \, e^{-t \frac{\varphi_i(T)}{J_i}}, \qquad [11]$$

wo $\Delta L_i(T, t)$ die zeit- und temperaturabhängige Differenz gegenüber der Ausgangslänge des undeformierten Modelles ist. Indem man zur Kennzeichnung der Elemente statt der Laufzeit i wie in Gl. [3] die Einfriertemperatur T' wählt, erhält man für die Schrumpffunktion des kontinuierlichen Modelles

$$\Delta L(T, t) = \int_0^\infty F_F(T') J(T') \, e^{-t \frac{\varphi(T, T')}{J(T')}} \, dT' \qquad [12]$$

bzw. für die zugehörige Schrumpfgeschwindigkeit

$$[13]$$

$$\dot{\Delta L}(T, t) = -\int_0^\infty F_F(T') \, \varphi(TT') \, e^{-t \frac{\varphi(T, T')}{J(T')}} \, dT'.$$

Letztere unterscheidet sich von Gl. [8] einerseits durch das Vorzeichen, vor allem aber dadurch, daß die Elemente unterschiedliche Belastungen $F_F(T')$ aufweisen, während sie beim Kriechen ein und derselben äußeren Belastung F unterliegen. Zur Charakterisierung schrumpffähiger Systeme benötigt man deshalb neben der Nachgiebigkeits- und der Fluiditätsfunktion $J(T')$ bzw. $\varphi(T, T')$ die sogenannte Spannfunktion $F_F(T')$, die den eingefrorenen Spannungszustand beschreibt.

Falls $F_\mathrm{F}(T')$ konstant, d. h. von T' unabhängig ist, kann die Spannfunktion vor das Integral gezogen werden. Der Schrumpf wird dann unmittelbar mit dem Kriechen vergleichbar, wie es bei Abbildung 2 und Abbildung 10a der Fall ist. Während der langsamen Abkühlung der verstreckten Probe stellt sich eine bis ca. 190 °C konstante Spannfunktion ein (siehe Abb. 11), unter deren Einfluß sich die verstreckte Probe beim erneuten Erwärmen im Prinzip in gleicher Weise kontrahiert, wie sich eine unverstreckte Probe unter konstanter äußerer Belastung längt. Ab ca. 190 °C geht die Vergleichbarkeit von Abbildung 10a und Abbildung 2 allerdings mehr und mehr verloren, weil die Schrumpfkraft verschwindet, sobald sich die Probe ihrer undeformierten Ausgangslänge nähert, die Probenbelastung beim Kriechen aber konstant bleibt.

Bemerkungen zur Programmierbarkeit des Schrumpfes

Das Modell Abbildung 7 läßt drei unterschiedliche Spannungszustände zu. Zwischen T_E1 und T_E2 wird nur das erste, oberhalb von T_E2 werden dagegen beide Elemente gespannt. Wird das Modell nach einer Dehnung oberhalb von T_E2 auf eine Temperatur zwischen T_E1 und T_E2 abgekühlt und läßt man es dort frei schrumpfen, so entspannt sich das erste Element, während das zweite gespannt bleibt *). Eine vorgegebene Gesamtdehnung kann danach ganz auf das erste oder ganz auf das zweite Element konzentriert bzw. in unterschiedlicher Weise auf beide Elemente verteilt sein. Dies setzt allerdings voraus, daß die Elemente unterschiedliche Einfriertemperaturen aufweisen. Haben sie dagegen die gleiche Einfriertemperatur (vgl. Abb. 5a), so ist es nicht möglich, sie in unterschiedlicher Weise zu spannen. Entsprechendes gilt für Modelle mit beliebig vielen Elementen.

Im Hinblick auf die unterschiedlichen Deformationszustände kann man in gewisser Weise von einer Programmierung der inneren Spannungen und im Zusammenhang damit von einer Programmierung des Schrumpfes sprechen. Sofern sich die Einfrierbereiche der beteiligten

Dämpfungsglieder gegenseitig nicht überlappen, ist die Zahl der Speicherplätze gleich der Zahl der Elemente. Mit zunehmender Überlappung der Einfrierbereiche nimmt die Zahl der Speicherplätze dagegen ab. Beispielsweise bietet das Modell Abbildung 4 im Fall Abbildung 5a nur einen, im Fall Abbildung 5b jedoch zwei Speicherplätze, obwohl man beidemal das gleiche Erweichungsverhalten und die gleichen Relaxationszeiten findet, so daß Relaxationsmessungen mit kleiner Deformationsamplitude keine Aussage über die Zahl der Speicherplätze zulassen. Beim kontinuierlichen Schrumpfmodell Gl. [12] ist die Zahl der Speicherplätze letzten Endes durch die Breite der Einfrierbereiche gegeben.

Die skizzierte Programmierbarkeit hat vielfältige praktische Bedeutung. Ein Beispiel hierfür ist die Texturierung synthetischer Fasern. Abbildung 12 gibt hierzu eine Einzelfaser wieder, die gebogen (b) und wieder gestreckt wird (c). Die Kelvin-Voigt-Modelle zu beiden Seiten der Faser charakterisieren die grundsätzliche Deformierbarkeit wie auch den jeweils erreichten Deformationszustand des Fasermantels, d. h. die betreffende Nachgiebigkeits- und Fluiditätswie auch die Spannfunktion, die sich bei der Hin- und Rückdeformation aufbaut. Wird die Faser, wie in Abbildung 12 angenommen, zwischen T_E3 und T_E4 nach rechts gebogen, dann zwischen T_E2 und T_E3 wieder gestreckt und schließlich durch rasches Abkühlen unter T_E1 eingefroren, so bilden sich die in c) dargestellten Spann- und Fixierungssysteme aus, obwohl die

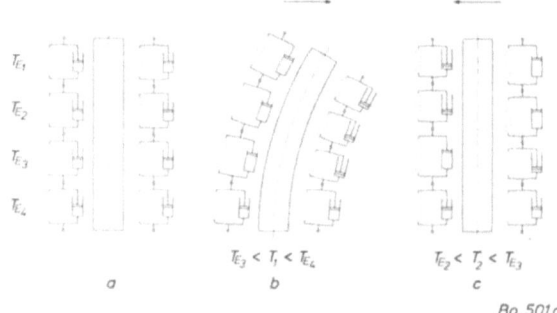

Bo. 501a

Abb. 12. Schematisches Modell zum Verständnis der Texturierung von Synthesefäden. Beim Biegen des Fadens nach rechts (b) und anschließend nach links (c) wird die makroskopische Verformung aufgehoben. Sofern die Deformationen jedoch bei unterschiedlichen Temperaturen erfolgen und das Material geeignete Einfriertemperaturen aufweist, bleibt die thermomechanische Vorgeschichte molekular gespeichert

*) Damit die Restdehnung nach dem Schrumpf unterhalb von T_E2 gleich der Gesamtdehnung in den beiden vorhergehenden Fällen ist, muß man anfänglich eine entsprechend höhere Dehnung aufbringen (vgl. Abb. 8c).

Faser wieder ihre Ausgangsgestalt besitzt, die Bruttodeformation also gleich Null ist. Wird die so vorbehandelte eingefrorene Faser erneut kontinuierlich erwärmt, so biegt sie sich beim Überschreiten von T_{E1} und T_{E2} spontan nach rechts, was der Entwicklung der Faserkräuselung eines texturierten Garnes entspricht. Wird die Faser allerdings bis über T_{E3} erwärmt, so streckt sie sich wieder.

Der skizzierte Prozeß setzt voraus, daß das Fasermaterial genügend Speichermöglichkeiten für eingeprägte Deformationen besitzt und daß die Deformationstemperaturen T_1 und T_2 diesen Speichermöglichkeiten angepaßt sind. Ausgangspunkt sowohl für die Material- wie auch für die Prozeßcharakterisierung müssen deshalb die Nachgiebigkeits- und die Fluiditätsfunktion der Fasern sein.

Bei amorphen Thermoplasten können die Nachgiebigkeits- und die Fluiditätsfunktion in erster Näherung als invariant angesehen werden. Sie charakterisieren das allgemeine Materialverhalten, während die Spannfunktion den von Fall zu Fall wechselnden Deformationszustand beschreibt. Eine begrenzte Variabilität der Nachgiebigkeits- und der Fluiditätsfunktion kommt allenfalls durch das freie Volumen zustande, wie durch Abbildung 10 belegt wird. Während sich die Kurven b) und c) lediglich durch die zugrunde liegenden Spannfunktionen voneinander unterschieden, hat man es bei der Kurve a) zusätzlich auch mit anderen Nachgiebigkeits- und Fluiditätsfunktionen zu tun.

Bei teilkristallinen Thermoplasten liegen in dieser Hinsicht wesentlich komplexere Verhältnisse vor, da die Nachgiebigkeits- und die Fluiditätsfunktionen in hohem Maße vom Orientierungszustand und der Morphologie abhängen. Trotzdem sind wir der Meinung, daß die genannten Funktionen auch bei teilkristallinen Polymeren eine brauchbare Basis sowohl für die Material- wie auch für die Prozeßcharakterisierung liefern, wobei allerdings neben der chemischen Natur des Materials auch dessen jeweilige Morphologie zu berücksichtigen ist. In folgenden Arbeiten soll hierauf näher eingegangen werden.

Zusammenfassung

Es wird gezeigt, daß sich der Schrumpf von einachsig verstrecktem PMMA phänomenologisch durch Kelvin-Voigt-Modelle beschreiben läßt. Hierbei ergibt sich, daß man ein kontinuierliches Modell mit unendlich vielen Gliedern und kontinuierlich verteilten Einfriertemperaturen benötigt. Dementsprechend werden eine Nachgiebigkeits-, eine Fluiditäts- und eine Spannfunktion definiert, von denen die ersten beiden das Material, die dritte dagegen den Deformationszustand charakterisiert.

Für das kontinuierliche Modell ist zunächst einfachheitshalber ein linearer Ansatz gewählt worden. Die grundsätzlichen Zusammenhänge bleiben jedoch auch bei nicht-linearen Elementen erhalten.

Summary

It is shown that the shrinkage of uniaxially-drawn PMMA can be described phenomenologically by Kelvin-Voigt models. A continuous model with an infinite number of terms and continuously distributed freezing temperatures is necessary. The material is characterised by means of compliance and fluidity functions, while the deformation state is described by a stress function.

For the sake of simplicity linear visco-elastic behaviour was chosen for the continuous model. However, the basic relationships remain the same for the case of non-linear elements also.

Literatur

1) *Wiegand, H., H. Vetter*, Kunststoffe **56**, 761 (1966); **57**, 276 (1967); *Müller, F. H.*, Kunststoffe **57**, 369 (1967); *Schmitt, B.*, Kunststoffe **57**, 265 (1967); *Menges, G., G. Wübken*, Plastverarbeiter **23**, 318 (1972); *Retting, W.*, Kolloid-Z. u. Z. Polymere **253**, 852 (1975); *Scholl, K. H.*, Kunststoffe **58**, 710 (1968); *Ward, I. M.*, Structure and Properties of Oriented Polymers (London 1975).
2) *Horio, M.*, Textilpraxis, Jan. 1971; *Siesler, H. W.*, Die Makromol. Chem. **176**, 2451 (1975); *Chavkin, V. P., V. A. Usenko*, Textiltechnik **26**, 4 (1968); *Belopol'skij, A. M., H. A. Gaur, H. de Vries*, J. Polymer Sci. Polymer Phys. **13**, 835 (1975); *Ross, St. E.*, Textile Res. J. **34**, 565 (1964).
3) *Backer, St., Wen-Long Yang*, Textile Res. J. **46**, 699 (1976); *Cooper, S. L., A. J. McKinnon, D. C. Prevorsek*, Textile Res. J. **38**, 803 (1968); *Martin, W.*, Chemiefasern **20**, 740 (1970); *Stein, W.*, Chemiefasern **20**, 748 (1970); *Wegener, W.*, Textilpraxis Febr. 88 und 154 (1971).
4) *Piller, B.*, Bulked Yarns, p. 156ff. (Prague-Manchester 1973).
5) *Hespe, H., E. Meisert, U. Eisele, L. Morbitzer, W. Goyert*, Kolloid-Z. u. Z. Polymere **250**, 797 (1972); *Wiles, G. L., S. L. Samuels, R. Crystal*, J. Macromol. Sci. Phys. **B 10**, 203 (1974); *Whittaker, R. E.*, Rheol. Acta **13**, 675 (1974).
6) *Bonart, R., L. Morbitzer, F. Schulze-Gebhardt*, Kolloid-Z. u. Z. Polymere **251**, 1015 (1973).
7) *Treloar, L. R. G.*, The physics of rubber elasticity (Oxford 1967).
8) *Henning, J.*, Vortrag an der 4. intern. Konf. über „die Physik nichtkristalliner Festkörper", Clausthal 1976.
9) *Ward, J. M.*, Mechanical Properties of Solid Polymers (1971).

10) *Hosemann, R., H. Cacković, J. Loboda-Cacković,* Colloid u. Polymer Sci. **254**, 782 (1976).

11) *Pechold, W., S. Blasenbrey,* Kolloid-Z. u. Z. Polymere **241**, 955 (1970).

12) *Hellmuth, W., H. G. Kilian, F. H. Müller,* Kolloid-Z. u. Z. Polymere **218**, 10 (1966).

Für die Verfasser:

Prof. Dr. *R. Bonart*
Institut für Angewandte Physik
der Universität Regensburg
Universitätsstraße 31
D-8400 Regensburg

Progr. Colloid & Polymer Sci. **64**, 91—96 (1978)
© 1978 by Dr. Dietrich Steinkopff Verlag GmbH & Co. KG, Darmstadt
ISSN 0340-255 X

Vorgetragen auf der Frühjahrstagung des Fachausschusses
Physik der Hochpolymeren in der Deutschen Physikalischen Gesellschaft
in Rothenburg o. T. vom 28.—31. März 1977

Fachbereich Physikalische Chemie, Bereich Polymere, Universität Marburg

Änderung der Bruchdehnung hochdehnbarer PS-Fäden beim Altern

R. K. Bayer

Mit 10 Abbildungen

(Eingegangen am 2. Mai 1977)

1. Experimentelle Anordnung

In einem Schmelzspinnverfahren wird eine Serie hochdehnbarer Polystyrolmonofilamente hergestellt (Abb. 1).

Ein Splittergranulat von PS III wird in einem Einschneckenextruder zur Schmelze aufbereitet, passiert den Umlenkkopf, wo Druck und Temperaturmeßstellen die Extrusionsbedingungen kontrollieren, gelangt in den Kanal einer Düse kreisförmigen Querschnitts von 0,25 mm Durchmesser und erreicht unter Aufschwellen den freien Raum. Die Extrusionstemperatur beträgt 230 °C.

2,5 mm hinter der Düse wird der Schmelzenstrang durch ein Wasserabkühlbad von 5 °C geführt. Hinter dem Bad wird der feste Faden vom Rheotens, einem Abzugsmechanismus der Firma Göttfert, gefaßt und abgezogen.

Diese experimentelle Anordnung zeichnet sich durch eine hohe Abkühlgeschwindigkeit der Polystyrolschmelze aus.

Diese wird erreicht durch:

1. den kleinen Düsendurchmesser;
2. das Abkühlbad 2,5 mm hinter der Düse. Ohne Abkühlbad wird der Strang erst nach etwa 30 mm Abzugslänge fest. Die erreichte Abkühlgeschwindigkeit ist von der Größenordnung 10^4 °/min.

Eine Serie von Polystyrolmonofilamenten wird durch Variation der Abzugsgeschwindigkeit hergestellt.

Dabei wurde die Drehzahl u des Rheotens von 50 bis 400 SKT variiert, was Verstreckverhältnissen $\lambda_0 = v_c/v_0$ (siehe Anhang) (v_0 = Austrittsgeschwindigkeit aus der Düse; v_c = Abzugsgeschwindigkeit des Rheotens) von 2,5 bis 20 entspricht.

2. Zug-Dehnungs-Messungen

Zunächst wurde die Bruchdehnung der erhaltenen Fäden gemessen. Während üblicherweise beim Polystyrol je nach Dehngeschwindigkeit Bruchdehnungen in der Größenordnung von 2 bis 4% (1) gemessen werden, erhalten wir Bruchdehnungen bis zu 73% (Abb. 2).

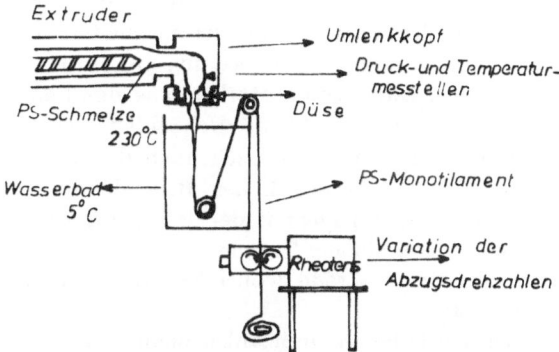

Abb. 1. Schmelzspinnanlage zur Herstellung hochdehnbarer PS-Monofilamente

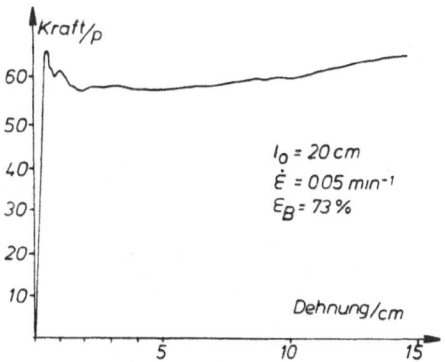

Abb. 2. Zug-Dehnungs-Diagramm des PS-Fadens zu $u = 50$ sofort nach der Herstellung

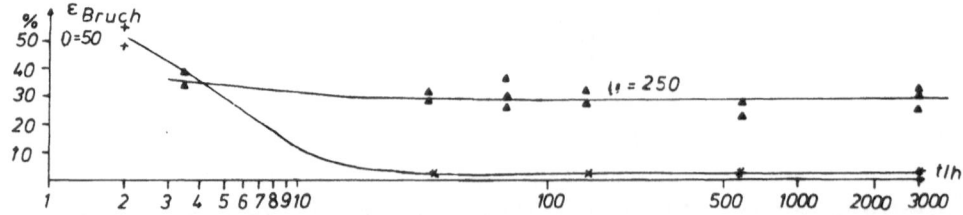

Abb. 3a. Abnahme der Bruchdehnung beim Lagern bei Zimmertemperatur für PS-Fäden mit Abzugsdrehzahlen $u = 50$ SKT $(\lambda_0 = 2,5)$ und $u = 250$ SKT $(\lambda_0 = 12,5)$

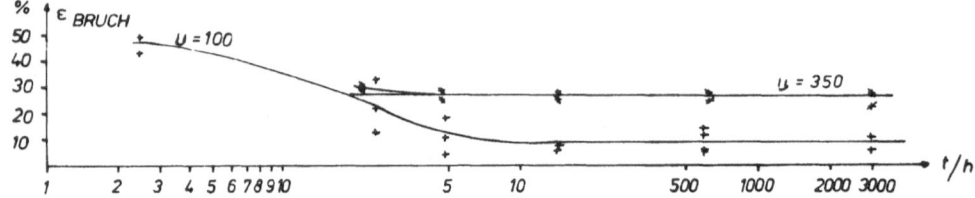

Abb. 3b. Abnahme der Bruchdehnung beim Lagern bei Zimmertemperatur für PS-Fäden mit Abzugsdrehzahlen $u = 100$ SKT $(\lambda_0 = 5)$ und $u = 350$ SKT $(\lambda_0 = 17,5)$

Bei höheren Abzugsdrehzahlen weisen die Fäden geringere Bruchdehnungen auf. Bei $u = 250$ SKT ist die Bruchdehnung auf 35% abgesunken.

Allerdings sind diese hohen Bruchdehnungen zeitlich nicht beständig und weisen eine teilweise sehr schnelle und starke Alterung auf (Abb. 3a, 3b). Dieser Effekt ist am stärksten bei den Fäden mit den kleineren Abzugsdrehzahlen ($u = 50$, 100 SKT). Dabei ändert sich auch der Bruchmechanismus. Bei den hohen Bruchdehnungen ist nach kurzer Lagerzeit der Bruch duktil geblieben, nach einigen Stunden Lagerzeit jedoch wird der Bruch spröde, wobei die Bruchdehnung auf 2—3% sinkt.

Bei den höheren Drehzahlen bleibt der Bruch duktil. Auch nach 3000 h (125 Tagen) ist die Bruchdehnung nur unwesentlich geringer geworden oder konstant geblieben.

Abbildung 4 zeigt alle Messungen der Bruchdehnung in Abhängigkeit von Lagerzeit und Abzugsdrehzahl.

Die Kurven für 140 h und 3000 h Lagerzeit bei Zimmertemperatur fallen bereits zusammen, so daß angenommen werden kann, daß diese Bruchdehnungen nun zeitlich stabil bleiben.

Nach etwa 300 h Lagerungszeit bei Zimmertemperatur lagerten wir einen Teil der Probenserie bei 64 °C, also oberhalb der β-Relaxationstemperatur (2, 3). Dies macht sich in der Bruchdehnung stark bemerkbar (Abb. 4). Bereits nach 1 h Lagerzeit bei 64 °C ist die Bruchdehnung beträchtlich kleiner geworden. Dies äußert sich noch mehr bei 15 h Lagerungszeit. Dabei werden auch die Bruchdehnungen der Fäden zu höheren Abzugsdrehzahlen ($u = 250$ bis 400 SKT) geringer.

Außerdem verschiebt sich der Übergang von duktilem zu sprödem Bruch zu Proben höherer Abzugsdrehzahl (Pfeile in Abb. 4).

3. Diskussion der Meßergebnisse

Eine Dehnspannung kann zweierlei Arten von Deformationen bewirken (4):

1. die Scherdeformation, die die Form der Probe zu ändern trachtet. Sie bewirkt das duktile Fließen, das mit der Ausbildung von Scherbändern im schrägen Winkel zur Verstreckrichtung verbunden ist.

2. Die triaxiale Deformation, die das spezifische Volumen der Probe ohne Formänderung zu

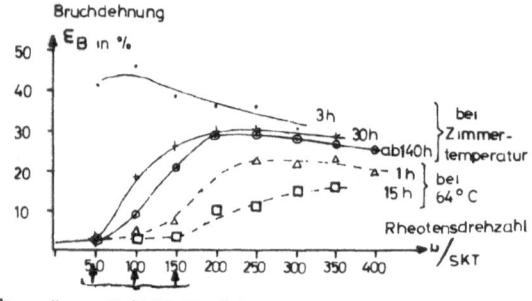

Abb. 4. Bruchdehnung der PS-Fäden in Abhängigkeit von den Abzugs- und Lagerbedingungen der PS-Fäden

ändern trachtet. Sie bewirkt die Ausbildung von Hohlräumen (crazes) senkrecht zur Deformationsrichtung.

Nach *Matsushige*, *Radcliff* und *Baer* (5) macht sich die Ausbildung von Scherbändern oder crazes im Zugdehnungsdiagramm durch das Abweichen vom Hookschen Bereich vor dem Kraftpeak bemerkbar. Die Spannungswerte, wo diese Abweichung auftritt, kennzeichnen die Deformation (Abb. 5). Die Scherdeformation ist demnach durch eine Spannung σ_{SBI} (Scherbandinitiierungsspannung) zu kennzeichnen.

Die triaxiale Deformation durch craze-Bildung ist analog durch eine Spannung σ_{CI} (Crazeinitiierungsspannung) zu kennzeichnen.

Von beiden miteinander konkurrierenden Deformationsmechanismen tritt nun der auf, dessen Initiierungsspannung (Kraftaufwand) geringer ist (4, 5).

Als Beispiel hierzu eine Meßkurve von *Matsushige*, *Radcliffe* und *Baer* (Abb. 6).

Aus den Zug-Dehnungs-Diagrammen vom PS bei variierender Temperatur ermittelten sie die Spannungen, bei denen das Abweichen vom Hookschen Bereich auftrat. Da unterhalb 90 °C der Sprödbruch auftrat, ermittelten sie in diesem Bereich $\sigma_{CI}(T)$. Oberhalb 90 °C trat das duktile Fließen auf und sie erhielten $\sigma_{SBI}(T)$ (untere Kurve in Abb. 6).

Für $T < 90$ °C ist $\sigma_{CI} < \sigma_{SBI}$ wie man aus den gestrichelt gezeichneten Extrapolationen in Abbildung 6 erkennt. Daher tritt der Sprödbruch auf. Für $T > 90$ °C ist $\sigma_{SBI} < \sigma_{CI}$, was den duktilen Bruch bewirkt. Der Übergang Spröde-Duktil bei 90 °C ist durch $\sigma_{SBI} = \sigma_{CI}$ gekennzeichnet.

Dieselbe Auswertungsmethode wird jetzt auf die vorliegenden Serien von PS-Monofilamenten angewendet. Bei Proben mit duktilem Bruch

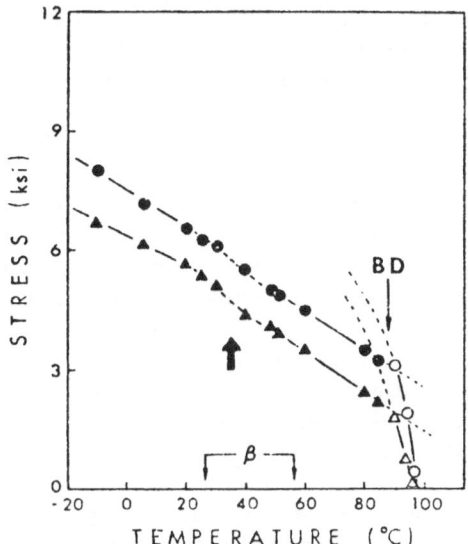

Abb. 6. Temperaturabhängigkeiten von Crazeinitiierungsspannung (▲), Scherbandinitiierungsspannung (△), Bruch- (●) und Fließspannung (○) für PS (nach *Matsushige*, *Radcliffe* und *Baer* (5))

wird aus der Abweichung vom Hookeschen Bereich σ_{SBI} und für Proben mit sprödem Bruch σ_{CI} ermittelt. Die Ergebnisse sind in Abbildung 7 zusammengestellt. Die σ_{SBI} und σ_{CI} sind gegen die Abzugsdrehzahl u aufgetragen. Parameter sind die unterschiedlichen Lagerbedingungen.

Die Kurven für die Scherbandinitiierungsspannung $\sigma_{SBI}(u)$ hängen von den Lagerbedingungen ab: Für 3 h, 3000 h bei Zimmertemperatur, 1 h bei 64 °C ergeben sich unterschiedliche

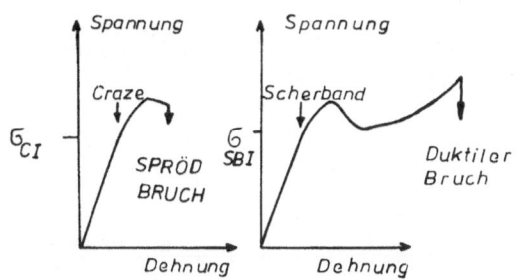

Abb. 5. Prinzipskizze (5) zur Definition von Scherbandinitiierungsspannung σ_{SBI} und Crazeinitiierungsspannung σ_{CI}

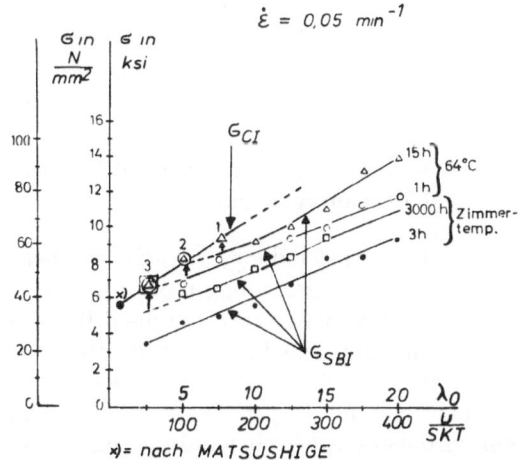

Abb. 7. Abhängigkeit von Scherbandinitiierungsspannung σ_{SBI} und Crazeinitiierungsspannung σ_{CI} von den Abzugs- und Lagerbedingungen der PS-Fäden

Verläufe. Für σ_{CI} ergibt sich wohl eine Abhängigkeit von der Abzugsdrehzahl u, im Rahmen der Meßgenauigkeit, jedoch nicht von den Lagerbedingungen.

Auf den ersten Meßpunkt von $\sigma_{CI}(u)$ fallen drei Punkte für verschiedene Lagerbedingungen etwa zusammen, auf den zweiten Punkt zwei Punkte für verschiedene Lagerbedingungen. Gut ergänzt wird diese Kurve durch einen von (5) übernommenen Meßpunkt für eine unorientierte Probe.

Alle $\sigma_{SBI}(u)$-Kurven steigen mit wachsender Abzugsdrehzahl an. Eine wachsende Vororientierung erhöht also σ_{SBI}.

Der Einfluß der Vororientierung wirkt aber stärker auf die craze-Bildung, was sich durch eine stärkere Steigung in $\sigma_{CI}(u)$ ausdrückt. Dieser Befund ist in Übereinstimmung mit allgemeinen Feststellungen von *Vincent* (4). Hiernach wirken in Deformationsrichtung orientierte Ketten besonders stark einer Hohlraum(craze)-Bildung senkrecht zu den Ketten entgegen. Molekulare Schwachpunkte werden durch orientierte Ketten kompensiert.

Die Ausbildung von Scherbändern ist ein thermisch aktivierter Prozeß. Nach (4) und (5) kann σ_{SBI} durch Relaxationsphänomene diskutiert werden.

Für die vorliegenden PS-Serien bedeutet dies, daß σ_{SBI} durch den β-Mechanismus diskutiert werden muß.

Goldbach und Rehage (2) haben gefunden, daß

1. PS-Proben, die bei ihrer Herstellung aus der Schmelze schnell abgekühlt worden sind, eine hohe β-Relaxationsstärke aufweisen und eine schnelle β-Beweglichkeit haben,

2. daß mit dem Lagern der β-Mechanismus langsamer wird und auch die β-Relaxationsstärke abnimmt,

3. daß beim Lagern oberhalb der β-Temperatur der β-Mechanismus ganz verschwinden kann.

Damit lassen sich die $\sigma_{SBI}(u)$-Kurven bei verschiedenen Lagerbedingungen diskutieren:

Die β-Relaxationsstärke und die β-Beweglichkeit nimmt mit dem Lagern in der Reihenfolge 3 h, 3000 h bei 25°, 1 h, 15 h bei 64° ab. Verursacht durch die geringe β-Beweglichkeit nimmt dabei die Scherbandinitiierungsspannung σ_{SBI} zu. Dies macht die Verschiebung der $\sigma_{SBI}(u)$-Kurven zu höheren Werten mit fortschreitender Temperung aus. Dies wiederum hat

zur Folge: Je höher die $\sigma_{SBI}(u)$-Kurve liegt, desto eher erreicht σ_{SBI} die Größenordnung von σ_{CI}. Damit verschiebt sich der Schnittpunkt von $\sigma_{CI}(u)$ und $\sigma_{SBI}(u)$ zu höheren Abzugsdrehzahlen, und die Versprödung erreicht Proben mit höheren Abzugsdrehzahlen. Im einzelnen wird beobachtet:

Probenserie mit 3 h Lagerzeit bei Zimmertemperatur: Die β-Relaxationsstärke ist so hoch, daß für die ganze Serie gilt:

$$\sigma_{SBI}(u) < \sigma_{CI}(u).$$

Daher wird der duktile Bruch beobachtet.

3000 h Lagerzeit bei Zimmertemperatur: Zwar ist bei $u = 50$ σ_{SBI} noch nicht ganz so hoch wie σ_{CI}, jedoch tritt hier der Sprödbruch bereits auf, da der Übergang offenbar nicht so scharf ist (Pfeil in Abb. 7).

1 h, 15 h Lagerzeit bei 64 °C: Die $\sigma_{SBI}(u)$-Werte liegen noch höher, was auch die Versprödung der Proben zu $u = 100$ bzw. $u = 150$ mit sich bringt (Pfeil in Abb. 7).

4. Doppelbrechungs-Messungen

Die Ergebnisse von Doppelbrechungsmessungen zeigt Abbildung 8. Die Doppelbrechung und damit die Orientierung steigt mit der Abzugsdrehzahl an. Sie sinkt beim Tempern bei 64 °C (untere Kurve). Dies war auch zu erwarten, da der Schrumpf beim Tempern bei 64 °C von der Größenordnung 1% ist und damit über dem Volumenschrumpf der Größenordnung 1⁰/₀₀ (2) liegt, der durch die Abnahme des β-Mechanismus bewirkt wird. Mit Hilfe von Abbildung 8 lassen sich die Meßwerte für die Bruchdehnung von

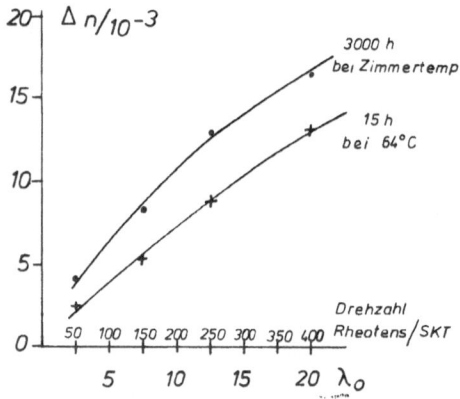

Abb. 8. Abhängigkeit der Doppelbrechung von Abzugs- und Lagerbedingungen der PS-Fäden

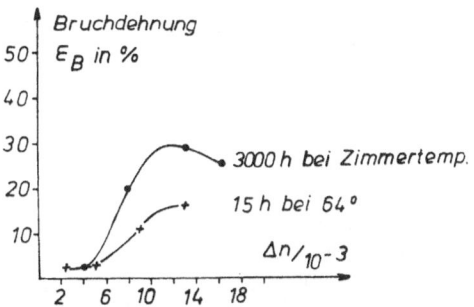

Abb. 9. Abhängigkeit der Bruchdehnung von der Doppelbrechung für Serien von PS-Fäden bei zwei verschiedenen Lagerbedingungen

Abbildung 4 auch als Funktion der Orientierung darstellen (Abb. 9).

Proben von gleicher Orientierung ändern ihre Bruchdehnung beim 15stündigen Tempern bei 64 °C etwa auf den halben Betrag. Zieht man in Betracht, daß das Tempern erst 300 h nach der Fadenherstellung durchgeführt wurde, also die Bruchdehnung bereits vor dem Tempern durch Abnahme der β-Relaxationsstärke abgesunken war, so läßt sich folgern, daß die β-Relaxationsstärke den dominierenden Einfluß auf die Größe der Bruchdehnung ausübt. Nach (6, 7, 8, 9) sinkt die Bruchdehnung allgemein mit Zunahme der Orientierung der Proben. Dieser Effekt ist hier relativ gering (Abb. 4, Abb. 9).

5. Schluß

Um PS-Fäden von hohen Bruchdehnungen zu erhalten, muß zuerst gewährleistet sein, daß $\sigma_{CI}(u) > \sigma_{SBI}(u)$ ist, also duktiles Brechen auftritt. Da $\sigma_{SBI}(u)$ aufgrund der Abnahme des β-Mechanismus beim Lagern ansteigt, ist nach Abbildung 7 eine Mindestabzugsdrehzahl u erforderlich, die diese Bedingung erfüllt. Die Bruchdehnung hängt nun in starkem Maße von der β-Relaxationsstärke und β-Beweglichkeit ab, die hoch sind bei hoher Abkühlgeschwindigkeit bei der Herstellung der Proben und die mit dem Lagern absinken. Der Einfluß der Orientierung ist vergleichsweise gering. Dies sind die wesentlichen physikalischen Aspekte, die für die Technologie der Herstellung von hochdehnbaren Fäden aus PS wichtig sind.

6. Anhang

Die Austrittsgeschwindigkeit v_0 wurde aus dem Gewichtsausstoß des Extruders und der Dichte (10) der PS-Schmelze ermittelt. Die

$\lambda_0 = v_c/v_0$-Werte sind niedriger als die tatsächlichen Verstreckverhältnisse, da hinter der Düse der Schmelzenstrang aufschwillt, wobei die Geschwindigkeit des Stranges unter v_0 absinkt. Dies weisen auch Schrumpfmessungen an der 3000 h bei Zimmertemperatur gelagerten Probenserie aus (Abb. 10).

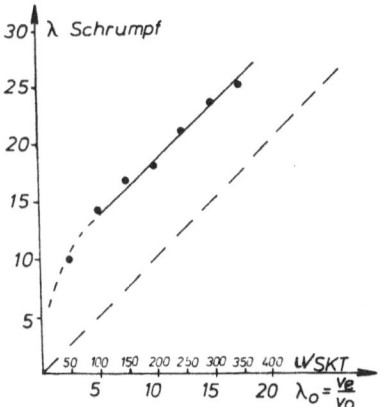

Abb. 10. Schrumpfmessungen an der 3000 h bei Zimmertemperatur gelagerten Serie. Schrumpftemperatur 145°, Schrumpfdauer 1 h

Herrn *A. Ziegeldorf* danke ich für die Durchführung der Doppelbrechungsmessungen. Herrn Prof. Dr. *F. H. Müller* danke ich für die Anregung zu diesem Thema. Herrn Prof. Dr. *W. Ruland* danke ich für die Diskussion der Arbeit.

Zusammenfassung

Mit einer Schmelzspinnvorrichtung, die sich durch eine hohe Abkühlgeschwindigkeit auszeichnet, ist es möglich, eine Serie unterschiedlich hoch verstreckter PS-Monofilamente herzustellen.

Nach mehrstündigem Lagern der Probenserie bei Zimmertemperatur und oberhalb der β-Relaxationstemperatur sinkt die anfangs sehr hohe (bis 73%) Bruchdehnung ab. Ursache hierfür ist die Abnahme von Relaxationsstärke und Platzwechselhäufigkeit des β-Mechanismus. Die höchste, zeitlich konstante Bruchdehnung beträgt 30%. Der Einfluß der Orientierung ist vergleichsweise gering.

Bei kleinen Verstreckgraden der PS-Fäden wird außerdem ein Übergang von duktilem zu sprödem Bruch beobachtet. Dies kann durch den Anstieg der Scherbandinitiierungsspannung mit der Abnahme des β-Mechanismus erklärt werden.

Literatur

1) *Großkurth*, *K. P.*, Institut für Kunststoffprüfung und Kunststoffkunde, Stuttgart. Vortrag beim 5. Stuttgarter Kunststoffkolloquium, 2.–4. März 1977.

2) *Goldbach, G., G. Rehage*, Kolloid-Z. u. Z. Polymere **216**, 56 (1967).

3) *Illers, K. H.*, Z. Elektrochem. **65**, 679 (1961).

4) *Vincent, P. I.*, Polymer **1**, 425 (1960).

5) *Matsushige, K., S. V. Radcliffe, E. Baer*, J. Appl. Polymer Sci. **20**, 1853 (1976).

6) *Samuels, R. J.*, J. Macromol. Sci. Phys. **B 4**, 701 (1970).

7) *Dees, J. R., J. E. Spruiell*, J. Appl. Polymer Sci. **18**, 1053 (1974).

8) *White, J. L., K. C. Dharod, E. S. Clark*, J. Appl. Polymer Sci. **18**, 2539 (1974).

9) *Spruiell, J. E., J. L. White*, Polymer and Engineering Science **15**, 660 (1975).

10) *Fox, T. G., P. J. Flory*, J. Appl. Physics **21**, 581 (1950).

Anschrift des Verfassers:

R. K. Bayer
Fachbereich Physikalische Chemie
Bereich Polymere
Universität Marburg
Lahnberge, Gebäude H
D-3550 Marburg

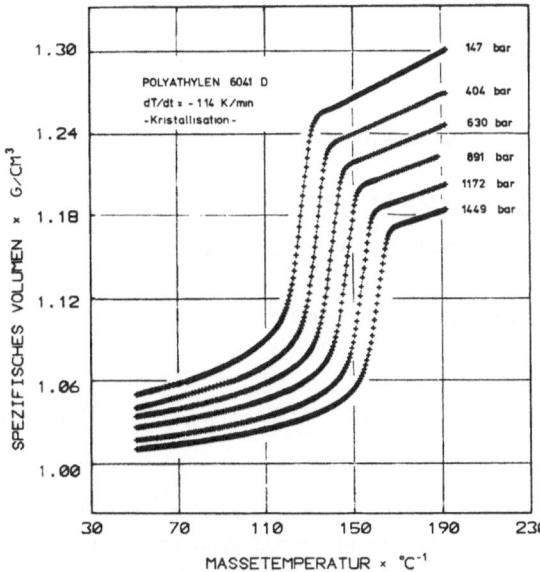

Abb. 2. Spezifisches Volumen von Polyäthylen unter verschiedenen Drucken in Abhängigkeit von der Temperatur, bei einer Abkühlgeschwindigkeit von 1,14 K/min

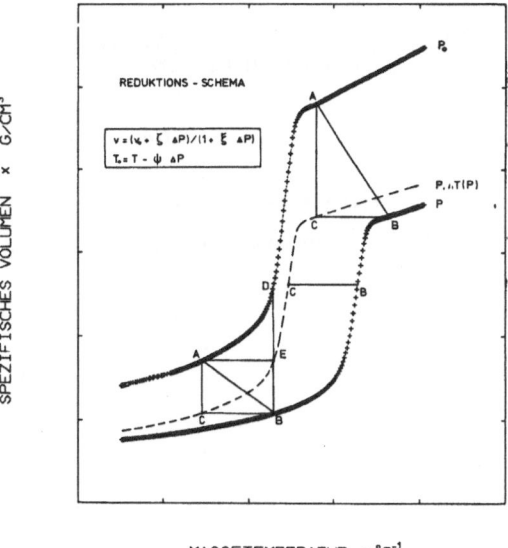

Abb. 3. Schematische Darstellung der isokristallinen Kompression, anhand zweier Drucke der Abbildung: Spezifisches Volumen über Temperatur

die Kristallisationskurve von linearem Polyäthylen Lupolen 6041 D der BASF bei verschiedenen Drucken in Abbildung 2 angegeben.

3. Darstellung der Reduktionsformel

Kristallisationsfähige Polymere treten im technisch wichtigen Temperaturbereich sowohl teilkristallin als auch rein amorph auf. Deshalb soll für den Umwandlungsbereich ein Zweiphasensystem aus teilkristalliner und amorpher Phase betrachtet werden. Das PvT-Diagramm weist eine Verschiebung der Temperatur maximaler Volumenänderung (Kristallisations- bzw. Schmelztemperatur) mit steigendem Druck zu höherem Wert auf. Ebenso entnimmt man, daß eine isotherme Druckerhöhung im Umwandlungsgebiet zu einer Veränderung des Phasenverhältnisses führt. Die druckinitiierte Phasenänderung läßt sich thermodynamisch leicht abspalten, wenn man es als zulässig erachtet, daß eine Druckerhöhung zu einer Temperatur führt, bei der das gleiche Phasenverhältnis wie vor der Druckerhöhung vorliegt, d.h. es wird nicht isotherm, sondern isokristallin komprimiert.

Entsprechend dem Reduktionsschema in Abbildung 3 läßt sich der isokristalline Weg der Volumenänderung $\overline{AB}$ aufspalten in eine isotherme Volumenänderung $\overline{AC}$ und eine isochore Temperaturänderung $\overline{CB}$. Die Temperaturdiffe-

renz $\overline{CB}$ ist aber gleich der Änderung der Kristallisationstemperatur mit steigendem Druck. Da die Messungen für den untersuchten Druckbereich die Kristallisationstemperatur als direkt proportional dem Druck ergeben, wie in Ab-

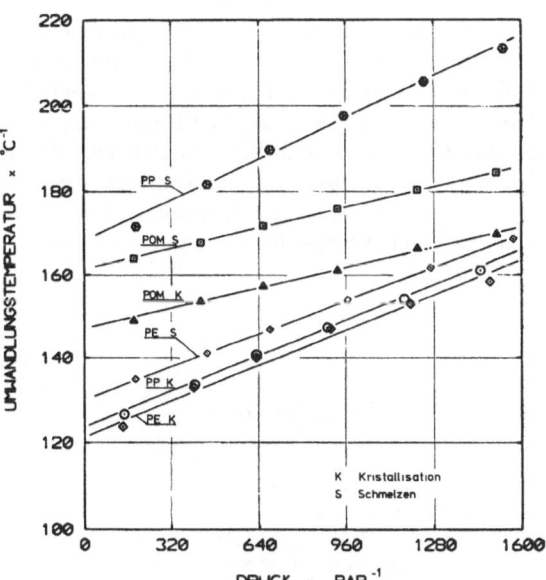

Abb. 4. Temperatur maximaler thermischer Ausdehnung (Umwandlungstemperatur) für PE, PP, POM beim Schmelzen und Kristallisieren in Abhängigkeit vom Druck

Progr. Colloid & Polymer Sci. **64**, 97—102 (1978)
© 1978 by Dr. Dietrich Steinkopff Verlag GmbH & Co. KG, Darmstadt
ISSN 0340-255 X

Vorgetragen auf der Frühjahrstagung des Fachausschusses
Physik der Hochpolymeren in der Deutschen Physikalischen Gesellschaft
in Rothenburg o. T. vom 28.—31. März 1977

Fritz-Haber-Institut der Max-Planck-Gesellschaft, Berlin

Eine einfache Formel zur Darstellung des Druckeinflusses auf das spezifische Volumen von teilkristallinen Polymeren

V.-H. Karl, F. Asmussen und *K. Ueberreiter*

Mit 13 Abbildungen

(Eingegangen am 5. Mai 1977)

1. Einleitung

Da die Verarbeitung der Polymeren überwiegend in einem weiten Temperatur- und Druckbereich durchgeführt wird, ist es notwendig, die Abhängigkeit des spezifischen Volumens von Druck und Temperatur über den gesamten technischen Bereich zu kennen. Hierzu verwendet man üblicherweise sog. PvT-Diagramme. Von besonderer Bedeutung sind hierbei Diagramme, die den Verlauf des Kristallisationsvorganges beschreiben. Aber gerade der Volumen-Temperatur-Verlauf bei der Kristallisation ist abhängig von Vorgeschichte, Zusatzstoffen und zeitlicher Temperaturführung. Damit erscheint es sehr schwierig, eine für den Anwender brauchbare Beziehung zwischen spezifischem Volumen, Druck und Temperatur herzustellen. Dieses Problem wurde durch Eliminierung einer Zustandsvariablen, nämlich des Druckes, für die Praxis vereinfacht, da Dilatometer zur Erfassung des spezifischen Volumens bei Atmosphärendruck überall leicht zugänglich sind.

Diese Vereinfachung ist möglich durch eine Reduktionsformel, deren Ableitung schon ausführlich beschrieben ist (1). Diese lautet:

$$v = (v_0 + \zeta \cdot \Delta P)/(1 + \xi \cdot \Delta P), \qquad [1]$$

$$T_0 = T - \psi \cdot \Delta P. \qquad [2]$$

Im folgenden soll die Formel und besonders deren Anwendung dargestellt werden.

2. Experimentelle Methoden

Die Messungen erfolgten mit einem Hochdruckdilatometer (2), bei dem durch einen Kolben in der Polymerprobe ein bestimmter Druck einstellbar ist und durch eine Regeleinrichtung eine konstante zeitliche Temperaturänderung vorgegeben werden kann. Die Temperaturmessung erfolgte über ein Thermoelement, welches ca. 5 mm axial in die Probe hineinragt. Das Volumen wird über einen am Kolben angebrachten Wegaufnehmer erfaßt (Abb. 1). Die mit diesem Gerät bestimmbaren Zustandsdiagramme wurden jeweils bei konstanter zeitlicher Temperaturänderung isobar für PE, PP und POM sowohl für den Kristallisations-, als auch für den Schmelzvorgang ermittelt (3). Als Beispiel sei hier nur

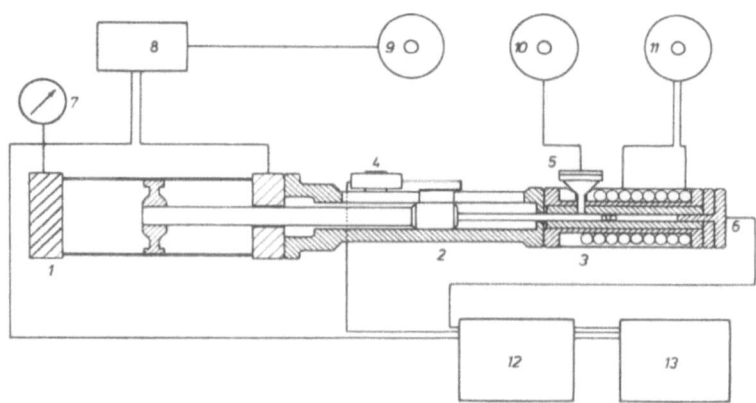

Abb. 1. Funktionsplan eines Hochdruckdilatometers (1: Pneumatikzylinder, 2: Zwischenstück zur Wegaufnahme, 3: Dilatometerofen, 4: Volumenmessung, 5: Trichter, 6: Massetemperaturmessung, 7: Druckmanometer, 8: Steuereinheit, 9: Luftbehälter, 10: Vakuumpumpe, 11: Temperier-, Kühleinheit, 12: x-y-t-Schreiber, 13: Meßwerterfassung mit Datenträger)

bildung 4 gezeigt, kann $\overline{CB}$ durch eine Geradengleichung dargestellt werden. Der Weg der isothermen Volumenänderung $\overline{AC}$ wird nun, da die Volumina der beiden Phasen additiv betrachtet werden, durch die isokristalline Kompressibilität gesucht.

Die isokristalline Kompressibilität lautet:

$$\chi_\theta = [(1 - \theta) \cdot \chi_{\theta,k} + \theta \cdot \chi_{\theta,a}] . \qquad [3]$$

hierbei ist θ der Volumenanteil der amorphen Phase und $\chi_{\theta,k}$ und $\chi_{\theta,a}$ die Kompressibilitäten der beiden Phasen. Durch Umformen erhält man den folgenden Ansatz mit den unbekannten Größen ξ^* und ζ^*.

$$v_0 - \xi^* \cdot v + \zeta^* = 0 . \qquad [4]$$

v_0 = isokristallines spez. Volumen der Mutterkurve,
v = gesuchtes spez. Volumen,
T_0 = Temperatur, bei der v_0 vorliegt,
T = vorgegebene Temperatur.

Durch dreidimensionale Iteration unter Verwendung sämtlicher vorliegender Meßwerte wurde für alle drei Substanzen sowohl für den Kristallisations- als auch für den Schmelzprozeß festgestellt, daß ξ^*, ζ^* und ψ^* direkt proportional dem Druck und temperaturinvariant sind.

Die Druckabhängigkeit von ψ^* ist schon in Abbildung 4 gezeigt. Während in Abbildung 5 und Abbildung 6 jeweils ξ^* und ζ^* als Funktion vom Druck aufgetragen sind.

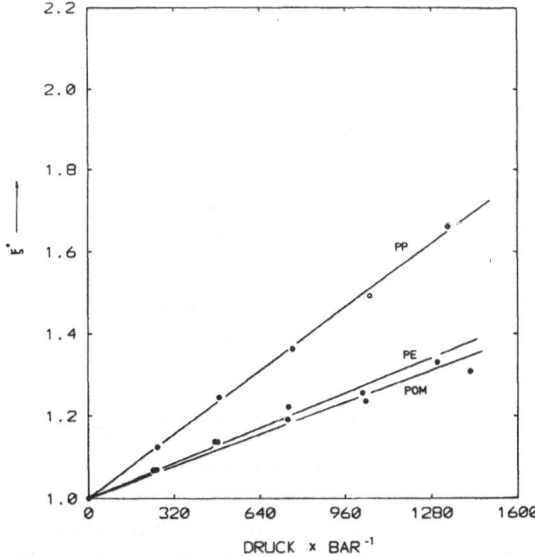

Abb. 5. Druckabhängigkeit von ξ^* für PP, PE und POM

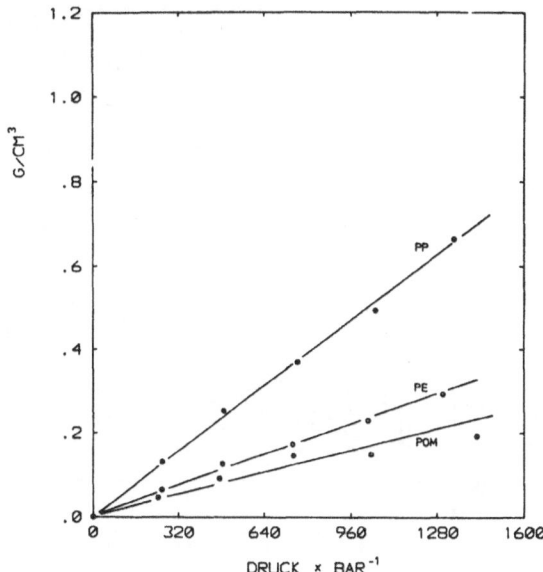

Abb. 6. Druckabhängigkeit von ζ^* für PP, PE und POM

Damit lassen sich Konstanten finden und eine Reduktionsformel angeben

$$v = (v_0 + \zeta \cdot \Delta P)/(1 + \xi \cdot \Delta P) \qquad [5]$$

$$T_0 = T - \psi \cdot \Delta P , \qquad [6]$$

mit der man anhand einer bei Atmosphärendruck gemessenen Volumen-Temperatur-Kurve und diesen drei Konstanten leicht das spezifische Volumen bei Druck P und Temperatur T berechnen und somit vollständige PvT-Diagramme aufstellen kann. Ein Vergleich der durch Messung erhaltenen PvT-Diagramme mit den berechneten zeigt sehr gute Übereinstimmung.

Hierzu seien als Beispiel in Abbildung 7 sowohl die gemessenen Volumen-Temperatur-Kurven (Punkte) als auch die anhand der Reduktionsformel berechneten Kurven (Linien) für Polyäthylen angegeben.

4. Anwendung der Reduktionsformel

Die besondere Bedeutung dieser Reduktionsformel liegt darin, daß man aus Volumen-Temperatur-Kurven, die bei Atmosphärendruck unter Nachvollziehung der bei der Verarbeitung auftretenden zeitlichen Temperaturänderung gewonnen sind, PvT-Diagramme ermitteln kann.

Hierzu ist nur noch die Kenntnis der drei stoffspezifischen Konstanten notwendig.

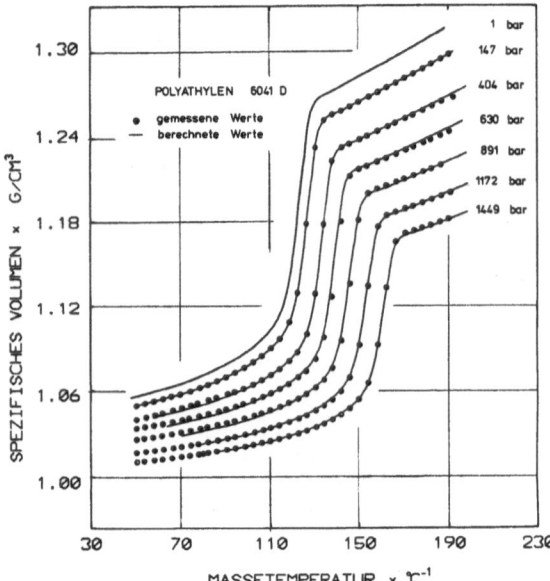

Abb. 7. Spezifisches Volumen von Polyäthylen unter verschiedenen Drucken in Abhängigkeit von der Temperatur (— 1,14 K/min).
Gemessene Werte: ○;
Anhand der Reduktionsformel berechnete Werte: —

Um das Ziel, nämlich die Berechnung eines spezifischen Volumens v bei der Temperatur T und dem Druck p, zu erreichen, muß der folgende Weg beschritten werden. Zuerst wird mit dem zweiten Term der Reduktionsformel (Gleichung [6]) die Temperatur T_0 berechnet, bei der das isokristalline Volumen der Volumen-Temperatur-Kurve bei Atmosphärendruck vorliegt, indem man die Temperatur T und die Druckdifferenz zum Atmosphärendruck einsetzt. Der vorliegenden Volumen-Temperatur-Kurve entnimmt man das Volumen v_0 bei der Temperatur T_0. Dieser Wert wird zusammen mit der Druckdifferenz in den ersten Term der Reduktionsformel eingesetzt und somit das gesuchte Volumen v beim Druck P und der Temperatur T berechnet.

PvT-Diagramme, die nach dieser Methode berechnet wurden, sind im Vergleich zu den gemessenen in Abbildung 7 und Abbildung 8 dargestellt. In diesem Fall wurde jedoch die Mutterkurve bei höherem Druck aufgenommen und zusammen mit weiteren Volumen-Temperatur-Kurven auch die bei Atmosphärendruck ermittelt.

Da mit dieser Formel Volumina bei verschiedenen Drucken berechnet werden können, ist es auch möglich, die thermische Ausdehnung in Abhängigkeit von Druck und Temperatur zu untersuchen. In Abbildung 9 ist die berechnete thermische Ausdehnung den aus gemessenen Volumen-Temperatur-Kurven ermittelten Werten in Abbildung 10 gegenübergestellt. Auch hier

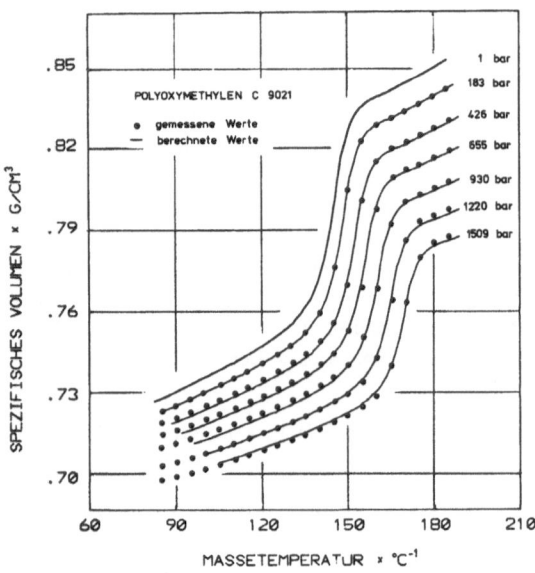

Abb. 8. Spezifisches Volumen von Polyoxymethylen unter verschiedenen Drucken in Abhängigkeit von der Temperatur (— 1,56 K/min).
Gemessene Werte: ○;
Anhand der Reduktionsformel berechnete Werte: —

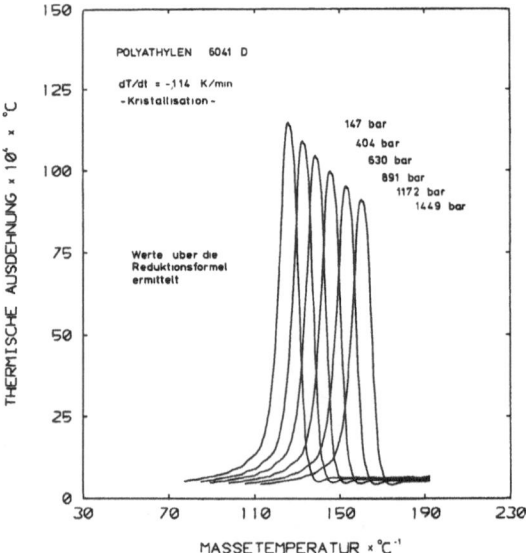

Abb. 9. Thermische Ausdehnung von Polyäthylen unter verschiedenen Drucken in Abhängigkeit von der Temperatur, bei einer Abkühlgeschwindigkeit von 1,14 K/min. Werte ermittelt aus einer Mutterkurve (Volumen-Temperatur-Kurve) anhand der Reduktionsformel

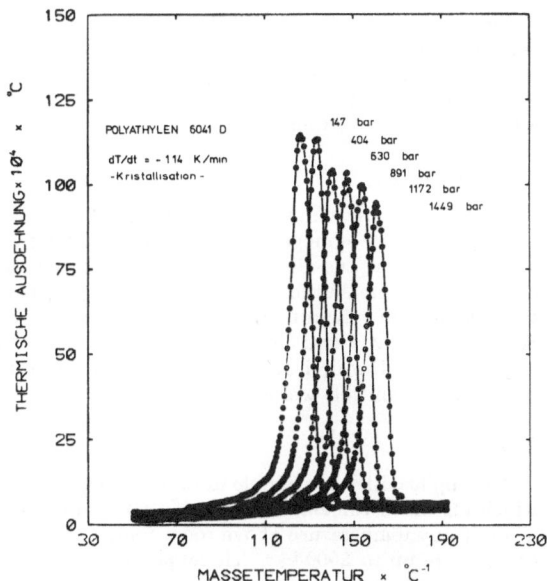

Abb. 10. Thermische Ausdehnung von Polyäthylen unter verschiedenen Drucken in Abhängigkeit von der Temperatur, bei einer Abkühlgeschwindigkeit von 1,14 K/min. Werte ermittelt aus gemessenen Volumen-Temperatur-Kurven

bestätigt die sehr gute Übereinstimmung die Anwendbarkeit der Reduktionsformel. Weiterhin ist es möglich, mit der Reduktionsformel die Kompressibilität bzw. den Kompressionsmodul

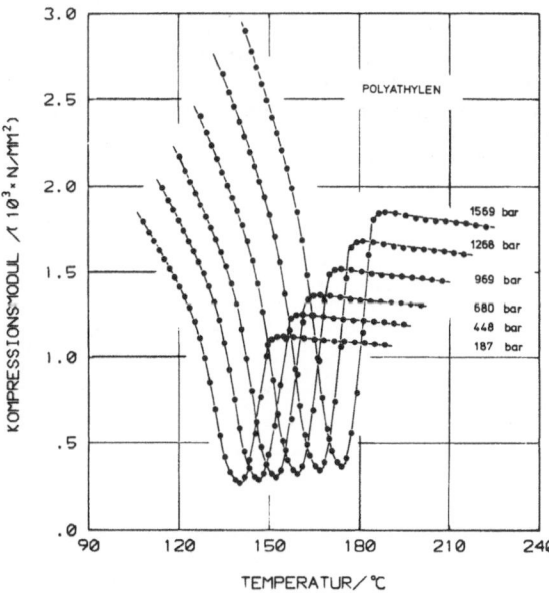

Abb. 11. Kompressionsmodul von Polyäthylen als Funktion der Temperatur für verschiedene Drucke. Berechnet mit der Reduktionsformel aus einer durch Schmelzen ermittelten Volumen-Temperatur-Kurve

in Abhängigkeit von Temperatur und Druck zu untersuchen. Hierzu wurden geringe druckbedingte Volumenänderungen bei vorgegebener Temperatur und Druck berechnet und daraus der Kompressionsmodul bestimmt. In Abbildung 11 ist der Kompressionsmodul von Polyäthylen und in Abbildung 12 der von Polyoxymethylen als Funktion der Temperatur mit dem Parameter Druck angegeben. Als Mutterkurve diente beim Polyäthylen eine durch den Schmelzvorgang erstellte Volumen-Temperatur-Kurve und beim Polyoxymethylen eine durch Kristallisation gewonnene. Hierbei sind natürlich die aus dem Schmelzvorgang berechneten Modul-Temperaturkurven sicherlich aussagekräftiger, dennoch soll auch die aus der Kristallisationskurve abgeleitete Darstellung angegeben werden.

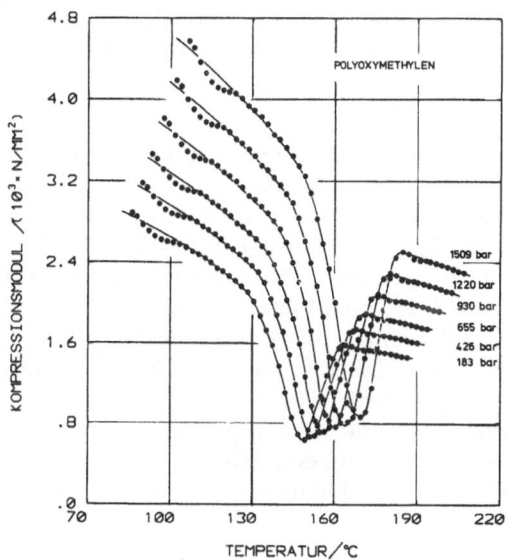

Abb. 12. Kompressionsmodul von Polyoxymethylen als Funktion der Temperatur für verschiedene Drucke. Berechnet mit der Reduktionsformel aus einer durch Kristallisation ermittelten Volumen-Temperatur-Kurve

Aus den anhand einer Kristallisationskurve (Volumen-Temperatur-Kurve) ermittelten Modul-Temperatur-Darstellungen wurde durch Extrapolation gegen Raumtemperatur die in Abbildung 13 gegebene Darstellung gefunden. In dieser ist für verschiedene Temperaturen der Kompressionsmodul als Funktion des Druckes dargestellt. Dabei ergibt sich für den gegen Atmosphärendruck extrapolierten Wert des Polyäthylen bei 20 °C gute Übereinstimmung

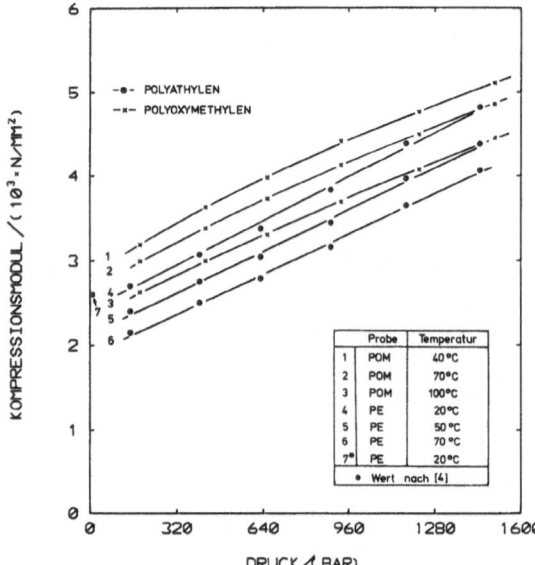

Probe	Temperatur
1	POM	40 °C
2	POM	70 °C
3	POM	100 °C
4	PE	20 °C
5	PE	50 °C
6	PE	70 °C
7*	PE	20 °C
* Wert nach [4]	

Abb. 13. Kompressionsmodul von Polyäthylen und Polyoxymethylen in Abhängigkeit vom Druck für verschiedene Temperaturen. Raumtemperaturwerte gewonnen durch Extrapolation

mit einem Kompressionsmodul, der anhand von *E*-Modul und Poisson-Zahl berechnet wurde. Diese Kenngrößen wurden von *Wolf* (4) mit einer Präzisions-Biegeschwing-Vorrichtung ermittelt. In einigen Darstellungen dieser Arbeit (Abb. 2, 4, 7 und 8) ist ein geringer Unterschied zu Abbildungen aus früheren Arbeiten (1, 2, 3) erkennbar. Die Ursache hierzu liegt in einem an uns fehlerhaft mitgeteilten Gerätemaß, dies wurde für die hier gegebenen Darstellungen korrigiert. Die in den Arbeiten (1, 2, 3) gemachten Aussagen sind davon jedoch nicht betroffen.

Dem Senator für Wirtschaft des Landes Berlin danken wir für die finanzielle Förderung der Arbeit aus den Mitteln des ERP-Sondervermögens.

Frl. *Lippmann* danken wir für die bei der Meßwerterfassung anfallende Computerarbeit.

Zusammenfassung

Es wird die Anwendung einer einfachen Formel beschrieben, mit der es möglich ist, unter Verwendung von drei Konstanten, aus einer bei Atmosphärendruck ermittelten Volumenkurve das spezifische Volumen des Polymeren von Raumtemperatur bis oberhalb der Schmelztemperatur und einem Druck bis etwa 2000 bar zu berechnen. Die drei Konstanten können aus Literaturwerten ermittelt werden.

Summary

The applicability of a simple formula is demonstrated which allows to calculate the specific volume of polymers at any temperature above room temperature and at pressure up to 2000 bar. Three parameters, which can be calculated from values found in literature, and a volume-temperature-curve measured at atmospheric pressure are needed.

Literatur

1) *Karl, V.-H., F. Asmussen, K. Ueberreiter*, Makromol. Chem. **178**, 2649 (1977).
2) *Karl, V.-H., F. Asmussen, K. Ueberreiter*, Angew. Makromol. Chem. **62**, 145 (1977).
3) *Karl, V.-H., F. Asmussen, K. Ueberreiter*, Makromol. Chem. **178**, 2037 (1977).
4) *Wolf, F. P.*, Progress Coll. u. Polymer Science Vol. **64**, 195, 1978

Anschrift der Verfasser:
Dr. *Veit-Holger Karl*, Dr. *Frithjof Asmussen*, Prof. Dr. *K. Ueberreiter*
Fritz-Haber-Institut der Max-Planck-Gesellschaft
Faradayweg 4—6
D-1000 Berlin 33 (Dahlem)

Progr. Colloid & Polymer Sci. **64**, 103—112 (1978)
© 1978 by Dr. Dietrich Steinkopff Verlag GmbH & Co. KG, Darmstadt
ISSN 0340-255 X

Lectures during the conference of Fachausschuss
"Physik der Hochpolymeren" of Deutsche Physikalische Gesellschaft
in Rothenburg o. T. March 28—31, 1977

Institut für Werkstoffe, der Ruhr-Universität Bochum (Germany)

Analysis of crack propagation in isotactic polypropylene with different morphology

K. Friedrich

With 13 figures

(Received May 2, 1977)

1. Introduction

During the last few years a great deal of work has been published on both experimental and theoretical aspects of deformation mechanisms in crystalline polymers. It is obvious that the macroscopic deformation of semicrystalline polymeric materials varies both with polymer morphology and the testing conditions. Even if the last mentioned variables are held constant the strength of a polymer depends still on the thermal history of the sample, the degree of crystallinity and the microstructure of the material (1, 2). For example *Haward* and *Mann* (3) showed that for a number of Ziegler poly-ethylenes, the tensile yield stress increased linearly with increasing crystallinity.

But the microstructure of a material is only incompletely characterized by the degree of crystallinity as long as it is unknown how the non-crystalline portion is distributed in the amorphous regions (4).

Several authors have shown that the macro-scopic deformation behaviour of crystalline polymers must be related to the microscopic morphological changes of and within the component spherulites. Tensile tests carried out by *Way*, *Atkinson* and *Nutting* (5) on bulk isotactic polypropylene showed that the yield stress versus spherulite size diagram indicated a maximum at a critical spherulite size. They explained this curve as a result of two contributions: the microstructure effect in which slower cooling results in greater crystallinity and thus greater spherulite stiffness, and the spherulite boundary effect, by which the boundaries become progressively weaker due to impurity segregation and void formation.

However, it is not yet clear enough, what the contributions of crystallinity as well as the size of morphological elements on the formation and propagation of cracks in semicrystalline polymers are, and which fracture mechanical consequences can be deduced from it. It is known that crack growth is modified by increased crystallinity in such a way that fatigue cracks propagate much more slowly (6). Usually the mechanical data are correlated with the amount of crystallinity, as obtained by density measurements (7).

The purpose of the present work was to find out whether there exists an effect of morphology on the crack growth in the polymer and on its macroscopic fracture toughness. This fracture mechanical parameter considers the sensitivity of a material to fine cracks and can be used together with the yield stress for an optimal characterization of strength in a material (8).

For this investigation bulk isotactic poly-propylene was used, in which it was relatively easy to change crystallinity and spherulite structure in a wide range, mainly by different isothermal crystallization conditions. An attempt was made to investigate the crack paths in these different microstructures in order to find a correlation of individual resistance values with macroscopic data of fracture toughness.

The results should provide information on the optimum microstructure in respect to resistance to crack growth of a given polymer.

2. Experimental results

2.1. Characterization of the material

For this investigation an isotactic polypropylene (Novolen PP 1120 LX, BASF, Mn $= 2 \cdot 10^5$) with a portion of 5% atactic polymer was used. Isotropic

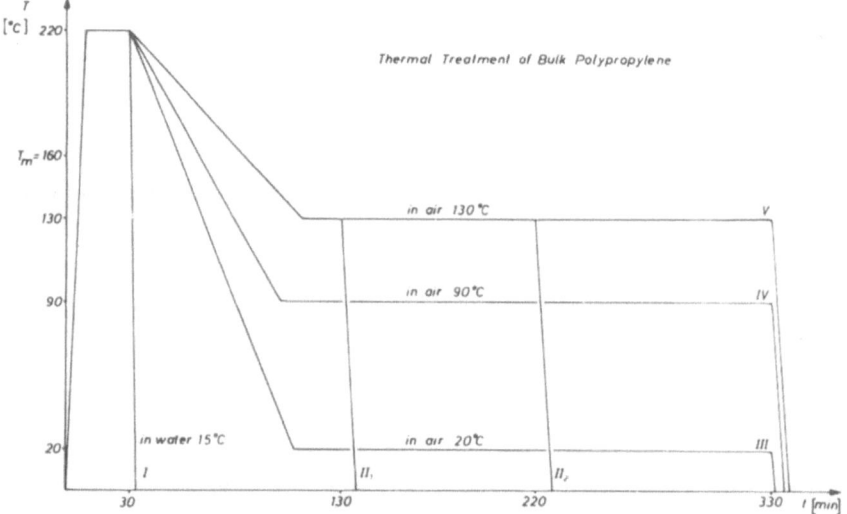

Fig. 1. Thermal treatment of bulk polypropylene plates ($50 \times 50 \times 3$ mm³). The polymer plates were melted in a closed metal box. After melting the material was either quenched in water or isothermally crystallized in air at different temperatures and crystallization times. Further intermediate states have been produced by different cooling conditions which are not indicated here

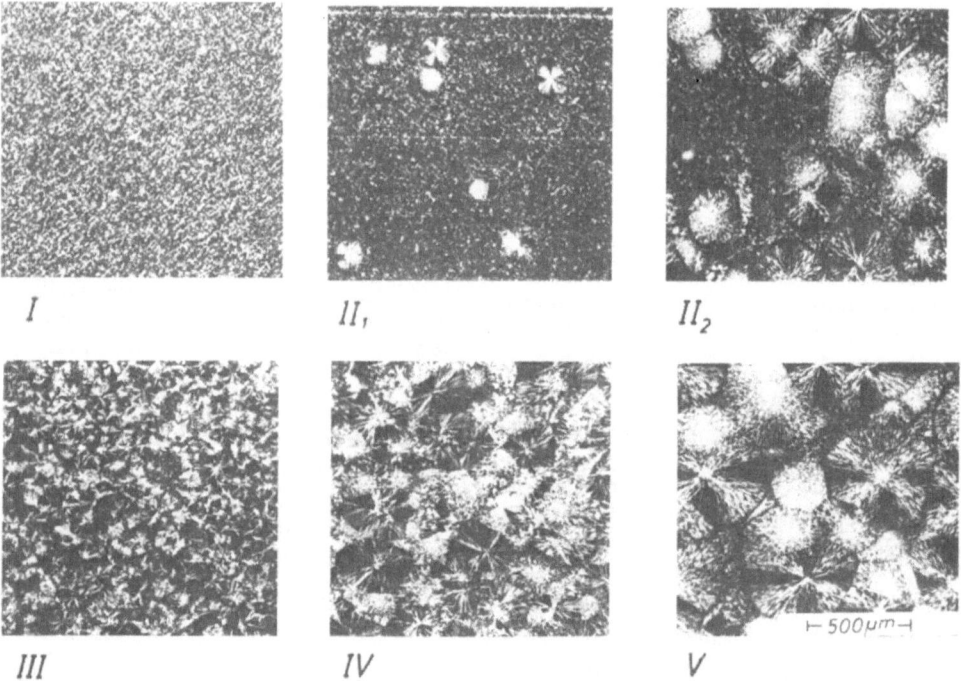

Fig. 2. Transmission light micrographs of six microstructures, resulting from different heat treatments. Morphology I consists of many spherulite kernels which have formed during quenching from the melt. In morphology II discrete coarse spherulites are embedded in a matrix of the type I. The structures III—V represent complete spherulitic morphologies with increasing spherulite diameter. The degree of crystallinity increases slightly in the range of 50 to 70% with increasing spherulite diameter and increasing percentage of coarse spherulites

sheets of this material were subjected to different heat treatments (cf. 9) which are shown in figure 1. The resulting microstructures are characterized in figure 2. It must be noted in this connection that during the thermal treatment not only spherulite size but also fine structure of the spherulites and molecular structure of the residual parts of morphology are greatly affected by the crystallization conditions.

Although according to (10) the lamellar thickness slightly decreases by lowering the crystallization temperature, the major effect is the decreasing lamellar ribbon width. Narrower lamellar ribbons also correspond to narrower interlamellar regions containing the non crystalline portions and the interlamellar links. The number of these links as well as the number of the interspherulitic ties is higher at lower crystallization temperatures because of the greater cooling rate than at crystallization temperatures closer to the melting point.

2.2. Mechanical tests

Mechanical tests were performed with compact tension specimens for all these microstructures at ambient temperature and different cross head speeds. Figure 3 represents schematically the specimen geometry and the load elongation diagrams obtained. In addition fatigue experiments were carried out, the results of which will not be reported here. It may be mentioned, however, that the mechanical behaviour at high amplitudes corresponds to that of the toughness testing.

The K_c-values of five different microstructures are shown in figure 4. The microstructures have been arranged in a sequence of decreasing average values. Microstructure I, III, IV and V are completely spherulitic with increasing spherulite diameter. Morphology II_2 consisting of nearly 70% coarse spherulites embedded in a matrix of type I has nearly the same degree of crystallinity as morphology III. A comparison indicates that there is no correlation of K_c-values with degree of crystallinity.

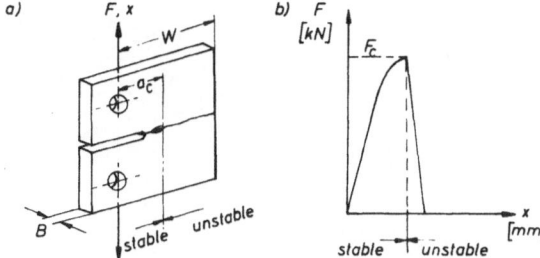

Fig. 3.
a) Stable crack growth with formation of a craze zone and unstable crack propagation in a compact tension specimen of polypropylene.
b) Load-crack opening-diagram of a compact tension specimen (schematic).

The resulting K_c-values can be deduced from the equation

$$K_c = \frac{F_c \cdot \sqrt{a_c}}{B \cdot W} \cdot f\left(\frac{a_c}{W}\right).$$ [30]

2.3. Microscopic observations

From the mechanical data it could be deduced that different morphologies opposed various resistances to catastrophic crack propagation. Therefore it seemed to be promising to investigate the influence of both the spherulite size as well as the molecular structure of individual regions on the formation and growth of cracks in the material. Figure 5 shows three micrographs taken at the crack tip of different microstructures during the onset of crack propagation. Microstructure I which contains the finest dispersion of crystalline aggregates as well as microstructure III with rather small spherulites show craze bundles similar to those which are known from glassy polymers. The crack propagation is controlled by crazing.

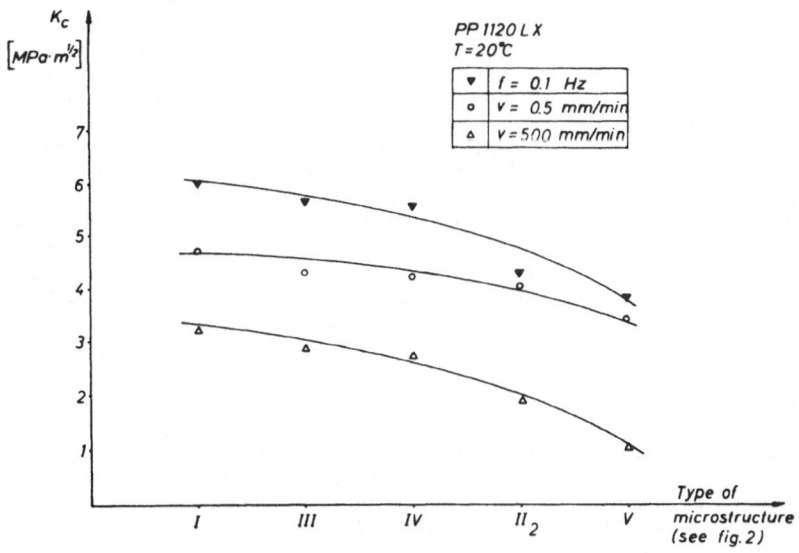

Fig. 4. K_c-values obtained with razor notched compact tension specimens of five different morphologies at various loading modes. The K_c-values increase when the time for molecular rearrangements increases respectively the crack opening rate decreases

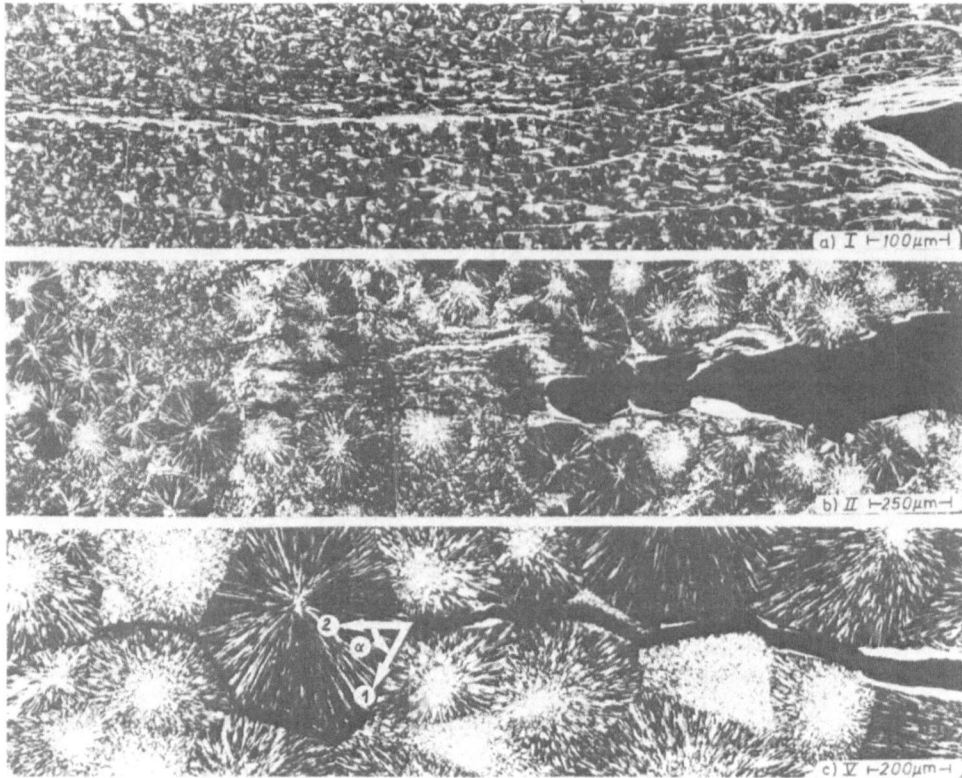

Fig. 5. Microscopic observations of the crack paths in the morphologies I, II and V. In the case of micro-structure V the interspherulitic crack deviates up to $\alpha > 80°$ from the normal crack direction

This type of crazes was also observed by *Olf* and *Peterlin* (11) in smectic and fine crystalline poly-propylene foils. Higher magnifications of this region indicate, that the crazes are running along spherulite boundaries as well as along radial or tangential trans-spherulitic paths, which lie nearly perpendicular to the applied load (fig. 6a).

Microstructure V demonstrates the other extreme. The crack essentially follows the boundary zones of the original spherulites. The local direction of the crack therefore deviates from the normal of the applied load up to more than 80°. This cracking behaviour can be described by a single interspherulitic craze, which is followed by the crack (fig. 6c).

In the microstructure II crack propagation occurs as in microstructure I by crazing. It is, however, highly modified by the interaction with the coarse spherulites. The craze density is lower than in microstructure I or III and is controlled by the portion of coarse spher-ulites. The easy crack paths of microstructure V charac-terized by the polygonal interfaces of coarse spherulites are only seldom available.

It can be seen, however, that at these sites of mor-phology in front of the regular crack tip first secondary cracks are formed, which then act as nuclei for further crazing into the material (fig. 6b).

The observations could be confirmed by scanning micrographs of fracture surfaces after unstable cracking of the specimens (fig. 7). The influence of morphology is mainly reflected in the stable part of crack growth (fig. 7a), which corresponds to the increase in the load-crack opening-curve and which determines the fracture toughness value.

In the coarse spherulitic material plastic deformation combined with high energy dissipation only occurs in the layer of the boundaries, whereas the spherulites themselves stay nearly undeformed. The dimplelike pattern on the polyhedrons consists of formerly stretch-ed interspherulitic links. It was also found by *Way* and coworkers (5), who named it "coronet" type of fracture.

On the fracture surface of microstructure II (fig. 7a, middle) plane cracked boundaries of coarse spherulites appear in a highly stretched matrix.

The fine spherulitic material shows a smooth, white zone, similar to the mirror zone of amorphous polymers at the onset of fracture (12). In crystalline materials this stress-whitened zone consists of fine streched fibrils. Their formation appears to be associated with a dense craze formation in the original spherulitic structure near the fracture plane leading to a quasi-homogeneous de-formation in this region (13).

In the region of brittle fracture (fig. 7b) the influence of morphology on the crack propagation can also be observed. It is, however, modified by the high crack speed in this region. The time for molecular rearrange-ments is restricted. Thus no craze formation occurs in

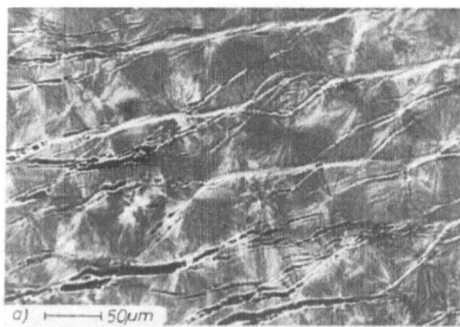

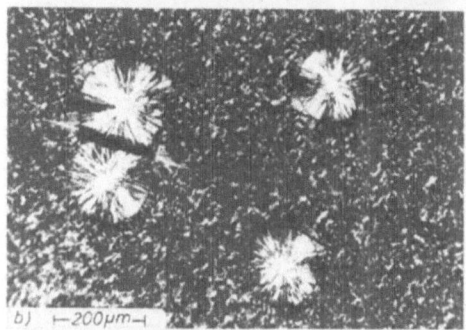

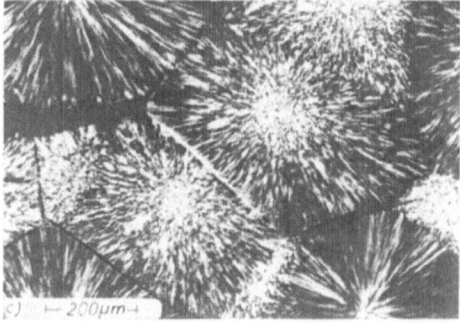

Fig. 6. Higher magnifications out of the plastic zone in front of the crack tip in three different microstructures of bulk isotactic Polypropylene. 6a: crazing in fine spherulitic material, 6b: crack formation and crazing in a mixed morphology and 6c: interspherulitic crazes and cracks in a coarse spherulitic morphology

front of the crack tip, but the crack propagates by cleavage of the weakest areas of morphology. The globular fracture surface structure of the matrix material indicates, that the crack front always tries to pass the fine spherulites along their boundaries even at high crack propagation velocity. A similar effect is noticed in the brittle condition of the coarse spherulites (cp. fig. 16) where the crack often deviates from the radial transspherulitic direction, when it meets the kernel of the spherulite.

It must be mentioned, however, that on the surface of this macroscopically brittle fracture occasionally stretched fibrous zones could be observed (11, 14, 15). These features indicate that high plastic deformation of a very thin layer in front of the crack tip must have occurred during unstable crack propagation.

According to the microscopic investigations and to other papers on the structure and deformation of PP-spherulites in thin films (16—20) as well as in bulk material (5) different microstructural features can be classified, which seem to be preferred for the formation and propagation of crazes and cracks (21). To find a qualitative sequence of their individual strength it seemed to be promising to deform under the microscope a thin PP film having a mixed morphology. In this microstructure regions with all possible different molecular structure are present (fig. 8). The four micrographs taken after certain time distances during constant increasing load indicate, that the boundaries between coarse spherulites are opened at first, followed by craze formation in the coarse spherulites and at their interfaces with the fine crystalline matrix. After deformation of these sites further crazing occurs in the matrix material.

3. Discussion

From the microscopic observation it seems to be evident that each individual crack path must possess a specific resistance to crack propagation. Although their absolute values could not yet be determined in particular, it should be clear due to the fracture mechanical and microscopic measurements, that their values increase in the following sequence:

a) the polygonal interfaces of the former spherulites,
b) interfaces of spherulites in a fine crystalline matrix,
c) radial or tangential trans-spherulitic crack paths,
d) paths through the central zones of spherulites,
e) paths through the fine crystalline matrix.

The strength of the morphological elements, their tendency to plastic deformation and their resistance to crack growth are determined by the molecular structure of the individual regions. This structure is highly influenced by the crystallization conditions, under which each morphology is formed.

During rapid cooling many spherulitic nuclei develop in the material leading to small spherulite size. Many non crystallized molecules provide a strong connection mainly within but also between the spherulites. In this case the spherulites were of the "mixed" type according to the nomenclature of *Padden* and *Keith* (22). This means that there are positively and negatively birefringent regions due to two sets of lamellae in one and the same spherulite. One set is radially oriented, as may be expected in

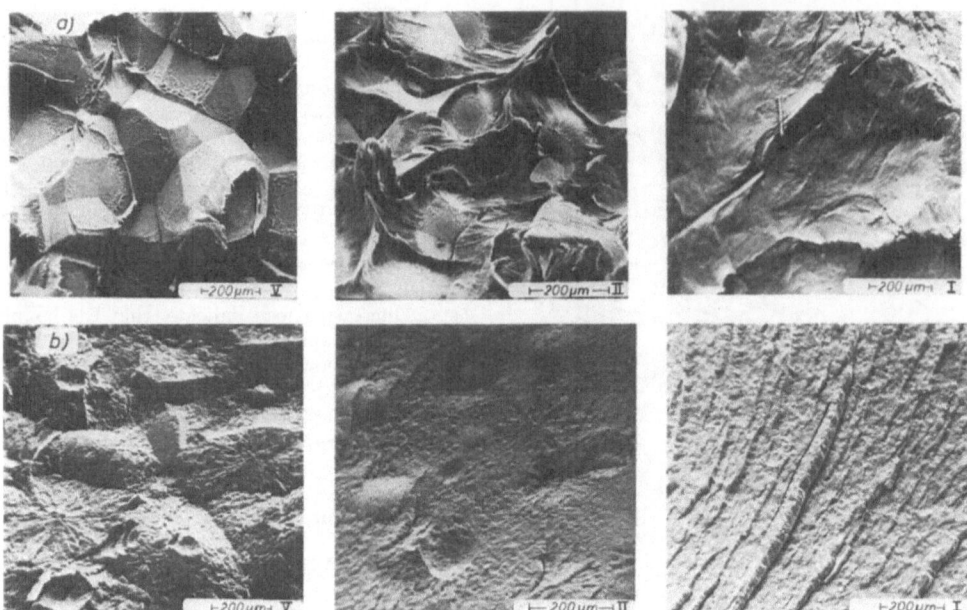

Fig. 7. Scanning micrographs of fracture surface morphology in the regions of stable crack growth (a) and unstable crack propagation (b) for three different morphologies (V, II and I from left to right)

most spherulitic polymer systems, and the other is approximately tangentially oriented with the polymer chains lying radially. This arrangement of lamellae was also observed by *Binsbergen* and *de Lange* (23), who called it "crosshatched structure". According to this model a microcrack or craze formed at the boundary of two spherulites will turn radially or tangentially into a spherulite, when it meets a boundary perpendicular to it. The weakest planes lie along lamellar faces (24).

The degree of crystallinity increases with increasing crystallization temperature combined with a lower density of nuclei and a greater

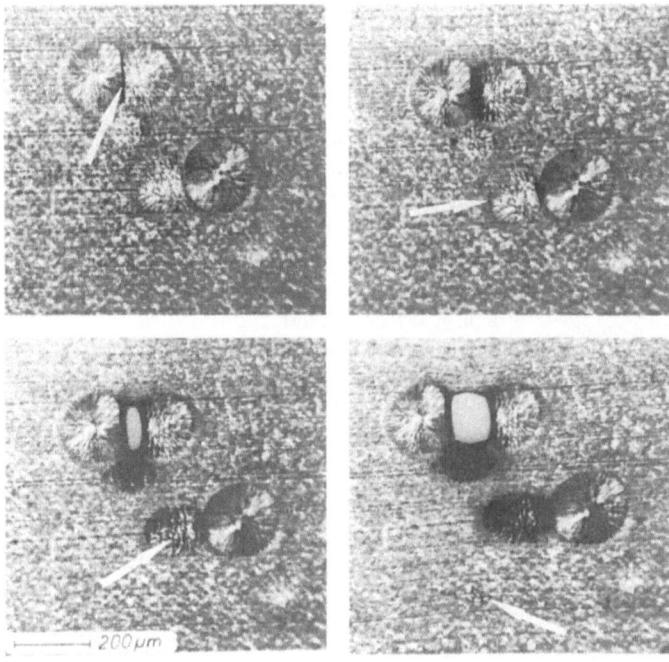

Fig. 8. Temporal sequence of craze and crack formation in a thin PP-film with a mixed morphology

spherulite diameter. This leads to a greater stiffness in the spherulites (25). However, the slower cooling results in the segregation of impurities and the formation of contraction voids at the boundaries, consequently weakening these regions. Thus less and less of the strain is accommodated by spherulite deformation rather than by boundary yielding and cracking, until a pure interspherulitic fracture occurs.

All the possible crack paths found in this material can be correlated with the structure of the polypropylene spherulites. They are described in figure 9. A straight cracking along a chord of the spherulite is combined with great shear deformation of many stacks of crystal lamellae. Crack propagation along the weaker planes between the radially or tangentially oriented stacks of lamellae is much easier. The same consequence follows for the central regions of the spherulites.

In these regions fibrils are grouped together in discrete large bundles, each bundle having about the same crystal orientation (26). Because of great differences in orientation of lamellae between adjacent bundles within a very small area of the spherulite the kernel acts as a great hindrance for the crack. A similar influence of the spherulite kernels was observed by *Asmussen* and coworkers (27) in polyester.

The partial resistances to crack growth earlier arranged in the increasing order must be equal to the specific elastic energy stored in each of these morphological elements (28). Crack propagation through one of the zones can begin when the stored energy is greater than or equal to the

critical specific surface and deformation energy necessary to form the crack.

But even if this values are known they cannot be used directly for an explanation of the measured macroscopic fracture toughness. For the condition that the plastic zone size is larger than the microscopic features (for example the diameter of the spherulites), the fracture toughness or the fatigue crack velocity should result from the partial resistance values and the particular volume portions of the microstructure elements. This would be the case in fine spherulitic material where at many sites in front of the crack tip crazes are formed due to low differences of the partial crack extension forces.

If there is a great difference between the individual crack resistances of the possible crack paths, the crack will deviate highly from the normal direction in order to stay in the softer component. In this case the crack propagation will be determined exclusively by the crack resistance in the soft component and by a geometrical factor. This extreme case is found in the coarse spherulitic material. The particular weakness of the polygonal zones is demonstrated by a deviation of $\alpha = 80°$ from the main direction (fig. 5). Using this value for α a ratio of nearly 6:1 for the trans-(2) to the inter-(1)-spherulitic crack extension forces can be calculated (fig. 10).

The crack resistance of the spherulite boundary is determined by the resistance of the material to failure by shear deformation (crack propagation by shear band formation in the boundary) and by normal stresses (craze formation). In this connection one can find an analogy to the crack propagation along soft zones at grain boundaries

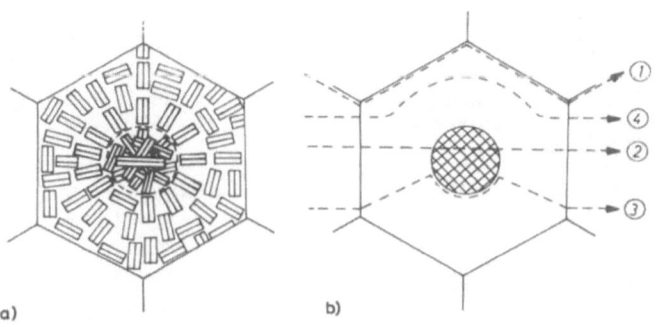

Fig. 9.
a) Schematic representation of orientation of crystal lamellae in a PP-spherulite. In the central region the sets of lamellae are randomly oriented. In the outer zone one set of lamellae is radially oriented, the other is approximately tangentially oriented (26).
b) Possible crack paths as related to the spherulite structure. Path (1) indicates the interspherulitic crack growth, paths (2), (3) and (4) show straight, radial and tangential transspherulitic crack growth

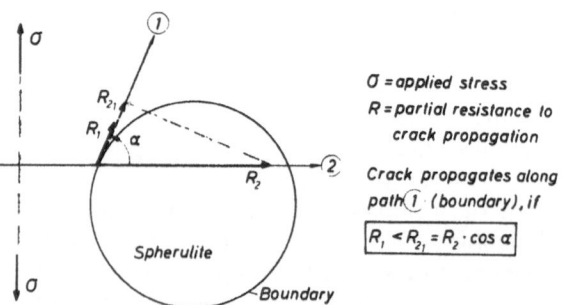

Fig. 10. The selectivity of the crack path at the boundary of a spherulite depends on the partial resistance values of the individual paths and a geometrical factor

in precipitation hardened aluminium alloys (29). The geometrical factor which must be considered is the angle which a particular spherulite boundary forms with the normal direction of the external stress σ (fig. 11). A spherulite boundary that is oriented under 45° to this direction will experience the maximum shear stress $\tau_{\max}$.

Those spherulite boundaries which deviate by an angle $+\Delta\alpha$ or $-\Delta\alpha$ from this orientation are exposed to a lower shear stress $\tau < \tau_{\max}$. When the spherulite boundary runs nearly perpendicular to the applied load ($\alpha < \alpha_0$) the boundary does not fail by exceeding the shear strengths.

In this case cracking occurs under high normal stress by fibrillar stretching and yielding of the boundary layer.

There will exist a critical angle $\Delta\alpha_{\max}$ at which it becomes more favourable for a crack to follow a transspherulitic path. The portion of interspherulitic cracking p_i will therefore be

determined by the ratio of $2 \cdot (\alpha_0 + 2\Delta\alpha_{\max})$ to the whole angular range of 180° (fig. 11):

$$p_i = 2(\alpha_0 + 2\Delta\alpha_{\max})/\pi\,,$$

$$\text{with } \begin{cases} \alpha_0 \leq (\pi/4 - \Delta\alpha_{\max})\,, \\ 0 < \Delta\alpha_{\max} < \pi/4\,. \end{cases}$$

For very soft spherulite boundaries $\Delta\alpha_{\max}$ will be close to $\pi/4$, while for $\Delta\alpha_{\max} = 0$ the mechanical properties of the spherulite boundary zone and of the spherulite interior become nearly identical. The same behaviour can be recognized in the curves of shear- and normal stress versus the angle α (fig. 12). Assuming that the following ratios

$$\tau_{f\mathrm{SB}} \approx 0{,}3\,\sigma_{f\mathrm{SB}} \quad \text{(the meaning of these}$$
$$\sigma_{f\mathrm{SB}} \approx 0{,}5\,\sigma_{f\mathrm{S}} \quad \text{symbols is explained in}$$
$$\text{and} \qquad\qquad \text{fig. 12)}$$
$$\sigma_a \quad \approx 0{,}6\,\sigma_{f\mathrm{S}}$$

predominate in the plastic zone different modes of failure occur in a spherulite boundary depending on its orientation α.

This localized plasticity and separation in the soft spherulite boundary should lead to a reduced crack extension force $\bar{G}_{ct}$. If a portion p_i of spherulite boundaries is separated interspherulitically and the rest $p_t \approx (1 - p_i)$ is transspherulitic with $\bar{G}_{ct}$, the crack extension

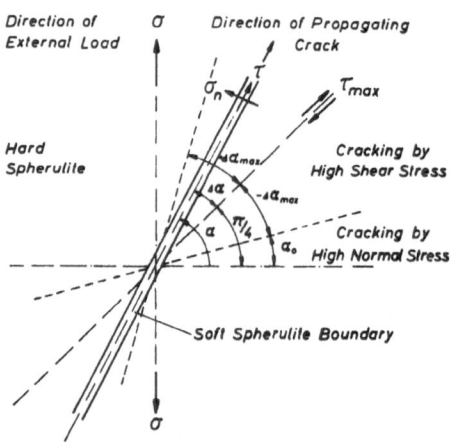

Fig. 11. Angular relation between the direction of the external load, the average direction of crack propagation and the orientation of soft spherulite boundaries

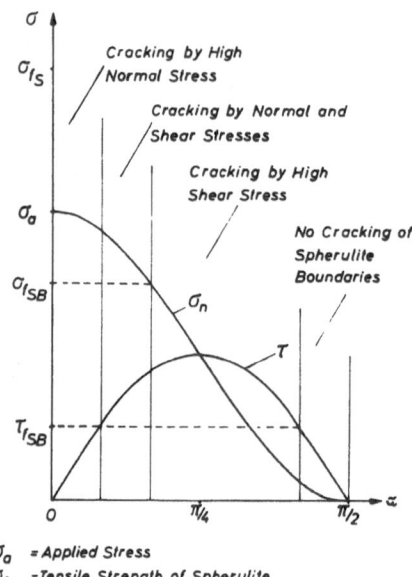

Fig. 12. Modes of failure in a spherulite boundary as related to its orientation α to the applied stress. (τ = shear stress, σ_n = normal tensile stress in the boundary)

force of the bulk material can be obtained by introducing the partial terms $\bar{G}_{ci}$ and $\bar{G}_{ct}$:

$$G_c = \bar{G}_{ct} \cdot (1 - p_i) + \bar{G}_{ci} \cdot p_i \,.$$

Depending on the crystallization conditions in some cases the transspherulitic term $\bar{G}_{ct}$ must be divided into a radial or tangential transspherulitic and a straight transspherulitic term as it is demonstrated in figure 13.

The knowledge of all partial G_c-values allows the prediction of the critical crack extension force in any mixed morphology with coarse spherulites in a fine crystalline matrix:

$$\begin{aligned} G_c = \bar{G}_{cm} \cdot f_m + (1 - f_m) \\ \times \left[\bar{G}_{ct} \cdot p_i + \bar{G}_{ct} \cdot (1 - p_i) \right] \end{aligned}$$

where the symbols have the following meaning:

G_c critical crack extension force for the bulk material,

$\bar{G}_{cm,i,t}$ partial $\bar{G}_c$-values of matrix (m), interspherulitic boundary (i) and transspherulitic path (t),

f_m local volume portion of the matrix,

p_i portion of cracking in soft spherulite boundaries.

The macroscopic fracture toughness K_c should result from these terms by using the equation $G_c = K_c^2/E$. In this case the Young's Moduli of the different morphological features must also be determined.

4. Conclusion

The work reported here shows that the degree of crystallinity does not completely characterize the mechanical properties of a polymeric material. Crack growth and fracture toughness in a semicrystalline polymer are highly influenced by the morphology as obtained by different cooling conditions. In particular the following results could be achieved:

1) The value of the macroscopic fracture toughness in bulk crystalline polypropylene is strongly effected by morphology in the region of stable crack growth.

2) The fracture toughness increases with increasing tendency to craze formation in a given morphology.

3) The finer the spherulite structure of the material the higher is the tendency to form finely dispersed crazes.

4) The density of crazes decreases in the neighbourhood of coarse spherulitic regions. Under this conditions molecular weakening of interspherulitic regions provides crack

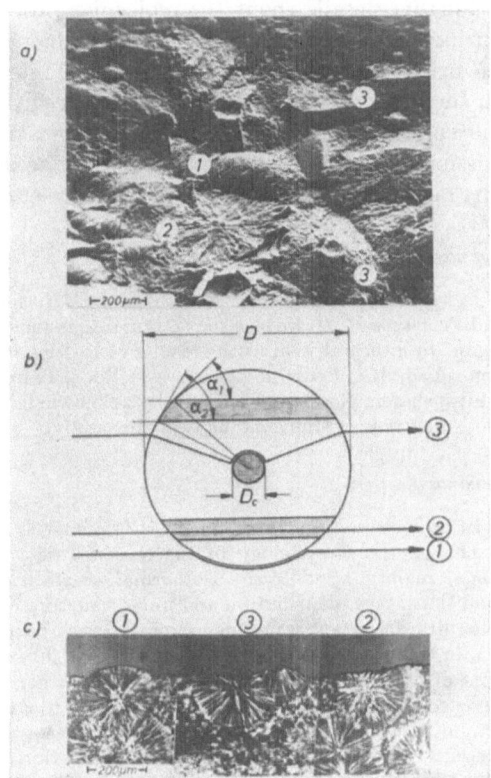

Fig. 13. The transspherulitic crack, which occurs when $\alpha > \alpha_{max}$ with $\alpha_{max} = \alpha_0 + 2\Delta\alpha_{max}$ (see fig. 11), can follow either a radial (3) or a straight (2) crack direction. The limiting angles α_1 and α_2 strongly depend on the morphological structure of the material. In the scanning micrograph (a) a brittle condition with trans- and interspherulitic fracture features as related to the crack paths in (b) is shown. In the microtom section (c) radial and tangential crack paths as well as the change of crack direction at the spherulitic kernel can be observed

formation and an additional lowering of the fracture toughness.

5) When the time available for molecular rearrangements is reduced e.g. by a higher cross head speed, the K_c-value for anyone morphology is also lowered.

6) In a material with a given morphology specific resistances to crack propagation can be attributed to regions with different molecular structure.

7) From the volume portion of those regions and their orientation with respect to the direction of the external load follows their share of the fracture surface; these fractions and their specific resistance values thus determine the critical crack extension force G_c of the bulk material.

Further details about the molecular processes during crack propagation and the influence of the orientation of the individual crystal lamellae on the direction of the individual crack paths in the spherulites are to be expected from transmission electron microscopy. Experiments using this method are being carried out at present.

Acknowledgement

I express my appreciation to Professor *E. Hornbogen* and Professor *H. H. Kausch* for helpful discussions with regard to interpretation of the results of this investigation. Also, the Badische Anilin und Soda Fabriken, Ludwigshafen, Germany, is greatfully acknowledged for the isotactic polypropylene used in this study.

Summary

In bulk isotactic polypropylene it is relatively easy to change the morphology of the material in a wide range, mainly by different isothermal crystallization conditions. Size, distribution and inner structure of the spherulites have a great influence on the crack propagation in this material. Due to our microscopic investigations of crack paths it seems to be significant attributing specific resistances to crack propagation to regions with different molecular structure. From the volume portions of those regions and their orientation with respect to the external load follows their share of the fracture surface; these fractions and their specific resistance values thus determine the critical crack extension force of the bulk material.

Zusammenfassung

In massivem isotaktischem Polypropylen kann das Gefüge des Werkstoffs durch die Wahl der isothermen Kristallisationsbedingungen relativ leicht in weiten Grenzen variiert werden. Die Größe, Verteilung und der innere Aufbau der der Sphärolithe haben einen großen Einfluß auf die Ausbreitung von Rissen im Material. Mikroskopische Untersuchungen des Rißverlaufs lassen es sinnvoll erscheinen, Bereichen mit verschiedener molekularer Struktur spezifische Widerstände gegen Rißausbreitung zuzuordnen. Aus dem Volumenanteil dieser Bereiche sowie deren Orientierung zur anliegenden Spannung ergeben sich deren Anteile an der Rißoberfläche. Diese Anteile und ihr spezifischer Widerstand gegen Rißausbreitung bestimmen die kritische Rißausbreitungskraft G_c des massiven Materials.

References

1) *Schultz, J.*, Polymer Materials Science (Englewood Cliffs, New Jersey 1974).
2) *Bowden, P. B., R. J. Young*, J. Mater. Sci. 9, 2034 (1974).
3) *Haward, R. N., J. Mann*, Proc. Roy. Soc. (London) A 282, 120 (1964).
4) *Schermann, W., H. G. Zachmann*, Colloid & Polymer Sci. 241, 921 (1970).
5) *Way, J. L., J. R. Atkinson, J. Nutting*, J. Mater. Sci. 9, 293 (1974).
6) *Manson, J. A., R. W. Hertzberg*, CRC Crit. Rev. Macromol. Sci. 1, 433 (1973).
7) *Bessel, T. J., D. Hull, J. B. Shortall*, J. Mater. Sci. 10, 1127 (1975).
8) *Hornbogen, E.*, Z. Metallkd. 68, 455 (1977).
9) *Schönefeld, G., S. Wintergerst*, Kunststoffe 63, 177 (1973).
10) *Collier, J. R.*, Rubber Chem. and Technol. 9, 769 (1968).
11) *Olf, H. G., A. Peterlin*, J. Polymer Sci., Phys. Ed. 12, 2209 (1974).
12) *Benbow, J. J.*, Proc. Phys. Soc. 78, 970 (1961).
13) *Yoon, H. N., K. D. Pae, J. A. Sauer*, J. Polymer Sci., Phys. Ed. 14, 1611 (1976).
14) *Dragaun, H., H. Hubeny, H. Muschik, G. Detter*, Kunststoffe 65, 311 (1975).
15) *Friedrich, K.*, report at the DVM session (Berlin 1977).
16) *Barish, L.*, J. Appl. Polymer Sci. 24, 617 (1962).
17) *Williams, D. R. G.*, Appl. Polymer Symp. 17, 25 (1971).
18) *Menges, G., B. Horn*, Kautschuk und Gummi, Kunststoffe 8, 444 (1975).
19) *Way, J. L., J. R. Atkinson*, J. Mater. Sci. 7, 1345 (1972).
20) *Kargin, V. A., T. I. Sogolova, L. I. Nadareishvili*, Vysokomol. Soyed. 6, 1272 (1964).
21) *Friedrich, K.*, Proc. 4th Int. Conf. on Fracture, Waterloo, Vol. 3, Part VII-4, 1119 (1977).
22) *Padden F. J., Jr., H. D. Keith*, J. Appl. Phys. 30, 1479 (1959).
23) *Binsbergen, F. L., B. G. M. De Lange*, Polymer 9, 23 (1968).
24) *Peterlin, A.*, J. Polymer Sci., C 32, 297 (1971).
25) *Leitner, M.*, Trans. Faraday Soc. 51, 1015 (1955).
26) *Way, J. L., J. R. Atkinson*, J. Mater. Sci. 6, 102 (1971).
27) *Asmussen, F., W. Schiwon, K. Ueberreiter*, Colloid & Polymer Sci. 254, 290 (1976).
28) *Kerkhof, F.*, Colloid & Polymer Sci. 251, 545 (1973).
29) *Hornbogen, E., M. Gräf*, Acta Met. 25, 877 (1977).
30) *Heckel, K.*, Einführung in die technische Anwendung der Bruchmechanik (München 1970).

Author's address:

K. Friedrich
Ruhr-Universität
Institut für Werkstoffe
Postfach 102 148
D-4630 Bochum 1

Progr. Colloid & Polymer Sci. **64**, 113–121 (1978)
© 1978 by Dr. Dietrich Steinkopff Verlag GmbH & Co. KG, Darmstadt
ISSN 0340-255 X

Vorgetragen auf der Frühjahrstagung des Fachausschusses
Physik der Hochpolymeren in der Deutschen Physikalischen Gesellschaft
in Rothenburg o. T. vom 28.–31. März 1977

Hahn-Meitner-Institut für Kernforschung Berlin GmbH, Bereich Strahlenchemie, Berlin

Molekulare Mechanismen beim Abbau von Polymeren

W. Schnabel

Mit 6 Abbildungen

(Eingegangen am 22. April 1977)

1. Einleitung

Chemische Veränderungen an Polymeren führen häufig zur Änderung physikalischer Eigenschaften, so daß die Belastbarkeit und die Einsatzfähigkeit von aus Polymeren bestehenden Kunststoffen verringert bzw. eingeschränkt werden. Den Anwender von Kunststoffgegenständen interessieren dabei gewöhnlich überwiegend Änderungen der mechanischen und der elektrischen Eigenschaften.

Chemische Prozesse, die Änderungen der physikalischen Eigenschaften von Polymeren bewirken, werden im folgenden als „Abbauprozesse" bezeichnet. Mit dem Begriff „Abbau von Polymeren" (engl.: degradation of polymers) möchte ich dabei nicht nur Prozesse bezeichnen, die zur Spaltung von Bindungen in den Hauptketten linearer Makromolekeln führen, sondern auch solche Vorgänge, die lediglich die Veränderung von Seitengruppen oder die Substitution funktioneller Gruppen an den Hauptketten bewirken.

Der Abbau von Polymeren kann auf verschiedene Weise verursacht werden. Im wesentlichen kommen Einwirkungen folgender Art in Frage: mechanische, thermische, chemische, biologische (z. B. durch Mikroorganismen) und Strahleneinwirkungen. Unter dem Begriff Strahleneinwirkungen seien sowohl Einwirkungen energiereicher Strahlen als auch Einwirkungen von UV- und Sonnenlicht zusammengefaßt.

Häufig verlaufen Abbauprozesse in komplexer Weise, indem mehrere verschiedene Einwirkungsarten gleichzeitig wirksam werden. Dies trifft vor allem für Oxidationsprozesse zu, da Sauerstoff ubiquitär ist; z. B. kann der thermische Abbau als Thermo-Oxidation oder der Lichtabbau als Photo-Oxidation erfolgen. Wärme

oder Licht bewirken in diesen Fällen die Initiierung von Oxidationsprozessen, die gewöhnlich als Kettenreaktionen ablaufen. Die Wachstum- und Abbruchreaktionen dieser Kettenreaktionen sind unabhängig von der Art der Initiierung. Im folgenden sollen als charakteristische Beispiele für die Auslösung von Abbauprozessen mechanistische Aspekte des Lichtabbaus und des mechanischen Abbaus behandelt werden.

Einblicke in neuere Forschungsarbeiten über den Abbau und die Stabilisierung von Polymeren vermitteln u. a. Tagungsberichte in Buchform, Monographien sowie Übersichtsartikel, die sich mit Teilgebieten befassen (1—16). Darstellungen über ältere Arbeiten findet man u. a. in verschiedenen Monographien (17—26).

2. Mechanischer Abbau

In den vergangenen Jahren gelang es, durch die Anwendung zweier Untersuchungsmethoden neue Erkenntnisse über den Mechanismus des mechanischen Abbaus zu gewinnen bzw. früher entwickelte Vorstellungen experimentell zu belegen. Zum einen waren es Elektronenspin-resonanz-Messungen, die zum Nachweis und zur Identifizierung von Makroradikalen führten. Zum anderen gelang es, durch gelchromatographische Messungen Veränderungen von Molekulargewichtsverteilungen festzustellen und damit Aufschluß über die Wahrscheinlichkeit der Spaltung bestimmter Hauptkettenbindungen zu erhalten. Zum Verständnis des Nachfolgenden sei erwähnt, daß seit langem bekannt ist, daß sich chemische Veränderungen an Polymeren durch Einwirkung mechanischer Kräfte hervorrufen lassen. Zu den in Frage kommenden Prozessen gehören u. a. Walzen, Zerreiben, Zer-

kleinern, Extrudieren, Druckwirkungen aufgrund von Quellvorgängen, Rühren und Ultra-
schallschwingungen.

2.1. ESR-Untersuchungen

Aufgrund von Untersuchungen, die im wesentlichen von *Butyagin* et al. (27), *Zhurkov* et al.
(28), *Peterlin* et al. (29—31), *Kausch* et al. (11,
12) und *Sohma* et al. (13) durchgeführt wurden,
ist zu schließen, daß durch mechanische Einwirkung Makromolekeln in den Hauptketten
gespalten werden. Nach dem Behandeln von
Polymer-Proben bei — 196 °C (z.B. Mahlen in
der Kugelmühle) konnten die bei Spaltung von
Bindungen in der Hauptkette entstehenden
Radikale in vielen Fällen nachgewiesen werden,
so daß ein komplizierter Mechanismus, etwa über
die primäre Bildung seitenständiger Makroradikale, auszuschließen ist. Zu den untersuchten Polymeren gehören u. a. Polyäthylen,
Polypropylen, Polymethylmethacrylat, Polytetrafluoräthylen und Polybutadien. Nach *Peterlin* (29, 30) entstehen in teilkristallinen Polymeren beim Strecken Radikale durch Zerreißen
von tie-Molekeln, die die kristallinen Bereiche
verbinden. Die Radikalkonzentration hängt
nicht von der angelegten mechanischen Spannung, sondern von dem Ausmaß der Dehnung
der Proben ab. In Polyäthylen, dessen amorphe
Anteile durch Behandeln mit Salpetersäure entfernt worden waren, ließen sich durch Mahlen
bei — 196 °C keine Radikale erzeugen. Zur
Frage der Entstehung von Kettenbrüchen in
amorphen Polymeren wurden Vorstellungen entwickelt, die davon ausgehen, daß Bindungs-
brüche in der Hauptkette nur möglich sind,
wenn der Polymerisationsgrad n eines Polymeren
größer als ein kritischer Wert n_{crit} ist. Makroskopische Brüche eines festen oder glasartigen
Materials beruhen auf Scherbewegungen der
Bestandteile (Körner, Kristalle, Molekeln). In
niedermolekularen Substanzen erfolgen die
Scherbewegungen der Molekeln weitgehend unabhängig voneinander, und ein makroskopischer
Bruch entsteht durch die Auflösung zahlreicher
intermolekularer physikalischer Bindungen (van
der Waals-Bindungen). Chemische Bindungen
werden nicht gespalten. Daher entstehen auch
keine freien Radikale beim Mahlen niedermolekularer Verbindungen bei — 196 °C (13).

In einer Polymerprobe erstrecken sich die
Makromolekeln über relativ große Bereiche. Die
einzelnen Grundeinheiten der Kette können

Scherbewegung von Makromolekeln

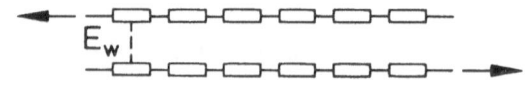

Polymerisationsgrad : n

Abb. 1. Schematische Darstellung der Scherbewegung
von Makromolekeln (nach *Sohma* (13))

sich nicht unabhängig voneinander bewegen.
In Abbildung 1 ist schematisch dargestellt, wie
zwei Makromolekeln einer Scherbewegung ausgesetzt sind. Für den Fall, daß alle Grundeinheiten gleichzeitig der Scherbelastung ausgesetzt
sind und daß die Wechselwirkungsenergie E_w
einer Grundeinheit mit ihrer Umgebung für alle
Grundeinheiten gleich groß ist, ergibt sich, daß
Hauptkettenbindungen gespalten werden, sofern
$n E_w > E_{C-C}$ (E_{C-C}: Bindungsenergie einer C—C-
Bindung in der Hauptkette). Diese von *Sohma*
et al. (32) durchgeführte Abschätzung ergibt für
den Fall des Polyäthylens mit $E_{C-C} \approx 80$ kcal/
mol und $E_w \approx 1$ kcal/Grundmol: $n_{crit} \approx 80$. In
Einklang mit dieser Abschätzung steht der
experimentelle Befund, demzufolge Mechano-
radikale im Falle des Polyäthylens erst oberhalb
$n = 100$ durch Tieftemperatur-Mahlen erzeugt
werden können.

Nach *Zhurkov* et al. (28) sollen Mechano-
radikale für die Entstehung feiner Mikrorisse
(submicro cracks) verantwortlich sein. Dem
Zhurkov-Modell zufolge sollen unter mechanischer Spannung entstandene Makroradikale mit
benachbarten Makromolekeln unter H-Abstraktion reagieren, wobei seitenständige Makroradikale entstehen. Diese zerfallen unter Hauptkettenspaltung. Die dabei entstehenden Radikale
reagieren wieder mit Nachbarmolekeln etc. Es
findet also eine Kettenreaktion statt. Starke
Zweifel erheben sich jedoch darüber, daß ein
spontaner Zerfall von seitenständigen Makroradikalen gemäß Reaktion [1]

$$R-CH-CH_2-R \rightarrow R-CH=CH_2 + \cdot R', \quad [1]$$

der bei Raumtemperatur unter anderen Bedingungen nicht erfolgt, unter dem Einfluß einer
mechanischen Spannung möglich sein soll.

2.2. Auslösung chemischer Reaktionen durch Mechano-Radikale

Untersuchungen über Möglichkeiten zur Auslösung chemischer Reaktionen durch Mechano-

Radikale haben in den letzten Jahren starken Auftrieb erfahren. Übersichtsartikel von *Lauer* (33) und von *Baramboim* und *Protasow* (34) enthalten umfangreiche Literaturübersichten (einschließlich der Patentliteratur). Man bezeichnet das sich aus der Verwendung von Mechano-Radikalen zur Auslösung chemischer Reaktionen entwickelte Gebiet als *Mechanochemie* oder *Tribochemie*. Überwiegend handelt es sich bei der Auslösung von chemischen Reaktionen durch Mechano-Radikale um die Initiierung von Pfropf- oder Copolymerisationsprozessen, wie das folgende schematische Beispiel der Block-Copolymerbildung zeigt:

$$\text{A—A-A—A} \xrightarrow[\text{Einwirkung}]{\text{mechanische}} 2 \text{ A—A·} \qquad [2]$$

$$\text{A—A·} + n\,\text{B} \rightarrow \text{A—A-B—B·} \qquad [3]$$

Hierbei wird ein Polymeres, bestehend aus der Grundeinheit A, in Gegenwart eines Monomeren B mechanisch behandelt. Verfahren, die auf derartigen Prozessen beruhen, können u. a. zu Kunststoffen mit veränderter Löslichkeit, verbesserter Transparenz oder verbesserter Anfärbbarkeit führen. Sie bieten ferner u. a. Möglichkeiten zur Weichmachung harter Kunststoffe und zur Herstellung flammfester Kunststoffe.

Eine nicht zu unterschätzende Bedeutung haben ferner mechanisch ausgelöste oxidative Abbauprozesse, die bei der Verarbeitung von Thermoplasten bei Temperaturen oberhalb des Schmelzbereichs eingeleitet werden. Hingewiesen sei hier insbesondere auf die Möglichkeit der Bildung von Hydroperoxid- (und Peroxid-)-Gruppen in Polymeren, etwa in der Art, daß mechanisch erzeugte Makroradikale mit Sauerstoff reagieren.

$$\text{—· + O}_2 \rightarrow \text{—O-O·} \qquad [4]$$

Durch H-Abstraktion entstehen dann endständige Hydroperoxidgruppen und seitenständige Makroradikale (Reaktion 5), die ebenfalls mit Sauerstoff reagieren können, so daß schließ-

$$\text{—O—O· + } \underset{H}{\backsim} \rightarrow \text{—O-OH + } \backsim \qquad [5]$$

lich auch Makromolekeln mit seitenständigen Hydroperoxidgruppen im Polymeren vorhanden sind. Hydroperoxidgruppen können die Auslösung der als Kettenreaktion ablaufenden Photo-Oxidation bewirken (siehe unten).

2.3. Änderung der Molekulargewichtsverteilung von Polymeren beim mechanischen Abbau

Man kann der älteren Literatur (35) entnehmen, daß der mechanische Hauptkettenabbau nicht statistisch erfolgen sollte, d. h. die Wahrscheinlichkeit der Bindungsspaltung sollte nicht für alle Grundeinheiten einer kettenförmigen Makromolekel gleich groß sein. Derartige Makromolekeln sollten vornehmlich in der Kettenmitte gespalten werden.

Fukutomi et al. (36) haben dieses Problem eingehend am System Poly-α-methylstyrol/Toluol untersucht. Man ließ die Polymerlösung durch eine Kapillare fließen und nahm anschließend Gelchromatogramme auf. Ein typisches Beispiel zeigt die Abbildung 2, in der Molekulargewichtsverteilungen dargestellt sind, die nach dem Durchfließen der Lösung erhalten wurden.

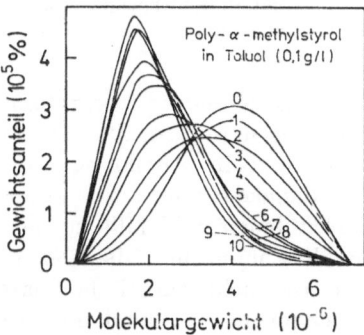

Abb. 2. Hauptkettenspaltung von Poly-α-methylstyrol beim Durchfließen einer Kapillare. Molekulargewichtsverteilungskurven vor (O) und nach dem Durchfließen der Kapillare. Die Zahlen an den Kurven geben die Anzahl der Durchgänge an (nach *Fukutomi* et al. (36))

Man erkennt, daß mit zunehmender Einwirkungszeit die Halbwertsbreite der Verteilung enger wird und daß sich das Maximum zu einem Wert hin verschiebt, der in etwa der Hälfte des anfänglichen Maximalwertes entspricht. Zur weiteren Behandlung der Ergebnisse wurde die Gleichung von *Simha* (37) angewandt:

$$\frac{\mathrm{d}n_j}{\mathrm{d}t} = 2 \sum_{p=j+1}^{p_{max}} k_j^p \, n_{j+1} - \sum_{i=1}^{j=1} k_i^j \, n_j \,,$$

n_j Zahl der Moleküle mit j-Grundeinheiten zur Zeit t,

k_i^j Geschwindigkeitskonstante der Hauptkettenspaltung von Makromolekeln der Kettenlänge j unter Bildung von Makromolekeln der Kettenlänge i.

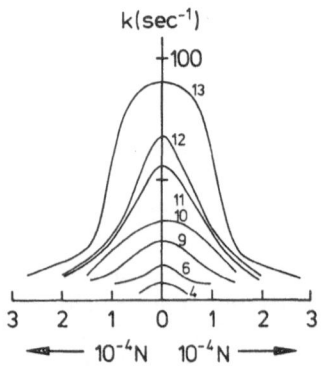

Abb. 3. Mechanische Hauptkettenspaltung von Poly-α-methylstyrol in Toluol. Die Wahrscheinlichkeit der Kettenspaltung in Abhängigkeit vom Abstand Kettenmitte — gespaltene Grundeinheit. N: Zahl der Grundeinheiten zwischen gespaltener Bindung und Kettenmitte. Zahlen an den Kurven: Maß für Molekulargewicht (MG nimmt ab mit abnehmendem Zahlenwert) (nach *Fukutomi* et al. (36))

Auf die Einzelheiten der Auswertung soll hier nicht eingegangen werden. Die Ergebnisse der Auswertung sind in Abbildung 3 dargestellt. Die Geschwindigkeitskonstante k ist am größten in der Molekülmitte und fällt zu den Kettenenden hin ab. k nimmt mit fallendem Molekulargewicht ab. Der nicht-statistische Charakter des Hauptkettenabbaus wird durch diese Ergebnisse eindeutig nachgewiesen. Ähnliche Kurvenschemata wurden auch für höhere Polymerkonzentrationen ermittelt. Dabei ergab sich, daß k mit steigender Polymerkonzentration kleiner und weniger stark von der Kettenlänge abhängig wird. Das bedeutet: Mit steigender Polymerkonzentration werden Verhältnisse erreicht, unter denen die Hauptkettenspaltung nahezu statistisch erfolgt.

Untersuchungen von *Basedow* und *Ebert* (38) befaßten sich mit der Änderung der MGV von Dextranproben, die durch Ultraschall in verschiedenen Lösungsmitteln abgebaut wurden (Wasser, Formamid, wäßrige Magnesiumsulfat-Lösung). Die aus Gelchromatogrammen erhaltenen MGV-Kurven ließen erkennen, daß

a) die Makromolekeln in nahezu zwei gleich große Bruchstücke zerfallen,

b) die Abbaureaktion nach erster Ordnung verläuft, und

c) die Abbaukonstante dem MG proportional ist.

Die Frage, ob Hauptkettenbrüche durch inhomogene Strömungsfelder oder Stoßwellen verursacht werden, ist noch nicht geklärt. *Ebert* und *Basedow* (38) halten es für möglich, daß beide Effekte zusammen wirksam werden. Während der Implosion einer Kavität werden in der Nähe befindliche Makromolekeln durch inhomogene Strömungsfelder gestreckt. Die in der Endphase der Implosion entstehende Stoßwelle bewirkt den Bindungsbruch.

Mit der Theorie des Ultraschallabbaus auf der Grundlage des Perlschnurmolekül-Modells befaßten sich in jüngster Zeit *Rieber* und *Schoon* (39).

Von praktischer Bedeutung ist der mechanische Abbau von Polymeren in Lösung u. a. für die Verwendung von Polymeren als Zusatzmittel zur Erniedrigung des Fließwiderstandes von Flüssigkeiten (40, 41).

3. Photoabbauprozesse in Kunststoffen

3.1. Allgemeines

Die Relevanz lichtinduzierter Abbauprozesse an Kunststoffen erstreckt sich über einen breiten Bereich von der rein akademischen Problemstellung bis hin zur Verwendung von Kunststoffen im Sonnenlicht. Die akademische Bearbeitung des Gebietes fand in jüngster Zeit u. a. Auftrieb durch die Anwendung der Blitzphotolysemethode. Durch die Verfolgung der zeitlichen Änderung der Intensität des von einer Polymerlösung gestreuten Lichtes nach der Bestrahlung der Lösung mit einem kurzzeitigen Puls energiereicher Strahlen oder mit einem UV-Lichtblitz ließen sich u. a. folgende Erkenntnisse gewinnen (42—44): Bei der Bestrahlung von Polymeren, die nur in den Hauptketten gespalten und nicht vernetzt werden, ergab sich, daß die Entknäuelung der durch Hauptkettenspaltung erzeugten Fragmente kein translatorischer Diffusionsprozeß ist. Die Entknäuelungsdiffusion erfolgt langsamer als eine rein translatorische Bewegung. Dieses Ergebnis wurde z. B. bei der Bestrahlung von Polyphenylvinylketon in Benzol (42) mit 347,1 nm Lichtblitzen (25 ns Blitzdauer) oder von Polyisobuten in Kohlenwasserstoffen (43) mit 15 MeV-Elektronen (1 µs Pulsdauer) erhalten. In diesem Falle findet die Bindungsspaltung wesentlich rascher als die Diffusion der Fragmente statt, so daß die Fragmentdiffusion durch Verfolgung der Abnahme der Lichtstreuungsintensität nach dem Puls beobachtbar ist. Bei anderen Polymeren ist die Lebensdauer der Zwischenprodukte, die zum Hauptkettenbindungsbruch führen, wesentlich länger als die Zeit der Fragmentdiffusion (44), so daß die Änderung der Lichtstreuungsintensität der Lebensdauer der Zwischenprodukte korrelierbar ist. Infolgedessen läßt sich in derartigen Fällen die Kinetik des chemischen Schrittes von Hauptkettenspaltungsprozessen beobachten.

Die anwendungsbezogene Relevanz von Photoabbauprozessen erstreckt sich heute nicht mehr allein auf Probleme der Stabilisierung, sondern in zunehmendem Ausmaß auch auf den erwünschten Abbau von Kunststoffen zum Zwecke der Abfallbeseitigung.

Im Schema 1 wird das derzeitige Interesse an Abbauprozessen mit den Schwerpunkten Stabilisierung, Sensibilisierung und Herstellung von Kunststoffen mit begrenzter, d.h. kontrollierbarer Lebensdauer dargestellt:

3.2. Initiierung von Photoabbauprozessen

Die wenigsten heute bekannten Polymeren besitzen entsprechend ihrer Idealstruktur chromophore Gruppen, die durch Sonnenlicht anregbar sind. Praktisch alle weit verbreiteten, zur Kunststoffherstellung benutzten Polymeren absorbieren Licht ihrer Idealstruktur nach erst unterhalb von 300 nm. Die während der Sonnen-

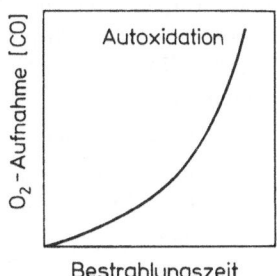

Abb. 4. Schematische Darstellung der Sauerstoffaufnahme eines Polymeren während eines Autoxidationsprozesses

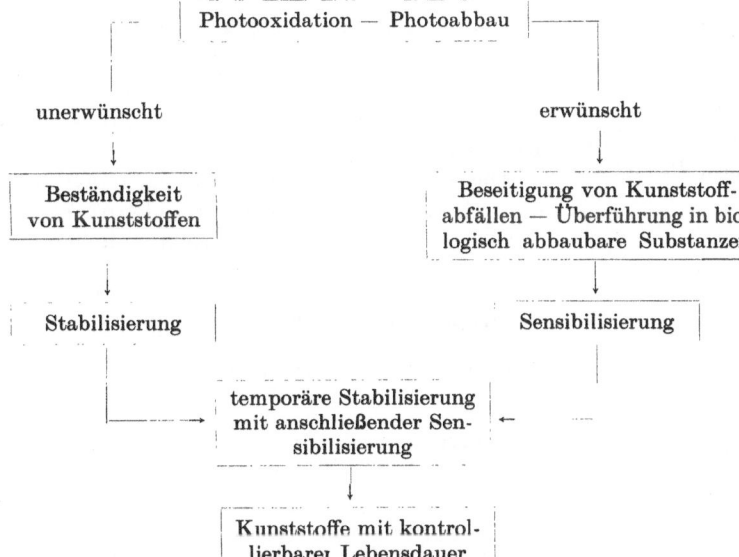

Schema 1 — Darstellung der anwendungsrelevanten Aspekte des Photoabbaus von Kunststoffen

Voraussetzung für die Erreichung der dargestellten Ziele und die Entwicklung und Optimierung geeigneter Methoden ist ein möglichst weitreichendes Verständnis des Mechanismus der Initiation von Photoabbauprozessen in Kunststoffen. Neben den Mechanismen der Photostabilisierung und der Photosensibilisierung stand daher auch der Mechanismus der Photoinitiierung von Abbauprozessen im Mittelpunkt des Interesses zahlreicher Untersuchungen der letzten Zeit (1, 3, 4, 45—49).

lichteinwirkung auftretenden Abbaueffekte beruhen dann darauf, daß entweder der chemische Aufbau des Polymeren nicht seiner Idealstruktur entspricht, d.h. daß das Polymere chromophore Gruppen enthält, die chemisch gebunden sind, oder daß sich im Kunststoff Verunreinigungen befinden, die Licht absorbieren und dabei in eine reaktive Form übergeführt werden. Häufig verläuft die Oxidation eines Kunststoffes als autokatalytischer Prozeß, d.h. als Autoxidationsprozeß (siehe Abb. 4).

Der exponentielle Anstieg der Sauerstoffaufnahme kann darauf beruhen, daß zunächst nur wenige Zentren vorhanden sind, die Licht absorbieren und dabei reaktive Species bilden. Die letzteren reagieren mit Sauerstoff, wobei Produkte entstehen, die ebenfalls Licht absorbieren. Der ganze Vorgang kann in Form einer Kettenreaktion stattfinden, bei der während des Wachstumsschrittes chromophore Gruppen gebildet werden, die neue Ketten starten können. Häufig sind Hydroperoxidgruppen für die Auslösung von Autoxidationsprozessen verantwortlich (siehe Schema 2).

$$
\left.
\begin{aligned}
\text{P--O--OH} &\rightarrow \text{P--O}\cdot + \cdot\text{OH} \\
\cdot\text{OH} + \text{PH} &\rightarrow \text{P}\cdot + \text{H}_2\text{O} \\
\text{PO}\cdot + \text{PH} &\rightarrow \text{P}\cdot + \text{POH}
\end{aligned}
\right\} \text{Start}
$$

$$
\begin{aligned}
\rightarrow \text{P}\cdot + \text{O}_2 &\rightarrow \text{PO}_2^\cdot \\
\text{PO}_2^\cdot + \text{PH} &\rightarrow \text{PO}_2\text{H} + \text{P}\cdot
\end{aligned} \quad \text{Wachstum}
$$

$$
\left.
\begin{aligned}
\text{P}\cdot + \text{P}\cdot &\rightarrow \\
\text{PO}_2^\cdot + \text{P}\cdot &\rightarrow \text{stabile} \\
\text{PO}_2^\cdot + \text{PO}_2^\cdot &\rightarrow \text{Produkte}
\end{aligned}
\right\} \text{Abbruch}
$$

Schema 2 — Reaktionsschema für die Hydroperoxidinitiierte Autoxidation eines Polymeren

Die Oxidation kann aber auch durch eine im Kunststoff enthaltene Verunreinigung sensibilisiert werden, wie in Schema 3 dargestellt ist.

$$
\begin{aligned}
\text{S} + h\nu &\rightarrow \text{S*} \\
\text{S*} &\rightarrow \text{X}\cdot + \text{Y}\cdot
\end{aligned}
$$

$$
\text{X}\cdot(\text{Y}\cdot) + \text{PH}
\begin{cases}
\rightarrow \text{XH(YH)} + \text{P}\cdot \\
\rightarrow \cdot\text{PHX}(\cdot\text{PHY})
\end{cases}
$$

$$
\begin{aligned}
\text{S*} + \text{PH} &\rightarrow \text{S} + \text{PH*}\cdot \\
\text{S*} + \text{PH} &\rightarrow \cdot\text{SH} + \text{P}\cdot
\end{aligned}
$$

$$
\text{PH*}
\begin{cases}
\rightarrow \text{P}\cdot + \text{R}\cdot \\
\rightarrow \text{P}_1^\cdot + \text{P}_2^\cdot
\end{cases}
$$

$$
\begin{aligned}
\text{P}\cdot &\rightarrow \text{P}_1^\cdot + \text{P}_2 \\
\text{P}\cdot + \text{O}_2 &\rightarrow \text{P--O--O}\cdot \\
\text{P--O--O}\cdot + \text{PH} &\rightarrow \text{POOH} + \text{P}\cdot
\end{aligned}
$$

Schema 3 — Mechanismus der sensibilisierten Photooxidation eines Polymeren PH. S: Sensibilisator; X· und Y·: Radikale, die bei der Dissoziation angeregter Molekeln S* entstehen. P·: Makroradikal

Ein Beispiel aus der Praxis zeigt die Abbildung 5, in der die O_2-Aufnahme als Funktion der UV-Lichtbestrahlungszeit aufgetragen ist.

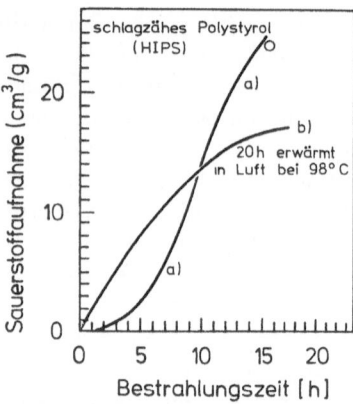

Abb. 5. Die Sauerstoffaufnahme von schlagzähem Polystyrol als Funktion der Bestrahlungszeit.
(a) Polymeres mit sehr geringem anfänglichem Gehalt an Hydroperoxidgruppen,
(b) Polymeres mit relativ hohem Gehalt an Hydroperoxidgruppen (nach *A. Ghaffar* et al. (46))

Hier sind thermisch erzeugte Hydroperoxidgruppen (—OOH) in sehr kleiner Anfangskonzentration verantwortlich für die Photooxidation. Thermisch länger vorbehandelte Proben mit relativ großer Anfangskonzentration an Hydroperoxidgruppen verhalten sich anders: Die O_2-Aufnahme steigt anfangs proportional zur Bestrahlungszeit an.

Abgesehen von Hydroperoxidgruppen kann die Photooxidation auch von Peroxid- und Carbonylgruppen initiiert werden (s. Schema 4).

		OOH
Hydroperoxid	—OOH	$\underset{\text{\textbar}}{\text{---\!---}}$
Peroxid	—O—O—	—O—O—
Carbonyl	$\diagdown \text{C}=\text{O}$	

Schema 4 — Chemisch gebundene chromophore Gruppen, die den Abbau von Polymeren initiieren können

In Abbildung 6 ist der Abbau von Polystyrol (PS) in Benzol dargestellt, d.h. die Zahl der gespaltenen Hauptkettenbindungen pro anfänglich vorhandene Makromolekel $((\bar{M}_v^\circ/\bar{M}_v) - 1)$ ist als Funktion der Bestrahlungszeit aufgetragen. Für peroxidfreies PS verläuft die Gerade durch den Ursprungspunkt. Im Falle peroxidhaltigen Polystyrols schneidet die Gerade die Ordinate.

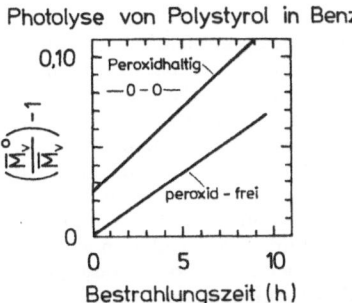

Photolyse von Polystyrol in Benzol

Abb. 6. Der Einfluß von Peroxidgruppen auf die Hauptkettenspaltung von Polystyrol. Die Zahl der gespaltenen Hauptkettenbindungen pro anfänglich vorhandene Makromolekel als Funktion der Bestrahlungszeit (nach *G. A. George* und *D. K. C. Hodgeman* (47))

In diesem Fall werden die Peroxidgruppen sehr rasch zu Beginn der Bestrahlung gespalten. Anschließend laufen dann andere Prozesse ab, die nicht auf der Spaltung von Peroxidgruppen beruhen.

Die Möglichkeit der Auslösung der Photooxidation von Kohlenwasserstoffen durch Kontakt-Ladungsübertragungs-Absorption (contact CT absorption) wurde bereits vor längerer Zeit in Betracht gezogen. Es wurde nämlich beobachtet, daß die Oxidationsgeschwindigkeit und die optische Absorption in analoger Weise von der Sauerstoff- und der Substrat-Konzentration abhängen (54). Im Prinzip sollte auch die Photo

oxidation polymerer Kohlenwasserstoffe auf diese Weise initiiert werden können, jedoch läßt sich beim derzeitigen Kenntnisstand nicht beurteilen, welche Bedeutung derartige Reaktionen für den oxidativen Abbau von Polymeren haben.

1968 wurde von *Trozzolo* und *Winslow* (48) erstmals die Möglichkeit der Initiierung von Photooxidationsprozessen in Polyolefinen durch Singulett-Sauerstoff diskutiert. *Kautsky* (50) hatte bereits 1931 einen Mechanismus vorgeschlagen, demzufolge Singulett-Sauerstoff für die Farbstoff-sensibilisierte Oxidation von Olefinen und Dienen verantwortlich sein soll. Singulett-Sauerstoff kommt in zwei Formen vor (53): $^1O_2(^1\Delta_g)$, 22,6 kcal/mol und $^1O_2(^1\Sigma_g^+)$, 37,6 kcal/mol. Im Hinblick auf die relativ kurze Lebensdauer von $^1O_2(^1\Sigma_g^+)$ dürfte im allgemeinen nur $^1O_2(^1\Delta_g)$ für chemische Reaktionen zu berücksichtigen sein. Die Reaktion von chemisch (über das Triphenylphosphit-Ozon-Addukt) oder durch Mikrowellenentladung erzeugtem Singulett-Sauerstoff mit niedermolekularen Olefinen und Dienen wurde eindeutig nachgewiesen (51). Schema 5 zeigt, wie z.B. in Polystyrol, das Spuren von Carbonylgruppen enthält, $^1O_2$ gebildet werden kann, indem Licht von den Carbonylgruppen absorbiert wird. Anschließend erfolgt Übertragung der Anregungsenergie von den Carbonylgruppen zu Triplett-Sauerstoff-

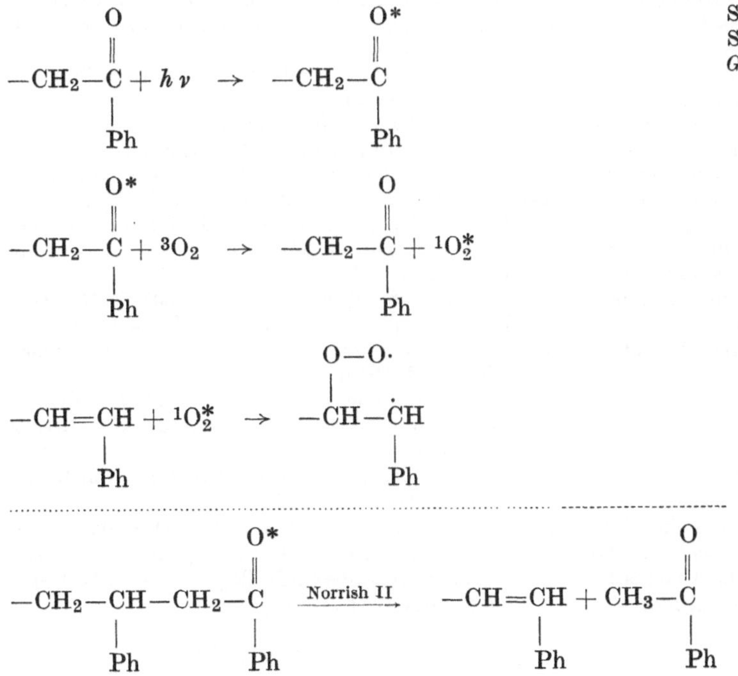

Schema 5 — Bildung und Reaktion von Singulett-Sauerstoff in Polystyrol. Nach *G. A. George* and *D. K. C. Hodgeman* (47)

molekeln. Diese können dann mit C—C-Doppelbindungen reagieren, die z. B. über einen Norrish II-Prozeß entstanden sind.

Weitere Möglichkeiten für die Bildung von Singulett-Sauerstoff, z. B. über einen CT-Komplex oder Triplett-Triplett-Energieübertragung von aromatischen Gruppen auf $^3O_2$, wurden diskutiert (49).

Kürzlich wurde durch Blitzphotolyse-Untersuchungen gezeigt (52), daß die Reaktion von Singulett-Sauerstoff ($^1O_2/^1\Delta_g$) mit ungesättigten Kohlenwasserstoffen relativ langsam erfolgt ($k_q \approx 10^3 - 10^4 \, \mathrm{M^{-1} \, s^{-1}}$). Dem gegenwärtigen Kenntnisstand zufolge ist die Möglichkeit der Beteiligung von Singulett-Sauerstoffreaktionen bei der Initiierung von Photooxidationsvorgängen in Kunststoffen prinzipiell in Betracht zu ziehen. Jedoch dürfte — abgesehen von speziellen Fällen — anderen Initiierungsmechanismen weit größere Bedeutung zuzumessen sein. Bei den meisten augenblicklich gebräuchlichen Kunststoffen dürften die auftretenden Alterungs- und Abbauerscheinungen im wesentlichen auf Hydroperoxid-initiierte Photooxidationsprozesse zurückzuführen sein.

Zusammenfassung

Mechanistische Aspekte des Lichtabbaus und des mechanischen Abbaus von Polymeren werden diskutiert. Kürzlich in der Literatur berichtete signifikante Ergebnisse betreffen folgende Probleme: (a) *Mechanischer Abbau:* Nachweis der Spaltung von Hauptkettenbindungen durch ESR-Messungen. Ursachen für die Spaltung von Hauptkettenbindungen in semikristallinen und amorphen Polymeren. Initiation chemischer Reaktionen durch mechanische Einwirkung (Mechanochemie, Tribochemie), z. B. Blockcopolymerisation und oxidative Prozesse. Veränderungen der Molekulargewichtsverteilung und experimenteller Nachweis des nicht-statistischen Charakters der Hauptkettenspaltung. (b) *Photochemischer Abbau:* Blitzphotolyse-Untersuchungen, die Informationen lieferten über die Entknäuelungsdiffusion und die Lebensdauer von Zwischenprodukten, die zur Hauptkettenspaltung führen. Initiation von Autoxidationsprozessen: die Bedeutung von Hydroperoxid, Peroxid und Carbonylgruppen, Singulett-Sauerstoff und CT-Komplexen mit O_2.

Summary

Mechanistic aspects concerning mechanical and photochemical degradation of polymers are reviewed. Significant results reported recently in the literature pertain to the following topics: (a) *Mechanical degradation:* evidence for the scission of main chain bonds by ESR measurements. Origin of main chain ruptures in semicrystalline and amorphous polymers. Initiation of chemical reactions by mechanical treatment (mechanochemistry, tribochemistry), e.g. block copolymerization and oxidative processes. Changes of molecular weight distribution and experimental evidence for the non-random character of main chain scission. (b) *Photochemical degradation:* Flash photolysis studies yielding information about the rate of disentanglement diffusion and the lifetime of intermediates leading to main chain rupture. Initiation of autoxidation processes. Role of hydroperoxide, peroxide and carbonyl groups, singulet oxygen and CT-complexes of O_2.

Literatur

1) *Geuskens, G.* (Hrsg.), Degradation and Stabilization of Polymers (London 1975).

2) *Woebcken, W.* (Hrsg.), Natürliche und künstliche Alterung von Kunststoffen (München 1976).

3) *Bamford, C. H., C. F. H. Tipper* (Hrsg.), Degradation of Polymers, Vol. 14 of Comprehensive Chemical Kinetics (Amsterdam 1975).

4) *Rånby, B., J. F. Rabek*, Photodegradation, Photooxidation and Photostabilization (London 1975).

5) *Haldenwanger, H. H. M.*, Biologische Zerstörung der makromolekularen Werkstoffe (Berlin 1970).

6) *Guillet, J.* (Hrsg.), Polymers and Ecological Problems, Proc. Symposium on Polymers and Ecological Problems. Amer. Chem. Soc. New York 1972 (New York-London 1973).

7) *Thinius, K.*, Stabilisierung und Alterung von Plastwerkstoffen (Weinheim 1971).

8) *Hawkins, W. L.* (Hrsg.), Polymer Stabilization (New York 1972).

9) *Dole, M.* (Hrsg.), The Radiation Chemistry of Macromolecules, Vol. I and II, (New York 1972).

10) *Makhlis, F. A.*, Radiation Physics and Chemistry of Polymers (translation from Russian) (New York-Toronto 1975).

11) *Kausch, H. H., J. Becht*, Kolloid-Z. u. Z. Polymere **250**, 1048 (1972).

12) *Kausch, H. H.*, J. Macromol. Rev., Macromol. Chem. C **4**, 243 (1970); Kunststoffe **66**, 538 (1976).

13) *Sohma, J.*, Adv. Polymer Sci. **20**, 111 (1976).

14) *Cicchetti, O.*, Adv. Polymer Sci. **7**, 70 (1970).

15) *Casale, A., R. S. Porter, J. E. Johnson*, Rubber Chem. Technol. **44**, 534 (1971); *Casale, A.*, J. Appl. Polymer Sci. **19**, 1461 (1975).

16) *Zaikov, G. E.*, Usp. Khim. **44**, 1805 (1975); engl. Übersetzung: Russ. Chem. Rev. **44**, 833 (1975).

17) *Jellinek, H. H. G.*, Degradation of Vinyl Polymers (New York 1955).

18) *Fox, R. F.*, Photodegradation of High Polymers, Progress in Polymer Science (*A. J. Jenkins* [Hrsg.]). Vol. 1 (1967).

19) *Stuart, H. A.*, Alterung und Korrosion von Kunststoffen (Weinheim 1967).

20) *Hawkins, W. L., F. H. Winslow*, Degradation and Stabilization, In: *R. A. V. Raff* and *K. W. Doak* (Hrsg.), Crystalline Olefin Polymers, Part II, Kap. 8 (New York 1964).

21) *Pinner, S. H.* (Hrsg.), Weathering and Degradation of Plastics (London 1966).

22) *Scott, G.*, Atmospheric Oxidation and Antioxidants (New York 1965).

23) *Hawkins, W. L.*, Oxidative Degradation of High Polymers, In: Oxidation and Comb. Rev.; *C. F. H. Tipper* (Hrsg.), Vol. I, p. 169 (New York 1969).

24) *Grassie, N.*, Chemistry of High Polymer Degradation Processes (London 1956).

25) *Madorsky, S. L.*, Polymer Reviews 7 (1964).

26) *Voigt, J.*, Die Stabilisierung der Kunststoffe gegen Licht und Wärme (Berlin 1966).

27) *Butyagin, P. Y., A. Berlin*, Vysokomol. Soed. **1**, 865 (1959); *Butyagin, P. Y., I. V. Kolbanev, V. A. Radtsig*, Soviet Phys. Solid State **5**, 1642 (1964).

28) *Zhurkov, S. N., V. A. Zakrevsky, V. E. Karsukov, V. S. Kuksenko*, J. Polymer Sci. A-2, **10**, 1509 (1972).

29) *Peterlin, A.*, J. Polymer Sci. C, No. 32, 297 (1970).

30) *Peterlin, A.*, ESR Application to Polymer Research, Nobel Symp. 22, *Kinell* und *Rånby* (Hrsg.), p. 235 (Stockholm 1973).

31) *Verma, G. S. P., A. Peterlin*, J. Macromol. Sci. Phys. **B 4**, 589 (1970).

32) *Sakaguchi, M., J. Sohma*, J. Polymer Sci. **13**, 1233 (1975).

33) *Lauer, W.*, Kautschuk, Gummi, Kunststoffe **28**, 536 (1975); **28**, 608 (1975).

34) *Baramboim, N. K., W. G. Protasow*, Technik **30**, 73 (1975).

35) s. z. B. Ref. 16 und *J. R. Thomas*, J. Amer. Chem. Soc. **63**, 1725 (1959).

36) *Fukutomi, T., M. Tsukada, T. Karukai, T. Noguchi*, Polymer J. **3**, 717 (1972).

37) *Simha, R.*, J. Appl. Phys. **12**, 569 (1941).

38) *Basedow, A. M., K. H. Ebert*, Makromol. Chem. **176**, 745 (1975).

39) *Rieber, G., Th. G. F. Schoon*, Angew. Makromol. Chem. **49**, 23 (1976).

40) *Parker, C. A., A. H. Hedley*, J. Appl. Polymer Sci. **18**, 3403 (1974).

41) *Friebe, H. W.*, Rheol. Acta **15**, 329 (1976).

42) *Beck, G., J. Kiwi, D. Lindenau, W. Schnabel*, Europ. Polymer J. **10**, 1069 (1974); Kolloid-Z. u. Z. Polymere **254**, 162 (1976).

43) *Beck, G., D. Lindenau, W. Schnabel*, Europ. Polymer J. **11**, 761 (1975).

44) *Beck, G., D. Lindenau, W. Schnabel*, Macromol. **10**, 135 (1977).

45) *Chien, J. C. W.*, Hydroperoxides in Degradation and Stabilization of Polymers (in Ref. 1).

46) *Ghaffar, A., A. Scott, G. Scott*, Europ. Polymer J. **12**, 615 (1976).

47) *George, G. A., D. K. C. Hodgeman*, J. Polymer Sci., Symp. **55**, 195 (1976).

48) *Trozzolo, A. M., F. H. Winslow*, Macromol. **1**, 98 (1968).

49) *Rabek, J. F., B. Rånby*, J. Polymer Sci. Polymer Lett. Ed. **12**, 497 (1974); J. Polymer Sci. A-1, **12**, 273 (1974).

50) *Kautsky, H., H. de Bruijn*, Naturwiss. **19**, 1043 (1931); *Kautsky, H.*, Trans. Faraday Soc. **35**, 216 (1939).

51) s. z. B. *Foote, C. S., S. Wexler*, J. Amer. Chem. Soc. **86**, 3879 (1964).

52) *Bortolus, P., S. Dellonte, G. Beggiato, W. Corio*, Europ. Polymer J. **13**, 185 (1977).

53) *Kearns, D. R.*, Chem. Rev. **71**, 395 (1971).

54) *Chien, J. C. W.*, J. Phys. Chem. **69**, 4317 (1965).

Anschrift des Verfassers:

Wolfram Schnabel
Hahn-Meitner-Institut für Kernforschung Berlin GmbH
Bereich Strahlenchemie
Glienicker Straße 100
D-1000 Berlin 39

Progr. Colloid & Polymer Sci. **64**, 122–124 (1978)
© 1978 by Dr. Dietrich Steinkopff Verlag GmbH & Co. KG, Darmstadt
ISSN 0340-255 X

Vorgetragen auf der Frühjahrstagung des Fachausschusses
Physik der Hochpolymeren in der Deutschen Physikalischen Gesellschaft
in Rothenburg o. T. vom 28.–31. März 1977

Fachbereich Werkstoffphysik der Universität des Saarlandes, Saarbrücken

Morphologie und Wachstum der „row structure" in isotaktischem Polystyrol

J. Petermann und *G. Gleiter*

Mit 5 Abbildungen

(Eingegangen am 5. Mai 1977)

Zusammenfassung

Kristallisation aus verstreckten Polymerschmelzen führt häufig zur sogenannten „row structure" (1), einer Hintereinanderreihung von Kristallamellen (Abb. 1). Ähnliche Kristallgebilde wurden durch Kristallisation aus strömenden Lösungen erhalten (shish kebab Struktur) (2). Doch während man von der shish kebab Struktur weiß, daß sie aus einem Kern mit einem großen Anteil von gestreckten Molekülketten und epitaktisch aufkristallisierten Kristallamellen besteht, ist die Morphologie der „row structure" noch weitgehend unbekannt (3). Verschiedene Modelle wurden vorgeschlagen (1, 4 bis 6), die experimentelle Bestätigung dieser Modelle steht aber noch aus.

Zwei Methoden bieten sich zur Untersuchung der *Morphologie* an

a) Die thermische Analyse,

b) Der elektronenmikroskopische Dunkelfeldkontrast.

Die konventionellen Instrumente für die thermische Analyse sind das Differentialscanningkalorimeter (DSC) oder die Differentialthermoanalyse (DTA). Mit diesen

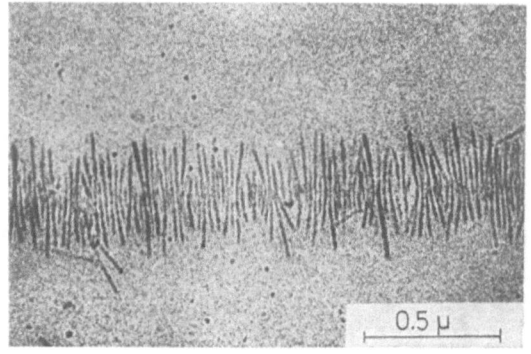

Abb. 1. Elektronenmikroskopischer Defokussierungskontrast einer „row structure" in isotaktischem Polystyrol

Methoden läßt sich sowohl Schmelzpunkt als auch Schmelzenthalpie der Kristalle bestimmen. Dagegen lassen sich Aussagen über den Schmelzvorgang von einzelnen Kristalliten (wegen ihres geringen Volumenanteils, der weit unter der Auflösungsgrenze der Methode von ca. 0,1–0,01% liegt) nicht machen. Die direkte Beobachtung des Schmelzens im Heizhalter des Elektronenmikroskopes hat den Vorteil, daß man an Bruchteilen des Probenvolumens (10^{-5}%) noch Messungen über das Schmelz- bzw. Kristallisationsverhalten machen kann (7). Abbildung 2a–c zeigt eine Bildsequenz von unterschiedlich thermisch behandelten Proben. Diese Sequenz läßt erkennen, daß die Reihenstruktur aus zwei Einheiten besteht: Einem Kern mit hohem Schmelzpunkt und aufkristallisierten Lamellenkristallen mit niedrigerem Schmelzpunkt. Der höhere Schmelzpunkt des Kernkristalles kann zwei Ursachen haben: Der Kern besteht aus gestreckten Molekülketten, oder er besteht aus gestapelten Kristalliten, aber die umgehende Schmelze ist orientiert.

Die einzige Möglichkeit, zwischen beiden Fällen zu unterscheiden, ist der elektronenmikroskopische Dunkelfeldkontrast, bei dem die vom Kristallgitter in einen Beugungspunkt kohärent gestreuten Elektronen zu Abbildung benutzt werden. Amorphe Gebiete (wie sie bei der Stapelung von Lamellenkristallen zwischen den Lamellen auftreten) geben keinen Kontrast. Abbildung 3a zeigt Dunkelfeldabbildungen von Kernkristallen, die durch Verstrecken der Schmelze bei gleichzeitigem Abschrecken der Schmelze erhalten wurden. Es sind nur Kristallkerne zu sehen, die einheitlich hell aufleuchten. Diese Beobachtung ist damit erklärbar, daß die Kerne Einkristalle mit gestreckten Molekülketten sind. Abbildung 3b zeigt Kernkristalle, die einer Wärmebehandlung oberhalb der Schmelztemperatur der Lamellenkristalle unterworfen wurden. Nach dieser thermischen Behandlung ist eine Änderung des Dunkelfeldkontrastes zu beobachten: Alternierend treten helle und dunkle Gebiete auf. Kontrasttheoretische Überlegungen führen zu dem Schluß, daß Gitterdefekte (wie z.B. Kinken) sich in Ebenen senkrecht zur Verstreckungsrichtung zusammengelagert haben, um die Verspannungsenergie des Kristalls zu minimalisieren (8).

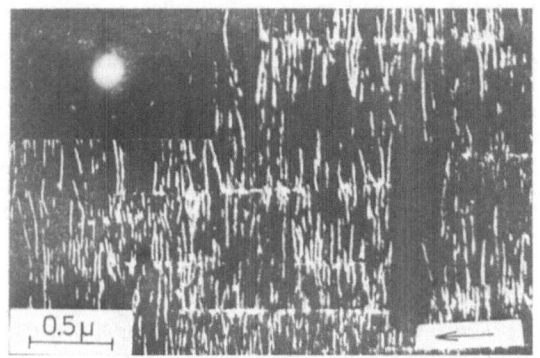

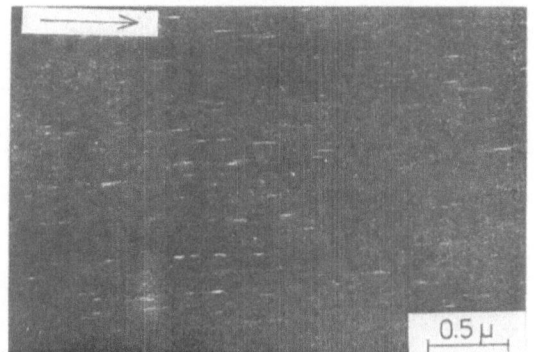

(a) Von 250 °C (Entstehungstemperatur) mit 10 °C/min abgekühlt.

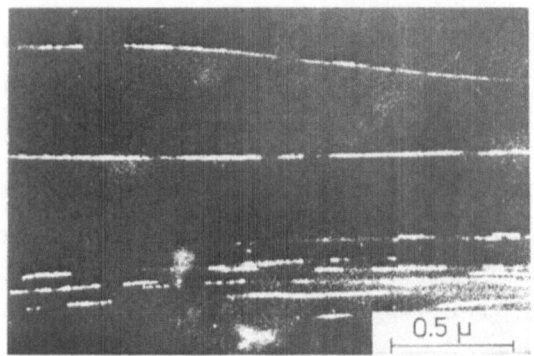

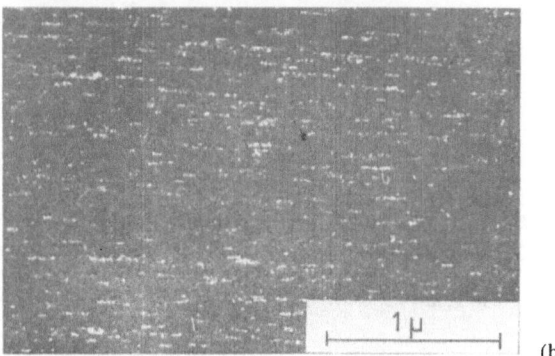

Abb. 3. (a) Kernkristalle aus einer 100% bei 250 °C verstreckten und gleichzeitig abgeschreckten Polystyrolschmelze. Die Verstreckungsrichtung ist durch einen Pfeil gekennzeichnet.

(b) Wie (a), anschließend auf 250 °C aufgeheizt und mit ca. 10^6 °C/min abgeschreckt.

(b) Wie in Abb. 3a hergestellte Kernkristalle, anschließend 5 min bei 250 °C getempert und abgeschreckt (ca. 10^6 °C/min)

Die Anzahl der Kernkristalle pro Volumeneinheit (*Keimbildungswahrscheinlichkeit*) hängt vom Dehngrad ε ab (Abb. 4). Theoretische Überlegungen über das longitudinale *Wachstum* der Kernkristalle führen zu dem Schluß, daß ein Schergradient oder longitudinaler Fließ-

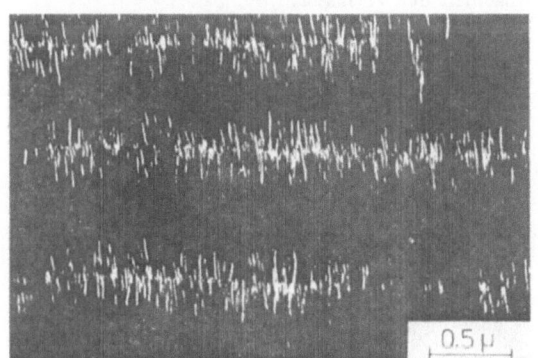

(c) Wie (b), nachfolgend 3 min bei 180 °C getempert

Abb. 2. Elektronenmikroskopische Dunkelfeldabbildungen von „row structures". Die Molekülrichtung in den Kristallen ist durch einen Pfeil gekennzeichnet.

Aus dem thermischen Verhalten und den elektronenmikroskopischen Beugungskontrastbeobachtungen kann geschlossen werden, daß die „row structure" aus nadelförmigen Kernkristallen und epitaktisch aufgewachsenen Lamellenkristallen besteht. Die Kernkristalle sind aufgebaut aus gestreckten Molekülketten. Die Gitterdefekte in diesen Kernkristallen lagern sich nach thermischer Behandlung zu Agglomeraten zusammen.

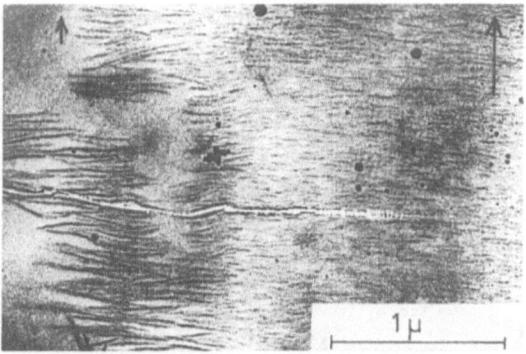

Abb. 4. Mit unterschiedlichem Betrag verformte Polystyrolschmelze, rechts auf dem Bild ca. 60% und am linken Bildrand ca. 10% verstreckt. Die Pfeile zeigen schematisch Verstreckungsrichtung und -betrag an

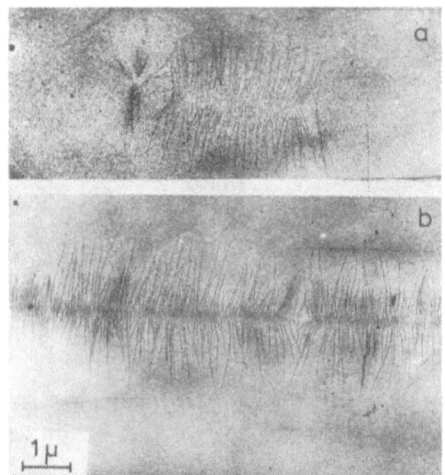

Abb. 5. (a) „Row structure", erzeugt durch 30%iges Verstrecken ($\dot{\varepsilon} = 0{,}3$ sec^{-1}) bei 230 °C. Die Probe wurde nach dem Verstrecken noch 5 sec bei 230 °C gehalten

(b) „Row structure", erzeugt durch 30%iges Verstrecken ($\dot{\varepsilon} = 0{,}3$ sec^{-1}) bei 230 °C. Die Probe wurde nach dem Verstrecken noch 60 sec bei 230 °C gehalten

Schmelze innerhalb von fünf Sekunden gewachsen ist, Abbildung 5 b zeigt eine „row structure" nach 60 Sekunden Wachstumszeit. Wie aus diesem Bild ersichtlich, konnte der Kernkristall ohne weitere äußere Verformung in Molekülrichtung wachsen, das Strömungsfeld muß sich deshalb an der Wachstumsfront gebildet und während des Wachstums reproduziert haben. Zwischenzeitliches Abkühlen auf Zimmertemperatur und erneutes Tempern stoppt das Wachstum der Kristallkerne (11).

Literatur

1) *Keller, A., M. J. Machin*, J. Macromol. Sci. Phys. **1**, 41 (1967).
2) *Pennings, A. J.*, J. Polymer Sci. **C 16**, 1799 (1967).
3) *Peterlin, A.* Polymer Eng. and Sci. **16**, 126 (1976).
4) *Yeh, G. S. Y., P. H. Geil*, J. Macromol. Sci. Phys. **2**, 251 (1967).
5) *Nagasawa, T., Y. Shinimura*, J. Polymer Sci. Phys. **12**, 2291 (1974).
6) *Andrews, E. H.*, Angew. Chem., Intern. Ed. **13**, 113 (1974).
7) *Petermann, J., H. Gleiter*, J. Polymer Sci., B. im Druck.
8) *Petermann, J., M. Miles, H. Gleiter*, in Vorbereitung.
9) *Peterlin, A.*, Pure and Appl. Chem. **12**, 563 (1966).
10) *Frank, F. C.*, Proc. Roy. Soc. London **A 319**, 127 (1970).
11) *Petermann, J., M. Miles, H. Gleiter*, in Vorbereitung.

gradient in der Schmelze Voraussetzung für das Wachstum sind (9, 10). Diese Gradienten können sich entweder durch Vorbeifließen der Schmelze am Kristallkeim (dynamisch) oder durch Aufbau eines Strömungsfeldes an der Wachstumsfront (autokatalytisch) bilden. Im ersten Fall kann der Kernkristall nur während des Verformungsvorganges wachsen, im zweiten Fall ist ein stabiler Keim eines Kernkristalles auch ohne weitere äußere Verformung wachstumsfähig. Abbildung 5 a zeigt eine „row structure", die bei 30%-iger Verformung der

Anschrift der Verfasser:

J. Petermann und *H. Gleiter*
Fachbereich Werkstoffphysik, Bau 2
Universität des Saarlandes
D-6600 Saarbrücken

Progr. Colloid & Polymer Sci. **64**, 125–131 (1978)
ISSN 0340-255 X

Lectures during the conference of Fachausschuss
"Physik der Hochpolymeren" of Deutsche Physikalische Gesellschaft
in Rothenburg o. T. March 28–31, 1977

Institut für Werkstoffe, Ruhr-Universität Bochum, Bochum (Germany)

Shape change during the 19 °C-Phase transformation of PTFE

E. Hornbogen

With 10 figures

(Received April 24, 1977)

1. Introduction

Diffusionless or martensitic phase transformations in metals have gained a renewed interest, because in an addition to their importance for hardening of steels, shape changes associated with the transformation of the crystal structure (1) have led to the development of shape memory alloys mainly based on the compound NiTi (2). Polymorphism is known in several crystalline polymers (3). However, in most cases the mechanism of the transformation is not very well known. In other cases such as Polybuten-1 the transformation depends strongly on thermal activation (4, 5), and does therefore not fulfil the primary prerequisit for a martensitic transformation. Only in PTFE the conditions for a none or weakly thermally activated transformation seem to be fulfilled. This polymer crystallizes as lamellae of folded molecules with about 20 nm thickness (6). A transformation of the helix structure of the molecule and consequently of the crystal structure takes place at about $+19\,°C$. The glass transition temperature T_g of the amorphous portion of the microstructure is much higher, in average at $+123\,°C$ (7, 8). The phase transformation is caused by relaxation of the helical molecules (fig. 1). In the α-modification 13, for β 15 C_2F_4-units lead to an identical position of an F-atom. The α-phase is triclinic (pseudo-hexagonal), the β-phase hexagonal. The period of 13 or 15 units along the molecular chain is identical with the hexagonal c-axis. Relaxation of the helix during the $\alpha \rightarrow \beta$ transformation does, however, not lead to an extension of the specific length of the molecule in the c-direction. The diameters of the molecule and thus the

lattice parameters in the a-directions increase by the transformation. This leads to the increase of specific volume associated with the transformation of about 1% which has been frequently reported (for example (7)).

Purpose of this investigation is to explore the nature of the $\alpha \rightarrow \beta$ transformation of PTFE in respect to the occurrence of shape changes.

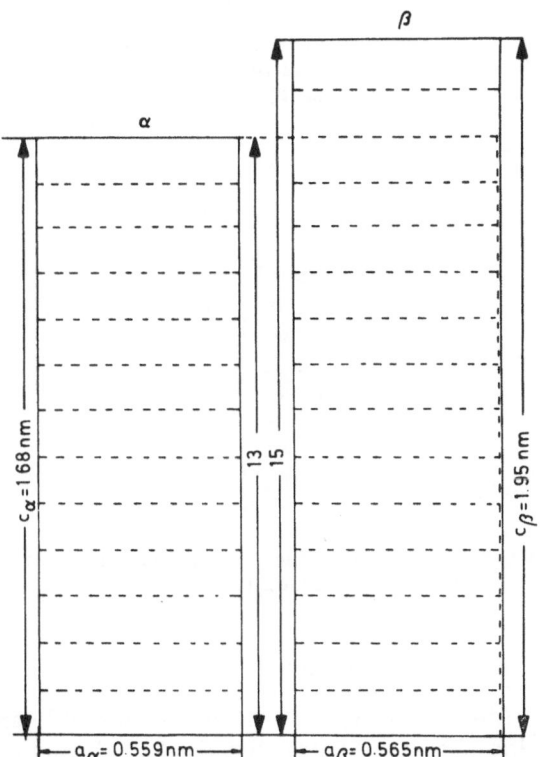

Fig. 1. Lattice parameters of α- and β-PTFE: α: 13 C_2F_4 units, β: 15 C_2F_4 units in the direction of the hexagonal c-axis, dimensional changes occur only in direction of the a-axes

9

In this connection shape changes due to an anisotropic change in volume and those due to pure shear have to be separated. An investigation of the effect of uniaxial stress that acts at the polymer during the transformation seemed to be most promising for an analysis of the components of the shape changes.

2. Material and experimental procedures

The specimens were prepared from PTFE powder with a particle size of 20—35 μm. (Halon TFE — Type G-80, Allied Chemical, Morristown N.J.) A molecular weight of about 10^7 was reported by the producer. The following procedure was applied for the production of massive material with $<0.1\%$ porosity: heat 5 hrs to 380 °C at 25 Nmm^{-2}, hold 2 hrs, cooled to 20 °C over 5 hrs. In order to produce molecular alignment the sintered material was deformed by stretching or rolling at or above room temperature.

A qualitative evidence for molecular orientation was obtained by Debye-Scherrer X-ray patterns. The microstructure was investigated by light- and transmission-electron-microscopy.

The major part of this work was performed with a specially designed dilatometer suitable for the measurement of dimensional changes in the direction in which simultaneously various loads could be applied. Because the transformation occurs at room temperature this device must be equipped with facilities for controlled heating and cooling (fig. 2).

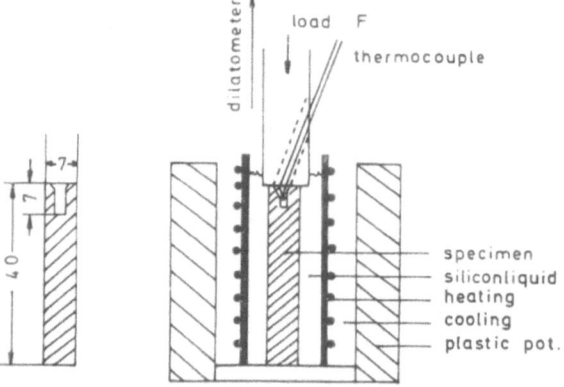

Fig. 2. Specimen container and specimen for heating and cooling under compressive stress

3. Experimental results

After sintering the material revealed an ultra-fine grained structure (fig. 3a) of random orientation of crystal lamellae (fig. 3b). Randomness was confirmed by Debye-Scherrer patterns and determination of pole figures. The portion of non-crystalline polymer was not determined,

but a volume fraction of about 25% can be expected due to the very low cooling rate during solidification. Alignment of the molecules by plastic deformation up to 80% reduction in thickness at 100 °C was not yet observed microscopically. There was sufficient evidence for the formation of a texture from the Debye-Scherrer patterns (9).

The first set of dilatometric experiments was performed without applying a compressive load during the experiment. From the dimensional change of a specimen with random orientation the absolute volume change associated with the transformation $\Delta V/V \approx 3\Delta L/L \approx 1\%$ can be obtained (fig. 4). The transformation is complete after an undercooling of 20 °C. It has to be considered, however, that the accuracy of the temperature measurement will not be much better than ± 2 °C, because of the relatively large dimension of the specimen (fig. 2) and the

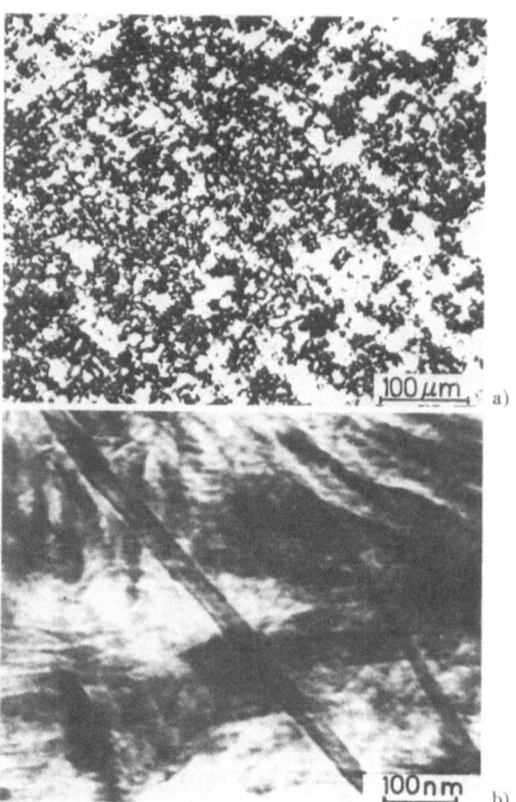

Fig. 3. Microscopy of sintered PTFE:
a) Light transmission, polycrystalline aggregate, unresolvable in the light microscope,
b) direct electron transmission, evidence for folded lamellae of about 20 nm thickness

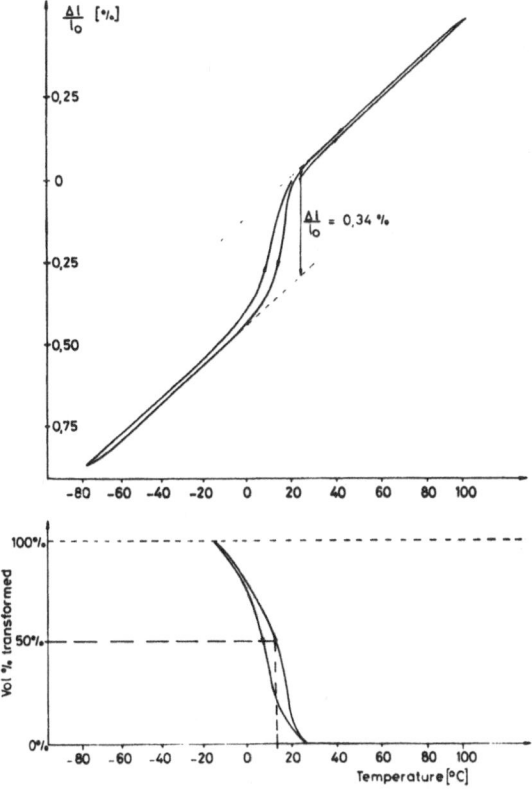

Fig. 4. Dilatometric determination of relative volume change and temperature range of transformation at a cooling and heating rate of ~ 20 °C/min

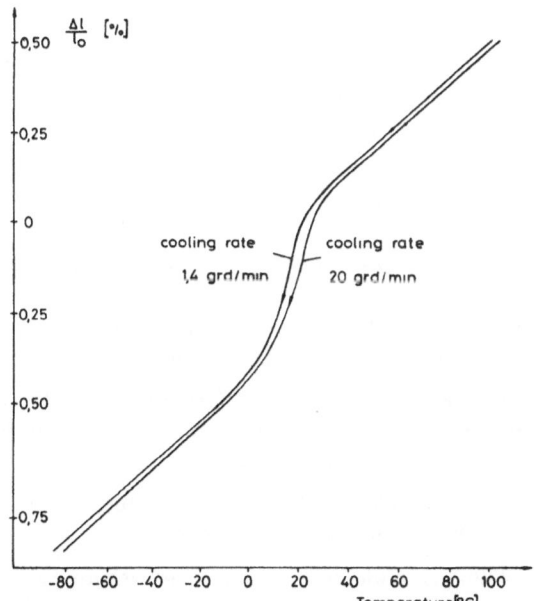

Fig. 5. Comparison of the effect of two different cooling rates on the transformation

low heat conductivity of the material. To answer the question whether the reaction is strongly thermally activated, the cooling rate from the β-phase was varied by more than an order of magnitude (fig. 5). The two curves are not more different than it would be expected from heat conductivity in the specimen to the thermocouple. Strong thermal activation and the consequent time dependence of the reaction can therefore be excluded. Anisotropic shape change can be expected if a reaction that can procede by different crystallographic shear systems occurs under an external shear stress (1, 2). A large number of experiments were conducted with variable stress, the upper limit of which is given by the stress at which considerable plastic creep starts in the material. Figure 6a indicates that no shape changes that can be attributed to selected shear are found if the specimen is exposed to a stress of 3.5 N mm^{-2} during $\beta \rightarrow \alpha$ transformation as well as during reversion to β. The shift of the transformation start temperature is in the range of the accuracy of the measurement. At this stress it cannot be avoided that creep occurs. This is evident in figure 6b in which the specimen was cooled without load but slowly heated under load. The anomalous shape change which was found under these conditions was due to irreversible plastic deformation, but not directly connected with the transformation.

Only if the molecules have been aligned by plastic deformation prior to transformation an anisotropous shape change is found that is caused by the transformation. In this set of experiments dilatometric specimen were obtained from sheet shaped material parallel and perpendicular to the rolling direction (fig. 7). While for undeformed material with random orientation of the molecules isotropy could be confirmed, the deformed material behaved anisotropically during transformation. In the rolling direction the shape change was reduced while in the perpendicular direction an increased dimensional change was found as compared to the random specimen.

4. Discussion

The experiments have shown that the $\alpha \rightarrow \beta$ transformation of PTFE is a non- or weakly thermally activated reaction. At the other hand it does not show the feature of martensitic

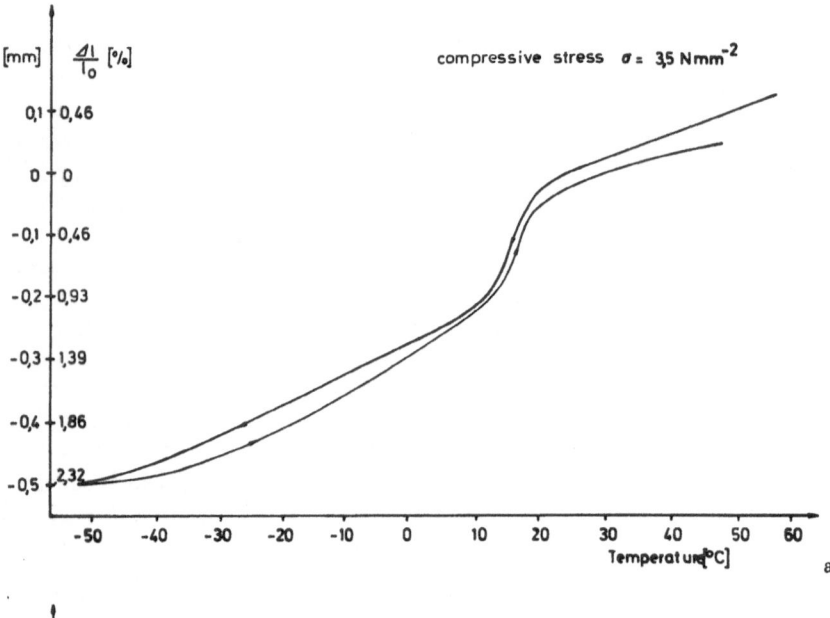

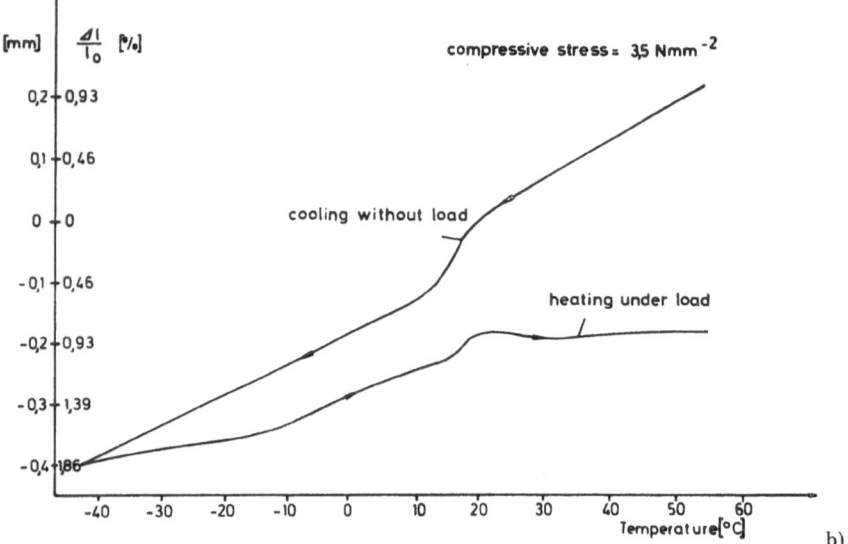

Fig. 6. Transformation under compressive stress:
a) Stress acting during cooling and heating,
b) Stress acting during slowly heating

transformations in metals, to be induced above the transformation temperature by external shear stresses. An estimate of the pressure dependence of the transformation temperature using the known volume change and energy of transformation in the Clausius-Chapeyron equation (10) yields about 0.2 K/N mm^{-2}, which is less than can be detected with the range of stress available. The lack of stress induced transformation is additional evidence for the absence of shear in this transformation. In order to analyse the situation a survey of the shape changes that can be associated with diffusionless transformations is given in figure 8 (11).

A. Lattice variant deformation can be composed of

1. shear without change in volume,
2. volume change without shear.

B. Lattice invariant deformation is always required, if the transformation takes place in the interior of the matrix phase

3. plastic shear by slip or twinning,
4. elastic (not shown in fig. 8).

The principle cases of lattice variant shear are shown in figure 9. The shape-memory alloys based on the CsCl-structure (fig. 9a, CuZn, NiTi) come closest to the case of pure shear

Fig. 7. Dilatometry of specimen in and perpendicular to the rolling direction:

a) Random orientation, undeformed,
b) aligned molecules, 80% deformed

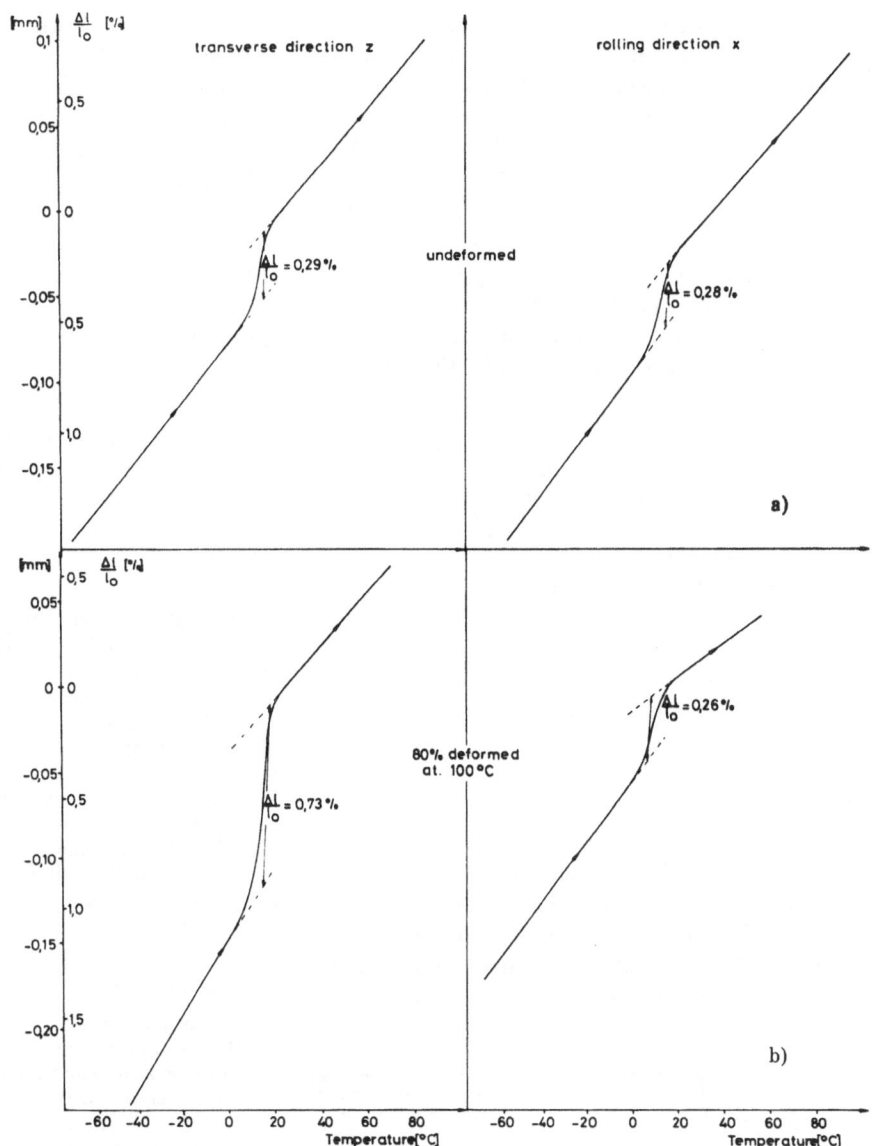

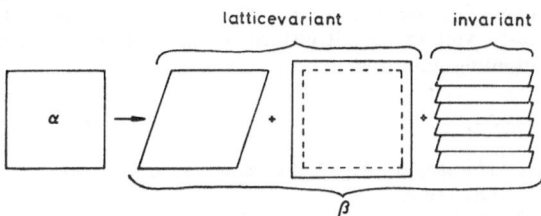

Fig. 8. Principle contributions to shape changes that can be associated with a diffusionless phase transformation (lattice invariant elastic strain has not been included)

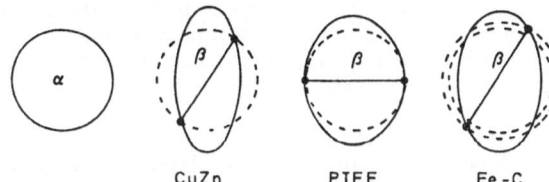

Fig. 9. Principle possibilities for lattice-variant deformations:

a) Pure shear (shape-memory alloys),
b) shear-free volume change (PTFE),
c) shear plus volume change (steels)

without volume change. Iron-base alloys are the example for the general case in which shear and volume change occur simultaneously (fig. 9c). PTFE evidently is an example for the other extreme in which the volume changes, but no shear can occur. This follows from the particular behaviour of the molecule and the crystal in which a dilatation of the a-axes is associated with no change in c-direction (fig. 1 and 9b). Because of this geometrically simple situation the transformation strain tensor $\bar{\varepsilon}_{ij} = \varDelta L/L$ has a simple form. For random molecular arrangement:

$$\varepsilon_{random} := \begin{pmatrix} \varepsilon_{xx} & 0 & 0 \\ 0 & \varepsilon_{yy} & 0 \\ 0 & 0 & \varepsilon_{zz} \end{pmatrix}$$

$\varepsilon_{xx} = \varepsilon_{yy} = \varepsilon_{zz} \approx 1/3 \, \varDelta V/V.$

For complete alignment

$$\varepsilon_{aligned} := \begin{pmatrix} 0 & 0 & 0 \\ 0 & \varepsilon_{yy} & 0 \\ 0 & 0 & \varepsilon_{zz} \end{pmatrix}$$

$\varDelta a/a \leq \varepsilon_{yy} = \varepsilon_{zz} \approx 1/2 \, \varDelta V/V.$

Anisotropy should vary between these extremes. From the lattice parameters (fig. 1) for the case of ideal alignment and participation in the transformation of all molecules a value of $\varepsilon_{yy} = \varepsilon_{zz} \approx 0.01$ is expected. The value of $\varepsilon_{zz} = 0.007$ for the 80% deformed PTFE comes already close to this limit.

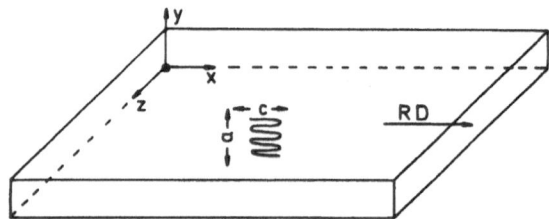

Fig. 10. Shape changes in a rolled sheet: for molecules aligned in rolling direction expansion during the $\alpha \to \beta$ transformations occurs preferredly in the y- and z-directions, because negligible expansion takes place in direction of the c-axis

Finally the question of lattice invariant deformation in PTFE has to be discussed (fig. 8). As lattice variant shear is absent no lattice invariant shear is required for its compensation. The volume change of an individual crystal lamella is anisotropic (figs. 1 and 10). Therefore

distortions occur which can be easily matched elastically by the surrounding amorphous phase. Evidence for purely elastic strain is the fact that frequently repeated reversed transformation does not produce measurable hardening of PTFE. Therefore it can be stated that the PTFE transformation is diffusionless, by shear free volume change associated with elastic lattice invariant strain. A diffusionless transformation of this type is not yet known in metallic and inorganic solids.

Acknowledgement

Thanks are due to Dr. *L. A. Davis*, Allied Chemical Corp., Morristown, N.J. who provided the material, and Mrs. *M. Meuris* for carefully performing the experiments.

Summary

The shape change associated with the phase transformation of PTFE at room temperature was measured under uniaxial compressive load in a specially designed dilatometer. The transformation is insensitive to cooling rate. Shape changes due to lattice variant shear were not found if the transformation occurs under an external shear stress. Anisotropic shape changes are due to molecular alignment and independent of the stress acting during transformation. The experiments indicate that the PTFE transforms by a special type of diffusionless transformation that takes place by a shear-free lattice variant volume change and lattice invariant elastic strain.

Zusammenfassung

Die Formänderung, die bei der Phasenumwandlung des PTFE bei Raumtemperatur auftritt, wurde mit einem besonderen Dilatometer unter einachsiger Druckspannung gemessen. Diese Umwandlung ist unabhängig von der Abkühlungsgeschwindigkeit. Formänderungen durch gitterinvariante Scherung wurden nicht gefunden, wenn eine äußere Schubspannung einwirkt. Anisotrope Formänderungen sind auf die Ausrichtung der Moleküle zurückzuführen und unabhängig von der äußeren Spannung. Die Versuche weisen darauf hin, daß PTFE durch eine besondere Art einer diffusionslosen Umwandlung, nämlich durch scher-freie gittervariante Volumenänderung, verbunden mit gitterinvarianter elastischer Verformung, umwandelt.

Literature

1) *Hornbogen, E., G. Wassermann*, Z. Metallkde. **47**, 427 (1956).
2) *Perkins, J.*, ed., Shape Memory Effects in Alloys (New York 1975).
3) *Tobolski, A. V., H. F. Mark*, Polymer Science and Materials, p. 106 (New York 1975).
4) *Goldbach, G.*, Angew. Makromol. Chem. **29/30**, 213 —227 (1973).

5) *Goldbach, G.*, Angew. Makromol. Chem. **39**, 175—188 (1974).

6) *Tonelli, A. E.*, Polymer 17, 695—698 (1976).

7) *Araki, Y.*, J. Appl. Polymer Sci. **9**, 421—427 (1965).

8) *Araki, Y.*, J. Appl. Polymer Sci. **9**, 3575—3585 (1965).

9) *Petzie, S. P., J. R. Knox*, J. Mater. Sci. **11**, 2173 —2174 (1976).

10) *Leute, U., W. Dollkopf, E. Liska*, Colloid & Polymer Sci. **254**, 237—246 (1976).

11) *Wayman, C. M.*, Introduction to the Crystallography of Martensitic Transformations (New York 1964).

Author's address:

Erhard Hornbogen
Institut für Werkstoffe,
Ruhr-Universität Bochum
D-4630 Bochum

Progr. Colloid & Polymer Sci. **64**, 132—138 (1978)
© 1978 by Dr. Dietrich Steinkopff Verlag GmbH & Co. KG, Darmstadt
ISSN 0340-255 X

Lectures during the conference of Fachausschuss
"Physik der Hochpolymeren" of Deutsche Physikalische Gesellschaft
in Rothenburg o. T. March 28—31, 1977

Institut für Makromolekulare Chemie der Universität Freiburg

Conformation and packing analysis of polysaccharides and derivatives

IV. Triethylamylose-solvent complexes, TEA1-N, TEA1-C2, and TEA1-DCM2 *)

T. L. Bluhm and *P. Zugenmaier*

With 3 figures and 3 tables

(Received August 17, 1977)

Introduction

In a recent study the conformation and packing of crystalline triethylamylose (1) has been determined. It was found that the triethylamylose chain forms a left-handed fourfold (4_3) helix packed in an orthorhombic unit cell, space group $P2_12_12_1$. In addition to this modification, here called TEA1, triethylamylose forms a number of different crystalline complexes with different solvents, such as nitromethane, dichloromethane, and chloroform.

It is of great interest to exploit these differences, because these complexes may serve as models for polymer-solvent interaction, especially, when the solvent molecules can be located easily. Here we want to report about three complexes which are very similar in solvent uptake und structure.

Experimental

Oriented crystalline fibers of triethylamylose (TEA1) were prepared as previously described (1). Complexes with three different solvents were obtained by placing a TEA1 fiber over or in a 5:1 mixture of ethanol-nitromethane (TEA1-N) or ethanol-chloroform (TEA1-C2) or ethanol-dichloromethane (TEA1-DCM2). The fibers with the solvent-nonsolvent mixtures were then sealed in a beryllium glass capillary for the X-ray diffraction studies. The diffraction data, obtained with CuKα wavelength, were collected on a flat film for unit cell determination and on cylindrical films in an evacuated camera of 5.73 cm radius for intensity measurements.

Diffractograms typical of each complex are shown in figure 1. The method of intensity measurements and of conversion to structure amplitudes is the same as described in a previous communication (1). The amount of solvent taken into the fibers was determined by measuring the weight increase of highly crystalline TEA1 fibers placed over the appropriate solvent-nonsolvent mixture. For each of the three complexes the weight increase indicated the existence of approximately one guest molecule per monomer of TEA1.

The diffractograms of all three complexes can be indexed with the same unit cell. The unit cell is pseudo tetragonal with least squares refined parameters, $a = b = 14.70 \pm 0.01$ Å, c (fiber repeat) $= 15.48 \pm 0.03$ Å. The fiber repeat and a fourth order meridional reflection found in these complexes are identical to those found in TEA1.

Stereochemical model analysis

The method of stereochemical model analysis used in this investigation has been described in detail in a previous publication (2). The structure of TEA1 was found to possess chains in a 4_3 helical conformation with the O(6) ethyl group near the tg[1]) position. The chain conformation of TEA1, as well as all ethyl group rotational positions, were maintained during stereochemical packing analysis, because of the above described similarities.

Packing analysis was performed in the tetragonal unit cell of the TEA1-solvent complexes. Space group $P4_32_12$ in a nonstandard setting was used with sections of two antiparallel chains passing through the unit cell with

---

*) Dedicated to Professor *R. Hosemann* on the occasion of his 65th birthday.

[1]) tg means *trans* to O(5) and *gauche* to C(4), gg and gt correspondent.

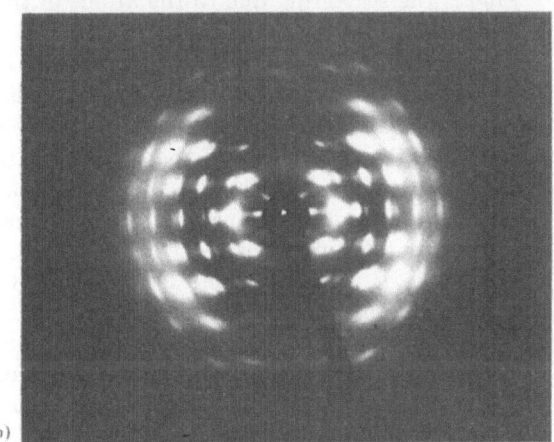

the 4_3 axis at the corner and center of the unit cell. Corner and center chains of $P4_32_12$ in this setting conform to that of space group $P2_12_12_1$ except that the two chains are required to possess 4_3 symmetry instead of 2_1 symmetry as in $P2_12_12_1$. Space group $P2_12_12_1$ had been previously found in the TEA1 structure with an orthorhombic unit cell however.

Packing analysis was first carried out in the absence of guest molecules with helix rotation and translation as variables only. This refinement resulted in a helix rotational position which was free of short intermolecular contacts over a range of 10°. Next, one solvent molecule per monomer residue, in agreement with the solvent uptake experiment, was attached as a pendant atom to each residue at a pseudo bond length, bond angle, and torsion angle placing the guest molecule in the interstitial space of the unit cell. The packing of the guest molecules was then refined by varying the pseudo bond length, pseudo bond angle, and pseudo torsion angle. The geometry of the guest molecules was obtained from X-ray diffraction and spectroscopic studies of small molecules (3). The stereochemistry of nitromethane, chloroform, and dichloromethane is shown in figure 2. In the

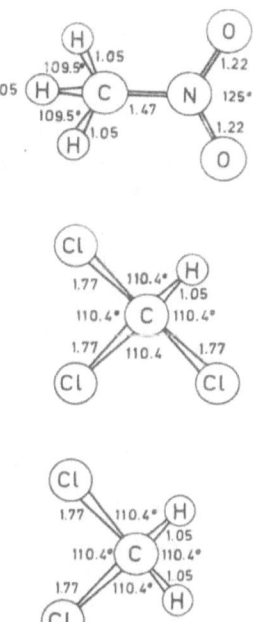

Fig. 1. Fiber diffraction diagram of a) TEA1-N, b) TEA1-C2, and c) TEA1M2-DC taken in a cylindrical camera of 5.73 cm radius

Fig. 2. Stereochemistry of nitromethane, chloroform, and dichloromethane (3). All bond lengths are given in Angstrom

final packing cycles, helix rotation and translation as well as pendant ethyl group torsion angles were included as variables.

The results of the packing refinement with guest molecules present, verified that in all complexes (i.e. in TEA1-N, TEA1-C2, TEA1-DCM2) a good packing position existed with no unreasonable short intra- or intermolecular contacts. Furthermore, it was observed that a variety of different rotational positions of the guest molecules about their centers of gravities resulted in equivalent packing arrangements with regards to non-bonded contact distances.

X-ray analysis

Refinement against X-ray structure amplitudes was carried out in an identical manner for all three complexes. In each case the refined stereochemical packing model including guest molecules was used as the initial phasing model for X-ray refinement. The procedure and variables used in X-ray refinement were the same as those described above for packing refinement. Refinement was performed against the X-ray disagreement index R defined as:

$$R = \sum ||F_o| - |F_c|| / \sum |F_o|,$$

where $|F_o|$ and $|F_c|$ are the observed and calculated structure amplitudes, respectively. This procedure did not yield an R value of less than 0.45 for any of the complexes without severely distorting the stereochemistry of the guest molecules.

At this point we considered two observations made during this investigation as significant. First, the X-ray scattered intensity distributions of TEA1-N, TEA1-C2, and TEA-DCM2 complexes were all very similar. Second, a variety of rotational positions of the guest molecules resulted in molecular packing schemes of equal merit. These observations can be interpreted as indicating that the solvent molecules are statistically oriented around an average position in the unit cell. Therefore, a statistically weighted scattering factor was calculated for each of the molecules, nitromethane, chloroform, and dichloromethane. A molecular scattering factor was obtained by summation of the scattering factors of all of the atoms present in the molecule.

The statistically weighted molecular scattering factor was then calculated by (4)

$$f'(\varphi) = f(\varphi)[1 - (10\,d^3/r^3)\,\Phi(\varphi)],$$

where

$$\Phi(\varphi) = 3 \cdot (\sin x - x \cos x)/x^3 \text{ and } x = 2\pi s\,\varphi.$$

$\Phi(\varphi)$ is the scattered diffraction amplitude in the direction of φ for a one electron scattering body statistically averaged in a sphere of radius s.

$f(\varphi)$ is the normal molecular scattering factor, φ is the reciprocal space radius of the reflection given by $2\sin\Theta/\lambda$ where Θ is the Bragg angle and λ is the wavelength of the radiation used.

d is the van der Waals radius of the scattering molecule.

$f'(\varphi)$ is the scattering due to the atoms of the solvent molecule statistically averaged in a sphere of radius r.

The statistically weighted solvent molecules were next placed in the unit cell with their centers at the locations of the approximate centers of gravity of the guest molecules as determined from packing analysis. X-ray refinement was repeated for each of the complexes and the resulting R values in each case decreased to about 0.40. In all cases, the center of gravity of the guest molecules changed less than 1 Å from the best packing position. Helix rotation and translation, as well as ethyl group torsion angles did not change appreciably.

The $P4_32_12$ crystallographic symmetry was then tested and replaced by $P2_12_12_1$ symmetry for the solvent molecules. The difference between both space groups for a two chain unit cell is a replacement of the 4_3 by a 2_1 screw axis along the chain axis. The R value again decreased in all cases. The final R value including all unobserved reflections were $R = 0.35$ for TEA1-N and TEA1-C2, and $R = 0.32$ for the TEA1-DCM2 complex with a fixed temperature factor of $B_x = B_y = B_z = 5.0$.

Discussion

The observed and calculated structure amplitudes are listed in table 1. The chain conformations of triethylamylose in all three complexes are very similar to each other and to that of TEA1 as can be seen by comparison of the cartesian coordinates of the helices and the

Table 1. Observed and calculated structure amplitudes for TEA1-N, TEA1-C2, and TEA1-DCM2. (Multiple reflections occurring within one diffraction envelope were treated as described in ref. (1).)

Table 1 (continued).

hkl	TEA1-N $|F_o|$	$|F_c|$	TEA1-C2 $|F_o|$	$|F_c|$	TEA1-DCM2 $|F_o|$	$|F_c|$
110	159	172	140	110	167	162
200	87	41	73	26	82	43
210	25	53	28	24	17	20
220	49	74	72	77	50	73
310	91	76	48	5	67	53
320	111	80	72	61	121	38
400			32[b]	29[b]	31[b]	43[b]
410	}77	133	37[b]	56[b]	32[b]	38[b]
330			65	68	65	36
420	69	63	38[b]	38[b]	69	97
101	79	10	86	39	80	18
111	45	65	52	54	30	54
201	37	76	22	34	32	36
211	110	29	78	34	93	54
221	76	79	62	16	75	75
301	72	31	62	71	74	117
311	84	144	59	111	99	105
321	89	79	48	79	87	110
401, 411	44	48	45	68	47	49
331	33[b]	25[b]	—[a]	—[a]	33[b]	50[b]
421	68	26	—	—	52	49
431, 501, 511	62	129	—	—	82	78
102	17	31	31	17	23	99
112	38	15	24	38	30	20
202	70	28	77	87	76	55
212	107	109	129	82	140	146
222	}164	149	86	110	}190	184
302, 312			74	86		
322	93	86	75	59	91	69
402, 412	63	75	38	76	49	82
332	34[b]	51[b]	—	—	34[b]	20[b]
422	36[b]	36[b]	—	—	36[b]	58[b]
432, 502, 512	75	81	—	—	40	49
522	46	35	—	—	—	—
103	16	33	}73	73	7[b]	52[b]
113	28	4			18	12
203	45	50	45	69	45	29
213	87	87	80	71	90	38
223	23[b]	27[b]	23[b]	26[b]	23[b]	24[b]
303	42	10				
313	72	57	76	68	82	84
323	42	49	—	—	35	41
403, 413, 333	74	92	—	—	63	54
423	37[b]	75[b]	—	—	37[b]	41[b]
433, 503	78	95	—	—	65	73
513	55	48	—	—	—	—
104, 114	42	82	39	70	29	36
204	34	47	}56	59	}78	88
214	72	48				
224, 304, 314	97	88	34	50	89	104
324	67	71	—	—	77	39
404, 414	42	51	—	—	—	—
334	37[b]	31[b]	—	—	—	—
424	40[b]	81[b]	—	—	—	—
434, 504, 514	69	63	—	—	—	—
105	—[c]	—[c]	—[c]	—[c]	—[c]	—[c]
115	—[c]	—[c]	—[c]	—[c]	—[c]	—[c]
205, 215	64	68	34	47	48	31
225, 305	35	62	—	—	}62	113
315	79	47	—	—		
325	34[b]	44[b]	—	—	—	
405, 415	71	57	—	—	—	
335, 425	77	83	—	—	—	
435, 505, 515	89	89	—	—	—	
106	—[c]	—[c]	—[c]	—[c]	—[c]	—[c]
116	—[c]	—[c]	—[c]	—[c]	—[c]	—[c]
206	12[b]	19[b]	—	—	—	—
216	18[b]	48[b]	—	—	—	—
226	27[b]	48[b]	—	—	—	—
306, 316	44	51	—	—	—	—
326	63	36	—	—	—	—
406, 416, 336	67	15	—	—	—	—
426	47[b]	42[b]	—	—	—	—
436, 506, 516	64	56	—	—	—	—

[a] Outside the observable range.

[b] Unobserved structure amplitude, uncorrected relative intensity values assigned as one half of the minimum observable intensity in this region of the diffractogram.

[c] Unobserved structure amplitudes occurring in regions of the fiber diagram where the Lorentz factor is not well known.

torsion angles for the rotatable groups of table 2 and 3. The glycosidic bridge angle in all cases remains at 121.9° and the ethyl group torsion angles are nearly identical. The helix rotation Φ and translation S are also very similar[1]: $\Phi = 39.0°$ and $S = -0.20$ Å for TEA1-N, for TEA1-C2 these values are 35.2° and -0.09 Å, and for TEA1-DCM2 35.5° and -0.29 Å. The positions of the statistically averaged guest molecules vary only slightly from complex to complex as can be seen in figure 3. The $P2_12_12_1$

---

[1] Φ and S are defined by the position of $O(4)$ with Φ and S equal zero for $O(4)$ in $(0, -y_0, 0)$.

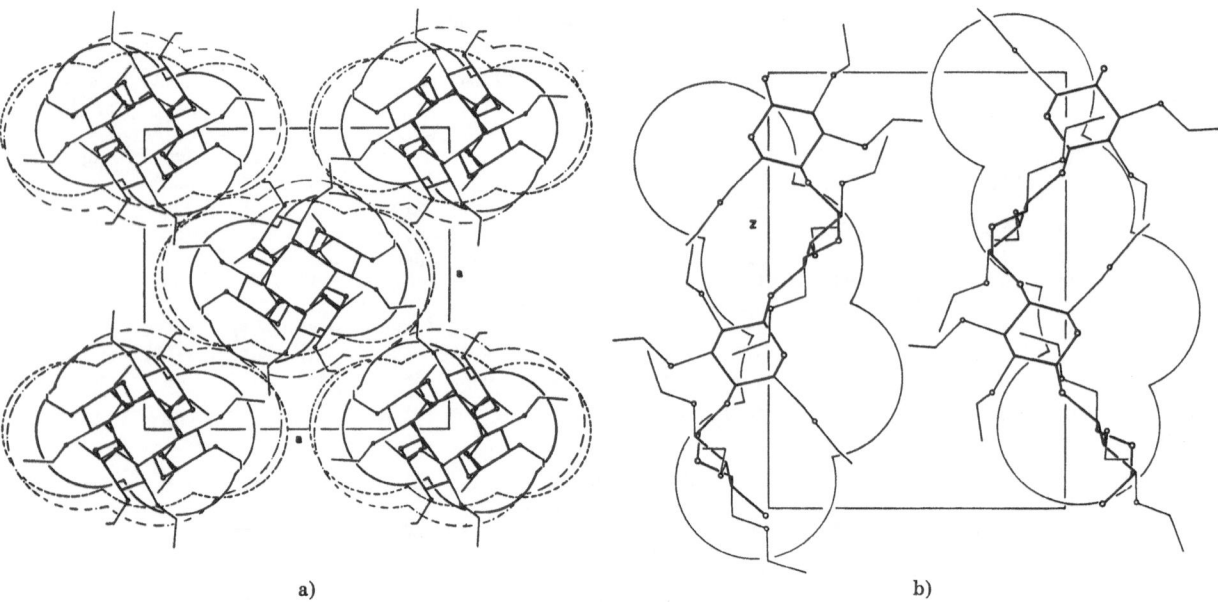

a)	b)

Fig. 3. View of TEA1-N, TEA1-C2, and TEA1-DCM2 in

a) a, b plane, —— nitromethane solvent shell, – · – chloroform solvent shell, and - - - dichloromethane solvent shell;
b) $\bar{1}10$ plane of TEA1-N

symmetry of the guest molecules is evident. The second order meridional reflection calculates too weak to be observed. From figure 3 it is also evident that the solvent molecules are not located centered in the interstitial space, rather, they are found in the grooves of the helices.

Acknowledgements

This work was supported by a grant from Deutsche Forschungsgemeinschaft. The authors thank Mr. *G. Bührer* for preparing the samples. The computations were carried out at the Computing Center of the University of Freiburg.

Table 2. Torsion angles for one residue. Bond lengths, bond angles and all torsion angles not reported are identical with those previously published for the TEA1 structure. All angles are given in degrees*)

	TEA1-N	TEA1-C2	TEA1-DCM2
O(5) — C(5) — C(6) — O(6)	149.6	145.3	146.2
C(4)2 — O(4)2 — C(1) — H(1)	− 55.7	− 55.7	− 55.7
C(1) — O(4)2 — C(4)2 — H(4)2	− 40.3	− 40.3	− 40.3
C(3) — C(2) — O(2) — C(2′)	107.0	106.5	109.5
C(2) — O(2) — C(2′) — C(2″)	−137.8	−136.8	−139.1
O(2) — C(2′) — C(2″) — H(2″1)	−166.8	−166.8	−166.8
C(2) — C(3) — O(3) — C(3′)	152.0	155.3	150.7
C(3) — O(3) — C(3′) — C(3″)	139.8	140.5	141.1
O(3) — C(3′) — C(3″) — H(3″1)	−169.4	−169.4	−169.4
C(5) — C(6) — O(6) — C(6′)	−173.8	−176.1	−170.9
C(6) — O(6) — C(6′) — C(6″)	180.7	179.2	177.3
O(6) — C(6′) — C(6″) — H(6″1)	165.0	165.0	165.0

*) Note: The conformation model used to calculate the structure amplitudes reported in table 1 possesses some short contacts between O(2) of the first residue and the MeC(6″) group of the third residue. These short contacts can be released by setting the torsion angle defining O(6) to 145° (cf. table 2) and those of the linked ethyl group defining C(6′) to −173°, C(6″) to 150°, H(6″1) to 136°, and consequently H(2″1) to −106° and H(3″1) to 176°. The shortest contacts between residue 1 and 3 are then: H(3′2) ... H(6″1)₃ with 1.97 Å, H(2″3) ... H(6″2)₃ with 2.10 Å, H(6″1) ... O(2)₃ with 2.22 Å, and C(6″) ... O(2)₃ with 2.99 Å. The R factor in all three structures remains unchanged with these changes in torsion angles.

Table 3. Cartesian coordinates of one residue of the 4_3 helix of triethylamylose-solvent complexes in Angstroms (virtual bond length $\triangleq 4.35$ Å). The helix axis had been shifted $1/4$ a as is necessary for space group $P2_12_12_1$. The coordinates of the center of scattering for guest molecules in the asymmetric unit are given. (For atom labelling see reference (1).)

Atom	TEA1-N			TEA1-C2			TEA1-DCM2		
	x	y	z	x	y	z	x	y	z
O(4)	4.558	−1.092	−0.199	4.485	−1.148	−0.090	4.491	−1.143	−0.290
C(1)	1.869	−1.766	2.820	1.757	−1.643	2.929	1.766	−1.654	2.729
C(2)	2.765	−2.955	2.481	2.573	−2.888	2.590	2.589	−2.895	2.390
C(3)	3.926	−2.946	1.622	3.761	−2.507	1.731	3.776	−2.507	1.531
C(4)	3.421	−1.719	0.411	3.309	−1.698	0.520	3.319	−1.700	0.320
C(5)	2.457	−0.600	0.822	2.420	−0.519	0.931	2.423	−0.526	0.731
C(6)	1.801	0.096	−0.355	1.811	0.219	−0.246	1.810	0.208	−0.446
O(2)	3.258	−3.499	3.701	3.029	−3.464	3.810	3.049	−3.468	3.610
O(3)	4.680	−3.622	1.164	4.439	−3.680	1.273	4.460	−3.676	1.073
O(4)2	2.583	−0.883	3.671	2.527	−0.810	3.780	2.532	−0.816	3.580
O(5)	1.409	−1.129	1.655	1.340	−0.978	1.764	1.345	−0.991	1.564
O(6)	2.569	1.197	−0.857	2.605	1.329	−0.686	2.607	1.311	−0.899
C(2′)	2.673	−4.738	4.065	2.355	−4.656	4.180	2.430	−4.698	3.946
C(2″)	2.329	−4.871	5.534	1.986	−4.747	5.646	2.085	−4.857	5.412
C(3′)	5.685	−4.046	2.075	5.363	−4.211	2.215	5.460	−4.142	1.971
C(3″)	5.737	−5.550	2.122	5.300	−5.716	2.206	5.455	−5.647	2.010
C(6′)	1.934	1.962	−1.867	2.033	2.101	−1.728	1.985	2.147	−1.858
C(6″)	2.781	3.121	−2.399	2.907	3.269	−2.192	2.830	3.353	−2.277
H(1)	1.048	−2.095	3.386	0.916	−1.918	3.495	0.927	−1.934	3.295
H(2)	2.208	−3.676	1.961	1.969	−3.572	2.070	1.989	−3.582	1.870
H(3)	4.563	−1.885	2.191	4.437	−1.939	2.300	4.448	−1.935	2.100
H(4)	2.936	−2.375	−0.250	2.782	−2.321	−0.141	2.795	−2.326	−0.341
H(5)	2.983	0.140	1.348	2.993	0.186	1.457	2.992	0.182	1.257
H(6A)	0.846	0.433	−0.075	0.850	0.555	0.010	0.853	0.552	−0.185
H(6B)	1.637	−0.598	−1.126	1.670	−0.449	−1.044	1.659	−0.464	−1.238
H(2′1)	3.310	−5.523	3.783	2.940	−5.486	3.914	3.044	−5.494	3.642
H(2′2)	1.812	−4.903	3.487	1.492	−4.767	3.594	1.563	−4.824	3.367
H(3′1)	5.470	−3.673	3.033	5.128	−3.856	3.174	5.270	−3.765	2.932
H(3′2)	6.617	−3.672	1.768	6.335	−3.899	1.967	6.401	−3.802	1.654
H(6′1)	1.021	2.333	−1.503	1.096	2.464	−1.421	1.060	2.479	−1.487
H(6′2)	1.660	1.334	−2.662	1.815	1.479	−2.545	1.736	1.582	−2.707
H(2″1)	2.118	−5.875	5.755	1.704	−5.732	5.875	1.847	−5.860	5.609
H(2″2)	1.488	−4.280	5.751	1.186	−4.097	5.847	1.263	−4.248	5.646
H(2″3)	3.141	−4.547	6.115	2.812	−4.474	6.233	2.908	−4.571	5.998
H(3″1)	6.347	−5.857	2.920	5.844	−6.096	3.020	6.061	−5.981	2.800
H(3″2)	6.131	−5.915	1.220	5.711	−6.078	1.310	5.824	−6.023	1.102
H(3″3)	4.768	−5.931	2.255	4.299	−6.025	2.277	4.473	−5.991	2.153
H(6″1)	2.366	3.473	−3.297	2.549	3.627	−3.113	2.431	3.771	−3.154
H(6″2)	3.761	2.788	−2.552	3.898	2.942	−2.305	3.818	3.045	−2.454
H(6″3)	2.795	3.898	−1.692	2.871	4.038	−1.479	2.820	4.071	−1.511
G(1)	5.259	−1.338	8.341	4.246	−1.781	7.713	4.025	−0.836	9.261
G(2)	1.344	0.006	12.243	0.381	−0.290	11.117	0.133	0.032	11.941

Summary

The crystal structure of triethylamylose with nitromethane (TEA1-N), chloroform (TEA1-C2), and dichloromethane (TEA1-DCM2) built into the crystal lattice has been investigated. All these three triethylamylose complexes exhibit similar X-ray diffraction patterns and index with the same pseudotetragonal unit cell with $a = b = 14.70 \pm 0.01$ Å, $c = 15.48 \pm 0.03$ Å (fiber repeat), space group $P2_12_12_1$. The triethylamylose chain forms a 4_3 helix, the solvent molecules are placed in the groove of the helices possessing only a 2_1 screw axis in chain direction.

Zusammenfassung

Die Kristallstruktur von Triäthylamylose mit eingebautem Nitromethan (TEA1-N), Chloroform (TEA1-C2) und Dichlormethylen (TEA1-DCM2) wurde bestimmt. Alle diese drei Triäthylamylose Komplexe weisen ähnliche Röntgenfaseraufnahmen auf und können mit einer pseudotetragonalen Elementarzelle mit $a = b = 14,70 \pm 0,01$ Å, $c = 15,48 \pm 0,03$ Å (Faserperiode) indiziert werden; Raumgruppe $P2_12_12_1$. Die Triäthylamylosekette bildet eine 4_3 Helix, die Lösungsmittelmoleküle befinden sich in der Helixrinne, weisen jedoch nur eine 2_1 Schraubenachse in Kettenrichtung auf.

References

1) *Bluhm, T. L., G. Rappenecker, P. Zugenmaier,* Carbohyd. Res., in press (1978).

2) *Zugenmaier, P., A. Sarko,* Biopolymers 15, 2121 – 2139 (1976).

3) *Pauling, L.,* Nature of the Chemical Bond (Ithaca, New York 1960).

4) *Arnott, S., D. W. L. Hukins,* J. Mol.Biol. 81, 93—105 (1973).

Authors' address:

T. L. Bluhm and *P. Zugenmaier*
Institut für Makromolekulare Chemie
der Universität Freiburg
D-7800 Freiburg

Progr. Colloid & Polymer Sci. **64**, 139—146 (1978)
© 1978 by Dr. Dietrich Steinkopff Verlag GmbH & Co. KG, Darmstadt
ISSN 0340-255 X

Vorgetragen auf der Frühjahrstagung des Fachausschusses
Physik der Hochpolymeren in der Deutschen Physikalischen Gesellschaft
in Rothenburg o. T. vom 28.–31. März 1977

Laboratorium für Kunststofftechnik LKT-TGM, Wien und Institut für Angewandte Physik, TU Wien

Zum Schereinfluß auf die Kristallisation
von isotaktischem Polypropylen

H. Muschik, H. Dragaun und *P. Skalicky*

Mit 11 Abbildungen

(Eingegangen am 24. Dezember 1976)

Kurzfassung

In einer früheren Arbeit (1) wurde berichtet, daß an extrudierten Rohren aus isotaktischem Polypropylen (it-PP) ein lichtmikroskopisch sichtbarer Schichtaufbau entsteht. Die Ausbildung dieser Schichten hängt ebenso wie die Kristallinität und die mechanischen Eigenschaften von den Verarbeitungsbedingungen ab.

Eingehende Untersuchungen haben gezeigt, daß dieser Schichtaufbau in nahem Zusammenhang mit den Schereinflüssen steht (2). Dabei entsteht in den Randzonen mit dem stärksten Schergefälle bevorzugt die β-Phase (3, 4), wie anhand von polarisationsmikroskopischen und röntgenographischen Vergleichen mit scherungslos hergestellten Platten gezeigt werden konnte.

In der vorliegenden Arbeit wurden mit Hilfe der Differentialkalorimetrie (DSC) Messungen an geschert und scherungslos hergestelltem Material durchgeführt. Es zeigt sich mit Hilfe der DSC eine Bestätigung der röntgenographisch gefundenen Aussagen, daß die β-Phase praktisch nur an geschert kristallisiertem Material auftritt.

In früheren Arbeiten (3, 5, 6) wurde die Kristallisationstemperatur für die bevorzugte Entstehung der hexagonalen β-Phase im Temperaturbereich mit 100°—130°C angegeben. Eine weitere Arbeit (25) zeigt die Übereinstimmung im Orientierungseinfluß für die Ausbildung der β-Phase, wobei der Einfluß der Abkühlgeschwindigkeit nicht in Übereinstimmung mit den vorliegenden Ergebnissen steht.

Zur Bestimmung der Kristallinität erwies sich die Differentialkalorimetrie als Methode mit experimentell geringem Aufwand, wobei auch die bei Röntgenmessungen schwierig zu erfassenden Textureinflüsse vermieden werden (7).

Experimentelles

Material

Das in dieser Arbeit verwendete Material war stets isotaktisches Polypropylen (PP HO50, natur) der Chemie Linz AG, mit einem Schmelzindex von 0,5 g/10 min (2,16 kp; 230 °C).

Extrusion

Druckrohre mit 40 mm Durchmesser und 3 mm Wandstärke wurden auf einem Battenfeld-Kuhne Einschnekkenextruder (BE 70) mit einer 3-Zonenschnecke mit $D = 70$ mm und einer Länge von 24 D hergestellt. Der Schmelzezustand wurde mit Hilfe der torsionsempfindlichen Meßspitze nach *Revesz* (8) und durch Thermoelemente nahe der Meßspitze und am Werkzeug kontrolliert. Die Abkühlbedingungen wurden durch die jeweiligen Badtemperaturen festgelegt. Die verwendeten mittleren Massetemperaturen (T_M) betrugen 210° und 230 °C, die Badtemperaturen (T_B) 20, 40, 60 und 80 °C. Daraus ergibt sich beim Abkühlprozeß eine maximale Temperaturdifferenz von $\Delta T = 210$ K und eine minimale $\Delta T = 130$ K. Dies entspricht einer Unterkühlung in bezug auf die Gleichgewichtstemperatur (siehe Abschnitt Differentialkalorimetrie) von $\Delta T = 148,2$ K bzw. $\Delta T = 88,2$ K. Der Druck bei der Kristallisation betrug stets 1 bar.

Scherungslose Kristallisation

Die Herstellung von scherungslos kristallisierten Testplatten erfolgte in einem Plattenwerkzeug mit den Abmessungen 120 × 120 × 1, bzw. 2, bzw. 3 mm. Ein extrudiertes Plattenmaterial wurde damit im Vakuumofen bei $T_M = 210°$ und 230 °C 1 Stunde lang aufgeschmolzen und kristallisierte anschließend in einem Silikonölbad bei Temperaturen zwischen $T_B = 20$ und 150 °C (Unterkühlung $\Delta T = 148,2$ K bis $\Delta T = 18,2$ K). Die an Rohren und Platten festgestellten mittleren Abkühlgeschwindigkeiten waren im Bereich von 50 bis 2 K/min.

Analog zu der beschriebenen Plattenherstellung durchgeführte DSC-Versuche mit den ermittelten Abkühlgeschwindigkeiten zeigen, daß eine isotherme Kristallisation nur für Badtemperaturen größer als 110 °C zutrifft. Bei stärkerer Unterkühlung tritt zuerst die Hauptkristallisation (9) ein, bevor die Badtemperatur angenommen wird. Der Druck bei der Kristallisation betrug stets 1 bar.

Polarisationsmikroskopie

Zur Beschreibung des untersuchten Gefüges und zur Auswahl bestimmter Bereiche des Schichtaufbaues für Röntgen- und DSC-Untersuchungen wurden Mikrotom-

Rohrinnenwand

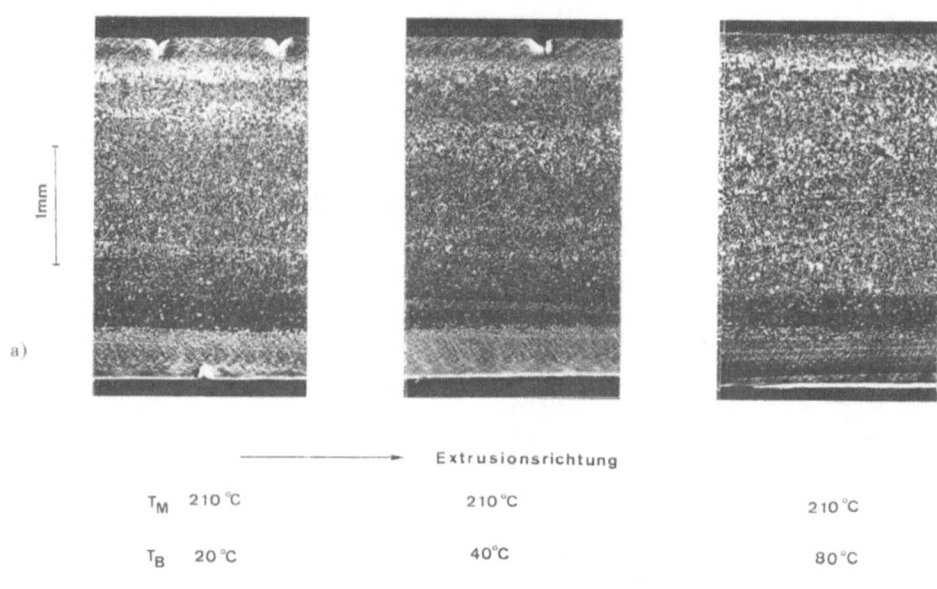

Extrusionsrichtung

T_M	210 °C	210 °C	210 °C
T_B	20 °C	40 °C	80 °C

Plattenproben

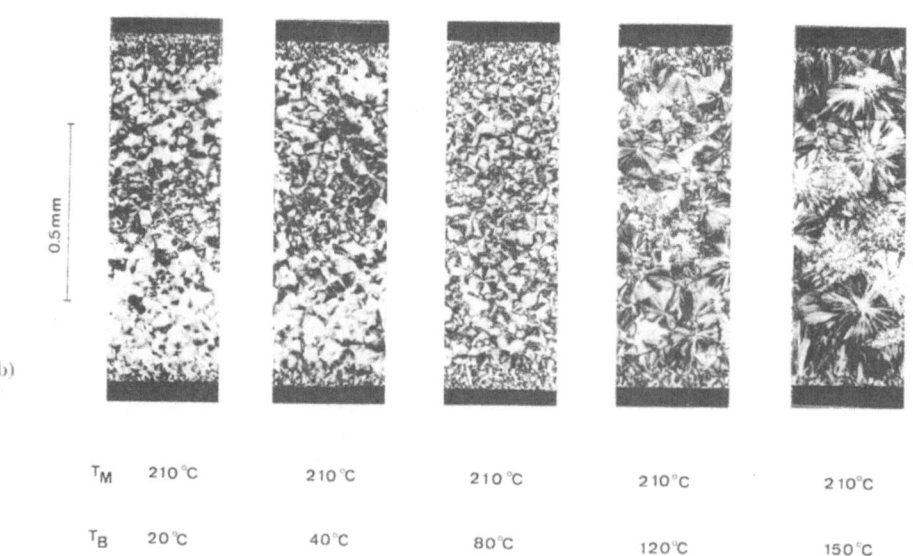

T_M	210 °C	210 °C	210 °C	210 °C	210 °C
T_B	20 °C	40 °C	80 °C	120 °C	150 °C

Abb. 1. Polarisationsmikroskopischer Vergleich von Rohrproben (1a) und Plattenproben (1b), Massetemperatur 210 °C

schnitte parallel und senkrecht zur Rohrachse bzw. Plattenlängsrichtung entnommen. Die Schnittdicke betrug 15—20 µm. Die Beschreibung der Zonen und ihre morphologische und kristallographische Zuordnung erfolgt analog zu früheren Arbeiten (1, 2).

Differentialkalorimetrie

Für die differentialkalorimetrischen Messungen wurde ein Gerät von PERKIN-ELMER DSC-1 verwendet. Als Schutzgas gegen Oxidation wurde in allen Fällen Stickstoff herangezogen. Die Heizgeschwindigkeit betrug stets 8 °C/min. Die Geräteeichung in bezug auf Temperaturen und Enthalpieänderungen erfolgte mit Indium. In den erhaltenen Thermogrammen wurden die Umwandlungstemperaturen bzw. Enthalpieänderungen bei Phasenumwandlungen ausgewertet. Für die Schmelzwärme ΔHf von 100% kristallinem PP wurde der Wert von 35 cal/g (10) gewählt, weil dieser Wert die beste Übereinstimmung von Kristallinitäten aus DSC-Messungen und jenen aus Dichtemessungen (11) brachte.

Die DSC-Untersuchungen erstreckten sich auf:

— Messungen über den ganzen Rohr- bzw. Plattenquerschnitt („integral"),
— Messungen über Teile des Rohr- bzw. Plattenquerschnittes („differential").

Die Auswahl der Meßstellen für die DSC erfolgte anhand der Polarisationsmikroskopie.

Polymere haben im Gegensatz zu reinen Metallen nicht einen Schmelzpunkt, sondern ein Schmelzintervall. Als „Schmelzpunkt" wurde in dieser Arbeit bei der Auswertung der Thermogramme die Temperatur bei maximalem Wärmestrom herangezogen. Das entspricht jener Temperatur T'_{mp}, bei der die meisten Kristallamellen schmelzen (12, 13). Die Zuordnung der Umwandlungstemperaturen zu bestimmten Kristallmodifikationen erfolgte anhand der röntgenographisch gefundenen Ergebnisse (2) und durch Literaturwerte (3, 6, 14).

Ergebnisse und Diskussion

Polarisationsmikroskopie

Abbildung 1 zeigt Vergleiche von extrudierten Rohren und isotherm kristallisierten Platten für die Massetemperatur von 210 °C. Bei den Rohren ist in der Nähe der Ränder deutlich geschichtetes Gefüge zu sehen, wobei das Hauptgefüge in der Mitte relativ homogen ist. Bei allen Badtemperaturen ist bei den Plattenmustern ebenso eine Schichtung zu erkennen, wobei die Randzone bei niederen Badtemperaturen sehr dünn ausgebildet ist und bei den höchsten Badtemperaturen die größte Stärke erreicht. Bei der Badtemperatur 150 °C erkennt man bei den Plattenproben das Auftreten einer transkristallinen Randschicht. In den polarisationsmikroskopischen Bildern war bei den Badtemperaturen 100—110 °C vereinzelt das Auftreten von Sphärolithen der β-Phase (Abb. 2) zu beobachten.

Abb. 2. Polarisationsmikroskopische Aufnahme an Plattenmaterial. Massetemperatur 210 °C, Badtemperatur 100 °C. Bei Badtemperaturen 100, 110 °C konnten vereinzelt β-Sphärolithe beobachtet werden

Sie sind an ihren konkaven Begrenzungsflächen, die von der höheren Wachstumsgeschwindigkeit der β-Phase herrühren, zu erkennen. Die mittleren Sphärolithdurchmesser in Abhängigkeit von den Abkühlbedingungen gibt Abbildung 3 an.

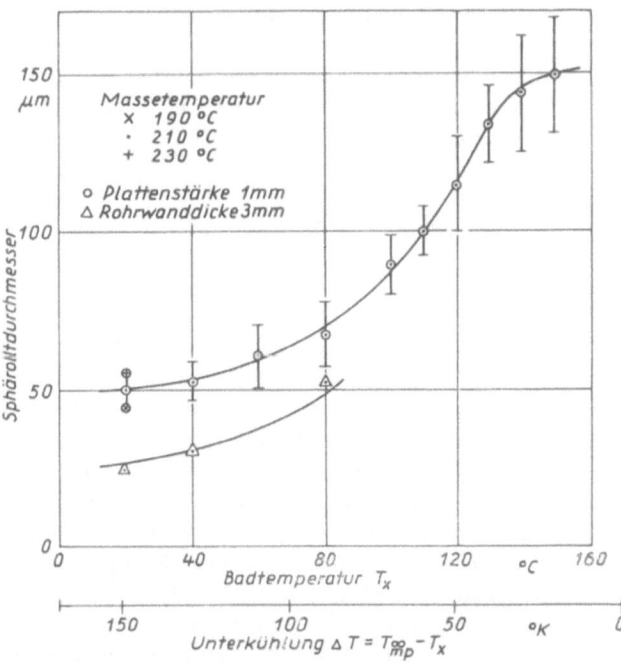

Abb. 3. Sphärolithdurchmesser in der Probenmitte an Rohren und Platten in Abhängigkeit von der Badtemperatur, Massetemperatur 210 °C

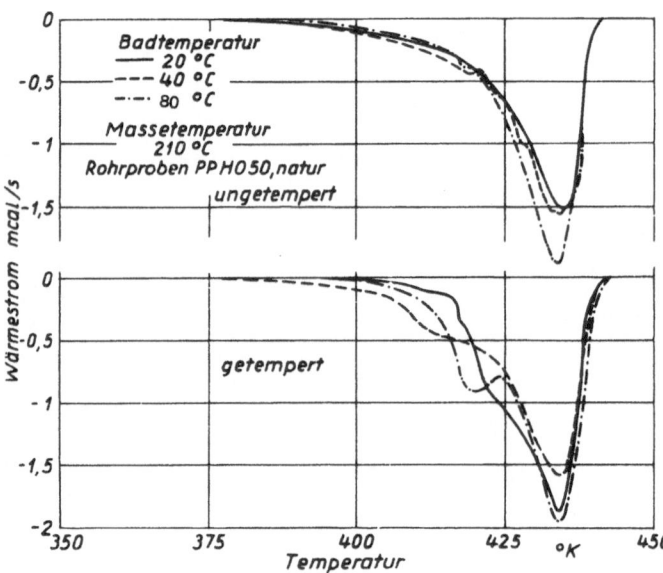

Abb. 4. Thermogramme von ungetemperten und getemperten Rohren aus Polypropylen in Abhängigkeit von der Kühlbadtemperatur; Massetemperatur 210 °C. Probenentnahme („integral") über den Rohrquerschnitt

Zur Ausmessung der Sphärolithdurchmesser wurde jeweils der Mittelbereich der Proben herangezogen. Bemerkenswert dabei ist, daß der Kurvenverlauf dem Dichte- bzw. Härteverlauf (15) — wie auch von *Schönfeld* und *Wintergerst* (6) gefunden wurde — sehr ähnlich ist, und die Änderungen der genannten Kenngrößen bei Badtemperaturen von 20 °C bis 80 °C relativ gering sind. Die Rohrproben (Abb. 3) zeigen bei gleichen Badtemperaturen kleinere Sphärolithe. Dies kann durch die höhere Abkühlgeschwindigkeit bei den wassergekühlten Rohrproben, im Gegensatz zu den mit Silikonöl gekühlten Plattenproben, erklärt werden.

Differentialkalorimetrie

Rohre

Die „integralen" DSC-Thermogramme ergaben für ungetemperte wie für getemperte Rohre Abbildung 4 bei der Massetemperatur 210 °C. Die Thermogramme für die Massetemperatur 230 °C sind in der Tendenz ähnlich.

Die Temperung erfolgte nach einem DE-CHEMA-Vorschlag (16) in 7 Stunden durch stufenweise einstündige Lagerung in einem Wärmeschrank mit natürlicher Luftumwälzung bei 150 °C, 140 °C usw. bis 90 °C. Nach der letzten Stufe wurde in Luft bei Raumtemperatur abgekühlt und bis zur Prüfung mindestens 24 Stunden bei Raumtemperatur gelagert.

Man erkennt in Abbildung 4 deutlich zwei getrennte Schmelzmaxima, die aufgrund von Röntgenmessungen (2) eindeutig der hexagonalen β- bzw. der monoklinen α-Phase (4) zugeschrieben werden können. Höhere Badtemperatur ergibt erhöhte β-Anteile. Eine Temperung verstärkt diesen Effekt noch mehr. Dies kann durch eine in der Nähe des Schmelzpunktes der β-Phase auftretende Rekristallisation (14) bei der Temperung erklärt werden. Die Auswertung der Gesamtschmelzwärme (Abb. 5) ergibt, daß

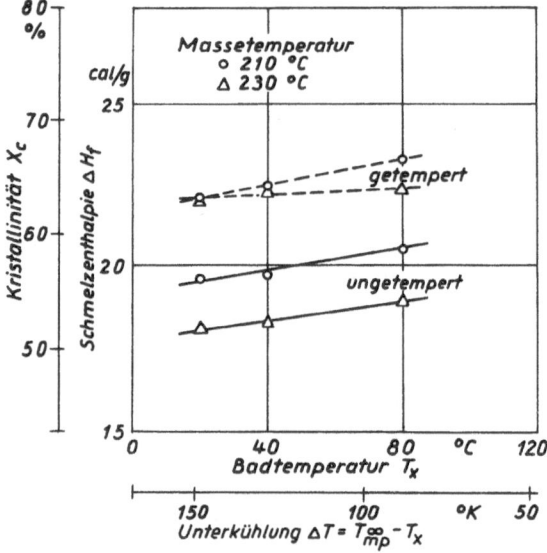

Abb. 5. Schmelzenthalpien und daraus ermittelte Gesamtkristallinitäten an ungetemperten und getemperten Rohren aus Polypropylen. Massetemperatur 210 °C und 230 °C. Probenentnahme („integral") über den Rohrquerschnitt

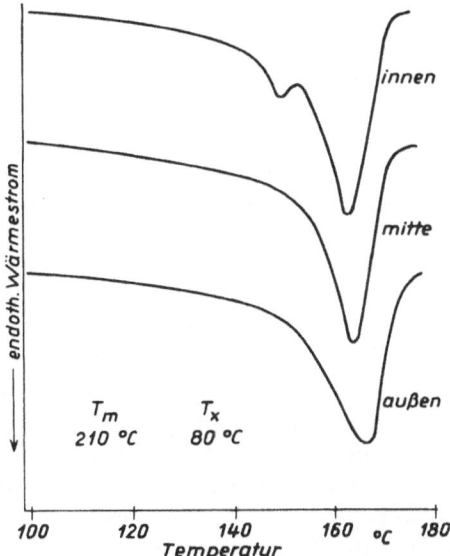

Abb. 6. Thermogramme von ungetemperten Rohren aus Polypropylen. Massetemperatur 210 °C, Badtemperatur 80 °C. Der Rohrquerschnitt wurde in 3 Teile geschnitten („differential")

mit steigender Badtemperatur die Gesamtkristallinität ansteigt. Auffällig ist, daß die tiefere Massetemperatur die höhere Kristallinität ergibt. Dies läßt sich damit erklären (6, 13), daß bei höherer Massetemperatur die zur Kristallisation notwendigen Nukleationskeime geringer werden, danach bei der raschen Abkühlung

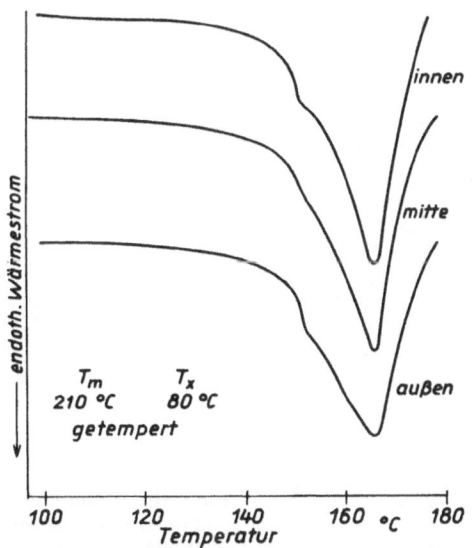

Abb. 7. Thermogramme von getemperten Rohren aus Polypropylen. Massetemperatur 210 °C, Badtemperatur 80 °C. Der Rohrquerschnitt wurde in 3 Teile geschnitten („differential")

fehlen und einen höheren Anteil des nichtkristallinen Gefüges bewirken.

Zur selektiven Untersuchung der in Abbildung 1 an Rohren gezeigten Gefügeunterschiede wurde der Rohrwandquerschnitt mit einem Mikrotom in 3 Teile (Rohrinnen-, -mitten-, -außenwand) geschnitten und kalorimetrisch (Abb. 6, 7) für die Massetemperatur 210 °C untersucht, wobei die Thermogramme für die Massetemperatur 230 °C wieder sehr ähnlich waren. Die quantitative Auswertung der Gesamtschmelzenthalpie bzw. von dieser durch Kurvenzerlegung abgetrennten β-Schmelzenthalpie zeigt Abb. 8, wobei bei der Umrechnung für Kristallinitäten Unterschiede in der Schmelzwärme von α- und β-Phase nicht berücksichtigt wurden.

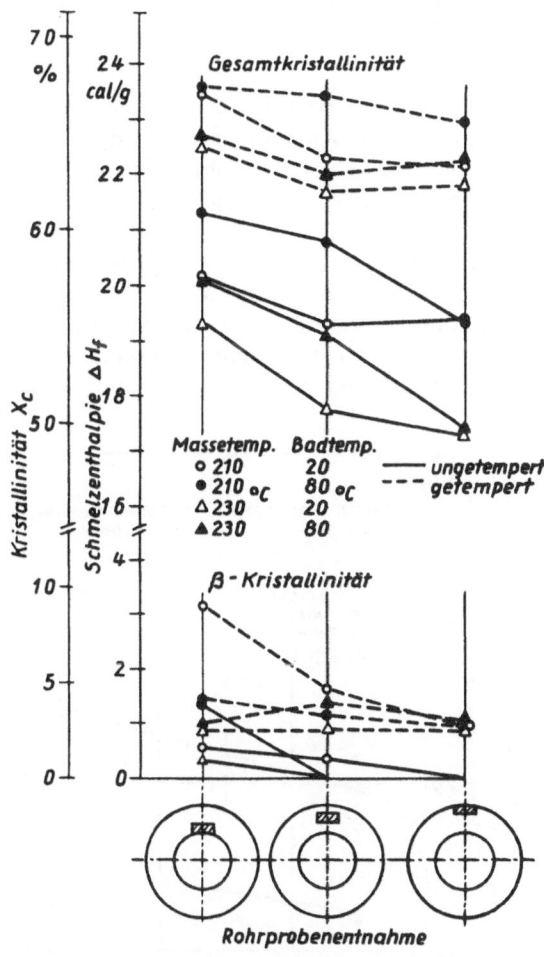

Abb. 8. Gesamtenthalpie und β-Anteil sowie daraus bestimmte Kristallinitäten von ungetemperten und getemperten Rohren. Der Rohrquerschnitt wurde in 3 Teile geschnitten („differential")

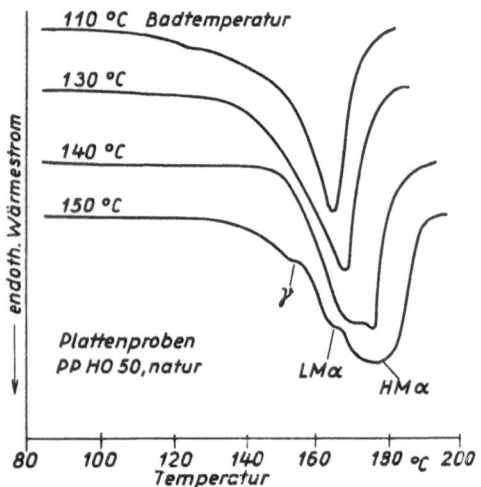

Abb. 9. Thermogramme von verschieden isotherm kristallisierten Platten. Massetemperatur 210 °C. Die Probenentnahme ist („integral") über den ganzen Plattenquerschnitt

In Abbildung 8 sind deutlich zwei Ebenen zu erkennen — die ungetemperten und die stärker kristallinen getemperten Rohre. Die ungetemperten Rohre haben, über den Querschnitt betrachtet, an der Innenseite stets die größte Gesamtkristallinität, wie auch den größten β-Anteil. Die Temperung ändert an diesen Kristallinitätsverteilungen wenig, nur wird der Absolutbetrag der Kristallinität jeweils höher. Dies steht in Übereinstimmung mit an gleichen

Rohren durchgeführten Röntgenuntersuchungen (7).

In Übereinstimmung mit *Turner-Jones* et al. (3) zeigt sich, daß der Anteil der β-Phase (Abb. 8) mit steigender Massetemperatur geringer wird. In allen Fällen zeigt sich bei rascher Abkühlung (Rohraußenseite), daß nur geringe oder nicht mehr nachweisbare β-Anteile beobachtet werden können.

Platten

Bei den Plattenproben ergaben die „Differentialmessungen" über den Plattenquerschnitt im Rahmen der Meßgenauigkeit keine Tendenzen bezüglich des geschichteten Auftretens der β-Phase. Abbildung 9 zeigt die Thermogramme in Abhängigkeit von der Badtemperatur und Abbildung 10 die Auswertung der Schmelzwärme bzw. die Kristallinitätsumrechnung. Die Schmelztemperatur der α-Phase (Abb. 9, 11) zeigt dabei eine schwache, jedoch eindeutige Abhängigkeit von der Badtemperatur. Dies kann anhand der aus Röntgenkleinwinkelmessungen von *Blais* und *Manley* (17) gefundenen Beziehung

$$l = \frac{14,4}{1,04 - \dfrac{T'_{mp}}{T^{\infty}_{mp}}} \ [\text{Å}]$$

diskutiert werden; dabei bedeutet l die Lamellendicke der Kristallite, T'_{mp} die Schmelztemperatur

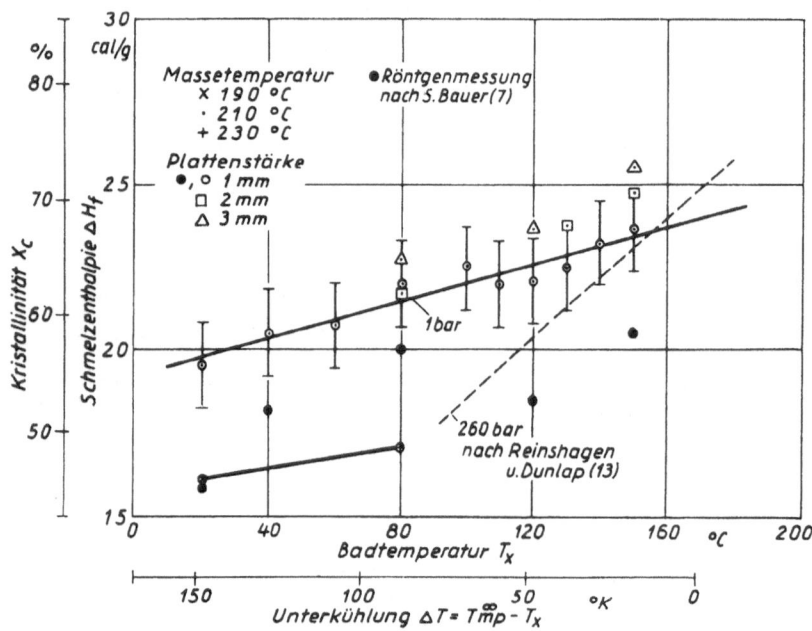

Abb. 10. Schmelzenthalpie und daraus bestimmte Kristallinität an Platten aus Polypropylen. Die Probenentnahme erfolgte („integral") über den ganzen Plattenquerschnitt

Abb. 11. „Schmelztemperatur"
von Platten aus Polypropylen.
Probenentnahme („integral") über
den ganzen Plattenquerschnitt

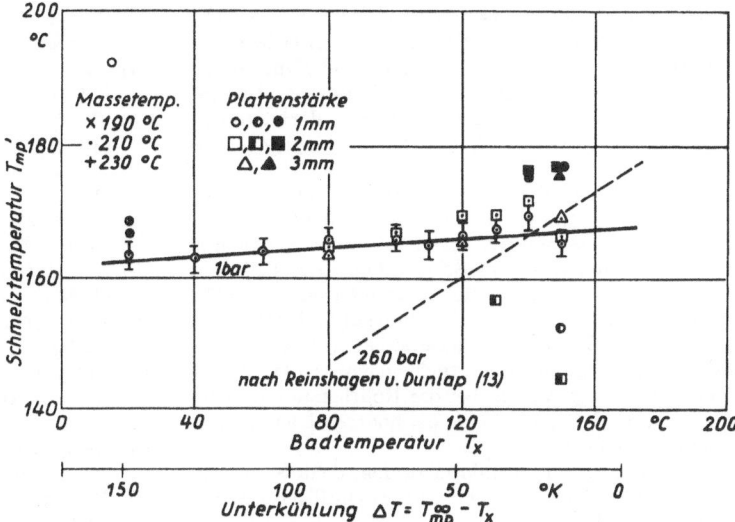

des untersuchten Polymers und T_{mp}^{∞} die Gleichgewichtsschmelztemperatur, bezogen auf gleichen Druck für den Kristallisations- bzw. Schmelzvorgang (1 bar). Die Beziehung sagt aus, daß mit steigender Schmelztemperatur die mittlere Lamellendicke größer wird. Dies wird erklärlich durch die mit steigenden Badtemperaturen überproportional ansteigende Diffusionsgeschwindigkeit (18), welche es ermöglicht, größere Lamellenblöcke auszubilden. Die Gleichgewichtsschmelztemperatur T_{mp}^{∞} wird, wie allgemein angewendet (19), durch Schnitt des gemessenen Schmelztemperaturverlaufes mit dem Kristallisationstemperaturverlauf ermittelt. Für den erhaltenen Schnittpunkt ist die Schmelztemperatur gleich der Kristallisationstemperatur. Die danach ermittelte Gleichgewichtstemperatur beträgt $T_{mp}^{\infty} = 168{,}2\,°C$.

Die ermittelten Kristallinitäts- bzw. Schmelztemperaturverläufe (Abb. 10, 11) wurden jeweils durch eine Gerade angenähert. Ein Vergleich mit den von *Reinshagen* und *Dunlap* (13) bei einem Druck von 260 b an vergleichbarer Polypropylentype gefundenen Zusammenhängen zeigt eine deutlich stärkere Abhängigkeit der Kristallinität und der Schmelztemperatur von der Badtemperatur. In Abbildung 9 zeigt sich ab der Badtemperatur von 140 °C neben dem α-Anteil ein zusätzliches Maximum bei höherer Temperatur und bei der Badtemperatur 150 °C, bei niederen Temperaturen, ein weiteres Schmelzmaximum. Röntgenographische Untersuchungen (20) an diesen Proben zeigten neben der dominierenden α-Phase einen geringen Anteil der

γ-Phase. Damit kann das in Abbildung 9 bei der Temperatur von 153,5 °C auftretende Schmelzmaximum der γ-Phase zugeschrieben werden. Das weitere zusätzliche Maximum im Kurvenverlauf (176 °C) ist die von *Fujiwara* (14) beschriebene Hochtemperaturmodifikation der α-Phase (HMα), die neben der Niedertemperaturmodifikation (LMα) auftritt. Diese bei 140 °C auftretende HMα-Modifikation tritt noch deutlicher bei der höchsten verwendeten Badtemperatur (150 °C) auf, während die LMα-Modifikation anteilsmäßig abnimmt. Da beide Modifikationen (LMα, HMα) röntgenographisch keine Unterschiede aufweisen, wird anhand der Beziehung von *Blais* und *Manley* vermutet, daß es sich bei der HMα-Modifikation um stabile Kristallite mit großen mittleren Abmessungen (Vergrößerung der Langperiode) handelt. Die Zunahme der Langperiode mit steigender Schmelze- bzw. Tempertemperatur konnte von anderen Autoren auch an Polyäthylen beobachtet werden (21—24).

Die Autoren danken der Chemie-Linz AG für das Untersuchungsmaterial, dem Forschungsförderungsfonds der gewerblichen Wirtschaft (FFF) für die finanzielle Unterstützung, den Professoren *E. Schmitz*, *H. Hubeny*, *H. Wolanek* für wertvolle Hilfe und Diskussionen und Herrn *W. Grabenweger* für die Unterstützung bei den Auswertungsarbeiten.

Zusammenfassung

Es wurde der Einfluß der Abkühlbedingungen und der Scherung auf den Polymorphismus von Polypropylen untersucht. Die zu dieser Arbeit herangezogenen Untersuchungsmethoden waren die Polarisationsmikro-

skopie, die Röntgenweitwinkelstreuung und die Differentialkalorimetrie. Die Unterschiede zwischen den
untersuchten Rohren und Platten bestanden im wesentlichen — bei gleicher Masse- und Badtemperatur und
gleichem Druck bei der Kristallisation — darin, daß die
Rohre unter Schereinfluß, die Platten hingegen scherungslos kristallisierten.

Die DSC-Ergebnisse bestätigen die in früheren Arbeiten röntgenographisch gefundene Tatsache, daß die
β-Phase in größeren Anteilen nur bei Proben beobachtet
werden konnte, die unter Schereinfluß kristallisierten.
Dabei trat die β-Phase an der Rohrinnenwand viel stärker auf als an der vom Kühlbad umspülten Rohraußen-
wand. Dieser Anteil der β-Phase ist bei niedrigeren Badtemperaturen gering oder nicht nachweisbar. Durch
höhere Badtemperaturen bei der Rohrherstellung wird
der gesamte β-Anteil erhöht, bei höheren Massetemperaturen erniedrigt.

Diese Feststellungen führen zu dem Schluß, daß für
das Auftreten der β-Phase in it-PP wesentlich die Scher-
bedingungen in der Schmelze, aber auch die Kristallisationstemperatur verantwortlich sind.

Summary

The influences of the cooling conditions and the shear
on the polymorphism of Polypropylene were investigated by polarisation microscopy, wide-angle x-ray diffraction and differential scanning calorimetry (DSC).

Different samples were tested. Pipes crystallized
under shear influence and the sheets crystallized without
any shear influence. The mass temperatures, the bath
temperatures as well as the pressure at crystallization
were kept constant. The results of the DSC confirm the
facts found by x-ray methods. A higher percentage of
β-form occurs only when the crystallization is carried
out under shear influence. In the interior part of the
pipe wall the percentage of β-form is much higher than
in the exterior one being in contact to the cooling bath.
If the bath temperature is too low the part of the β-form
is small or even not detectable.

During pipe production higher bath temperatures
increase and higher mass temperatures decrease the percentage of β-form. From this it can be concluded that
the formation of β-form depends essentially on the
shear influence but also on the crystallization temperature.

Literatur

1) *Dragaun, H., H. Hubeny, H. Muschik, G. Detter*,
   Kunststoffe **65**, 311 (1975).
2) *Dragaun, H., H. Hubeny, H. Muschik*, J. Polymer
   Sci., Polymer Phys. **15**, 1779 (1977).
3) *Turner-Jones, A., J. M. Aizlewood, D. R. Beckett*,
   Makromol. Chemie **75**, 134 (1964).
4) *Samuels, R. J., R. Y. Yee*, J. Polymer Sci. A2, **10**,
   385 (1972).
5) *Padden, F. J., H. D. Keith*, J. Appl. Phys. **30**, 1479
   (1959).
6) *Schönefeld, G., S. Wintergerst*, Kunststoffe **60**, 177
   (1970).
7) *Bauer, S.*, Dissertation, TU-Wien (1977).
8) *Revesz, H.*, Kunststoffe **64**, 35 (1974).
9) *Dietl, J. J.*, Gummi-Asbest-Kunststoffe **22**, 35
   (1969).
10) *Wilkinson, R. W., M. Dole*, J. Polymer Sci. **58**, 1089
    (1962).
11) *Bodor, G., M. Grell, A. Kallo*, Faserforschg. u. Tex-
    tiltechn. **15**, 527 (1964).
12) *Flory, D. J.*, J. Chem. Phys. **17**, 223 (1949).
13) *Reinshagen, J. H., R. W. Dunlap*, J. Appl. Polymer
    Sci. **19**, 1037 (1975).
14) *Fujiwara, Y.*, Colloid & Polymer Sci. **253**, 273
    (1975).
15) *Muschik, H., H. Dragaun*, Veröffentlichung in Vor-
    bereitung.
16) *Ehrbar, J.*, DEFA/KC, DECHEMA-Prüfprogramm,
    Rundschreiben 1970-02-19, Basel.
17) *Blais, J. J. B. P., R. St. John Manley*, J. Mat. Sci.
    Phys. **B1**, 525 (1967).
18) *Barrer, R. M.*, Trans. Faraday Soc. **35**, 628 (1939).
19) *Fatou, J. G.*, Eur. Polymer J. **7**, 1057 (1971).
20) *Mayer, P. F.*, Röntgenweitwinkelmessungen an
    Polypropylen, unveröffentlicht.
21) *Anderson, F. R.*, J. Appl. Phys. **35**, 64 (1964).
22) *Mandelkern, L.*, et al., J. Polymer Sci. A2, 385
    (1966).
23) *Wunderlich, B.*, et al., J. Macromol. Sci. **B1**, 485
    (1967).
24) *Kawai, T.*, Colloid & Polymer Sci. **229**, 116 (1969).
25) *Leugering, H. J., G. Kirsch*, Angew. Makromol.
    Chem. **33**, 17 (1973).

Anschriften der Verfasser:

Dr. *H. Muschik* und Dr. *H. Dragaun*
Laboratorium für Kunststofftechnik LKT-TGM
Severingasse 9
A-1090 Wien

a. o. Prof. Dr. *P. Skalicky*
Institut für Angewandte Physik
TU-Wien
Karlsplatz 13
A-1040 Wien

Progr. Colloid & Polymer Sci. **64**, 147–153 (1978)
© 1978 by Dr. Dietrich Steinkopff Verlag GmbH & Co. KG, Darmstadt
ISSN 0340-255 X

Lectures during the conference of Fachausschuss
"Physik der Hochpolymeren" of Deutsche Physikalische Gesellschaft
in Rothenburg o. T. March 28–31, 1977

Fachbereich Physikalische Chemie, Bereich Polymere, Universität Marburg

Density fluctuations in uniaxially stretched polyethylene

W. Wiegand and *W. Ruland*

With 8 figures and 1 table

(Received May 17, 1977)

1. Introduction

In a recent study on density fluctuations in amorphous and semicrystalline polymers (*Rathje* and *Ruland* (1)) it was concluded that the temperature dependence of the density fluctuations at low temperatures is predominantly determined by the group velocities of long wavelength phonons. Since these velocities are directly related to the elastic constants of the material, a study of mechanically anisotropic polymer samples appears to be of interest.

It is the aim of the present work to investigate the anisotropy of the diffuse small-angle scattering in the angular region in which the density fluctuations are determined, and to relate this anisotropy to that of the elastic constants and to the preferred orientation of the structural units of the material.

2. Theoretical

The basic relationship between the scattering intensity I as a function of $s = 2 \sin \theta / \lambda$ and the electron density fluctuation Fl_{el} is given by

$$\lim_{s \to 0} \frac{1}{N} I(s) = \frac{\langle N^2 \rangle - \langle N \rangle^2}{\langle N \rangle} = Fl_{el} \qquad [1]$$

where I is determined in electron units, N is the number of electrons and $\langle \ \rangle$ an average over sufficiently large volumes. This equation is valid for a material without directional anisotropy; in the general case, e.g. for single crystals or polycrystalline materials with preferred orientation where I is a function of the magnitude and the orientation of s, the reciprocal space vector, $I(s)$ has to be replaced by $\langle I(s) \rangle_\omega$ in eq. [1] where $\langle \ \rangle_\omega$ stands for the spherical average.

It has been shown in an earlier paper (1) that the contribution of long wave-length phonons to the small-angle scattering contains a direction dependent term,

$$\lim_{s \to 0} \frac{1}{N} I(s) = \frac{\varrho_{el} \, k_B T}{\varrho_m} \frac{1}{v_l^2(e)} \qquad [2]$$

in which ϱ_{el} is the average electron density, k_B Boltzmann's constant, T the absolute temperature, ϱ_m the mass density and $v_l(e)$ the group velocity of longitudinal lattice waves as a function of the direction defined by the unit vector e.

This equation has been derived using the harmonic approximation for lattice vibrations; it should be a good approximation for the thermal diffuse scattering (TDS) at low temperatures. To the direction dependence of v_l corresponds the direction dependence of C, the elastic constant of the material, which is related to v_l by the equation

$$C(e) = \varrho_m \, v_l^2(e) \,. \qquad [3]$$

If the mechanical properties of a material have cylindrical symmetry, the direction dependence of these properties is only a function of the angle φ between the primary axis and the direction of e, and one obtains the well-known relationship

$$C(\varphi) = C_{33} \cos^4 \varphi + C_{11} \sin^4 \varphi \\ + 2(C_{13} + 2C_{44}) \cos^2 \varphi \sin^2 \varphi \qquad [4]$$

where the C_{ij}'s are the components of the tensor of elasticity in the notation of *Voigt*. In this case, eq. [2] becomes

$$\lim_{s \to 0} \frac{1}{N} I(s, \varphi) = \frac{\varrho_{el} \, k_B T}{C(\varphi)} \,. \qquad [5]$$

If the mechanical anisotropy of the material is due to the mechanical anisotropy of its structural units and their preferred orientation, there are various ways in which the anisotropy of the structural units can be considered to determine the anisotropy of the material. The most simple approximations are the uniform strain (*Voigt*) and the uniform stress (*Reuss*) model. The former results in an average over the components of the elasticity tensor, the latter in an average over the components of the compliance tensor of the structural units. In the present case we can consider the thermal diffuse scattering (TDS) in the small-angle region to be additively composed of the TDS of the individual structural units in the same way and for the same reasons as the scattering intensity of a polycrystalline material is considered to be the sum of the scattering intensities of the individual crystallites, i.e.

$$I(s) = \sum_i I_0(T_i\, s)$$

where $I_0(s)$ is the scattering intensity of an average structural unit with respect to a unit-fixed system of coordinates and T_i the tensor relating this system to the sample-fixed system of coordinates. If both I and I_0 are cylindrically symmetrical, this relationship becomes

$$\frac{1}{N}\, I(s, \varphi) = \int_0^{\pi/2} \frac{1}{N_0}\, I_0(s, \varphi')\, F(\varphi, \varphi') \sin \varphi'\, \mathrm{d}\varphi'$$

[6]

where N_0 is the number of electrons per structural unit, φ' the angle between the primary axis of the structural unit and the direction of s and

$$F(\varphi, \varphi') = 2 \int_0^{2\pi} g(\beta)\, \mathrm{d}\eta$$

with

$$\cos \beta = \cos \varphi \cos \varphi' + \sin \varphi \sin \varphi' \cos \eta\,.$$

$g(\beta)$ is the orientation distribution of the primary axis of I_0 with respect to the primary axis of I and is normalized

$$\int_0^\pi g(\beta) \sin \beta\, \mathrm{d}\beta = \frac{1}{2\,\pi}\,.$$

A more detailed account of this treatment is given in a separate paper (2).

Applying eq. [6] to the TDS as defined by eqs. [4] and [5] and taking into account that the TDS of the structural units can be defined in analogy to eqs. [4] and [5] by

$$\lim_{s \to 0} \frac{1}{N_0}\, I_0 = \frac{\varrho_{\text{el}}\, kT}{c(\varphi')}$$

[7]

with

$$c(\varphi') = c_{33} \cos^4 \varphi' + c_{11} \sin^4 \varphi'$$
$$+ 2(c_{13} + 2c_{44}) \cos^2 \varphi' \sin^2 \varphi'\,,$$

[8]

where the c_{ij}'s are the components of the elasticity tensor of the structural units, one obtains

$$\frac{1}{C(\varphi)} = \int_0^{\pi/2} \frac{F(\varphi, \varphi')}{c(\varphi')} \sin \varphi'\, \mathrm{d}\varphi'\,,$$

[9]

a result, which is different from that of either the uniform strain or the uniform stress model.

It is shown in a separate paper (2) that there are various possibilities for the inversion of eqs. [6] and [9]. A direct method consists in the development of g and I/N into a series of Legendre polynomials with the coefficients a_n and c_n, respectively. The coefficients b_n for a corresponding development of I_0/N_0 are then obtained by

$$b_n = \frac{2n + 1}{4\pi} \frac{c_n}{a_n}$$

hence

$$\frac{1}{N_0}\, I_0(s, \varphi') = \sum_{n=0}^\infty b_n(s)\, P_n(\cos \varphi')\,,$$

[10]

where P_n are the Legendre polynomials of the first kind of the n-th degree.

3. Experimental

The starting material for the samples was a technical polyethylene with a crystallinity of about 56% (Vestolen A from Hüls) in form of films of 200 μm thickness. These films where stretched at room temperature with various strain rates to obtain a series of stretch ratios λ. At about $\lambda = 1.5$ a necking process sets in which permits to attain a maximum value of $\lambda = 7$.

The determination of the preferred orientation and the superstructure was carried out on X-ray photographs taken with a Kiessig camera using Cu K_α radiation and a graphite monochromator. Various directions of the primary beam with respect to the stretch direction and the plane of the film were chosen in order to obtain a complete information on $I(s)$.

The photographs were evaluated using a double-beam microdensitometer (Joyce-Loebl) and all necessary corrections (polarization, absorption etc.) were applied to the intensity measurements.

For the determination of the orientation distributions $g_{hkl}(\varphi)$ the intensity distributions $I_{hkl}(\varphi, \theta)$ of the index (*hkl*) were separated from the background and integrated over θ at various values of φ in order to eliminate the effect of correlations between size and/or perfection of the crystallites and their orientation.

The diffuse small-angle scattering was measured in the temperature range between 4 °K and 300 °K using a helium cryostat (Leybold-Heraeus) and a horizontal diffractometer (Philips), Cu K_α radiation, xenon-filled proportional counter and pulse-height discrimination.

The cryostat was equipped with a temperature control unit by which any temperature between $4\,°K$ and $300\,°K$ could be kept constant with a maximum deviation of $1°$ over at least 24 hours. The temperature was measured with a thermistor and a carbon resistance at the cooling block of the cryostat and, separately, with a thermocouple in contact with the sample. The measurements of the scattering intensity were carried out 20 min and 100 min after any temperature change, no difference was observed between these measurements at any temperature. The extrapolation towards zero angle and towards zero sample thickness was carried out in the same way as that already described in an earlier paper (1). Normalization of the scattering intensity was obtained using the diffuse small-angle scattering of liquids (benzene, cyclohexane). Figures 1 and 2 show the results for the density fluctuations Fl_{el} as a function of temperature for these liquids. Apart from the steep increase of Fl_{el} at the melting points, the phase transition of cyclohexane at $186\,°K$ is clearly visible as a step in the Fl_{el}-T curve.

4. Results and discussion

4.1. Preferred orientation

A study of the starting material did not reveal any significant preferred orientation. The stretched samples showed various degrees of preferred orientation with fiber symmetry in which the c-axes of the crystallites where preferentially oriented in the stretch direction. The small-angle patterns obtained with the Kiessig camera indicated that the fibre symmetry also holds for the superstructure for not too high stretch ratios. This survey enabled us to select a sample with a stretch ratio $\lambda = 4$ as the most appropriate for the more detailed measurements. Figure 3 shows the orientation distributions $g_{hkl}(\varphi)$ for the (110) and (200) interference which where obtained by integrating the intensity distributions I_{hkl} over θ,

$$g_{hkl}(\varphi) \propto \int I_{hkl}(\varphi, \theta)\, d\theta.$$

Inspection of these functions and that of the (020) interference revealed differences between g_{110}, g_{200} and g_{020} which are due to the fact that the structure does not have a simple fibre symmetry in which case all g_{hkl} should be the same. This excludes the determination of the exact orientation distribution $g_{001}(\varphi)$ of the c-axes using the method given by *Hermans, Hermans, Vermaas* and *Weidinger* (3) which only holds for simple fibre symmetry. However, the orientation functions f_{hkl} (4) defined by

$$f_{hkl} = \tfrac{1}{2}\,(3\,\langle\cos^2 \varphi_{hkl}\rangle - 1)$$

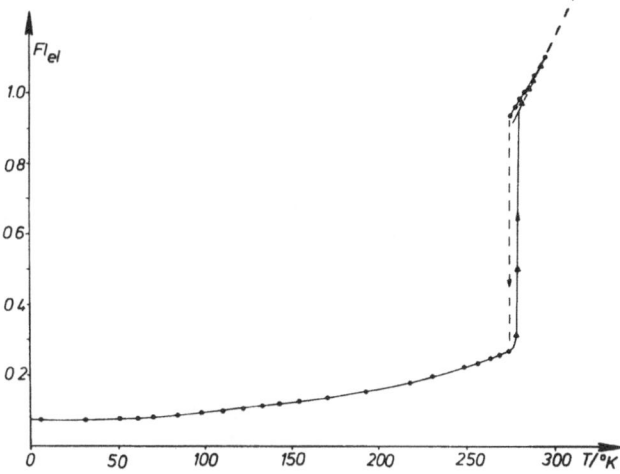

Fig. 1. Electron density fluctuation of benzene as a function of temperature

with

$$\langle\cos^2 \varphi_{hkl}\rangle = \frac{\int \cos^2 \varphi\, g_{hkl}(\varphi)\sin\varphi\, d\varphi}{\int g_{hkl}(\varphi)\sin\varphi\, d\varphi}$$

of (110), (200) and (020) can be used to obtain that of (001) applying the relationship (5)

$$f_{h00} + f_{0k0} + f_{00l} = 0$$

which holds for orthorhombic crystals.

It was observed that the distributions g_{hk0} could be approximated by functions of the type $\sin^m \varphi$ where the exponent m is somewhat different for (110), (200) and (020). Figure 4 shows the fitting of such a function to $g_{110}(\varphi)$.

If the structure had simple fibre symmetry, all $g_{hk0}(\varphi)$ would be identical and if the approxima-

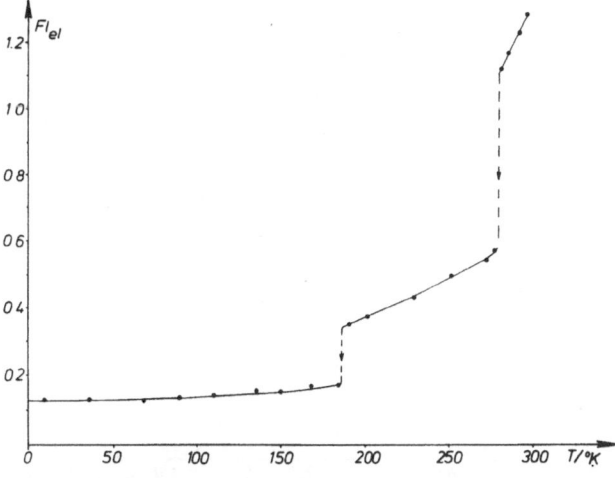

Fig. 2. Electron density fluctuation of cyclohexane as a function of temperature

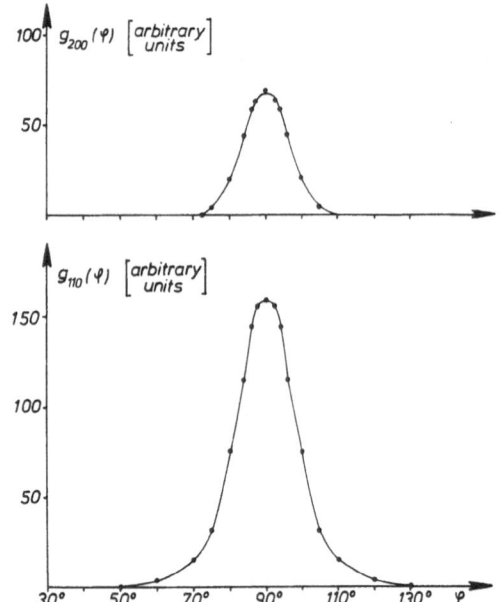

Fig. 3. Orientation distribution $g_{hkl}(\varphi)$ for (110) and (200) interference

tion $\sin^m \varphi$ would hold for these distributions, the distribution $g_{00l}(\varphi)$ would be given by a function of the type $\cos^m \varphi$. Since the exponents m for (110), (200) and (020) are only slightly different, we can assume that $\cos^m \varphi$ is a good approximation for $g_{00l}(\varphi)$, and hence the exponent m can be approximated by

$$m = \frac{3 f_{00l}}{1 - f_{00l}}$$

since $f = \dfrac{m}{m + 3}$ for $g = \cos^m \varphi$.

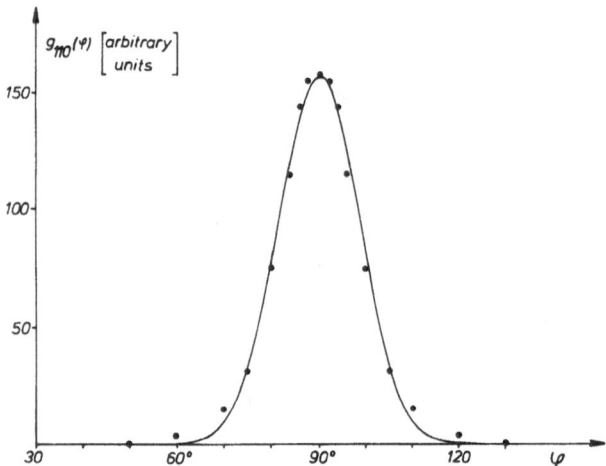

Fig. 4. Fitting of a function of the typ $\sin^m \varphi$ to $g_{110}(\varphi)$

A value of $m = 44$ was determined for the PE sample with $\lambda = 4$.

The diffuse scattering maximum (amorphous halo) in the vicinity of the (110) and (200) interference generally attributed to interference effects related to the structure of the amorphous regions shows a marked variation in intensity with φ which indicates that a preferred orientation is also present in the amorphous regions. A quantitative interpretation of this effect presupposes that the amorphous halo is in correlation with a particular feature of the amorphous structure, e.g. the parallel stacking of chain segments. The fact that the Bragg spacing corresponding to the maximum of the halo is in the range of the distances expected for this stacking and that the maximum intensity is on the equator justifies the assumption that this diffuse equatorial maximum is comparable to an $(hk0)$ interference of the crystalline domains and that the variation of its intensity with φ can, to a first approximation, be evaluated in the same way as that of an $(hk0)$ interference in a simple fibre structure. This means that its orientation function f_{am} can be used to obtain the orientation function f_M of the chain axes in the parallel stacking of molecular segments by

$$f_M = -2 f_{am} .$$

In cold-drawn polyethylene the separation of the amorphous halo from the equatorial interferences of the crystallites is rather difficult since the deformation produces not only a broadening of the lines due to the change of size and/or perfection of the crystallites but also a partial transformation of the orthorhombic to a monoclinic modification (6, 7, 8) which results in supplementary interference peaks in the vicinity of the orthorhombic (110) and (200) lines so that there are at least five crystalline peaks in the region of the amorphous halo which are partly overlapping each other (see fig. 5). Especially the monoclinic (200) and ($\bar{2}$10) lines make an unambiguous separation of the crystalline peaks and the amorphous halo for an isotropic sample very difficult even at low concentrations of monoclinic crystals. In the case of an anisotropic sample of sufficiently high orientation, the amorphous halo is not affected by crystalline peaks outside the angular region near $\varphi = 90°$ so that the orientation distribution $g_{am}(\varphi)$ of the amorphous halo can be determined unambiguously over a large region of φ. If one takes the position and the shape of the amorphous halo in the angular region unaffected by crystalline peaks to be valid also in the equatorial region, the separation of the halo from the crystalline peaks is still not sufficiently well defined. The choice of the separation line is, however, limited by a supplementary condition if one takes the crystallinity w_c of the sample into account. The ratio of the integrated intensities of the crystalline peaks to the integrated intensities of the crystalline peaks and the amorphous halo is, to a first approximation, equal to w_c. If w_c is obtained by an independent method, this condition can be used to choose the correct weighing factor for the amorphous halo such that

$$w_c = \frac{\int\limits_0^{\pi/2} \int\limits_{\theta_{min}}^{\theta_{max}} I_c(\varphi, \theta) \sin \varphi \, d\varphi \, d\theta}{\int\limits_0^{\pi/2} \int\limits_{\theta_{min}}^{\theta_{max}} I(\varphi, \theta) \sin \varphi \, d\varphi \, d\theta}, \qquad [11]$$

where $I_c(\varphi, \theta)$ is the scattering intensity of the crystalline peaks and $I(\varphi, \theta)$ the total scattering intensity (above background) as a function of the polar angle φ and the Bragg angle θ, in a limited region of θ, in the present case $7° < \theta < 14°$.

For the two separation lines indicated in figure 5, an application of eq. [11] results in a w_c-value of 0.39 for the upper and 0.56 for the lower line, the latter value corresponding to the crystallinity of the starting material.

For an independent determination of the crystallinity we have chosen the calorimetric method since the density method appears to be affected by microvoids created during the stretching process. The crystallinity value obtained from the heat of fusion of the sample is 0.56 ± 0.02, from which we concluded that the lower separation line in figure 5 is the more correct one. In table 1 the f-values for the chain axis orientation in the crystalline (f_{00l}) and the amorphous (f_M) regions are given together with

Table 1. See text

λ	f_{00l}	f_M	$\varDelta$ calculated	$\varDelta$ observed
1.5	0.486	0.118	0.017	0.017
4.0	0.936	0.455	0.037	0.037

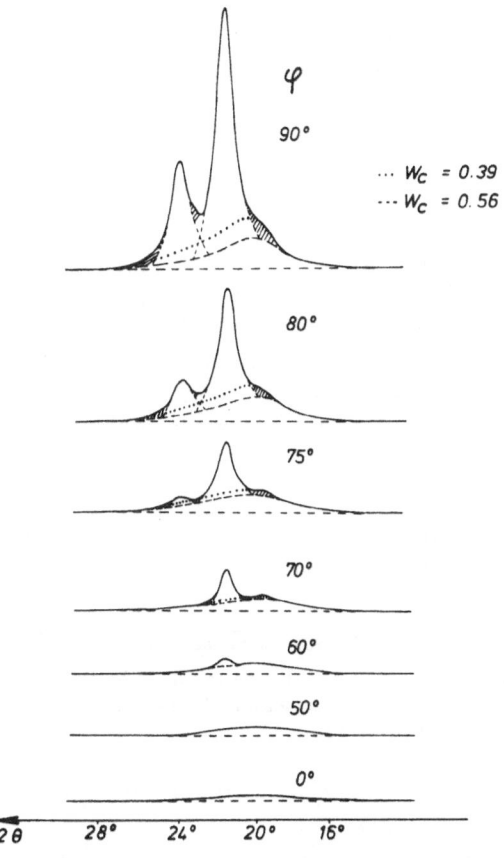

Fig. 5. Radial scans as a function of the Bragg angle θ for various values of the polar angle φ;
.... upper separation line,
------- lower separation line,
hatched region: monoclinic interferences

the stretch ratio λ and the observed and calculated $\varDelta$ value of the birefringence. The calculation of $\varDelta$ was based on the relationship

$$\varDelta = v_c \, \varDelta_{ci} \, f_{00l} + (1 - v_c) \, \varDelta_{ai} \, f_M$$

using the intrinsic birefringence values of $\varDelta_{ci} = 0.0572$ and $\varDelta_{ai} = 0.0428$ given by *Stein* and *Norris* (9). The agreement of these values is very satisfactory.

Furthermore, the value of the electron density fluctuation (see next section) of the starting material and the stretched sample was found to be equal, i.e. both samples have the same crystallinity. This corroborates the result of the calorimetric measurements and thus justifies the choice of the lower separation line in figure 5.

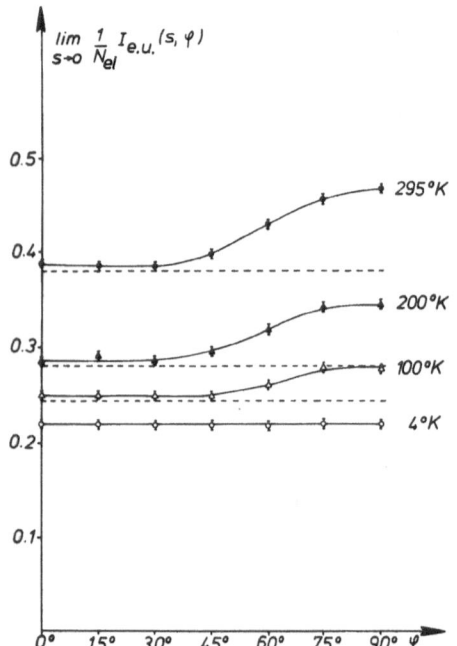

Fig. 6. Limit of the diffuse small-angle scattering towards $s = 0$ as a function of the polar angle φ for various temperatures

4.2. Anisotropy of the diffuse small-angle scattering

Figure 6 shows the diffuse scattering intensity extrapolated towards $\theta = 0$ as a function of φ for the sample with $\lambda = 4$ for 4 different temperatures. Except for $T = 4\,°K$ there is a marked anisotropy with a minimum at $\varphi = 0°$ and a maximum at $\varphi = 90°$.

At $T = 4\,°K$ the contribution of the thermal motion (phonons) to the diffuse small-angle scattering can be neglected so that the intensity is determined only by the frozen-in disorder of the amorphous regions and the lattice imperfections in the crystalline regions, the former producing the predominant part of the intensity. Although both the crystalline and the amorphous regions show a marked preferred orientation, this intensity shows no anisotropy. This means that the disorder has, in contrast to the structure, no preferred orientation, i.e. the disorder in the chain direction is equivalent to that perpendicular to it.

The anisotropy observed at higher temperatures is thus only due to the thermal motion (phonons) for which we expect an intensity component corresponding to eq. [2]. Taking into account that the contributions from the amorphous and crystalline regions are additive

(*Rathje* and *Ruland* (1)), one can write

$$\lim_{s \to 0} \frac{1}{N} I(T, \varphi)$$

$$= Fl(0) + \varrho_{el} k_B T \left(\frac{w_c}{C_c(\varphi)} + \frac{1 - w_c}{C_a(\varphi)} \right)$$

for $T < T_g$.

According to eq. [9], the elastic constants $C_c(\varphi)$ for the crystalline regions and $C_a(\varphi)$ for the amorphous regions can be calculated from the orientation distribution of the crystalline and amorphous regions and the elastic constants $c_c(\varphi')$ and $c_a(\varphi')$ of the crystallites and the structural units of the amorphous regions, respectively. Whereas the values of $c_c(\varphi')$ can be computed using, e.g., the values given by *Wobser* and *Blasenbrey* (10), there is no information so far available on $c_a(\varphi')$. However, if one takes $c_a(\varphi')$ equal to $c_c(\varphi')$, which is in any case the highest anisotropy possible for the mechanical properties of structural units of the amorphous regions, one finds that $C_a(\varphi)$ has only a very small anisotropy since the preferred orientation of the amorphous regions is small compared to that of the crystalline regions. We can thus, to a first approximation, consider $C_a(\varphi)$ as independent of φ, use the value of $Fl_a(T)$ for PE given in the earlier paper (1) to calculate the contribution of the amorphous regions to the diffuse small-angle scattering and extract the

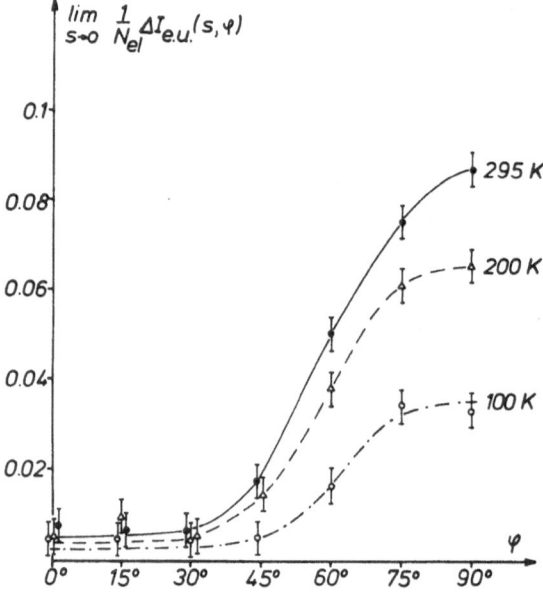

Fig. 7. Thermal diffuse small-angle scattering of the crystalline regions for three temperatures as a function of the polar angle φ

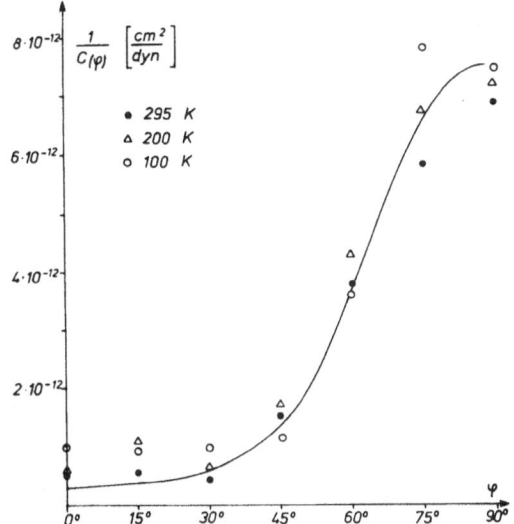

Fig. 8. Comparison of theoretical (solid line) and experimental values for the reciprocal of the elastic constant C as a function of the polar angle φ

functions $\varrho_{el} kT/C_c(\varphi)$ from the experimental values shown in figure. 6 The result is plotted in figure 7.

Figure 8 shows the experimentally determined $1/C_c(\varphi)$ values together with the theoretical values calculated according to eq. [9] using $c(\varphi')$ values based on the c_{ij}'s reported by *Wobser* and *Blasenbrey* (10) and a development of $g_{00l}(\varphi)$ in a series of Legendre polynomials. The agreement is satisfactory considering the experimental errors involved. Measurements of far higher precision are needed if one would like to obtain meaningful results from an inversion of eq. [9] using an experimentally determined $C(\varphi)$. However, the experiment shows clearly that the magnitude and the type of the anisotropy of the diffuse small-angle scattering corresponds to that expected for the TDS of the oriented crystallites. It corroborates eq. [2] and the working hypothesis of the earlier paper that the temperature dependence of the density fluctuations below T_g are determined by the group velocities of long wave-length phonons.

Summary

The diffuse small-angle scattering of polymers due to density fluctuations within the crystalline and amorphous domains contains a component which is determined by the group velocities of long wave-length phonons. Since the group velocities depend on the mechanical properties of the polymer, this component should show an anisotropy in polymers with preferred orientation.

To study this effect and to relate it to the mechanical anisotropy of the constituents of the polymer structure, a quantitative determination of the preferred orientation of the crystalline and amorphous domains at room temperature and of the anisotropy of the diffuse small-angle scattering in the temperature range $4\,°K < T < 300\,°K$ was carried out for a uniaxially stretched polyethylene. It was found that the anisotropy of the diffuse small-angle scattering increases with increasing temperature and that it can be quantitatively expressed in terms of the mechanical anisotropy of the crystalline domains.

Zusammenfassung

Die von den Dichtefluktuationen innerhalb der kristallinen und amorphen Bereiche herrührende diffuse Kleinwinkelstreuung enthält eine Komponente, die durch die Gruppengeschwindigkeit langwelliger Phononen bestimmt ist. Da diese Gruppengeschwindigkeit von den mechanischen Eigenschaften des Polymeren abhängt, sollte diese Komponente bei Polymeren mit Vorzugsorientierung eine Anisotropie zeigen.

Um diesen Effekt zu untersuchen und mit der mechanischen Anisotropie der Strukturbausteine des Polymeren zu vergleichen, wurde eine quantitative Bestimmung der Vorzugsorientierung der kristallinen und amorphen Bereiche bei Raumtemperatur sowie der Anisotropie der diffusen Kleinwinkelstreuung im Temperaturbereich $4\,°K < T < 300\,°K$ an einem unaxial verstreckten Polyäthylen durchgeführt. Es wurde festgestellt, daß die Anisotropie der diffusen Kleinwinkelstreuung mit steigender Temperatur zunimmt und daß sie quantitativ durch die mechanische Anisotropie der kristallinen Bereiche ausgedrückt werden kann.

Literatur

1) *Rathje, J.*, W. *Ruland*, Colloid & Polymer Sci. **254**, 358 (1976).
2) *Ruland, W.*, Colloid & Polymer Sci. **255**, 833 (1977)
3) *Hermans, J. J.*, P. H. *Hermans*, D. *Vermaas*, A. *Weidinger*, Rec. Trav. Chim. Pays Bas **65**, 427 (1946).
4) *Hermans, P. H.*, P. *Platzek*, Koll. Z. 88, 68 (1939).
5) *Wilchinsky, Z. W.*, J. Appl. Phys. **30**, 792 (1959).
6) *Kiho, H.*, A. *Peterlin*, H. *Geil*, J. Appl. Phys. **35**, 1599 (1964).
7) *Kikuchi, Y.*, S. *Krimm*, J. Macromol. Sci.-Phys. **B4(3)**, 461 (1970).
8) *Seto, T.*, T. *Hara*, K. *Tanaka*, Japanese J. of Appl. Phys. **7**, 31 (1968).
9) *Stein, R. S.*, F. H. *Norris*, J. Polymer Sci. **21**, 381 (1956).
10) *Wobser, G.*, S. *Blasenbrey*, Kolloid-Z. u. Z. Polymere **241**, 985 (1970).

Authors' address:

Dr. W. Wiegand
Prof. Dr. W. Ruland
Fachbereich Physikalische Chemie
Bereich Polymere
Universität Marburg
Lahnberge, Gebäude H
D-3550 Marburg

Progr. Colloid & Polymer Sci. **64**, 154—165 (1978)
© 1978 by Dr. Dietrich Steinkopff Verlag GmbH & Co. KG, Darmstadt
ISSN 0340-255 X

Lectures during the conference of Fachausschuss
"Physik der Hochpolymeren" of Deutsche Physikalische Gesellschaft
in Rothenburg o. T. March 28—31, 1977

Universität Ulm, Abteilung für Experimentelle Physik I, Ulm/Donau, Germany

The one-dimensional characterization of the micro-structure
of melt-crystallized polymer systems

H. Meyer and *H.-G. Kilian*

With 15 figures

(Received August 17, 1977)

Introduction

When having densely packed crystal lamellae and amorphous layers in polymer systems, the macroscopic isotropic sample may be represented by a "poly-cluster" ensemble the elements of which are randomly oriented (1, 2). For sufficiently small diffraction angles the *Ewald*-sphere identifies approximately with a plane (3) so that each synthesis of the small angle x-ray scattering (SAXS) pattern must be related to the projection of the real structure into this plane. In this case, gas-type scattering of the "visible" clusters illustrated by the electron-microscopic picture in figure 1 is expected. The internal

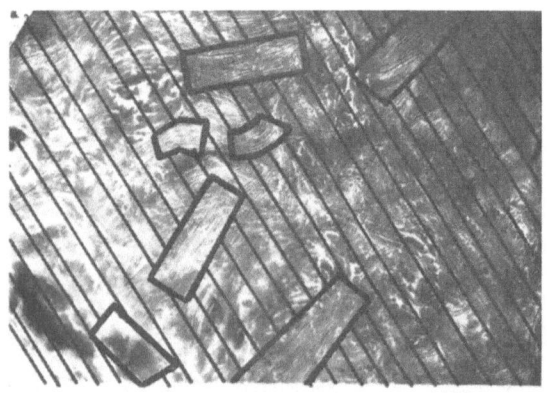

Fig. 1. Electron micrograph of stained HDPE[1]). "Interference-active" clusters properly oriented, are indicated

---

[1]) We are very indebted to Prof. *Kanig* for leaving us original electron-microscopic pictures. For details concerned with the preparation technics see for example (16).

structure of the various clusters is not completely regular due to fluctuations in thickness of the crystals and the amorphous layers in longitudinal as well as in lateral directions within a single cluster.

The SAXS-pattern of melt-crystallized HDPE (4—7) and of copolymers of ethylene (8, 9) has been synthesized with the aid of the one-dimensional theory of paracrystalline structures (10—14). Here, the cluster has been postulated to be composed of a definite number of parallel crystal lamellae with amorphous layers in-between with the lateral dimensions considered to be extremely large. The SAXS-pattern of melt-crystallized high-density polyethylene (HDPE) containing folded chain crystals can only be fitted then by introducing local fluctuations of the average longitudinal distance of the crystals in the different clusters.

From the implications of the foregoing theoretical concepts it is evident that it can be accredited only if the actual meaning of the parameters employed can be substantiated. This is the major objective of this paper based on light diffraction experiments using an electron-microscopic picture of a single cluster as a realistic two-dimensional model.

The ideal cluster with finite dimensions

Quite apart from whatever internal properties of the cluster may be selected, any theoretical description of the SAXS-pattern of melt crystallized polymers is based on the concept of an "ideal cluster". Such a cluster is considered to be composed of parallel crystal lamellae and amorphous layers of uniform width, in the simplest case the lamellae themselves being plane without any fluctuations of the thickness in lateral directions (perpendicular to the direction of the normal n on the flat surfaces of the lamellae). Taking notice of the finite lateral dimensions of the cluster too, it is useful to cast the reciprocal vector b into the following form

$$b = b_n + b_L .\qquad [1]$$

With b_n as the component in direction of n and b_L as the corresponding lateral component.

Advantage of the internal symmetry of the physical structure of the ideal cluster can be taken when the vector r is resolved into the components

$$r = r_n + r_L .\qquad [2]$$

Describing the structure of the ideal cluster which is illustrated in figure 2 we arrive at the following formulation of the density function $\varrho(r)$

$$\varrho(r) = \left\{ \sum_{\nu=1}^{N} s_\nu\, \delta(z - g_\nu) - \Delta\varrho_u \cdot s^N(z) \right\}$$
$$\times\, s^L(r_L) + \varrho_u(r) \qquad [3]$$

with the Dirac-delta function

$$\delta(z - g_\nu) = \begin{cases} 0 & z = g_\nu \\ 1 & z \neq g_\nu \end{cases} \qquad [4]$$

where g_i is defined to describe the "longitudinal distored lattice structure" in the ideal cluster with the aid of

$$g_\nu = \begin{cases} \displaystyle\sum_{k=1}^{\nu-1} l_k & \nu = 2, \ldots, N-1 \\ 0 & \nu = 1 \end{cases} \qquad [5]$$

with N as the total number of crystals in the cluster. Since y_ν and x_ν are the thickness of the crystal lamellae and the amorphous layer resp. at the "lattice point" ν, the parameter l_ν represents the distance to the neighbouring unit in direction of z or n, being subject to lattice distortions. The factor s_ν is given by

$$s_\nu = \begin{cases} \Delta\varrho & 0 \leq y \leq y_\nu \\ 0 & \text{otherwise} \end{cases} \qquad [6]$$

with $\Delta\varrho = \varrho_c - \varrho_a$, where ϱ_c and ϱ_a are the densities of the crystals and the non-crystallized layers, respectively. Introducing

$$s^N(z) = \begin{cases} 1 & 0 \leq z \leq g_{N+1} \\ 0 & \text{otherwise;} \end{cases}$$

$$s^L(r_L) = \begin{cases} 1 & r \in \text{cluster} \\ 0 & \text{otherwise} \end{cases} \qquad [7]$$

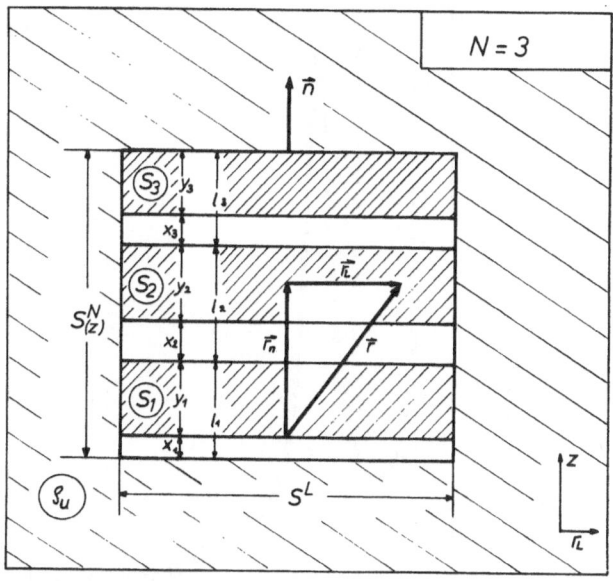

Fig. 2. Two-dimensional scetch of a cluster in the (n, r_L)-plane

and recalling that the average density in the partially crystallized systems ϱ_u can be computed from

$$1/\varrho_u = w_c/\varrho_c + (1 - w_c)/\varrho_a \qquad [8]$$

provided the degree of crystallinity w_c, ϱ_c and ϱ_a are known, a complete description of the scattering function dependent on the internal properties and the shape of the ideal cluster, can be done by using following equation (10)

$$I(b) = |A(b)|^2 = I_1(b_n) \cdot |S_L(b_L)|^2 \qquad [9]$$

with

$$A(b) = \int \varrho(r) \exp[-2\pi i(b, r)]\, d^3r .$$

$I_1(b_n)$ is the "one-dimensional intensity function" which is only related to the longitudinal internal properties as well as to the longitudinal average sizes of the ideal clusters in the "visible" ensemble. The influence of finite lateral dimensions of the ideal cluster can simply be computed from the Fourier transforms $S_L(b_L)$ of the lateral shape factor $s^L(r_L)$ which is independent of r_n owing to the uniform width of the ideal cluster.

If each orientation of the cluster occurs equally we arrive at (3, 10)

$$\langle I(b) \rangle_3 = \int_0^{\pi/2} I_1(b_n)\, |S_L(b_L)|^2 \sin\alpha\, d\alpha , \qquad [10]$$

α designing the angle between n and b.

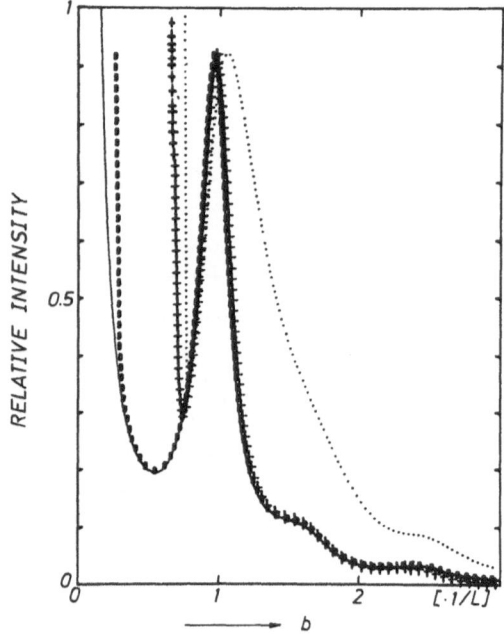

Fig. 3. Plot of calculated $\langle I(b)\rangle_3{}^2$) for a paracrystalline distorted ensemble of an "ideal cluster gas" with the one-dimensional paracrystalline internal interference function $I_1(\boldsymbol{b}_n)$. The substantial parameters used are the following ones: degree of crystallinity: $w_c = 0.8$; average number of parallel crystal lamellae within the cluster: $N = \infty$; the relative lateral width of the clusters represented by $W = D/L$ with $L = \langle l \rangle$; the fluctuation parameters $g_x = g_y = 0.23$ of the thickness of the crystal lamellae and the non-crystallized layers resp.; their average thicknesses are $\langle y \rangle = w_c \cdot L$ and

$$\langle x \rangle = \frac{1 - w_c}{w_c}\langle y\rangle^3).$$

```
........    W = 0.5,        ooooo  W = 6,
-+-+-+-+-  W = 2,           ————   W = ∞.
```

For rod-shaped clusters that have the uniform radius R the Fourier-transform S_L identifies with the Bessel-function J_1 ober b_n. A systematic inspection of the influence of R on the slope of isotropically averaged $\langle I(b)\rangle_3$ of a paracrystalline distorted ensemble of ideal clusters in the limit to large values of N reveals a defined modification of the interference function essentially in the range where b is small as it is shown by documentary evidence in figure 3. *By these*

theoretical results as well as those given by R. Brämer (10) it is confirmed that the finite lateral dimensions of the ideal cluster may have a strong influence even on $\langle I(\boldsymbol{b})\rangle_3$ if the ratio D/L which relates the lateral width D to the average longitudinal distance of the crystal lamellae L, takes values lower than approximately two.

However, these calculations have been performed under the artificial assumptions that ϱ_u equals ϱ_a and N takes extremely large values. Thus, the influence of $|S_L(\boldsymbol{b}_L)|^2$ is overestimated because of the fact that in melt-crystallized samples ϱ_u must in fact be replaced by the value obtained from eq. [8], thus oppressing the "particle scattering effects" of the clusters themselves. This effect is shown for the longitudinal structure in figure 4.

In spite of the theoretical accuracy of the above results further criticism must be thrown onto the model employed hitherto. For calculations of a one-dimensional paracrystalline $I_1(\boldsymbol{b}_n)$ for finite N's reveal characteristic modifications of the slope of $\langle I(\boldsymbol{b}_n)\rangle_3$ due to the families of "secundary interference maxima" (1) (fig. 5).

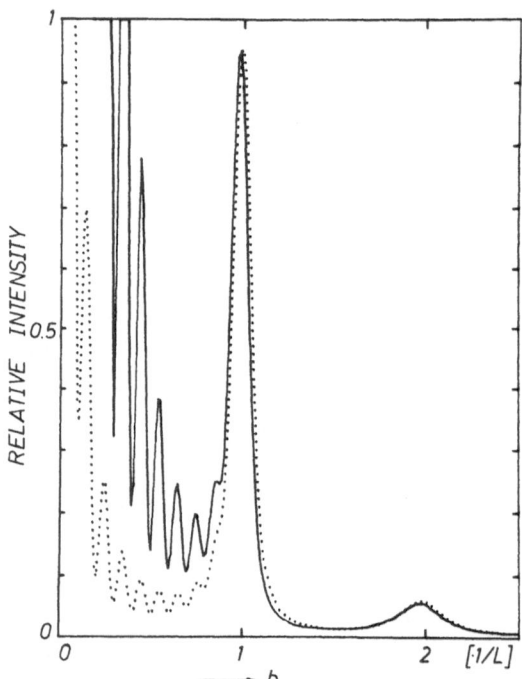

Fig. 4. $\langle I(\boldsymbol{b})\rangle_3$-functions calculated with $N = 10$, $W = \infty$, $w_c = 0.8$, $g_x = g_y = 0.13$; the clusters dipped in z-direction into a continuum with the average electron-density; ϱ_a (———) and ϱ_u (·······) resp. where ϱ_u has been computed with the aid of eq. [8]

---

2) The number 3 is added to the brackets as a reminder that the intensity is averaged over all spatial orientations. The number 2 is used in the succeeding text to indicate rotational averaging only.

3) For details we refer to (1) and (17).

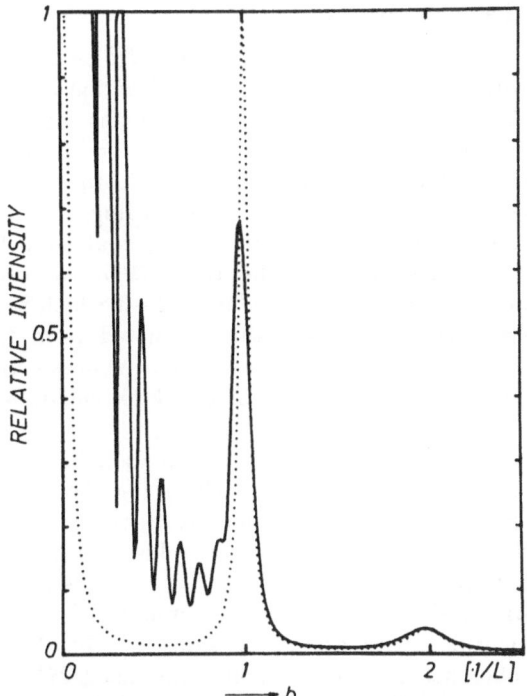

Fig. 5. Plot of $\langle I(b)\rangle_3$ against b using the same parameters as listed in the legend of figure 3 assigning N to the values; (———) $N = 10$, (·········) $N = \infty$ and using $W = \infty$

Bearing in mind that the actual structure of melt-crystallized polymers is much more complicated than anticipated in the above calculations we are obliged to allot more space to concern over improved methods to get a convincing justification of the "one-dimensional characterization".

The improved cluster model

Let us undertake the derivation of a model of a "real cluster" (15) from stained electron micrographs of melt-crystallized high-density polyethylene (HDPE) (16) (fig. 1) with the aid of light diffraction experiments taking the micrographs as objects. It is at this point that the analogy between these experiments and SAXS-results should be exemplified. Referring to another publication (17) we like to illustrate this correspondence in figure 6 leaving the discussion of the details to the other paper.

The features of the optical arrangement used in the light diffraction device are depicted in the paper published recently giving some specific recommendations for the preparation of satisfactory object-films (18).

To discuss the objectives of this paper, we take into consideration the two-dimensional cluster model shown in figure 7 which is selected from the electron-micrograph in figure 1. Never is there any opportunity for a simple mathematical description due to following properties.

The thickness of the elements, the crystal lamellae and the non-crystallized (so-called "amorphous") layers fluctuate in longitudinal and in lateral directions.

Thus, an attempt must be made to differentiate the situation by experimental means.

The Brick-model

We take advantage of the opportunity to change the model. We consider two independent manipulations: First, the cluster is cut in longitudinal directions thus bringing forth a definite number of "lateral" bricks which all have the same width. Second, the cuts are directed into the lateral directions perpendicular the "local n" so that an appropriate number of "longitudinal" bricks appears. Then, the bricks will be distributed randomly within the plane of the film in each case so that there cannot be obtained pronounced constructive interference

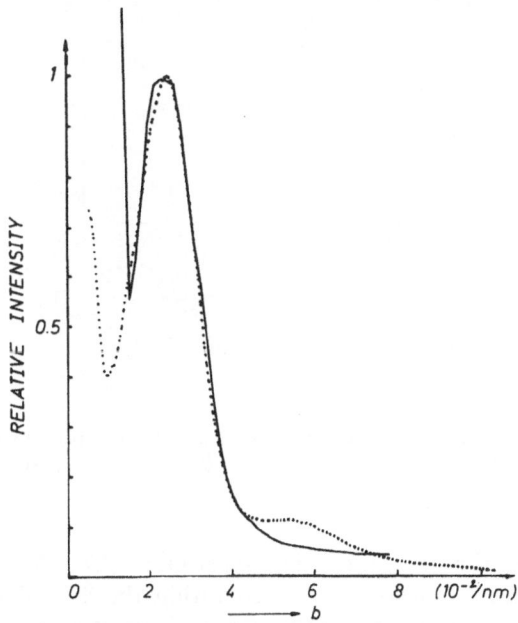

Fig. 6. Desmeared SAXS-pattern of HDPE at room-temperature (Cu K$_\alpha$-radiation) (17) (·········) compared with RLD-pattern of the electron micrograph (———) depicted in figure 1. The discrepancies will be discussed in another paper (17)

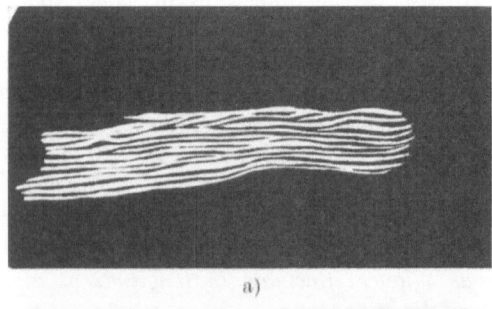

Fig. 7. The two-dimensional cluster model: (a) and its light-diffraction patterns $I(b)$: (b) and $\langle I(b)\rangle_2$: (c)

in the light-diffraction experiment (LD). When these objects are rotated within the film plane during the time of the exposure we get representative rotational-averaged light-diffraction-diagrams (RLD) of a cluster gas in vacuum, thus giving the chance for an estimate of the influence of the shape of the cluster on $\langle I(\boldsymbol{b})\rangle_2$.

The lateral bricks

Comparing the calculated $\langle I(b)\rangle_3$-pattern with the corresponding $\langle I(b)\rangle_2$ function (fig. 8), the substantial equivalence is demonstrated by evidence, thus proving the general meaning of the following manipulations, with the aid of two-dimensional models. According to the results shown in figure 9, $\langle I(b)\rangle_2$ is affected by the shape factor if the ratio D/L has been diminished below the value of $2-3$ which is in agreement with the value predicted from the theory demonstrated above. *Thus, it is essential that bricks be sufficiently small to modify the RLD-pattern.*

Instead of taking an irregular distribution of the bricks, one may put them together in an arbitrary manner but densely packed so that the internal structure of the cluster is altered only (fig. 10). Inspite of the fact that the lateral width selected in the experiment under discussion identifies with the dimensions of the X-ray coherence regions in melt-crystallized HDPE-samples (19), the RLD-pattern of the randomly

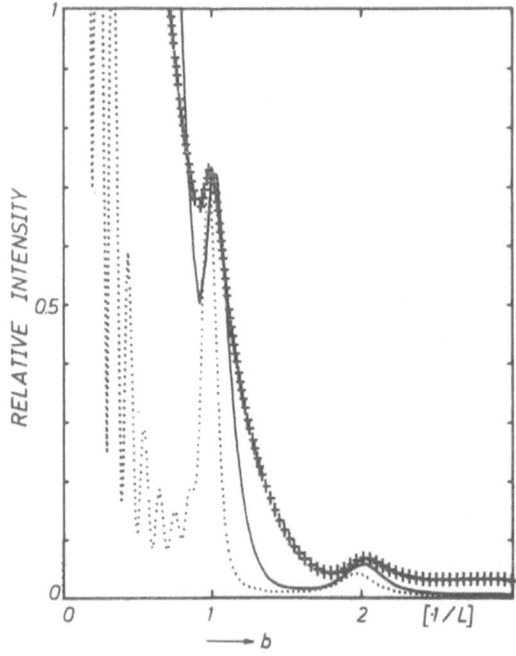

Fig. 8. The calculated $\langle I(b)\rangle_i$-pattern of a cluster gas with paracrystalline distorted internal structure:

$(\cdots\cdots\cdots)\ \langle I(\boldsymbol{b})\rangle_3,\ W=\infty;$
$(-\!+\!+\!+\!+\!-)\ \langle I(\boldsymbol{b})\rangle_3,\ W=0.5;$
$(\text{———})\ \langle I(\boldsymbol{b})\rangle_2,\ W=0.5;$

the other parameters are $N=10$, $w_c=0.8$, $g_x=g_y=0.12$

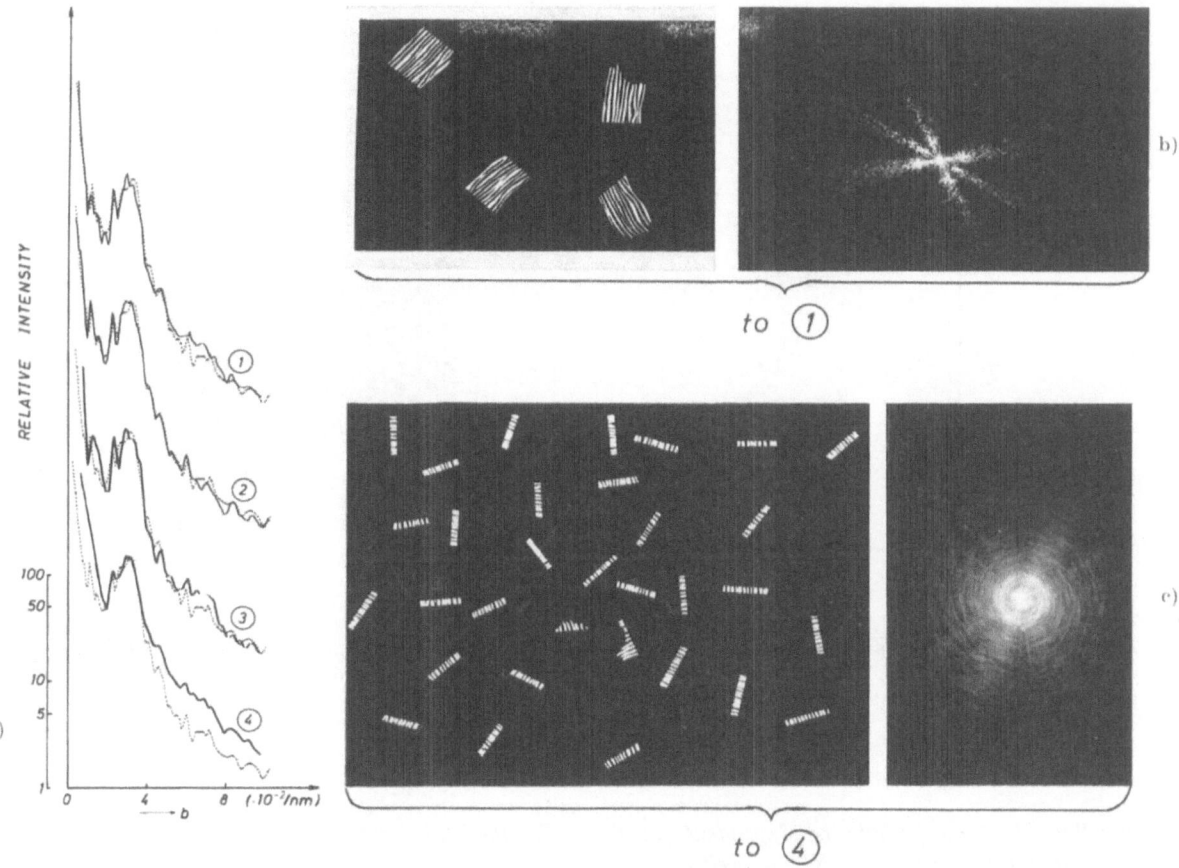

Fig. 9. The $\langle I(b)\rangle_2$-pattern of the model cluster compared with an equivalent ensemble of bricks, which were gained by cutting the original cluster and which were randomly distributed with $W = D/L$

① $W = 15$; ② $W = 7$; ③ $W = 3^1/_2$; ④ $W = 1^1/_2$

(for $w = 15$ and $w = 1^1/_2$ the model and the $I(b)$ is shown)

staggered bricks cannot be distinguished from the RLD of the original cluster. We are thus led to the important conclusion that *allowance is given for a one-dimensional characterization of RLD-pattern of partially crystallized, well annealed polymer samples (represented here by HDPE) not taking into consideration the lateral dimensions even if selected to be identical with the X-ray coherence regions.*

The foregoing discussion does not imply that the "visible clusters" in partially crystallized systems must actually be considered to be surrounded by an environment having the average density given by eq. [8]. Bearing in mind this fact there are no doubts about the extended validity of the above conclusion for the characterization of melt-crystallized SAXS-pattern.

The "longitudinal dimensions" of the bricks

"Longitudinal bricks" can be prepared from the original cluster by cutting the cluster in the lateral directions in such a manner that the thickness of the bricks is approximately identical. It is experienced from the comparison of the scattering pattern shown in figure 11 that in as much as the longitudinal bricks contain a number of crystal lamellae smaller than $8-10$, detectable deviations of the RLD-pattern compared with the RLD-pattern of the original cluster appear. On the contrary, the same $\langle I(b)\rangle_2$ is obtained when the number of N in the longitudinal bricks is raised as depicted in figure 12. Thus, we arrive at the conclusion:

The longitudinal dimensions of the bricks are characterized by a minimum number of crystal

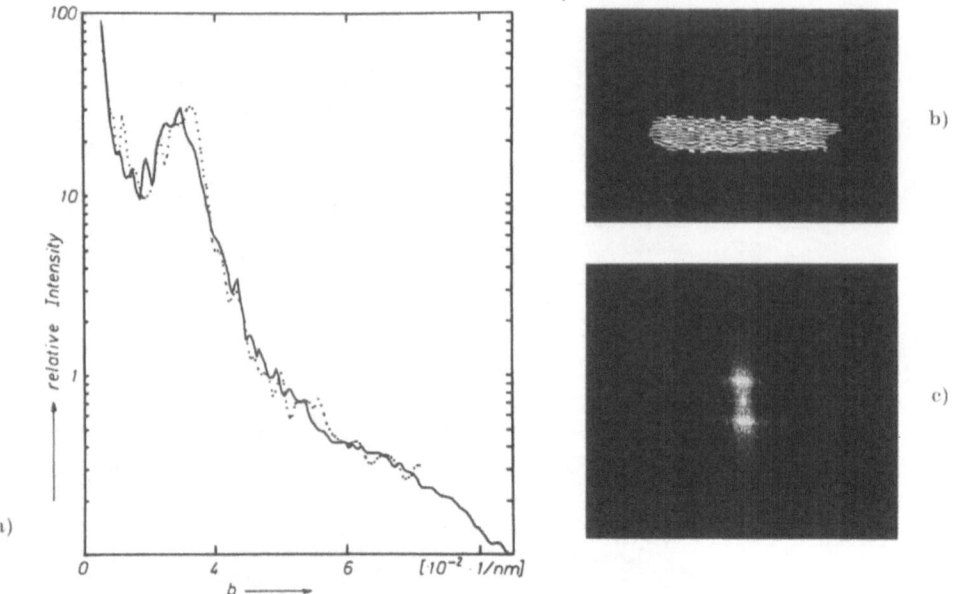

Fig. 10. The various bricks of the model cluster (fig. 9) are put together in an arbitrary manner as depicted in the upper right of the picture. The $I(b)$-pattern with its characteristic fine-structure and the $\langle I(b)\rangle_2$ pattern compared with the $\langle I(b)\rangle_2$-pattern of the original cluster

lamellae N^+ *which might be dependent on the internal statistics* (9) $(N^+ = N_{st})$ *as well as on the finite size of the cluster if* $N^+ < N_{st}$.

If we employ the theory of paracrystalline structures (3), thus assuming random fluctuations of the longitudinal distance l between neighbouring crystal lamellae being characterized by the fluctuations parameter g_l, N_{st} can be computed from the simple condition

$$N_{st} \cdot g_l = 1 \,. \qquad [11]$$

Here, it is assumed that constructive interference cannot be expected for all lamellae beyond the N_{st}-th neighbour where the average fluctuation exceeds the dimension of the average distance L between neighbouring crystals. In turning to melt-crystallized HDPE, it is interesting that the N_{st} calculated from a quantitative one-dimensional synthesis of SAXS pattern identifies with the above value 8—10 (1). Thus, we may express the hypothesis, *that the average dimension of the longitudinal bricks in melt-crystallized HDPE appears to be very closely related to N_{st} probably due to an intrinsic correlation between orientational and longitudinal distance fluctuations.*

The theoretical representation of the brick model

For the purpose of a mathematical description a close approach of the above structure of the real cluster can be achieved by taking the bricks to be represented by ideal clusters. This is experimentally verified by the model depicted in figure 12 the RLD of which identifies with the RLD of the original cluster. Thus, the total intensity can be calculated from

$$\langle I(b)\rangle_2 = \sum \langle I_{\mathrm{Brick}}\rangle_2 = \sum \langle I_{1,\,\mathrm{Brick}}\rangle_2 \qquad [12]$$

where 1 is appended to the symbol $I_{1,\,\mathrm{Brick}}$ as a reminder of its representation of the "one-dimensional" interference function only. The quality of the agreement between the experimental LRD and the calculated intensity function the longitudinal density pattern of which has been taken into account for each of the different bricks, is depicted in figure 12 b.

A generalization of the eq. [12] requires merely that an ensemble of bricks is considered with groups i each one having different longitudinal structure. When the relative fraction of each group is determined by α_i with $\sum \alpha_i = 1$, we may write instead of eq. [12]

$$\langle I(b)\rangle_2 = \sum \alpha_i \, I_{1i}(b_n)/b_n \,. \qquad [13]$$

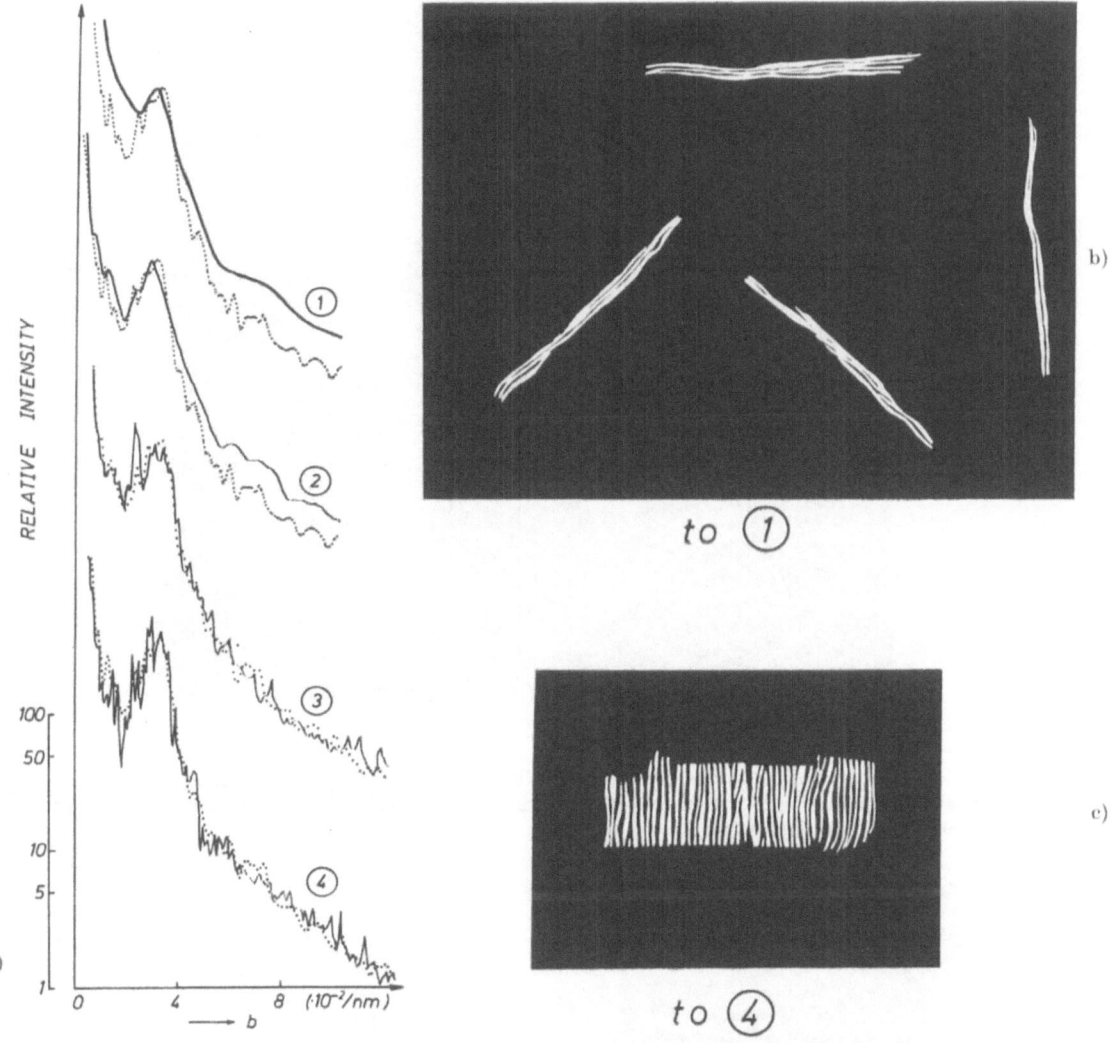

Fig. 11. $\langle I(b)\rangle_2$-patterns of clusters, comprising an increasing number N of lamellae thus increasing their longitudinal thickness each gained by cutting the original cluster, is compared with the $\langle I(b)\rangle_2$-pattern of the original cluster and each one was

① $N = {}^1\!/_4\,N_0$;   ② $N = {}^1\!/_2\,N_0$;   ③ $N = 2\,N_0$;   ④ $N = 4\,N_0$.

N_0 is the number of lamellae of the original cluster of figure 7

Let us undertake an illustration of the meaning of eq. [13] with the aid of

$$I_{1\infty}(b) = (1/2\pi\,b^2)(1 - h_y)(1 - h_x)/(1 - h_x \cdot h_y) \quad [14]$$

describing the interference function of a one-dimensional paracrystal of infinite longitudinal size ($N \to \infty$). h_y and h_x are the Fourier transforms of the thickness statistics of the crystal lamellae H_y and the amorphous layers H_x, respectively. Never is there any opportunity for a uniform characterization of the actual structure

if the various Fourier transforms h_{xi} and h_{yi} are different, thus yielding

$$\langle I(b)\rangle_3 \quad\quad [15]$$
$$= \sum \alpha_i [(1 - h_{xi})(1 - h_{yi})/(1 - h_{xi}\,h_{yi})/b_n^2]/b_n^2.$$

Hence, we arrive at the conclusion:

Because the influence of the lateral dimensions on $\langle I(b)\rangle_{\mathrm{rot}}$ is of no concern, an improved insight into the properties of the micro-structure of melt-crystallized partially crystallized polymer systems may be obtained with the aid of eq. [13] by means of a one-dimensional synthesis of SAXS-pattern.

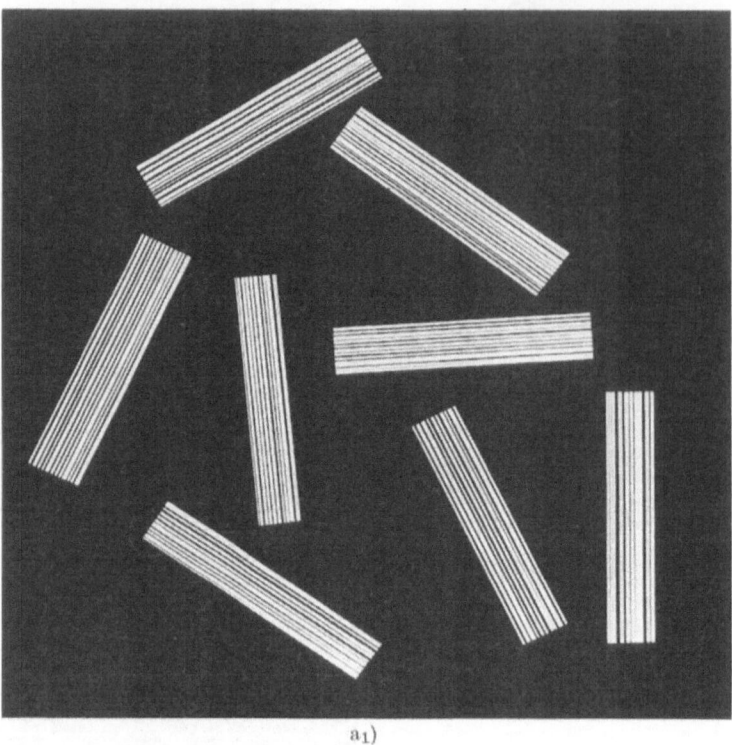

a₁)

Fig. 12a. Idealized paracrystalline bricks, the thickness distributions of the crystal lamellae and of the noncrystallized layers of which are taken from 8 actual bricks that are developed from original cluster by equidistant longitudinal cuts, and their $I(b)$-pattern

a₂)

Fig. 12b. Comparison of the $\langle I(b)\rangle_2$-pattern of the actual model cluster ······ with the idealized ensemble shown in figure 12a: (curve a), with the theoretical $\langle I(b)\rangle_2$-function computed with the longitudinal density distributions of all the clusters shown in figure 12 employing eq. [12]: (curve b)

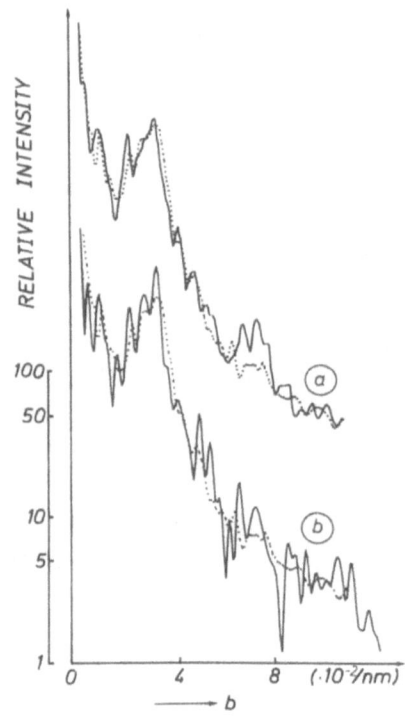

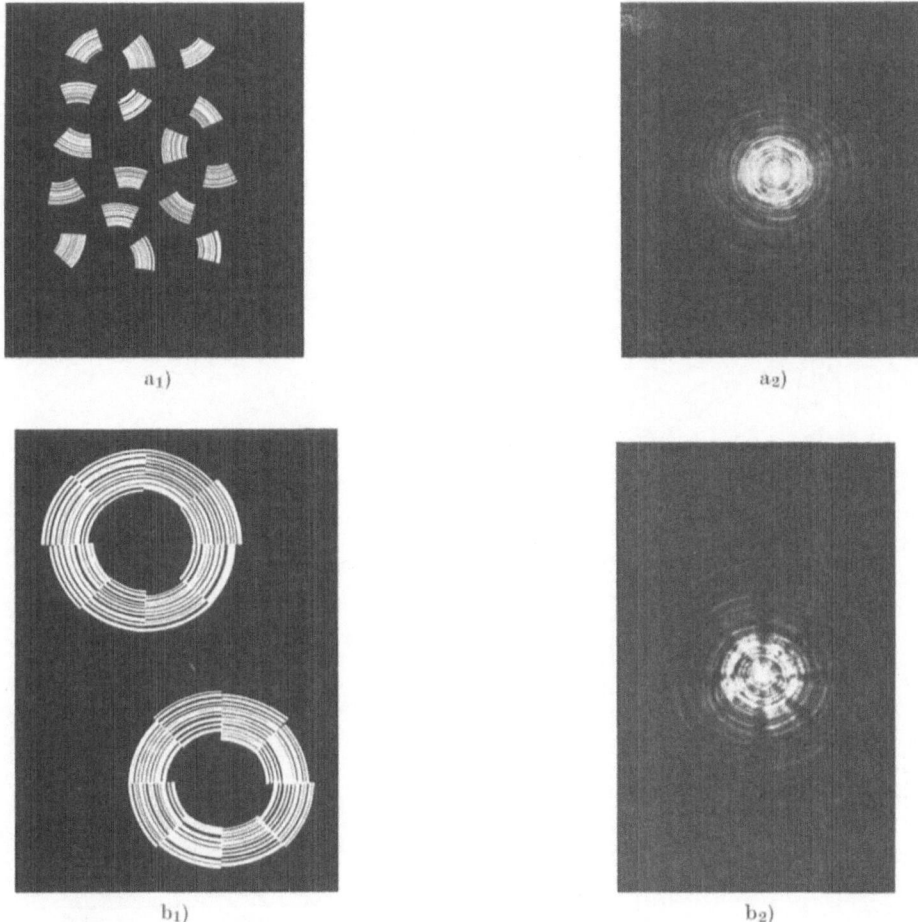

a₁)   a₂)

b₁)   b₂)

Fig. 13. Bended idealized bricks with the distance distributions of the crystals and the non-crystallized layers of 8 actual bricks (corresponding to fig. 12) of the model cluster put: a) into a randomly two-dimensional spatial arrangement, b) into a circular arrangement thus reducing the lateral boundaries and their LD-patterns

The limited information of the one-dimensional characterization

For anything as complex as the micro-structure of melt-crystallized polymer systems, the characterization with the aid of the "one-dimensional brick-model" is an oversimplification. According to the electron micrograph there appear stacks of lamellae slightly bent as typified in the model shown in figure 13. The structure which occurs at the edges or at corners between neighbouring clusters is observed as illustrated in figure 15. Presenting an ensemble composed of those special elements having the same internal longitudinal structure as the original model cluster, the LDR-pattern identifies with the LRD of the original cluster irrespective of their spatial arrangement as it is demonstrated in the figures 14 and 15. *Thus, on the basis of the methods involved in this paper, the information from rotational averaged diffraction pattern of partially crystallized isotropic polymer samples is restricted to properties of the longitudinal structure within certain bricks where the structure must in general be expected to show characteristic local fluctuations.*

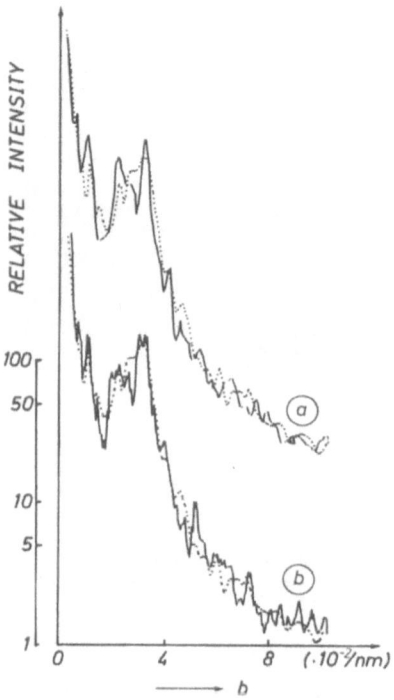

Fig. 14. The $\langle I(b) \rangle_2$-pattern of the original cluster $\cdots\cdots$ compared with the $\langle I(b) \rangle_2$-pattern of the structure depicted, in figure 13a (curve (a)), and in figure 13b (curve (b))

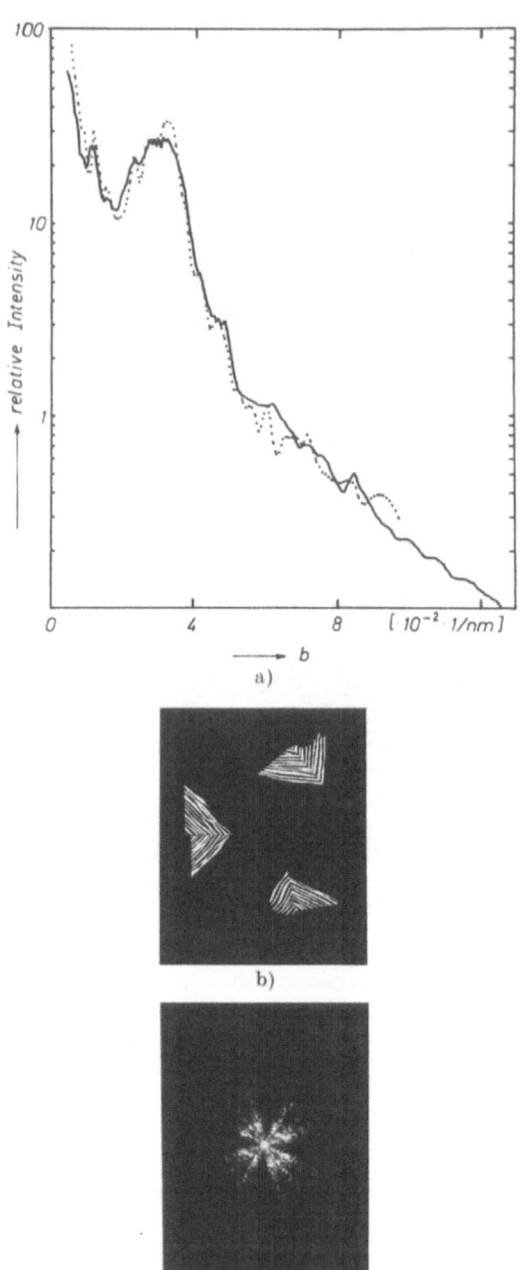

Fig. 15. The $\langle I(b) \rangle_2$-pattern of the model which is shown in the right part of this figure compared with the $\langle I(b) \rangle_2$ of the original cluster ($\cdots\cdots$). The structure has been developed from the original cluster by cutting in triangular pieces, which were attached appropriately

Summary

Inasmuch as the micro-structure of melt-crystallized polymer samples may be represented by a cluster ensemble, it can be demonstrated by theory (linear paracrystal) and experiment (SAXS and light-diffraction experiments using electron-micrographs as objects) that allowance can be given for a one-dimensional characterization of the small-angle X-ray intensity functions referring to the longitudinal structure only, without taking the lateral dimensions into consideration.

Zusammenfassung

Wenn die Mikro-Struktur in schmelzkristallisierten Polymer-Proben durch ein Clusterensemble dargestellt wird, dann kann anhand von Theorie (linearer Parakristall) und Experiment (Röntgenkleinwinkelmessungen und Lichtbeugungs-Experimente mit elektronenmikroskopischen Abbildungen als Objekt) demonstriert werden, daß die nur eindimensionale Darstellung der Röntgenkleinwinkel-Streukurven mit Hilfe der longitudinalen Struktur möglich ist, wobei jede Modulation der Intensitätsfunktion aufgrund der lateral endlichen Ausdehnung der Cluster vernachlässigt wird.

References

1) *Meyer, H., H. G. Kilian,* The one-dimensional synthesis of the small-angle scattering pattern of high-density polyethylene (succeeding paper).

2) *Wenig, W.*, Thesis, performed in Abt. Experimentelle Physik I of the University of Ulm (1974).

3) *Hosemann, R., S. N. Bagchi*, Direct Analysis of Diffraction by Matter (Amsterdam 1962).

4) *Christ, B., N. Morosoff*, J. Polymer Sci. Polymer Phys. Ed. **11**, 1023 (1973).

5) *Schultz, J. M.*, J. Polymer Sci. Polymer Phys. Ed. **14**, 2291 (1976).

6) *Dlugosz, J., G. V. Fraser, D. Grubb, A. Keller, J. A. Odell, P. L. Goggin*, Polymer **17**, 471 (1976).

7) *Vonk, C. G., G. Kortleve*, Colloid Polymer Sci. **220**, 19 (1967).
Kortleve, G., C. G. Vonk, Colloid Polymer Sci. **225**, 124 (1968).

8) *Kilian, H. G., W. Wenig*, J. Macromol. Sci.-Phys. **B 9**, 463 (1974).

9) *Strobl, G. R., N. Müller*, J. Polymer Sci. Polymer Phys. Ed. **11**, 1219 (1973).

10) *Brämer, R.*, Thesis, performed in Abt. Experimentelle Physik I of the University of Ulm, 1973. Colloid Polymer Sci. **252**, 504 (1974); **250**, 1034 (1972).

11) *Ruland, W.*, Colloid Polymer Sci. **255**, 417 (1977).

12) *Christ, B.*, J. Polymer Sci. Polymer Phys. Ed. **11**, 635 (1973).

13) *Buchanan, D. R.*, J. Polymer Sci. (A-2), **9**, 645 (1971).

14) *Blundell, D. J.*, Acta Cryst. **A 26**, 472 (1970); 476 (1970).

15) *Bonart, R., R. Hosemann*, Makromol. Chem. **39**, 105 (1960).

16) *Kanig, G.*, Progr. Colloid & Polymer Sci. **57**, 176 (1975).

17) *Meyer, H., G. Kanig, H. G. Kilian*, (in preparation).

18) *Meyer, H., G. Beneke, H. G. Kilian, K. Pauline, W. Wilke*, to be published in Colloid Polymer Sci.

19) *Martis, K. W., W. Wilke*, Progr. Colloid & Polymer Sci. **62**, 44 (1977).

Authors' address:

H. Meyer and *H. G. Kilian*
Abt. für Exper. Physik I
Universität Ulm
Oberer Eselsberg
D-7900 Ulm

Progr. Colloid & Polymer Sci. **64**, 166—173 (1978)
© 1978 by Dr. Dietrich Steinkopff Verlag GmbH & Co. KG, Darmstadt
ISSN 0340-255 X

Lectures during the conference of Fachausschuss
"Physik der Hochpolymeren" of Deutsche Physikalische Gesellschaft
in Rothenburg o. T. March 28—31, 1977

Abteilung Experimentelle Physik I, Universität Ulm, Ulm/Donau

The one-dimensional synthesis of the small-angle scattering pattern of high-density polyethylene

H. Meyer and *H.-G. Kilian*

With 10 figures

(Received August 17, 1977)

1. Introduction

Part of the complexities attendant on the growth of metastable polymer crystals should be expressed in peculiarities of the microstructure (1—3). This is apparent for polymer systems with folded-chain crystals (4, 5) essential properties of which are known to be strongly dependent on the crystallization history (6—13). Thus, it is attractive indeed to provide appropriate means, both experimental and theoretical, for subjecting the "microstructure" composed of metastable folded-chain crystals to a far-reaching characterization.

It is the aim of this paper to present a quantitative synthesis of small-angle X-ray pattern (SAXS) of melt-crystallized high density polyethylene (HDPE) employing the linear theory of paracrystalline structures (14—19). The data will be analysed with the aid of a method which has been developed and justified recently (20, 21). Nevertheless, its physical evidence requires close scrutiny which will be delivered by appropriate examination of the model parameter with the aid of independent methods, light-diffraction experiments as well as caloric measurements.

2. The theoretical concepts

The microstructure occurring in partially crystallized polymers is typified by the formation of "clusters" whose presence is manifested by electron-micrographs (22, 27, 28) (see fig. 1).

Considering the SAXS-pattern of melt-crystallized partially crystallized samples the lateral dimensions must not be taken into account, to the first approximation giving allowance for a "one-dimensional" characterization (20). Then

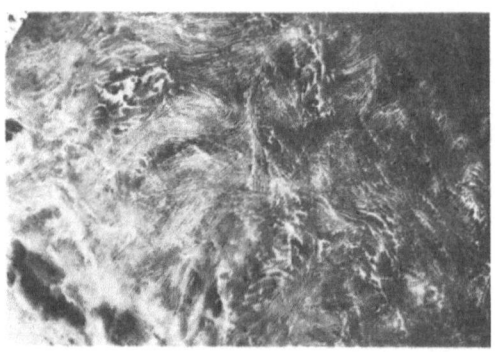

Fig. 1. Electron micrograph of a stained thin cutted HDPE-sample according to (22)*), the crystalline regions are dark

the intensity function should be given by the total "Cluster gas".

$$\langle I(b)\rangle_3 = \langle \sum_{i=1}^{M} \alpha_i \, I_{1i}(b_n)\rangle_3 \,, \qquad [1]$$

b_n: reciprocal vector in direction of n, the normal on the crystal lamellae

where α_i designs the relative number of cluster

---

*) We are very much obliged to Prof. *Kanig* for leaving us this electron micrograph.

bricks i with the paracrystalline interference function

$$
\begin{aligned}
I_{1i}(b_n) = \frac{1}{2\pi^2 b_n^2} \cdot \operatorname{Re}\Bigg\{ & \Delta\varrho^2 \cdot \left[N\,\frac{(1-h_{xi})(1-h_{yi})}{(1-h_{xi}\cdot h_{yi})} \right. \\
& + h_{xi}\,\frac{(1-h_{yi})^2}{(1-h_{xi}h_{yi})^2}\cdot\left(1-(h_{xi}h_{yi})^N\right)\Bigg] \\
& + \Delta\varrho_u^2\,(1-(h_{xi}h_{yi})^N) \\
& - \Delta\varrho\,\Delta\varrho_u\,(1+h_{xi})(1-h_{yi})\times \\
& \times\,(1-(h_{xi}h_{yi})^N)/(1-h_{xi}h_{yi})\Bigg\}.
\end{aligned} \qquad [2]
$$

The "1" is appended to the symbol I_{1i} as a reminder that it represents only the "one-dimensional" interference function of a para-crystalline structure (20), which contains an alternating row of crystal lamellae of the average thickness $\langle y_i \rangle$ and of non-crystallized layers of the average thickness $\langle x_i \rangle$. The absolute value of the reciprocal vector b is defined by

$$
b = 2 \sin \theta / \lambda \qquad [3]
$$

with the wave length λ and the Bragg-angle θ. The Fourier transforms h_{xi} and h_{yi} are given by

$$
\begin{aligned}
h_{xi} &= \int H_{xi}\exp(-2\pi i b_n x)\,\mathrm{d}x\,, \\
h_{yi} &= \int H_{yi}\exp(-2\pi i b_n y)\,\mathrm{d}y\,.
\end{aligned} \qquad [4]
$$

H_{yi} and H_{xi} designating the longitudinal line statistics which characterize the thickness distribution of the crystal lamellae and the amorphous layers resp. with the corresponding fluctuation parameter g_{yi} and g_{xi}. The differences in density $\Delta\varrho$ and $\Delta\varrho_u$ are expressed as (see fig. 2)

$$
\Delta\varrho = \varrho_c - \varrho_v;\quad \Delta\varrho_u = \varrho_u - \varrho_a \qquad [5]
$$

ϱ_c = average density of the crystals,
ϱ_a = average density of the non-crystallized regions

where

$$
1/\varrho_u = \omega^c/\varrho_c + (1-\omega^c)/\varrho_a \qquad [6]
$$

must be used to obtain ϱ_u from the knowledge of ϱ_c, ϱ_a and the degree of crystallinity w^c. The average number of crystal lamellae contained within the cluster bricks is expressed by the values of N.

Within the melt-crystallized polymer system which is considered to be composed of an ensemble of cluster bricks equally oriented into each direction, according to eq. [1] it is permissible in principle to admit characteristics "non-homogeneous" with respect to the local structure. Thus, allowance should be given for local variations of the degree of crystallinity, the type of the line statistics, their fluctuation parameters etc. It is evident from these considerations that well-defined assumptions must be established in advance to obtain the chance of improving the knowledge of the microstructure by means of the synthesis of the SAXS-pattern of melt-crystallized polymer samples.

3. The homogeneous microstructure

To proceed with the synthesis of SAXS-pattern of isotropic samples, it is instructive to consider first systems the structure of which is locally uniform thus yielding instead of eq. [1].

$$
\langle I(b)\rangle_3 = \langle I_1(b_n)\rangle_3 = I_1(b_n)/b_n^2\,. \qquad [7]
$$

The substantially broader slope of the experimental SAXS-pattern of high density polyethylene (HDPE) that would be calculated by theory employing eqs. [2] and [7] (see fig. 3), is not dismissed for any changing of the set of the parameters involved. Thus, this discrepancy appears to be fundamental leading to the conclusion:

The properties of the microstructure of melt-crystallized HDPE containing folded-chain crystals are locally heterogeneous.

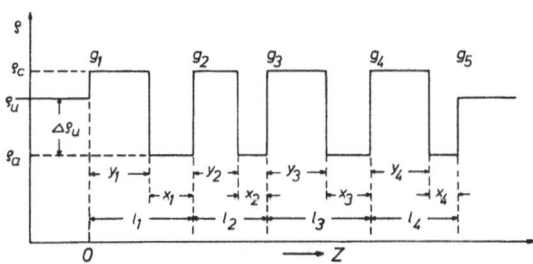

Fig. 2. Scheme of the paracrystalline lattice of a cluster with the lattice parameters g_n defined by

$$
g_n = \sum_{i=0}^{n-1} l_i \quad (l_i = x_i + y_i,\ l_0 = 0)
$$

where y_i and x_i are assigned to the thickness of the crystal and the non-crystallized layer in the i-th cell. The slope of the electron-density in direction of $\vec{n}$ is depicted for a cluster with $N=4$ which is dipped into a continuum having the average density of the system ϱ_u. ϱ_c and ϱ_a are the average electron densities of the crystals and the non-crystallized layers resp.

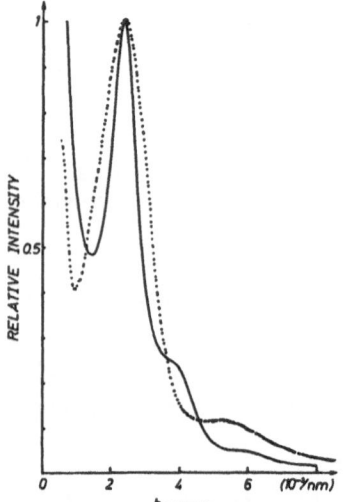

Fig. 3. Desmeared SAXS-pattern of well-annealed melt-crystallized HDPE (.....), (Lupolen 6011) obtained with a Kratky camera using Cu-Kα radiation (further explanation see Ref. (21)) compared with the function that has been computed with the aid of eq. [2], (———), assigning the parameters of the equation to the following values:

$$w^c = 0.85,$$
$$g_x = g_y = 0.23,$$
$$N = 40.$$

H_x, H_y: normalized statistic functions having constant values in the range $\langle x \rangle \cdot (1 \pm 0.4)$ and $\langle y \rangle \cdot (1 \pm 0.4)$ resp. (see fig. 8)

4. The heterogeneous microstructure

For the purpose of restricting the number of parameters involved the line statistics as well as the degree of crystallinity are postulated to represent invariant internal properties of the partially crystallized polymer system. The extent to which these assumptions are approached in actual systems will be judged elsewhere.

Thus, using a constant value for the average N the local non-conformity of the microstructure is only to be represented by local fluctuations of the average longitudinal distance between neighbouring crystal lamellae (the "long period") bringing about the necessity to define the α_i in eq. [1]. We would like to consider the α_i's to account for the relative number of cluster bricks having the same long period

$$L_i = \langle x_i \rangle + \langle y_i \rangle.$$

Owing to the type of the SAXS-pattern as well as to the large amount of fluctuations which are necessary for each theoretical understanding, the line statistics may be represented by simple box-functions as used above. Hence, it should be recognized that the width of these functions is raised in proportion to L_i because of the constancy of the relative fluctuations expressed by the invariance of the parameters g_{xi} and g_{yi}.

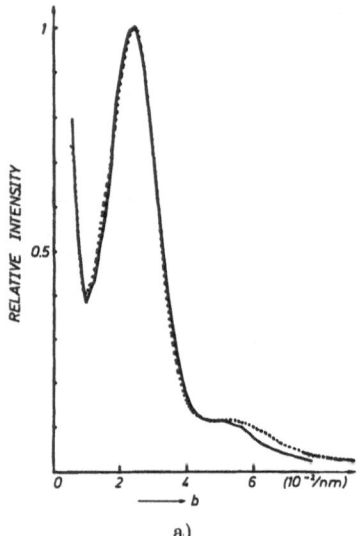

a)

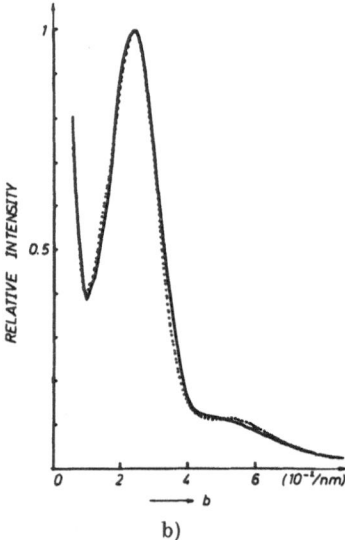

b)

Fig. 4. Fit of the SAXS-pattern (———) of HDPE employing the generalized "one-dimensional" description expressed in eq. [2] using the following date:

$$g_x = g_y = 0.12,$$
$$N = 10,$$
a) $w^c = 0.8,$
b) $w^c = 0.85$

and the corresponding functions shown in figure 5. (......; experimental curve)

Having established the values of the parameters w^c, ϱ_c, ϱ_a and $g_x = g_y$, we are in a position to find values for N and the various α_i, for describing quantitatively the SAXS-pattern. The data listed in the capture of figure 4, have been gained from the fit of the SAXS-pattern of annealed HDPE the quality of which is to be seen by evidence from the illustration in this figure.

The α_i-distribution function $\alpha(L_i)$, shown in figure 5 displays substantial local fluctuations of the long period L. With w^c increased to the value .85, the $\alpha(L)$ distribution tends to assume a monotonous slope because of the observation that the fraction of very small L's obtained for $w^c = 0.8$ disappears (see fig. 5). Inspite of these effects in the range of small long periods a significant change in $\alpha(L)$-shape is not noted even when other parameters have also been altered whereby these parameters are allowed to be only assigned to values that are expected from the results gained from other independent methods.

The quantitative discrepancies notwithstanding, the existence of local fluctuations of the long periods L is evident. It appears pertinent to examine these basic features of the model. It is for this reason that the correspondence to proper electron-micrographs will be demonstrated in the next section.

5. The electron micrographs

Of major importance is the observation that the cluster-structure represents a very dominant morphological feature of bulk crystallized polymer systems containing folded-chain crystals (20, 22). This is shown in figure 1 for melt-crystallized HDPE. Using this micrograph as object, rotating the film in its plane the laser beam light diffraction pattern (LDR) identifies with the corresponding SAXS-pattern to the extent that can be expected (25) (see fig. 6). Moreover, the LDR-pattern of a single cluster displays substantial similarity with the LDR of the total sample (fig. 7), so that allowance may be given for using this cluster in the following discussion generalizing its results afterwards. It has been shown that a complete one-dimensional characterization of the internal structure within the cluster may be achieved by a set of bricks the lateral widths of which are identical with corresponding dimensions of the X-ray coherence regions (20, 26).

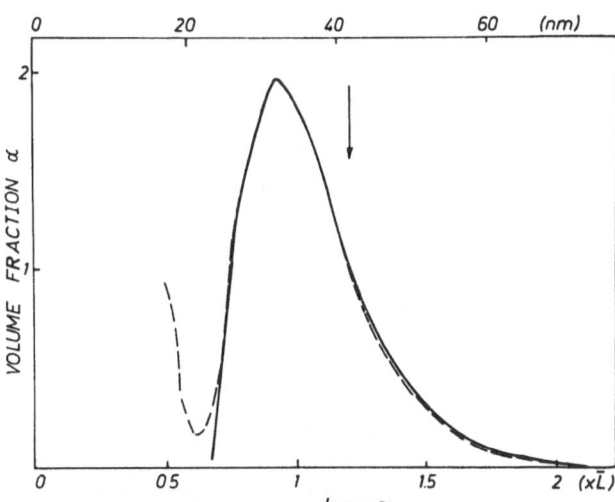

Fig. 5. The weight fractions of the clusters with various average longitudinal distances of neighbouring crystal lamellae. Each cluster has the crystallinity

$w^c = 0.85$ (———),
$w^c = 0.8$ (– – – – –).

The "Bragg-distance" which can be computed from the position of the $I(b)$-maximum, is indicated with the arrow

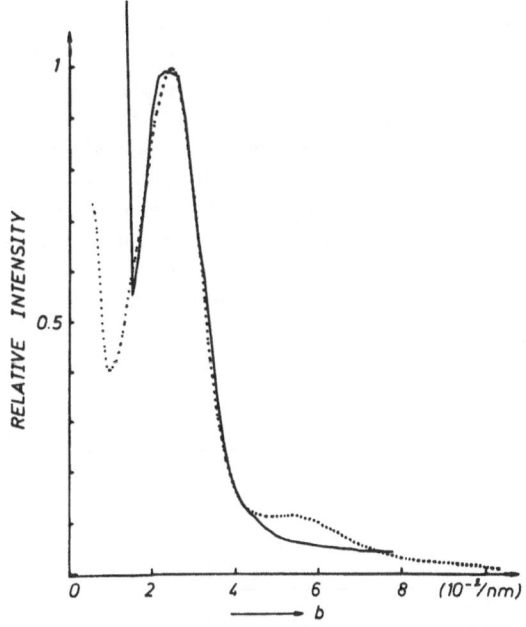

Fig. 6. Desmeared Kratky-SAXS-pattern of HDPE at room temperature – – – – compared with the rotational averaged light-diffraction pattern taken from an electron micrograph of stained thin cuts ———. A more detailed discussion is given in a further paper (25)

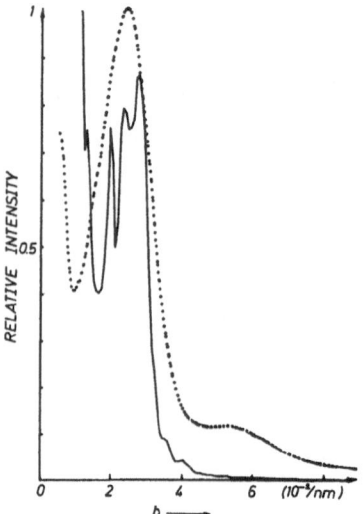

Fig. 7. The light diffraction pattern of a single cluster rotated during exposure, afterwards multiplied with the additional Lorentz term $1/b$ (then yielding the total Lorentz term $1/b^2$ of a three-dimensional pattern) for comparison with SAXS-experiment

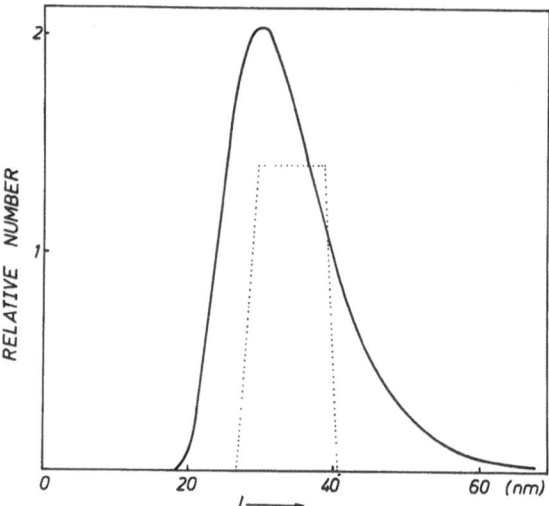

Fig. 9. The relative number of l_i's obtained from the quantitative synthesis of the SAXS-pattern is shown by the solid line. The dotted function is added to represent the fluctuation of l within a single brick with L_i taking the average fluctuation parameter of the brick-ensemble

Plotting the relative number of l's of the cluster against the long period itself we arrive at the distribution function shown in figure 8. This distribution is surprisingly consistent with the $f_{SAXS}(l)$ gained from the SAXS-pattern as illustrated in figure 9. Moreover, it is clearly experienced that the average crystal distances L in the different bricks of the different cluster varies in the same manner as expected from the slope of $\alpha(L, l_i)$ as well as from the fluctuation parameters g_x and g_y of the SAXS-analysis. Thus we are led to the conclusion that the local fluctuation of the L's should be related to the fluctuations of the internal structure of the bricks typified by $\alpha(L)$.

In conclusion, the correspondence of both of these methods, SAXS and light diffraction experiments taking electron micrographs as object, is fully established. The spectrum of order is complicated indicating by local fluctuations that conditions conductive to equilibration cannot be fulfilled at all.

6. The $\Delta c_p(T)$-Curves

It has been shown recently that a satisfying understanding of basic properties of polymer systems composed of folded-chain crystals can be obtained if these lamellae are considered to represent growth-restricted microphases. Refer-

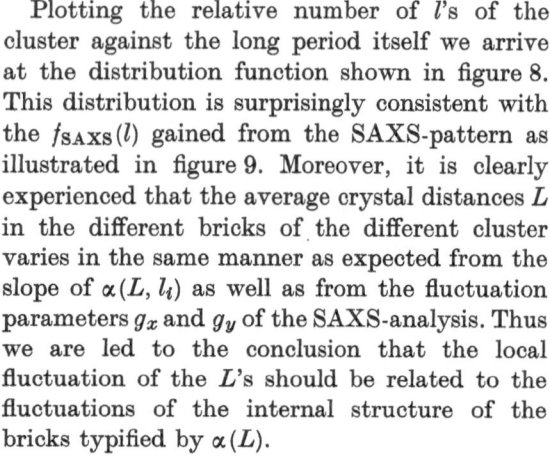

Fig. 8. The relative number of l_i's obtained from one special cluster (20) of the electron micrograph shown in figure 1, qualitatively indicated by dotted lines the distribution within a single brick

ring to this publication (24) we confine ourselves here to enumerate the assumptions employed to derive the equation

$$T_{Mf} = T_M(1 - (\alpha + 2\sigma_e)/(\Delta h_0 \cdot y_f)) \qquad [8]$$

σ_e = molar longitudinal surface enthalpy of the crystal lamellae,

α = molar excess free enthalpy of the defects,

Δh_0 = molar heat of fusion of the (CH_2)-unit,

y_f = fold height of the crystal lamellae expressed as the number of projections of the C-bonds into the direction of the crystallographic c-axes (here $y_f = l/0.128$; l is measured in nm-units),

T_M = melting temperature of the extended chain crystal having "infinitely large" dimensions

where the condition is used that the chains are sufficiently long compared with the fold height $y \gg y_f$. The coexistence of folded-chain crystals having the thickness y_f with the melt is assumed to be possible by the requirement that no allowance is given for any growth of the crystals at temperatures $T \leqq T_{Mf}$. The crystal lamellae are considered to represent thermodynamically autonomous microphases the melting temperature of which should be dependent on the parameter y_f only.

The coexistence of such growth restricted microphases with the melt is shown to be an indifferent heterogeneous equilibrium independent of whatever a thickness distribution of these crystals may exist.

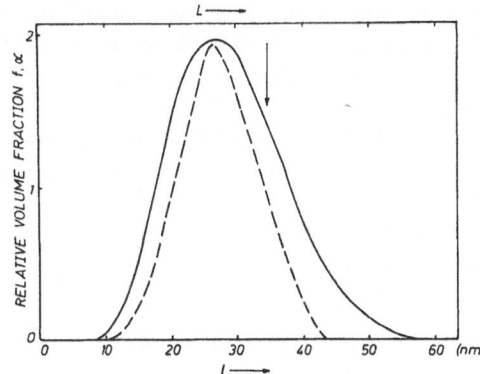

Fig. 10b. The weight fraction $\alpha(L)$ of the clusters obtained from the fit shown in figure 10a (-----), the corresponding weight fraction of the crystal distances $f(l)$ (-- --)

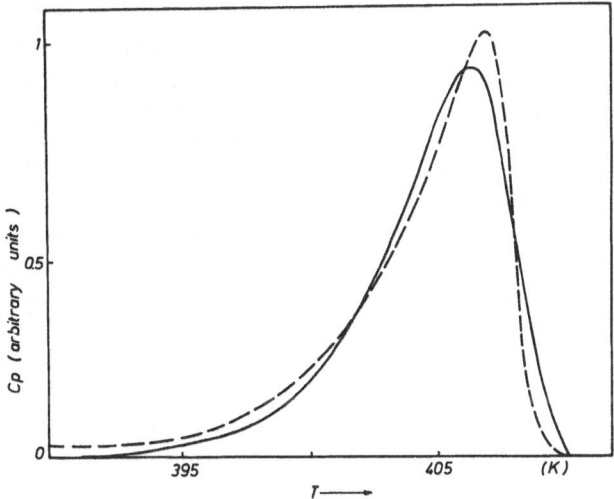

Fig. 10c. The experimental $c_p(T)$-curve of the same sample of HDPE which has been investigated in figure 10a compared with a calculated curve employing eq. [9] and using the $f(l)$-function drawn in figure 10b. The following parameters have been used:

$\alpha + 2\sigma_e$ = 4500 cal/mol CH_2 unit,
Δh_0 = 970 cal/mol CH_2 unit,
T_{M0} = 415 K

(thermal treatment of Lupolen 6011 L: 24 hours at 423 K, 24 hours at 409 K, during 6 hours slowly cooled to room temperature)

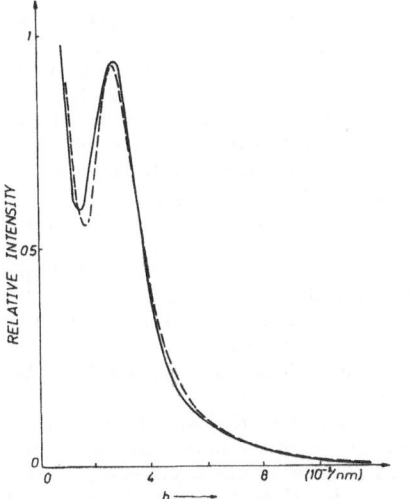

Fig. 10a. The theoretical fit ---- of the SAXS-pattern of a melt-crystallized HDPE-sample ——— using the eqs. [1] and [2] with the following data:

w^c = 0.85,
N = 7,
$g_x = g_y = 0.23$

Any interpretation of the melting process without *having* recrystallization should proceed from the basic assumption that *that* fraction of folded chain crystals with a distinct y_f disappears totally at T_{Mf}. If the polydispersity is appreciable, then the distribution function f ($l \equiv y_f$) should manifest itself in the slope of $c_p(T)$-measurements according to the fact that during continuous heating consecutive melting of the fractions α_i of the folded-chain crystals occur with the melting temperature defined by eq. [8].

To a first approximation it is sufficient to consider changes of the temperature in suitable increments ΔT, thus expressing Δc_p, the change in the heat capacity, in the following manner ($l \equiv y_f$)

$$\Delta c_p(T) = \Delta h / \Delta T$$
$$= \Delta f_{\text{SAXS}} \langle y_f \rangle \cdot \Delta h_0(T) / \Delta T \qquad [9]$$

with

$$\Delta f_{\text{SAXS}} = f_{\text{SAXS}}(y_f + \Delta y_f) - f_{\text{SAXS}}(y_f),$$
$$\langle y_f \rangle = (2 y_f + \Delta y_f)/2,$$
$$T = (T_M(y_f + \Delta y_f) + T_M(y_f))/2,$$
$$\Delta T = T_M(y_f + \Delta y_f) - T_M(y_f),$$
$$\Delta h_0 = \text{molar enthalpy of fusion of the (CH}_2\text{)-unit.}$$

In this way it is possible to derive $\Delta c_p(T)$-curves employing the $f_{\text{SAXS}}(l)$-function gained from the synthesis of the SAXS-pattern.

A $\Delta c_p(T)$-curve calculated by means of eqs. [8] and [9] is shown in figure 10c together with the SAXS pattern (fig. 10a) and its f_{SAXS} ($l \equiv y_f$) distribution function (fig. 10b). The quality of this approach to the experimental $\Delta c_p(T)$-curves gained from DTA-measurements, is to be seen by documentary evidence.

Acknowledgement

We are obliged to Messrs. *Asbach, Heise* and *Wilke* for valuable discussions and experimental help.

Summary

Adhering to the one-dimensional characterization of small angle X-ray pattern of melt-crystallized high density polyethylene with the aid of the one-dimensional paracrystalline theory we arrive at the model of a heterogeneous microstructure represented by a cluster ensemble with locally fluctuating average distances of neighbouring crystal lamellae. These characteristics can be verified from stained electron-micrographs the rotated light-diffraction pattern of which are in excellent agreement with the SAXS-pattern. Moreover, the slope of caloric measurements ($c_p(T)$-curves) on well-annealed HDPE samples can quantitatively be computed employing the crystal-thickness distribution gained from the synthesis of the SAXS-pattern.

Zusammenfassung

Aus der eindimensionalen Synthese von Röntgenkleinwinkelstreukurven an Polyäthylen hoher Dichten mit Hilfe der eindimensionalen Theorie des Parakristalls ergibt sich eine heterogene Überstruktur, die sich durch das Modell eines "Cluster-Ensembles" mit lokaler Fluktuation des mittleren Kristallabstandes darstellen läßt. Diese Charakteristik läßt sich aus elektronenmikroskopischen Bildern verifizieren, deren rotationsgemittelte Lichtbeugungsaufnahmen im relativen Intensitätsverlauf im Rahmen der gegebenen Grenzen mit den Röntgenkleinwinkelaufnahmen übereinstimmen. Mit der aus den Röntgenexperimenten abgeleiteten Kristallitdickenverteilung gelingt die Berechnung von $c_p(T)$-Schmelzkurven für gut getemperte HDPE-Proben.

Literature

1) *Heise, B., H. G. Kilian, M. Pietralla*, Progr. Colloid & Polymer Sci. **62**, 16 (1977).
2) *Illers, K. H.*, Colloid & Polymer Sci. **251**, 394 (1973).
3) *Petermann, J., H. Gleiter*, Colloid & Polymer Sci. **254**, 247 (1976).
4) *Watkins, N. C., D. Hansen*, Textile Res. J. **38**, 388 (1968).
5) *McHugh, A. J., J. M. Schultz*, Phil. Mag. **24**, 155 (1971).
6) *Overbergh, N., H. Berghmans, H. Reynaers*, J. Polymer Sci. Polymer Phys. Ed. **14**, 1177 (1976).
7) *Kanig, G.*, Kunststoffe **64**, 470 (1974).
8) *Schultz, J. M.*, J. Polymer Sci. Polymer Phys. Ed. **14**, 2291 (1976).
9) *Fischer, E. W.*, Colloid Polymer Sci. **231**, 458 (1969).
10) *Hoffmann, J. D., J. I. Lauritzen, E. Passaglia, G. S. Ross, L. J. Frolen, J. J. Weeks*, Colloid & Polymer Sci. **231**, 564 (1969).
11) *Kilian, H. G., D. Klattenhoff*, The quasi-static modulus of partially crystallized copolymers at small strains, to be published.
12) *Glenz, W., H. G. Kilian, D. Klattenhoff, F. Stracke*, Polymer **18**, 685 (1977).
13) *Dlugosz, J., G. V. Fraser, D. Grubb, A. Keller, J. A. Odell, P. L. Goggin*, Polymer **17**, 471 (1976).
14) *Hosemann, R., S. N. Bagchi*, Direct Analysis of Diffraction by Matter (Amsterdam 1962).
15) *Wenig, W.*, Thesis, performed in Abt. Experimentelle Physik I of the University of Ulm, 1974.
16) *Christ, B., N. Morosoff*, J. Polymer Sci. Polymer Phys. Ed. **11**, 1023 (1973).
17) *Kortleve, G., C. G. Vonk*, Colloid & Polymer Sci. **225**, 124 (1968).
18) *Brämer*, Thesis, performed in Abt. Experimentelle Physik I of the University of Ulm, 1973; Colloid & Polymer Sci. **252**, 504 (1974); Colloid & Polymer Sci. **250**, 1034 (1972).
19) *Buchanan, D. R.*, J. Polymer Sci. (A-2), **9**, 645 (1971).
20) *Meyer, H., H. G. Kilian*, The one-dimensional characterisation of the micro-structure of melt-crystallized polymer systems, preceding paper.
21) *Meyer, H., H. G. Kilian*, to be published.
22) *Kanig, G.*, Progr. Colloid & Polymer Sci. **57**, 176 (1975).
23) *Brämer*, Thesis, Ulm 1973, appendix page 4.
24) *Kilian, H. G.*, Colloid & Polymer Sci. **255**, 740 (1977).
25) *Meyer, H., G. Kanig, H. G. Kilian*, in preparation.

26) *Martis, K. W., W. Wilke*, Progr. Colloid & Polymer Sci. **62**, 44 (1977).

27) *Geil, P. H.*, Polymer Single Crystals (New York-London-Sydney 1963).

28) *Wunderlich, B.*, Macromolecular Physics, Vol. 1 (New York and London 1973).

Authors' address:

H. Meyer and *H.-G. Kilian*
Abteilung Experimentelle Physik I
Universität Ulm
Oberer Eselsberg
D-7900 Ulm/Donau

Progr. Colloid & Polymer Sci. **64**, 174—184 (1978)
© 1978 by Dr. Dietrich Steinkopff Verlag GmbH & Co. KG, Darmstadt
ISSN 0340-255 X

Vorgetragen auf der Frühjahrstagung des Fachausschusses
Physik der Hochpolymeren in der Deutschen Physikalischen Gesellschaft
in Rothenburg o. T. vom 28.—31. März 1977

Deutsches Kunststoff-Institut, Darmstadt

Untersuchungen zum Leitungsmechanismus in Polyäthylen

U. Johnsen und *G. Weber*

Mit 7 Abbildungen und 2 Tabellen

(Eingegangen am 22. April 1977)

Einleitung

Nachdem man in jüngster Zeit die Kontaktaufladung zwischen Metall und Polymerem als einen Elektronenübergang mit anschließendem Einfang der Ladungsträger in Haftstellen deutet (1—3), liegt es nahe, auch den elektrischen Leitungsmechanismus auf der Grundlage eines solchen Haftstellenmodells zu betrachten. Haftstellen für Ladungsträger können hervorgerufen werden durch Störungen in den Kristalliten, insbesondere an den Grenzflächen zu den amorphen Bereichen, durch strukturelle Unregelmäßigkeiten in der Konformation der molekularen Ketten sowie durch chemische Zusätze und Verunreinigungen. Nach *Bauser* (4) führen im Polyäthylen solche strukturellen Unregelmäßigkeiten innerhalb der Hauptkette zu energetisch flachen Haftstellen ($\lesssim 1$ eV), hingegen Verunreinigungen, wie z. B. Antioxidantien und Katalysatoren, zu energetisch tiefen Haftstellen ($\gtrsim 1$ eV).

Wenn bei Molekülkristallen der Leitungsmechanismus noch auf der Grundlage durchgehender Energiebänder diskutiert werden kann, so trifft dies für Polymere nicht mehr zu, da letztere bestenfalls teilkristallin sind und zahlreiche Störungen in der periodischen Struktur besitzen. Aus diesem Grunde wurde ein gegenüber dem kristallinen Festkörper modifiziertes Elektronen-Energieschema vorgeschlagen (4). Danach ist der Ladungstransport, nach Befreiung von Elektronen aus energetisch tief liegenden Zentren, als ein thermisch aktivierter Hüpfprozeß mit Sprüngen über intermolekulare Schwellen aufzufassen.

In einer früheren Arbeit (5) wurde auf der Grundlage eines solchen Haftstellenmodells ein Ausdruck für die stationäre Leitfähigkeit abgeleitet. Hierbei wurde die Konzentration der aus ionisierbaren Zentren befreiten Elektronen als temperatur- und feldabhängig angesehen, die Beweglichkeit der Elektronen jedoch nur als eine Funktion der Temperatur betrachtet. Die Annahme einer feldunabhängigen Beweglichkeit erscheint aber nicht länger gerechtfertigt zu sein, da Untersuchungen der Ladungsträgerbeweglichkeit in Polymeren (6—8) eine mit steigender Feldstärke zunehmende Beweglichkeit ergaben.

Nachfolgend werden die stationären Ströme und die Leitfähigkeit, unter Berücksichtigung einer feld- und temperaturabhängigen Konzentration und Beweglichkeit der Elektronen, quantitativ beschrieben. Es war das Ziel der Untersuchungen, zum einen Aufschluß über die physikalische und chemische Natur der die Leitfähigkeit beeinflussenden Haftstellen zu erhalten, zum anderen zu einer Klärung des noch weitgehend unbekannten Leitungsmechanismus in polymeren Isolatoren beizutragen.

Zu diesem Vorhaben wurde die Feld- und Temperaturabhängigkeit stationärer Ströme an linearem und verzweigtem Polyäthylen untersucht.

1. Experimenteller Teil

Untersucht wurden Polyäthylene niedriger (LDPE) und hoher (HDPE) Dichte, beide unstabilisiert und frei von anderen Verarbeitungshilfsmitteln. Die Substanzen waren hinsichtlich ihres Kristallinitätsgrades, des Gehaltes an CH_3-, $C=O$-Gruppen sowie der Konzentration an Katalysatorenresten im Fall des HDPE charakterisiert. Die Tabelle 1 enthält die Zahlenwerte. Um zu klären, ob die als Verunreinigung im HDPE vorliegende Konzentration der metallischen Katalysatorenreste die

Tabelle 1. Kenngrößen der untersuchten
Polyäthylene

Probe	Katalysatorenreste	$CH_3/10^3 C$	$C=O/10^3 C$	Kristallinität [%]	Probendicke [μm]
HDPE	Ti < 5ppm Al <10ppm	1.5	0.01	70	36
HDPE	Al $(OCH{<}_{CH_3}^{CH_3})_3$ 66 ± 14 ppm	15	0.01	70	62
HDPE	$Cl_2 Ti (OCH_3)_2$ 30 ± 5ppm	1.5	0.01	70	55
LDPE	——	33	0.08	45	68
Bestrahltes LDPE $(200 kJ \cdot kg^{-1})$	——	33	0.5	45	80

Leitfähigkeit beeinflußt, wurde der Einfluß nachträglich zugesetzter Titan-(Dichlordimethoxytitan) und Alu-
minium-(Aluminiumtriisopropylat)Verbindungen untersucht. Dazu wurden das pulverförmige HDPE und die
oben genannten Verbindungen mit einem Hoch-
geschwindigkeitsrührer in einem Pyrexglas 5 Minuten
lang gemischt und so gleichmäßig verteilt.

Um den Einfluß der Strahlenvernetzung auf die Leitfähigkeit zu untersuchen, wurde eine Polyäthylenprobe
niedriger Dichte mit einer Dosis von 200 kJ/kg in
Gegenwart von Luft bestrahlt. Danach besaß die Probe
einen IR-spektroskopisch bestimmten Gehalt an Carbonylgruppen von etwa $0,5/10^3 CH_2$.

Mit Hilfe einer hydraulischen Handpresse und eines
beheizbaren Preßwerkzeuges wurden Filme mit Dicken
von etwa 30 bis 80 μm hergestellt. Röntgenographische
Untersuchungen ergaben keine Orientierung der kri-
stallographischen a-, b- und c-Achsen; die Filme waren
unorientiert. Der mit Hilfe eines Differential-Scanning-
Calorimeters (DSC) bestimmte Kristallinitätsgrad betrug rund 70% bzw. 45% beim linearen bzw. verzweigten Polyäthylen, bei Annahme einer Schmelzenthalpie
für einen Idealkristall von 70 cal/g (9).

Aluminium- oder Gold-Elektroden, mit einer Fläche
von 3,0 cm², wurden aufgedampft, wobei um die Meß-
elektrode zusätzlich ein Schutzring aufgedampft wurde,
um Oberflächenströme bei der Messung auszuschließen.
Die Leitfähigkeitsuntersuchungen erfolgten unter Hoch-
vakuum ($p \leq 10^{-5}$ Torr).

2. Zeitlicher Abfall der Ladeströme

Die Ladeströme fallen nach Einschalten der
Spannung gemäß einer Potenzformel zunächst
stetig ab und gehen nach etwa 10^5 s in einen
stationären Strom über. In der Literatur (10, 11,
12) wird der starke Abfall des Stromes nach
Anlegen einer äußeren Spannung unter anderem
auf folgende Ursachen zurückgeführt:

i) Dipolorientierung,
ii) Ladungsträgerinjektion und Aufbau einer
Raumladung.

i) Dipolorientierung

Nach der Theorie (13) ist der Polarisations-
strom direkt proportional zum elektrischen Feld
und bei konstantem Feld unabhängig von der
Dicke. Die experimentellen Ergebnisse zeigen
(12, 14), daß nur für Zeiten unmittelbar nach
Anlegen der Spannung und nur für kleine Feldstärken eine Proportionalität zwischen Strom
und Spannung besteht. Eine Dipolpolarisation
kann daher nur den Anfangsbereich im Ladestrom beschreiben.

ii) Ladungsträgerinjektion und Aufbau einer Raumladung

Mit fortschreitender Zeit wird der Ladestrom
zunehmend durch den elektronischen Leitungs-
strom bestimmt. Dieser hat seine Ursache darin,
daß nach Einschalten der Spannung Elektronen
in das Polymere injiziert werden und dort in
Haftstellen eingefangen werden. Dies führt zum
Aufbau einer Raumladung und zu einer Ab-
schwächung der Feldstärke an der Kathode und
zu einer Erhöhung der Feldstärke an der
Ladungsfront.

Übersteigt die von der Kathode pro Flächen-
und Zeiteinheit emittierte Elektronendichte diejenige, die in der Probe geringer Leitfähigkeit
transportiert werden kann, wird mit der Zeit der
Aufbau der Raumladung zunehmen. Ein stationärer Strom fließt dann, wenn die Raumladung
ihren Maximalwert erreicht hat und die Raten
der in Haftstellen eingefangenen und hieraus
wieder befreiten Elektronen im Gleichgewicht
stehen. Stationäre Ströme werden mit zunehmender Temperatur und Feldstärke eher erreicht, weil sowohl die Driftgeschwindigkeit der
Elektronen als auch ihre Konzentration zunehmen.

3. Der Leitungsmechanismus stationärer Ströme

3.1. Ergebnisse

Die stationären Ströme besitzen eine mit steigender Feldstärke abnehmende Aktivierungsenergie (5, 12, 14). Dieser experimentelle Befund kann sowohl mit einem Poole-Frenkel-Effekt (15) als auch mit einem Schottky-Effekt (16) gedeutet werden.

Hinweise, daß der stationäre Strom nicht durch Herabsetzung der Austrittsarbeit an der Grenzfläche Metall-Polymer (Schottky-Effekt) bestimmt ist, sind dessen geringe Abhängigkeit vom Elektrodenmaterial (17) und der Einfluß von Phasenübergängen des Polymeren (18). Als Poole-Frenkel (P.F.)-Effekt wird die Tatsache bezeichnet, daß die thermische Aktivierung von Elektronen aus im Volumen befindlichen, ionisierbaren Zentren durch ein angelegtes Feld begünstigt und damit die Zahl der Ladungsträger erhöht wird. Die von der Theorie (15) geforderte Linearität zwischen Logarithmus der Leitfähigkeit und der Wurzel aus der Feldstärke wurde in guter Näherung vorgefunden (5), jedoch ergaben sich folgende Abweichungen:

i) Der ermittelte Wert für die statische Dielektrizitätskonstante ist um den Faktor 10 bis 100 zu klein.

ii) Im Bereich niedriger Feldstärken ist der beobachtete Anstieg der Kurve kleiner als der theoretische.

3.2. Theoretische Betrachtungen

Der zu niedrige Wert für die Dielektrizitätskonstante und die starke Abweichung der Leitfähigkeit bei kleinen Feldstärken vom theoretischen Verlauf nach *Frenkel* (15) führten zu der Vorstellung, daß der gegenseitige Einfluß benachbarter Potentialfelder nicht vernachlässigt werden darf.

3.2.1. Überlappung der Potentiale ionisierter Zentren

Die Überlappung von drei benachbarten ionisierten Zentren ist in nachfolgender Abbildung 1 gezeigt. Ohne äußeres Feld reduziert die Überlappung der Coulombpotentiale ionisierter Zentren deren energetische Tiefe $e\Phi_0$ um den Betrag $e\Delta\Phi$, s. Abbildung 1a. Die P.F.-Zentren sind positiv, wenn sie leer sind, und neutral, wenn sie mit einem Elektron besetzt sind. Wird das Elektron thermisch befreit, wandert es im Mittel um eine Strecke λ, bevor es erneut durch ein P.F.-Zentrum eingefangen wird. Unter dem Einfluß des äußeren elektrischen Feldes werden die Potentialbarrieren richtungsabhängig. Die Schwelle ist in der positiven x-Richtung durch Φ_{1m} und entgegengesetzt dazu durch Φ_{2m} festgelegt.

Diese können als Funktion des Zentrenabstandes und des äußeren elektrischen Feldes ausgedrückt werden (5) und lauten:

$$\Phi_{1m}(U, \lambda) = \Phi_0 - \frac{\alpha}{\lambda} f(U, \lambda), \qquad [1]$$

mit

$$\alpha = \frac{e}{4\pi\,\varepsilon\,\varepsilon_0}. \qquad [2]$$

Es bedeuten: e die Elementarladung, ε bzw. ε_0 die relative bzw. absolute Dielektrizitätskonstante, U die Spannung und $f(U, \lambda)$ die in (5) als Gl. [16] definierte dimensionslose Funktion. Sie beschreibt die Differenz des Potentials Φ_{1m} zum Nullpotential im Fall überlappender Potentiale in Abhängigkeit von der angelegten Spannung. Diese Funktion hat für den Grenzfall $U=0$ den Wert:

$$\frac{\alpha}{\lambda} f(0, \lambda) = \Delta\Phi = 4\,\frac{\alpha}{\lambda}. \qquad [3]$$

Im Unterschied zur ursprünglichen Gleichung von *Frenkel* (15) wird die Potentialschwelle jetzt

(--------) *ungestörte Potentiale*

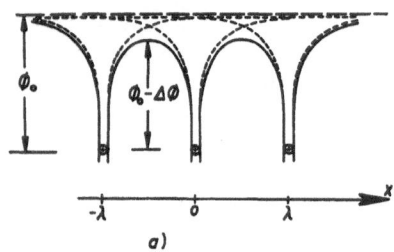

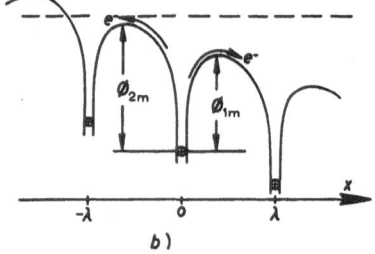

Abb. 1. Überlappung der Coulombpotentiale ionisierter Poole-Frenkel-Zentren; a) ohne und b) unter Einfluß eines elektrischen Feldes

auf Grund der Überlappung auch ohne äußeres Feld erniedrigt. Für sehr hohe Feldstärken, d.h. wenn

$$\frac{U \lambda^2}{d \alpha} \gg 1 \,,$$

läßt sich zeigen (12), daß

$$\frac{\alpha}{\lambda} f(U, \lambda) \approx 2 \sqrt{\frac{e}{4 \pi \varepsilon \varepsilon_0}} \cdot \sqrt{U/d} = \beta_{\text{P.F.}} \sqrt{U/d} \,, \qquad [4]$$

mit der Probendicke d.

Dies ist genau die von *Frenkel* ermittelte Potentialerniedrigung im Fall isolierter, sich nicht überlappender P.F.-Zentren. Sie ergibt sich hier als Grenzfall hoher Feldstärken und großer Zentrenabstände.

Entgegengesetzt zur Richtung des Potentialgefälles ergibt sich für die Barriere

$$\Phi_{2m}(U, \lambda) = \Phi_{1m} + \frac{U \lambda}{d} \,. \qquad [5]$$

3.2.2. Konzentration der Elektronen

Für die nachfolgenden Betrachtungen wird angenommen, daß die Raumladung in erster Näherung nur einen Teil der Probe erfüllt. Außerhalb der Raumladung sei die Ladungsträgerverteilung elektrisch neutral. Dann lautet im Fall der Stationarität die Neutralitätsbedingung:

$$n = N_{\text{D}} - n_{\text{D}} \,, \qquad [6]$$

wobei N_{D} die Konzentration aller ionisierbaren P.F.-Zentren und n_{D} die Konzentration der neutralen, noch nicht ionisierten Zentren darstellt. Auf Grund der Überlappung der Potentiale ionisierter P.F.-Zentren erhält man für den feldfreien Fall, bei thermischer Befreiung von Elektronen aus Zentren der energetischen Tiefe $e \Phi_0 - 4 e \alpha/\lambda$, eine Elektronenkonzentration von (12):

$$n = \sqrt{N N_{\text{D}}} \exp\left(- \frac{e \Phi_0 - 4 e \alpha/\lambda}{2 k T}\right) \,, \qquad [7]$$

wobei T die absolute Temperatur und k die Boltzmann-Konstante sind.

Da im Grenzfall sehr hoher Temperaturen alle P.F.-Zentren ionisiert vorliegen und zusätzlich thermische Anregung von Elektronen aus den Valenz- in die Leitungsniveaus erfolgt, muß die eingeführte Konzentration $N \gtrsim N_{\text{D}}$ sein.

Damit kann der Bruchteil der Elektronen ermittelt werden, die in Richtung des Potential-

gefälles bzw. entgegengesetzt dazu laufen. Diese Elektronenkonzentrationen sind durch:

$$n_1 = f_1 \cdot n \quad \text{bzw.} \qquad [8]$$

$$n_2 = f_2 \cdot n \qquad [9]$$

gegeben.

Die Verteilungsfunktionen f_1 und f_2 folgen aus der Normierungsbedingung, daß die Summe der Teilkonzentrationen

$$n_1 + n_2 = n \qquad [10]$$

ist, zu

$$f_1 = 1 - f_2 = \frac{1}{1 + \exp\left(- \dfrac{U e \lambda}{2 k T d}\right)} \,. \qquad [11]$$

Für die Spannung Null haben die Funktionen f_1 und f_2 den gleichen Wert 1/2. Mit wachsender Spannung steigt f_1 gegen Eins und f_2 fällt auf den Wert Null.

3.2.3. Beweglichkeit der Elektronen

Bei eindimensionaler Betrachtung tragen zum Strom alle diejenigen Elektronen bei, die in positiver bzw. negativer x-Richtung die Potentialbarrieren Φ_{1m} bzw. Φ_{2m} überwinden. Ihre Geschwindigkeiten v_1 und v_2 können durch die Sprungweite λ und die Sprungwahrscheinlichkeit ausgedrückt werden und führen zu

$$\qquad [12]$$

$$v_1 = \lambda \nu \exp\left(- \frac{e \Phi_0 - \dfrac{e \alpha}{\lambda} f(U, \lambda)}{k T}\right) = \mu_1 \frac{U}{d}$$

bzw.

$$v_2 = \lambda \nu \exp\left(- \frac{e \Phi_0 - \dfrac{e \alpha}{\lambda} f(U, \lambda)}{k T}\right) \times$$

$$\times \exp\left(- \frac{U e \lambda}{k T d}\right) = \mu_2 \frac{U}{d} \,. \qquad [13]$$

Die Sprungweite λ ist gleich dem Zentrenabstand und ν ist die Stoßfrequenz. Mit den Geschwindigkeiten v_1 und v_2 können die Beweglichkeiten μ_1 und μ_2 ermittelt werden.

3.2.4. Diskussion der Gleichungen für stationären Strom und stationäre Leitfähigkeit

Die registrierte Gesamtstromdichte ist die Summe aus den Stromdichten der in positiver bzw. negativer x-Richtung laufenden Elektronen

$$\vec{j} = \vec{j}_1 + \vec{j}_2 \,. \qquad [14]$$

Da im feldfreien Fall die Gesamtstromdichte Null ist, folgt $\vec{j_1} = -\vec{j_2}$, so daß in skalarer Schreibweise gilt:

$$j = j_1 - j_2. \qquad [15]$$

Mit zunehmender Feldstärke wird j_1 zu- und j_2 abnehmen. Da jede Stromdichte durch $j = e\,n\,v$ gegeben ist, folgt unter Berücksichtigung der Gleichungen [7], [8], [9], [11], [12], [13] für die Gesamtstromdichte:

$$j = j_0 \left(\frac{1 - \exp\left(-\dfrac{3\,U\,e\,\lambda}{2\,k\,T\,d} \right)}{1 + \exp\left(-\dfrac{U\,e\,\lambda}{2\,k\,T\,d} \right)} \right) \times$$

$$\times \exp\left(\frac{\dfrac{e\,\alpha}{\lambda}\,f(U,\lambda)}{kT} \right), \qquad [16]$$

mit

$$[17]$$

$$j_0 = e\,\lambda\,\nu\,\sqrt{N N_{\mathrm{D}}}\,\exp\left(-\frac{3\,e\,\Phi_0 - 4\,\dfrac{e\,\alpha}{\lambda}}{2\,k\,T} \right).$$

Aus [16] folgt nach Division mit der Feldstärke die gesuchte Beziehung für die Leitfähigkeit:

$$\sigma(U,\lambda,T) = j_0 \left(\frac{1 - \exp\left(-\dfrac{3\,U\,e\,\lambda}{2\,k\,T\,d} \right)}{1 + \exp\left(-\dfrac{U\,e\,\lambda}{2\,k\,T\,d} \right)} \right) \frac{1}{U/d} \times$$

$$\times \exp\left(\frac{\dfrac{e\,\alpha}{\lambda}\,f(U,\lambda)}{kT} \right). \qquad [18]$$

Für die Spannung $U = 0$ hat der Klammerausdruck den Grenzwert:

$$[19]$$

$$\lim_{U/d \to 0} \left(\frac{1 - \exp\left(-\dfrac{3\,U\,e\,\lambda}{2\,k\,T\,d} \right)}{1 + \exp\left(-\dfrac{U\,e\,\lambda}{2\,k\,T\,d} \right)} \right) \frac{1}{U/d} = \frac{3}{4}\,\frac{e\,\lambda}{kT}.$$

Die Leitfähigkeit lautet für diesen Grenzfall:

$$\sigma(0,\lambda,T) = \frac{3\,e^2\,\lambda^2\,\nu}{4\,k\,T}\,\sqrt{N N_{\mathrm{D}}} \times$$

$$\times \exp\left(-\frac{3\,e\,\Phi_0 - 12\,\dfrac{e\,\alpha}{\lambda}}{2\,k\,T} \right). \qquad [20]$$

Aus ihrer Temperaturabhängigkeit erhält man Aufschluß über die Beweglichkeit der Elektronen

$$\mu = \frac{3\,e\,\lambda^2\,\nu}{4\,k\,T}\,\exp\left(-\frac{e\,\Phi_0 - 4\,\dfrac{e\,\alpha}{\lambda}}{kT} \right), \qquad [21]$$

falls man ihre Konzentration [7] kennt.

Die Aktivierungsenergie der Leitfähigkeit läßt sich nach [20] aus einer Arrhenius-Auftragung bestimmen. Ferner kann bei bekanntem Zentrenabstand auf die energetische Tiefe $e\,\Phi_0$ des P.F.-Zentrums geschlossen werden.

Für sehr hohe Feldstärken zeigt Gl. [18] wegen Gl. [4] die in guter Näherung beobachtete logarithmische Abhängigkeit der Leitfähigkeit von der Wurzel aus der Feldstärke, da die Wurzel-Abhängigkeit der Feldstärke im Exponenten gegenüber der d/U-Abhängigkeit im Exponentialvorfaktor überwiegt.

4. Vergleich der gemessenen mit den berechneten Ergebnissen

Alle experimentell ermittelten Leitfähigkeitskurven von Polyäthylenen niedriger und hoher Dichte können mit der für Polyäthylen zutreffenden statischen Dielektrizitätskonstante von $\varepsilon \cong 2{,}3$ und durch [18] nun gut dargestellt werden.

4.1. Lineares Polyäthylen (HDPE)

4.1.1. HDPE ohne beigemischte Fremdstoffe

Die Abbildung 2 zeigt die Meßwerte der stationären Leitfähigkeit in halblogarithmischer Auftragung gegen die Wurzel aus der Feldstärke; der Parameter ist die Temperatur. Die durchgezogenen Kurven sind die berechneten Ergebnisse, sie stimmen mit den gemessenen gut überein. Der Vergleich der gemessenen mit den berechneten Ergebnissen liefert einen Zentrenabstand von 220 Å. Im Gegensatz zum Poole-Frenkel-Modell isolierter Zentren (15) geht der Anstieg der Kurven mit abnehmender Feldstärke gegen Null, was auf ein zunehmendes Ohmsches Verhalten des Polyäthylens hinweist. Bei hohen Feldstärken nimmt der Logarithmus der Leitfähigkeit linear mit der Wurzel aus der Feldstärke zu. Aus den berechneten Ordinatenabschnitten kann mit Hilfe des bekannten Zentrenabstandes und Gl. [20] aus einer Arrhe-

Abb. 2. Gemessene und berechnete stationäre Leitfähigkeit für vier verschiedene Temperaturen (HDPE, Ausgangssubstanz)

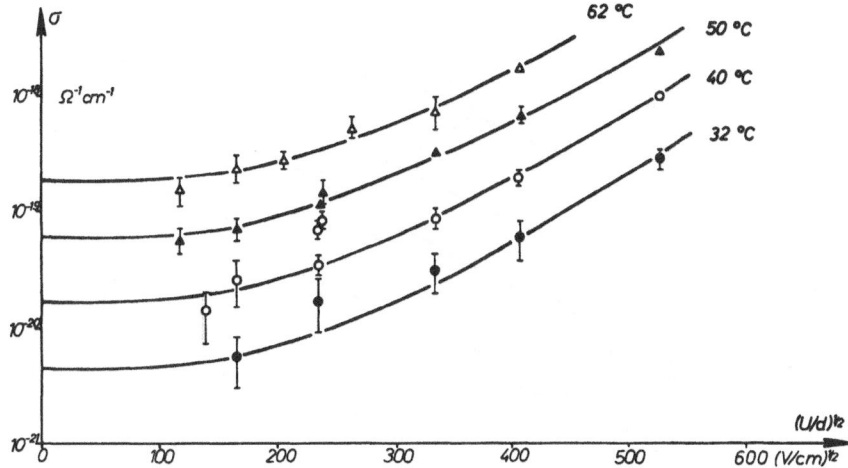

nius-Auftragung die Aktivierungsenergie für die Leitfähigkeit

$$E = 3\left(e\,\Phi_0 - 4\,\frac{e\,\alpha}{\lambda}\right),\qquad [22]$$

die energetische Tiefe $e\,\Phi_0$ der P.F.-Zentren und der Exponentialvorfaktor $3e\,\lambda^2\,\nu\,\sqrt{NN_\mathrm{D}}/4$ bestimmt werden. Ihre Werte sind in Tabelle 2 zusammengefaßt. Da in der Literatur die Aktivierungsenergie nach der üblichen Arrhenius-Auftragung bestimmt wird, sind beim Zahlenvergleich die hier ermittelten Aktivierungsenergien mit einem Faktor 1/2 zu multiplizieren. Die so halbierte Aktivierungsenergie für die stationäre Leitfähigkeit und den stationären Strom von etwa 1,1 eV stimmt mit Literaturwerten gut überein.

Dehoust (19) ermittelte aus der Temperaturabhängigkeit des 5 min nach Anlegen einer äußeren Spannung fließenden Stromes eine mittlere Aktivierungsenergie von 1,4 eV für ein kommerzielles HDPE. *Stetter* (20) fand ebenfalls an handelsüblichen HDPE-Proben Aktivierungsenergien für den thermisch stimulierten Strom

von etwa 1,3 eV. Die energetische Tiefe des P.F.-Zentrums beträgt etwa 0,84 eV, siehe Tabelle 2.

Die Konzentration der P.F.-Zentren kann man mit Hilfe des mittleren Abstandes λ zu $N_\mathrm{D} \approx \lambda^{-3} \approx 10^{+17}$ cm^{-3} abschätzen. Die als Verunreinigung in der Ausgangssubstanz vorliegende Konzentration der metallischen Katalysatorenreste liegt in der gleichen Größenordnung. Ob dieser Zusammenhang Rückschlüsse auf die chemische Natur der P.F.-Zentren erlaubt, sollten Messungen an HDPE mit definierten Mengen beigemischter Fremdstoffe zeigen, die den Katalysatorenresten chemisch ähnlich sind.

4.1.2. HDPE mit beigemischten Zusätzen

Für die nachfolgenden Untersuchungen ist zu berücksichtigen, daß die beigemischten Katalysatorkomponenten sich chemisch von den im HDPE nach der Polymerisation vorhandenen unterscheiden können, jedoch, was die Leitfähigkeit betrifft, sich ähnlich verhalten dürften.

Die experimentellen und berechneten stationären Leitfähigkeiten einer mit 30 ± 5 ppm

Probe	Katalysatorenreste	λ [Å]	E [eV]	$e\,\Phi_0$ [eV]	$\frac{3e\,\lambda^2\,\nu}{4}\sqrt{NN_D}$ [A·cm^{-1}]	$\sigma\,(0,T,\lambda)$ T=60°C [Ω^{-1}·cm^{-1}]
HDPE	Ti < 5ppm Al <10ppm	220	2,19	0,84	$1,62 \cdot 10^{-4}$	$1,8 \cdot 10^{-19}$
HDPE	Al (OCH$\overset{CH_3}{\underset{CH_3}{}}$)$_3$ 66 ± 14 ppm	150	2,86	1,12	3,18	$2,7 \cdot 10^{-20}$
HDPE	Cl$_2$Ti (OCH$_3$)$_2$ 30 ± 5 ppm	230	3,12	1,15	$6,03 \cdot 10^{3}$	$3,0 \cdot 10^{-19}$
LDPE	——	390	2,32	0,84	$4,44 \cdot 10^{-3}$	$4,5 \cdot 10^{-19}$
Bestrahltes LDPE (200 kJ·kg^{-1})	——	67	2,54	1,22	$8,06 \cdot 10^{-1}$	$1,3 \cdot 10^{-18}$

Tabelle 2. Parameter der stationären Leitfähigkeit untersuchter Polyäthylene

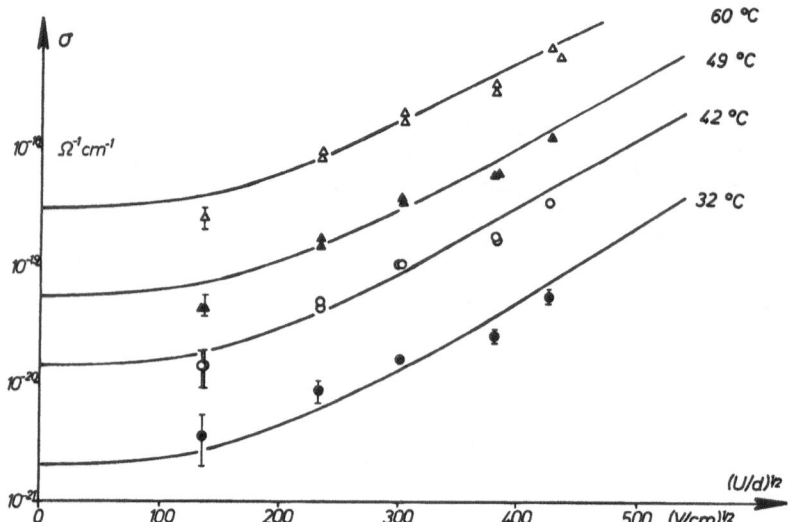

Abb. 3. Gemessene und
berechnete stationäre
Leitfähigkeiten für vier
verschiedene Temperaturen
(HDPE, 30 ± 5 ppm
Dichlordimethoxytitan)

Dichlordimethoxytitan dotierten HDPE Probe
sind in Abbildung 3 und die Leitfähigkeiten
einer mit 66 ± 14 ppm Aluminiumtriisopropylat
dotierten HDPE-Probe in Abbildung 4 dargestellt. Auch hier findet man eine gute Übereinstimmung zwischen berechneten und gemessenen
Leitfähigkeiten, wobei die Feldabhängigkeit der
berechneten Leitfähigkeit nur durch den einen
freien Parameter, den Zentrenabstand λ, charakterisiert ist. Der Vergleich liefert die in Tabelle 2
enthaltenen Zahlenwerte. Man stellt eine Zunahme der energetischen Tiefe des P. F.-Zen-
trums und eine Erhöhung der Aktivierungsenergie für die Leitfähigkeit gegenüber der Ausgangssubstanz fest. Die erhaltenen Ergebnisse
zeigen, daß Katalysatorenreste die Leitfähigkeit
des HDPE beeinflussen.

4.2. Verzweigtes Polyäthylen (LDPE)

Für eine weitere Bestätigung des vorgeschlagenen Leitungsmechanismus war es wichtig zu

wissen, ob auch die Ergebnisse der stationären
Leitfähigkeit des LDPE durch Gl. [18] beschrieben werden können, da auf Grund des anders-
artigen Polymerisationsprozesses (21) das LDPE
keine metallischen Katalysatorenreste enthält.

4.2.1. Ausgangssubstanz

In Abbildung 5 sind die experimentellen und
berechneten Leitfähigkeiten einer nicht vorbehandelten LDPE-Probe in Abhängigkeit von der
Feldstärke dargestellt. Der Parameter ist die
Temperatur. Die Übereinstimmung gemessener
und berechneter Leitfähigkeiten ist gut, und ihr
Vergleich führt zu den in Tabelle 2 zusammen-
gefaßten Parametern. Die Zahlenwerte unterscheiden sich bis auf den Zentrenabstand nur
wenig von den Werten der HDPE-Probe ohne
beigemischte Fremdstoffe. Die energetische Tiefe
der P. F.-Zentren beträgt 0,84 eV und die Aktivierungsenergie für den Strom bzw. die Leitfähigkeit 2,32 eV. Der halbierte Wert der Akti-

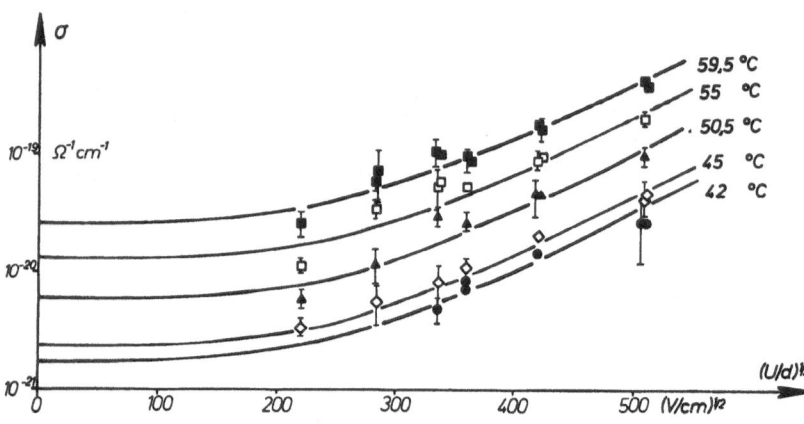

Abb. 4. Gemessene und
berechnete stationäre
Leitfähigkeiten für vier
verschiedene Temperaturen
(HDPE, 66 ± 14 ppm
Aluminiumtriisopropylat)

Abb. 5. Gemessene und
berechnete stationäre
Leitfähigkeiten für vier
verschiedene Temperaturen
(LDPE, Ausgangssubstanz)

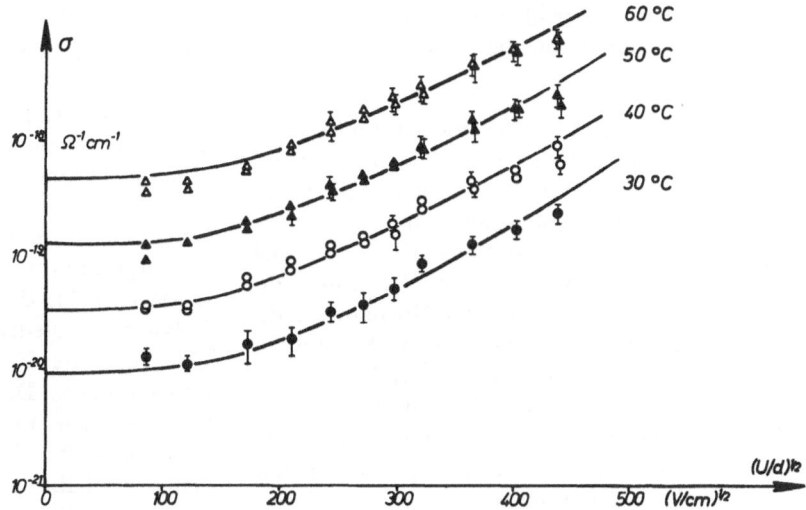

vierungsenergie von 1,16 eV stimmt mit Literaturwerten gut überein. *Bradwell* und Mitarbeiter (22) fanden aus Gleichstromleitfähigkeitsmessungen 0,9 eV, *Das Gupta* und *Barbarez* (23) 0,95 eV und *Röhl* und *Fischer* (24) 1,1 eV. Die geringen Unterschiede in den Zahlenwerten können, wie die Ergebnisse dotierter HDPE-Proben zeigten, mit den verschiedenen Reinheitsgraden der Polyäthylene gedeutet werden.

4.2.2. Bestrahlte Probe

Von *Knappe* und Mitarbeitern (25) wurde gezeigt, daß bei Anregung von Polyäthylen mit 1 MeV-Elektronen eines Van-de-Graaff-Generators in der Glowkurve ein Maximum besonders intensiv dann auftritt, wenn die Probe in Luft bestrahlt wurde. Der im Polyäthylen vorhandene molekulare Sauerstoff führt infolge radikalischer

Reaktionen über Zwischenstufen zur Bildung von Carbonylgruppen, die nach *Bauser* (4) als Elektronenhaftstellen wirken können. Im folgenden wurde daher die Leitfähigkeit einer in Luft mit 200 kJ/kg bestrahlten LDPE untersucht. In Abbildung 6 sind die gemessenen und berechneten Leitfähigkeiten für vier verschiedene Temperaturen dargestellt. Im Gegensatz zur unbestrahlten Probe ist die Leitfähigkeit bis zu etwa 8×10^4 V/cm nahezu unabhängig von der Feldstärke. Dieser Befund wird durch eine höhere Konzentration der P.F.-Zentren erklärt, da ihr mittlerer Abstand sich gegenüber der unbestrahlten Probe um etwa das 6fache verringert, s. Tabelle 2. Auf Grund der starken Überlappung der P.F.-Potentiale wird die Befreiung von Elektronen erst oberhalb von 8×10^4 V/cm durch die Feldstärke merkbar begünstigt.

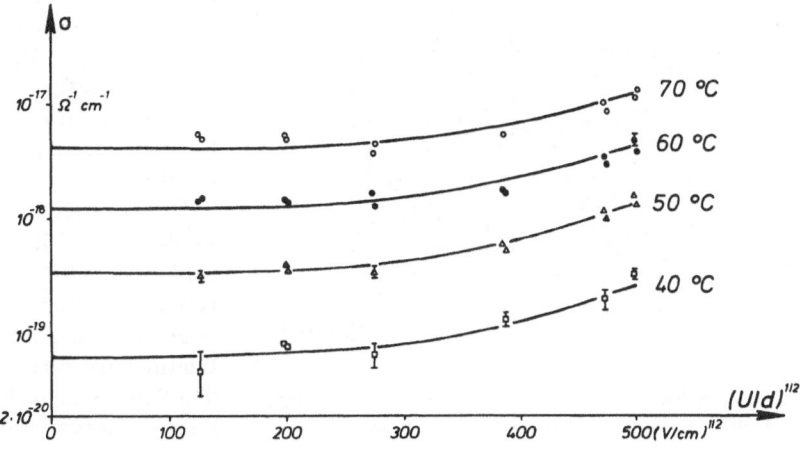

Abb. 6. Gemessene und
berechnete stationäre
Leitfähigkeiten für vier
verschiedene Temperaturen
(LDPE, bestrahlt mit
200 kJ/kg)

5. Vorstellungen über die räumliche Verteilung und chemische Natur der Poole-Frenkel-Zentren

Wie der Vergleich der gemessenen und berechneten Ergebnisse zeigte, läßt sich die beobachtete Feld- und Temperaturabhängigkeit der stationären Leitfähigkeit an Hand des vorgeschlagenen Modells gut darstellen. Es stellt sich die Frage, wie die räumliche Verteilung der Poole-Frenkel-Zentren von der Morphologie der Polymeren abhängt. Es besteht die Vorstellung (26), s. Abbildung 7, daß bei der Kristallisation die schlecht kristallisierenden Anteile, wie z. B. chemische Verunreinigungen und Fremdmoleküle, aus den Kristallen verdrängt werden und nach erfolgter Kristallisation statistisch innerhalb der amorphen Bereiche gehäuft vorliegen. Es ist daher denkbar, daß Einfang und Freigabe von Ladungsträgern durch Poole-Frenkel-Zentren innerhalb der Grenzflächen der kristallinen und amorphen Bereiche stattfinden (24, 27, 28).

In der Literatur bestehen über Transport und Lokalisation der Ladungsträger unterschiedliche Auffassungen. In einigen Arbeiten (29—31) wird die chemische Natur der Zentren innerhalb der amorphen Bereiche nicht berücksichtigt. Zur Interpretation der Leitfähigkeit wird nur der Einfluß von Strukturänderungen wie Kristallinität, Sphärolithgröße und Orientierung der Kettenmoleküle herangezogen. Eine andere Vorstellung beruht auf der verschiedenartigen chemischen Natur der Zentren, die durch Verunreinigungen und Strukturunregelmäßigkeiten hervorgerufen werden (32—36). So wurde nachgewiesen (27), daß die Einbettung von Jod in Polyäthylen niedriger und hoher Dichte zu einer Erhöhung der Beweglichkeit um 4 Größenordnungen führt. Der Leitungsmechanismus blieb im einzelnen ungeklärt. Die Beweglichkeitszunahme läßt sich aber an Hand des vorgeschlagenen Modells verstehen, wenn man annimmt, daß durch Dotierung die Anzahl ionisierbarer P. F.-Zentren zunimmt, was nach Gl. [21] zu einer Erniedrigung der Potentialbarriere führt. Da die Beweglichkeit exponentiell von der Potentialbarriere abhängt, ist die quadratische Abhängigkeit vom Zentrenabstand im Exponentialvorfaktor zu vernachlässigen.

In gleicher Weise kann die von *Lock* (37) beobachtete Erhöhung der Beweglichkeit nach Oxidation von Polyäthylen hoher und niedriger Dichte durch Zunahme an Poole-Frenkel-Zentren zurückgeführt werden.

Die beobachtete Zunahme der Ladungsträgerbeweglichkeit in einer oxidierten Probe um fast 2 Dekaden bei Raumtemperatur gegenüber einer nicht oxidierten Probe läßt sich durch Abnahme des Zentrenabstandes von etwa 130 auf 73 Å erklären. Andererseits ist verständlich, daß mit Abnahme von Verunreinigungen auch die Leitfähigkeit des Polymeren abnimmt, wie dies an in Hexan gelagerten LDPE-Proben beobachtet wurde (23). Ferner wurde festgestellt (27), daß eine Dichteänderung einer HDPE-Probe von 0,96 auf 0,98 g/cm³ gleiche Werte für die Beweglichkeit ergab. Diese zuletzt genannten Gründe sprechen dafür, die unterschiedlichen Aktivierungsenergien der Leitfähigkeit auf die energetische Tiefe der Poole-Frenkel-Zentren zurückzuführen.

Die Vorstellung von der chemischen Natur der Poole-Frenkel-Zentren bleibt wegen der Vielzahl möglicher Verunreinigungen und struktureller Unregelmäßigkeiten spekulativ. Die Ergebnisse der mit Titan- und Aluminium-Verbindungen dotierten HDPE-Proben lassen jedoch den Schluß zu, daß Katalysatorenreste derartige Zentren hervorrufen.

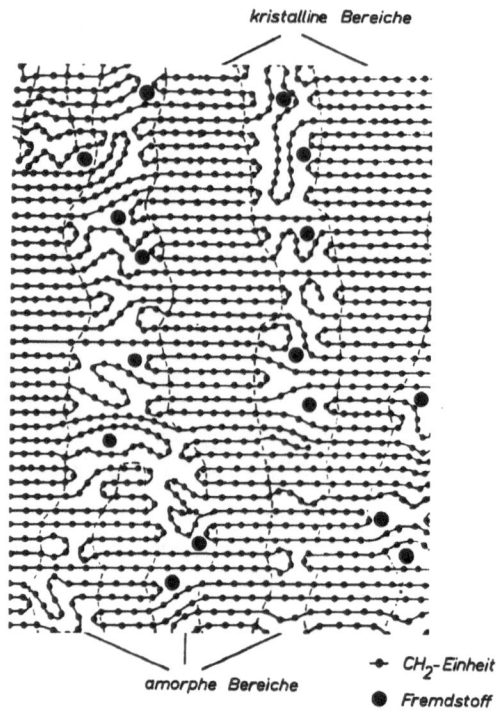

Abb. 7. Schematische Darstellung der Mikrostruktur des teilkristallinen Polyäthylens mit Fremdstoffen

Für das LDPE kann man von den Carbonylgruppen ausgehen, die nach Polymerisation des
Äthylens im Hochdruckverfahren im Polymeren
vorliegen. Von *Bauser* (4) wurde gezeigt, daß
Carbonylgruppen zu Haftstellen für Elektronen
mit einer energetischen Tiefe von etwa 1,0 eV
Anlaß geben. Dies ist etwa der Wert, der aus
dem Vergleich der berechneten und gemessenen
Leitfähigkeiten für die LDPE-Proben ermittelt
wurde.

Bei der Angabe der energetischen Tiefe eines
Poole-Frenkel-Zentrums und dessen Interpretation muß man berücksichtigen, daß dieser Wert
nur einen Mittelwert für eine ganze Verschieden-
heit von Zentren im gesamten Bereich der
Energielücke darstellt. Es ist deshalb vorstell-
bar, daß auch im HDPE Poole-Frenkel-Zentren
durch chemisch gebundenen Sauerstoff erzeugt
werden können. Ihre Konzentration sollte jedoch
kleiner als diejenige der vorhandenen und ab-
sichtlich beigemischten Katalysatorenreste sein,
so daß sie im Vergleich zu diesen die Leitfähigkeit nur im geringen Maße beeinflussen.

Die gute Übereinstimmung der nach Gl. [18]
berechneten mit der gemessenen Leitfähigkeit
bedeutet nicht notwendigerweise, daß der vorgeschlagene Leitungsmechanismus der einzig
möglich ist. Aber andere in jüngster Zeit vorgeschlagene Modelle für die stationäre Leitfähigkeit ergeben entweder eine um den Faktor 2 zu
kleine Dielektrizitätskonstante (38) oder zeigen
keine so gute Übereinstimmung (39). Es wird
vermutet, daß der vorgeschlagene Leitungsmechanismus auch auf andere hochpolymere
Isolatoren übertragbar ist. Die weiteren Untersuchungen werden hierüber Auskunft geben.

Die Untersuchungen wurden mit Mitteln der Arbeitsgemeinschaft Industrieller Forschungsvereinigungen
(AIF) gefördert.

Zusammenfassung

Der elektrische Leitungsmechanismus wurde am
linearen und verzweigten Polyäthylen untersucht. Es
wurde die Feld- und Temperaturabhängigkeit stationärer Ströme und Leitfähigkeiten gemessen. An Hand
eines eindimensionalen Modells, das auf den thermischen
Befreiung von Elektronen aus im Volumen befindlichen
ionisierbaren Poole-Frenkel-Zentren beruht, können der
stationäre Strom und die Leitfähigkeit unter Berücksichtigung einer feld- und temperaturabhängigen Konzentration und Beweglichkeit der Elektronen quantitativ beschrieben werden. Die Übereinstimmung mit
den experimentellen Ergebnissen ist gut.

Der Vergleich der gemessenen mit den berechneten
Ergebnissen liefert u. a. Zahlenwerte für den mittleren
Abstand benachbarter Poole-Frenkel-Zentren und ihre
energetische Tiefe. Im Fall des verzweigten Polyäthy-
lens werden Carbonylgruppen und im Fall des linearen
Polyäthylens Katalysatorenreste mit den Trägern der
Zentren in Verbindung gebracht.

Summary

The electrical conduction mechanism of high and low
density polyethylenes was studied by measuring the
field and temperature dependence of steady-state cur-
rents and conductivities. Conduction is supposed to be
caused by the generation of electrons by ionization of
neutral centres (Poole-Frenkel-sites) in the bulk of the
polymer due to a thermal activation process which is
modified by the electric field. The steady-state current
and the conductivity can be expressed quantitatively
by taking into account the field and temperature depen-
dencies of mobility and concentration of electrons. The
derived expressions are in good agreement with the experimental results. By means of the mathematical
analysis it is possible to calculate the activation energy
of current and conductivity, the mean distance between
adjacent Poole-Frenkel-sites and their depths. It is proposed that carbonyl groups give rise to Poole-Frenkel-
sites in low density polyethylene resp. remnants of
catalysts in high density polyethylene.

Literatur

1) *Davies, D. K.*, Static Electrification, Conf. Ser., 9
(1967) (the Institute of Physics, London 1967).
2) *Bässler, H.*, Kunststoffe **62**, 115 (1972).
3) *Fuhrmann, J.*, Colloid & Polymer Sci. **254**, 129
(1976).
4) *Bauser, H.*, Kunststoffe **62**, 192 (1972).
5) *Johnsen, U., G. Weber*, Colloid & Polymer Sci. **252**,
836 (1974).
6) *Hayashi, K., K. Yoshino, Y. Inuishi*, Japan. J.
Appl. Phys. **12**, 1089 (1973).
7) *Tanaka, T., J. H. Calderwood*, J. Phys. D: Appl.
Phys. **7**, 1295 (1974).
8) *Fischer, P., P. Röhl*, Progr. Colloid & Polymer Sci.
62, 149 (1977).
9) *Hendus, H., K. H. Illers*, Kunststoffe **57**, 193 (1967).
10) *Wintle, H. J.*, Solid State Electronics **18**, 1039
(1975).
11) *Das Gupta, D. K., K. Joyner*, J. Phys. D: Appl.
Phys. **9**, 2041 (1976).
12) *Weber, G.*, Dissertation Darmstadt (1976).
13) *Wagner, K. W.*, Ann. Physik **40**, 817 (1913).
14) *Moos, K. H.*, Diplom-Arbeit Darmstadt (1976).
15) *Frenkel, J.*, Phys. Rev. **54**, 647 (1938).
16) *Schottky, W.*, Z. Phys. **15**, 872 (1914).
17) *Das Gupta, D. K., R. S. Brockley*, (3rd International
Congress on Static Electricity, 1977).
18) *Ieda, M., M. Kosaki, H. Ohshima, U. Shinohara*,
J. Phys. Soc. Japan **25**, 1742 (1968).
19) *Dehoust, O.*, Kolloid-Z. u. Z. Polymere **235**, 1271
(1969).

20) *Stetter, G.*, Kolloid-Z. u. Z. Polymere **215**, 112 (1967).

21) Ullmanns Encyklopädie der technischen Chemie 14, (München, Berlin 1963).

22) *Bradwell, A., R. Cooper, B. R. Varlow*, Proc. I.E.E. **118**, 247 (1971).

23) *Das Gupta, D. K., M. K. Barbarez*, J. Phys. D: Appl. Phys. **6**, 867 (1973).

24) *Röhl, P., P. Fischer*, Kolloid-Z. u. Z. Polymere **251**, 947 (1973).

25) *Knappe, W., H. U. Schenker, A. Zyball*, Kolloid-Z. u. Z. Polymere **250**, 1135 (1972).

26) *Nachtrab, G., H. G. Zachmann*, Ber. Bunsenges. physik. Chem. **74**, 837 (1970).

27) *Davies, D. K.*, J. Phys. D: Appl. Phys. **5**, 162 (1972).

28) *Fowler, J. F.*, Proc. Roy. Soc. (London) **A 236**, 464 (1956).

29) *Van Roggen, A.*, Phys. Rev. Letters 1, 368 (1962).

30) *v. Olshausen, R.*, Dissertation, TH Hannover 1973.

31) *Kryszewski, M.*, J. Polymer Sci.: Symposium **50**, 359 (1975).

32) *McGubbin, W. L.*, Trans. Faraday Soc. **58**, 2307 (1962).

33) *Lewis, T. J., D. M. Taylor*, J. Phys. D: Appl. Phys. **5**, 1664 (1972).

34) *Partridge, R. H.*, J. Polymer Sci: Part A 3, 2817 (1965).

35) *Partridge, R. H.*, Polymer Letters **5**, 205 (1967).

36) *Davies, D. K.*, J. Electrochem. Soc. **120**, 266 (1973).

37) *Lock, P. J.*, Dechema Monogr. 72, Nr. 1370/1409, 87 (1974).

38) *Pai, D. M.*, J. Appl. Phys. **40**, 5122 (1975).

39) *Adamec, V., J. H. Calderwood*, J. Phys. D: Appl. Phys. **8**, 551 (1975).

Anschrift der Verfasser:

U. Johnsen und *G. Weber*
Deutsches Kunststoff-Institut
Schloßgartenstraße 6 R
D-6100 Darmstadt

Progr. Colloid & Polymer Sci. **64**, 185—194 (1978)
© 1978 by Dr. Dietrich Steinkopff Verlag GmbH & Co. KG, Darmstadt
ISSN 0340-255 X

Vorgetragen auf der Frühjahrstagung des Fachausschusses
Physik der Hochpolymeren in der Deutschen Physikalischen Gesellschaft
in Rothenburg o. T. vom 28.—31. März 1977

Deutsches Kunststoff-Institut, Darmstadt

Spektrum der Thermolumineszenz bei Polymeren

A. Zyball

Mit 10 Abbildungen

(Eingegangen am 4. Dezember 1977)

Einleitung

Thermolumineszenz wird an einigen Substanzen beobachtet, wenn diese bei tiefen Temperaturen mit ionisierender Strahlung angeregt und im Anschluß an die Anregung aufgeheizt werden. Zu den Stoffen, die Thermolumineszenz zeigen, gehören anorganische Halbleiter (1) wie z. B. ZnS, LiF und $CaWO_4$ und organische Gläser (2) wie CCl_4, CH_3OH und n-Hexan. Seit einigen Jahren wird in der Literatur (z. B. (3)—(6)) auch über Thermolumineszenz an Polymeren berichtet.

Die Thermolumineszenz bei Polymeren ist folgendermaßen zu deuten (siehe (3)—(5)): Nach *Bauser* (7) existieren in einem Polymeren lokalisierte Energieniveaus, die sich in einem engen Energiebereich von etwa 0,1 eV—0,5 eV zu Quasibändern anordnen. Zwischen den Leitungsniveaus und den Valenzniveaus befindet sich eine verbotene Zone mit einer Breite von etwa 4 eV—8 eV, in der die Energiezustände der Lumineszenzzentren (Aktivatoren) und die der Elektronenhaftstellen liegen.

Durch energiereiche Strahlung werden die Lumineszenzzentren ionisiert und die befreiten Elektronen in Haftstellen eingefangen (siehe Abb. 1). Wird der Probekörper nach der Anregung aufgeheizt, so können die Elektronen aus den Haftstellen teils durch thermische Befreiung (siehe Abb. 1a), teils infolge von Umlagerungsprozessen der Polymerkette bzw. von Segmenten der Polymerkette beim Durchlaufen von Relaxationsgebieten (siehe Abb. 1b) aus den Haftstellen befreit werden. Rekombinieren diese Elektronen mit den ionisierten Lumineszenzzentren, so kann dabei ein Teil der Anregungsenergie durch Licht abgegeben werden.

In früheren Veröffentlichungen (3) und (4) wurde auf die Kinetik und die Art der Elektronenhaftstellen eingegangen. In dieser Arbeit sollen an Hand spektroskopischer Untersuchun-

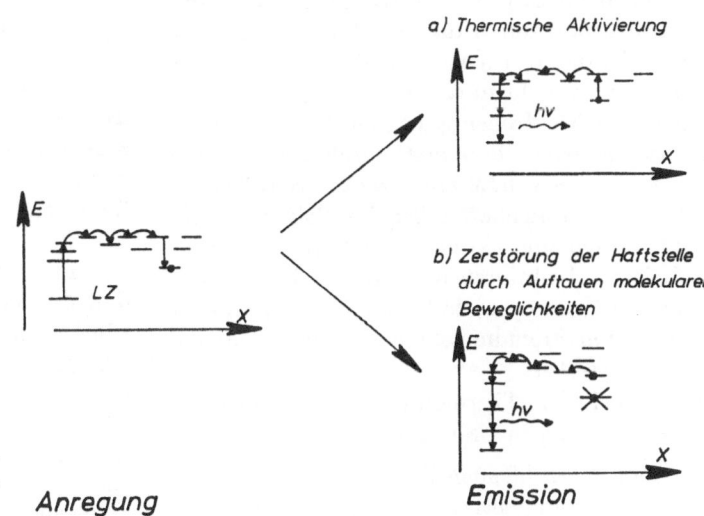

Abb. 1. Schematische Darstellung des Ablaufs der Thermolumineszenz bei Polymeren

gen Hinweise gegeben werden, welche Moleküle bzw. Molekülgruppen in Polymeren als Lumineszenzzentren auftreten.

1. Experimentelles

Die Probekörper wurden bei 77,4 K mit 1 MeV-Elektronen eines Van de Graaff-Generators bestrahlt. Bei dieser Temperatur wurde das isotherme Abklingen beobachtet. Das hieran sich anschließende Aufheizen der Probekörper erfolgte mit 3 K/min. Während des Abklingens und beim Aufheizen wurde das emittierte Licht mit Hilfe eines Gittermonochromators (Minimate 1670, Spex Industries) spektral zerlegt und durch einen Photomultiplier (Typ 9781 B, EMI) nachgewiesen. Die spektrale Empfindlichkeit der optischen Anordnung liegt im Wellenlängenbereich von 250 nm bis 650 nm. Dieser Wellenlängenbereich wird durch einen Schrittmotor in etwa 2 min überstrichen, d.h. der Probekörper erwärmt sich beim Durchlaufen eines Spektrums um etwa 6 K. Die sich hierdurch ergebenden Intensitätsänderungen wurden in den Spektren nicht berücksichtigt. Ebenso wurden die Spektren auf Grund der Apparatekonstante der optischen Anordnung nicht korrigiert. Das heißt, daß die im folgenden gezeigten Spektren die direkt gemessenen Kurven ohne irgendeine Korrektur wiedergeben.

2. Ergebnisse und Diskussion

In einer früheren Arbeit (3) konnte gezeigt werden, daß Probekörper aus Polyäthylen (PE), die 70 Stunden in einer mit einer aromatischen Verbindung gesättigten Lösung aus n-Hexan lagerten, eine Lichtintensität (integral gemessen) emittieren, die um etwa den Faktor 100 größer ist als die der Ausgangssubstanz. Aus dieser Messung ist zu folgern, daß die von einem Probekörper emittierte Lichtintensität bei konstanter, nicht zu großer Anregungsdosis (kleiner als 200 kJ/kg) durch die eingebrachten Aromaten, d.h. die Konzentration der Lumineszenzzentren und nicht durch die Konzentration der möglichen Elektronenhaftstellen bedingt ist. Es ist zu erwarten, daß erst durch eine größere Konzentration von Lumineszzenzentren alle möglichen Elektronenhaftstellen im Polymeren besetzt werden und dadurch eine Sättigung in der emittierten Lichtintensität auftritt. Ferner zeigten diese Messungen, daß beim PE die Lumineszenzzentren Fremdmoleküle sind und nicht das Polymere selbst.

Das bei der Thermolumineszenz emittierte Licht kann seinen Ursprung

1. in einem strahlenden Übergang aus einem angeregten Singulettzustand A_S^* in den Grund-

zustand eines lumineszenzfähigen Moleküls A haben

$$A_S^* \to A + h \nu_S .\qquad [1]$$

2. Es kann ein strahlender Übergang aus einem Triplettzustand A_T^* vorliegen

$$A_T^* \to A + h \nu_T .\qquad [2]$$

Man beobachtet die Phosphoreszenz.

3. Oder die Emission kann auf ein Excimerleuchten zurückgeführt werden

$$A^* + A \to (AA)^* \to A + A + h \nu_E .\qquad [3]$$

4. Der angeregte Zustand kann seine Energie auch durch strahlungslose Prozesse als thermische Energie abgeben, z.B.

$$A_S^* \to A + \sum \hbar \omega_{ph} .\qquad [4]$$

5. Ferner ist es möglich, die Energie auf andere Moleküle zu übertragen, die ebenfalls Lumineszenz zeigen (siehe Gl. [6]), oder auf Moleküle, die nicht lumineszenzfähig sind (siehe Gl. [7]).

$$A^* + B \to A + B^* \to A + B + h \nu ,\qquad [6]$$

$$A^* + C \to A + C^* \to A + C + \hbar \omega_{ph} .\qquad [7]$$

Es sei angemerkt, daß die Energie vom Ionisationszustand des Lumineszenzzentrums bis zum ersten angeregten Singulett- oder Triplettzustand strahlungslos oder durch Strahlung in einem Wellenlängenbereich abgegeben wird, der nicht mehr von der in dieser Arbeit eingesetzten optischen Anordnung erfaßt werden kann.

Abbildung 2 zeigt eine Messung an einem LDPE[1]), dem über n-Hexan Anthracen eingelagert worden war. Im unteren Teil der Abbildung ist die Glowkurve (d.h. die integrale Emission) dargestellt.

Die in der Glowkurve eingetragenen Zahlen weisen auf Bereiche hin, von denen im oberen Teil Spektren gezeigt werden. Das Teilbild ① z.B. gibt die spektrale Zerlegung während des isothermen Abklingens bei 77,4 K und im Anfangsbereich der Glowkurve wieder. Die Emissionslinien liegen bei 385 nm, 401 nm, 425 nm, 451 nm, 482 nm und 535 nm. Aus der Tatsache, daß die Verhältnisse der Höhen der einzelnen Linien, außer der Linie mit der Wellenlänge 535 nm, über dem gesamten untersuchten Temperaturbereich konstant bleiben, ist zu folgern,

---

[1]) Für die Messungen stand das Hochdruckpolyäthylen (LDPE) LUPOLEN® 1800 H der BASF zur Verfügung.

daß die Lumineszenz durch die gleichen Zentren verursacht wird und daß sich die Beiträge durch Fluoreszenz, Phosphoreszenz oder auch durch Excimerleuchten nicht ändern.

Eigene Fluoreszenzmessungen an einer etwa 10^{-5} molaren Lösung von Anthracen in n-Hexan bei Raumtemperatur ergaben, daß die oben erwähnten Linien bis auf die Linie bei 535 nm auf Anthracen zurückzuführen sind. Die Linie bei 535 nm wird durch ein Lumineszenzzentrum verursacht, das als Verunreinigung bereits in der

Ausgangssubstanz vorhanden ist. Denn, wie Abbildung 3 zeigt, wird von der Ausgangssubstanz bei etwa den gleichen Temperaturen wie bei der Messung der Abbildung 2 in diesem Wellenlängenbereich eine relativ hohe Lichtintensität emittiert. Aus einem Vergleich mit Messungen an PE mit eingebrachtem Naphthalin (siehe weiter unten) ist zu folgern, daß in dem PE geringe Spuren Naphthalin vorhanden sind. In diesem Wellenlängenbereich ist nämlich die Phosphoreszenz des Naphthalins zu erwarten

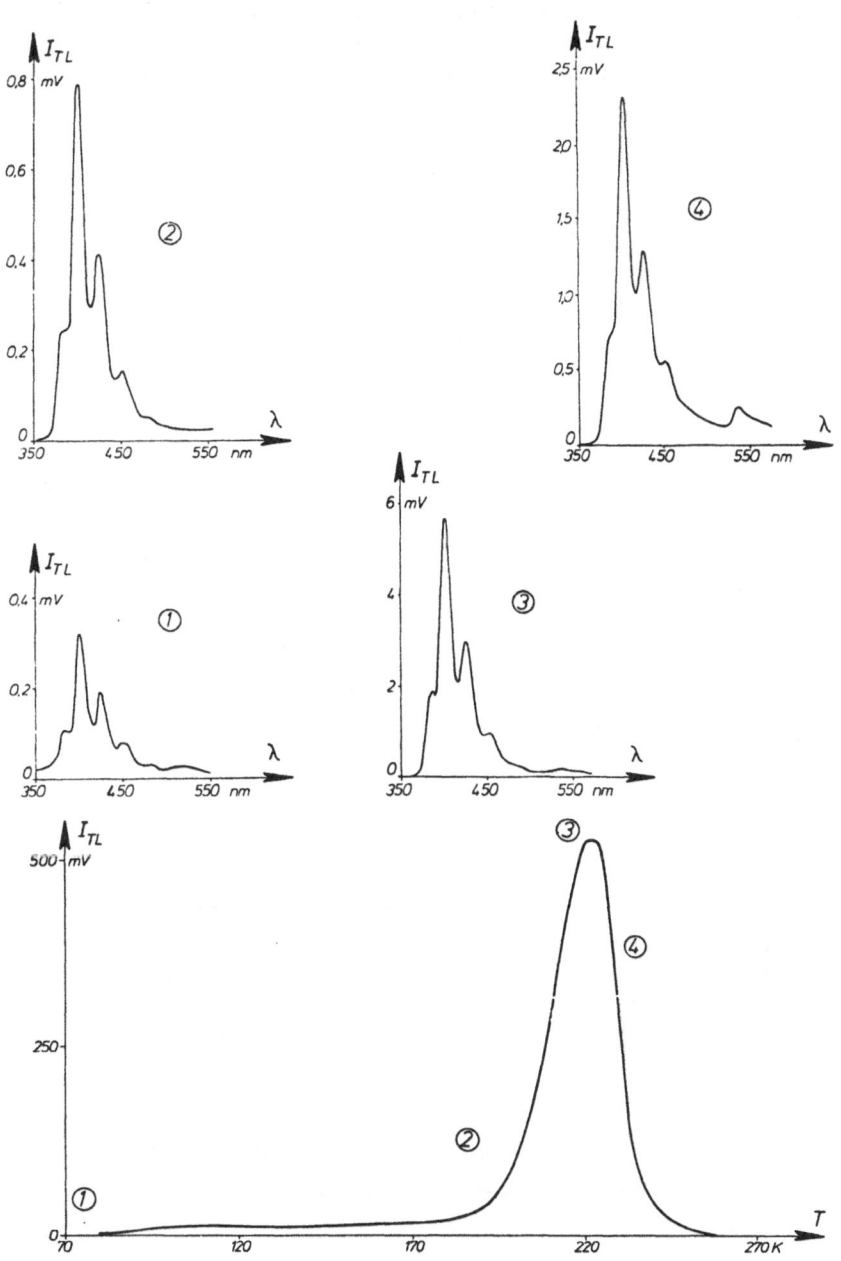

Abb. 2. Glowkurve und spektrale Zerlegung von LDPE über n-Hexan mit Anthracen dotiert; Anregungsdosis 50 kJ/kg

(8, 9). Die scharfen Linien im Spektrum des Teilbildes ④ der Abbildung 3 sind auf die Fluoreszenz des Anthracens zurückzuführen. Die auftretende breite Linie bei etwa 350 nm ist der Fluoreszenz des Naphthalins zuzuordnen. Bei tiefen Temperaturen bis etwa 220 K ist die integrale Intensität sehr gering. Eine Auflösung des Spektrums in Einzellinien ist daher nicht mehr möglich.

Abbildung 4 zeigt eine Messung an einem mit Naphthalin dotierten Probekörper. Im Teilbild ③ erkennt man deutlich die Fluoreszenz und Phosphoreszenz des Naphthalins. Ferner ist diesem Spektrum die Fluoreszenz des Anthracens überlagert. Bei höheren Temperaturen wird ausschließlich das Fluoreszenzspektrum des Anthracens gemessen. In der Glowkurve tritt in diesem Temperaturbereich eine Einsattelung auf. Dies ist dadurch bedingt, daß die optische Anordnung etwa bei 400 nm die maximale Empfindlichkeit hat.

Diese Messung verdeutlicht, daß im Bereich des β-Prozesses des PE eine Energieübertragung von den angeregten Naphthalin-Molekülen auf Anthracen-Moleküle stattfindet. Energetisch ist dies möglich, denn der erste angeregte Singulettzustand des Naphthalins liegt bei 3,94 eV und der des Anthracens bei 3,30 eV (10). Aus der Tatsache, daß diese Änderung des Spektrums erst ab etwa 220 K eintritt, muß gefolgert

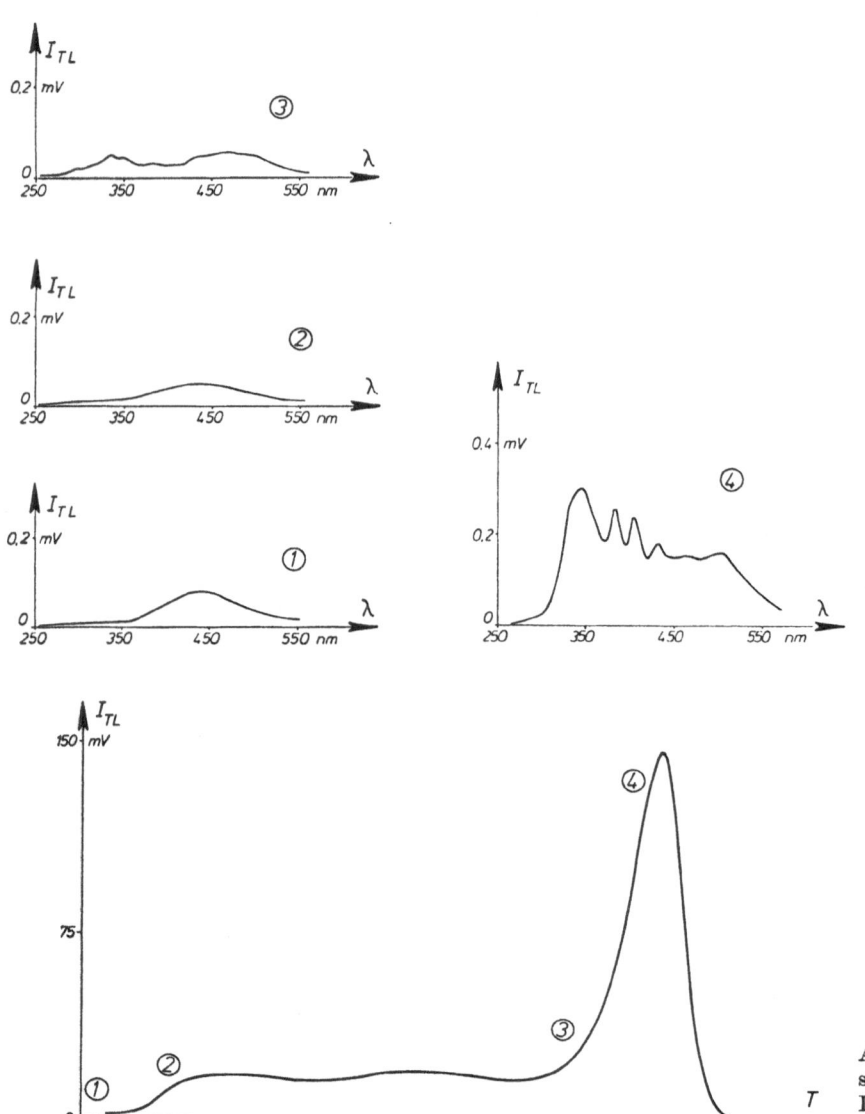

Abb. 3. Glowkurve und spektrale Zerlegung von LDPE, Anregungsdosis 50 kJ/kg

Abb. 4. Glowkurve und Emissionsspektrum von LDPE, über n-Hexan mit Naphthalin dotiert; Anregungsdosis 50 kJ/kg

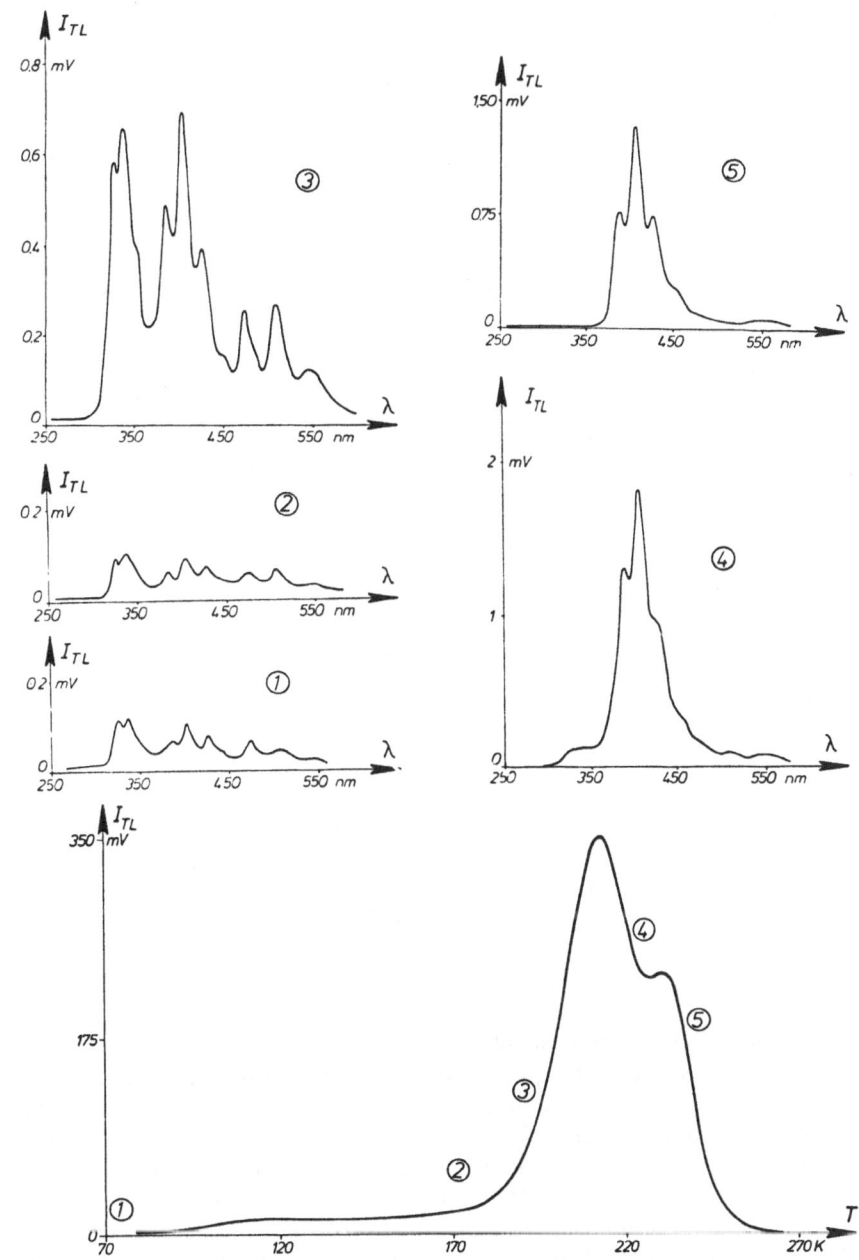

werden, daß ab dieser Temperatur die Aromaten in der Matrix diffundieren können und es dadurch möglich wird, daß sich zwei Moleküle auch räumlich so nahe kommen, daß eine Energieübertragung stattfinden kann.

Abbildung 5 zeigt eine Messung an einem Probekörper[2]) aus Polypropylen (PP), dem

0,5 Gew.-% Naphthalin mechanisch eingemischt worden war. Fluoreszenzmessungen an diesem Naphthalin, gelöst in n-Hexan, zeigten, daß dieses keine Spuren Anthracen enthält. Das gemessene Spektrum zeigt neben den bereits erwähnten Fluoreszenz- und Phosphoreszenzlinien des Naphthalins das Excimerleuchten bei ca. 400 nm. Mit wachsender Temperatur nehmen Fluoreszenz und Phosphoreszenz zugunsten des Excimerleuchtens ab. Bei höheren Temperaturen nimmt wegen der steigenden Diffusion der ein-

[2]) Die Messungen wurden an einem isotaktischen PP der Hoechst AG durchgeführt, das vor der Granulierung der Produktion entnommen wurde.

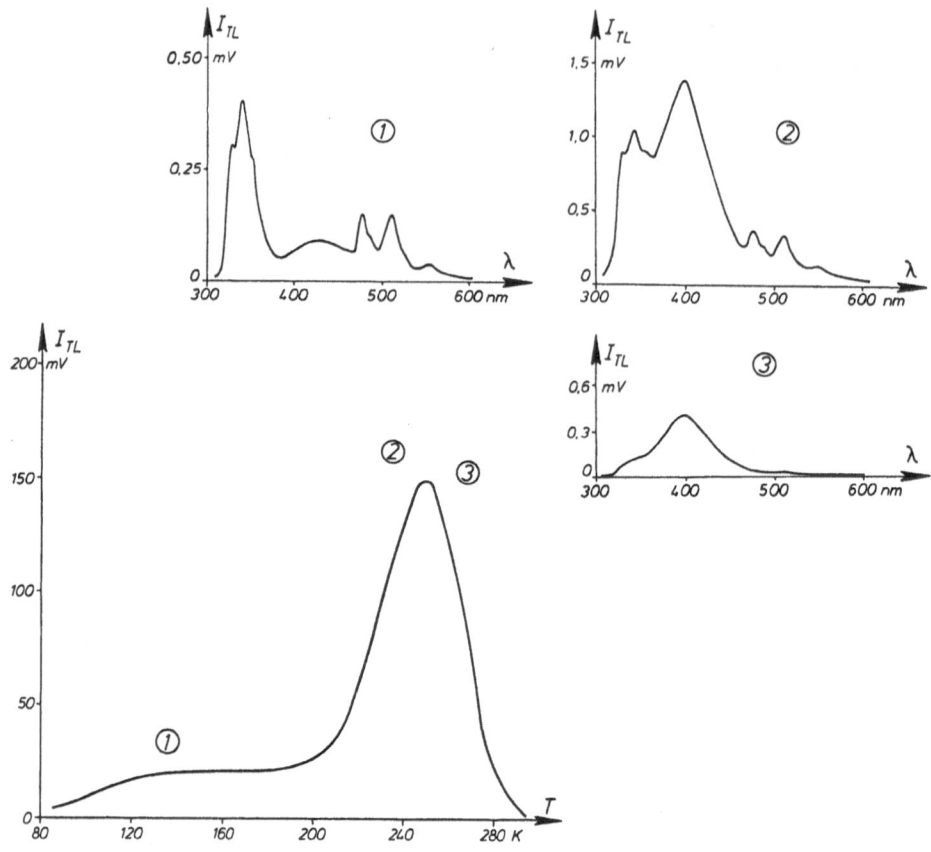

Abb. 5. Glowkurve und Emissionsspektrum von PP, mechanisch mit Naphthalin dotiert; Anregungsdosis für die Glowkurve 50 kJ/kg, für das Spektrum 200 kJ/kg

gemischten aromatischen Moleküle die Bildung von Dimeren zu. Dies hängt von der Konzentration des Aromaten und seinem Diffusionskoeffizienten in der Matrix ab.

Abbildung 6 zeigt die spektrale Zerlegung des emittierten Lichts eines LDPE-Probekörpers, der über n-Hexan mit Benzoesäure dotiert worden war. Bei tiefen Temperaturen bis etwa 200 K wird das Phosphoreszenzspektrum der monomeren Benzoesäure beobachtet. Bei Temperaturen oberhalb 200 K tritt das Fluoreszenzspektrum des Dimeren (11) zusätzlich hinzu. Ferner wird hier das Fluoreszenzspektrum des Anthracens gemessen. Dies bedeutet, daß wie beim PE mit Naphthalin erst bei den Temperaturen, bei denen eine Diffusion der Aromaten möglich ist (d. h. im Einfrierbereich des Polymeren), eine Bildung von Dimeren und eine Energieübertragung auf andere Moleküle stattfinden kann.

Werden die Aromaten nicht über n-Hexan, sondern durch mechanisches Mischen in das Polymere eingebracht, so werden bis auf geringe Unterschiede, auf die im folgenden teilweise eingegangen wird, die gleichen Spektren beobachtet. In der Glowkurve treten allerdings die Maxima bei höheren Temperaturen auf, da ein Weichmachereffekt beim Polymeren durch n-Hexan entfällt.

Untersuchungen (12) haben gezeigt, daß die in der Glowkurve von PE emittierte Lichtintensität nach Tempern in Gegenwart von Sauerstoff bei erhöhter Temperatur (340 K—370 K) abnimmt. Wird ein PE-Probekörper im Vakuum getempert, so wird diese Intensitätseinbuße nicht beobachtet. Die Intensitätsreduktion muß demnach auf einer Oxidation beruhen. Verschiedene Versuche ergaben, daß durch das Tempern in Gegenwart von Sauerstoff neben der Bildung von Carbonylgruppen am Polymeren vor allem

Abb. 6. Glowkurve und spektrale Zerlegung von LDPE, über n-Hexan mit Benzosäure dotiert; Anregungsdosis 50 kJ/kg

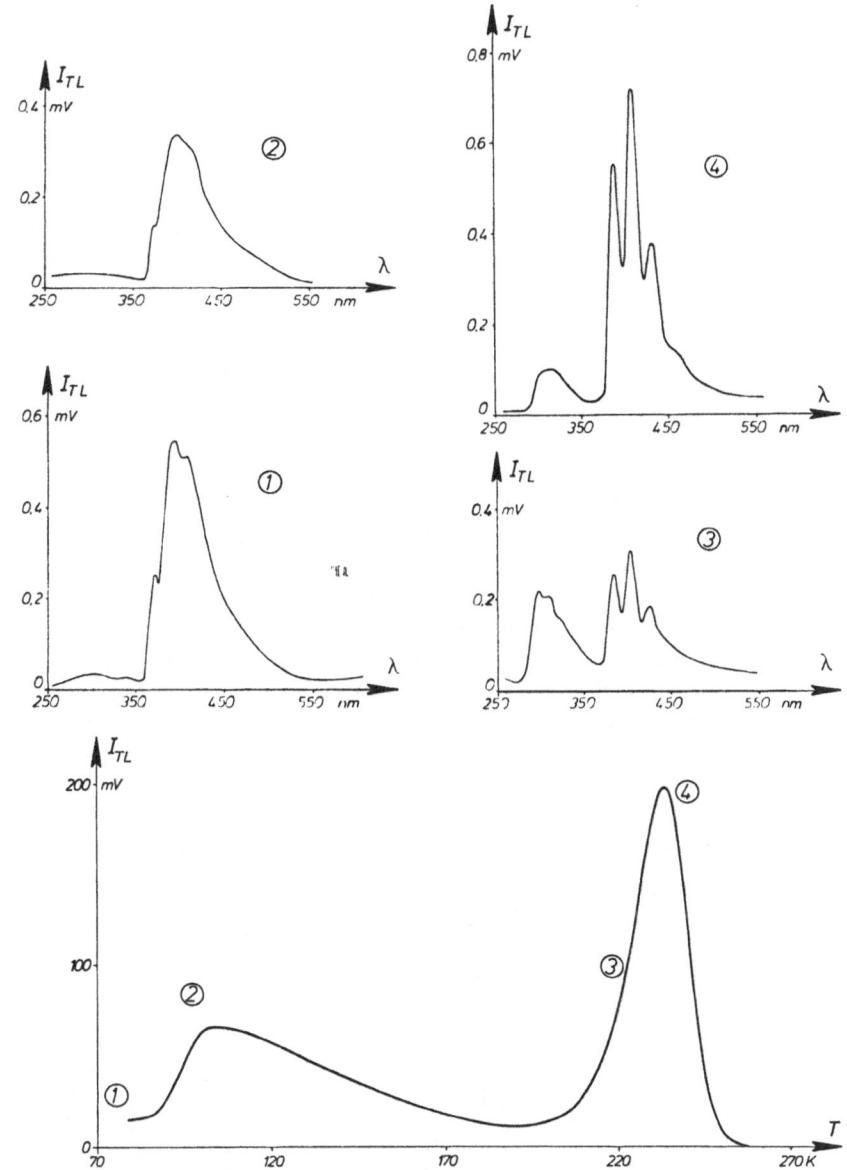

die Lumineszenzzentren geändert werden. Anthracen wird teilweise zu Anthrachinon oxidiert, teilweise über einen Oxidationsprozeß an PE bzw. PP angelagert (12—14) und dadurch die emittierte Intensität herabgesetzt.

Abbildung 7 zeigt das Emissionsspektrum eines Probekörpers aus LDPE Typ S 1518 [3]), dem vor dem Pressen 0,5 Gew.-% Anthracen zugemischt worden war. Durch den Preßvorgang bei erhöhter Temperatur (dies entspricht einem Tempern) wird Anthracen zu Anthra-

chinon oxidiert. Aus diesem Grund ist im Spektrum (siehe insbesondere das Spektrum bei 77,4 K) eine Linie bei ca. 500 nm, die dem Anthrachinon zuzuordnen ist. Die gleichen oxidativen Effekte wie durch Tempern bei erhöhter Temperatur in Gegenwart von Sauerstoff werden durch eine Vorbestrahlung der Probekörper in Gegenwart von Sauerstoff erzielt. Abbildung 8 zeigt eine Messung an PP mit Anthracen. Der Probekörper wurde vor dieser Messung mit 50 kJ/kg in Luft bei Raumtemperatur vorbestrahlt. Dadurch werden Anthracenmoleküle, wie die Spektren zeigen, ebenfalls zu Anthrachinon oxidiert.

3) Herrn Dr. *Wilski* von der Hoechst AG sei an dieser Stelle für die Überlassung des LDPE gedankt.

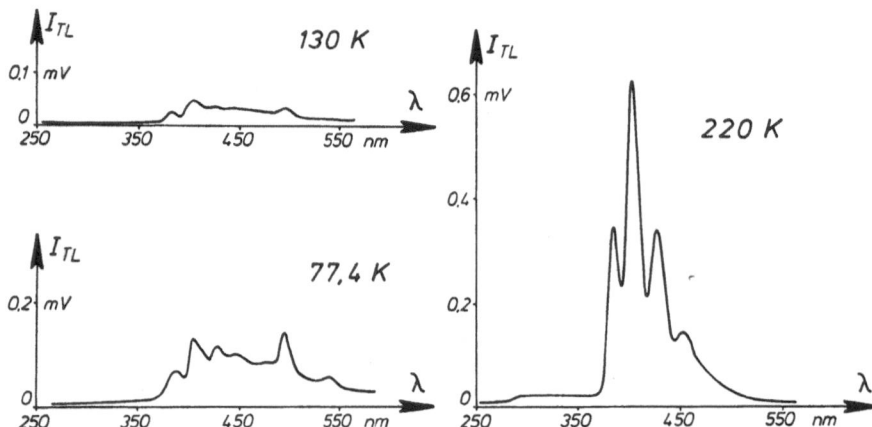

Abb. 7. Glowkurve und Emissionsspektrum von LDPE mit 0,5 Gew.-% mechanisch eingemischtem Anthracen; Anregungsdosis 50 kJ/kg

In den Abbildungen 2—8 wurden Messungen vorgestellt, bei denen die Lumineszenzzentren durch Fremdatome im Polymeren gebildet werden. Abbildung 9 zeigt nun die Glowkurve von Polystyrol, einem Polymeren mit lumineszenzfähigen Monomereinheiten. Das Maximum der Glowkurve fällt in den Temperaturbereich, in dem nach dielektrischen und mechanischen Messungen (15) das Einsetzen der Rotation der Phenylringe beobachtet wird (γ-Relaxation).

Die spektrale Zerlegung des Lichts ergibt Spektren, wie sie in Abbildung 10 für zwei Temperaturen dargestellt werden. Das breite Spektrum mit einem Maximum bei etwa 450 nm ist bedingt durch den Übergang des Triplettzustands des Excimeren, gebildet aus zwei Phenylgruppen, in den Grundzustand (16). Bei hohen Temperaturen, wie im Teilbild ② gezeigt, wird auch Licht unterhalb 400 nm emittiert. Nach *Vala* und Mitarb. (17) wird bei 278 nm die Fluoreszenz der Phenylgruppe, bei 335 nm

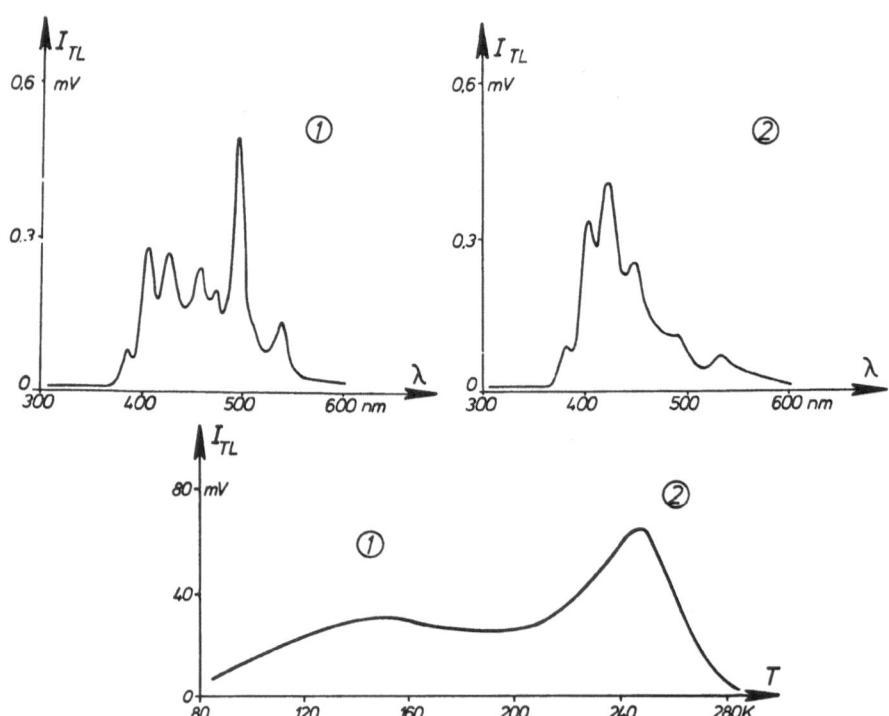

Abb. 8. Glowkurve und Emissionsspektrum von PP, mit Anthracen über n-Hexan dotiert; bei Raumtemperatur mit 50 kJ/kg in Luft vorbestrahlt, dann Anregung zur Thermolumineszenz mit 50 kJ/kg bei der Glowkurve und 200 kJ/kg beim Spektrum

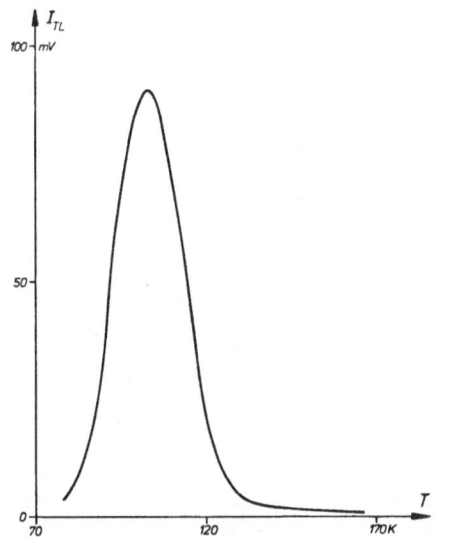

Abb. 9. Glowkurve von Polystyrol; Anregungsdosis 50 kJ/kg

ihre Excimerfluoreszenz, bei 215 nm die Fluoreszenz des monomeren Styrols und bei 330 nm dessen Excimerfluoreszenz beobachtet. Das emittierte Licht unterhalb 400 nm ist deshalb eine Überlagerung der eben aufgezählten Lumineszenzen. Aus Intensitätsgründen ist eine Separation der einzelnen Linien nicht möglich.

Aus den Messungen an Polystyrol kann gefolgert werden, daß hier sowohl die Elektronenhaftstellen als auch die Lumineszenzzentren durch das Polymere selbst gebildet werden.

3. Schlußbetrachtungen

Zusammenfassend kann gesagt werden, daß bei der Thermolumineszenz von Polymeren das emittierte Licht häufig seinen Ursprung in Fremdmolekülen hat, die in den Polymeren eingelagert sind. Bei Polymeren mit lumineszenzfähigen Gruppen wie z. B. beim Polystyrol werden die Lumineszenzzentren durch das Polymere selbst gebildet.

Da, wie früher gezeigt (3, 4), die Elektronenhaftstellen meist durch das Polymere selbst gebildet werden, lassen sich mit Hilfe der Thermolumineszenz bei Polymeren folgende Aussagen machen:

1. Bestimmung der Relaxationsgebiete von Polymeren. So ist es z. B. möglich, den β-Prozeß des PE eindeutig nachzuweisen, was z. B. mit Hilfe der mechanischen Relaxation nur schwer möglich ist.
2. Nachweis geringer Konzentrationen lumineszenzfähiger Substanzen, die z. B. durch UV-Absorptionsmessungen nicht mehr bestimmt werden können.

Herrn Professor Dr. *W. Knappe*, Montanuniversität Leoben (Österreich) sei für die Anregung zu dieser Arbeit gedankt. Für die Hilfe bei den Messungen danke ich Frau *Behn* und Herrn *Giersch*. Die Untersuchungen wurden durch Mittel der Deutschen Forschungsgemeinschaft ermöglicht.

Zusammenfassung

Zur Identifikation der Lumineszenzzentren bei der Thermolumineszenz von Polymeren wurde das emittierte Licht spektral zerlegt. An Hand von Messungen an Polyäthylen (PE) und Polypropylen (PP) konnte in Übereinstimmung mit anderen Autoren gezeigt werden, daß die Lumineszenz durch Fremdmoleküle, meist aromatische Verbindungen, verursacht ist. Aus den aufgenommenen Spektren kann geschlossen werden, daß im Bereich des β-Prozesses von PE und PP eine Energie-

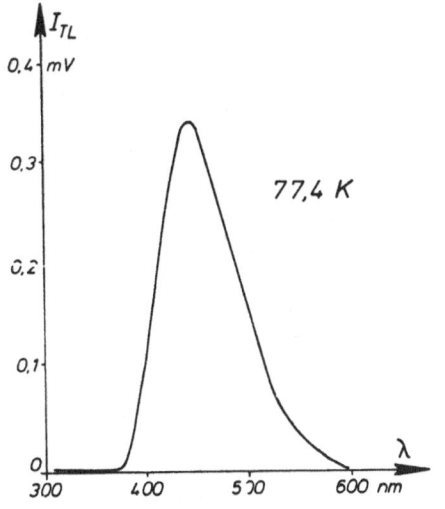

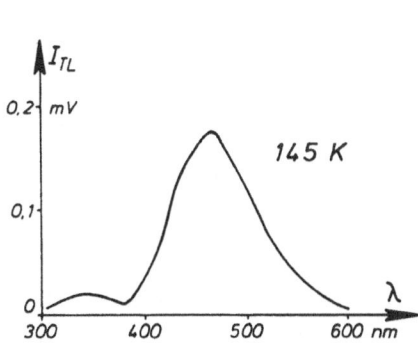

Abb. 10. Spektrale Zerlegung des emittierten Lichts von Polystyrol; Anregungsdosis 200 kJ/kg

übertragung zwischen den aromatischen Zusatzstoffen auftritt und eine Bildung von Dimeren möglich ist.

Beim Polystyrol werden die Lumineszenzzentren durch die Phenylgruppen, d.h. durch das Polymere selbst gebildet.

Summary

To identify the luminescence centres in polymers by the aid of thermoluminescence, the emitted light was dispersed spectroscopically. For PE and PP it could be shown that the luminescence is caused by separate molecules, mostly aromatic molecules.

Within the range of the β-process of PE and PP the spectra show that an energy transfer appears between the aromatic additions and that the formation of dimers is possible.

In case of PS the phenyl-group itself, i.e. the polymer, is the luminescence centre.

Literatur

1) *Riehl, N.*, Einführung in die Lumineszenz (München 1971).
2) *Kieffer, F., M. Magat*, In: *M. Haissinsky*, Actions Chimiques et Biologiques des Radiations 14 (Paris 1970).
3) *Knappe, W., H.-U. Schenker, A. Zyball*, Kolloid-Z. u. Z. Polymere **250**, 1135 (1972).
4) *Knappe, W., G. Voigt, A. Zyball*, Kolloid-Z. u. Z. Polymere **252**, 673 (1974).
5) *Partridge, R. H.*, In: *M. Dole*, The Radiation Chemistry of Macromolecules Vol. 1 (New York 1972).
6) *Ranicar, J. H., R. J. Fleming*, J. Polymer Sci. **10**, 1979 (1972).
7) *Bauser, H.*, Kunststoffe **62**, 192 (1972).
8) *Azumi, T., S. P. McGlynn*, J. Chem. Phys. **39**, 1186 (1963).
9) *Denian, C., A. Déroulède, F. Kieffer, J. Rigaut*, J. Luminescence **3**, 325 (1971).
10) *Parker, C. A.*, Photoluminescence of Solutions (Amsterdam 1968).
11) *Baba, H., M. Kitamura*, J. Mol. Spectr. **41**, 302 (1972).
12) *Zyball, A.*, Veröffentlichung in Vorbereitung.
13) *Berlin, A. A., A. A. Ivanov, V. I. Popovkina*, Vysokomol. soyed. A **13**, 2724 (1971).
14) *Bogdan, L. S., A. A. Kachan*, Vysokomol. soyed. A **17**, 653 (1975).
15) *Yano, O., Y. Wada*, J. Polymer Sci. **9**, 669 (1971).
16) *George, G. A.*, J. Appl. Polymer Sci. **18**, 419 (1974).
17) *Vala, M. T., J. Haebig, S. A. Rice*, J. Chem. Phys. **43**, 886 (1965).

Anschrift des Verfassers:

Dipl.-Phys. *A. Zyball*
Deutsches Kunststoff-Institut
Schloßgartenstraße 6 R
D-6100 Darmstadt

Progr. Colloid & Polymer Sci. **64**, 195—201 (1978)
© 1978 by Dr. Dietrich Steinkopff Verlag GmbH & Co. KG, Darmstadt
ISSN 0340-255 X

Vorgetragen auf der Frühjahrstagung des Fachausschusses
Physik der Hochpolymeren in der Deutschen Physikalischen Gesellschaft
in Rothenburg o. T. vom 28.—31. März 1977

Fritz-Haber-Institut der Max-Planck-Gesellschaft, Berlin-Dahlem

Präzisionsmessungen des Elastizitätsmoduls von Polymerstäben mit Resonanzmethoden

F. P. Wolf

Mit 7 Abbildungen

(Eingegangen am 28. April 1977)

Einleitung

Elastische Medien setzen Deformationen einen Widerstand entgegen (Formelastizität). Diese Materialeigenschaft wird je nach Art der Deformation bei einem isotropen Körper im einfachsten Fall durch den Elastizitätsmodul E oder den Torsionsmodul G beschrieben. Der Modul von Polymeren ist temperatur- und zeitabhängig. Deshalb sind rein statische Messungen nicht möglich, und bei quasistatischen Messungen muß man den Zeiteinfluß (Aufbringen der Kraft, Kriechen, plastisches Fließen) berücksichtigen. Damit die Messungen im linear-elastischen Bereich bleiben, dürfen nur kleine Deformationen zugelassen werden.

Unter diesen Voraussetzungen bieten sich für dynamische Messungen Resonanzmethoden an. Bei bestimmten Anregungsfrequenzen bilden sich im Probekörper stehende Wellen aus, deren Amplitude klein gehalten werden kann. Benutzt man verschiedene Schwingungsordnungen, so bekommt man bei konstanter Temperatur einen zeit- oder frequenzabhängigen Modul. Die Resonanzfrequenzen lassen sich ohne weiteres auf $\delta\nu < 10^{-3}$ genau messen, so daß prinzipiell Präzisionsmessungen des Moduls möglich sind, mit denen man z.B. Strukturänderungen nach thermischer oder mechanischer Behandlung der Probe verfolgen kann.

Voraussetzungen für Präzisionsmessungen sind eine genügend genaue Kenntnis der geometrischen Daten der Probestäbe, hinreichende Temperaturkonstanz sowie die strikte Einhaltung der physikalischen Randbedingungen von Stablagerung (Einspannung) und Schwingungsanregung bzw. -registrierung. Zu bedenken ist ferner, daß nach der Elastizitätstheorie zur vollständigen Beschreibung des elastischen Verhaltens eines isotropen Körpers zwei Konstanten erforderlich sind. Man muß also etwa die Poissonkonstante m kennen, um den Modul E aus Messungen zu errechnen, oder man muß zwei unabhängige Meßmethoden kombinieren.

Resonanzmethoden

Longitudinalschwingung und Biegeschwingung führen beide zum Elastizitätsmodul E und beanspruchen die Probe im wesentlichen in axialer Richtung, während Torsionsschwingungen zum Torsionsmodul G führen und die Probe auf Scherung beanspruchen. Die Lagerung der Probestäbe und die Anregung sowie Registrierung ihrer Schwingungsresonanzen ist für die beiden ersten Methoden sehr ähnlich, und die Bereiche ihrer Resonanzfrequenzen überlappen sich bei der Benutzung höherer Oberschwingungen. Deshalb wurden die beiden erstgenannten, voneinander unabhängigen Methoden hier benutzt.

Die exakte Einhaltung der physikalischen Randbedingungen ist bei stabförmigen Proben am leichtesten für „freie Enden" zu realisieren. Alle Formen einer Festlegung der Enden (feste Einspannung, gerichteter Endquerschnitt) führen zu experimentellen Abweichungen von den Voraussagen der Schwingungstheorien, die mühsam korrigiert werden müssen. So kann die „feste Einspannung" eines Probenendes durch eine Klammer oder Spannzange in der Praxis nicht verhindern, daß sich Spannungen und Deformationen im Innern der Probe bis in die Einspannung hinein fortsetzen.

MESSAPPARATUR

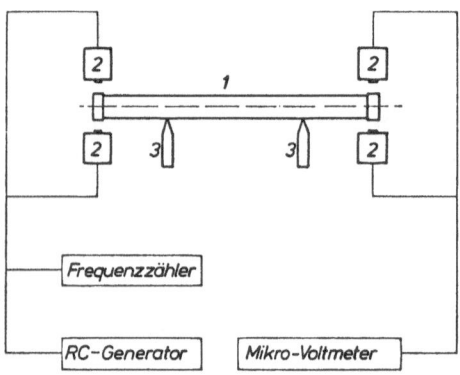

1 *Probestab mit Eisenringen*
2 *Magnetspulen*
3 *Stablagerung*

Abb. 1. Blockschaltbild der Biegeapparatur

Hier wurden daher zylindrische Stäbe mit „freien Enden" in den Schwingungsknoten gelagert. An den Stabenden befanden sich — möglichst geringe — ferromagnetische Zusatzmassen zur elektromagnetischen Ankopplung an Magnetspulen, mit denen Stabschwingungen angeregt und die Schwingungsamplituden registriert wurden. Die translatorischen und rotatorischen Trägheitskräfte dieser Zusatzmassen wurden bei der Lösung der Schwingungsgleichungen in den Randbedingungen berücksichtigt. Die Lage der Schwingungsknoten konnte mit einem Computerprogramm für beliebige Schwingungsordnungen bestimmt werden.

Das Blockschaltbild der Apparatur für Biegeschwingungsresonanzen zeigt Abbildung 1; eingehend beschrieben worden ist die Apparatur in einer früheren Arbeit (1). Für Longitudinalschwingungen wurde jedem Probenende eine Magnetspule gegenübergestellt. Stets wurde die Anregung der Probe möglichst gering gehalten (Luftreibung, Erwärmung durch innere Reibung oder durch Wärmeabgabe der Anregungsspule) und der Abstand der Magnetspulen entsprechend der Schwingungsordnung so angepaßt, daß die Randbedingungen möglichst wenig verfälscht wurden. Auch die schwache elektromagnetische Wechselwirkung zwischen Spule und ferromagnetischem Übertragungskörper kann nämlich dazu führen, daß sich die Stabenden nicht mehr völlig „frei" bewegen.

Grundsätzlich wurden die Spulen bei Biegeschwingungen so weit von den Stabenden entfernt, daß die Schwingungsresonanzen noch mit genügender Genauigkeit registriert werden konnten. Bei der Grundschwingung (Schwingungsordnung $n = 0$) bedeutete das einen Abstand von ca. 8 mm, bei hohen Oberschwingungen $n > 10$ (deren Resonanzamplitude aus geometrischen Gründen bei gleicher Anregung wesentlich geringer ist) etwa 1 mm. Zu Vergleichszwecken wurde die Schwingungsamplitude auch optisch bestimmt. Hierüber soll in einer späteren Arbeit berichtet werden. — Bei longitudinaler Anregung lagen die Spulenabstände zwischen 0,3 und 1 mm.

Durch Variation der Anregungsfrequenz bekommt man bei Lagerung des Stabes in den jeweiligen Schwingungsknoten einen Satz von Resonanzfrequenzen, z. B. bei Zimmertemperatur für verschiedene Polymerstäbe von etwa 15 cm Länge und einigen mm Durchmesser mit der hier benutzten Apparatur Biegeresonanzen im Bereich von ca. 100—18000 Hz (von $n = 0$ bis etwa $n = 14$) und Longitudinalresonanzen von ca. 4—30 kHz (bis etwa $n = 5$). Abbildung 2 zeigt den Verlauf der Spannungen in den deformierten Stäben, die Form der Schwingungen und die Lage der Schwingungsknoten für die niedrigsten Schwingungsordnungen schematisch.

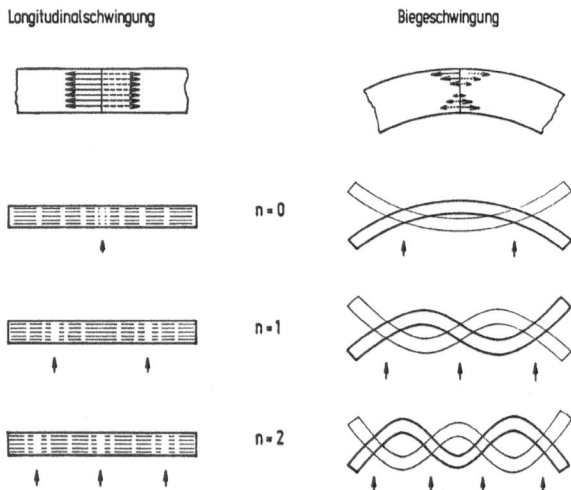

Abb. 2. Spannungsverlauf sowie Schwingungsform und -knoten

Schwingungstheorien

Die einfachen Theorien, die nur den Modul E benutzen, geben nur für lange, dünne Stäbe und niedrige Schwingungsordnungen vernünftige Resultate. Mit höherer Schwingungsordnung (kürzerer Wellenlänge) ergeben sich Abweichungen, die sich nur durch erweiterte Theorien mit zwei Konstanten vermeiden lassen. Hier wird neben dem Elastizitätsmodul E die Querkontraktionskonstante m (Poissonzahl) benutzt, und es gilt:

$$E/G = 2(1 + m) . \qquad [1]$$

Für einen zylindrischen Stab mit Länge L in x-Richtung, mit Radius R, Masse P und Dichte ϱ (Flächenträgheitsmoment pro Fläche $\Theta/f = R^2/4$ für Kreisquerschnitt) werden die einfachen Theorien im folgenden formuliert. Die Biegung erfolgt transversal in y-Richtung; die Longitudinaldeformation ξ liegt in x-Richtung.

Schwingungsgleichung:

transversal $\quad \dfrac{E\Theta}{\varrho f} \cdot \dfrac{\partial^4 y}{\partial x^4} + \dfrac{\partial^2 y}{\partial t^2} = 0 ,$

longitudinal $\quad \dfrac{E}{\varrho} \cdot \dfrac{\partial^2 \xi}{\partial x^2} - \dfrac{\partial^2 \xi}{\partial t^2} = 0 .$

Gleichung für die Eigenwerte M_n bei freien Enden:

transversal $\quad \tan \dfrac{M_n}{2} \pm \tanh \dfrac{M_n}{2} = 0$

longitudinal $\quad \sin M_n = 0 .$

Eigenfrequenzen (Kreisfrequenzen):

transversal $\quad \omega_n^2 = \dfrac{E\Theta}{\varrho f} \cdot \dfrac{M_n^4}{L^4}$

longitudinal $\quad \omega_n^2 = \dfrac{E}{\varrho} \cdot \dfrac{M_n^2}{L^2} .$

Elastizitätsmodul und Resonanzfrequenz v_n:

transversal $\quad \boxed{E_t = \dfrac{16\pi}{M_n^4} \cdot \dfrac{L^3}{R^4} \cdot P \cdot v_n^2} \qquad [2]$

longitudinal $\quad \boxed{E_L = \dfrac{4\pi}{M_n^2} \cdot \dfrac{L}{R^2} \cdot P \cdot v_n^2} \qquad [3]$

Die erweiterte Theorie der Biegeschwingung wurde vom Verfasser in einer früheren Arbeit (2) ausführlich behandelt. In der Schwingungsgleichung sind Querschnittsneigung und Querschnittskrümmung zu berücksichtigen, und die Poissonzahl m tritt bei Kreisquerschnitt in der Form

$$U(m) = \dfrac{7 + 14m + 8m^2}{3(1 + m)}$$

als zweite Konstante auf:

$$\dfrac{E\Theta}{\varrho f} \cdot \dfrac{\partial^4 y}{\partial x^4} + \dfrac{\partial^2 y}{\partial t^2} - \dfrac{\Theta}{f} \cdot \dfrac{\partial^2}{\partial t^2}$$
$$\cdot \left\{ (1 + U(m)) \dfrac{\partial^2 y}{\partial x^2} - \dfrac{\varrho}{E} \cdot U(m) \cdot \dfrac{\partial^2 y}{\partial t^2} \right\} = 0 . \qquad [2a]$$

Diese Schwingungsgleichung führt auf komplizierte Gleichungen für Eigenwerte $M_n'(m)$, die dann aber direkt in Gleichung [2] zur Berechnung des E-Moduls aus gemessenen Resonanzfrequenzen v_n benutzt werden können.

In der erweiterten Theorie der Longitudinalschwingung muß man von den elastischen Grundgleichungen für deformierbare Körper ausgehen. Man bekommt Schwingungsgleichungen, in denen axiale und radiale Deformationen miteinander verknüpft sind. Eigenwerte und Eigenfrequenzen hängen dann über Besselfunktionen zusammen, und in Gleichung [3] zur Bestimmung des E-Moduls muß außer den Eigenwerten $M_n'(m)$ noch dieser komplizierte Zusammenhang berücksichtigt werden. Eine Darstellung der erweiterten Theorie der Longitudinalschwingungen befindet sich in Vorbereitung.

Probestäbe

Experimentelle Untersuchungen wurden durchgeführt an zylindrischen Stäben aus schmelzkristallisiertem Polyäthylen (PE) hoher Dichte (Lupolen 6041 D der Firma BASF). Ihre Schmelztemperatur liegt bei $T_m = 135{,}5\,°C$. Das Material war in einem Strang von ca. 18 mm Durchmesser nach der Extrusion an ruhender Luft kristallisiert. Daraus wurden durch Spanen zylindrische Stäbe hergestellt. Die Dichte der fertig bearbeiteten Proben („ungetempert") betrug $\varrho = 0{,}967$ g/cm³. Dies entspricht nach der Formel

$$w_c = \dfrac{v_a - v}{v_a - v_c}$$

bei einem angenommenen spezifischen Volumen $v_c = 1{,}000$ cm³/g für vollständig kristallines PE und einem aus Messungen von *Karl* (3) ermittelten Wert $v_a = 1{,}152$ cm³/g für amorphes PE einem Kristallisationsgrad von $w_c = 77\%$.

Aus einer Reihe ungetemperter Proben wurden zwei Stäbe ausgewählt (PE 151 und 154). Stab PE 151 wurde nach den Modul-Messungen 16 h lang bei $T = 128\,°C$ getempert und mit 0,1 K/min abgekühlt. Dabei nahm seine Länge um 2% ab, während seine Dichte auf 0,972 g/cm³ anstieg, so daß sich als Kristallisationsgrad $w_c = 81\%$ ergab (PE 251). Die geometrischen Daten (PZ = Zusatzmasse der Übertragungskörper) waren bei 22 °C:

	L/cm	R/cm	P/g	ϱ/(g/cm³)	PZ/g
PE 151	16,73	0,1513	1,164	0,967	0.0593
PE 251	16,41	0,1524	1,164	0,972	0,0588
PE 154	16,06	0,2508	3,069	0,967	0,1362

Meßergebnisse

Experimentell zeigt sich, daß der Einfluß der Poissonzahl m bei Longitudinalschwingungen meist gering ist, daß er aber schon bei niedrigen Biegeoberschwingungen ins Gewicht fällt. Deshalb berechnet man aus den gemessenen Resonanzfrequenzen zweckmäßig den Modul E für verschiedene vorgegebene Werte von m, die für isotrope Körper im Bereich $0 \leq m \leq 0.5$ liegen müssen.

Für den Stab PE 154 bekommt man dann aus den Longitudinalschwingungsresonanzen Abbildung 3 und aus den Biegeschwingungsresonanzen Abbildung 4. Die longitudinal gemessenen Moduln zeigen erst bei der Schwingungsordnung $n = 3$ einen minimalen Anstieg mit der Poissonzahl. So bekommt man im wesentlichen den Gang des Moduls mit der Frequenz. Die Oberschwingungen sind etwa harmonisch (Frequenzverhältnisse $1:2:3 \ldots$); die einfache Theorie entspricht dem Wert $m = 0$ (reine Längsverformung).

Biegeschwingungen sind nicht harmonisch (etwa $1:2,7:5,4:9 \ldots$), und die einfache Theorie stimmt nicht mit $m = 0$ überein (wegen der rotatorischen Trägheit der Stabelemente). Bei höheren Oberschwingungen zeigt sich eine starke Abhängigkeit des errechneten Moduls vom vorgewählten Wert für m. Diese starke Abhängigkeit erlaubt aber eine Abschätzung der Poissonzahl m, weil der Modul E nach den Dispersionsgesetzen mit zunehmender Meßfrequenz nicht abnehmen kann. So muß hier mindestens $m > 0,2$ sein.

Eine Abschätzung der Genauigkeit der longitudinalen Moduln E_L und der transversalen E_t ergibt mit den relativen Fehlern $\delta L < \pm 0,1\%$, $\delta R < \pm 0,1\%$, $\delta v_n < \pm 0,1\%$ und $\delta E(T) < \pm 0,1\%$ (bei einer Temperaturungenauigkeit $\Delta T < 0,1\,°C$) folgende Werte: $\delta E_L < \pm 0,23\%$ und $\delta E_t < \pm 0,30\%$. Die Fehler der Stabmasse P und der Zusatzmasse PZ sind gegenüber den anderen vernachlässigbar.

Die Kombination beider Methoden in Abbildung 5 liefert eine Möglichkeit zur angenäherten Bestimmung von m. Interpoliert man nämlich auf den Kurven E_L Schnittpunkte mit bei gleicher Frequenz gemessenen Moduln E_t, so bekommt man experimentelle Werte für die Poissonzahl m, hier etwa $m = 0,32$. Ihre Genauigkeit ist allerdings gering. Zwar gehen nicht die vollen Schwankungsbeträge δE_L und δE_t in

die Fehlerbestimmung ein, weil bei der Auswertung die gleichen geometrischen Abmessungen — allerdings in verschiedenen Potenzen — auftreten. Aber je nach dem flachen Schnittwinkel zwischen E_L und E_t bekommt man doch einen Absolutfehler von $\Delta m = 0,07 \ldots 0,10$.

In Abbildung 6 wurde der E-Modul — einmal berechnet nach den erweiterten Theorien mit $m = 0,3$ und zum Vergleich berechnet nach den einfachen Theorien ohne m — gegen die Meßfrequenz für den Stab PE 154 aufgetragen. Man erkennt, daß alle nach den erweiterten Theorien errechneten Moduln auf einer gemeinsamen Kurve liegen, daß bei der einfachen Theorie der Longitudinalschwingung nur die höchste Oberschwingung (bei 27 kHz) aus dem Streubereich herausfällt, daß aber die einfache Theorie der Biegeschwingung schon bei den ersten Oberschwingungen erheblich zu tiefe und mit steigender Meßfrequenz scheinbar abnehmende Modulwerte liefert.

Temperversuch

In Abbildung 7 wurde der E-Modul des ungetemperten Stabes PE 151 mit dem des getemperten Stabes PE 251 gemeinsam gegen die Meßfrequenz aufgetragen (beide berechnet mit $m = 0,3$). Die Modulkurve des ungetemperten Stabes PE 151 liegt bei niedrigen Frequenzen etwa 1%, bei höheren etwa $0,5\%$ tiefer als die des Stabes PE 154 in Abbildung 6. Die ersten longitudinalen Resonanzen ergeben Moduln, die etwas oberhalb der Kurve der Biegemoduln liegen, dafür aber genau auf die Kurve von PE 154 passen.

Nach dem Tempern ist der Modul des Stabes PE 251 mit seinen geringfügig veränderten geometrischen Abmessungen um fast 10% angestiegen. Die gemessenen Resonanzfrequenzen liegen bei Biegung um durchschnittlich $9,3\%$, die longitudinalen um $6,7\%$ höher.

Diskussion

Aus den Abbildungen 6 und 7 geht hervor, daß die Streuung der einzelnen Meßwerte im Bereich von wenigen Promille liegt. Ein Vergleich mit Biegeresonanzmessungen von *Meier* (4) an wesentlich dickeren Stäben aus dem gleichen Material ergibt für ungetemperte Stäbe im Frequenzbereich 200 Hz bis 15 kHz um weniger als 1% abweichende Moduln. Ein bei $130\,°C$

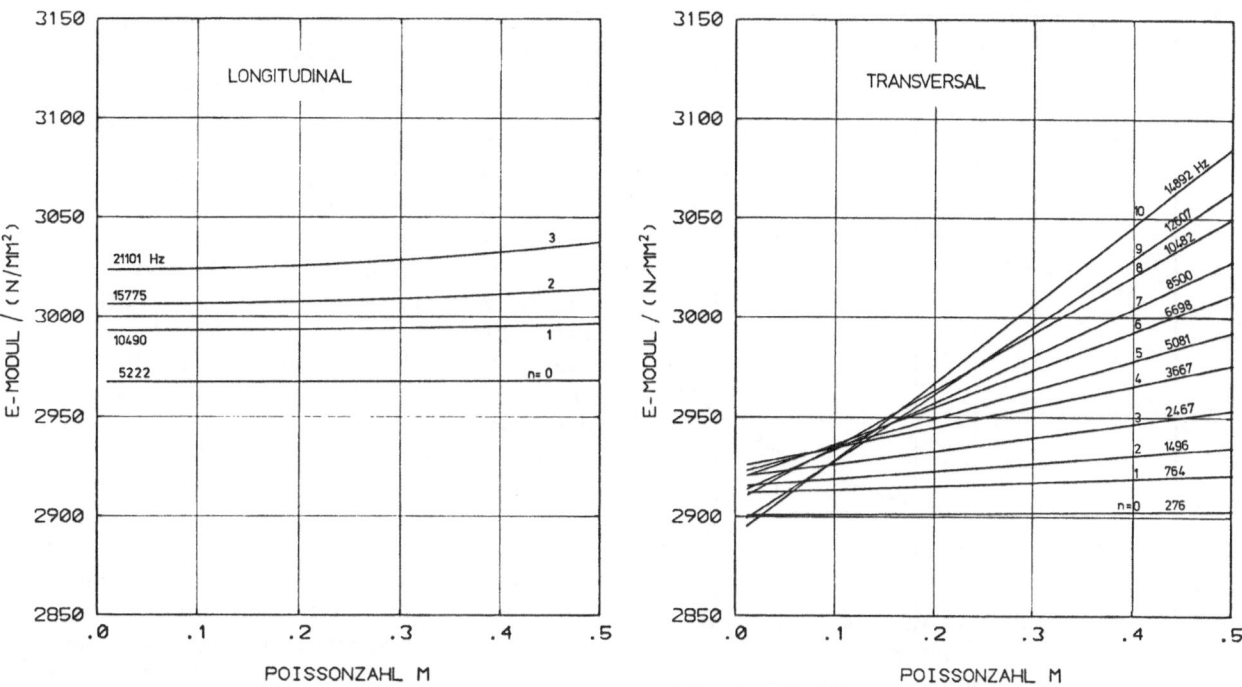

Abb. 3. Longitudinal ermittelter Modul E_L gegen vorgegebene Poissonzahl m (PE 154 bei 22 °C)

Abb. 4. Durch Biegung ermittelter Modul E_t gegen vorgegebene Poissonzahl m (PE 154 bei 22 °C)

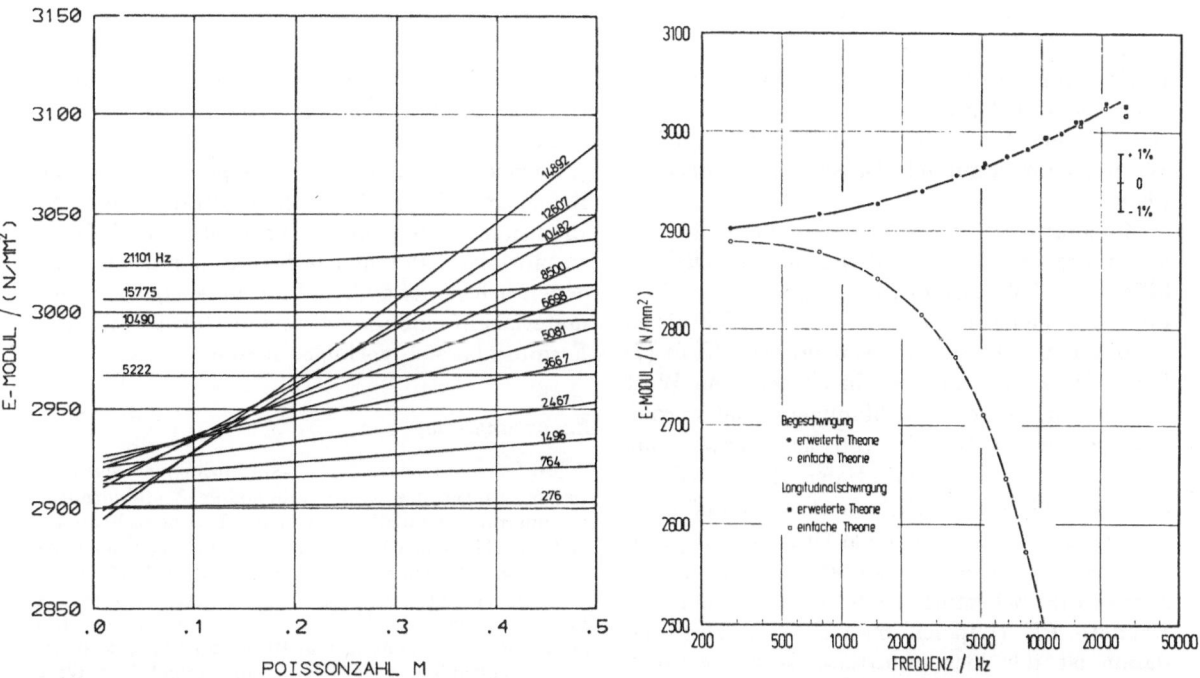

Abb. 5. Aus Schnitt von E_L und E_t ermittelte Poissonzahl m (PE 154 bei 22 °C)

Abb. 6. Frequenzabhängige Moduln E_L und E_t (PE 154 bei 22 °C)

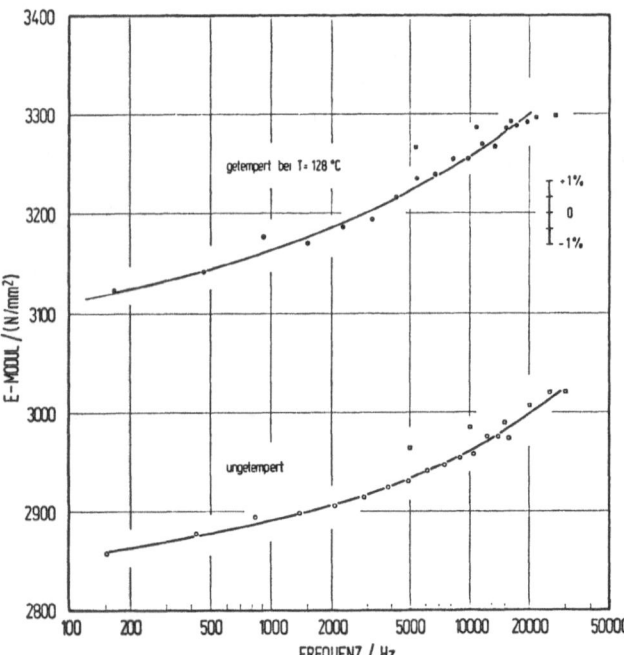

Abb. 7. Frequenzabhängige Moduln E_L und E_t für ungetempertes (PE 151) und getempertes (PE 251) Polyäthylen bei $T = 22\,°C$

getemperter Stab ($L = 5,9$ cm, $R = 0,6$ cm) hatte dort bei etwa 4 kHz einen um 0,7% höheren E-Modul als der hier bei 128 °C getemperte Stab.

Extrapoliert man die Kurven in Abbildung 7 zu höheren Frequenzen, so kommt man bei 2 MHz auf $E \cong 3350\,\mathrm{N/mm^2}$ für PE mit der Dichte $\varrho = 0{,}967\,\mathrm{g/cm^3}$ und auf $E \cong 3600\,\mathrm{N/mm^2}$ für PE mit der Dichte $\varrho = 0{,}972\,\mathrm{g/cm^3}$. Diese Werte stimmen gut mit Daten von *Schuyer* (5) überein.

Messungen von *Davidse* und anderen (6) bei 8 kHz ergaben für die entsprechenden Dichten 3500 bzw. 3800 N/mm². Sie liegen damit über den hier gemessenen Werten von 2950 bzw. 3250 N/mm². Torsionsmessungen von *Illers* (7) bei 1 Hz können mit dem hier benutzten Wert $m = 0{,}3$ für die Poissonzahl umgerechnet werden und ergeben E-Moduln von 2300 bzw. 2600 N/mm². Sie liegen damit tiefer als die Werte, die aus Abbildung 7 extrapoliert werden können.

Für PE im entsprechenden Dichtebereich gibt *Schuyer* (5) eine Poissonzahl $m = 0{,}40$ an. *Schenkel* (8) bekommt $m = 0{,}37$ für das hier verwendete PE (Lupolen 6041 D). Im Vergleich damit ist der hier ermittelte Wert $m = 0{,}32$ unter Berücksichtigung seines Schwankungsbereiches durchaus befriedigend.

Bei der hier vorgeschlagenen indirekten Bestimmung der Poissonzahl ist zu bedenken, daß bei longitudinaler Deformation der gesamte Querschnitt des Stabes gleichmäßig beansprucht wird, während bei Biegung die neutrale Schicht in der Mitte des Stabes gar nicht (bzw. nur auf Scherung), dagegen Ober- und Unterrand in Biegungsrichtung maximal beansprucht werden. Nicht übereinstimmende Werte E_L und E_t oder sinnlose Werte der nach Abbildung 5 ermittelten Poissonzahl weisen also unter Umständen auf eine abweichende Beschaffenheit der Probe in den bei Biegung ausschlaggebenden oberflächennahen Bereichen hin. Derartige Inhomogenitäten können z. B. als Folge einer mechanischen Bearbeitung der Oberfläche auftreten. Dafür ist Stab PE 151 ein Beispiel. Bei seinem geringen Durchmesser von 3 mm hat die mechanisch bearbeitete Oberfläche einen größeren Einfluß auf Biegeresonanzen als beim dickeren Stab PE 154. Dagegen spielt bei niedrigen Longitudinalschwingungsordnungen die Oberflächenbeschaffenheit praktisch keine Rolle, und die berechneten E_L fallen für beide Stäbe zusammen.

Wählt man für die Auftragung in Abbildung 7 statt $m = 0{,}3$ den Wert $m = 0{,}4$ vor, so erhöht sich E_L bei der höchsten Schwingungsordnung $n = 4$ (27 kHz) um weniger als 0,1%, dagegen E_t bei $n = 9$ (8,1 kHz) um 0,5% und bei $n = 14$ (17 kHz) um 1%. Die Wahl der Poissonzahl ist also auch in diesem Bereich bei nicht zu dicken Stäben unkritisch; allerdings sind Longitudinalresonanzen bei höheren Frequenzen vorzuziehen.

So zeigt sich, daß Schwingungsresonanzen bei Beachtung der physikalischen Randbedingungen Präzisionsmessungen des elastischen Verhaltens stabförmiger Polymerproben ermöglichen, mit denen sich etwa Strukturänderungen des Probenmaterials in einem auch technisch interessanten Frequenzbereich verfolgen lassen.

Zusammenfassung

Mit Schwingungsresonanzen sind prinzipiell sehr präzise Messungen des Elastizitätsmoduls E stabförmiger Polymerproben möglich. Auch die Frequenzabhängigkeit von E läßt sich so bestimmen, wenn eine genügende Zahl von Oberschwingungen benutzt wird. Zu ihrer Auswertung sind erweiterte Schwingungstheorien erforderlich, die auch die Poissonzahl m enthalten. Die kombinierte Anwendung von Biege- und Longitudinalschwingungen liefert gleichzeitig einen ungefähren Wert der Poissonzahl m, der für die präzise Bestimmung des E-Moduls aus den Schwingungsresonanzen ausreicht.

Am Beispiel von ungetemperten und getemperten Stäben aus linearem Polyäthylen hoher Dichte wird die Präzision der Methode demonstriert.

Summary

Young's modulus E of rodlike polymer samples can be measured with some precision by means of resonant vibrations. Using a sufficient number of higher modes of vibrations the dependence of E on frequency can be determined. To evaluate E from these resonant frequencies extended theories of mechanical vibrations have to be applied which require knowledge of Poisson's ratio m. The combined use of bending and longitudinal vibrations allows to determine an approximate value of m which is sufficient to calculate E with some precision from the resonant frequencies.

The precision of this method is demonstrated for samples of processed and of annealed linear polyethylene of high density.

Literatur

1) *Wolf, F. P., K. Ueberreiter*, Kolloid-Z. u. Z. Polymere **245**, 399 (1971).
2) *Wolf, F. P.*, Kolloid-Z. u. Z. Polymere **245**, 469 (1971).
3) *Karl, V. H., F. Asmussen, K. Ueberreiter*, Makromol. Chem. **178**, 2649 (1977).
4) *Meier, J.*, Diplomarbeit, Techn. Universität Berlin, FB 17 (1975).
5) *Schuyer, J.*, J. Polymere Sci. **36**, 475 (1959).
6) *Davidse, P. D., H. I. Waterman, J. B. Westerdijk*, J. Polymere Sci. **59**, 389 (1962).
7) *Illers, K. H.*, Kolloid-Z. u. Z. Polymere **251**, 394 (1973).
8) *Schenkel, G.*, Kunststoffe **63**, 49 (1973).

Anschrift des Verfassers:

Dr. *F. P. Wolf*
Fritz-Haber-Institut
Faradayweg 4—6
D-1000 Berlin 33

Progr. Colloid & Polymer Sci. **64**, 202—207 (1978)
© 1978 by Dr. Dietrich Steinkopff Verlag GmbH & Co. KG, Darmstadt
ISSN 0340-255 X

Vorgetragen auf der Frühjahrstagung des Fachausschusses
Physik der Hochpolymeren in der Deutschen Physikalischen Gesellschaft
in Rothenburg o. T. vom 28.–31. März 1977

Institut für Physik III — Angewandte Physik der Universität Regensburg

Messung der Schallgeschwindigkeit an 6-Polyamid-Fasern

K.-P. Richter

Mit 8 Abbildungen und 1 Tabelle

(Eingegangen am 16. Mai 1977)

1. Orientierung teilkristalliner Polymere

Kenntnisse über die Orientierung von Kettensegmenten teilkristalliner Polymermaterialien — hier speziell in Form von Fasern — tragen wesentlich dazu bei, molekulare Vorgänge bei der Deformation zu verstehen. Von besonderem Interesse ist dabei die dehnungsabhängige Anisotropie des amorphen Anteils, der als das „schwächste Glied in der Kette" entscheidend das mechanische Verhalten beeinflußt, aber auch andere Eigenschaften wie die Anfärbbarkeit mitbestimmt.

Man kann den Orientierungszustand einer teilkristallinen Polymerfaser im einfachsten Fall durch die Angabe der Bruttoorientierung charakterisieren, indem man über alle Richtungscosinus der amorphen und kristallinen Kettensegmente bezogen auf die Faserachse mittelt. Dies läßt sich — neben anderen Methoden — mit der Doppelbrechungs- und Schallgeschwindigkeitsmessung bewerkstelligen. Da es mit Hilfe der Röntgenweitwinkelstreuung möglich ist, den Orientierungszustand der kristallinen Kettensegmente getrennt zu erfassen (Netto-orientierung), kann man auf die amorphe Orientierung rückschließen, wie es *Bonart* und *Schultze-Gebhart* (1) 1972 schon getan haben. Der Orientierungszustand von Kettensegmenten kann allgemein durch die *Hermans*sche Orientierungsfunktion f charakterisiert werden:

$$f = \tfrac{1}{2} (3 \overline{\cos^2 \vartheta} - 1) . \qquad [1]$$

Sind alle Segmentachsen in Faserrichtung orientiert, nimmt f den Wert 1 an und sinkt auf 0, wenn die Faser isotrop ist.

Der Zusammenhang zwischen Orientierungsfunktion und Doppelbrechung bzw. Schallge-schwindigkeit geht aus den Gleichungen [2]—[5] hervor. Für die Doppelbrechung Δn gilt:

$$f = \Delta n / \Delta n^0 . \qquad [2]$$

Der Index ^{0} kennzeichnet ideal orientierte Segmente. Für ein Zweiphasensystem gilt

$$\Delta n = (1 - x) f_a \, \Delta n_a^0 + x f_c \, \Delta n_c^0 + \Delta n_f , \qquad [3]$$

wobei der Index a die amorphe, c die kristalline Phase mit dem Volumenanteil x und Δn_f die Formdoppelbrechung bedeutet. Mit zwei Orientierungsfunktionen wird berücksichtigt, daß durchaus verschiedene Orientierungszustände der beiden Phasen vorliegen können.

Im Gegensatz zur Doppelbrechung ergibt sich die Orientierung aus der Schallgeschwindigkeit c durch Vergleich mit der einer isotropen Probe (Index u):

$$f = 1 - \frac{c_u^2}{c^2} = 1 - \frac{E_u}{E} ; \quad c = \sqrt{\frac{E}{\varrho}} . \qquad [4]$$

Analog zu Gl. [3] läßt sich auch ein Zusammenhang für ein Zweiphasensystem angeben (2):

$$\frac{3}{2} \left(\frac{1}{E_u} - \frac{1}{E} \right) = \frac{(1 - x) f_a}{E_a} + \frac{x f_c}{E_c} . \qquad [5]$$

Weit unterhalb der Glastemperatur können jedoch in erster Näherung die Elastizitätsmoduln E_a bzw. E_c der amorphen und kristallinen Anteile gleichgesetzt werden. Daher braucht man den Kristallinitätsgrad nicht zu berücksichtigen. *Charch* und *Moseley* (9) bestätigen diese Aussage für verschiedene Polyamide, *Pinnock* und *Ward* (15) für PETP. *Perepechko* et al. (14) haben die Schallgeschwindigkeit von verstreckten amorphen und kristallinen PETP-Fasern unterhalb T_G miteinander verglichen, finden aber keine Übereinstimmung. Diese Unstimmigkeit könnte in der — keineswegs widerspruchsfreien — Herleitung der Gln. [4] und [5] begründet sein, die Gegenstand weiterer Untersuchungen sein muß. Darüber hinaus dürfte die Glastemperatur für Polyamide feuchteabhängig sein, was experimentell untermauert werden soll.

2. Untersuchte Substanz

Die Daten der im Labor hergestellten Fasern *) gehen aus Tabelle 1 hervor. Das Faserdiagramm der unverstreckten Probe A zeigt bereits deutliche Maxima auf dem Äquator, die auf eine — wenn auch geringe — Orientierung durch den Spinnprozeß hinweisen. Die Aufnahmen der verstreckten Proben B—D lassen deutliche Äquatorreflexe erkennen. Da die Verstreckverhältnisse dieser Proben nicht weit auseinanderliegen, gleichen sich die Faserdiagramme. Die Proben wurden bis zur Messung im evakuierten Exsikkator gelagert.

Untersuchungen an dieser Faser sind zweifellos nicht einfach zu handhaben, und man hätte sicherlich weniger problematische Fasermaterialien finden können, um Orientierungen zu messen. 6-PA wird aber in großen

Tabelle 1. Probenmaterialien und deren Röntgenweitwinkeldiagramme

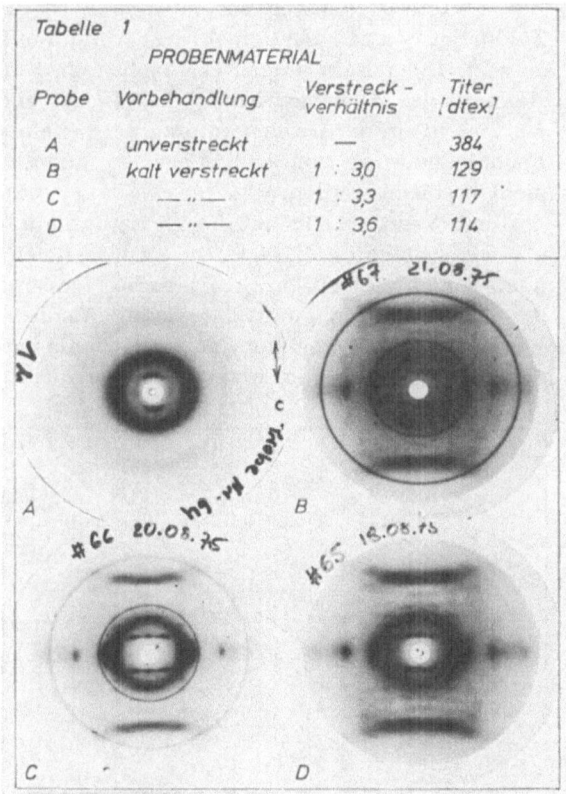

Tabelle 1			
	PROBENMATERIAL		
Probe	Vorbehandlung	Verstreck-verhältnis	Titer [dtex]
A	unverstreckt	—	384
B	kalt verstreckt	1 : 3,0	129
C	— " —	1 : 3,3	117
D	— " —	1 : 3,6	114

---

*) Die Fasern wurden von der Fa. Hoechst zur Verfügung gestellt.

Mengen hergestellt, und es liegen auch diverse Meßergebnisse vor, die es kritisch zu überprüfen und eventuell zu verbessern gilt.

3. Meßmethoden

Vorversuche haben ergeben, daß die Schallgeschwindigkeit hinreichend genau, aber oft nicht reproduzierbar bestimmt werden konnte. Auch der auf diese Weise gewonnene Orientierungsgrad ließ sich nicht mit den Werten vergleichen, die durch Doppelbrechung und polarisierte Fluoreszenz (13) gefunden worden waren. Es erschien uns deswegen notwendig, die Auswirkungen klimatischer Parameter genauer zu untersuchen.

Die Deutsche Forschungsgemeinschaft stellte zu diesem Zweck ein Klimaaggregat nebst Klimakammer zur Verfügung, die es gestattete, die gesamte Schallmeßeinrichtung aufzunehmen. Der zeitliche Verlauf der Temperatur läßt sich durch Programmregler zwischen −20 und +70 °C variieren; der der Feuchte (damit ist im folgenden stets die Luftfeuchte gemeint) zwischen 5 und 95% relativer Feuchte (RF). Alle Messungen wurden in Abhängigkeit von der Feuchte mit der Temperatur als Parameter durchgeführt. Das Feuchteprogramm begann mit einer 20stündigen Konditionierungsphase bei minimaler Feuchte, steigerte sie über 10 h bis zum Maximum bei ca. 80% RF, hielt sie dort über 2 h konstant, um dann wieder in 10 h auf das Minimum hinunterzufahren. Während dieses Feuchtezyklus wurde die Schallgeschwindigkeit und die Sorptionsisotherme, d.h. die Gewichtsänderung durch Absorption bzw. Desorption von Wasserdampf gemessen. Abbildung 1 zeigt das Blockschaltbild der Schallmeßapparatur. Sie ist eine Eigenentwicklung und unterscheidet sich von der bekannten *Morgan*schen Apparatur (3) zunächst dadurch, daß statt eines piezoelektrischen Schallwandlers ein elektromagnetischer zur Impulsanregung benutzt wird, was die anregende Elektronik vereinfacht und die auf die Faser übertragene Schallenergie erhöht. Ferner wird nicht die Schallaufzeit zwischen Sender und dem sich bewegenden Empfänger gemessen, sondern zwischen zwei feststehenden Schallaufnehmern. Dadurch vereinfacht sich der mechanische Aufbau, und man kann ohne weiteren Aufwand Dämpfungsmessungen vornehmen.

In dem Innenraum der Klimakammer befindet sich eine etwa 1 m lange Faserprobe aus 20 Monofilen, die von einem Gewicht von etwa 1 mN/dtex straff gehalten wird. Die Faser ist durch die Membran eines elektromagnetischen Hochtonlautsprechers geführt und mit etwas Dichtmasse mechanisch gekoppelt. Der Pulsgeber erzeugt alle 40 ms einen steilen Rechteckimpuls, der über einen Verstärker auf den Lautsprecher gelangt. Die hier erzeugten mechanischen Pulse breiten sich in Form einer Dehnungs-(Quasilongitudinal-)welle längs der Faser aus und erregen nacheinander die piezokeramischen Wandler der Schallaufnehmer A und B. Reflexionen und ähnliche Störungen sowie Signale durch andere angeregte Wellenmoden können durch das Zeitfenster ausgeblendet werden. Die Laufzeitdifferenz wird durch den Zeitmeßeinschub des Oszilloskops gemessen und der Datenerfassung zugeleitet. Die Meßsignale selbst und die für die Messung ausschlaggebenden Triggerpegel werden gleichzeitig auf dem Schirm überwacht.

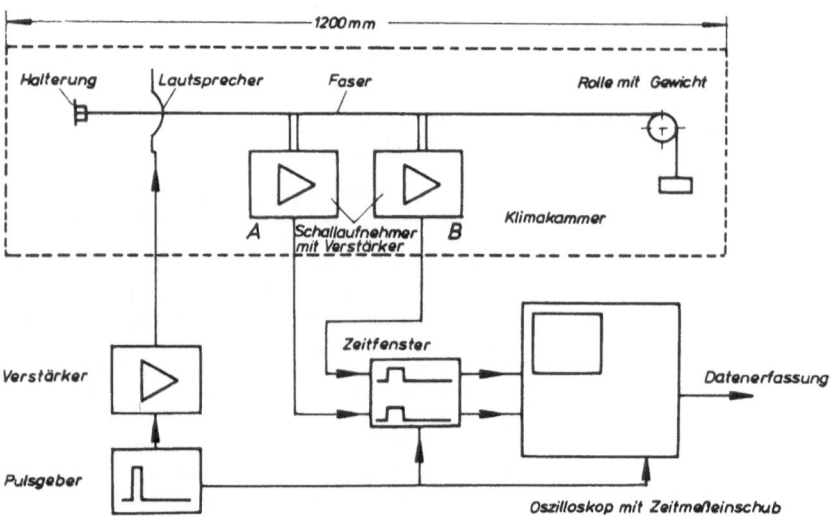

Abb. 1. Blockschaltbild der
Schallmeßapparatur

Die Sorptionsisotherme wurde mit Hilfe einer elektronischen Waage gemessen, deren Wägegehäuse sich
mit einer geknäuelten Faserprobe ebenfalls in der
Klimakammer befand. Alle Meßgrößen, nämlich Temperatur, Feuchte, Schallaufzeit und Gewicht wurden in
regelmäßigen Abständen von einer Meßwerterfassungs-
anlage abgefragt und auf Lochstreifen gespeichert. Die
Auswertung erfolgte durch einen Tischrechner mit Loch-
streifenleser, Kassettenspeicher und Plotter.

4. Meßergebnisse

Die Abbildungen 2—4 zeigen die Wasseraufnahme als Funktion der Feuchte mit der Temperatur, der Zykluszeit und dem Verstreckverhältnis als Parameter.

Da die Wasseraufnahme exotherm, die Wasser-
abgabe endotherm abläuft, verschiebt sich das
Gleichgewicht bei konstanter relativer Feuchte
mit steigender Temperatur zu geringeren Be-
trägen absorbierten Wassers (Abb. 2) (4, 5).

Die mit unterschiedlichen Zykluszeiten ge-
messenen Sorptionsisothermen zeigen, daß bei
keiner Messung die Feuchte in der Faser sich im
Gleichgewicht mit der Luftfeuchte befunden hat
(Abb. 3). Dabei entsprechen 24 h/U Zykluszeit
einer mittleren Änderung der Feuchte von 5%/h.
Für weitere Messungen scheint uns aber die
Zykluszeit von 24 h ein brauchbarer Kompromiß
zu sein. Die relativ kurzen Zeiten bis zur Ein-
stellung des Gleichgewichts, die *Inoue* und
Hoshino (6) in der Größenordnung 2 h bei einer
Feuchteänderung von 80% angeben, konnten
nicht bestätigt werden.

Durch Verstrecken sinkt die Wasseraufnahme
ab, wie Abbildung 4 zeigt. Dies wurde bereits
u. a. von *Prevoršek* et al. (7) durch Messung
der Farbstoffaufnahme nachgewiesen. Amorphe
Bereiche sind besser für Wassermoleküle zugänglich als kristalline, wo sie sich fast nur an

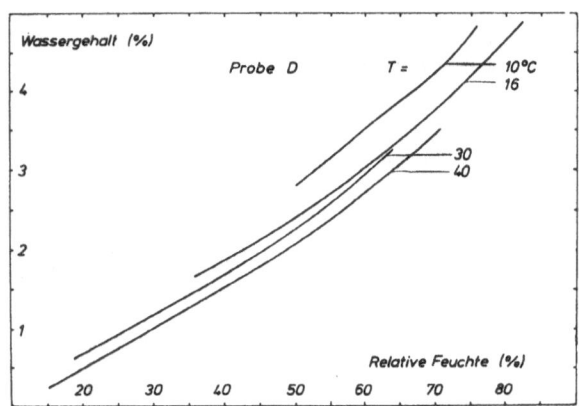

Abb. 2. Wasseraufnahme als Funktion der Feuchte,
Temperatur als Parameter, für eine Probe

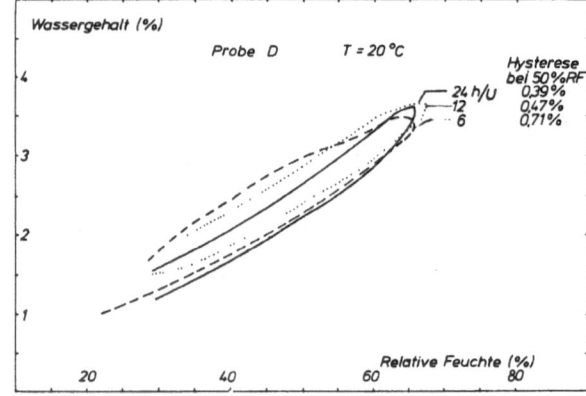

Abb. 3. Wasseraufnahme als Funktion der Feuchte,
Zykluszeit als Parameter, für eine Probe

die Kristallitoberfläche anlagern können. Der Kristallinitätsgrad allein läßt deswegen keine Aussage über die Wasseraufnahme zu, weil die Oberfläche Funktion der Kristallitgröße und deren Form ist. Die Orientierung der nichtkristallinen Bereiche dürfte eine mindestens gleichwertige Rolle spielen.

Die Abhängigkeit der Schallgeschwindigkeit von der Feuchte wurde mit der Temperatur (Abb. 5) und dem Verstreckverhältnis (Abb. 6) als Parameter gemessen.

Unter Einfluß der Feuchte wird der intermolekulare Zusammenhalt geschwächt, was sich durch das Absinken des *E*-Moduls und damit der Schallgeschwindigkeit bemerkbar macht. Im unteren Feuchtebereich bewirkt die Temperaturerhöhung verminderte Absorption und Erhöhung der Schallgeschwindigkeit. Im oberen Feuchtebereich dagegen ergänzen sich der Weichmachereffekt der eingelagerten Wassermoleküle und der Temperatur, so daß *c* mit steigender Temperatur früher abfällt. Mit größerem Verstreckverhältnis verschiebt sich der stärkere Abfall der Schallgeschwindigkeit zu höheren Feuchten, d.h. die Erweichung wird durch bessere Orientierung der nichtkristallinen Bereiche erschwert.

Es ist anzunehmen, daß das Abknicken der Schallgeschwindigkeit bei dem Überschreiten der Glastemperatur beginnt, die durch den Einfluß des „Lösungsmittels Wasser" erniedrigt wird. Dies läßt sich als Quellungskurve (Abb. 7) darstellen. Die amorphen Bereiche befinden sich im Gebiet unterhalb der Kurve im Glaszustand, oberhalb im Gelzustand. Da es besonderen apparativen Aufwands bedarf, Taupunkttemperaturen unter 2 °C herzustellen*), kann dafür nur eine Meßreihe (Probe A, durch „o" gekennzeichnet) angegeben werden.

Schallgeschwindigkeitsmessungen an unverstrecktem 6-PA wurden seit 1959 von verschiedenen Autoren vorgenommen, und zwar von *Dick* und *F. H. Müller* (8), *Charch* und *Moseley* (9) und *Morgan* (3). *Dick* findet für eine unverstreckte Probe (keine Angaben über Temperatur und Feuchte) $c_u = 0,807$ km s^{-1}, *Charch* und *Moseley* geben 1,3 km s^{-1} an und *Morgan* bei

---

*) Die Feuchte kann unterhalb einer Taupunkttemperatur von 2 °C nicht mehr über die Wassertemperatur eines Befeuchterbades eingestellt werden. Man benötigt stattdessen sehr trockene Luft mit Taupunkt < − 25 °C, die mit befeuchteter Luft gemischt wird, bis sich die gewünschte Feuchte einstellt.

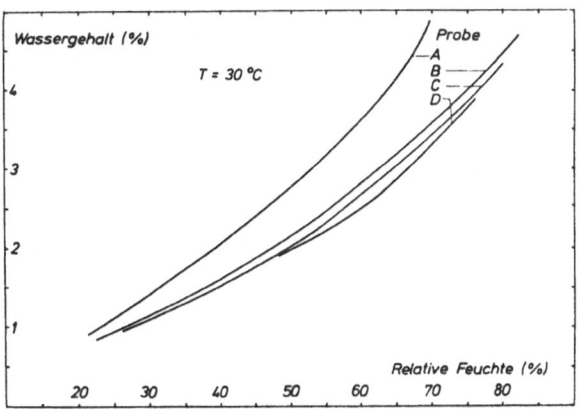

Abb. 4. Wasseraufnahme als Funktion der Feuchte, Verstreckverhältnis als Parameter, für eine Temperatur

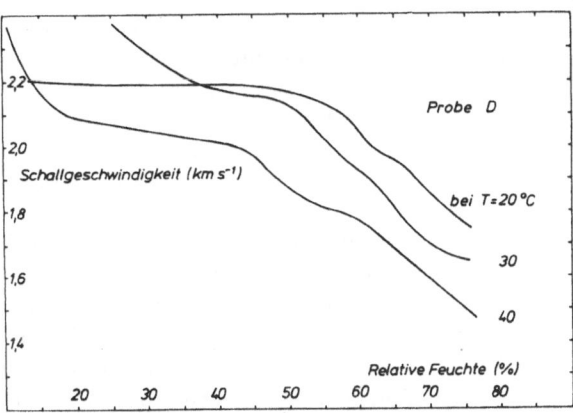

Abb. 5. Schallgeschwindigkeit als Funktion der Feuchte, Temperatur als Parameter, für eine Probe

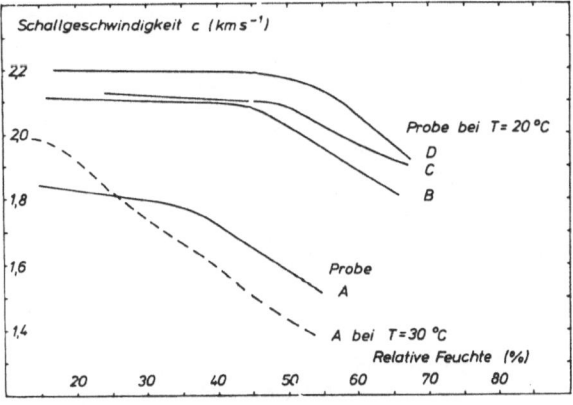

Abb. 6. Schallgeschwindigkeit als Funktion der Feuchte, Verstreckverhältnis als Parameter, für eine Temperatur

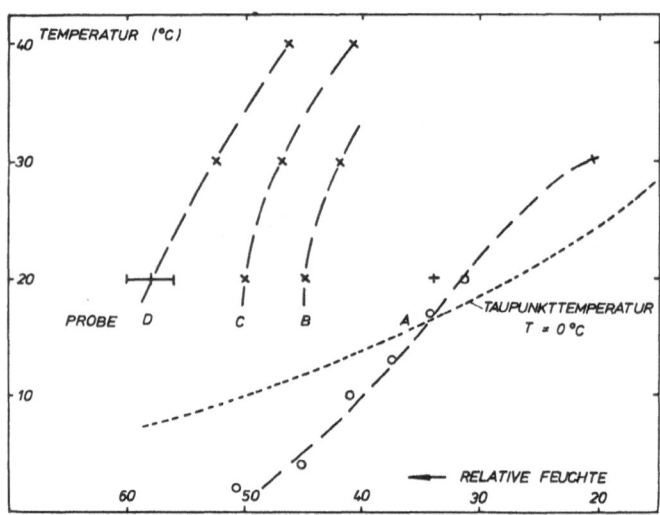

Abb. 7. Einfriertemperatur als Funktion
der Feuchte, Verstreckverhältnis als
Parameter

70 °F (21,1 °C) und 65% rel. Feuchte schließlich 1,25 km s^{-1}. Die beiden letzten Werte werden allen Arbeiten, die sich mit der Orientierung von 6-PA beschäftigen, zugrundegelegt. Aus Abbildung 7 geht jedoch hervor, daß man sich bei nicht orientierten Fasern unter klimatischen Bedingungen wie Normklima, Zimmertemperatur/-feuchte bereits unterhalb des Erweichungsbereichs im Gelzustand befindet. Folglich ist die notwendige Bedingung, unter der man den Kristallinitätsgrad nicht zu berücksichtigen braucht, nicht erfüllt, so daß man die oben zitierten Daten nicht als geeigneten Bezugswert zur Berechnung des Orientierungsgrades benutzen kann. Aus Abbildung 6 kann man entnehmen, daß bei Zimmertemperatur (21 °C) und geringer Feuchte ein Wert für c_u von 1,85 km s^{-1} angesetzt werden kann, wenn man die leichte Orientierung der Probe A vernachlässigt.

Ähnliche Beobachtungen, wie in Abbildung 7 dargestellt, hat *Smith* (10) veröffentlicht. Er hat den Feuchteeinfluß auf 6.6-PA mit gepulster NMR untersucht und trägt die Änderung der Signalabfallzeit mit dem D_2O-Gehalt als Parameter gegen die Temperatur auf. Es ist festzustellen, daß mit zunehmendem Wassergehalt (F: trockene Faser, A: 12% Wassergehalt) die Kettenbeweglichkeit in amorphen Bereichen bei niedrigeren Temperaturen ansteigt. Da mit 6.6-PA gearbeitet wurde, sind die Knickpunkte gegenüber 6-PA zu höheren Temperaturen verschoben, aber die Analogie scheint unverkennbar zu sein.

5. Mechanismus der Wasserabsorption bei 6-PA

Die anfangs gezeigten Sorptionsisothermen verlaufen glatt, Schallgeschwindigkeit und NMR hingegen nicht. Ein möglicher Grund für dieses Verhalten könnte der dreistufige Absorptionsmechanismus sein, den *Puffr* und *Šebenda* (11) vorgeschlagen haben und der durch andere Autoren wie *Kapur* et al. (12) durch NMR-Untersuchungen gestützt wird.

Die ersten absorbierten Wassermoleküle werden an jeweils zwei benachbarte Carbonylgruppen über H-Brücken relativ fest gebunden. Man nimmt an, daß bereits kleine Wassermengen die β-Relaxation beeinflussen, die man bei 230 K findet. Damit kann der leichte Abfall der Schallgeschwindigkeit bzw. der Anstieg der Signalabfallzeit bei der NMR-Messung erklärt werden.

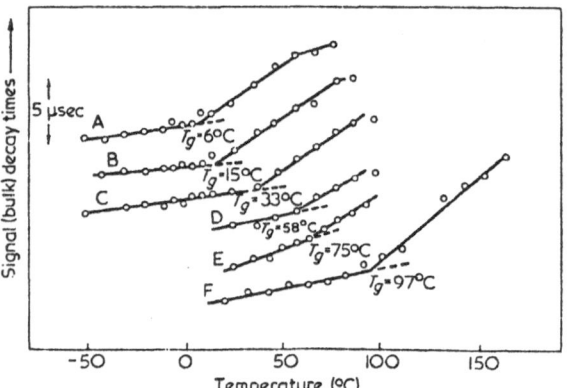

Abb. 8. Änderung der Signalabfallzeit als Funktion der Temperatur, D_2O-Gehalt als Parameter

Weitere Wassermoleküle sind in der Lage, an Stelle der H-Brücken zwischen CO- und NH-Gruppen zu treten und die Kettenabstände aufzuweiten, wodurch die Schallgeschwindigkeit nun deutlich absinkt. Ist die umgebende Feuchte hoch genug, können sich noch weitere Moleküle an die bereits gebundenen anlagern und eventuell sogar kapillar kondensieren, was hier nicht verfolgt wurde.

6. Schluß

Die Genauigkeit, Vergleichbarkeit und Reproduzierbarkeit des Orientierungsgrads von 6-Polyamid, der mit Hilfe der Schallgeschwindigkeitsmessung bestimmt werden kann, hängt von der Güte des Wertes c_u ab. Besonders die Schallgeschwindigkeit einer unverstreckten Probe reagiert empfindlich auf den Wassergehalt. Deswegen sind sorgfältige Probenpräparate und Klimatisierung notwendige Voraussetzungen. Bei Normklima ermittelte Werte können deswegen keine Grundlage für die Bestimmung des Orientierungsgrads sein.

Der Verfasser dankt der Deutschen Forschungsgemeinschaft für die Bereitstellung von Mitteln und Geräten und Herrn Prof. Dr.-Ing. *R. Bonart* für die Anregung zu dieser Arbeit und seine nicht ermüdende Diskussionsbereitschaft.

Zusammenfassung

Die Orientierung der Kettensegmente in einer Polymerfaser beeinflußt das mechanische Verhalten entscheidend. Ein Weg, die Bruttoorientierung, d.h. die mittlere Orientierung amorpher und kristalliner Molekülsegmente, zu bestimmen, führt über die Messung der Schallgeschwindigkeit. Um den Einfluß des Kristallinitätsgrades auszuschalten, ist es notwendig, unterhalb von T_G zu messen. Bei Polyamidfasern muß aber auch der Einfluß der Feuchte berücksichtigt werden. Die vorliegenden Meßergebnisse zeigen, daß die Schallgeschwindigkeit einer unorientierten Probe, die als Bezugswert zur Bestimmung der Hermansschen Orientierungsfunktion dient, bisher zu niedrig angesetzt worden ist, weil der Feuchteeinfluß nicht ausreichend berücksichtigt wurde.

Summary

The orientation of chain-segments in a polymer fibre influences the mechanical behavior decisively. One way to determine the over-all orientation, i.e. the mean orientation of amorphous and crystalline molecular segments, is by means of velocity of sound measurement. To eliminate the influence of the degree of crystallinity it is necessary to measure below T_G. For polyamide fibres the influence of the humidity must also be considered. The present results show that the velocity of sound of an unoriented sample, which acts as a reference to determine Hermans' orientation function, has previously been set too low. This is because the influence of humidity was not sufficiently taken into account.

Literatur

1) *Bonart, R., F. Schultze-Gebhardt*, Angew. Makromol. Chem. **22**, 41—86 (1972).
2) *Samuels, R. J.*, J. Polymer Sci. **A 3**, 1741—1763 (1965).
3) *Morgan, H. M.*, Text. Res. J. **32**, 866—868 (1962).
4) *Rehage, G.*, Kunststoffe **53**, 605—614 (1963).
5) *Kohimo, A., T. Tagawa*, J. Appl. Polymer Sci. **9**, 45—54 (1965).
6) *Inoue, K., S. Hoshino*, J. Polymer Sci. (Polymer Phys. Ed.) **14**, 1513—1526 (1976).
7) *Prevorsek, D. C., P. J. Harget, R. K. Sharma, A. C. Reimschlüssel*, In: The Solid State of Polymers. Ed. *P. H. Geil, E. Baer, Y. Wade* (New York 1974).
8) *Dick, W., F. H. Müller*, Kolloid-Z. **166**, 113—122 (1959).
9) *Charch, W. H., W. W. Moseley* jr., **29**, 525—535 (1959).
10) *Smith, E. G.*, Polymer **17**, 761—767 (1976).
11) *Puffr, R., J. Šebenda*, J. Polymer Sci. **C 16**, 79—93 (1967).
12) *Kapur, S., C. E. Rogers, E. Baer*, J. Polymer Sci. (Polymer Phys. Ed.) **10**, 2297—2300 (1972).
13) *Bornschlegl, E.*, Diplomarbeit TU Berlin 1976.
14) *Perepechko, I. I., V. A. Grechishkin, L. G. Kazaryan, Zh. G. Vasilenko, V. A. Berestnev*, Polymer Sci. U.S.S.R. **12**, 500—506 (1970).
15) *Pinnock, P. R., I. M. Ward*, Proc. Phys. Soc. **81**, 260 (1963).

Anschrift des Verfassers:

K.-P. Richter
Institut für Physik III,
Angewandte Physik
der Universität Regensburg
Universitätsstraße 31
D-8400 Regensburg

Progr. Colloid & Polymer Sci. **64**, 208—213 (1978)
© 1978 by Dr. Dietrich Steinkopff Verlag GmbH & Co. KG, Darmstadt
ISSN 0340-255 X

Lectures during the conference of Fachausschuss
"Physik der Hochpolymeren" of Deutsche Physikalische Gesellschaft
in Rothenburg o. T. March 28—31, 1977

Fachrichtung 11.2 — Experimentalphysik der Universität des Saarlandes, Saarbrücken

Investigation of the elastic behaviour of polymer films and bulk material by multipass Brillouin spectroscopy on thermal and microwave-induced phonons

J. K. Krüger, E. Sailer, R. Spiegel, and *H.-G. Unruh*

With 10 figures and 1 table

(Received April 29, 1977)

1. Introduction

The elastic behaviour of transparent materials in the hypersonic region is usually studied by classical Brillouin spectroscopy (B.S.) (1, 2). For the investigation of non-transparent materials, B.S. is restricted to back-scattering and one needs the method of multipass spectroscopy to increase the contrast (3). Opaque materials, like most of semicrystalline polymers, can also be studied by B.S. as was shown recently by *Patterson* (4). There is no restriction to back-scattering if the investigations are performed on thin polymer films in connection with multipass spectroscopy.

The study of hypersonic attenuation (phonon lifetime) is usually performed by the pulse-echo method (5) or B.S. in cases of relatively low or large attenuation, respectively. To make possible measurements between these extremes, the method of B.S. on microwave-induced phonons was developed (6). In addition this method allows a linewidth calibration of the whole spectrometer system by comparing the measured Brillouin linewidth of thermal phonons and the attenuation constant obtained from induced phonons. Furthermore this method should give a direct insight into the localization of the piezoelectric effect in PVDF (polyvinylidenefluoride).

2. Experimental

In the following work we discuss three groups of experiments:

1) Multipass B.S. on amorphous and semicrystalline polymers.

2) Multipass B.S. on microwave-induced phonons in x-cut quartz.

3) Generation of hypersonic waves in PVDF.

Three different polymer materials were investigated by triplepass B.S. on thermal phonons: PA 6-3-T (poly-trimethylhexamethylene-terephtalamide)[1], TPX (poly-4-methylpentene-1)[2], and PVDF (polyvinylidene-fluoride)[1]. PA 6-3-T is an amorphous and transparent thermoplast with the glasstransition at 149 °C. TPX is a semi-crystalline but highly transparent thermoplast with a cristallinity of about 50%, and a melting point at 230 °C. The glasstransition was determined between 15° and 30 °C. (8, and section 3 of this paper.) PVDF is a semicrystalline and opaque material with the glass-transition point at 40 °C. PVDF becomes piezoelectric and ferroelectric after an adequate mechanical and electrical treatment [e.g. (9)]. The piezoelectric behaviour of PVDF has been related to a phase transition in the positive poled surface of the film (10), but is not well understood at present.

The experimental set-up used for the B.S. of thermal phonons is shown in figure 1. The triplepass Fabry-Pérot is a commercial one. The multichannel analyzer could be triggered with an adequate strong Rayleigh-line.

In comparison with other methods, the study of elastic anisotropies in polymers by B.S. is very easy. The phonon wave vector of interest, q, can be oriented in any direction relative to the film coordinates (fig. 2). The phonon wave vector particularly can be directed parallel or orthogonal to an expected chain orientation. Further, the phonon frequency can be changed by variation of the scattering angle θ. It should be noted that all sound velocities given in the following refer to

---

[1] The PA 6-3-T and PVDF bulk and film materials were kindly supplied by Dynamit Nobel AG, Troisdorf.

The uniaxial- and biaxial-stretching of the films were kindly performed by Bemberg-Folien GmbH, Wuppertal.

[2] The TPX-material was kindly supplied and characterized by Mitsui Petrochemical, Ltd., Japan.

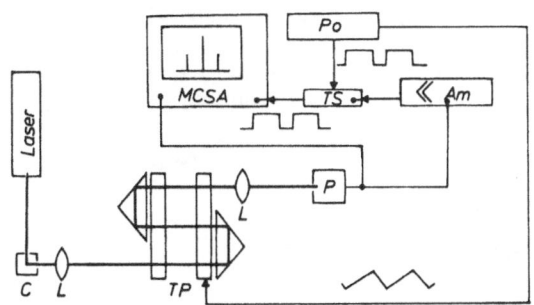

Fig. 1. Experimental set-up for B.S. with a triplepass Fabry-Pérot, C-cell, L-lenses, TP-triplepass, P-photomultiplier, Am-amplifier, TS-triggering system, Po-power supply, MCSA-multichannel analyser

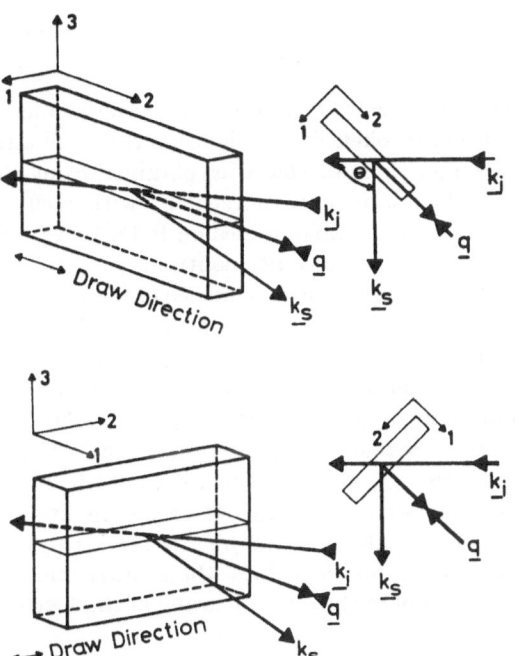

Fig. 2. Two phonon wave vector orientations relative to the film plane and drawing direction. k_i-wave vector of the incident laser light, k_s-wave vector of the inelastically scattered light, q-phonon wave vector

the system of coordinates given in figure 2 and that in neither of the investigated polymers transverse phonons were observed. For that reason the behaviour of longitudinal phonons only will be discussed.

The method of B.S. of induced phonons has been discussed in detail previously (6). Figure 3 shows the experimental set-up. The piezoelectric property of the sample under test or an appropriate transducer is used to convert microwaves by surface generation into hypersonic waves. After having fulfilled the correct scattering condition (Bragg condition) the induced phonons can be detected by B.S. The typical influence of the induced phonons on the anti-Stokes line is shown in figure 4.

The generation of hypersonic waves in PVDF was performed by a simple stripline technique. The PVDF film was matched to a N-type coaxial line and a 3 dB hybrid in connection with a microwave diode. A scope was used to investigate the reflected signal.

3. Results and discussion

To study the influence of drawing of amorphous polymer films on the elastic behaviour we investigated the sound velocities of uniaxial and biaxial stretched PA6-3-T films at room temperature (see fig. 2). In table 1 these hypersonic velocities are compared with results from original $200\,\mu$ thick moulded films and bulk material. The $200\,\mu$ moulded film showed no elastic anisotropy and the same sound velocity as the bulk material (within the experimental error).

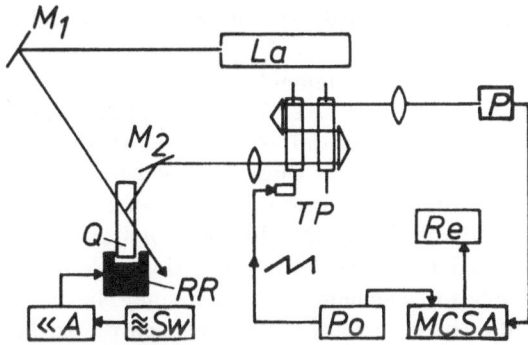

Fig. 3. Experimental set-up for B.S. of microwave induced phonons, La-laser, M_1, M_2-mirrors, Q-sample under test, RR-reentrant cavity, SW-sweeper, A-amplifier, TP-triplepass, P-photomultiplier, MCSA-multichannel analyser, Po-power supply, Re-recorder

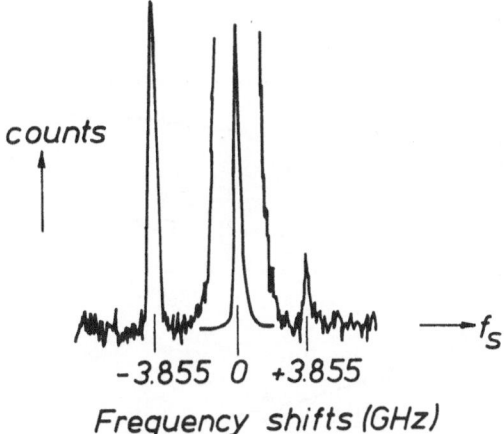

Fig. 4. Triplepass Brillouin spectrum from x-cut quartz with thermal (Stokes) and induced (anti-Stokes) components

Table 1. Sound velocities of differently drawn PA6-3-T films and comparison with the bulk behaviour

Drawing direction	Change of film thickness from		Sound velocities v_{s_i} [m/s]			Relative sound velocities compared with the bulk
	d_1 [μ] to	d_2 [μ]	v_{s_1}	v_{s_2}	v_{s_3}	$a_i = \dfrac{v_{s_i} - v_{s_\text{bulk}}}{v_{s_\text{bulk}}}$ [%]
none (bulk material)	none			2867		—
none (moulded film)	bulk	200	2853	2879	—	—
2 (unaxial)	200	100	2718	3754	2722	$a_1 = -5$ $a_2 = 31$ $a_3 = -5$
2, 3 (biaxial)	200	40	2704	3084	3084	$a_1 = -6$ $a_2 = 8$ $a_3 = 8$

The differences between the sound velocities of the bulk and the drawn material became as large as 31%.

Similar measurements were performed at a temperature of $+31\,°C$ on TPX (11). Thinning of the film material from 200 μ to 18 μ gave results opposite to those obtained for PA6-3-T films (fig. 5). However, the anisotropy of the sound velocity within the 200 μ film seems to be related to a melt-flow orientation. From these facts we conclude that there may be a very different elastic behaviour between the surfaces and the bulk of the TPX films used here. The elastic anisotropy between the surface and the bulk seems to be so strong that even the anisotropy induced by thinning the film from 200 μ to 18 μ is obscured by the surface effect.

The sound velocity of the bulk material was also studied (broken line in fig. 5) and was found to be larger than all velocities obtained from films. This fact is in good agreement with results of *Lindsay* et al. (12) obtained on PMMA. However, PA6-3-T behaves quite contrary.

The temperature dependence of the hypersonic velocity in TPX was also measured. The break in the sound velocity vs. temperature curve of figure 6 indicates the glasstransition which is found to be approximately $+15\,°C$. The glass-transition temperature, T_g, is about $10°$ lower than that measured by a dilatometric method (9). As has been discussed earlier in literature (13, 14), Brillouin experiments seem to give in most cases lower values than other methods. We can not exclude that heating of the scattering

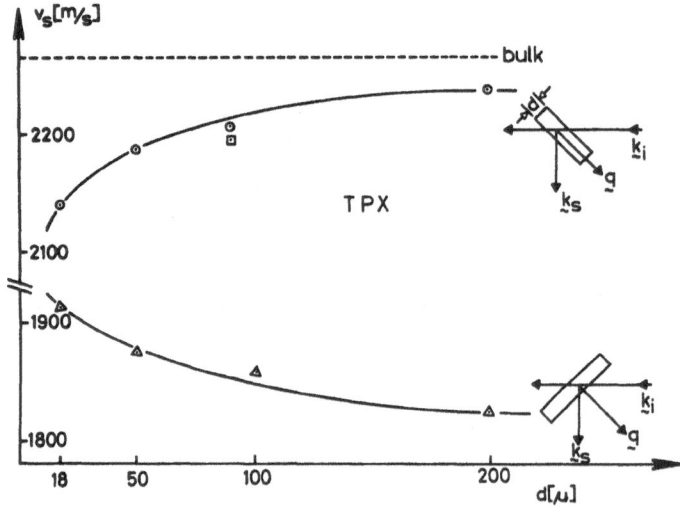

Fig. 5. Sound velocity, v_s, in TPX as a function of film thickness, d, for two different orientations of the phonon wave vector relative to the film plane

Fig. 6. Sound velocity, v_s, in TPX as a function of temperature. Glasstransition $T_g \approx 15\,°C$

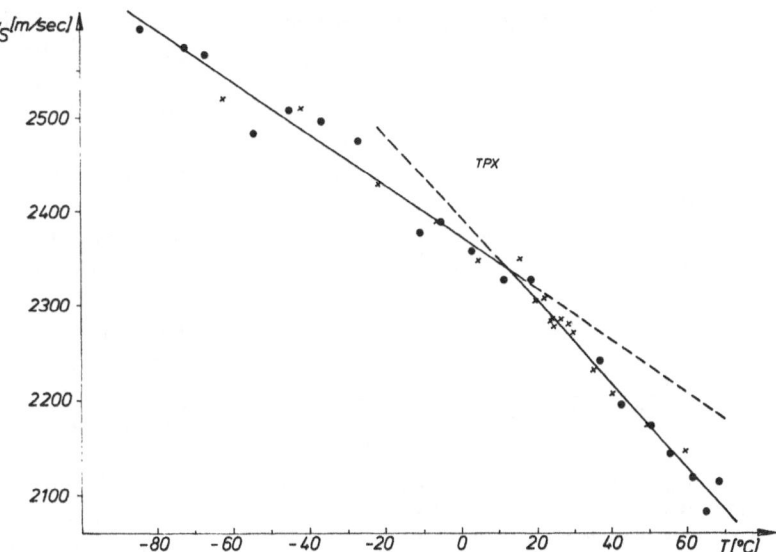

volume plays a certain part but further systematic investigations are necessary to clarify this point.

With reference to the usual Landau-Placzek-ratio, we studied for TPX the temperature dependent ratio $I_R/2\,I_B$ (I_R = intensity of the Rayleigh-line, I_B = intensity of the Brillouin-line). As illustrated in figure 7, this ratio is approximately 100 times larger than in similar transparent amorphous polymers and seems to increase strongly in the vicinity of the glass-transition point. These are the first preliminary results about the Landau-Placzek-ratio for a semicrystalline transparent polymer, and there exists no theory for any quantitative explanation. Qualitatively, we found (fig. 8) a similar

behaviour for rubidium-ammonium-sulfate mixed crystals (RbAS) with about 11 mole% rubidium-sulfate near the ferroelectric phase transition point $T_c \sim -45\,°C$ (pure ammonium-sulfate did not show such behaviour at all). At the Curie point itself the Rayleigh intensity increased by a factor of about 10^3 so that we were forced to use an uncalibrated iodine filter. Therefore the intensity curve appropriate to the low temperature region is missing. However, RbAS is a single crystal, whereas TPX is a semicrystalline material. On the other hand, if such strong elastic scattering is possible in a mixed single crystal there may be properties responsible for the strong scattering in TPX other than voids and grain boundaries. The amount of the

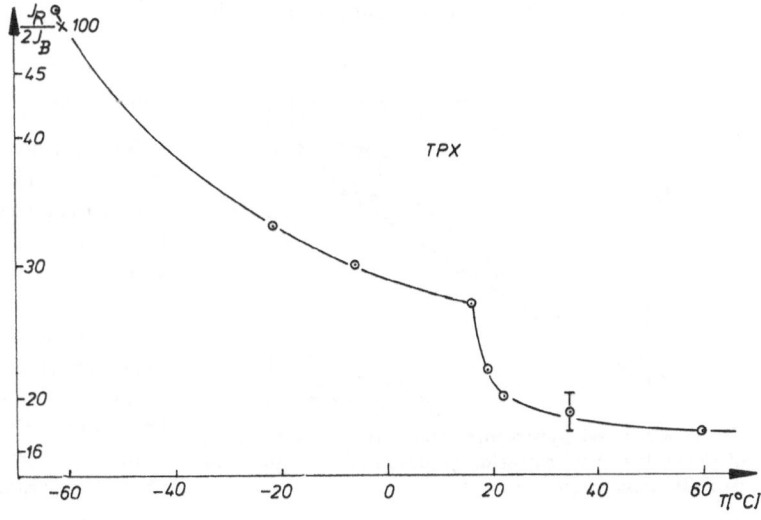

Fig. 7. The Landau-Placzek intensity-ratio for TPX as a function of temperature

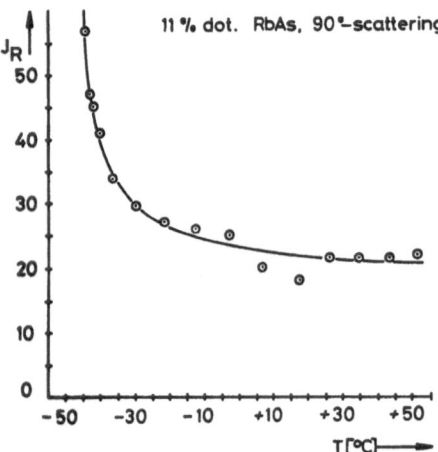

Fig. 8. Rayleigh-intensity for a rubidium-ammonium-sulfate (RbAS) mixed crystal in the temperature region of the ferroelectric phase transition, $T_C \approx -45\,°C$

elastic scattering in organic glasses is usually related to inclusions above the glasstransition and in addition to frozen-in strains (15) below the glasstransition. This simple theory predicts for the dispersion-free case a straight line behaviour of the $(I_R/2\,I_B$ vs. $1/T)$-curve above, as well as below, the glasstransition point. In the vicinity of the glasstransition this behaviour was not observed. The measurements also hint at a large change of sound attenuation within the temperature range of this study.

A considerable improvement of the precision of sound attenuation results can be achieved in certain cases by the method of induced phonons (see section 2). Figure 9 shows the results for x-cut quartz at $\sim 3,6$ and $\sim 3,8$ GHz at room temperature. By shifting the scattering volume (fig. 3) through the sample under test, the

amplitude of the microwave-induced sound is probed by the inelastic scattered laser light (6). This method will be applied to piezoelectric PVDF films in order to investigate the expected phase transition in the positive poled surface of the film. Furthermore, PVDF films are considered to be well suited as hypersonic transducers for non-piezoelectric polymers. Because of nearly the same acoustic impedance, PVDF films will match to other polymer materials. Until now we have been able to generate and detect hypersonic waves up to 1,2 GHz by simple microwave techniques. Detection of these hypersonic waves by B.S. can also be done. We have already succeeded with B.S. from thermal phonons in PVDF. Figure 10 shows at room temperature a dispersion of the sound velocity between results from *Sussner* (16) at 10 MHz and our results at ~ 10 GHz. This dispersion may be a consequence of the fact that our films, as opposed to those of *Sussner*, were not polarized.

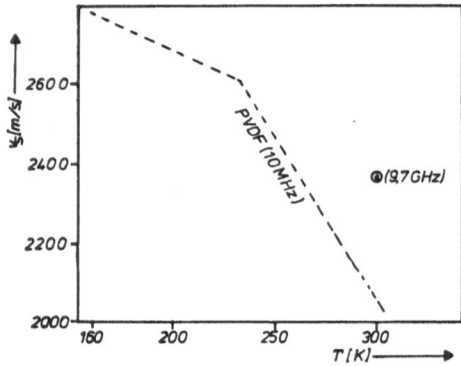

Fig. 10. Dispersion of sound velocity in PVDF. ------ [*Sussner*, Dissertation 1976, Grenoble], ⊙ [this paper]

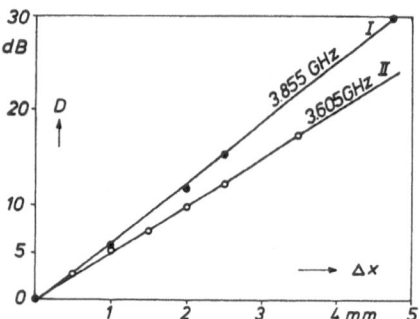

Fig. 9. Measured hypersonic attenuation as a function of the shift of the scattering volume in x-cut quartz at two different frequencies

Conclusion

The influence of different mechanical treatments on the elastic properties of three polymer materials (PA 6-3-T, TPX, and PVDF) has been illustrated. The sound velocity in TPX films was shown to be thickness dependent for the two considered phonon orientations. From this result we conclude that the surface structure of polymer films can strongly influence the elastic behaviour of such film material, and that it is therefore difficult to deduce bulk properties from the appropriate film. The glasspoint and the temperature dependent Landau-Placzek-ratio were also investigated. A dispersion of the sound velocity was found in PVDF films. PVDF is furthermore proposed as transducer material for the method of B.S. from microwave-induced phonons in polymers. This method is presented for x-cut quartz as a model substance. The experiments discussed here are considered to be of valuable help for characterizing the elastic behaviour and structure of polymers.

Summary

Multipass Brillouin spectroscopy is used to investigate the elastic behaviour of PA6-3-T, TPX and PVDF films. The influences of various mechanical treatments of the films are studied. The measured elastic anisotropies are discussed and compared with the bulk behaviour. The method of Brillouin spectroscopy of microwave-induced phonons is presented for a model substance.

Zusammenfassung

Multipass-Brillouinspektroskopie wurde zur Untersuchung des elastischen Verhaltens von PA6-3-T, TPX und PVDF-Filmen herangezogen. Die gemessenen Anisotropien werden diskutiert und mit dem Verhalten des bulk-Materials verglichen. Die Methode der Brillouinstreuung an mikrowelleninduzierten Phononen wird am Beispiel einer Modellsubstanz vorgestellt.

Literatur

1) *Fabelinskii, I. L.*, Molecular Scattering of Light (New York 1968).
2) *Chu, B.*, Laser Light Scattering (New York 1974).
3) *Sandercock, J. R.*, In: Proceedings of the second international conference on light scattering in solids, ed. by *M. Balkanski* (Paris 1971).
4) *Patterson, G. D.*, J. Polymer Sci., Polymer Phys. **14**, 143 (1976).
5) *Bömmel, H. E., K. Dransfeld*, Phys. Rev. **117**, 1245 (1960).
6) *Krüger, J. K., H.-G. Unruh*, Sol. State Com. **21**, 583 (1977).
7) *Schneider, J.*, Kunststoffe **64**, 1 (1974).
8) *Yamada, S., Y. Konakahara, S. Kitahara*, J. Polymer Chem. **23**, 521 (1966).
9) *Wada, J., R. Hayakawa*, Jap. J. appl. Phys. **15**, 2041 (1976).
10) *Hunklinger, S., H. Sussner, K. Dransfeld*, Festkörperprobleme XVI, 267 (Hamburg 1976).
11) *Krüger, J. K.*, to be published.
12) *Lindsay, S. M., A. J. Hartly, I. W. Shepard*, Polymer **17**, 501 (1976).
13) *Stevens, J. R., D. A. Jackson, J. V. Champion*, Mol. Phys. **29**, 1893 (1975).
14) *Coakley, R. W., R. S. Mitchel, J. R. Stevens, I. L. Hunt*, J. appl. Phys. **47**, 4271 (1976).
15) *Stevens, J. R., I. C. Bowell, J. L. Hunt*, J. appl. Phys. **43**, 4354 (1972).
16) *Sussner, H.*, Dissertation, CNRS, (Grenoble 1976).

Authors' address:

J. K. Krüger, E. Sailer, R. Spiegel, H.-G. Unruh
Fachrichtung 11.2 — Experimentalphysik
der Universität des Saarlandes
Bau 22 — IV. OG
D-6600 Saarbrücken

Progr. Colloid & Polymer Sci. **64**, 214–218 (1978)
© 1978 by Dr. Dietrich Steinkopff Verlag GmbH & Co. KG, Darmstadt
ISSN 0340-255 X

Vorgetragen auf der Frühjahrstagung des Fachausschusses
Physik der Hochpolymeren in der Deutschen Physikalischen Gesellschaft
in Rothenburg o. T. vom 28.–31. März 1977

Institut für Theoretische Physik der Technischen Universität Braunschweig, Braunschweig

Ein „Bond-Charge"-Modell für das Schwingungsverhalten von Teflon (Polytetrafluoräthylen)

H. Hahn und *W. Kielblock*

Mit 2 Abbildungen

(Eingegangen am 15. Januar 1977)

Einleitung

Die ersten Veröffentlichungen über die Struktur von Polytetrafluoräthylen (PTFE) von *Bunn* and *Howells* (1) und *Clark* und *Muus* (2) beschreiben das Molekül als ein lineares Kettenpolymer mit der chemischen Grundeinheit $-CF_2-$. Bei einer Temperatur unter 19 °C liegt das Molekül in der 13_6-Struktur vor: in einer Translationsperiode befinden sich 13 CF_2-Gruppen auf einer sechsmal um die Helixachse gewundenen Schraubenlinie. Zwischen 19 °C und 30 °C wird von einer 15_7-Helix berichtet, während über 30 °C die Röntgenreflexe diffus werden. Aus Molekulargewichtsmessungen von *Berry* und *Peterson* (3) darf eine Kettenlänge von mehreren tausend CF_2-Gruppen für PTFE angenommen werden.

Mit der Ausmessung der Infrarot- und Ramanfrequenzen von PTFE erschienen auch eine Reihe von Berechnungen innermolekularer Kraftkonstanten, basierend auf einem im allgemeinen 19-parametrigen Valenzkraftfeldmodell (4, 5, 6, 7). Die dabei zugrunde gelegte 15_7-Struktur besitzt nahezu die gleichen Schwingungsfrequenzen wie die 13_6-Helix (8). Da das Molekül jedoch nur 24 optisch sichtbare, von Null verschiedene Faktorgruppenfrequenzen besitzt, von denen einige nicht oder nur mit großer Unsicherheit zugeordnet werden können, müssen zumindest die Arbeiten, die keine Neutronenstreudaten verwerten, wegen der hohen Parameterzahl in Frage gestellt werden.

Zusätzlich bezweifeln *Bates* (9) und *Bates* und *Stockmayer* (10, 11) die Existenz der 15_7-Struktur von PTFE. Ausgehend von der 13_6-Helix zeigen sie, daß die C—C-Bindung neben den beiden „gauche"-Lagen auch zwei „trans"-Lagen (t^+, t^-) besitzt. Unter 19 °C ist eine ungestörte Schraubenlinie vorhanden, bestehend aus z. B. nur $t^+t^+t^+t$-Sequenzen, und bildet die 13_6-Struktur. Mit steigender Temperatur werden einige t^--Lagen eingebaut, und bei einer t^--Einstellung je Translationsperiode ergibt sich scheinbar die neue Struktur 15_7. Die Röntgenreflexe bleiben relativ scharf, da eine $t^+t^-t^+$-Sequenz die Helixachse nur um ein kleines Stück parallel verschiebt.

Diese Arbeit (12) stellt ein physikalisches Modell von PTFE auf der Grundlage der 13_6-Struktur vor. Anhand der Ergebnisse wird die Vorstellung von *Bates* überprüft.

Das Molekülmodell

Aufbauend auf einer Arbeit von *Weber* (13) wurde für das PTFE-Molekül ein „Bond-Charge"-Modell gewählt. Bei diesem Modell werden die Bindungselektronen zu einer masselosen Punktladung zusammengefaßt. Bei einer symmetrischen Bindung wie der C—C-Valenzbindung wird diese „Bond-Charge" in die Mitte zwischen die Atome gelegt. Bei der stark polaren C—F-Bindung wird das Fluor-Atom selbst als eine Art „Bond-Charge" betrachtet. Als Anpassungsparameter gehen hier zunächst nur die elektrischen Ladungen der Teilchen ein, da unter den genannten Voraussetzungen der Teilchen-Gleichgewichtsort als fest betrachtet wird.

Als physikalische Modellpotentiale wurden Coulomb-, Buckingham- und Keating-Potential benutzt. Wegen der relativ großen Reichweite konnte die Wechselwirkung durch das

Coulomb-Potential erst ab einer Entfernung über acht CF_2-Gruppen in der Kopplungsmatrix vernachlässigt werden. Für das Buckingham-Potential dagegen genügte eine Reichweite von zwei CF_2-Gruppen, während das Keating-Potential jeweils nur zu einem zentralen C-Atom gehört und die Winkelsteifigkeit der Bindungen zueinander beschreibt. Die Parameter, die bei einer solchen Potentialwahl zur Anpassung an die Molekülfrequenzen freibleiben, sind für das Coulomb-Potential die Ladung der „Bond-Charge" und des Fluor-Atoms, während die des C-Atoms aus der Ladungsneutralität der CF_2-Gruppe folgt. Für das Buckingham-Potential

$$V_B = A \exp\left(-\frac{r}{r_0}\right) - B\,r^{-6}$$

wurden die Konstanten $1/r_0$ für die verschiedenen Atompaare bei *Scott* und *Scheraga* (14) berechnet und hier übernommen. Ein Wert von $1/r_0 = 4{,}60\ \text{Å}^{-1}$ trifft für alle Bindungen recht gut zu. Für jede Atompaarkombination wird je ein Satz von Konstanten A und B eingeführt. Die nicht-Coulombsche Wechselwirkung der „Bond-Charge" mit dem Rest des Moleküls wird pauschal durch Federn zwischen Kohlenstoff und „Bond-Charge" und durch die Keating-Potentiale zwischen verschiedenen Bindungen der zugehörigen Zentral-C-Atome berücksichtigt. Das Keating-Potential (15) bevorzugt die Tetraederwinkel als Bindungswinkel an den Kohlenstoffatomen:

$$V_K = -\frac{2\beta}{a^2}\,(\mathbf{r}_{ci} \cdot \mathbf{r}_{cj} - a^2/4)^2\,,$$

wobei $\mathbf{r}_{ci}$ der Ortsvektor vom Kohlenstoffatom C zum Teilchen i ist. $a^2/4 = \mathbf{R}_{ci} \cdot \mathbf{R}_{cj}$ stellt das gleiche Skalarprodukt dar wie $\mathbf{r}_{ci} \cdot \mathbf{r}_{cj}$, jedoch mit dem Tetraederwinkel statt des Bindungswinkels.

Zur Darstellung der Kopplungsmatrix wurden lokale kartesische Koordinatensysteme verwendet, deren z-Achsen mit der Helixachse des Moleküls übereinstimmen. Die x-Achsen sind jeweils durch ein C-Atom gelegt, so daß dieses eine positive x-Koordinate besitzt. Der mathematisch positive Drehsinn legt dann die y-Achse fest. Durch Einführen der lokalen Koordinatensysteme wird die Periode der Kopplungsmatrix auf die Dimension 12 reduziert, da die CF_2-Gruppe mit der „Bond-Charge" 4 Teilchen enthält.

Im folgenden soll die Kenntnis der Theorie der Molekülschwingungen in harmonischer Näherung vorausgesetzt werden. Die Kopplungsmatrix wird beschrieben durch Größen $\overset{m\,n}{\boldsymbol{\varphi}}\,i\,j \equiv \overset{0\,N}{\boldsymbol{\varphi}}\,i\,j$, die selbst noch 3×3-Matrizen bzgl. der Koordinatenrichtungen sind. $N = n - m$ gibt dabei den „Abstand" der CF_2-Gruppen voneinander an und $i, j = 1, \ldots, 4$ die „Atome" der CF_2-Gruppe. Die Bewegungsgleichungen der Teilchen lauten:

$$M_i\,\overset{m}{\ddot{\boldsymbol{u}}}\,i = -\sum_{n,j} \overset{m\,n}{\boldsymbol{\varphi}}\,i\,j\,\overset{n}{\boldsymbol{u}}\,j\,,$$

wobei $\overset{m}{\boldsymbol{u}}\,i$ der Auslenkungsvektor des Atoms i in der CF_2-Gruppe m aus der Gleichgewichtslage ist; M_i bedeutet die Teilchenmasse, die Punkte je eine Ableitung nach der Zeit.

Durch einen Ansatz ebener Wellen mit dem Wellenvektor k und der Frequenz ω lassen sich die Bewegungsgleichungen entkoppeln:

$$\overset{m}{\boldsymbol{u}}\,i\,(t) = \boldsymbol{a}_i(k)\exp\{-i(k\,m - \omega\,t)\}\,,$$

$$\boldsymbol{\psi}_{ij}(k) = \sum_N \overset{0\,N}{\boldsymbol{\varphi}}\,i\,j\,\exp\{-i\,kN\}\,.$$

Mit der dynamischen Matrix $\boldsymbol{\psi}_{ij}$ lauten die Bewegungsgleichungen

$$\omega^2\,M_i\,\boldsymbol{a}_i(k) = \sum_{j=1}^{4} \boldsymbol{\psi}_{ij}(k)\,\boldsymbol{a}_j(k)\,,\quad i = 1, \ldots, 4,$$

wobei die 12-dim-Vektoren $(\boldsymbol{a}_1, \ldots, \boldsymbol{a}_4)$ die Polarisationsvektoren darstellen. Da die „Bond-Charge" als masselos vorausgesetzt wurde, gilt $M_4 = 0$ und daher

$$\sum_{j=1}^{4} \boldsymbol{\psi}_{4j}\,\boldsymbol{a}_j = 0\,.$$

Die Auslenkungen der „Bond-Charge" lassen sich nun eliminieren. Die dynamische Matrix wird dabei auf die Dimension 9 reduziert.

$$\boldsymbol{a}_4 = -\boldsymbol{\psi}_{44}^{-1}\sum_{j=1}^{3} \boldsymbol{\psi}_{4j}\,\boldsymbol{a}_j\,,$$

$$M_i\,\omega^2\,\boldsymbol{a}_i = \sum_{j=1}^{3} (\boldsymbol{\psi}_{ij} - \boldsymbol{\psi}_{i4}\,\boldsymbol{\psi}_{44}^{-1}\,\boldsymbol{\psi}_{4j})\,\boldsymbol{a}_j\,,$$
$$i = 1, \ldots, 3.$$

Die Lösung dieses Eigenwertproblems liefert die Frequenzen und Schwingungsmoden des Moleküls in Abhängigkeit vom Wellenvektor k.

Das Molekül kann sich nur im Gleichgewicht befinden, wenn die Resultierenden der inneren Kräfte $\overset{m}{\boldsymbol{\varphi}}\,i$ auf jedes Atom m, i verschwinden.

Das ist bei dem gewählten Potentialmodell für die experimentell gefundene Struktur nicht automatisch der Fall, sondern muß gesondert gefordert werden. Wegen der Schraubensymmetrie genügt die Forderung $\varphi \overset{o}{i} = 0$. Die C_2-Symmetrie erfüllt von den verbleibenden 12 Bedingungen 3 identisch und macht weitere 4 Bedingungen abhängig von den übrigen. Letztlich erhält man also ein lineares Gleichungssystem, das es erlaubt, 5 der im Modell als frei wählbar eingeführten Parameter durch die übrigen Parameter auszudrücken und damit die Parameterzahl relativ klein zu halten. An dieser Stelle geht entscheidend die Übernahme der Konstanten $1/r_0$ ein, da man sonst ein nichtlineares Gleichungssystem erhielte.

Das Anpassen der Parameter geschah nach einem von *Shimanouchi* und *Suzuki* (16) beschriebenen Verfahren und wurde auf der ICL 1906 S an der TU Braunschweig durchgeführt.

Ergebnisse und Diskussion

Bei der Anpassung der Parameter ergab sich ein ungenügendes Bild, wenn die Fluor-Fluor-Wechselwirkung nur durch ein 6-exp-Potentialgesetz beschrieben wurde. Daher wurden für jede Entfernung der CF_2-Gruppen unterschiedliche Parameter eingeführt: A_{FF2}, B_{FF2} für die Wechselwirkung zwischen Fluoratomen übernächster CF_2-Gruppen; A_{FF1}, B_{FF1} für nächstbenachbarte CF_2-Einheiten und A_{FFO}, B_{FFO} innerhalb derselben CF_2-Gruppe. Dieser Ansatz deutet auf eine stark von einer Kugelgestalt abweichende Elektronendichteverteilung der Fluor-Ionen hin. Da die Konstante A_{FF2} als Ursache der Schraubenverdrillung angesehen werden muß, wurde B_{FF2} als zu klein vernachlässigt. Die Konstante A_{FFO} wurde gleich Null gesetzt: Da der Bindungswinkel FCF kleiner als der Tetraederwinkel ist, ergeben das Keating-Potential und die Coulomb-Wechselwirkung eine Abstoßung der Fluoratome, so daß nur der anziehende Anteil des 6-exp-Potentials den experimentell gefundenen Bindungswinkel erzeugen kann. Es hat sich gezeigt, daß die beiden Parameter B_{FF2}, A_{FFO} den Fit nur dann verbessern, wenn sie völlig unphysikalische Werte annehmen. Die C—C-Bindung wurde noch durch die Federkonstante zwischen Kohlenstoff und „Bond-Charge" ergänzt. Für das Keating-

Potential wurde jeweils ein Parameter pro Atompaarsorte benutzt: β_{FF}, β_{FB}, β_{BB}. Die Gleichgewichtsbedingungen wurden dazu ausgenutzt, die Parameter B_{CC}, B_{CF}, A_{FF1}, B_{FFO}, β_{BB} durch andere Größen auszudrücken (Tab. 1).

Die Polarisationsvektoren des Eigenwertproblems können als Vektoren der Eigenschwingungen gedeutet werden. An den A-Modes ($k = 0$) lassen sich die Schwingungstypen besonders gut erkennen (Abb. 1. 1 bis 1.9). Die mit Hilfe der gefitteten Parameter berechneten Frequenzen des Modells weichen von den experimentellen Daten im allgemeinen um weniger als 5% ab (Tab. 2), aus den Dispersionskurven (Abb. 2) läßt sich die Güte des Modells beurteilen.

Der Schwingungszweig ν_9 — die Torsionsschwingung um die z-Achse — verläuft bis zur Mitte der Brillouin-Zone sehr flach und besitzt dort ein schwaches Minimum, ehe er steiler an-

Tabelle 1. Modellparameter in Einheiten
A: 10^8 dyn cm^{-1} Å^2; B: 10^6 dyn cm^{-1} Å^8;
α, β: 10^4 dyn cm^{-1}; q: Elementarladung
(F = Fluor; C = Kohlenstoff; B = "Bond-Charge")

	gefittete Werte		Werte aus Gleichgew.-Bedingung
A_{CC}	0.89540	B_{CC}	1.0969
A_{CF}	0.46786	B_{CF}	0.51584
A_{CF2}	0.60750	A_{FF1}	2.1928
B_{FF1}	3.6952	B_{FFO}	2.0191
α_{CB}	2.5525	β_{BB}	2.8816
β_{FF}	0.36971		
β_{FB}	0.84877		
q_F	0.66685		Wert aus (14)
q_B	0.48486	r_0^{-1}	4.60 Å^{-1}

Tabelle 2. Gegenüberstellung der experimentellen und berechneten Schwingungsfrequenzen

A-Modes exp.	theor.	E_1-Mode exp.	theor.	E_2-Mode exp.	theor.
1450	1498.9	1301	1282.4	—	1491.4
1381	1384.9	1217	1220.0	—	1375.1
732	744.6	1153	1129.2	743	754.4
638	680.6	553	522.7	678	612.0
516	485.8	321	336.4	524	480.2
385	397.1	277	287.1	389	398.1
290	286.5	203	239.1	308	274.6
0	0.0	—	68.0	—	111.8
0	0.0	0	0.0	—	14.4

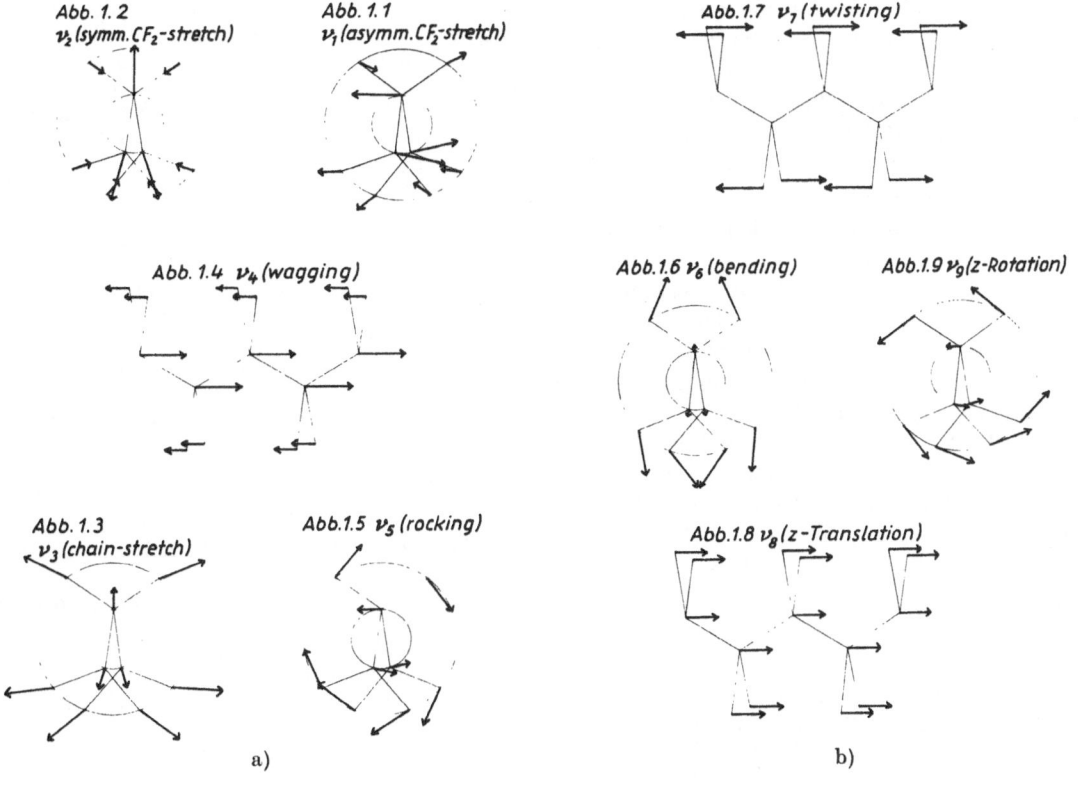

Abb. 1. Die Eigenschwingungen der A-Modes ($k = 0$)

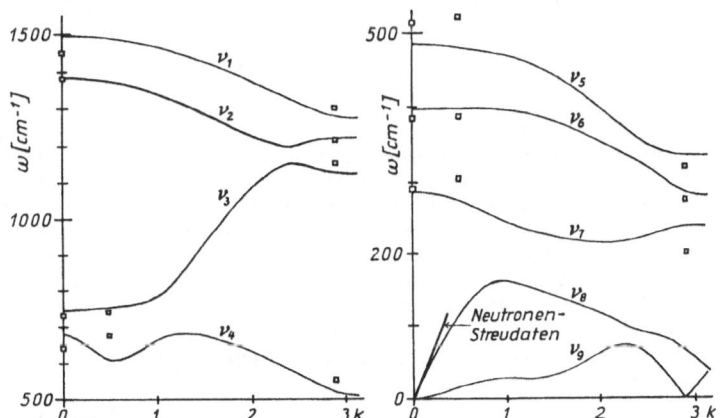

Abb. 2. Die theoretisch berechneten Dispersionskurven des PTFE-Moleküls ($\square$: experimentelle Daten)

steigt. Betrachtet man das zu dem Minimum gehörige Schwingungsverhalten — Abbildung 1.9 mit einem gegenphasigen Schwingen übernächster CF_2-Gruppen —, so ist leicht erkennbar, daß bei dieser Schwingung mit genügend großen Auslenkungen die t^+-Lagen in t^--Lagen umklappen können. Der flache Verlauf der Dispersionskurve bis zur Mitte der Brillouin-Zone ermöglicht ein lokalisiertes Entstehen solcher

t^--Defekte. Der „Soft-Mode" im Torsionszweig ν_9 bestätigt in gewisser Weise die Auffassung von *Bates*, daß die 15_7-Helix nicht durch ein gleichmäßiges Entwinden aus der 13_6-Struktur hervorgeht, sondern eine gestörte Helix mit je einer t^--Lage in der Translationsperiode ist.

Aus einem Vergleich des Zweiges ν_8 mit den Neutronenstreudaten (7) erhält man einen im Maximum zu flachen theoretischen Verlauf. Der

Zweig v_4 zeigt für kleine k sogar ein konträres Verhalten zu dem zu Erwartenden. Dies läßt sich dadurch deuten, daß in der vorliegenden Arbeit ein isoliertes PTFE-Molekül berechnet wurde. In einem Kristallverband sind es gerade diese Schwingungszweige, die von zusätzlichen intermolekularen Kräften beeinflußt werden. Um den Fit zu verbessern, ließe sich das Potential-modell verfeinern, etwa durch Verlagern der „Bond-Charge" aus der Mitte der Verbindungs-linie der C—C-Atome heraus, oder durch Ver-änderungen an den Gleichgewichtswinkeln der Keating-Potentiale. Gleichzeitig ginge aber auch die Transparenz des Modells verloren, dessen Vorteile die Übersichtlichkeit der Potentiale ist und die direkte Interpretation der Parameter als physikalische Größen. Dies ist von Wichtig-keit, falls die Parameter in einer weiterführenden Arbeit auf eine defekte PTFE-Kette übertragen werden sollen.

Zusammenfassung

Ein Bindungsladungsmodell, das *Weber* zur Darstel-lung der Phononen im Diamantkristall benutzt hatte, wird so abgeändert, daß es zur Beschreibung der Schwin-gungen des Teflonmoleküls verwendet werden kann. Zusätzlich zu den auch bei *Weber* benutzten Coulomb-potentialen tragen auch Buckingham-Potentiale zu den intramolekularen Kräften bei. Die letzteren ersetzen zu-gleich auch die Federpotentiale, die im Weberschen Modell noch zusätzlich zur „Bond-Charge" die Kräfte zwischen homöopolar aneinander gebundenen Atomen beschrieben. Die stark elektronegativen Fluoratome werden als partiell ionisiert, d.h. selbst als „Bond-Charges" angesetzt.

Mit physikalisch vernünftigen Parameterwerten kann eine sehr gute Anpassung an die spektroskopischen Da-ten erzielt werden. Eine der mit unserem Modell be-rechneten Dispersionskurven zeigt einen sehr flach ver-laufenden „Soft Phonon Mode" genau für die Schwin-gungsform, die für große (in unserem harmonischen Modell nicht behandelbare) Amplituden zur Erzeugung desjenigen Konformationsdefektes führen würde, den *Bates* für den Phasenübergang bei Zimmertemperatur verantwortlich macht.

Summary

A bond charge model, introduced by *Weber* to de-scribe phonons in diamond, is modified in such a way that it describes the vibrations of a Teflon molecule. In our model, in addition to the Coulomb potentials occur-ring in Weber's model, there are contributions from Buckingham potentials. Buckingham potentials also re-place the harmonic springs which, in Weber's model, had to be added to the bond-charge interactions in order to simulate the forces between directly bound atoms. The strongly electronegative fluorine atoms are treated as partially ionized, i.e., they themselves constitute "bond charges".

A very good fit to the spectroscopic data was achieved with physically reasonable values of the parameters. One of the phonon dispersion curves calculated by our model shows a very flat, soft mode just for that type of vibration which, for large amplitudes (not tractable in our harmonic model) leads to formation of a con-formational defect made responsible by *Bates* for the room temperature phase transition in bulk Teflon.

Literature

1) *Bunn, C. W., E. R. Howells*, Nature **174**, 549 (1954).
2) *Clark, E. S., L. T. Muus*, Z. Kristallographie **117**, 119 (1962).
3) *Berry, K. L., J. H. Peterson*, J. Amer. Chem. Soc. **73**, 5195 (1951).
4) *Hannon, M. J., J. L. Koenig, F. J. Boerio*, J. Chem. Phys. **50**, 2829 (1969).
5) *Koenig, J. L., F. J. Boerio*, J. Chem. Phys. **52**, 4826 (1970).
6) *Zerbi, G., M. Sacchi*, Macromolecules **6**, 692 (1973).
7) *Piseri, L., B. M. Powell, G. Dolling*, J. Chem. Phys. **58**, 158 (1973).
8) *Koenig, J. L., F. J. Boerio*, J. Chem. Phys. **50**, 2823 (1969).
9) *Bates, T. W.*, High Polymers **25**, 451 (1972).
10) *Bates, T. W., W. H. Stockmayer*, Macromolecules **1**, 12 (1968).
11) *Bates, T. W., W. H. Stockmayer*, Macromolecules **1**, 17 (1968).
12) *Kielblock, W.*, Diplomarbeit, TU Braunschweig, In-stitut A für Theoretische Physik 1976.
13) *Weber, W.*, Phys. Rev. Letters **33**, 371 (1974).
14) *Scott, R. A., H. A. Scheraga*, J. Chem. Phys. **42**, 2209 (1965).
15) *Keating, P. N.*, Phys. Rev. **145**, 637 (1966).
16) *Shimanouchi, T., I. Suzuki*, J. Chem. Phys. **42**, 296 (1965).

Anschrift der Verfasser:

H. Hahn und *W. Kielblock*
Institut „A" für Theoretische Physik der Technischen
Universität Braunschweig
D-3300 Braunschweig

Progr. Colloid & Polymer Sci. **64**, 219–225 (1978)
© 1978 by Dr. Dietrich Steinkopff Verlag GmbH & Co. KG, Darmstadt
ISSN 0340-255 X

Vorgetragen auf der Frühjahrstagung des Fachausschusses
Physik der Hochpolymeren in der Deutschen Physikalischen Gesellschaft
in Rothenburg o. T. vom 28.–31. März 1977

Institut für Physikalische Chemie der Universität Mainz

Analyse der Temperaturabhängigkeit der dielektrischen α-Relaxation am Modell eines Paraffin-Keton-Mischkristalls

G. R. Strobl, T. Trzebiatowski und *B. Ewen*

Mit 8 Abbildungen und 1 Tabelle

(Eingegangen am 21. Mai 1977)

I. Einleitung

Das Festkörperverhalten von n-Alkanen und Polyäthylen wird bei höheren Temperaturen wesentlich durch die Anregung molekularer Umlagerungsprozesse geprägt. Eine besondere Rolle spielen hierbei Sprungprozesse der gestreckten Ketten bzw. Kettenstücke um ihre Längsachsen. Im Falle der n-Alkane führt das Einsetzen derartiger Bewegungen zu Modifikationsumwandlungen (1, 2). Bei Polyäthylen äußern sie sich in den bekannten dielektrischen und mechanischen α-Relaxationserscheinungen (3, 4, 5). Dabei besteht bezüglich der molekularen Ursache der dielektrischen α-Relaxation schon ein konkretes Bild. Als zugrundeliegender Mechanismus werden allgemein die sogenannten ,,Flipflop-Sprünge" angesehen. Hierbei handelt es sich um eine 180°-Drehung der Kette um ihre Längsachse zusammen mit einer Translation in Längsrichtung über eine Methylengruppe hinweg, eine Umlagerung, welche die Kette in eine bezüglich der Packung der Methylengruppen gleichwertige Position überführt. Die zugeordnete Relaxationszeit hängt naturgemäß von der Länge des springenden Kettenstücks und von der Temperatur ab. Es ist möglich, diese Zusammenhänge an einem Modellsystem sehr genau zu studieren. Man kann in einen n-Alkankristall in geringer Konzentration statistisch verteilt langkettige Ketone einbauen. Wenn diese Gastmoleküle gegenüber den Matrixmolekülen um eine Methylengruppe verkürzt sind, besitzen sie zwei Positionen gleicher Energie, zwischen denen sie durch Flip-flop-Sprünge hin und her wechseln (Abb. 1). Experimente dieser Art waren erstmalig von *Meakins* (6, 7, 8) an einer Reihe unterschiedlicher Systeme durchgeführt worden.

Wir haben jetzt Messungen an einer festen Lösung von Pentatriacontanon-(18)

$$CH_3-(CH_2)_{16}-CO-(CH_2)_{16}-CH_3$$

in Hexatriacontan ($C_{36}H_{74}$) vorgenommen. Dabei sollte insbesondere untersucht werden, ob und wie stark sich die thermische Ausdehnung des Kristalls auf die Aktivierungsenergie des Sprungprozesses auswirkt. *Meakins* hatte bei der Auswertung seiner Meßdaten die Aktivierungsenergie als temperaturunabhängig angesehen und sie wie üblich der Arrhenius-Auftragung entnommen. Unsere Untersuchungen haben nun klar ergeben, daß dies unzulässig und nicht einmal näherungsweise richtig ist.

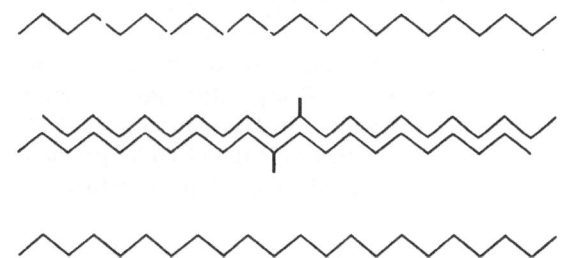

Abb. 1. Die beiden Gleichgewichtslagen eines langkettigen Ketons $C_{n-1}H_{2n-2}O$ in einer Kristallamelle aus Alkanen C_nH_{2n+2}

II. Experimentelles

Hexatriacontan und Pentatriacontanon mit einem Reinheitsgrad von jeweils 98% wurden von der Firma Schuchard (München) bezogen und zunächst durch Rekristallisation bei Ausfällung aus einer verdünnten THF-Lösung weiter gereinigt. Zur Herstellung der Proben wurden n-Alkan und Keton im Verhältnis 9:1 mechanisch gemischt, zusammen in einer Pfanne aufgeschmolzen und anschließend durch Abschrecken auf Raumtemperatur schnell auskristallisiert. Es wurden so für die dielektrischen Untersuchungen geeignete, plättchenförmige, etwa 400 μm dicke, isotrope Proben mit einem Durchmesser von 40 mm erhalten. Differentialkalorimetrische Messungen ergaben gegenüber dem reinen n-Alkan keine sichtbaren Änderungen. Wie beim reinen Hexatriacontan wurden zusätzlich zum Schmelzpeak bei 76,5 °C zwei weitere, Modifikationsänderungen anzeigende Umwandlungspeaks bei 68 °C (deutlich bei lösungskristallisierten, nur sehr schwach bei schmelzkristallisierten Proben) und 74 °C („Rotationsumwandlung") beobachtet. Insbesondere die vollständige Abwesenheit des Keton-Schmelzpeaks zeigte an, daß sich bei der schnellen Kristallisation keine Entmischung ergab.

Die dielektrischen Experimente erfaßten den Frequenzbereich zwischen 1 kHz und 5 MHz und erfolgten mit Hilfe eines Q-Meters (Boonton-Radio Co., Typ 260 A). Es wurden damit die Kapazität und der Verlustfaktor tan δ der Probe in Abhängigkeit von Frequenz und Temperatur bestimmt. Die Temperierung erfolgte in einem gesondert konstruierten Probenhalter (9).

Zur Untersuchung der thermischen Ausdehnung der Probe wurden mit einem Zählrohrgoniometer (Siemens F) für verschiedene Temperaturen Röntgenweitwinkeldiagramme gemessen und dem 200- und 020-Reflex die Gitterkonstanten a und b entnommen. Das Goniometer war zuvor mit Hilfe einer Quarzprobe (Reflex bei $2\,\Theta = 26{,}67°$) geeicht worden.

III. Ergebnisse

Abbildung 2 gibt das Ergebnis der dielektrischen Untersuchungen wieder. Sie zeigt die Frequenzabhängigkeit des Verlustfaktors tan δ für verschiedene Temperaturen im Bereich zwischen 30 °C und 74 °C. Es erscheinen glockenförmige Absorptionskurven, deren Maxima sich mit zunehmender Temperatur gegen höhere Frequenzen verschieben. Dabei nimmt die Halbwertsbreite ab und erreicht bei 65 °C praktisch die Breite einer idealen Debye-Absorptionskurve.

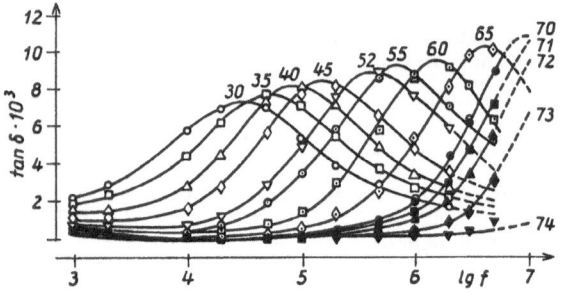

Abb. 2. Feste Lösung von 10% $C_{35}H_{70}O$ in n-$C_{36}H_{74}$. Frequenz- und Temperaturabhängigkeit des dielektrischen Verlustfaktors tan δ

Trägt man die Temperaturabhängigkeit der durch die Lage des Absorptionsmaximums gegebenen Relaxationsfrequenz f_{max} in Arrhenius-Form auf, gelangt man zu der in Abbildung 3 wiedergegebenen Kurve. Für Temperaturen oberhalb von 65 °C, bei denen das Absorptionsmaximum außerhalb des erfaßbaren Frequenzbereichs lag, wurde dabei die Relaxationszeit durch Extrapolation bestimmt. Es erwies sich, daß der beobachtbare Absorptionsanstieg sehr gut durch eine Debye-Funktion beschrieben werden konnte, deren Maximum dann die in Abbildung 3 eingetragene Relaxationsfrequenz lieferte. Wie man sieht, ändert die Arrheniuskurve ihre Steigung im Temperaturbereich um 50 °C und außerdem an der Modifikationsumwandlung bei 68 °C. Würde man wie üblich der Steigung die Aktivierungsenergie des Prozesses entnehmen, gelänge man für die drei Temperaturbereiche auf die Werte $\Delta E^* = 20{,}3$ kcal/Mol (30—50 °C), 37,5 kcal/Mol (50—68 °C) und 96 kcal/Mol (68—73 °C).

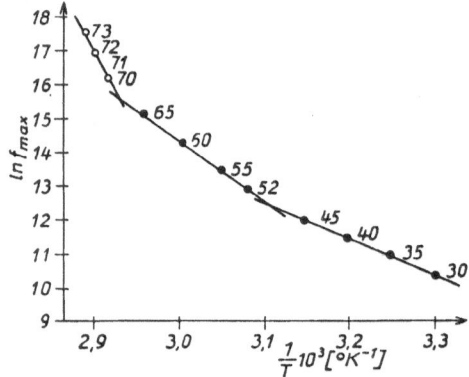

Abb. 3. Arrhenius-Auftragung der Frequenzlage f_{max} der Absorptionsmaxima von Abbildung 2

Röntgenstreudiagramme wurden sowohl für den Mischkristall als auch für reines $C_{36}H_{74}$ aufgenommen. Beide Proben stimmten im Streuverhalten überein. Abb. 4 zeigt als Ergebnis der Messungen die Temperaturabhängigkeit der Gitterkonstanten a der orthorhombischen Subzelle (nach der Modifikationsumwandlung bei 68 °C wird die Kristallstruktur monoklin und gleicht der an n-$C_{33}H_{68}$ untersuchten Modifikation C; die Subzelle bleibt jedoch orthorhombisch [vgl. (10)]. Im Gegensatz zu a ändert sich die Gitterkonstante b nur ganz unwesentlich. Der erhaltene Temperaturverlauf entspricht weitgehend dem Ergebnis gleichartiger Messungen von *Cole* und *Holmes* (11).

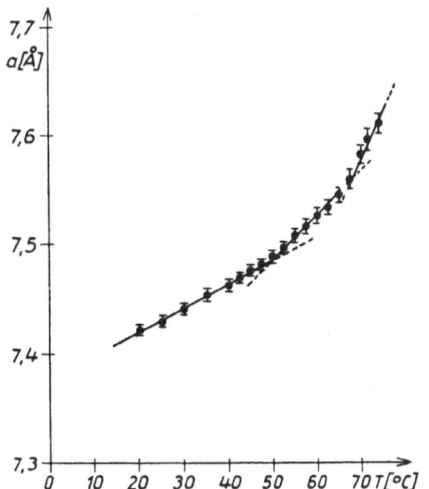

Abb. 4. Temperaturabhängigkeit der *a*-Achse der ortho-rhombischen Subzelle von n-$C_{36}H_{74}$

Beim Vergleich der Abbildungen 3 und 4 stellt man eine unmittelbare Korrelation fest. Wie im Falle der Arrheniuskurve ändert auch die Kurve $a(T)$ ihre Steigung bei etwa 50 °C und 68 °C. Die thermischen Ausdehnungskoeffizienten $\alpha_a = 1/a_0 \cdot da/dT$ ($a_0 = 7{,}42$ Å ist der Wert bei 25 °C) betragen in den drei Temperaturbereichen

$\alpha_a = (2{,}8 \pm 0{,}3) \cdot 10^{-4} \, K^{-1}$ (20−50 °C),

$\alpha_a = (5{,}7 \pm 0{,}7) \cdot 10^{-4} \, K^{-1}$ (50−68 °C) und

$\alpha_a = (12{,}8 \pm 2{,}0) \cdot 10^{-4} \, K^{-1}$ (68−73 °C).

Offensichtlich besteht ein Zusammenhang zwischen der Temperaturabhängigkeit der Relaxationszeit des Flip-flop-Prozesses und derjenigen der Gitterkonstanten *a* oder, anders ausgedrückt, zwischen der scheinbaren Aktivierungsenergie ΔE^* und dem thermischen Ausdehnungskoeffizienten α_a. Die Beobachtung legt den Schluß nahe, daß die Abnahme der Relaxationszeit mit wachsender Temperatur nicht allein durch die Temperatur, sondern wesentlich auch durch den Abfall der Aktivierungsenergie infolge der Vergrößerung der zwischenmolekularen Abstände bedingt ist. Das zunächst überraschende, scheinbare Anwachsen von ΔE^* mit der Temperatur findet so eine einfache Erklärung.

VI. Diskussion

4.1. Bestimmung der Aktivierungsenergie und ihrer Temperaturabhängigkeit

Es ist nicht schwer herauszufinden, wie sich der Verlauf der Arrheniuskurve $\ln f_{max}(1/T)$

und insbesondere ihre Steigung ändert, wenn die Aktivierungsenergie nicht konstant ist, sondern als Folge der Gitterausdehnung mit wachsender Temperatur abnimmt. Für die Frequenz f_{max} des hier untersuchten Sprungprozesses gilt die Arrhenius-Gleichung

$$f_{max} = f_0 \exp[-\Delta E/RT], \qquad [1]$$

wo ΔE die zu ermittelnde, temperaturabhängige Aktivierungsenergie bezeichnet und f_0 durch die Frequenz der Oszillation der steifen Kette um ihre Längsachse gegeben ist. Letztere läßt sich dem Ramanspektrum kristalliner Alkane oder des Polyäthylens entnehmen und beträgt etwa $3 \cdot 10^{12}$ Hz (entsprechend $\bar{\nu} \approx 100 \, cm^{-1}$, vgl. (12)). Der im allgemeinen Fall in Gl. [1] als zusätzlicher Faktor erscheinende Entropieterm $\exp \Delta S/R$ liefert naturgemäß nur dann einen wesentlichen Beitrag, wenn mehrere Wege vergleichbarer Aktivierungsenergie von der einen in die andere Position führen. Da dies beim hier diskutierten Prozeß nicht der Fall und sogar die Drehrichtung vorgeschrieben ist (vgl. Abschn. 4.3), besteht kein Grund dafür, ihn mitaufzunehmen. Es sei schon an dieser Stelle darauf hingewiesen, daß wir uns mit dieser Auffassung von der Vorgehensweise anderer Autoren, wie beispielsweise *Meakins*, unterscheiden. In Abschnitt 4.2 wird davon noch im einzelnen die Rede sein.

Logarithmiert man Gl. [1] und differenziert nach $1/T$, gelangt man bezüglich der Steigung der Arrhenius-Kurve auf den Ausdruck

$$\frac{d \ln f_{max}}{d \, 1/T} = -\frac{\Delta E}{R}\left(1 - \frac{T}{\Delta E}\frac{d \Delta E}{dT}\right). \qquad [2]$$

Dabei wurde der Einfachheit halber von einer Berücksichtigung der Temperaturabhängigkeit von f_0 abgesehen. Sie beträgt

$$d \ln f_0/dT = 2{,}7 \cdot 10^{-3} \, K^{-1} \qquad (13)$$

und kann in ihrem Einfluß vernachlässigt werden. Gl. [2] zeigt, daß eine Abnahme der Aktivierungsenergie mit wachsender Temperatur zu einer Vergrößerung der Steigung im Arrhenius-Diagramm um den Faktor

$$\beta = 1 - \frac{T}{\Delta E} \cdot \frac{d \Delta E}{dT} > 1 \qquad [3]$$

führt. Man muß somit feststellen, daß es im allgemeinen nicht möglich ist, der Steigung der Arrhenius-Kurve den wahren Wert der Aktivierungsenergie zu entnehmen. Erhalten wird eine scheinbare Aktivierungsenergie

$$\Delta E^* = \beta \cdot \Delta E,\qquad\qquad [4]$$

die viel größer sein kann.

Wie erheblich die Verfälschung sein kann, demonstriert das hier diskutierte Beispiel. Errechnet man die Aktivierungsenergie direkt ausgehend von Gl. [1], wird man auf die in Abbildung 5 wiedergegebenen Werte geführt. Man erkennt eine deutlich ausgeprägte, keinesfalls vernachlässigbare Abnahme mit steigender Temperatur. Bei Raumtemperatur beträgt die Aktivierungsenergie 11 kcal/Mol und somit nur etwa die Hälfte desjenigen Wertes, der aus der Steigung der Arrhenius-Kurve folgt (20,3 kcal/Mol). Bei höheren Temperaturen ist die Diskrepanz noch viel größer.

Als kritischer Test für die entwickelte Vorstellung ist nun zu überprüfen, ob die Knicke in der in Abbildung 5 wiedergegebenen Kurve tatsächlich im wesentlichen allein als eine Folge des gleichzeitigen Anstiegs des thermischen Ausdehnungskoeffizienten angesehen werden können. Dies kann geschehen, indem man sich aus den Kurven $\Delta E(T)$ und $a(T)$ die resultierende

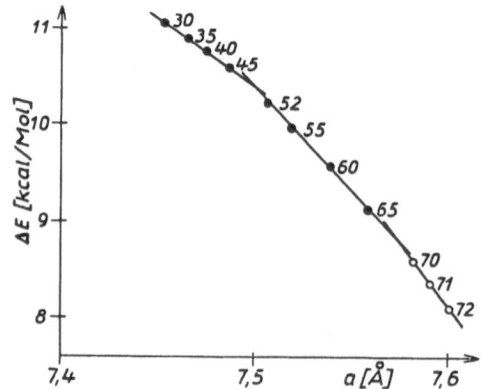

Abb. 6. Abhängigkeit der Aktivierungsenergie ΔE von der Gitterkonstanten a, abgeleitet aus den Kurven $\Delta E(T)$ (Abb. 5) und $a(T)$ (Abb. 4)

Funktion $\Delta E(a)$ ableitet. Das Ergebnis ist in Abbildung 6 dargestellt. Es bestätigt weitgehendst unsere Vorstellung. Die Knicke sind fast verschwunden.

Bezüglich des Faktors β wird die folgende Darstellung nahegelegt:

$$\beta = 1 + \gamma_a \cdot \alpha_a \cdot T \qquad\qquad [5]$$

mit

$$\gamma_a = -\frac{a_0}{\Delta E}\frac{\mathrm{d}\,\Delta E}{\mathrm{d}a}. \qquad\qquad [6]$$

Der Faktor γ_a beschreibt hier die Abhängigkeit der Aktivierungsenergie von der Gitterkonstanten a. Die für die drei Temperaturbereiche 30–50 °C, 50–68 °C und 68–72 °C sich ergebenden Werte sind in Tabelle 1 aufgeführt. Gleichzeitig erscheinen hier die Faktoren β und noch einmal alle Meßergebnisse. Es wird klar, daß insbesondere bei höheren Temperaturen die dem Arrhenius-Diagramm zu entnehmenden „scheinbaren Aktivierungsenergien" ΔE^* absolut nichts mehr mit den tatsächlichen Aktivierungsenergien ΔE gemein haben.

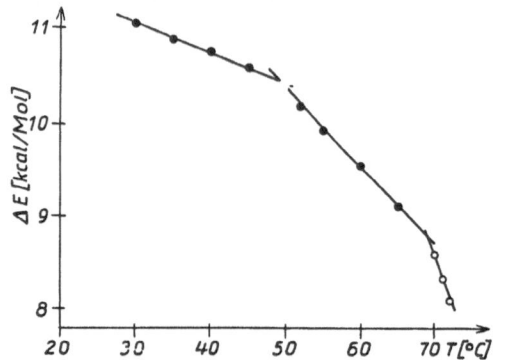

Abb. 5. Temperaturabhängigkeit der Aktivierungsenergie ΔE, errechnet über Gl. [1] aus der Temperaturabhängigkeit der Relaxationsfrequenz f_{max}

Tabelle 1. Ergebnis der temperaturabhängigen dielektrischen und röntgenographischen Experimente an einer festen Lösung von 10% $C_{35}H_{70}O$ in $C_{36}H_{74}$: Ausdehnungskoeffizienten α_a, Aktivierungsenergien ΔE und scheinbare Aktivierungsenergien ΔE^*, Faktoren $\beta = \Delta E^*/\Delta E$ und $\gamma_a = a_0/\Delta E \cdot \mathrm{d}\Delta E/\mathrm{d}a$

Temperatur	α_a [10^{-4} K^{-1}]	ΔE [kcal/Mol]	ΔE^* [kcal/Mol]	β	γ_a
30–50 °C	2,8 ± 0,3	10,8 (40 °C)	20,3 ± 1,7	1,9	10,3
50–68 °C	5,7 ± 0,7	9,6 (60 °C)	37,5 ± 3,2	3,9	15,3
68–72 °C	12,8 ± 2,0	8,3 (71 °C)	96 ± 20	11,5	23,8

4.2. Aktivierungsenergie pro Methylengruppe beim Flip-flop-Prozeß

Von den experimentellen Werten her bringen unsere Messungen eine Bestätigung der Ergebnisse von *Meakins* (8), welcher für die beiden Aktivierungsenergien, die sich aus der Steigung der Arrhenius-Auftragung zum einen und der Relaxationsfrequenz über Gl. [1] zum anderen entnehmen lassen, den unsrigen sehr ähnliche Werte fand. Im Unterschied zu unserer Interpretation zog *Meakins* zur Deutung der Differenz zwischen diesen beiden Werten den von uns vernachlässigten Entropieterm heran. Man wird so auf eine Aktivierungsentropie beträchtlicher Größe geführt, deren molekularer Hintergrund jedoch unerklärt bleibt. Wir glauben durch unsere Analyse jetzt gezeigt zu haben, daß die Annahme einer Aktivierungsentropie als Faktor von großem Gewicht nicht notwendig ist und der Unterschied zwischen den beiden Aktivierungsenergien auf einfachere Art verständlich wird, wenn man die thermische Ausdehnung berücksichtigt. Der korrekte Wert für die Aktivierungsenergie ΔE ist dann auch für die anderen von *Meakins* untersuchten Systeme allein über Gl. [1] zu erhalten. Für die so bestimmte Aktivierungsenergie ergab sich ein linearer Anstieg mit der Kettenlänge n. Der Steigung der Geraden läßt sich die dem Flip-flop-Prozeß zuzuordnende Aktivierungsenergie pro Methylengruppe entnehmen. Sie beträgt bei Raumtemperatur 0,30 kcal/Mol CH_2. Der beobachtete lineare Anstieg der Aktivierungsenergie mit n zeigt an, daß Alkanketten bzw. Kettenstücke eines Polyäthylenmoleküls zumindest bis zu einer Kettenlänge von etwa 40 Methylengruppen im Hinblick auf den dielektrischen α-Prozeß als in sich starr angesehen werden können. Auch bezüglich dieser häufig diskutierten Frage vermittelt die scheinbare Aktivierungsenergie ΔE^* leicht einen falschen Eindruck. Im Unterschied zu $\Delta E(n)$ verläuft $\Delta E^*(n)$ gekrümmt. Dies scheint uns jedoch keineswegs Ausdruck einer inneren Flexibilität der Kette zu sein, sondern vielmehr einfach die Folge einer Abnahme des thermischen Ausdehnungskoeffizienten mit zunehmender Kettenlänge (14).

4.3. Vergleich mit dem Ergebnis von Potentialrechnungen

Es erscheint interessant, zu überprüfen, ob die in der Literatur verwendeten Ansätze für die Wechselwirkungspotentiale nicht gebundener Atome die ermittelte Aktivierungsenergie richtig wiedergeben. Dies ist insofern als ein besonders kritischer Test anzusehen, als die Potentialkonstanten allgemein an Festkörpereigenschaften in der Nähe des Energieminimums der Moleküle (Gitterkonstanten, Kohäsionsenergie, Schwingungsfrequenzen) angepaßt sind und die Beurteilung ihrer Richtigkeit für Molekülpositionen, welche vom Minimum weit entfernt sind, wie etwa auf der Höhe einer Potentialschwelle, schwer fällt. Tatsächlich treten hier bei der Anwendung verschiedener Potentialansätze erhebliche Differenzen auf.

Über den grundsätzlichen Verlauf des Übergangs zwischen den beiden Gleichgewichtslagen beim Flip-flop-Prozeß geben Potentialrechnungen von *McCullough* (15) Auskunft. Sie zeigen, daß der Pfad mit der geringsten Aktivierungsenergie der Hintereinanderfolge einer 180°-Drehung der Kette und einer anschließenden Translation entspricht. Die höchste Energieschwelle wird dabei während der Drehung überschritten. Sie bestimmt praktisch allein die Aktivierungsenergie.

Entscheidend für den Verlauf des zwischenmolekularen Potentials bei der Drehung einer Paraffinkette im Felde ihrer sechs nächsten Nachbarn ist in erster Linie die Wechselwirkung zwischen den Wasserstoffatomen lateral benachbarter Methylengruppen. Die Wechselwirkung zwischen Kohlenstoff- und Wasserstoffatomen, die weiter voneinander entfernt sind, ist nur von untergeordneter Bedeutung und soll im folgenden unberücksichtigt bleiben.

Aus den in der Literatur genannten empirischen Ansätzen für die H–H-Wechselwirkung haben wir drei häufiger benutzte Potentiale herausgegriffen und getestet. Sie wurden von *Williams* (16), *Warshel* und *Lifson* (17) und *Amdur, Longmire* und *Mason* (18) vorgeschlagen und lauten

Williams:

$$w_{HH} = 2920 \exp(-3,74\, r) - 33,5\, \frac{1}{r^6}, \qquad \text{(I)}$$

Warshel und *Lifson:*

$$w_{HH} = 454\, \frac{1}{r^9} - 15,4\, \frac{1}{r^6}, \qquad \text{(II)}$$

Amdur, Longmire und *Mason:*

$$w_{HH} = 33,2\, \frac{1}{r^{6,18}}, \qquad \text{(III)}$$

wobei r in Angström auszudrücken ist und w_{HH} in kcal/(Mol Paare) erhalten wird. Für alle drei Ansätze wurde für verschiedene Gitterkonstanten der Potentialverlauf während der Drehung eines Moleküls $C_{35}H_{72}$ errechnet (von einer gesonderten Berücksichtigung der Ketogruppe, die wahrscheinlich eine etwas höhere Potentialschwelle zu überschreiten hat, wurde abgesehen). Abbildung 7 zeigt als Beispiel ein für das Potential II erhaltenes Ergebnis. Die zugrundegelegten Gitterkonstanten sind hier $a = 7,52$ Å und $b = 4,96$ Å entsprechend einer Temperatur von 52 °C; für den Winkel φ zwischen der bc-Ebene und der Skelettebene der Kette wurde der Wert $\varphi = 42,5°$ angesetzt. Wie man sieht, erreicht man ausgehend vom absoluten Minimum bei etwa 320° nach einer Drehung von 180° ein relatives Energieminimum. Dabei erscheint eine der beiden Drehrichtungen als stark bevorzugt. Die hier zu überwindende Potentialschwelle beträgt 12,3 kcal/Mol $C_{35}H_{72}$. Geht man von den beiden anderen Potentialen aus, so erhält man zwar einen ähnlichen Relativverlauf des Drehpotentials, jedoch ganz andere Werte für die Aktivierungsenergie. Für Potential I ergibt sich ein viel größerer Wert, 26,6 kcal/Mol $C_{35}H_{72}$, und für Potential III ein deutlich kleinerer Wert, nämlich 6,3 kcal/Mol $C_{35}H_{72}$. Vergleicht man die Rechenergebnisse mit der gemessenen Aktivierungsenergie $\Delta E = 10,2$ kcal/Mol (bei 52 °C, vgl. Abb. 5 oder 6), stellt man fest, daß die vergleichsweise beste Übereinstimmung durch das von *Warshel* und *Lifson* vorgeschlagene Potential II erreicht wird.

In einem nächsten Schritt kann jetzt überprüft werden, ob das so ausgewählte Potential II auch die beobachtete Abhängigkeit der Aktivie-

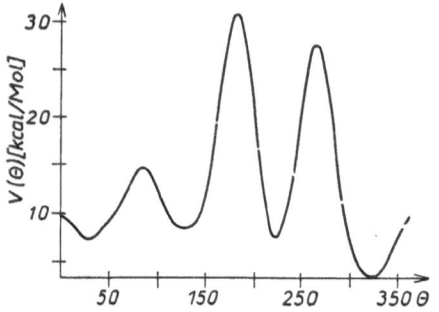

Abb. 7. Potentialverlauf bei Drehung eines Moleküls $C_{35}H_{72}$ im Felde seiner sechs nächsten Nachbarn (kcal/Mol), errechnet unter Benutzung des Potentials II für ein Gitter mit den Strukturdaten $a = 7,52$ Å, $b = 4,95$ Å und $\varphi = 42,5°$

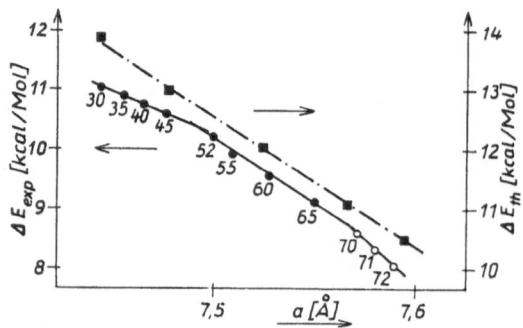

Abb. 8. Abhängigkeit der Aktivierungsenergie ΔE von der Gitterkonstanten a. Vergleich zwischen den unter Anwendung des Potentials II errechneten Werten ΔE_{th} (gestrichelte Kurve) und den experimentellen Werten ΔE_{exp} (durchgezogene Kurve)

rungsenergie von den Gitterkonstanten, wie sie in Abbildung 6 erscheint, zumindest näherungsweise richtig wiedergibt. Dies ist tatsächlich der Fall. Abbildung 8 zeigt das Ergebnis der Rechnung in einem Vergleich mit dem Experiment. Wie man sieht, stimmen die errechneten Werte und insbesondere die Steigung $d\Delta E/da$ recht gut mit den experimentellen Daten überein. Es wird damit auch anhand der Potentialrechnungen noch einmal bestätigt, daß man die Aktivierungsenergie in einem isobar geführten Experiment keinesfalls als temperaturunabhängig ansehen darf und die thermische Ausdehnung von erheblichem Einfluß auf die Temperaturabhängigkeit der Relaxationsfrequenz des hier an einem Modell untersuchten α-Prozesses ist.

Die vorliegende Arbeit wurde im Rahmen des Sonderforschungsbereichs 41 („Chemie und Physik der Makromoleküle") von der Deutschen Forschungsgemeinschaft gefördert.

Zusammenfassung

Am Modell einer festen Lösung von $C_{35}H_{70}O$ in n-$C_{36}H_{74}$ wurde durch parallel geführte dielektrische und röntgenographische Experimente die Aktivierungsenergie des dielektrischen α-Prozesses (Flip-flop-Sprünge) und ihre Abhängigkeit von den Gitterkonstanten gemessen. Die Untersuchungen machen deutlich, daß der Anstieg der Relaxationsfrequenz mit wachsender Temperatur wesentlich durch den Abfall der Aktivierungsenergie infolge der thermischen Ausdehnung des Gitters mitbestimmt wird und die übliche Arrhenius-Auftragung deshalb stark verfälschte Werte liefert. Eine Analyse der Daten unter Berücksichtigung dieses Einflusses führt bezüglich der Aktivierungsenergie des Flip-flop-Prozesses und ihrer Abhängigkeit von der Gitterkonstanten a (b bleibt praktisch konstant) auf die Werte

$\Delta E = 10,8$ kcal/(Mol $C_{35}H_{70}O$) und

$\gamma_a = -a/\Delta E \cdot d\Delta E/da = 10,5$ (bei $T = 40$ °C).

Das Meßergebnis läßt sich durch Potentialrechnungen näherungsweise richtig wiedergeben.

Summary

In an attempt to determine the activation energy of the dielectric α-process (flip-flop motion) and its dependence on the lattice constants a solid solution of $C_{35}H_{70}O$ in n-$C_{36}H_{74}$ was investigated by dielectric relaxation experiments and by X-ray scattering. The experiments show *a* close correspondence between the temperature dependence of the relaxation frequency and that of the lattice constants. The increase of the relaxation frequency with temperature is obviously strongly influenced by the decrease in the activation energy due to thermal expansion. An analysis of the data considering this influence yields for the activation energy of the flip-flop process and its dependence on the lattice constant *a* (*b* remains essentially constant) the values

$$\Delta E = 10.8 \text{ kcal/(mole } C_{35}H_{70}O) \quad \text{and}$$

$$\gamma_a = -a/\Delta E \cdot d\Delta E/da = 10.5 \quad (\text{for } T = 40\,°C).$$

Potential energy calculations can account for the experimental result in an approximate way.

Literatur

1) *Strobl, G., B. Ewen, E. W. Fischer, W. Piesczek*, J. Chem. Phys. **61**, 5257 (1974).
2) *Ewen, B., E. W. Fischer, W. Piesczek, G. Strobl*, J. Chem. Phys. **61**, 5265 (1974).
3) *Ishida, Y., K. Yamafuji*, Kolloid-Z. u. Z. Polymere **202**, 26 (1965).
4) *Hoffman, J. D., G. Williams, E. Passaglia*, J. Polymer Sci., C, **14**, 173 (1966).
5) *Takayanagi, M.*, J. Macromol. Sci.-Phys., B, **9**, 391 (1974).
6) *Meakins, R. J.*, Aust. J. Sci. Res. **2 A**, 405 (1949).
7) *Meakins, R. J.*, Progress in Dielectrics III (Heywood 1961).
8) *Meakins, R. J.*, Trans. Faraday Soc. **55**, 1694 (1959).
9) *Klein, G.*, Dissertation, Mainz 1974.
10) *Piesczek, W., G. Strobl, K. Malzahn*, Acta Cryst., B, **30**, 1278 (1974).
11) *Cole, E. A., D. R. Holmes*, J. Polymer Sci. **46**, 245 (1960).
12) *Harley, R. T., W. Hayes, J. F. Twisleton*, J. Phys. Lett. **C 6**, 167 (1973).
13) *Strobl, G.*, Colloid & Polymer Sci. **254**, 170 (1976).
14) *Broadhurst, M., F. I. Mopsik*, J. Chem. Phys. **54**, 4239 (1971).
15) *McCullough, R. C.*, J. Macromol. Sci.-Phys., B, **9**, 97 (1974).
16) *Williams, D. E.*, J. Chem. Phys. **47**, 4680 (1967).
17) *Warshel, A., S. Lifson*, J. Chem. Phys. **53**, 582 (1970).
18) *Amdur, I., M. S. Longmire, E. A. Mason*, J. Chem. Phys. **35**, 895 (1961).

Anschrift der Verfasser:

G. R. Strobl, T. Trzebiatowski und *B. Ewen*
Institut für Physikalische Chemie
der Universität Mainz
Jakob-Welder-Weg 15
D-6500 Mainz

Progr. Colloid & Polymer Sci. **64**, 226–231 (1978)
© 1978 by Dr. Dietrich Steinkopff Verlag GmbH & Co. KG, Darmstadt
ISSN 0340-255 X

Vorgetragen auf der Frühjahrstagung des Fachausschusses
Physik der Hochpolymeren in der Deutschen Physikalischen Gesellschaft
in Rothenburg o. T. vom 28.–31. März 1977

Fritz-Haber-Institut der Max-Planck-Gesellschaft, Teilinstitut für Strukturforschung, Berlin

Probleme des realen Parakristalls

M. Janke und *R. Hosemann*

Mit 9 Abbildungen

(Eingegangen am 11. Mai 1977)

I. Einleitung

Die klassische Festkörperphysik macht eine scharfe Trennung zwischen amorphen (gasartigen) und kristallinen Substanzen. Ein erster Versuch, den Zwischenzustand der Flüssigkeit zu beschreiben stammt von *Ornstein, Zernike* und *Debye* (1), die eine dreidimensionale kugelsymmetrische a-priori-Abstandsverteilung nächster Nachbarn annehmen. Demgegenüber erkennt *L. D. Landau* (2) schon 1937, daß, allerdings nur eindimensional, die Abstandsverteilung n-ter Nachbarn als Faltungspolynom n-ten Grades darstellbar ist. Diesen Weg weiterverfolgend entwickelte *Hosemann* (3) die Theorie des Parakristalls. Ihr liegt die Idee zugrunde, die Kantenvektoren $\bar{a}_k$ der Gitterzellen gemäß einer gewissen a-priori-Abstandsstatistik $H_k(x)$[1] schwanken zu lassen.

Ein mathematisch besonders einfach zu beschreibendes Modell ist der sog. ideale Parakristall, bei dem alle Gitterzellen parallelepipedförmig bzw. im Zweidimensionalen parallelogrammförmig sein müssen (Abb. 1). Für ihn ergibt sich für die Abstandsstatistik $H_{lmn}(x)$ von Gitterpunkten $a(i, j, k)$[2] und $a(i+l, j+m, k+n)$ das Faltungspolynom

$$H_{lmn}(\boldsymbol{x}) = \overbrace{H_{100}(\boldsymbol{x})}^{l}\;\overbrace{H_{010}(\boldsymbol{x})}^{m}\;\overbrace{H_{001}(\boldsymbol{x})}^{n}. \quad [1]$$

Weiterhin enthält die Intensitätsfunktion $I(\boldsymbol{b})$ eines ideal parakristallinen Punktgitters in mathematisch geschlossener Form den parakristallinen Gitterfaktor $Z(\boldsymbol{b})$, der als Fourier-Transformierte einer speziellen Korrelationsfunktion $z(\boldsymbol{x})$ darstellbar ist (3).

$$z(\boldsymbol{x}) = \sum_{lmn} H_{lmn}(\boldsymbol{x}),$$

$$Z(\boldsymbol{b}) = \mathfrak{F}(\boldsymbol{z}) = \prod_{k=1}^{3} \mathrm{Re}\, \frac{1 + F_k(\boldsymbol{b})}{1 - F_k(\boldsymbol{b})}; \quad [2]$$

$$F_k(\boldsymbol{b}) = \mathfrak{F}(H_k(\boldsymbol{x})).$$

Als Maß für den Störungsgrad eines Gitters in einer bestimmten Gitterrichtung dient der sog. g-Wert, der die relative statistische Fluktuation der Abstände d_{ijk} zwischen den Gitterpunkten ijk einer in Betracht gezogenen Netzebene und ihren entsprechenden Gitterpunkten auf benachbarten Netzebenen angibt.

$$g_{ijk} = \sqrt{\frac{\overline{d_{ijk}^2} - \overline{d_{ijk}}^2}{\overline{d_{ijk}}^2}} \quad [3]$$

d_{ijk} = mittlerer Netzebenenabstand.

Damit ergibt sich für die relative statistische Schwankung α_n einer Netzebene zu ihrer n-ten Nachbarin zu

$$\alpha_n = g \sqrt{n}. \quad [4]$$

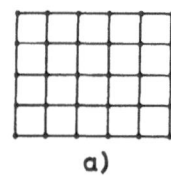 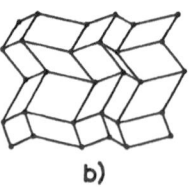

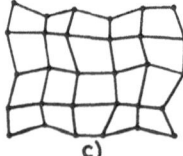

Abb. 1. Zweidimensionale Gittermodelle: a = idealer Kristall; b = idealer Parakristall; c = realer Parakristall

---

[1] $H_k(x)$ gibt die Häufigkeit an, mit der der Gittervektor $\bar{a}_k$ im gegebenen Netzwerk vorkommmt.

[2] $a(i, j, k)$ gibt den Gitterbaustein in der i-ten Spalte, j-ten Zeile und k-ten Kolonne des Gitters an.

An großem experimentellem Tatsachenmaterial konnte nun eine Beziehung gefunden werden zwischen dem Störungsgrad g und der Anzahl N_{max} von Netzebenen, die in der betreffenden Richtung maximal kristallisieren können:

$$N_{max} = (\alpha^*/g)^2 . \qquad [5]$$

Dabei ist α^* eine dimensionslose Zahl, die bei den meisten untersuchten Substanzen Werte zwischen 0,05 und 0,2 annimmt (vgl. (4)). Mit Gleichung [4] ergibt sich, daß α^* die relative statistische Schwankung der äußeren Netzebenen eines parakristallinen Gitters darstellt.

II. Der ideale Parakristall

Der ideale Parakristall (Abb. 1) hat den Nachteil, daß er unbegrenzt groß werden kann, α^* also keine endliche Zahl ist. Dies ist die direkte Folge einer sehr starken statistischen Korrelation zwischen Gitterzellen innerhalb gewisser Kolonnen bzw. Zeilen. Wie man aus Abbildung 1 ersieht, bestehen gewisse Netzebenenscharen aus völlig gleichartig deformierten Netzebenen, so

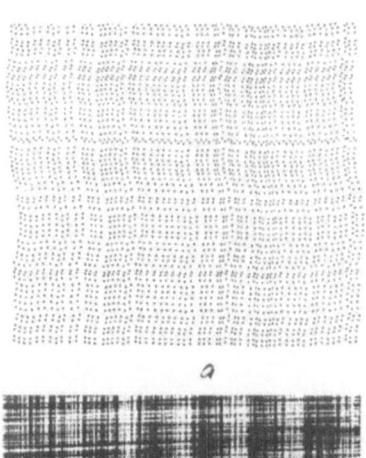

Abb. 2. Beispiel eines zweidimensionalen idealen Parakristalls. Modellgitter mit $g = 0,2$ und Fraunhofersches Beugungsbild mit $g = 0,07$

daß das Gitter in Richtung der Koordinationsvektoren

$$\bar{a}_k = \int x\, H(x)\, \mathrm{d}x^3 \qquad [6]$$

Streifen mit gleichen Gitterabständen aufweist. Die Folge ist eine sich bis zum Streuwinkel Null erstreckende Streifenbildung der gestreuten Intensität (Abb. 2). Sie gab Anlaß zu der Behauptung, daß dieses im Realfall zu einer anomal großen Kleinwinkelstreuung führe (5, 6). Es wurde daraus gefolgert, daß insbesondere in Polymeren parakristalline Bereiche nicht existieren können, da sie zu zu großen Werten der Kompressibilität führen. Näheres hierzu ist in Abschnitt IV gesagt.

III. Probleme des realen Parakristalls

Diese Mängel sollen mit Modellen des sog. ,,realen'' Parakristalls (Abb. 1) beseitigt werden, bei dem auf die Forderung nach Parallelogrammförmigkeit der Gitterzellen verzichtet wird. Somit können alle Gitterzellen verschieden sein; die Netzebenen einer Netzebenenschar sind untereinander nicht identisch, sondern schwanken in sich. Jedes Modell eines wirklich realen Parakristalls muß Gleichung [5] entsprechen im Gegensatz zum idealen Parakristall, der unbegrenzt wachsen kann. Es tritt offenbar bei jedem Modell eines ,,realen'' Parakristalls von vornherein das Problem auf, daß die Gittervektoren nicht, wie streng genommen gefordert, unabhängig voneinander schwanken können, denn die Gitterzellen müssen geschlossen sein. Es treten bei jedem Modell immer noch gewisse Korrelationen auf. Dieser Umstand wird von einigen Kritikern, z.B. *R. Brämer* (5) und *W. Ruland* (6), als Argument dafür angesehen, daß Modelle des ,,realen'' Parakristalls in jedem Falle gegenüber dem idealen keinerlei Verbesserung darstellen können. Andererseits erkennt aber *Brämer* (5), daß diese Korrelationen dann zu keinem physikalischen Problem werden, wenn ,,der N-fache Wert der relativen quadratischen Schwankungen der entsprechenden Abstandsstatistiken senkrecht zu den parallelen Ketten klein gegen 1 ist''. Genau das ist tatsächlich entsprechend der Gleichung [5] in der Natur realisiert!

Im folgenden sollen zwei (zweidimensionale) Modelle für einen ,,realen'' Parakristall angegeben werden, von denen das eine, der ,,Dreissig-

Parakristall"[1]), zwar nicht die anomale Klein-winkelstreuung aufweist, jedoch Gleichung [4] und [5] nicht gehorcht und somit nur als ein erster Versuch anzusehen ist. Das andere Modell, der „Spiralparakristall" zeigt ebenfalls keine anomale Kleinwinkelstreuung und erfüllt außerdem Gleichung [4] und [5]. Er kann somit als physikalisch relevantes Modell aufgefaßt werden und widerlegt in anschaulicher Weise sowohl die Kritik von *Brämer* (5) als auch die Behauptung von *W. Ruland*, nach der laut (6) auch bei realen Parakristallen anomale Klein-winkelstreuung auftreten müsse.

IV. Der „Dreissig-Parakristall"

Das zu konstruierende Netzwerk sei in Zeilen und Spalten durchnumeriert, und zwar von links unten nach rechts oben. Nun können zunächst eine horizontale Zeile (i, l), $i = 1, 2, 3, \ldots, N_1$ und eine Spalte (l, j), $j = 1, 2, \ldots, N_2$ jeweils durch die vorgegebene Koordinationsstatistik H_{10} bzw. H_{01}[2]) konstruiert werden. Dann wird von $\alpha(1, 2)$ in x-Richtung gemäß H_{10} der Gitter-baustein $a_1(2, 2)$ und von $a(2, 1)$ in y-Richtung entsprechend nach H_{01} $a_2(2, 2)$ errechnet. Im allgemeinen werden nun $a_1(2, 2)$ und $a_2(2, 2)$ nicht identisch sein, d.h. für einen Gitterplatz sind zwei verschiedene Positionen konstruiert worden. *Dreissig* schlägt nun vor, als wirklichen Gitterbaustein $a(2, 2)$ den Mittelpunkt der $a_1(2, 2)$ und $a_2(2, 2)$ verbindenden Strecke zu definieren. Dieses Verfahren kann zeilen- und spaltenweise fortgesetzt werden (Abb. 3).

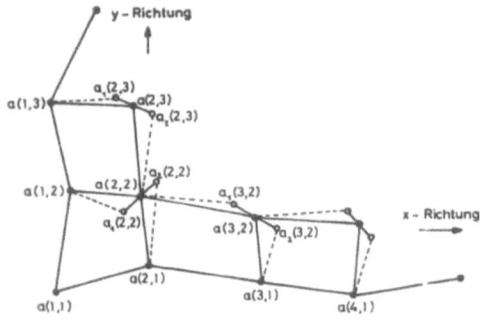

Abb. 3. Konstruktionsverfahren des Dreissig-Parakri-stalls durch Mittelwertbildung

[1]) Das Konstruktionsverfahren stammt von *W. Dreissig*, Institut für Kristallographie der Freien Universität Berlin.

[2]) Die Koordinationsstatistiken wurden Gauß-förmig gewählt.

Der Dreissig-Parakristall hat auch den Nach-teil unendlich groß zu werden (Widerspruch zu [5]). Außerdem ergeben sich in $(1, 1)$- und $(-1, 1)$-Richtung verschiedene Korrelationen der Abstandsstatistiken. Dies wird an der Asymmetrie der Beugungsreflexe eines Dreissig-Parakristalls deutlich (Abb. 4). Auffallend ist das Fehlen jeglicher Streifen zwischen den Reflexen.

a

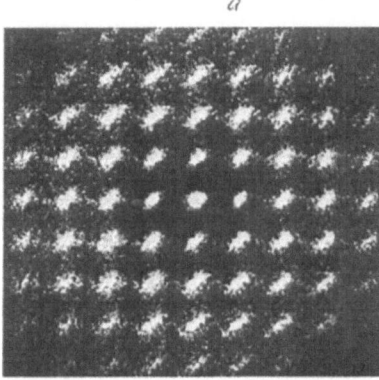

Abb. 4. Beispiel eines Dreissig-Parakristalls. Modellgit-ter mit $g = 0{,}2$ und Beugungsbild mit $g = 0.07$

V. Der „Spiralparakristall"

Der Nachteil, für einen Gitterplatz mehrere Positionen zu erhalten, die irgendwie zu mitteln sind, soll mit Hilfe der Kreisschnittmethode (im weiteren mit KSM abgekürzt) beseitigt werden.

Nehmen wir an, drei Gitterplätze $a(p, q)$, $a(p + 1, q)$, $a(p, q + 1)$ seien gegeben, dann wird um $a(p + 1, q)$ ein Kreisbogen mit dem Radius R_{01} gemäß der Statistik H_{01} (bei unseren Modellen stets Gauß-Statistiken angenommen) und entsprechend ein Kreisbogen R_{10} nach einer anderen, von H_{01} unabhängigen Statistik H_{10} um den Baustein $a(p, q + 1)$ geschlagen.

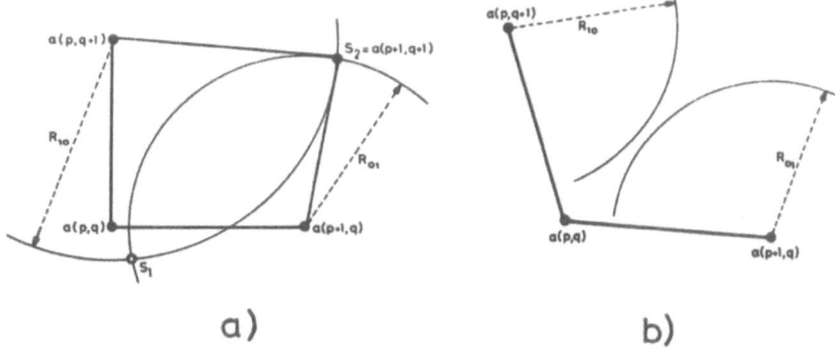

Abb. 5. Die Kreisschnittmethode: a = Konstruktion einer Gitterzelle; b = Beispiel eines Konstruktionsabbruches

Als neuer Gitterbaustein wird der Schnittpunkt beider Kreise definiert.

Ist die Gitterzelle schon stark verwackelt, so kann es vorkommen, daß sich die Kreise nicht mehr schneiden, das Netzwerk bricht ab.

Damit hat dieses Verfahren den weiteren Vorteil, ein unbegrenztes Wachstum zu verhindern (vgl. Abb. 5). Als Ausgangspunkt dient nun der Gitterbaustein $a(p, q)$. $a(p+1, q)$ und $a(p+1, q+1)$ können direkt von den Koordinationsstatistiken H_{10} bzw. H_{01} gewonnen werden, während sich $a(p, q+1)$ durch KSM um $a(p, q)$ und $a(p+1, q+1)$ ergibt. $a(p-1, q+1)$ erhält man wieder aus der Koordinationsstatistik $H_{10}(x) = H_{10}(-x)$ und $a(p-1, q)$ durch KSM um $a(p, q)$ und $a(p-1, q+1)$.

Dieses Verfahren wird nun linksspiralig (Abb. 6) fortgesetzt, bis es entweder von selbst abbricht (Kreise schneiden sich nicht mehr) oder aber die Schwankung der äußeren Netz-

ebenen einen vorgegebenen Wert überschreitet. Ein Modell mit Beugungsbild eines solchen „Spiralparakristalls" zeigt Abbildung 7. Offensichtlich tritt wie beim Modell von *Dreissig* keine Kleinwinkelstreuung auf. Außerdem ist jedoch Gleichung [4] bis zu α^*-Werten von 0,15 mit Abweichungen unter 10% erfüllt (vgl. Abb. 8).

Weiterhin konnte an Modellen des Spiralparakristalls die für den idealen Parakristall hergeleitete Abhängigkeit der integralen Reflexbreiten vom Quadrat der Reflexordnung, zu-

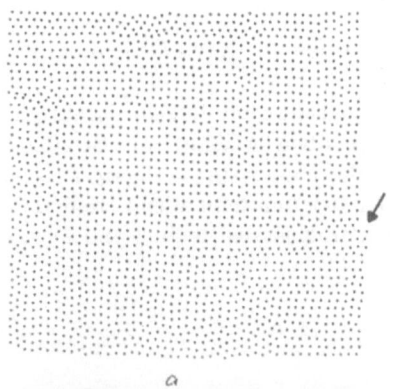

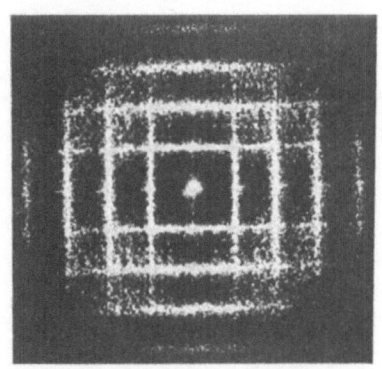

Abb. 6. Konstruktionsverfahren des Spiralparakristalls durch linksspiraliges Fortsetzen der Kreisschnittmethode

Abb. 7. Beispiel eines Spiralparakristalls mit $g = 0,035$. Modellgitter mit Abbruchstelle und Beugungsbild

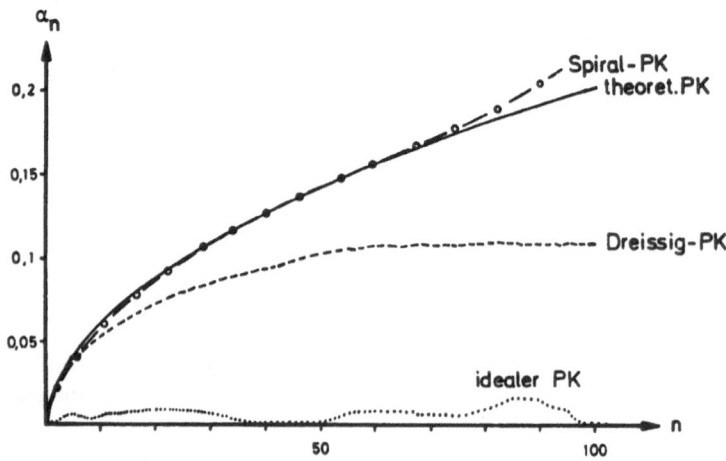

Abb. 8. Die relative Abstands-schwankung α_n zwischen ent-sprechenden Gitterpunkten n-ter Netzebenen als Funktion von n, Computer-gerechnet aus den drei Modellen für $g = 0,02$ im Vergleich zum theoretischen Verlauf nach Gl. [4]

mindest in (h, o)- und (o, h)-Richtung, experimentell durch Photometrierung der Fraunhoferschen Beugungsbilder bestätigt werden (Abb. 9). Der sich aus der Reflexverbreiterung ergebende g-Wert stimmt innerhalb der Fehlergrenzen mit dem der Konstruktion ursprünglich vorgegebenen Wert gut überein. Die Streifenbildung ist wie beim idealen Parakristall entsprechend der Intensitätsformel [2] durch die Laue-Gleichung mit den Miller-Indizes h_k

$$(b\,\bar{a}_k) = h_k \qquad\qquad [7]$$

gegeben, wobei $\bar{a}_k$ durch Gleichung [6] definiert ist.

Im Gegensatz zum idealen Parakristall gehen, wie schon oben erwähnt, die Streifen lediglich in Nähe des Nullstrahls verloren. Dies ist einfach die Folge der nun fehlenden Streifenbildung des idealen Parakristalls (Abb. 2 und 7).

VI. Diskussion

Gleichung [3] setzt voraus, daß die Abstände zwischen entsprechenden Gitterpunkten benachbarter Netzebenen statistisch schwanken. Gl. [4] setzt voraus, daß diese Abstandsschwankungen von Netzebene zu Netzebene statistisch unabhängig erfolgen.

Dieses Verhalten wurde durch Computer-gesteuerte Auszählung der drei Modelle quantitativ geprüft. In Abbildung 8 ist die durch Gl. [4] definierte Schwankung α_n der Abstände entsprechender Gitterpunkte n-ter Nachbarebenen von (10) als Funktion von n aufgetragen. Nur der Spiralparakristall folgt dem durch Gl. [4] gegebenen und gleichfalls in Abbildung 8 eingetragenen Wurzelgesetz bis zu α_n-Werten von etwa 0.2. Das ist aber durchaus hinreichend und befriedigend, weil, wie oben schon erwähnt, fast

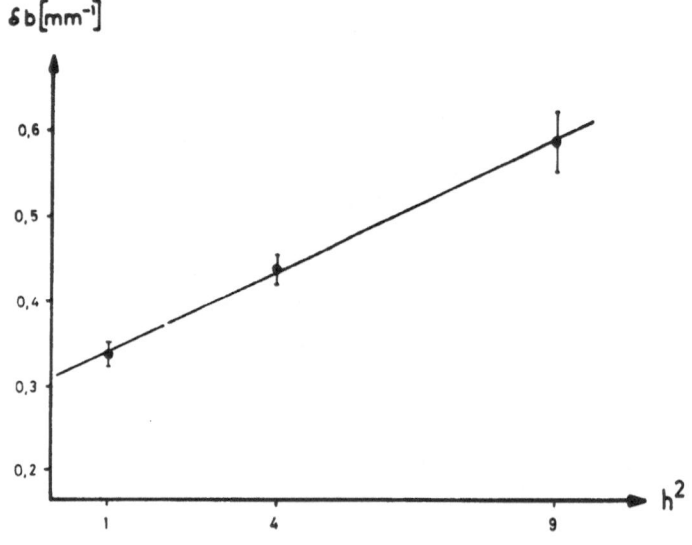

Abb. 9. Integrale Breiten δb von drei (ho)-Reflexen gemessen am Beugungsbild eines Spiralparakristalls mit $g = 0,02$. Aus dem Geradenanstieg folgt $g = 0,021$

alle bisher untersuchten parakristallinen Strukturen α^*-Werte unterhalb 0,2 haben.

Bei dem hier untersuchten Dreissig-Parakristall ist α_n stets zu klein und nimmt ab $n = 20$ einen konstanten Wert an. Dies entspricht einer durch die Mittelung der Atompositionen hervorgerufenen Verfestigung der Struktur mit wachsender Entfernung vorzüglich in [11]- und [1$\bar{1}$]-Richtung.

Der ideale Parakristall weist überhaupt keine von Null verschiedenen α_n-Werte auf, weil ja alle 10 Netzebenen identisch sind. Die in Abbildung 8 aufgezeichneten Schwankungen von α_n um die Nullachse sind programmtechnisch bedingt. Trotzdem aber verliert das Konzept des idealen Parakristalls wegen der genannten Mängel nicht an praktischer Bedeutung, wenn man dort nachträglich das α^*-Gesetz in Gl. [5] einführt. Hat man es also etwa mit einer aus unzähligen Mikroparakristalliten aufgebauten Struktur, etwa flüssigem Blei oder schmelzkristallisiertem Polyäthylen zu tun, so ist die Intensitätsfunktion $I(b)$ durch Ausschneiden kleiner Domänen aus dem parakristallinen Punktgitter (Abb. 2) zu gewinnen. Man multipliziert dieses dazu mit einer sog. Gestaltfunktion $s(x)$, die innerhalb der Domänen den Wert 1, außerhalb den Wert Null hat, und erhält ein Faltungsintegral:

$$Z\widehat{(b)}\,|\,S^2(b)|\,; \quad S(b) = \mathfrak{F}(s)\,. \tag{8}$$

Die Intensitätsfunktion enthält dann in den genannten Fällen diese Größe als wesentlichen Faktor, und es ist keine Rede davon, daß dieser dann etwa nach *Ruland* (6) für ein anomales Verhalten der Kleinwinkelstreuung im Gebiet der Mikrodomänen Anlaß gibt. Außerhalb des zu $|S^2(b)|$ proportionalen Kleinwinkelverlaufs treten dann allerdings im Kleinwinkelgebiet die bei den realen Modellen nicht vorhandenen Streifen auf, die aber die aus dem Grenzwert $\lim_{b \to 0} I(b)$ errechenbare Kompressibilität nicht zu verfälschen vermögen.

Zweifellos ist der ideale Parakristall eine erste Näherung an reale nichtkristalline oder amorphe Substanzen. Er besticht durch die mathematische Einfachheit der Intensitätsfunktion, die in weiten Anwendungsgebieten eine erste elegante Lösung der Strukturprobleme anbietet. Die Korrekturen an diesem mit zu hohen statistischen Korrelationen belasteten Strukturmodell sind das Ziel weiterer Arbeiten.

Zusammenfassung

Das Raumgitter des idealen Parakristalls kann unbegrenzt groß sein. Dies widerspricht der Tatsache, daß in der Natur alle Mikroparakristallite nur begrenzte Größen haben, die umgekehrt proportional zum Quadrat der Gitterstörungen sind. Der Computer-konstruierte Spiralparakristall ist eine erste Lösung eines nur begrenzt wachsen-könnenden gestörten Raumgitters, wie dieses an einer Vielzahl parakristalliner Realstrukturen in der Natur röntgenographisch nachgewiesen wurde. Da er außerdem nicht die im idealen Parakristall vorhandene Streifenbildung aufweist, verschwinden vornehmlich im Kleinwinkelgebiet außerhalb der Partikelstreuung auftretende „streaks". Die an Polymeren gefundene Kleinwinkelstreuung gibt keinerlei Anlaß, an der Existenz von Mikroparakristalliten zu zweifeln, da sie alle nur kolloide Dimensionen haben und daher nicht zu anomal hohen Werten der Kompressibilität führen können, selbst im Fall idealer Mikroparakristalle. Die aus dem Profil von Weitwinkelreflexen nach der Theorie des idealen Parakristalls errechenbaren Störungen bewähren sich voll für den Spiralparakristall.

Summary

The lattice of the ideal paracrystal can be constructed with infinite boundaries. This contradicts the fact that in nature all micropara-crystallites (mPC's) have a size inversely proportional to the squared lattice distortions. The spiral paracrystal is the first concept where this relation is incorporated. Moreover no streaks appear in the small angle region as a consequence of statistical distance fluctuations between all adjacent net planes. There is no reason to doubt the existence of microparacrystals in polymers, because they give no anomalous large compressibility values even in the case of ideal mPC's. The study of the line profile of wide angle reflections of spiral mPC's proves that the intensity function of the ideal mPC's is a good approximation also for real mPC's.

Literatur

1) *Debye, P.*, Physik. Z. **31**, 348 (1930).
2) *Landau, L. D.*, Zhurnal Eskperimentalnoi I theoreticheskoi Fiziki **7**, 1227 (1937).
3) *Hosemann, R., S. N. Bagchi*, Direct Analysis of Diffraction by Matter (Amsterdam 1962).
4) *Hosemann, R.*, Endeavour **32**, (117) 99 (1973).
5) *Brämer, R.*, Acta Cryst. **a 31**, 551 (1975).
6) *Brämer, R., W. Ruland*, Makromol. Chem. **177**, 3601 (1976).
7) *Janke, M.*, Diplomarbeit: Analyse statistischer Strukturen mit einer Fraunhofer-Beugungsapparatur, Freie Universität Berlin (1976).

Anschrift der Verfasser:

M. Janke und *R. Hosemann*
Fritz-Haber-Institut
der Max-Planck-Gesellschaft
Teilinstitut für Strukturforschung
Faradayweg 4—6
D-1000 Berlin 33

Progr. Colloid & Polymer Sci. **64**, 232—237 (1978)
© 1978 by Dr. Dietrich Steinkopff Verlag GmbH & Co. KG, Darmstadt
ISSN 0340-255 X

Lectures during the conference of Fachausschuss
"Physik der Hochpolymeren" of Deutsche Physikalische Gesellschaft
in Rothenburg o. T. March 28—31, 1977

Fritz-Haber-Institut der Max-Planck-Gesellschaft, Teilinstitut für Strukturforschung, Berlin

The origin in thermodynamic stability of paracrystals

P. H. Lindenmeyer, H. Beumer, and *R. Hosemann*

With 3 figures

(Received March 31, 1977)

Introduction

A number of years ago (1) one of us proposed a general theory of the diffraction of X-rays which included diffraction by all three principle states of matter (solids, liquids and gases) as special cases. In addition it was also suggested that order in certain solids and liquids might be characterized by statistically disordered lattices with a limited number of a-priori determined statistical parameters[1]. Order of this kind was described as "paracrystalline" order and could be interpreted as representing a new state of matter intermediate between solid and liquid. Because the analysis of structure from X-ray diffraction can be defined (4) as a science which is independent of kinetics and thermodynamics

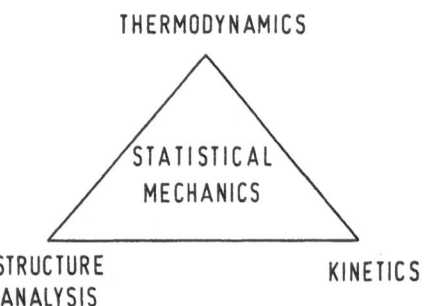

Fig. 1. Although the sciences of thermodynamics, kinetics and structure analysis can be pursued completely independent of each other, when one applies them to smaller systems they become interdependent and their relationships may be expressed using the methods of statistical mechanics

---

[1] The idea of an equal a-priori distance distribution function for all bricks in a liquid was firstly discussed by *Zernike* and *Prins* (2) and *Debye* (3). Contrary to the theory of paracrystals they discussed solely spherically symmetric functions.

most of the experimental evidence for the existence of the so-called paracrystalline state has been pursued with little or no regard to its thermodynamic stability or to the forces which give rise to its existence. In this paper we shall describe the origin and the thermodynamic stability of the paracrystals so that this type of order which has long been measured experimentally can be recognized as part of the established physical world. Our approach will be to use statistical mechanics as a means of relating kinetics, thermodynamics and structure analysis (fig. 1).

Statistical mechanics

The thermodynamical state of a system may be completely specified by a limited number of external variables plus the composition and the condition that the system is in equilibrium with its surroundings. In contrast to this the dynamical state of the same system requires a very large number of variables. As a consequence the science of statistical mechanics has been developed to calculate the necessary average quantities to relate atomic and molecular structures to thermodynamics. However, many, if not most, of the solid state structures which one encounters in the real world are not formed under conditions of equilibrium but are structures which have been determined to a greater or less degree by kinetics. One would like to be able to use statistical mechanical methods to relate these structures to thermodynamics as well as the true equilibrium structures. We suggest that for small systems thermodynamics, structures and kinetics are all three interrelated by statistical mechanics as illustrated in figure 1.

The application of statistical mechanics is rationalized in the following way:

When a solid is formed under non-equilibrium conditions, in principle, its structure will change with time towards the more thermodynamically stable structure. In practise this change may be exceedingly slow and if it is sufficiently slow that it may be considered as invariant within the time scale of a given experiment then the structure may be considered to be stable for that experiment and the relationship between thermodynamics and structure may be determined by statistical mechanics in much the same manner as with equilibrium structures.

As the formation of a solid departs more and more from equilibrium the structure is divided into smaller and smaller regions which are separated from each other by boundaries with greater and greater internal energy. A single crystal becomes separated into mosaic blocks, polycrystalline regions become smaller and smaller and are separated by boundaries with more and more disorder until finally amorphous glasses occur in which the regions are so small that they may no longer be unambiguously detected. We shall make the assumption that small regions within a non-equilibrium solid are all formed under the same set of kinetic conditions and were in local equilibrium with their boundaries at the time of their formation.

In the usual application of statistical mechanics one postulates a hypothetical ensemble of systems identical to the one of interest and in all possible dynamical states. One then calculates the thermodynamic properties by averaging over this hypothetical ensemble. Our hypothesis is that the distribution of small systems (mosaic blocks or mPC's) in a non-equilibrium solid is a physical ensemble of identical small thermodynamic systems in all possible states available to the system. Thus the measured structural parameters averaged over this physical ensemble will be the same as those calculated from statistical mechanics for a single small thermodynamic system in equilibrium with its surroundings.

With this hypothesis we can speak of averaging over all the crystallites in the ensemble as being equivalent to averaging over all dynamical states accessible to a single system even though the time required for that system to assume all of these states may be infinitely long. This process can be mathematically described by a so-called ξ-average (5).

Lattice fluctuations

From X-ray diffraction measurements we can obtain (1) an overall average spacing between crystal planes, d_{hkl}, from the 2ϑ angle of the diffraction peak (2) an average crystal size $\bar{D}_{hkl}$ in the direction normal to the crystal plane and (3) a measure of the fluctuation about the average spacing between crystal planes. The crystal size, $\bar{D}_{hkl}$, is obtained by a proper extrapolation of the integral breadths of several diffraction orders and the fluctuation tensor, g_{hkl}, is obtained from the slope of this extrapolation. Details of these methods have been published (6).

Our task here is to relate the fluctuation tensor, g, to thermodynamics by means of statistical mechanics. We shall confine our attention to a single direction within the crystal with the understanding that all other directions may be treated in a similar manner. Consequently at this point we drop the hkl subscripts on d and D and adopt the indices i, j and k. The symbol d_{ijk} is defined as the distance between the ith pair of atoms in the space between the jth pair of crystal planes in the kth crystal. The total fluctuation tensor g^2 then is

$$g^2 = \frac{\langle d^2 \rangle_{ijk} - \langle d \rangle_{ijk}^2}{\langle d \rangle_{ijk}^2} \qquad [1]$$

where averages are taken over all three indices. But we need to consider each of these averages separately so we first define

$$\langle d \rangle_{ij} = \frac{1}{I(N-1)} \sum_i^I \sum_j^{N-1} d_{ij} \qquad [2]$$

as the average lattice constant in the kth crystal and

$$\langle d \rangle_i = \frac{1}{I} \sum_i^I d_i \qquad [3]$$

as the average lattice spacing between the jth pair of crystal planes in the kth crystal. Now we can expand eq. [1] by adding and subtracting the square of eqs. [2] and [3] averaged over k so that

$$g^2 = \frac{\langle d^2 \rangle_{ijk} - \langle \langle d \rangle_i^2 \rangle_{jk}}{\langle d \rangle_{ijk}^2} + \frac{\langle \langle d \rangle_i^2 \rangle_{jk} - \langle \langle d \rangle_{ij}^2 \rangle_k}{\langle d \rangle_{ijk}^2}$$
$$+ \frac{\langle \langle d \rangle_{ij}^2 \rangle_k - \langle d \rangle_{ijk}^2}{\langle d \rangle_{ijk}^2} . \qquad [4]$$

The total variance, g^2, is thus separated into three parts. The first two terms are intra-crystal fluctuations and the last term is an inter-crystal fluctuation. The first term is an intra-plane fluctuation and the second an inter-plane fluctuation. This first term was zero for the ideal paracrystalline model (1) which accounts for which accounts for this model failing to describe the X-ray scattering near the primary beam (7, 5). The last term in eq. [4] may be written

$$\frac{\langle\langle d\rangle^2_{ij}\rangle_k - \langle d\rangle^2_{ijk}}{\langle d\rangle_{ijk}} = \frac{\langle D^2\rangle - \langle D\rangle^2}{\langle D\rangle^2},$$ [5]

since

$$\langle D^2\rangle = (N-1)^2 \langle\langle d\rangle^2_{ij}\rangle_k \quad \text{and}$$
$$\langle D^2\rangle = (N-1)^2 \langle d\rangle^2_{ijk}.$$

This fluctuation in the total length of a small thermodynamic system may be related to statistical mechanics by the isothermal-isobaric partition function $\Delta(N, p, T)$ which we reduce to a single direction by equating the volume, v, to the length, D, and the pressure, p, to the negative of the force, f, so that

$$\Delta(N, f, T) = \sum_k e^{(fD_k - E_k)/kT}$$ [6]

using this partition function we define $\langle D\rangle_k$ as

$$\langle D\rangle_k = \sum_k D_k e^{(fD_k - E_k)/kT}/\Delta.$$ [7]

By differentiating the product $\langle D\rangle_k \cdot \Delta$ by f we obtain

$$\frac{\langle D^2\rangle - \langle D\rangle^2}{\langle D\rangle} = \frac{kT}{\langle D\rangle}\left(\frac{d\langle D\rangle}{df}\right)_{NT}$$
$$= \frac{kT}{\langle D\rangle} S$$ [8]

where S is the component of the compliance tensor in the direction normal to the crystal plane d_{hkl}. This is the one-dimensional equivalent to the familiar statistical mechanical density fluctuation where the component of compliance replaces the compressibility in the usual formulation. The point to be made here is that it is only the last term in eq. [4] (i.e. the microstrain fluctuations) which can be related to the usual statistical mechanical fluctuations in a small system. An exactly similar analysis can be made with respect to energy and mass fluctuations. Thus we conclude that the intra-crystal fluctuations are not related to any of the usual statistical mechanical fluctuations in homogeneous systems but must be related to inhomogeneities or defects in the crystal structure.

Crystalline defects

Much of the progress of solid state physics rests upon the recognition that a crystal is stabilized (i.e. its free energy is lowered) by the presence of an equilibrium concentration of crystalline defects. In every case the presence of a defect increases the internal energy of the crystal but at the same time the possibility of locating the defect at a large number of identical locations within the crystal has the effect of increasing the entropy. Thus at each temperature there will exist a fixed number of defects of any particular kind which would minimize the free energy. The energy of a defect may be considered as being composed of two parts 1) the core energy and 2) the strain energy introduced into the crystal lattice considered as a continuous medium. This strain energy, in principle, must be integrated over the whole crystal and will not decrease to zero until it reaches a surface. In practise this strain decreases very rapidly with distance so that only defects which are very close to a surface will have their strain energy lowered by a significant amount. The averaged energy of the defects in a very small crystal will be therefore lower than the averaged energy of the same defects in a larger crystal. It follows that the equilibrium concentration of defects will be greater in a small crystal than it is in a large crystal. Thus a crystal growing under complete thermodynamic equilibrium will have a higher concentration of defects when it is small and this concentration must decrease as it grows larger. In a practical sense we can only approach and never really achieve crystal growth under true equilibrium thus the number of defects which remain in a crystal in any real case will depend upon the ratio between the rate of diffusion of the defects and the rate of crystal growth. This ratio has the dimension of a distance and is directly analogous to the characteristic distance (8)

$$R = \frac{\text{Diffusion Rate}}{\text{Crystal Growth Rate}}$$ [9]

which determines the cell diameter or dendrite arm spacing in the crystallization of alloys. In that case the diffusion rate was that of one of the components, in our case it is the diffusion of crystalline defects. In both cases the effect of such a characteristic ratio is to define a distance beyond which the crystal cannot grow as a completely coherent entity.

Now in accordance with our hypothesis we assume that our crystals were all formed under the same set of kinetic conditions and that they have the size and distribution of defects determined by the local equilibrium at the time they were formed.

The free energy required to introduce A defects into a crystal composed of M possible sites for these defects may in a first simple approximation be written as

$$\Delta F_A = A\,[\Delta H_\mathrm{d} - B\,(\varepsilon, M, \sigma)]$$
$$- kT \ln \frac{M!}{A!\,(M-A)!} \qquad [10]$$

where ΔH_d is the enthalpy of introducing a defect into a large crystal and $B\,(\varepsilon, M, \sigma)$ represents the decrease in enthalpy due to the relaxation of the strain energy at the surface. At the present time we do not know the functional form of $B\,(\varepsilon, M, \sigma)$ but we assume that it would be directly proportional to the total defect strain ε and some inverse functions of the surface tension, σ and M. In any event $B\,(\varepsilon, M, \sigma)$ will become negligibly small in large crystals. However, the presence of this term is essential for our purposes which is to investigate the defect concentration in very small crystals. The equilibrium number of defects will be that value of A which minimizes ΔF_A in eq. [10]. Note that in the region of interest to us (i.e. very small crystals) when $M \sim 100$ and A is much less one cannot use Stirling's approximation to evaluate the factorials. Both A and M are integers and the use of finite differences rather than calculus is required (see chapter 15 in *Hill* (9)). In our case we have used integer algebra on a digital computer to evaluate eq. [10] for a typical case (fig. 2). Figure 2 was calculated using data from a primary attempt to fit observed fluctuations of the 001-layers in graphite. It is included here simply as a one-dimensional case to illustrate the behaviour of ΔF_A in eq. [10]. In three-dimensional cases the values of M and A will therefore be much larger. Although as we have said both A and M are integers and not continuous variables the contour lines of ΔF in figure 2 are drawn continuously to more clearly illustrate the effect. As we see the free energy has a saddle point S, as a consequence of the term $B\,(\varepsilon, M, \sigma)$. Thus there will exist a critical concentration of defects (i.e. the diagonal through the saddle point; fig. 2) such that crystals with

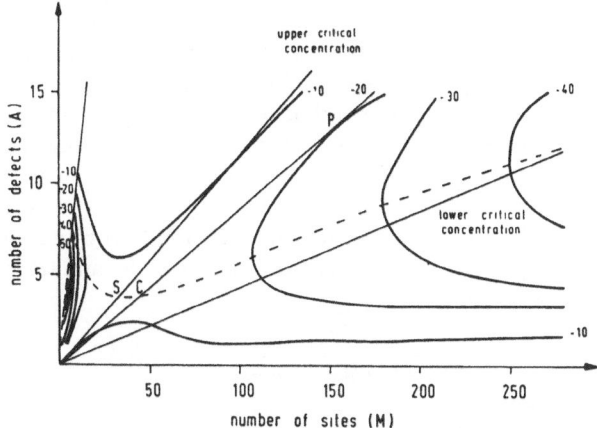

Fig. 2. Free energy as a function of the number of defects, A and the number of sites M. Calculated using eq. [10] with $\Delta H_\mathrm{d} = 11.400$ cal, $T = 1500\,°C$ and B proportional to M^{-1}. This is a one-dimensional case from a predominant attempt to fit the fluctuations in graphite. Both A and M would be larger in a three-dimensional case

higher concentrations will be unstable (i.e. their free energy decreases as they become smaller). On the other side of the saddle point there will be a lower defect concentration which asymptotically approaches the minimum free energy (i.e. the dotted line in fig. 2). This is the equilibrium defect concentration which exists at high M where the B term is negligible. Between these two concentrations is the region of the paracrystal. A crystal having a concentration of defects between these two limits and in which this concentration A/M cannot change will have its equilibrium size determined by point P where the diagonal of constant defect concentration becomes the tangent of a contour line. A growing crystal having a fixed concentration (i.e. the diagonal PC) cannot increase in size beyond point P whereas a large crystal with the same PC-concentration of defects could decrease its free energy by splitting up into small microparacrystalline domains equal to P in size. Thus we see that the size of a microparacrystal is fixed by the size which minimizes the free energy of a crystal having a fixed concentration of defects. The defect concentration may have been fixed a-priori (e.g. by the concentration of Al in an iron spinel undergoing reduction) (10) or it may be determined by the kinetics of crystal growth (e.g. eq. [9]). The result is the same. The mPC's cannot grow larger without eliminating some of their defects.

In eq. [10] the assumption was implicitly made in formulating the entropy term that all sites had the same energy. But this can only be true when M is large and B can be neglected. In the region of low M where paracrystalline fluctuations are expected those sites near the surface would have lower energies than those in the interior. Thus the simple equation [10] must be replaced by a partition function formulation such as

$$\Delta = \sum_i \sum_j \frac{M_{ij}!}{A_{ij}!\,(M_{ij} - A_{ij})!}\, e^{-A_{ij}\,\Delta H_{ij}/kT}$$

and

$$\Delta F_A = -\,kT \ln \Delta\,.\qquad\qquad [11]$$

Now in order to relate the equilibrium number of defects on the ith sites between the jth crystal planes, A_{ij}, we define a positive displacement $\varepsilon_j^+ = \langle d_{ij} - \langle d_i \rangle_j \rangle$ associated with the positive excess number of defects on the jth plane $A_j^+ = \langle A_{ij} - \langle A_j \rangle_i \rangle$. Thus the total positive displacement of the crystal spacing is $\sum_j A_j^+ \varepsilon_i^+$. Note that there will be an equal negative displacement since total intra-crystal fluctuations (term 1 and 2 in eq. [4]) do not effect the average lattice constant which is determined after the equilibrium number of defects are included. Thus the paracrystalline lattice fluctuation tensor, g, is represented by

$$g^2 = \frac{\sum\limits_j A_j^+ (\varepsilon_j^+)^2}{N \langle d \rangle_{ijk}^2}\, \eta\,,\qquad\qquad [12]$$

where η varies from 0.5 to 1.5 and can be evaluated from the one-dimensional case where $A_j^+ \to A$, $\varepsilon_j^+ \to \varepsilon$ and the number of defect sites, M becomes the number of net planes N.

This is the case where eq. [10] can be used to calculate the equilibrium number of defects as a function of number of net planes N.

To evaluate η one assumes a model for the kind of defect which causes the positive displacement in lattice constant, ε and a model for the distribution of the negative displacement and then directly sums ε^2 to obtain g^2. In figure 3 we consider two such models and a variety of ways of distributing the negative displacement. The value obtained for η ranges from a maximum of 1.5 for the interstitial defect with all the negative displacement taken up by the two spaces adjacent to the defect to a minimum of 0.5 for a substitution defect in which two spacings share the positive displacement and the negative displacement is spread uniformly over all remaining spacings. If the defect is the interstitial type N in eq. [12] becomes $N - 1$ the number of spaces rather than the number of netplanes.

Summary

Statistical mechanical methods have been used to explore the fluctuations in the lattice spacing which can be measured by X-ray diffraction. The total variance can be divided into three parts. Only one of these, the inter-crystal variance of the average lattice spacing can be related to the well known statistical mechanical fluctuations of small homogeneous systems. The other two components of the total variance must be related to inhomogeneities caused by immobile defects trapped within the lattice during its formation. These defects have the equilibrium concentration and distribution for the crystal size and thermodynamic conditions which existed at the time of their formation. The immobility of these defects prevents their concentration from decreasing as is required for a crystal to grow under equilibrium condition. Conversely if the crystal is already large and the strain energy around a defect is greatly increased by a chemical transformation, the immobility of the defects may cause the crystal to split up into microparacrystalline domains (mPC's). Consequently the size of these mPC's is fixed by the concentration and distribution of defects which existed at their formation.

Zusammenfassung

Mittels der Methode der statistischen Mechanik können die durch Röntgeninterferenzen meßbaren Abstandsfluktuationen in parakristallinen Gittern definiert werden. Die totale Varianz setzt sich aus drei Summanden zusammen. Nur einer von ihnen, der die interkristalline Varianz der jeweils gemittelten Gitterkonstanten beschreibt, ist in der konventionellen statistischen Mechanik kleiner homogener Systeme bekannt. Die beiden anderen Summanden beziehen sich auf Inhomogenitäten, die durch während der Gitterentstehung eingeschleuste unbewegliche Defekte erzeugt werden.

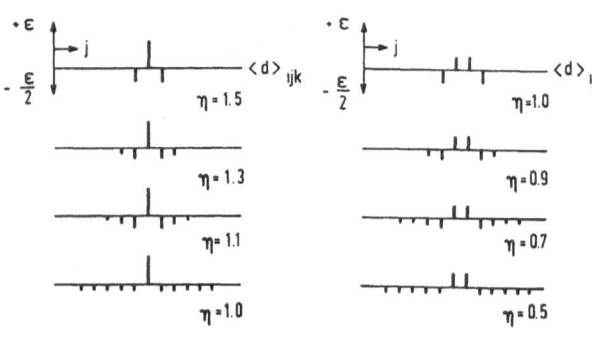

Fig. 3. Illustration of the way η varies with the distribution of negative displacement about a positive displacement, ε, caused by a defect

Diese Defekte befinden sich in derjenigen Gleichgewichtskonzentration und Verteilung, die der Kristallgröße und den thermodynamischen Bedingungen im Zeitpunkt der Gitterbildung entsprach. Diese Unbeweglichkeiten der Defekte ist für das Entstehen parakristalliner Störungen von wesentlicher Bedeutung. Sie macht z. B. eine Abnahme der Defektkonzentration unmöglich, so daß der Kristall nicht wachsen kann. Ist umgekehrt der Kristall groß und werden die Störfelder der statistisch verteilten Defekte wie beim Ammoniak-Katalysator durch eine chemische Reaktion verstärkt, dann zerfällt der Kristall in kleine Mikroparakristalle (mPC's). Die begrenzte Größe der mPC's ist also durch die Konzentration, statistische Verteilung und Spannungsfeldstärke der einzelnen Defekte thermodynamisch bestimmt.

References

1) *Hosemann, R.,* Z. Phys. **128**, 1 and 465 (1950).
2) *Zernike, F., J. A. Prins,* Z. Phys. **41**, 184 (1927).
3) *Debye, P. P.,* Phys. Z. **28**, 135 (1927).
4) *Hosemann, R., S. N. Bagchi,* Direct Analysis of Diffraction by Matter, p. 215 (Amsterdam 1962).
5) *Hosemann, R., S. N. Bagchi,* Direct Analysis of Diffraction by Matter, p. 211 (Amsterdam 1962).
6) *Vogel, W., J. Haase, R. Hosemann,* Z. Naturforsch. **29a**, 1152 (1974).
7) *Perret, R., W. Ruland,* Kolloid-Z. u. Z. Polymere **247**, 835 (1971).
8) *Chalmers, B.,* Principle of Solidification (New York 1964).
9) *Hill, T. L.,* Small Systems Thermodynamics (New York 1964).
10) *Hosemann, R., A. Preisinger, W. Vogel,* Ber. Bunsenges. phys. Chem. **70**, 796 (1966).

Authors' address:

P. H. Lindenmeyer, H. Beumer, and *R. Hosemann*
Fritz-Haber-Institut der Max-Planck-Gesellschaft
Teilinstitut für Strukturforschung
Faradayweg 4—6
D-1000 Berlin 33

Progr. Colloid & Polymer Sci. **64**, 238–244 (1978)
© 1978 by Dr. Dietrich Steinkopff Verlag GmbH & Co. KG, Darmstadt
ISSN 0340-255 X

Vorgetragen auf der Frühjahrstagung des Fachausschusses
Physik der Hochpolymeren in der Deutschen Physikalischen Gesellschaft
in Rothenburg o. T. vom 28.–31. März 1977

*Institut für Physikalische Chemie der Universität Mainz und Sonderforschungsbereich 41,
Chemie und Physik der Makromoleküle*

Zur Berechnung der Spin-Gitter-Relaxationszeit T_1 für Polyäthylenmoleküle mit festliegenden Enden

K. Rosenke und *H. G. Zachmann*

Mit 4 Abbildungen

(Eingegangen am 11. Mai 1977)

1. Einleitung

In einer vorangegangenen Arbeit wurde die Form der Kernresonanzlinie für isolierte Polyäthylenmoleküle mit festliegenden Enden unter Vernachlässigung des flüssigkeitsähnlichen Anteils berechnet (1). Wie dort gezeigt wurde, nimmt die Halbwertsbreite der Linien mit abnehmendem relativem Fadenendenabstand h/h_0 der Kette ab. Dabei ist h der tatsächliche Fadenendenabstand der Kette und h_0 der Fadenendenabstand der völlig gestreckten Kette. Mit Hilfe dieser Ergebnisse kann man aus entsprechenden experimentellen Resultaten Rückschlüsse auf den relativen Fadenendenabstand h/h_0 der Ketten in den amorphen Bereichen teilkristalliner makromolekularer Substanzen oder in vernetzten Polymeren ziehen (2).

Eine im Hinblick auf Strukturuntersuchungen wertvolle Ergänzung der Bestimmung der Kernresonanzlinienform bzw. der Spin-Spin-Relaxationszeit T_2 stellt die Ermittlung der Spin-Gitter-Relaxationszeit T_1 dar. Wir wollen im vorliegenden Beitrag untersuchen, wie T_1 bei Ketten mit festliegenden Enden vom relativen Fadenendenabstand h/h_0 abhängt, und die Ergebnisse mit den Linienformrechnungen vergleichen. Wie sich zeigt, genügt es hierfür, die Relaxationszeiten für eine Kette mit einer einzigen Doppelkinke zu berechnen.

2. Verfahren zur Berechnung von T_1 für Ketten mit einer Doppelkinke

Als Modell für die Berechnung der Spin-Gitter-Relaxationszeit T_1 dient eine Polyäthylenkette, deren Kohlenstoffatome auf den Plätzen eines Diamantgitters liegen. In das sonst gestreckte Molekül ist eine Doppelkinke (4g2-Kinke) eingebaut (Abb. 1). Durch Drehungen um parallele C—C-Bindungsvektoren läßt sich die Doppelkinke längs der Kette verschieben, wobei sich der Defekt jeweils um zwei C—C-Bindungen weiter bewegt und die Restkette unverändert läßt. Wir betrachten einen stationären Bewegungsprozeß in dem Sinne, daß die Doppelkinke regelmäßig die ganze Kette hin- und herläuft. Die Lebensdauer einer bestimmten Konformation bezeichnen wir mit τ_L. Sie gibt die Zeit an, nach der die Doppelkinke sprunghaft einen Schritt weiter wandert.

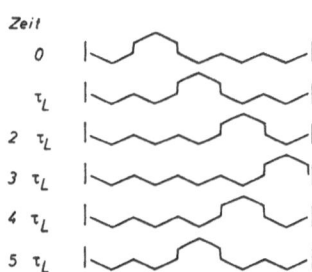

Abb. 1. Wanderung einer Doppelkinke (4g2-Kinke) längs einer Kette in Zeitschritten τ_L. Beide Kettenenden liegen fest

Ansätze zur Ermittlung der gesamten intra- und intermolekularen Relaxationsrate $1/T_1$ werden in der Literatur beschrieben (3, 4). Wir beschränken uns hier auf die Berechnung der T_1-Werte für die isolierten CH_2-Gruppen, da bereits hieraus ersichtlich sein wird, wie sich die Spin-Gitter-Relaxationszeit mit dem Fadenendenabstand ändert.

Zur Bestimmung der Relaxationsraten für die einzelnen CH_2-Gruppen benutzen wir die Beziehung (5)

$$1/T_1 = 9/8 \cdot \gamma^4 \cdot \hbar^2 \cdot \{J^{(1)}(\omega_0) + J^{(2)}(2\,\omega_0)\}. \quad [1]$$

γ ist das gyromagnetische Verhältnis des Protons, $\hbar$ das Plancksche Wirkungsquantum. $\omega_0 = \gamma H_0$ ist die Larmorfrequenz, wobei H_0 das äußere statische Magnetfeld bedeutet. Die Intensitätsfunktionen $J^{(1)}$ und $J^{(2)}$ sind die Fouriertransformierten der Korrelationsfunktionen $G^{(1)}(\tau)$ und $G^{(2)}(\tau)$, die gegeben sind durch

$$G^{(q)}(\tau) = \iint F^{(q)}(\vec{r})\,F^{(q)*}(\vec{r}')\,\tilde{w}(\vec{r})\,\tilde{W}(\vec{r}\,|\vec{r}',\tau)\,\mathrm{d}\vec{r}\,\mathrm{d}\vec{r}'$$
$$\text{mit} \quad q = 1, 2. \quad [2]$$

Die $F^{(q)}(\vec{r})$ werden aus ortsabhängigen Teilen des Hamiltonoperators der Dipol-Dipol-Wechselwirkung zweier Spins gebildet. Sie lauten:

$$F^{(1)}(\vec{r}) = \sin\Theta\cos\Theta\,\exp\{-i\,\Phi\}/r^3$$

und

$$F^{(2)}(\vec{r}) = \sin^2\Theta\,\exp\{-2\,i\,\Phi\}/r^3\,.$$

r, Θ und Φ sind die Koordinaten des Spinverbindungsvektors in einem Koordinatensystem, dessen Polarachse durch $\vec{H}_0$ definiert wird. Die dritte im Hamiltonoperator auftretende Ortsfunktion

$$F^{(0)}(\vec{r}) = (1 - 3\cos^2\Theta)/r^3$$

geht nicht in T_1 ein.

$\tilde{w}(\vec{r})\,\mathrm{d}\vec{r}$ ist die a-priori-Wahrscheinlichkeit, $\vec{r}$ als Verbindungsvektor zu finden. $\tilde{W}(\vec{r}|\vec{r}',\tau)\,\mathrm{d}\vec{r}'$ ist die bedingte Wahrscheinlichkeit dafür, daß $\vec{r}'$ der Verbindungsvektor ist, falls es eine Zeit τ zuvor $\vec{r}$ war.

Im Diamantgitter sind zu gegebener Lage des Gitters relativ zum äußeren Feld $\vec{H}_0$ nur sechs verschiedene Orientierungen der Protonenverbindungsvektoren möglich. In diesem Fall läßt sich das Integral in Gleichung [2] als Doppelsumme schreiben:

$$G^{(q)}(\tau) = \langle g^{(q)}(\tau) \rangle_{\vartheta,\varphi} \quad \text{mit} \quad q = 1, 2 \quad [3]$$

und

$$g^{(q)}(\tau) = \sum_{l=1}^{6}\sum_{m=1}^{6} F^{(q)}(\vec{r}_l)\,F^{(q)*}(\vec{r}_m)$$
$$\times w(\vec{r}_l)\,W(\vec{r}_l|\vec{r}_m,\tau)\,. \quad [3a]$$

Die Indices ϑ und φ bedeuten eine Mittelung über beide Größen. ϑ ist der Winkel zwischen dem Kettenendenabstandsvektor und der Feld-

richtung. φ charakterisiert die Lage des Diamantgitters wie in einer früheren Arbeit beschrieben (6). Da wir isotrope Proben behandeln, wird für ϑ eine isotrope Verteilungsfunktion angenommen und für φ eine gleichmäßige Verteilung der Winkel um die Kettenachse angesetzt. $w(\vec{r}_l)$ und $W(\vec{r}_l|\vec{r}_m,\tau)$ stellen Wahrscheinlichkeiten und nicht wie die mit einer Tilde bezeichneten Größen Wahrscheinlichkeitsdichten dar.

Die $w(\vec{r}_l)$ ergeben sich direkt aus dem zeitlichen Ablauf der Bewegung der Doppelkinke durch Abzählen, wie oft die Orientierung $\vec{r}_l$ vorkommt. Die $W(\vec{r}_l|\vec{r}_m,\tau)$, die als Übergangswahrscheinlichkeiten zwischen Zuständen l und m aufgefaßt werden können, werden mittels einer Behandlung der Zeitentwicklung der Bewegung als Markowkette bestimmt (5, 7). Man erhält (vgl. Anhang 1) für $\vec{r}_l \neq \vec{r}_m$

$$W(\vec{r}_l|\vec{r}_m,\tau) = w(\vec{r}_m)$$
$$\times \left(1 - \sum_{i=1}^{n} a_i^{lm} \cdot \exp\{-|\tau|/b_i\,\tau_{\mathrm{L}}\}\right). \quad [4]$$

Der Summationsindex i läuft bis zur Zahl n der vorkommenden Korrelationszeiten $b_i\tau_{\mathrm{L}}$.

$W(\vec{r}_l|\vec{r}_l,\tau)$ ist festgelegt durch die Normierungsbedingung

$$\sum_{m=1}^{6} W(\vec{r}_l|\vec{r}_m,\tau) = 1\,. \quad [5]$$

Wegen weiterer Einzelheiten sei auf den Anhang verwiesen.

Mit Hilfe der Gleichungen [4] und [5] geht Gleichung [3a] über in

$$g^{(q)}(\tau) = \sum_{l=1}^{6}\sum_{m=1}^{6} F^{(q)}(\vec{r}_l)\,F^{(q)*}(\vec{r}_m)\,w(\vec{r}_l)\,w(\vec{r}_m) \quad [6]$$
$$+ \sum_{l=1}^{6}\sum_{m=1}^{6} \{|F^{(q)}(\vec{r}_l)|^2 - F^{(q)}(\vec{r}_l)\,F^{(q)*}(\vec{r}_m)\}$$
$$\times w(\vec{r}_l)\,w(\vec{r}_m)\sum_{i=1}^{n} a_i^{lm}\exp\{-|\tau|/b_i\,\tau_{\mathrm{L}}\}\,.$$

Die Korrelationsfunktionen bestehen also aus zwei Anteilen:

Einer ist die Restkorrelation

$$g^{(q)}(\tau \to \infty) = \sum_{l=1}^{6}\sum_{m=1}^{6} F^{(q)}(\vec{r}_l)\,F^{(q)*}(\vec{r}_m)\,w(\vec{r}_l)\,w(\vec{r}_m)$$
$$= \left|\overline{F^{(q)}}^{\,t}\right|^2\,, \quad [6a]$$

die die Folge davon ist, daß die Kettenenden im Diamantgitter festliegen. Den zweiten Anteil bildet eine Summe exponentiell abfallender Zeitfunktionen, deren Amplitude im Fall einer einzigen Korrelationszeit $b\,\tau_{\mathrm{L}}$ der Absolutwert der mittleren quadratischen Abweichung der Ortsfunktion $F^{(q)}(r)$ von ihrem zeitlichen Mittelwert darstellt:

$$g^{(q)}(\tau) = |\overline{F^{(q)t}}|^2 + \overline{|F^{(q)} - \overline{F^{(q)t}}|^2}^t$$
$$\times \exp\{-|\tau|/b\,\tau_{\mathrm{L}}\}\,. \qquad [6\,\mathrm{b}]$$

Eine anschauliche Bedeutung erhält die Restkorrelation für die Funktion

$$F^{(0)}(\vec{r}) = (1 - 3\cos^2\Theta)/r^3\,,$$

die zur Berechnung von T_1 nicht benötigt wird, die aber wesentlich ist für die Bestimmung der Spin-Spin-Relaxationszeit T_2 (5). $F^{(0)}(\vec{r})$ ist nämlich proportional zum lokalen Feld des einen Protons am Ort des anderen:

$$H_{\mathrm{loc}} = \tfrac{3}{4}\,\gamma\,\hbar\,F^{(0)}(\vec{r}) \quad (1)\,.$$

$g^{(0)}(\tau \to \infty)$ ist also proportional dem Quadrat des Mittelwertes der lokalen Felder.

Als Intensitätsfunktionen für $\omega \neq 0$ ergeben sich durch Fouriertransformation des Ausdrucks in Gleichung [2] unter Berücksichtigung von Gleichung [3], [3a] und [6]

$$J^{(q)}(\omega \neq 0) = \left\langle \sum_{l=1}^{6} \sum_{m=1}^{6} \{|F^{(q)}(\vec{r}_l)|^2 - \right.$$
$$- F^{(q)}(\vec{r}_l)\,F^{(q)*}(\vec{r}_m)\}\,w(\vec{r}_l)\,w(\vec{r}_m) \qquad [7]$$
$$\left. \times \sum_{i=1}^{n} a_i^{lm}\,2\,b_i\,\tau_{\mathrm{L}}/(1 + \omega^2(b_i\,\tau_{\mathrm{L}})^2) \right\rangle_{\vartheta,\,\varphi}$$

mit $q = 1, 2$. In Verbindung mit Gleichung [1] liefert Gleichung [7] die Relaxationszeiten T_1 für die einzelnen CH_2-Gruppen.

Wir behandeln Ketten aus mindestens 13 CH_2-Gruppen. Dabei ist, wie die Rechnung zeigt, der Einfluß der Randgruppen auf unsere Überlegungen vernachlässigbar. Wir betrachten daher nur die inneren CH_2-Gruppen, d.h. diejenigen, die nicht durch Randeffekte beeinflußt werden. Wegen der Geometrie der Doppelkinke ist das der Fall ab Gruppe Nummer 6. Insgesamt kommen bei einer bestimmten Orientierung des Fadenendenabstandsvektors jeweils drei verschiedene Orientierungen des Protonenverbindungsvektors vor, die wir in unserem Fall mit $\vec{r}_1$, $\vec{r}_2$ und $\vec{r}_3$ bezeichnen wollen. Dabei bedeutet $\vec{r}_1$ die Orientierung, die die Spinverbindungsvektoren bei einer völlig gestreckten Kette im Diamantgitter einnehmen. Weil die Doppelkinke außerdem bei jedem Schritt um zwei C—C-Bindungen weiterwandert, treten zwischen den Gruppen mit geradzahliger und ungerad-

zahliger Nummer Unterschiede auf, so daß beide getrennt behandelt werden müssen. Für die Konstanten in Gleichung [4] liefert die Rechnung folgende Ergebnisse (vgl. Anhang 2):

$$n = 2$$
$$a_i^{lm} = a_i^{ml}, \quad a_1^{12} = a_1^{13} = 1, \quad a_2^{12} = a_2^{13} = 0\,,$$
$$b_2 = \begin{cases} 0{,}67 & \text{für die Gruppen 6, 8, \dots} \\ 1 & \text{für die Gruppen 7, 9, \dots}\,. \end{cases} \qquad [8]$$

Für die von h_0 abhängigen Größen in Gleichung [4] erhält man (Anhang 2):

$$w(\vec{r}_1) = (h_0 - 8)/(h_0 - 4)\,,$$
$$w(\vec{r}_2) = w(\vec{r}_3) = 2/(h_0 - 4)\,,$$
$$a_1^{23} = -(h_0 - 8)/4, \quad a_2^{23} = (h_0 - 4)/4\,, \qquad [9]$$
$$b_1 = \begin{cases} 2(h_0 - 8)/(h_0 - 4) & \text{für die} \\ & \text{Gruppen 6, 8, \dots} \\ (h_0 - 8)/(h_0 - 4) & \text{für die} \\ & \text{Gruppen 7, 9, \dots}\,. \end{cases}$$

Für h_0 muß man dabei die Anzahl der C—C-Bindungen des Moleküls einsetzen.

Nunmehr läßt sich die Relaxationsrate der inneren Gruppen schreiben als

$$1/T_1 = 3{,}6 \cdot 10^{10}\,[\sec^{-2}] \cdot (h_0 - 8)/(h_0 - 4)^2$$
$$\times \{b_1\,\tau_{\mathrm{L}}/(1 + \omega_0^2(b_1\,\tau_{\mathrm{L}})^2)$$
$$+ 4\,b_1\,\tau_{\mathrm{L}}/(1 + 4\omega_0^2(b_1\,\tau_{\mathrm{L}})^2)\} \qquad [10]$$
$$+ 1{,}2 \cdot 10^{10}\,[\sec^{-2}]/(h_0 - 4)$$
$$\times \{b_2\,\tau_{\mathrm{L}}/(1 + \omega_0^2(b_2\,\tau_{\mathrm{L}})^2)$$
$$+ 4\,b_2\,\tau_{\mathrm{L}}/(1 + 4\omega_0^2(b_2\,\tau_{\mathrm{L}})^2)\}\,.$$

3. Einfluß verschiedener Defekte auf T_1

Das Modell einer Doppelkinkenwanderung als hauptsächlicher Bewegungsmechanismus ist nur bei nahezu gestreckten Molekülen realisiert und erfaßt auch dort keineswegs alle Konformationen, die in einer beweglichen Kette mit festliegenden Enden möglich sind. Es stellt sich daher die Frage, wie sich die Relaxationszeiten ändern, wenn andere Defekte in die Kette eingebaut werden.

Ergänzende Untersuchungen haben gezeigt, daß im Bereich langsamer Defektbewegungen, d.h. für $\omega_0^2\tau_L^2 \gg 1$, die Relaxationsraten im allgemeinen um so höher liegen, je größer die Anzahl der Umorientierungen des Protonenverbindungsvektors pro Zeiteinheit ist. Bei schnellen Bewegungen, d.h. für $\omega_0^2\tau_L^2 \lesssim 1$, tritt zur Proportionalität der Relaxationsraten zu den Umorientierungsfrequenzen noch eine Proportionalität zu den Korrelationszeiten hinzu. Abweichungen von diesen Regeln treten nur dadurch auf, daß bei drei der 15 verschiedenen im Diamantgitter möglichen Übergänge zwischen zwei Zuständen sich ungefähr um ein Drittel höhere Relaxationsraten ergeben als bei den übrigen Zustandsänderungen. Wenn einer dieser beiden Übergänge in einer Bewegung enthalten ist, betragen daher im Extremfall die Relaxationszeiten nur etwa zwei Drittel des T_1-Wertes einer Bewegung mit gleicher Umorientierungsfrequenz, aber anderen Übergängen. Dieser Effekt spielt naturgemäß keine allzu große Rolle, weil nur ein Bruchteil der möglichen Übergänge betroffen ist. Außerdem besitzt er um so weniger Gewicht, je stärker sich zwei zu vergleichende Umorientierungszahlen unterscheiden. T_1 wird also vor allem durch die Umorientierungsfrequenzen des Spinverbindungsvektors bestimmt.

Die Umorientierungen des Spinverbindungsvektors werden durch die Bewegung der Kinken verursacht. Umorientierungszahl und Kinkenzahl sind proportional zueinander. Bei der Ermittlung von T_1 kommt es im wesentlichen also nur auf die Kinkkonzentration p an. Wenn verschieden lange Ketten mit verschiedenen Defekten die gleiche Kinkkonzentration besitzen, so unterscheiden sich die Umorientierungszahlen und damit die Werte von T_1 nicht bedeutend, weil eine größere Kinkzahl durch eine größere Kettenlänge kompensiert wird und umgekehrt. So führt zum Beispiel die Wanderung einer Doppelkinke auf einer Kette der Länge h_0 zu denselben Relaxationszeiten wie die Bewegung zweier Doppelkinken auf einer Kette der Länge $2 h_0$. Auch für eine statistische Bewegung einer Doppelkinke oder zweier Einzelkinken über die Moleküllänge h_0 liegen die Relaxationszeiten in demselben Bereich wie bei der regelmäßigen Wanderung einer Doppelkinke.

Für eine Doppelkinke auf einer Kette der Länge h_0 beträgt die Kinkkonzentration

$$r = 2/h_0 \,. \qquad [11]$$

Formel [10] kann nun mit Hilfe von Gleichung [11] so abgeändert werden, daß die Kinkkonzentration p als Parameter darinsteht,

$$1/T_1 = 3{,}6 \cdot 10^{10} \,[\text{sec}^{-2}] \cdot p \,(1 - 4 p)/2 \,(1 - 2 p)^2$$
$$\times \{ b_1 \, \tau_\text{L}/(1 + \omega_0^2 \,(b_1 \, \tau_\text{L})^2)$$
$$+ 4 b_1 \, \tau_\text{L}/(1 + 4 \omega_0^2 \,(b_1 \, \tau_\text{L})^2) \}$$
$$+ 1{,}2 \cdot 10^{10} \,[\text{sec}^{-2}] \cdot p/2 \,(1 - 2 p) \qquad [12]$$
$$\times \{ b_2 \, \tau_\text{L}/(1 + \omega_0^2 \,(b_2 \, \tau_\text{L})^2)$$
$$+ 4 b_2 \, \tau_\text{L}/(1 + 4 \omega_0^2 \,(b_2 \, \tau_\text{L})^2) \}$$

mit

$$b_1 = \begin{cases} 2 \,(1 - 4 p)/(1 - 2 p) & \text{für die} \\ & \text{Gruppen 6, 8, \dots} \\ (1 - 4 p)/(1 - 2 p) & \text{für die} \\ & \text{Gruppen 7, 9, \dots} \end{cases}$$

und b_2 nach Gleichung [8].

Für hinreichend kleine p besteht die lineare Proportionalität

$$1/T_1 = \text{const.} \, p \,. \qquad [12\,\text{a}]$$

Damit haben wir eine Gleichung zur Berechnung von $1/T_1$ als Funktion der Kinkkonzentration p. Diese Gleichung gilt zunächst nur für den Fall des Auftretens einer einzigen Doppelkinke. Auf Grund der obigen Überlegungen kann man sie aber in sehr guter Näherung auch allgemein bei beliebig vielen Kinken anwenden.

Man muß ferner berücksichtigen, daß die Kinkkonzentration auch in den relativen Fadenendenabstand eingeht. Zu jedem Fadenendenabstand gibt es bei fester Kettenlänge h_0 eine maximale Kinkkonzentration. Dadurch kann man aus unseren Ergebnissen auch Rückschlüsse auf die Abhängigkeit der Relaxationszeit T_1 von h/h_0 ziehen. Da der Zusammenhang zwischen p und h/h_0 nicht eindeutig ist, erhält man jedoch nur eine Abschätzung von T_1 in Abhängigkeit von h/h_0, auf die wir in Abschnitt 4 b eingehen.

4. Ergebnisse und Diskussion

a) Ketten mit einer Doppelkinke

Die nach den Gleichungen [3] bis [6] berechneten Korrelationsfunktionen $G^{(1)}(\tau)$ und $G^{(2)}(\tau)$ zeigen qualitativ den gleichen Verlauf. In Abbildung 2 ist die Abhängigkeit der Korrelationsfunktion $G^{(1)}$ von τ/τ_L aufgetragen. Eingezeichnet sind die Kurven für die inneren CH_2-Gruppen mit geradzahliger Gruppennummer. Die Restkorrelation $G^{(1)}(\tau/\tau_\text{L} \to \infty)$ stellt ein Maß für die Anisotropie der Bewegung dar. Sie wird um so kleiner, je größer die Kinkkonzentration p wird, je öfter also die Doppelkinke die betreffende CH_2-Gruppe passiert. Am kleinsten ist der Anisotropiebeitrag zur Korrelationsfunktion für den Grenzfall, daß die Protonenverbindungsvektoren mit gleicher Wahrscheinlichkeit alle im Diamantgitter möglichen Orientierungen annehmen (gestrichelte Kurve). Dieser Grenzfall wird erreicht, wenn sich der relative Fadenendenabstand dem Wert 0 und damit die Kette ihrer maximalen Beweglichkeit nähert. $G^{(1)}(\tau)$ wird

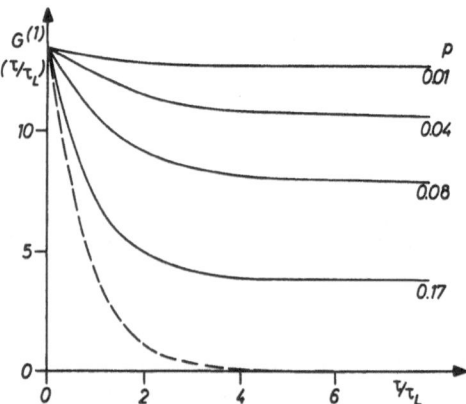

Abb. 2. Korrelationsfunktion $G^{(1)}$ für die Wanderung einer Doppelkinke als Funktion der auf die Konformationslebensdauer τ_L bezogenen Zeit τ. Die Kurven gelten für die 6., 8., ... CH_2-Gruppe in der Kette. Parameter ist die Kinkkonzentration p. Die gestrichelte Kurve gilt für im Diamantgitter frei bewegliche CH_2-Gruppen. Die Ordinateneinheiten sind willkürlich gewählt

hier ebenso wie die für T_2 maßgebende Funktion $G^{(0)}(\tau)$ bei genügend rascher Bewegung gleich Null.

Den Zusammenhang zwischen der Relaxationszeit T_1 und der reziproken Kinkkonzentration $1/p$ zeigt Abbildung 3. Für hinreichend kleine Konzentrationen p ergibt sich entsprechend der Gleichung [12a] eine annähernd lineare Beziehung, wie sie auch *Haeberlen* für genügend kleine p angibt (3).

Die Änderung von T_1 mit der Konformationslebensdauer τ_L ist in Abbildung 4 in logarithmischem Maßstab dargestellt. Es sind wieder nur die inneren CH_2-Gruppen eingezeichnet, wobei Kurve a für die geradzahligen und Kurve b für die ungeradzahligen Gruppennummern gilt.

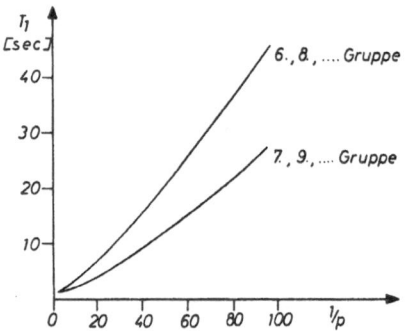

Abb. 3. Spin-Gitter-Relaxationszeit T_1 in Abhängigkeit von der reziproken Kinkkonzentration $1/p$. Die Resonanzfrequenz beträgt 60 MHz, die Konformationslebensdauer ist 10^{-7} s

Die Resonanzfrequenz beträgt 60 MHz. Dadurch ist die Lage der Minima festgelegt, die nach der Gleichung [10] bei Zeiten in der Nähe der reziproken Resonanzfrequenz liegen. Gestrichelt eingezeichnet sind wieder die Ergebnisse für CH_2-Gruppen, die im Diamantgitter alle sechs Orientierungen mit gleicher Wahrscheinlichkeit annehmen, also CH_2-Gruppen einer frei beweglichen Kette. Starke Abweichungen von den T_1-Werten dieser im Diamantgitter maximal beweglichen CH_2-Gruppen findet man erst bei kleinen Kinkkonzentrationen p. Dort besitzt das Spektrum der Bewegung des Moleküls keine bedeutende Komponente mehr bei der Resonanzfrequenz, so daß sich die Relaxationszeiten beträchtlich erhöhen (vgl. Gleichung [1] und Abb. 3). Die Frequenz der Umorientierung des Protonenverbindungsvektors einer CH_2-Gruppe ist nach Abbildung 4 für $p = 0,17$ so hoch, daß die Abweichungen vom Relaxationsverhalten der nahezu freien CH_2-Gruppen klein bleiben.

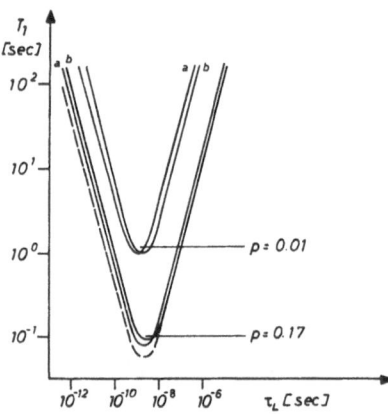

Abb. 4. Spin-Gitter-Relaxationszeit T_1 als Funktion der Lebensdauer τ_L einer Konformation. a) 6., 8., ... Gruppe. b) 7., 9., ... Gruppe. p ist die Kinkkonzentration. Die gestrichelte Kurve gilt für im Diamantgitter frei bewegliche CH_2-Gruppen. Die Resonanzfrequenz beträgt 60 MHz

b) Schlußfolgerungen über die Abhängigkeit von T_1 vom relativen Fadenendenabstand h/h_0

Unser Interesse gilt in erster Linie der Abhängigkeit der Spin-Gitter-Relaxationszeit vom relativen Fadenendenabstand, um die Ergebnisse der T_1-Rechnungen mit den Linienformrechnungen vergleichen zu können.

Die Doppelkinke verkürzt die Kette der Länge h_0 um zwei Einheiten. Es gilt daher

$$h/h_0 = (h_0 - 2)/h_0 = 1 - 2/h_0 . \qquad [13]$$

Daraus folgt mit Hilfe von Gleichung [11]

$$h/h_0 = 1 - p \,. \qquad [14]$$

Einer Kinkkonzentration von 0,17 entspricht also ein relativer Fadenendenabstand von 0,83. Da es sich dabei um ziemlich stark verspannte Ketten handelt, werden längere Ketten mit anderen Defekten als einer Doppelkinke, aber mit dem gleichen h/h_0-Wert, im Mittel ungefähr die gleiche Kinkkonzentration besitzen. Nach Abbildung 4 liegen aber für diesen Fall die mittleren Relaxationszeiten $\bar{T}_1$, die aus den Relaxationsraten der geradzahligen und ungeradzahligen Gruppen gebildet sind, höchstens um etwa den Faktor 1,6 über denjenigen für eine quasi-freie Kette. Man erhält also bereits bei einem Fadenendenabstand $h/h_0 = 0,83$ Relaxationszeiten, die nicht wesentlich über denen der Ketten mit freien Enden liegen. Ketten mit $h/h_0 < 0,83$ weisen eine größere mittlere Kinkkonzentration auf, so daß sich ihre Relaxationszeiten nach den Ausführungen in Abschnitt 3 nur noch weiter den Werten T_{1f} für die maximal beweglichen CH$_2$-Gruppen nähern werden. Wir können also feststellen,

$$T_{1f} < \bar{T}_1 < 1,6\,T_{1f} \quad \text{für} \quad h/h_0 < 0,83 \,. \qquad [15]$$

Für $h/h_0 > 0,83$ gilt Gleichung [14] in guter Näherung nicht nur bei einer Doppelkinke, sondern auch bei beliebig vielen Kinken. Für diesen Fall ergibt sich mit Hilfe der Gleichungen [14] und [12a]

$$1/T_1 = \text{const.}\,(1 - h/h_0) \quad \text{für} \quad h/h_0 > 0,83 \,. \qquad [16]$$

Das Festliegen der Kettenenden ist also für T_1 offenbar nicht von so großer Bedeutung wie für die Linienbreite, die über einen wesentlich größeren h/h_0-Bereich stark von der Verspannung der Kette beeinflußt wird (1). Dieser Unterschied beruht darauf, daß zu T_1 nur schnelle Bewegungen der Frequenz-Größenordnung ω_0 beitragen, wogegen die berechnete Linienbreite durch zeitunabhängige Geometrieeffekte infolge des Einspannens der Kette verändert wird.

Anhang 1

Zur Berechnung der Übergangswahrscheinlichkeiten

Die Übergangswahrscheinlichkeiten $W(\vec{r}_l|\vec{r}_m, \tau)$ können zur Übergangsmatrix $\boldsymbol{W}(\tau)$ zusammengefaßt und

mittels einer Behandlung der Zeitentwicklung der Bewegung als Markowkette bestimmt werden (5, 7). Dazu wird der Zeitabschnitt τ in N kleine Intervalle der Länge $\Delta\tau$ unterteilt, d.h. $\tau = N \cdot \Delta\tau$. Für diese kleinen Zeiten läßt sich für $\vec{r}_l \neq \vec{r}_m$ ansetzen:

$$W(\vec{r}_l|\vec{r}_m, \Delta\tau) = p(\vec{r}_l, \vec{r}_m) \cdot \Delta\tau/\tau_L \,. \qquad [15]$$

Dabei gibt $p(\vec{r}_l, \vec{r}_m)$ die Wahrscheinlichkeit für den Übergang des Protonenverbindungsvektors innerhalb der Zeit τ_L von der Orientierung $\vec{r}_l$ in die Orientierung $\vec{r}_m$ an. Die $p(\vec{r}_l, \vec{r}_m)$ lassen sich aus dem zeitlichen Ablauf der Bewegung im Diamantgitter bestimmen, indem man abzählt, wie oft auf die Orientierung $\vec{r}_l$ nach der Konformationslebenszeit τ_L die Orientierung $\vec{r}_m$ folgt.

Die Übergangsmatrix, die nach $N = \tau/\Delta\tau$ Zeitintervallen vorliegt, läßt sich aus der Matrix $\boldsymbol{W}(\Delta\tau)$ bestimmen über die Beziehung (8)

$$\boldsymbol{W}(\tau) = (\boldsymbol{W}(\Delta\tau))^N \,. \qquad [16]$$

Nach dem Diagonalisieren und Potenzieren von $\boldsymbol{W}(\Delta\tau)$ erhält man im Grenzfall $N \to \infty$ als Matrixelement die in Gleichung [4] angegebene Beziehung, die für $\vec{r}_l \neq \vec{r}_m$ gilt:

$$W(\vec{r}_l|\vec{r}_m, \tau) = w(\vec{r}_m)$$
$$\times \left(1 - \sum_{i=1}^{n} a_i^{lm} \exp\{-|\tau|/b_i\,\tau_L\}\right).$$

Die Summationsgrenze n bezeichnet die Anzahl der sich bei der Rechnung ergebenden Korrelationszeiten $b_i\,\tau_L$ (siehe Anhang 2). Die b_i ergeben sich zusammen mit den Koeffizienten a_i^{lm} ebenfalls aus der Rechnung. Sowohl n als auch b_i und a_i^{lm} hängen davon ab, welche der sechs möglichen Orientierungen des Protonenverbindungsvektors bei der betrachteten CH$_2$-Gruppe vorkommen und wie hoch die einzelnen Übergangsraten der Übergänge zwischen ihnen sind (vgl. Gl. [15]). Für die Konstanten a_i^{lm} gilt die Bedingung $\sum_{i=1}^{n} a_i^{lm} = 1$, weil $W(\vec{r}_l|\vec{r}_m, 0) = 0$ sein muß für $\vec{r}_l \neq r_m$. Für große Zeiten τ konvergiert die Übergangswahrscheinlichkeit gegen die a-priori-Wahrscheinlichkeit $w(\vec{r}_m)$. $W\vec{r}(l|\vec{r}_l, \tau)$ ist durch

$$\sum_{m=1}^{6} W(\vec{r}_l|\vec{r}_m, \tau) = 1 \,,$$

bestimmt.

Anhang 2

Übergangswahrscheinlichkeiten der inneren CH$_2$-Gruppen im Falle der Doppelkinkenwanderung

Für die Wanderung einer Doppelkinke, bei der drei verschiedene Orientierungen der Protonenverbindungsvektoren im Diamantgitter vorkommen, haben die Matrizen $\boldsymbol{W}(\Delta\tau)$ für die inneren CH$_2$-Gruppen folgende Gestalt:

$$\boldsymbol{W}(\Delta\tau) = \begin{pmatrix} 1 - 2/(h_0 - 8)\cdot \Delta\tau/\tau_L & 1/(h_0 - 8)\cdot \Delta\tau/\tau_L & 1/(h_0 - 8)\cdot \Delta\tau/\tau_L \\ 0{,}5\,\Delta\tau/\tau_L & 1 - \Delta\tau/\tau_L & 0{,}5\,\Delta\tau/\tau_L \\ 0{,}5\,\Delta\tau/\tau_L & 0{,}5\,\Delta\tau/\tau_L & 1 - \Delta\tau/\tau_L \end{pmatrix} \text{6., 8.,\dots Gruppe}, \qquad [17\,a]$$

$$\boldsymbol{W}(\Delta\tau) = \begin{pmatrix} 1 - 4/(h_0 - 8)\cdot \Delta t/\tau_L & 2/(h_0 - 8)\cdot \Delta\tau/\tau_L & 2/(h_0 - 8)\cdot \Delta\tau/\tau_L \\ \Delta\tau/\tau_L & 1 - \Delta\tau/\tau_L & 0 \\ \Delta\tau/\tau_L & 0 & 1 - \Delta\tau/\tau_L \end{pmatrix} \text{7., 9.,\dots Gruppe}. \qquad [17\,b]$$

Die Eigenwerte dieser Matrizen,

$$\lambda_1 = 1, \quad \lambda_2 = 1 - \Delta\tau/\tau_1, \quad \lambda_3 = 1 - \Delta\tau/\tau_2 \qquad [18]$$

liefern die Korrelationszeiten

$$\tau_1 = \tau_L/(2\,p(\vec{r}_1, \vec{r}_2) + 0{,}5)$$
$$= \tau_L \cdot 2\,(h_0 - 8)/(h_0 - 4) \quad \text{und} \quad \tau_2 = 0{,}67\,\tau_L \qquad [19\,a]$$

bei der 6., 8.,\dots Gruppe bzw.

$$\tau_1 = \tau_L/(2\,p(\vec{r}_1, \vec{r}_2) + 1)$$
$$= \tau_L \cdot (h_0 - 8)/(h_0 - 4) \quad \text{und} \quad \tau_2 = \tau_L \qquad [19\,b]$$

für die Gruppen 7, 9, \dots.

Mit der weiteren Ausführung der in Anhang 1 gegebenen Rechenvorschriften erhält man schließlich für beide Typen der inneren Gruppen die Matrix

$$\boldsymbol{W}(\tau) = \begin{pmatrix} 1 - 4/(h_0 - 4)\cdot(1 - \alpha) & 2/(h_0 - 4)\cdot(1 - \alpha) & 2/(h_0 - 4)\cdot(1 - \alpha) \\ (h_0 - 8)/(h_0 - 4)\cdot(1 - \alpha) & \begin{matrix} 1 - (h_0 - 6)/(h_0 - 4) + 0{,}5(h_0 - 8)/(h_0 - 4)\cdot\alpha \\ + (h_0 - 4)/4\cdot\beta \end{matrix} & \begin{matrix} 2/(h_0 - 4)\cdot(1 + (h_0 - 8)/4\cdot\alpha \\ - (h_0 - 4)/4\cdot\beta) \end{matrix} \\ (h_0 - 8)/(h_0 - 4)\cdot(1 - \alpha) & 2/(h_0 - 4)\cdot(1 + (h_0 - 8)/4\cdot\alpha - (h_0 - 4)/4\cdot\beta) & \begin{matrix} 1 - (h_0 - 6)/(h_0 - 4) \\ + 0{,}5(h_0 - 8)/(h_0 - 4)\cdot\alpha \\ + (h_0 - 4)/4\cdot\beta \end{matrix} \end{pmatrix} \qquad [20]$$

mit $\alpha = \exp\{-|\tau|/\tau_1\}$ und $\beta = \exp\{-|\tau|/\tau_2\}$. Hieraus lassen sich die in den Gleichungen [8] und [9] zusammengefaßten Größen ablesen. Die Identifikation der Vorfaktoren der Nichtdiagonalelemente mit den a-priori-Wahrscheinlichkeiten ist in folgender Weise möglich: Da die Doppelkinke nach $(h_0 - 4)$ Schritten einmal auf der Kette der Länge h_0 hin- und hergelaufen ist und dabei die Orientierungen $\vec{r}_2$ und $\vec{r}_3$ bei jeder inneren Gruppe zweimal auftreten, lauten die $w(\vec{r}_m)$:

$$w(\vec{r}_2) = w(\vec{r}_3) = 2/(h_0 - 4),$$
$$w(\vec{r}_1) = 1 - w(\vec{r}_2) - w(\vec{r}_3) = (h_0 - 8)/(h_0 - 4).$$

Zusammenfassung

Es wurde die Spin-Gitter-Relaxationszeit T_1 für Polyäthylenmoleküle in einem Diamantgitter mit festliegenden Enden unter der Annahme berechnet, daß Doppelkinken (4g2-Kinken) über die Kette wandern. Dabei zeigte sich, daß die Ketten mit festliegenden Enden nahezu die gleichen Relaxationszeiten besitzen wie freie Ketten. Nur für eine fast gestreckte Kette, was einer geringen Kinkkonzentration entspricht, ergeben sich deutliche Unterschiede zu den im Diamantgitter frei beweglichen Ketten. In diesem Bereich kleiner Kinkkonzentrationen ist die Relaxationsrate $1/T_1$ direkt zur Kinkkonzentration proportional. Im Unterschied zur Linienbreite und zum zweiten Moment wird also die Spin-Gitter-Relaxationszeit durch ein Festlegen der Kettenenden fast nicht beeinflußt.

Summary

The spin-lattice relaxation time T_1 of polyethylene chains with fixed ends is calculated under the assumption that kinks of the type 4g2 move along the chain considered. It was found that the chains with the fixed ends have approximately the same relaxation time T_1 as the free chains except for the case when the chains with fixed ends are almost completely stretched, this means that the concentration p of kinks is very small. In this case $1/T_1$ is proportional to p. From this we conclude that, in difference to the behaviour of the line width and the second moment, the relaxation time T_1 is not changed considerably if the ends of polymer chains are fixed.

Literatur

1) *Rosenke, K., H. G. Zachmann*, Progress Colloid & Polymer Sci. **64**, 245 (1978).
2) *Müller, R., H. G. Zachmann*, Progress Colloid & Polymer Sci., **64**, 249 (1978).
3) *Haeberlen, U.*, Kolloid-Z. u. Z. Polymere **225**, 15 (1968).
4) *Diehl, P., E. Fluck, R. Kosfeld* (Hrsg.), NMR-Basic Principles and Progress, Vol. 4, S. 202 (Berlin 1971).
5) *Abragam, A.*, The Principles of Nuclear Magnetism, Kapitel VIII und X (Oxford 1961).
6) *Schmedding, P., H. G. Zachmann*, Colloid & Polymer Sci. **253**, 527 (1975).
7) *Kimmich, R.*, Colloid & Polymer Sci. **252**, 786 (1974).
8) *Zachmann, H. G.*, Mathematik für Chemiker (Weinheim/Bergstr. 1974).

Für die Verfasser:

Prof. Dr. *H. G. Zachmann*
Institut für Physikalische Chemie
der Universität Mainz
Jakob-Welder-Weg 15
D-6500 Mainz

Progr. Colloid & Polymer Sci. **64**, 245–248 (1978)
© 1978 by Dr. Dietrich Steinkopff Verlag GmbH & Co. KG, Darmstadt
ISSN 0340-255 X

Vorgetragen auf der Frühjahrstagung des Fachausschusses
Physik der Hochpolymeren in der Deutschen Physikalischen Gesellschaft
in Rothenburg o. T. vom 28.–31. März 1977

Institut für Physikalische Chemie der Universität Mainz und Sonderforschungsbereich 41,
Physik und Chemie der Makromoleküle

Berechnung der Linienform des Kernresonanzsignals für Polyäthylenmoleküle mit festliegenden Enden

K. Rosenke und *H. G. Zachmann*

Mit 4 Abbildungen

(Eingegangen am 11. Mai 1977)

1. Einleitung

In früheren Arbeiten wurde über die Berechnung des zweiten Momentes der Kernresonanzlinie von isolierten Polyäthylenketten mit festliegenden Enden berichtet (1, 2, 3). Als Parameter dieser Rechnungen trat der Verspanntheitsgrad h/h_0 einer Kette auf. h ist dabei der Fadenendenabstand der Kette und h_0 der Fadenendenabstand der völlig gestreckten Kette. Aufgrund dieser Abhängigkeit des zweiten Momentes von h/h_0 können die Ergebnisse bei der Klärung der Frage helfen, welche Ketten in der Schmelze und in den amorphen Bereichen eines teilkristallinen Polymeren zu den einzelnen Komponenten des Kernresonanzspektrums beitragen (4). Bei einer solchen Anwendung ist allerdings anzumerken, daß durch das zweite Moment allein die Linienform nicht charakterisiert ist und Spektren von sehr verschiedener Gestalt das gleiche zweite Moment besitzen können. Aus diesem Grunde ist es wünschenswert, neben dem zweiten Moment auch die Linienform als Funktion von h/h_0 zu kennen.

2. Verfahren zur Berechnung der Linienform

Zunächst sollen die Voraussetzungen für die Linienformberechnungen erläutert werden.

1. Wir betrachten eine Polyäthylenkette mit festliegenden Enden, deren Kohlenstoffatome auf den Plätzen eines Diamantgitters liegen. Die Bewegung soll in Änderungen der Konformationen der Gesamtkette bestehen. Die Übergangszeit von einer Konformation in eine andere wird vernachlässigt gegenüber der Konformationslebensdauer τ_L. Die Berechtigung dieser Annahme wird in einer anderen Arbeit (3) diskutiert.

2. Die Konformationslebensdauer τ_L soll so klein gegen die Spin-Lebensdauer T_2 sein, daß die Kette alle überhaupt möglichen, d.h. mit den Randbedingungen verträglichen Konformationen innerhalb dieser Zeit T_2 einnehmen kann.

3. Ferner soll nur der von τ_L unabhängige Beitrag zur Linienbreite berücksichtigt werden, der auf der Anisotropie der Bewegung infolge des Einspannens der Kette beruht.

Der zeitabhängige Anteil enthält den sogenannten flüssigkeitsähnlichen Anteil, wie er auch in einer Schmelze bei isotroper Bewegung der Moleküle auftritt. Er ist zu τ_L proportional und daher für hinreichend kleines τ_L vernachlässigbar. Aus Berechnungen dieses flüssigkeitsähnlichen Anteils, die wir durchgeführt haben (5), läßt sich beispielsweise für eine Konformationslebensdauer von 10^{-7} s und einen relativen Fadenendenabstand von 0,5 ein flüssigkeitsähnlicher Anteil von knapp 10% abschätzen. Dies muß beim Vergleich der Rechnung mit einem Experiment beachtet werden.

Die Vernachlässigung des Spin-Gitter-Anteils der Dipol-Dipol-Wechselwirkung ist unabhängig von τ_L auf alle Fälle gerechtfertigt für relative Fadenendenabstände, die größer als 0,17 sind (5).

4. Aus numerischen Gründen beschränken wir uns auf die Wechselwirkung der Protonen innerhalb jeder CH_2-Gruppe. Der Einfluß der Protonen außerhalb der Gruppe wird pauschal erfaßt. Ob diese Näherung ausreicht, wird von uns noch untersucht (5).

Aufgrund der Voraussetzung (4) läßt sich eine Polyäthylenkette aus N CH$_2$-Gruppen zunächst als ein System aus N unabhängigen Protonenpaaren behandeln. In erster störungstheoretischer Näherung *) trägt jedes dieser Paare bei einem gegebenen Winkel Θ_n zwischen dem äußeren statischen Magnetfeld $\vec{H}_0$ und dem Spin-Verbindungsvektor $\vec{r}_n$ der n-ten Gruppe mit genau zwei Resonanzlinien zum Spektrum bei an den Stellen (6)

$$H_{\pm}(\Theta_n) = H_0 \pm \tfrac{3}{4}\, \gamma\, \hbar/r^3 (3\cos^2 \Theta_n - 1). \qquad [1]$$

γ ist das gyromagnetische Verhältnis des Protons, $\hbar$ das Plancksche Wirkungsquantum und r der feste Abstand der Protonen voneinander. Die Verschiebungen relativ zu H_0, die lokalen Felder, betragen daher

$$\pm \Delta H(\Theta_n) = H_{\pm}(\Theta_n) - H_0 \qquad [1a]$$
$$= \pm\, 3{,}751\, (3\cos^2 \Theta_n - 1)\, [\text{G}].$$

Bei der Molekülbewegung erhält man den Abstand der beiden Linien von H_0 durch Mittelung über alle Konformationen der Kette, d. h. über die Orientierung Θ_n während der Lebensdauer eines Spinzustandes (Voraussetzung [2]). Um die Mittelung durchzuführen, werden die Winkel Θ_n zweckmäßigerweise ersetzt durch die Winkel ϑ und φ sowie einen Index α (3). ϑ kennzeichnet die Orientierung der Kettenachse relativ zu $\vec{H}_0$ und φ die Orientierung des Diamantgitters relativ zur Kettenachse. α bezeichnet die Orientierung des Protonenverbindungsvektors im Diamantgitter und kann sechs Werte 1, 2, ..., 6 annehmen. Man ersetzt also $\Delta H(\Theta_n)$ durch ein Feld $\Delta H^{\alpha}(\vartheta, \varphi)$. Der zeitliche Mittelwert der lokalen Felder ist dann gegeben als

$$\pm \overline{\Delta H_n(\vartheta, \varphi)}^t = \pm \sum_{\alpha=1}^{6} w_n^{\alpha} \cdot \Delta H^{\alpha}(\vartheta, \varphi). \qquad [2]$$

Die Größen w_n^{α} sind die Orientierungswahrscheinlichkeiten der Spin-Verbindungsvektoren der einzelnen CH$_2$-Gruppen. Sie werden aus den Kettenkonformationen durch Abzählen ermittelt (2).

$\overline{\Delta H_n(\vartheta, \varphi)}^t$ hängt vom relativen Fadenendenabstand h/h_0 ab, weil das Molekül mit abnehmender Verspannung immer beweglicher wird. Die Anisotropie der Bewegung nimmt dann ab, und der Mittelwert $\overline{\Delta H_n(\vartheta, \varphi)}^t$ muß kleiner werden.

---

*) Diese Näherung entspricht der Vernachlässigung der Spin-Gitter-Wechselwirkung.

Als Linienformfunktion der Kette aus N CH$_2$-Gruppen ergibt sich nunmehr

$$f(H, \vartheta, \varphi) = \sum_{n=1}^{N} \{ \delta(H - H_0 - \overline{\Delta H_n(\vartheta, \varphi)}^t)$$
$$+ \delta(H - H_0 + \overline{\Delta H_n(\vartheta, \varphi)}^t) \}\, \mathrm{d}H. \qquad [3]$$

Im Falle eines Ensembles von isolierten Polyäthylenketten kann dem Winkel φ kein bestimmter Wert zugewiesen werden, vielmehr ist es notwendig, eine gleichmäßige Verteilung $w_1(\varphi)$ der Winkel φ um die Kettenachse anzusetzen. Ebenso kann für ϑ eine Verteilungsfunktion $w_2(\vartheta)$ angenommen werden. Werden außerdem zur Berücksichtigung der Wechselwirkung zwischen Spins verschiedener Paare die unendlich schmalen Resonanzlinien der Gleichung [3] durch Gaußkurven endlicher Breite ersetzt (Voraussetzung [4]), dann lautet der endgültige Ausdruck für das zu berechnende Spektrum:

$$F(H) = \int_{H'} \int_{\vartheta} \int_{\varphi} w_1(\varphi)\, w_2(\vartheta)\, f(H', \vartheta, \varphi)$$
$$\times \exp\{-(H - H')^2/2\beta^2\}\, \mathrm{d}\varphi\, \mathrm{d}\vartheta\, \mathrm{d}H' \qquad [4]$$

mit $f(H, \vartheta, \varphi)$ nach Gleichung [3].

Der Verbreiterungsparameter β in Gleichung [4] wird so gewählt, daß man für das zweite Moment M_2 der berechneten Kurven $F(H)$ denselben Wert wie in den Arbeiten (1—3) erhält. Dort wurde der Einfluß der Protonen außerhalb einer CH$_2$-Gruppe durch den Faktor 1,69 berücksichtigt:

$$M_2 = \frac{169}{N} \sum_{n=1}^{N} M_2^n. \qquad [5]$$

M_2^n bedeutet das zweite Moment der isolierten n-ten CH$_2$-Gruppe. Der Vergleich von

$$M_2 = \int H^2 F(H)\, \mathrm{d}H / \int F(H)\, \mathrm{d}H$$
$$= \beta^2 + \frac{1}{N} \sum_{n=1}^{N} M_2^n \qquad [6]$$

mit Gleichung [5] zeigt, daß gilt:

$$\beta^2 = \frac{0{,}69}{N} \cdot \sum_{n=1}^{N} M_2^n. \qquad [7]$$

Für eine statistische räumliche Verteilung der Kettenachsen ist das Integral

$$\beta^2 = 0{,}69/2\pi N \times$$
$$\times \sum_{n=1}^{N} \int_0^{\pi} \int_0^{\pi} \overline{(\Delta H_n(\vartheta, \varphi)}^t)^2 \sin\vartheta\, \mathrm{d}\vartheta\, \mathrm{d}\varphi \qquad [8]$$

auszuwerten. Man erhält eine komplizierte Abhängigkeit von β^2 von den Orientierungswahrscheinlichkeiten w_n^{α}.

3. Ergebnisse der Linienformberechnungen

Die Abbildungen 1 und 2 zeigen als Beispiele die Absorptionslinien von Ketten aus $N = 13$ CH$_2$-Gruppen für statistisch verteilte Orientierungen der Kettenachsen. In Abbildung 1 ist das Spektrum zu $h/h_0 = 0,5$ vor und nach der Verbreiterung der Resonanzlinien mit einer Gaußkurve dargestellt. Das unverbreiterte Spektrum ist aus über 30000 Einzellinien zusammengesetzt. Die Auflösung beträgt 0,01 Gauß. Deutlich ist im Zentrum die Einsattelung zu erkennen, die von der Symmetrie der Zwei-Protonen-Spektren herrührt (Gleichung [1a]). Die Verbreiterung durch die Nachbargruppen führt einmal dazu, daß die Einsattelung überdeckt wird, und bewirkt zum anderen, daß die Ausläufer langsamer abfallen.

Abbildung 2 macht den Einfluß der Verspannung der Ketten auf die Absorptionslinien sichtbar. Bei einer Änderung des relativen Fadenendenabstandes h/h_0 von 0,83 auf 0,5 steigt die Beweglichkeit der Moleküle bereits so stark an, daß ein erheblicher Teil der Dipol-Dipol-Wechselwirkung sich herausmittelt und die Halbwertsbreite von 6,7 Gauß auf 1,6 Gauß abnimmt. An beide Spektren sind Gaußkurven

gleicher Höhe und Halbwertsbreite wie die berechneten Kurven angepaßt (gestrichelte Linien). Die Anpassung gelingt bei $h/h_0 = 0,5$ besser als bei $h/h_0 = 0,83$, aber eine wesentliche Abweichung von der Gaußform tritt nicht auf.

Einen Überblick über die Gestalt der Spektren bei allen h/h_0-Werten erhält man, indem man jeweils das Verhältnis des Quadrates der Halbwertsbreite $\Delta H_{1/2}$ zum zweiten Moment M_2 berechnet. Für eine Gaußkurve,

$$\exp\left\{-(H - H_0)^2/2\beta^2\right\},$$

gilt:

$$(\Delta H_{1/2})^2/M_2 = (\sqrt{8\ln 2} \cdot \beta)^2/\beta^2 = 5,5. \qquad [9]$$

Für eine bei $H = H_0 \pm \alpha$, $\alpha \gg \Delta H_{1/2}$, abgeschnittene Lorentzkurve, $(1 + (H - H_0)^2/\beta^2)^{-1}$, wird

$$(\Delta H_{1/2})^2/M_2 = (\Delta H_{1/2})^2/(\alpha/\pi)\,\Delta H_{1/2}$$
$$= \Delta H_{1/2} \cdot \pi/\alpha \ll 1. \qquad [10]$$

Das Auftreten von Werten unter 5,5 deutet darauf hin, daß formal lorentzförmige Anteile im Spektrum erscheinen. Abbildung 3 zeigt dieses Verhalten für verschiedene Einspannbedingungen der Kette. Kurve a gilt in dem Fall, daß für die letzte C—C-Bindung an beiden Enden der Kette keine der im Diamantgitter möglichen Orientierungen ausgeschlossen ist. Bei Kurve b unterliegen diese Bindungen der Einschränkung, daß eine ganz bestimmte — und zwar an beiden Enden die gleiche — Orientierung verboten ist. Diese Randbedingung des Falles b trifft bei Ketten zu, die als Schlaufen aus einem Kristall heraushängen (2).

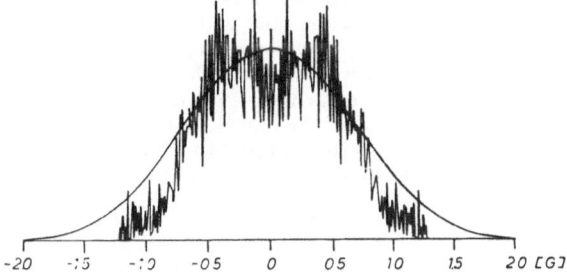

Abb. 1. Spektrum einer Polyäthylenkette aus $N = 13$ CH$_2$-Gruppen mit festliegenden Enden vor und nach der Faltung mit einer Gaußkurve. Halbwertsbreite der Gaußkurve 0,96 Gauß. Relativer Fadenendenabstand $h/h_0 = 0,5$

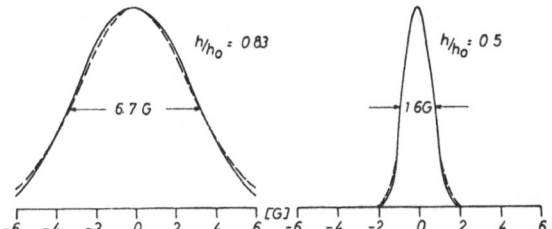

Abb. 2. Absorptionslinien von Ketten aus $N = 13$ CH$_2$- Gruppen mit festliegenden Enden. ——— berechnet, - - - - - angepaßte Gaußlinie

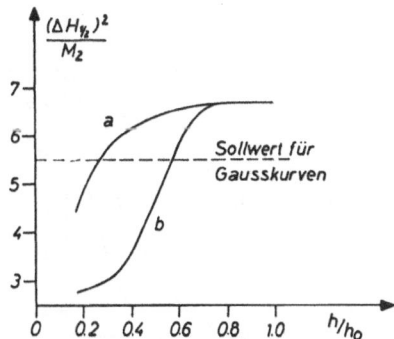

Abb. 3. Einfluß der Einspannbedingungen für Ketten aus $N = 13$ CH$_2$-Gruppen. Aufgetragen ist das Verhältnis des Quadrates der Linienbreite zum zweiten Moment gegen den relativen Fadenendenabstand.
a) Beliebige Orientierung der Kettenenden.
b) Orientierungsmöglichkeiten der Kettenenden eingeschränkt (Schlaufe)

Der niedrige Wert des Verhältnisses

$$(\Delta H_{1/2})^2/M_2$$

bei kleinen relativen Fadenendenabständen wie auch seine starke Abhängigkeit von den speziellen Randbedingungen ist darauf zurückzuführen, daß bei kurzen Ketten ($N = 13$) und kleinen relativen Fadenendenabständen Randeffekte stärker ins Gewicht fallen als bei längeren Ketten. Vor allem das zweite Moment ist davon betroffen. Bei langen Ketten werden vermutlich im gesamten h/h_0-Bereich bei unserer Näherung Kurven mit Gaußcharakter, d.h. ohne lorentzförmige Anteile, vorliegen. Wegen des großen Rechenaufwandes konnten wir längere Ketten als $N = 13$ nur näherungsweise im Intervall $0,6 < h/h_0 \leq 1,0$ berücksichtigen. Dort stimmen Linienbreite und zweites Moment für $N = 101$ (nach dem Näherungsverfahren) gut mit $N = 13$ (nach der exakten Rechnung) überein.

Die in dieser Arbeit vorgelegten Ergebnisse wurden mit der Randbedingung a nach Abbildung 3 errechnet. Bei dieser Wahl wirken sich die Randgruppen auf die Linienbreite praktisch nicht aus, so daß die Resultate bei kleinem h/h_0 bezüglich $\Delta H_{1/2}$ auch für längere Ketten annähernd gültig sind.

Abbildung 4 zeigt die Abhängigkeit der Halbwertsbreite und des zweiten Momentes der berechneten Spektren vom relativen Fadenendenabstand. Beide Größen nehmen in einander entsprechender Weise ab. Im Bereich großer relativer Fadenendenabstände geschieht die Abnahme rascher als bei kleinen Werten. Dieses

Verhalten ist zu erwarten. Denn die Anzahl der Konformationen, d.h. die Bewegungsmöglichkeiten der Kette, verdreifacht sich beispielsweise zwischen $h/h_0 = 0,8$ und $h/h_0 = 0,7$. Zwischen $h/h_0 = 0,3$ und $h/h_0 = 0,2$, wo der zeitliche Mittelwert der lokalen Felder ohnehin schon klein ist, wächst die Zahl nur noch um 30% an. Eine Extrapolation zu $h/h_0 = 0$ ergibt eine Linienbreite und ein zweites Moment der Größe 0, weil die Rechnung nur den Beitrag der Verspannung des Moleküls zur Linienform berücksichtigt.

Zusammenfassung

Es wurde die Kernresonanzlinienform von Polyäthylenketten mit festliegenden Enden in Abhängigkeit vom relativen Fadenendenabstand berechnet. Dabei wird der flüssigkeitsähnliche Anteil, wie er auch in einer Schmelze bei isotroper Bewegung der Moleküle auftritt, vernachlässigt. Man erhält annähernd gaußförmige Linien. Die Halbwertsbreite der Kurven wird mit abnehmendem Fadenendenabstand kleiner in gleicher Weise, wie es früher für das zweite Moment gefunden wurde (1, 2, 3). Die berechnete Halbwertsbreite ermöglicht einen zuverlässigeren Vergleich mit dem Experiment als das früher berechnete zweite Moment.

Summary

The shape of the NMR-line of polyethylene molecules with fixed ends is calculated. The liquid-like contribution which occurs also in melt with isotropic motion is neglected. The lines obtained are approximately gaussian. The line width decreases with decreasing end-to-end distance in a similar way as it was found earlier for the second moment of the line (1, 2, 3). The calculated line width can be better compared with the experiment than the second moment.

Literatur

1) *Schmedding, P., H. G. Zachmann*, Kolloid-Z. u. Z. Polymere **250**, 1105 (1972).
2) *Schmedding, P., H. G. Zachmann*, Colloid & Polymer Sci. **253**, 441 (1975).
3) *Schmedding, P., H. G. Zachmann*, Colloid & Polymer Sci. **253**, 527 (1975).
4) *Zachmann, H. G.*, Kolloid-Z. u. Z. Polymere **251**, 951 (1973).
5) *Rosenke, K.*, Dissertation Mainz 1978.
6) *Pake, G. E.*, J. Chem. Phys. **16**, 327 (1948).

Für die Verfasser:

Prof. Dr. *H. G. Zachmann*
Institut für Physikalische Chemie
der Universität Mainz
Jakob-Welder-Weg 15
D-6500 Mainz

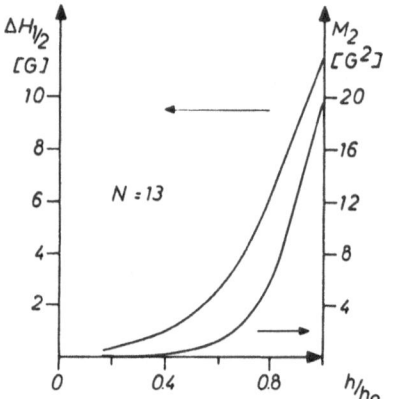

Abb. 4. Halbwertsbreite $\Delta H_{1/2}$ und zweites Moment M_2 einer Polyäthylenkette mit festliegenden Enden als Funktion des relativen Fadenendenabstandes h/h_0, gemittelt über alle Kettenorientierungen

Progr. Colloid & Polymer Sci. **64**, 249–254 (1978)
© 1978 by Dr. Dietrich Steinkopff Verlag GmbH & Co. KG, Darmstadt
ISSN 0340-255 X

Vorgetragen auf der Frühjahrstagung des Fachausschusses
Physik der Hochpolymeren in der Deutschen Physikalischen Gesellschaft
in Rothenburg o. T. vom 28.–31. März 1977

Institut für Physikalische Chemie der Universität Mainz und Sonderforschungsbereich 41,
Chemie und Physik der Makromoleküle

Zur Messung der magnetischen Kernresonanz bei Rotation der Probe unter dem magischen Winkel

R. Müller und *H. G. Zachmann*

Mit 8 Abbildungen

(Eingegangen am 10. Juni 1977)

A. Einleitung

Die Absorptionslinien der magnetischen Kernresonanz von Festkörpern sind um mehrere Größenordnungen breiter als die von isotropen Flüssigkeiten. Die Verbreiterung wird im wesentlichen durch die starke Dipol-Dipol-Wechselwirkung der Kerne verursacht. Durch hinreichend schnelle Rotation der Probe um eine Achse, die mit der Richtung des äußeren Magnetfeldes einen Winkel von 54°44′ einschließt, wird die Dipol-Dipol-Wechselwirkung zu Null gemittelt.

Man erhält dann von rotierenden Festkörpern ähnlich schmale Absorptionslinien wie von isotropen Flüssigkeiten. Der oben angegebene Winkel heißt magischer Winkel.

Um die Absorptionslinien von Festkörpern zu verschmälern, benötigt man, wie weiter unten gezeigt wird, Rotationsfrequenzen von 10^6 Hz. Es gibt zur Zeit keine Möglichkeit, Turbinen zu bauen, die derartig schnell rotieren. Verschiedentlich ist es aber gelungen (1–5), Turbinen für Frequenzen bis zu einigen Tausend Hz zu konstruieren. Damit konnten Linien verschmälert werden, die von Atomkernen herrühren, bei denen als Folge einer thermischen Bewegung die Dipol-Dipol-Wechselwirkung zum Teil aber noch nicht vollständig herausgemittelt ist.

In der vorliegenden Arbeit berichten wir über den Bau einer Turbine, deren Konstruktion relativ einfach ist und die Rotationsfrequenzen bis zu 8 kHz erreicht. Mit Hilfe dieser Turbine wurden Messungen an Polyäthylen und vernetztem Polybutadien durchgeführt. Aus der Linienverschmälerung bei der Rotation wurden Rückschlüsse auf den Fadenendenabstand der Ketten in den nichtkristallinen Bereichen gezogen.

B. Theorie

Im folgenden soll kurz die Theorie der Linienverschmälerung bei der Rotation der Probe um die magische Achse dargestellt werden.

Vernachlässigt man die Spin-Gitter-Wechselwirkung, so hat der Hamiltonoperator, der die Spin-Spin-Wechselwirkung beschreibt, die Form (6):

$$\boldsymbol{H}_{\mathrm{D}} = \hbar^2 \, \gamma^2/2 \sum_{i<j} r_{ij}^{-3} (3 \cos^2 \Theta_{ij} - 1) \times$$
$$\times (\vec{I}_j \cdot \vec{I}_j - 3 \, I_{jz} \, I_{iz}) \, . \quad [1]$$

Dabei ist $\hbar$ das Plancksche Wirkungsquantum, γ das gyromagnetische Verhältnis, r_{ij} der Betrag des Verbindungsvektors zwischen dem i-ten und dem j-ten Kern, Θ_{ij} der Winkel zwischen dem Verbindungsvektor und der Richtung des äußeren Magnetfeldes, und $\vec{I}_i$ und $\vec{I}_j$ sind die Spinoperatoren des i-ten bzw. j-ten Kerns. Rotiert nun die Probe mit der Frequenz w_{r} um eine Achse, die um den Winkel α zur Richtung des H_0-Feldes gedreht ist, so rotiert der Verbindungsvektor r_{ij}, wie Abbildung 1 zeigt, auf einem Kegelmantel mit dem Öffnungswinkel $2\alpha_{ij}$. Mittelt man über $\cos^2 \Theta_{ij}$, das ist das Quadrat der Projektion des Einheitsverbindungsvektors auf die Achse in Richtung des H_0-Feldes, und setzt den Mittelwert in die obere Gleichung ein, so erhält man für den zeitlichen Mittelwert des Hamiltonoperators (2):

$$\overline{\boldsymbol{H}}_{\mathrm{D}} = \hbar^2 \, \gamma^2/4 \, (3 \cos^2 \alpha - 1) \times$$
$$\times \sum_{i<j} r_{ij}^{-3} (3 \cos^2 \alpha_{ij} - 1) \times$$
$$\times (\vec{I}_i \cdot \vec{I}_j - 3 \, I_{iz} \, I_{jz}) \, . \quad [2]$$

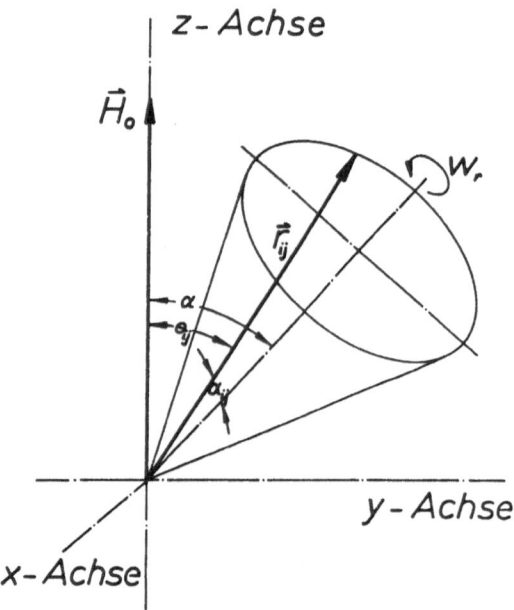

Abb. 1. Rotation des Verbindungsvektors r_{ij} um die magische Achse mit der Rotationsfrequenz w_r

Für den Winkel $\alpha = 54_0\,44'$ verschwindet

$$3\cos^2\alpha - 1\,,$$

und man erhält wie bei isotropen Flüssigkeiten

$$\overline{H}_D = 0\,. \tag{3}$$

Der Hamiltonoperator kann nur dann durch den zeitlichen Mittelwert ersetzt werden, wenn die makroskopische Umlaufzeit T_r der Probe klein gegen die Spinlebensdauer T_2 ist. Ist die Absorptionslinie durch thermische Bewegung der Moleküle verschmälert, so wird darüber hinaus die Rotation der Probe nur dann von Einfluß sein, wenn die Umlaufzeit T_r in der Größenordnung oder kleiner als die Korrelationszeit τ_c ist, die die mikroskopische Bewegung der Moleküle beschreibt. Nur dann werden bei Probenrotation die Moleküle merken, daß sie sich um die magische Achse drehen. Zur Verschmälerung der Absorptionslinie müssen also im allgemeinen zwei Bedingungen erfüllt sein:

1. $T_r \lesssim T_2$, [4]

2. $T_r \lesssim \tau_c$. [5]

Die beiden Bedingungen sind im allgemeinen bei Festkörpern wegen der BPP-Gleichung (7) nur dann erfüllt, wenn die Rotationsfrequenz der Probe größer oder gleich 10^6 Hz ist. Solche Frequenzen sind jedoch technisch nicht zu realisieren.

Wenn die Moleküle, wie z. B. die Ketten in den nichtkristallinen Bereichen oberhalb der Einfriertemperatur, eine anisotrope Bewegung ausführen, durch die ein Teil der Dipol-Dipol-Wechselwirkung herausgemittelt wird, der Rest aber auch bei noch so schneller thermischer Bewegung erhalten bleibt, so sind die Verhältnisse günstiger. Durch das teilweise Herausmitteln der Dipol-Dipol-Wechselwirkung wird die Spinlebensdauer T_2 größer, so daß Gleichung [4] erfüllt ist. Gleichzeitig ist dann im allgemeinen, wie z. B. Abbildung 2 zeigt, der zeitliche Mittelwert der z-Komponente des lokalen Feldes $\overline{H_{\text{loc}\,zij}} - H_0$ des j-ten Kernspins am Ort des i-ten Kerns ungleich Null (8, 9). Die Korrelationsfunktion von $H_{\text{loc}\,zij} - H_0$ enthält dann die additive Konstante $(\overline{H_{\text{loc}\,zij}} - H_0)^2$ (10); das heißt einen Anteil, der eine zeitliche Änderung mit unendlich großer Korrelationszeit aufweist. Für diesen Term ist somit auch Gleichung [5] erfüllt. Damit ist erreicht, daß auch bei einer Rotationsfrequenz von nur einigen Tausend Hz und weniger die Bedingungen [4] und [5] erfüllt sind und somit die Absorptionslinie verschmälert wird.

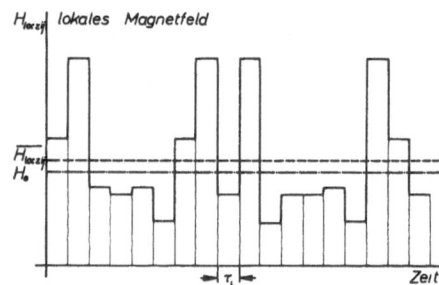

Abb. 2. z-Komponente des Magnetfeldes des j-ten Kernspins am Ort des i-ten Kerns einer Kette mit festliegenden Enden plus äußeres statisches Magnetfeld H_0 als Funktion der Zeit. τ_c ist die Konformationslebensdauer

C. Beschreibung der Turbine

In Abbildung 3 ist die Turbine, die wir gebaut haben, skizziert. Die Turbine besteht aus dem Statorgehäuse mit den Zuleitungskanälen für die Antriebs- und Lagerluft, dem Stator und dem Rotor. Wir fertigten das Statorgehäuse aus glasfaserverstärktem Teflon, den Stator aus Glas und den Rotor aus der zu messenden Probe selbst. Ferner wurden zu Testzwecken noch Hohlrotoren aus Nylon oder Plexiglas hergestellt.

Der zylinderförmige Rotor hat einen Schaufelkranz mit sechs Luftschaufeln. Er sitzt in einer Bohrung des Stators. Zum Antrieb wird der Schaufelkranz des Rotors durch zwei gegenüberliegende Düsen tangential

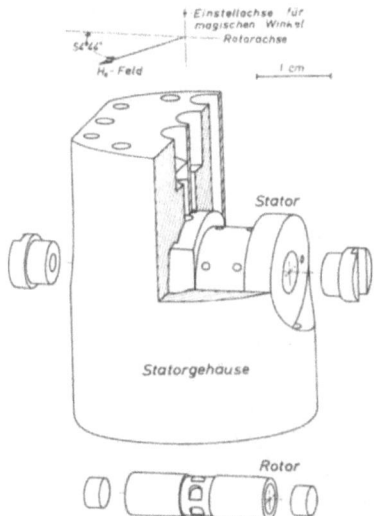

Abb. 3. Darstellung der verwendeten Turbine

mit Luft angeblasen. Die Antriebsluft bläst in das Zentrum der hinten abgerundeten Luftschaufeln und führt somit den Rotor in axialer Richtung. Der Rotor wird beidseitig durch ein Luftlager gelagert. Durch 24 Düsen von 0,2 mm Durchmesser wird Luft zwischen den Rotorbolzen und die Statorbohrung gepreßt. Die Luftlager nehmen bei einer Dicke von 12 μ die größten Radialkräfte auf. Damit sind auch die Fertigungstoleranzen festgelegt. Sie betragen $\pm 2\ \mu$. Das Problem, das die Ausdehnung des Rotors durch die Zentrifugalkräfte mit sich bringt, es wirken bis zu fast 10^6 g, kann durch die Fertigung des Rotors mit entsprechendem Untermaß gelöst werden. Der magische Winkel zwischen der Rotorachse und der Richtung des H_0-Feldes wird durch Drehen um die Achse des Teflongehäuses eingestellt.

Mit Turbinen dieser Art konnten Rotationsfrequenzen bis zu 8 kHz erreicht werden.

Luftgelagerte Turbinen, mit denen Rotationsfrequenzen bis zu 10 kHz erreicht wurden, sind auch von *Schneider* et al. (1) konstruiert worden. Im Unterschied zu unserer Konstruktion sind hier die Luftlager kegelförmig. Uns bereitete diese Konstruktion größere Schwierigkeiten als die von uns verwendete mit zylinderförmigen Luftlagern.

Turbinen mit nur einem kegelförmigen Lager wurden von *Andrew* et al. (2) beschrieben und verwendet. Mit diesen Turbinen wurden Rotationsfrequenzen bis zu 8 kHz erreicht.

Des weiteren sind noch Turbinen beschrieben worden, bei denen der Rotor auf einer Phosphor-Bronze-Achse gelagert wird (3—5). Mit diesen Turbinen konnten Rotationsfrequenzen von 3, 4 bzw. 7 kHz erreicht werden. Die Fertigung von Turbinen dieser Art ist besonders einfach, jedoch kann man nur kleine Füllfaktoren erreichen, da die Achsen und Lager durch die Probenkammer hindurchgehen. Außerdem besteht bei großen Rotationsfrequenzen die Gefahr der Erwärmung der Probenkammer.

D. Experimentelle Ergebnisse

Abbildung 4 zeigt den freien Induktionsabfall des beweglichen Anteils einer Probe aus linearem Polyäthylen mit einem Molekulargewicht von etwa 4 Millionen. Parameter der einzelnen Kurven ist die Rotationsfrequenz. Der bewegliche Anteil der Probe beträgt 43%. Mit zunehmender Rotationsfrequenz nimmt die Spin-Spin-Relaxationszeit T_2 von 53 auf 430 μs zu. Bei Vielfachen der Umlaufzeit T_r bilden sich Satelliten aus.

Abbildung 5 zeigt die differenzierten Fouriertransformierten der Meßkurven aus Abbildung 4. Diese Kurven stellen die schmale Komponente des Kernresonanzsignals dar, das noch zusätzliche Maxima als Folge der Satelliten zeigt. Die Linienbreite nimmt mit zunehmender Rotationsfrequenz ab.

In der Abbildung 6 ist der Wendepunktabstand der Linien von Abbildung 5 als Funktion der Rotationsfrequenz dargestellt. Der Wendepunktabstand nimmt von 810 mGauß bei ruhender Probe auf 100 mGauß bei einer

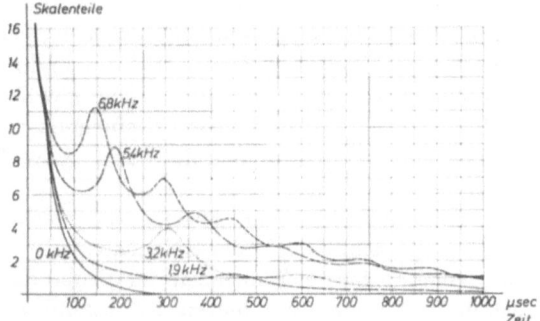

Abb. 4. Freier Induktionsabfall einer rotierenden Polyäthylen-Probe. Parameter ist die Rotationsfrequenz in kHz

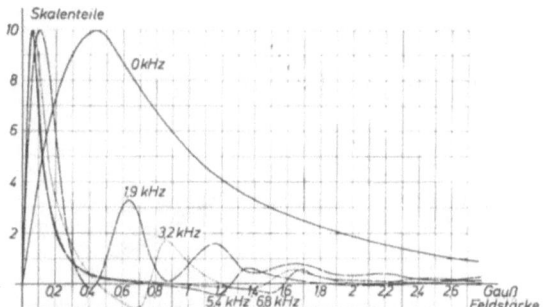

Abb. 5. Differenzierte Fouriertransformierte des freien Induktionsabfalls einer rotierenden Polyäthylen-Probe. Parameter ist die Rotationsfrequenz in kHz

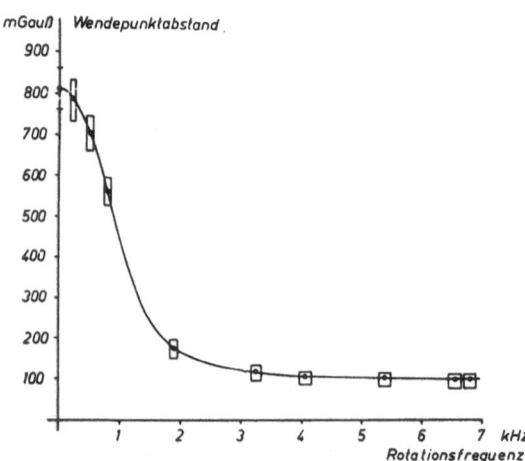

Abb. 6. Wendepunktabstand einer Polyäthylen-Probe als Funktion der Rotationsfrequenz

Rotationsfrequenz von 6,8 kHz ab. Ab 5 kHz zeigt sich keine weitere Verschmälerung der Absorptionslinie mehr.

Wir haben ferner Messungen an vernetztem Polybutadien durchgeführt. Wegen der großen Relaxationszeit $T_2 \cong 13$ ms wurde eine modifizierte Carr-Purcell-Folge gewählt, um die Feldinhomogenitäten zu eliminieren. Der Abstand zwischen zwei 180°-Impulsen muß gerade doppelt so groß oder Vielfache davon wie die makroskopische Umlaufzeit T_r der Probe gewählt werden, damit die Maxima der Spinechos zur gleichen Zeit wie die Maxima der Satelliten auftreten.

In Abbildung 7 ist im halblogarithmischen Maßstab die Einhüllende der Spinechos bei verschiedenen Rotationsfrequenzen der Probe dargestellt. Die Meßpunkte deuten die Maxima der Echos bzw. der Satelliten an. Die Einhüllenden fallen im wesentlichen exponentiell ab. Bei ruhender Probe beträgt die Relaxationszeit

$T_2 \cong 1,4$ ms. Sie nimmt mit zunehmender Rotationsfrequenz zu und erreicht bei einer Rotationsfrequenz von 1 bzw. 2 kHz 13 ms. Bei Vergrößerung der Rotationsfrequenz über 1 kHz zeigt sich keine weitere Zunahme der Relaxationszeit mehr.

E. Diskussion

Bei der Diskussion der Ergebnisse, die an Polyäthylen gewonnen wurden, muß man beachten, daß man nur die magnetische Kernresonanz der Ketten in den nichtkristallinen Bereichen gemessen hat. Diese Ketten hängen vorwiegend als Schlaufen aus den Kristalliten heraus oder sie verbinden verschiedene Kristallite miteinander. Da die Enden der nichtkristallinen Ketten an den Kristalliten fixiert sind, sind diese Ketten in ihrer Bewegung behindert. Die mikroskopische Bewegung der Kettensegmente ist daher anisotrop. Das Festliegen der Enden der beweglichen Kettensegmente führt zu einer Verbreiterung der Absorptionslinie.

Bei hinreichend schneller Rotation der Probe um die magische Achse wird dieser Beitrag der Dipol-Dipol-Wechselwirkung zur Linienbreite herausgemittelt. Bei einer Rotationsfrequenz der Probe von etwa 3 kHz und mehr ist nämlich bei einer Spinlebensdauer $T_2 \gtrsim 350$ μs Gleichung [4] erfüllt. Außerdem ist den Ausführungen im theoretischen Teil zufolge bei Ketten mit festliegenden Enden wegen des Anteils der Korrelationsfunktion mit der unendlich großen Korrelationszeit die Gleichung [5] immer erfüllt. Bei einer Rotationsfrequenz der Probe von mehr als 5 kHz bleibt im wesentlichen nur der flüssigkeitsähnliche Anteil übrig, der in einer Schmelze mit isotroper Bewegung immer vorhanden ist.

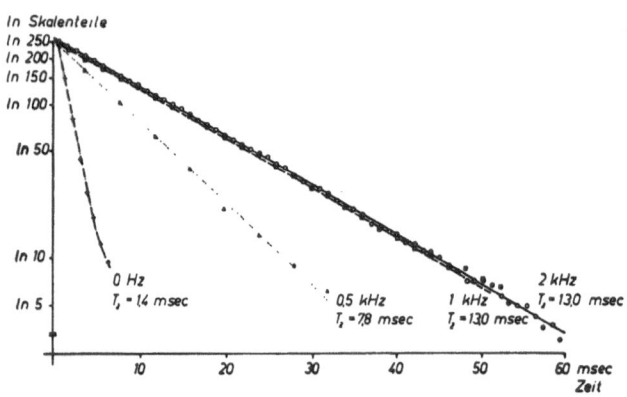

Abb. 7. Echoeinhüllende einer um die magische Achse rotierenden Polybutadien-Probe. Parameter ist die Rotationsfrequenz in kHz

Der Beitrag des Anteils der festliegenden Enden zum zweiten Moment M_2 und zur Linienbreite $\Delta H_{1/2}$ wurden von *Schmedding* und *Zachmann* (8, 9) bzw. *Rosenke* und *Zachmann* (10) als Funktion des relativen Fadenendenabstandes berechnet. Die Ergebnisse sind in Abbildung 8 wiedergegeben. Die Kurven gelten exakt für Ketten aus 13 CH_2-Gruppen. Bei relativen Fadenendenabständen, die größer als 0,5 sind, ist das Ergebnis jedoch unabhängig von der

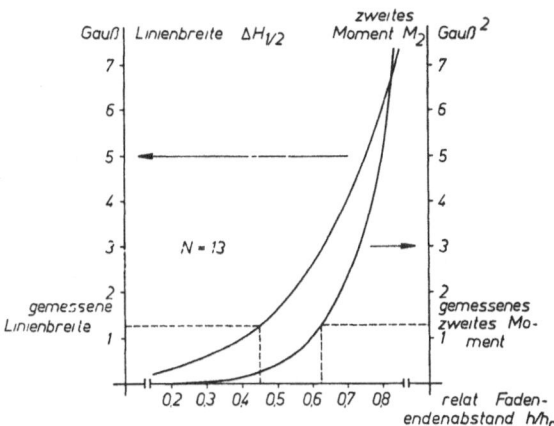

Abb. 8. Linienbreite $\Delta H_{1/2}$ und zweites Moment M_2 als Funktion des relativen Fadenendenabstandes h/h_0 für isotrope Verteilung (9, 11). Die aus den Rotationsmessungen experimentell ermittelten Werte sind gestrichelt eingezeichnet

Kettenlänge. Abbildung 8 zeigt, daß einer Abnahme des Wendepunktabstandes um 710 mGauß bzw. der Linienbreite $\Delta H_{1/2}$ um 1,2 Gauß ein mittlerer relativer Fadenendenabstand von etwa 0,45 entspricht. Einer Abnahme des gemessenen zweiten Momentes um 1,3 Gauß (2) entspricht ein Wert von etwa 0,6. Der Unterschied rührt daher, daß die gemessene Linie im wesentlichen lorentzförmig ist, die berechnete Linie dagegen vermutlich wegen der Vernachlässigung des flüssigkeitsähnlichen Anteils und der pauschalen Berücksichtigung des Einflusses der Protonen außerhalb einer CH_2-Gruppe einen gaußförmigen Charakter hat.

Die Messung der Kernresonanz von rotierenden teilkristallinen Proben ermöglicht somit eine Abschätzung des relativen Fadenendenabstandes der beweglichen Ketten.

Ähnlich wie beim Polyäthylen nehmen wir auch beim vernetzten Polybutadien an, daß die Abnahme der Linienbreite denjenigen Anteil der Linienverbreiterung wiedergibt, der durch das Festliegen der Kettenenden an den Vernetzungsstellen bedingt wird.

Zusammenfassung

Durch hinreichend schnelle Rotation der Probe um eine Achse, die zur Richtung des äußeren Magnetfeldes um den magischen Winkel von 54° 44' gedreht ist, kann die Dipol-Dipol-Wechselwirkung herausgemittelt werden. Es wurde eine Turbine gebaut, mit der Rotationsfrequenzen bis zu 8 kHz erreicht wurden. Kernresonanz-Impuls-Messungen an linearem Polyäthylen zeigten, daß sich die Relaxationszeit T_2 des beweglichen Anteils als Folge der Rotation von 53 µs auf 430 µs erhöhte, was einer Verkleinerung des Wendepunktabstandes von 810 mGauß auf 100 mGauß entspricht. Aus dieser Abnahme wurde durch einen Vergleich mit theoretischen Ergebnissen geschlossen, daß die Ketten in den nichtkristallinen Bereichen einen relativen Fadenendenabstand von etwa 0,5 haben.

Eine Abnahme der Linienbreite wird ebenfalls bei rotierenden Polybutadien-Proben beobachtet.

Summary

By rotation of the sample about an axis, which includes the magic angle of 54° 44' with the direction of the magnetic field, it is possible, to average the dipol-dipol-interaction to zero. A turbine was constructed, with which a rotation frequency up to 8 kHz could be reached. NMR-impulse-measurements of linear polyethylene show, that due to the rotation of the sample the relaxation time T_2 of the mobile fraction of chains increases from 53 µs to 430 µs, which corresponds to a narrowing of the line from 810 mGauss to 100 mGauss. By comparison of this decrease with theoretical results, it is concluded, that the chains in the noncrystalline regions have a relative end-to-end-distance of about 0.5.

A decrease of the line width is also obtained with polybutadiene samples.

Literatur

1) *Babka, J., D. Doskocilova, H. Pivcova, Z. Ruzicka, B. Schneider,* Apparatus for the Measurement of Proton Magnetic Resonance Spectra under Magic Angle Rotation, Proceedings of the XVIth Congress A.M.P.E.R.E. (Bucharest 1970).
2) *Andrew, E. R.,* Progress in Nuclear Magnetic Resonance Spectroscopy (Oxford 1971).
3) *Cunningham, A. C., S. M. Day,* Phys. Rev. **152**, 287 (1966).
4) *Kessemeier, H., R. E. Norberg,* Phys. Rev. **155**, 321 (1967).
5) *Lowe, I. J.,* Phys. Rev. Letters **2**, 285 (1959).
6) *Lösche, A.,* Kerninduktion (Berlin 1957).
7) *Bloembergen, N., E. M. Purcell, R. V. Pound,* Phys. Rev. **73**, 679 (1948).
8) *Schmedding, P., H. G. Zachmann,* Kolloid-Z. u. Z. Polymere **250**, 1105 (1972).

9) *Schmedding, P., H. G. Zachmann,* Colloid & Polymer Sci. **253**, 441 und 527 (1972).

10) *Rosenke, K., H. G. Zachmann,* Progress Colloid & Polymer Sci., **64**, 238, (1978).

11) *Rosenke, K., H. G. Zachmann,* Progress Colloid u. Polymer Sci., **64**, S. 245 (1978).

Für die Verfasser:

Prof. Dr. *H. G. Zachmann*
Institut für Physikalische Chemie
der Universität Mainz
Jakob-Welder-Weg 15
D-6500 Mainz

Progr. Colloid & Polymer Sci. **64**, 255—266 (1978)
© 1978 by Dr. Dietrich Steinkopff Verlag GmbH & Co. KG, Darmstadt
ISSN 0340-255 X

Lectures during the conference of Fachausschuss
"Physik der Hochpolymeren" of Deutsche Physikalische Gesellschaft
in Rothenburg o. T. March 28—31, 1977

Fachbereich Physikalische Chemie, Bereich Polymere, Universität Marburg

NMR-Studies of semicrystalline polymers using pulse techniques

W. Klüver and *W. Ruland*

With 13 figures and 2 tables

(Received December 15, 1976)

1. Introduction

Since the early work of *Wilson* and *Pake* (1) one considers the NMR-signal of protons in semicrystalline polymers to be composed of contributions related to the crystalline and amorphous domains. The protons in the crystalline domains are expected to have a rapid spin-spin relaxation so that its contribution to the resonance signal is a broad distribution, whereas the spin-spin relaxation of the protons in the amorphous domains is slow and results in relatively sharp resonance lines. Progress in experimental techniques has increased the accuracy of the resonance measurements which have shown that the simple two-component approach of *Wilson* and *Pake* (1) can only be taken as a first approximation. In recent publications (2, 3, 4) it has been shown that the resonance signal can be considered to contain more than one component related to the amorphous domains. This observation indicates an increase of information obtainable on the amorphous state by NMR methods and has stimulated speculations about correlations between the line width of the components and particular chain structures in the amorphous domains. For example, *Phaovibul, Loboda-Čačković, Čačković* and *Hosemann* (3) consider the smallest resonance line (≈ 0.1 G) to be due to chain ends, a line with a width of about 1 G to chain segments in loose loops and loose tie molecules and a line with a width of about 4 G to chain segments with hindered rotations.

Temperature dependence studies of the resonance signal of various polyethylenes by *Bergmann* (2) show not only that the decomposition into three components results in

good agreement between NMR crystallinities and those obtained by other methods, but also that the change of the relative amounts of the components with temperature is related to changes in segmental mobility observable in dielectric relaxation.

In recent years, the possibilities of studying nuclear magnetic relaxation has been considerably improved by the development of modern NMR pulse spectrometers which offer a number of advantages over the resonance spectrometers. An application of the pulse technique to the study of semicrystalline polymers has been reported by *Fujimoto, Nishi* and *Kado* (5), who showed that a decomposition of the T_2-magnetisation curve into three components is feasible.

Theoretically, the content of information of resonance and relaxation measurements should be equivalent. However, the experimental problems involved in the two methods are quite different. It is the aim of the present paper to investigate the possibilities and the limitations of the NMR pulse technique for the study of mobility and state of order in semicrystalline polymers and to compare the results with those obtained by NMR-resonance measurements.

2. Experimental

The measurements were carried out with a Bruker SXP 4-100 pulse spectrometer at an externally stabilized field of 21.14 kG corresponding to 90 MHz proton resonance frequency. The apparatus is equipped with an 18″ magnet which reduces the line broadening due to field inhomogeneities to values smaller than 5 mG for a sample diameter of 10 mm without rotating the sample. T_2 measurements were carried out using the 90°-pulse free induction decay method with pulse

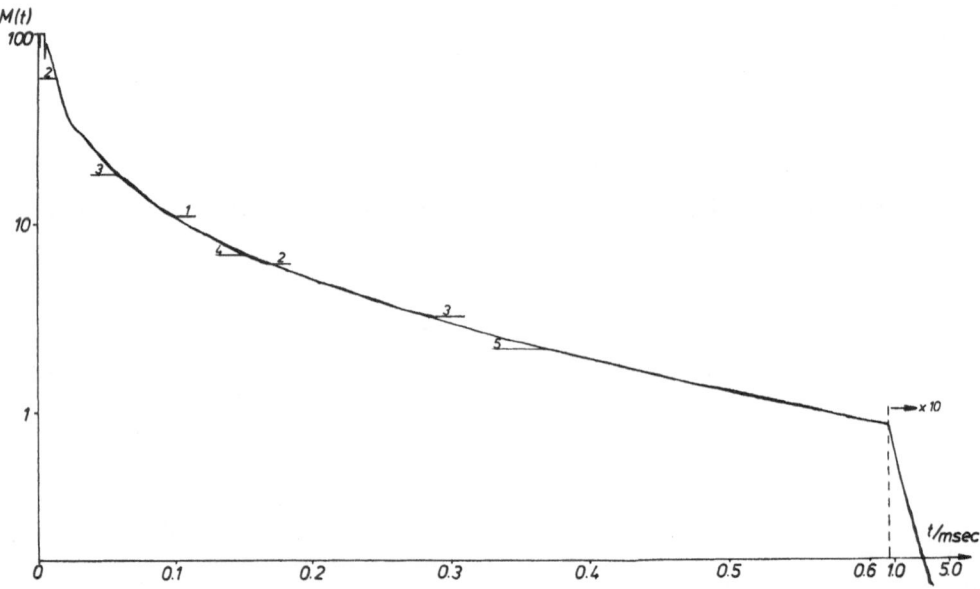

Fig. 1. Semilog plots of $M(t)$ showing the fitting of the measurement ranges for PE 1800 M

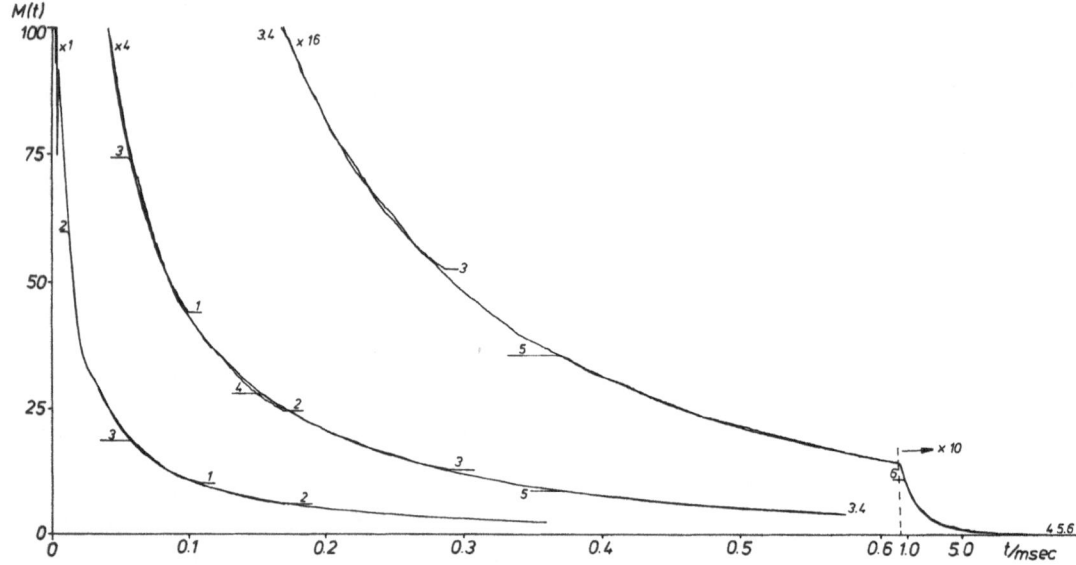

Fig. 2. Linear plots of $M(t)$ showing the fittings of the measurement ranges for PE 1800 M

widths of 2–2.5 μ sec and a recovery time of about 4 μ sec.

The signals where recorded by a Nicolet Transient Recorder with the smallest dwell-time of 0.1 μ sec corresponding to a band width of 10 MHz accumulating up to 4000 sweeps. To avoid non-linearity effects due to the rectifying diodes, „lock-in" detection in resonance with the protons was used. In order to obtain meaningful data, the change of the magnetisation with time had to be accurately measured over a range of about 4 decades. Since this range cannot be covered with a single amplification the curves were measured in overlapping amplification ranges of about

one decade with large overlapping regions. In figure 1 a plot of log M versus t for a polyethylene sample of 48% crystallinity (PE 1800 M) is shown which demonstrates the fitting of the first 5 ranges of measurements. The beginning and the end of each range is indicated by a horizontal line pointing to the left or to the right, respectively, of the curve. At the end of the curve, the time scale is compressed by a factor of 100. The same curve is shown in an M(t) plot in figure 2.

It has been observed that the linearity obtained by the method described above and demonstrated in figures 1 and 2 necessitates a careful choice of the

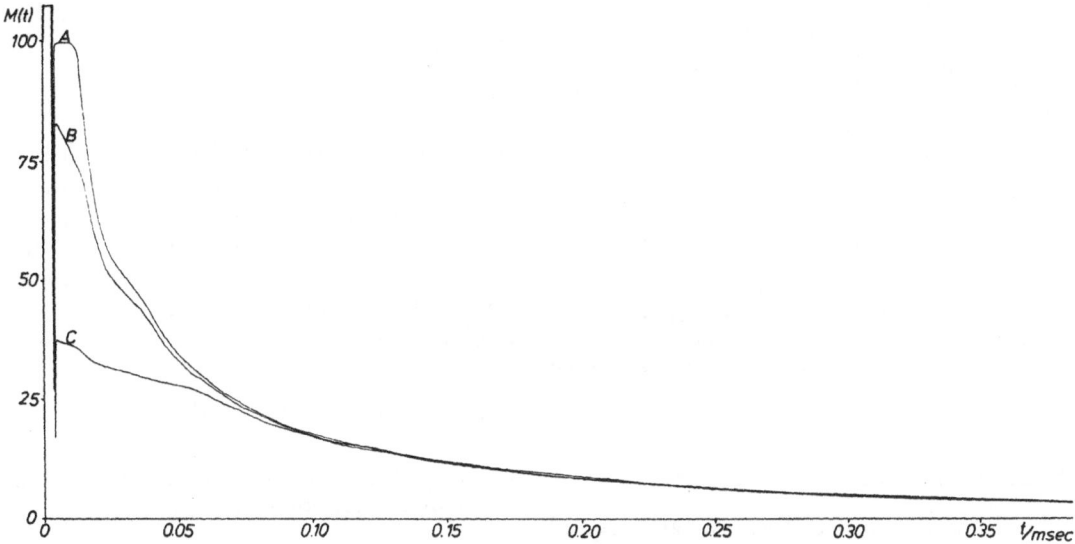

Fig. 3. $M(t)$ curves demonstrating the overload effect. A: preamplifier 20 dB, main amplifier 30 dB; B: preamplifier 10 dB, main amplifier 40 dB; C: preamplifier 0 dB, main amplifier 50 dB

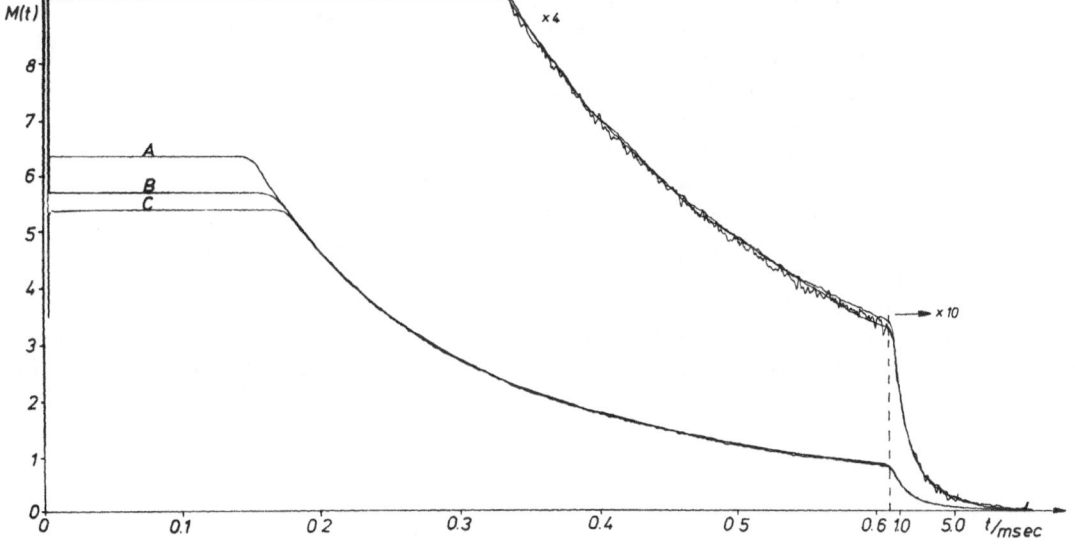

Fig. 4. $M(t)$ curves, check of linearity for 30 dB total attenuation. A: preamplifier 0 dB, main amplifier 30 dB; B: preamplifier 10 dB, main amplifier 20 dB; C: preamplifier 20 dB, main amplifier 10 dB

attenuation before preamplification and main amplification. Figure 3 shows three $M(t)$ curves recorded with the combinations A : 20 dB + 30 dB, B : 10 dB + 40 dB and C : 0 dB + 50 dB for the attenuation before preamplification and main amplification, respectively. If the entrance signal is not sufficiently attenuated as in cases B and C the preamplifier is easily overdriven.

Figure 4 shows $M(t)$ plots corresponding to the same total attenuation of 30 dB but different amplification factors for the preamplifier and the main amplifier (A : 0 dB/30 dB, B : 10 dB/20 dB, C : 20 dB/ 10 dB). The agreement between the curves demonstrates the linearity of the amplifiers over a large range.

The first measurements were carried out with the standard sample holder of the Bruker spectrometer which does not permit to work with pulse widths smaller than 4 μs producing a death time of about 10 μs for the samples studied. A considerable improvement is obtained by the use of the special high performance sample holder for solids developed recently by Bruker which permits pulse widths of 2 μs and death times of 4 μs.

The following samples were studied: PE 1800 M (Lupolen), a branched melt-crystallized technical polyethylene with a crystallinity of 48% (from density); PE 5041 D, a branched melt-crystallized technical polyethylene with a crystallinity of 68%; PE 6011 L (Lupolen), a linear melt-crystallized technical polyethylene with a crystallinity of 82% and PE ECC, a linear polyethylene crystallized under high pressure from the melt with a crystallinity of about 95% and a predominantly extended chain structure. Furthermore, an oxydation series of a linear polyethylene (Hostalen GUR) has been prepared to study the effect of the oxydation with nitric acid on the NMR signal. The PE 1800 M and PE 6011 L samples were kindly made available by Dr. *Bergmann* of BASF, the extended chain sample by Prof. *Wunderlich*.

Sample tubes of 10 mm diameter were filled with the solid samples cut to this dimension. The present studies have been restricted to measurements at room temperature.

3. Evaluation of the measurements

The decomposition of the resonance signal into components with various line profiles is equivalent to a decomposition of the $M(t)$ curves into components due to various relaxation mechanisms. For the T_2 relaxation in a liquid-like system, an exponential relaxation curve is generally accepted as a good approximation. We can expect that the component with the highest T_2-value corresponding to the narrowest line in the resonance signal will be the predominant one in the $M(t)$ curve for large t values and that it is reasonable to approximate this component by an exponential function which corresponds to a Lorentzian in the resonance signal. Accordingly, a decomposition method was developed by which the log $M(t)$ curves were fitted to a polynomial of the second degree at large t values,

$$\ln M(t) = a_0 + a_1 t + a_2 t^2$$

the coefficients of which are determined with a computer by a least-squares method.

The quadratic term was introduced to check whether an exponential decay with a single T_2 value or a T_2 distribution of a certain width is present. In the latter case $M(t)$ is given by

$$M(t) = M_0 \int_0^\infty h(T_2)\, e^{-\frac{t}{T_2}}\, dT_2$$

where $h(T_2)$ is a normalized $\overline{T}_2$ distribution centered on $\overline{T}_2$ with a variance of $\langle \Delta^2 T_2 \rangle$.

If $h(T_2)$ is narrow, $M(t)$ can be approximated by

$$M(t) \approx M_0 e^{-\frac{t}{T_2}} \left(1 - \frac{\langle \Delta^2 T_2 \rangle}{\overline{T}_2^3} t + \frac{\langle \Delta^2 T_2 \rangle}{2\overline{T}_2^4} t^2 \right)$$

and

$$\ln M(t) \approx \ln M_0 - \frac{t}{\overline{T}_2}\left(1 + \frac{\langle \Delta^2 T_2 \rangle}{\overline{T}_2^2} \right) + \frac{\langle \Delta^2 T_2 \rangle}{2\overline{T}_2^4} t^2,$$

hence $\ln M(t)$ contains a quadratic term with a positive coefficient. If $M(t)$ is the product of

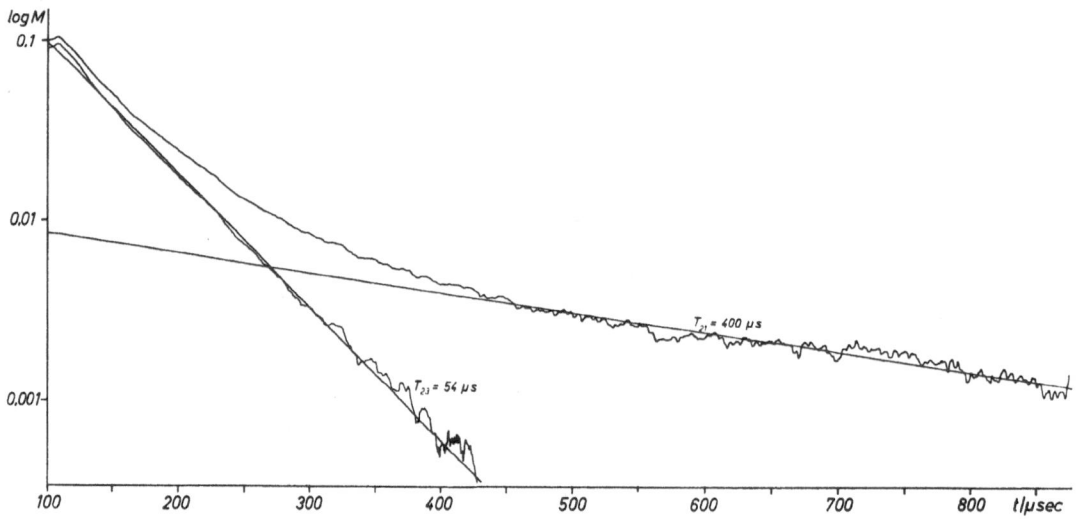

Fig. 5. Semilog plot of $M(t)$ for PE 6011 L, range 100–800 μ sec, separation of the slowest (exponential) component

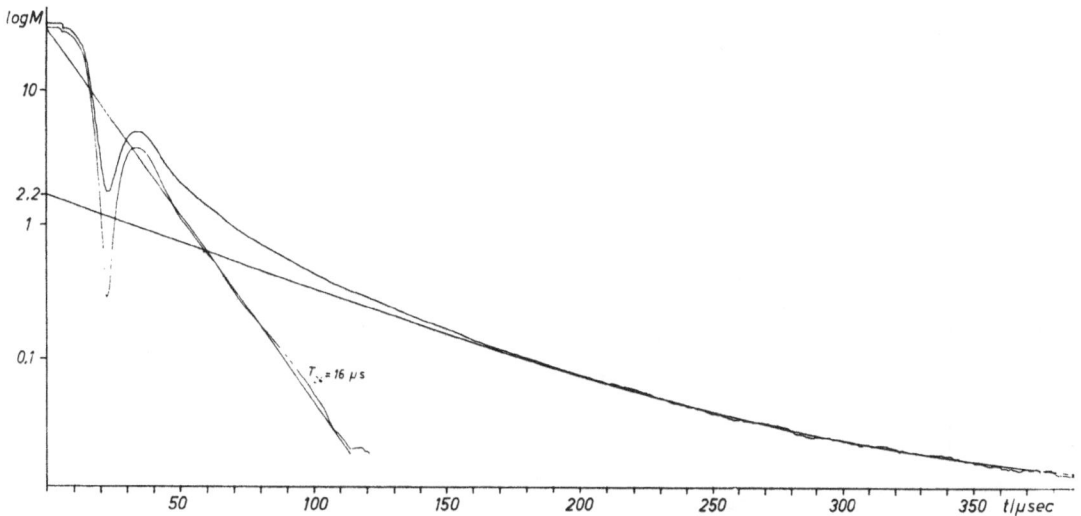

Fig. 6. Semilog plot of $M(t)$ for PE 6011 L, range 0–350 μ sec, separation of the second and third exponential component

an exponential and a Gaussian corresponding to the convolution of a Lorentzian and a Gaussian for the resonance line profile, $\ln M(t)$ should contain a quadratic term with a negative coefficient.

For all the samples studied, the fitting at higher t values as shown in figure 5 resulted in negligibly small a_2 coefficients so that the assumption of a pure exponential decay for the components with the higher T_2 values appears to be justified. The coefficients obtained from the fit at large t values determine the constribution of the component with the

highest T_2, which is subtracted from the $M(t)$ curve. This procedure was then repeated until the residual could no longer be fitted by an exponential curve. Figures 5 and 6 show the successive separation of three exponential components with T_2 values of 400 μs, 54 μs and 16 μs. The residual of $M(t)$ for small t values shows a sequence of maxima and minima for which the best fit was found to be a function of the type

$$M(t) = M_0 \frac{\sin a\,t}{a\,t}\, e^{-b\,t^2}.$$

Such a fit is shown in figure 7 in a log $|M(t)|$ plot in which a good agreement was found outside the region affected by the death time. Having determined the constants a and b, the second moment of the corresponding resonance signal is obtained by

$$\langle \varDelta^2 H \rangle = \gamma^{-2} \left(\frac{a^2}{3} + 2b \right)$$

where γ is the gyromagnetic ratio.

In order to check the validity of the curve-fitting with this type of function for small t values the solid echo method has been used in order to overcome the death-time problem. It was found that this method gives meaningful results only if the sample is highly crystalline. Figure 8 shows the result of the curve fitting in a log $|M(t)|$ curve measured by solid

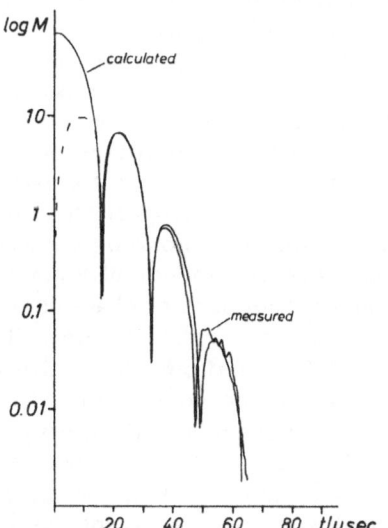

Fig. 7. Semilog plot of $|M(t)|$ for PE 6011 L, "crystalline" signal, extrapolation over the death time gap

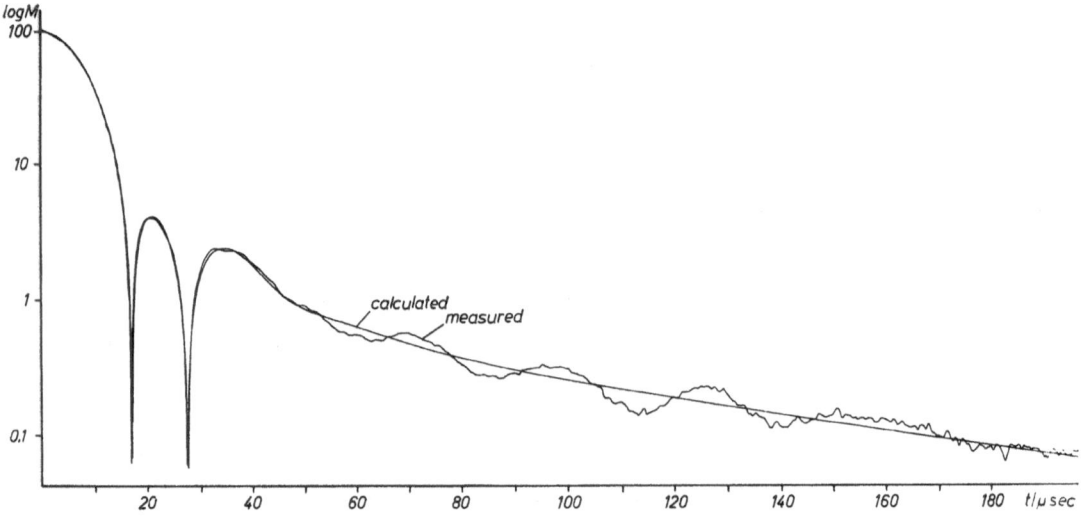

Fig. 8. Semilog plot of $|M(t)|$ for PE ECC, solid echo measurements

echo for the PE ECC sample. The fit is excellent up to 50 μs, at higher t-values oscillations due to a parasitic effect produced by the field stabilizer are observed since the intensity of the signal was very small due to the small amount of the PE ECC sample available.

This type of decomposition has the following advantages:

1. The number of components is not defined a priori.

2. The justification for using exponential functions for the components with slow relaxation is checked.

3. The component with the rapid relaxation ("crystalline signal") is obtained as a residue. The type of function representative for this component does not have to be defined a priori.

Tables 1 and 2 show the results of the evaluation.

For the exponential components the line width of the resonance signal corresponding to the T_2 value measured has been calculated using the definition

$$\Delta_w H = \frac{2}{\gamma T_2 \sqrt{3}}.$$

Inspection of table 1 shows that four exponential components have been obtained for the branched polyethylene, three for the linear polyethylene and two for the extended chain sample; however, since the signal of the latter was very weak due to the small amount

of sample available, the presence of a third component is still possible.

The $(\sin a\,t/a\,t)\,\exp\,(-b\,t^2)$ component was found to increase with the crystallinity of the sample, but its normalized M_0 value is always lower than the crystallinity obtained by other methods (density, X-rays, calorimetry). The difference is decreasing with increasing crystallinity from about 25 % to 7 %.

Inspection of table 2 shows that three exponential components have been obtained for the PE GUR sample and the residue after oxydation with nitric acid at 60 °C for the time indicated. It is claimed (*Peterlin* and *Meinel* (11)) that this type of oxydation takes place predominantely in the amorphous regions where it removes matter by chain scissions. If the exponential components were related to specific structures in the amorphous domains such as chain ends and loose loops, for example, one would expect a disproportionation of the amounts of the corresponding components in the sense that the amount of loose loops decrease and the amount of chain ends increase with increasing oxydation time. The data shown in table 2 indicate clearly that the total amount of matter contributing to the exponential components is decreasing with increasing oxydation time, but that there is no pronounced disproportionation between the individual components except, perhaps, for the component with the highest T_2. But since this component remains below 1 % it is somewhat difficult to consider it representative for an important part of the amorphous structure.

As in table 1, the $(\sin a t/ a t) \exp (-b t^2)$ component increases with increasing crystallinity but its normalized M_0 value is always less than the crystallinity, the difference decreases from 17% to 10% as the crystallinity increases.

4. Comparison with resonance measurements

The results of the decomposition of the T_2-relaxation curves given above do not agree well with those reported for resonance measurements (e.g. of *Bergmann* (2)) especially regarding the crystalline component. In principle, relaxation and resonance measurements contain the same information since they are related by Fourier transformation. In order to compare the results of both methods it is necessary to find out whether the discrepancies observed are due to experimental errors or to differences in the methods of decomposition.

In the case of relaxation measurements the main source of error is the finite death time. The death time can be reduced by using a special high performance sample holder. Only

Table 1. Results of the decomposition of T_2 relaxation curves for various polyethylenes.

Sample	Crystallinity %	Exponential components %. T_2, $\Delta_u H$					$\dfrac{\sin a t}{a t} \cdot e^{-b t^2}$-component %, $\langle\Delta^2 H\rangle$	
PE 1800 M	48	7.3	23.4	37.5	8.4	%	23.4	%
		417	159	55	41	μs		
		0.10	0.27	0.78	1.8	G	23.1	G^2
PE 5041 D	68	0.4	3.9	13.6	26.7	%	55.4	%
		387	92	29.7	13.2	μs		
		0.11	0.47	1.46	3.3	G	21.44	G^2
PE 6011 L	82	0.03	2.2		29.3	%	68.5	%
		400	54		15.6	μs		
		0.11	0.8		2.8	G	21.6	G^2
PE ECC	95	0.9		11.0		%	88.0	%
		77		15		μs		
		0.56		2.8		G	25.3	G^2

Table 2. Results of the decomposition of T_2 relaxation curves for an oxydation series of polyethylene (Hostalen GUR)

Oxydation time h	Residue %	Crystallinity %	Exponential components %, T_2, $\Delta_w H$				$\dfrac{\sin a t}{a t} \cdot e^{-b t^2}$-component %, $\langle\Delta^2 H\rangle$	
0	100	66	0.01	4.0	57	%	39	%
			366	22.5	8.3	μs		
			0.1	1.9	5.2	G	18.9	G^2
0,5	100	66	0.01	3.1	57	%	40	%
			366	27.7	9.9	μs		
			0.1	1.6	4.4	G	19.0	G^2
1	99.5	66	0.01	2.8	56.2	%	41	%
			412	28.6	9.8	μs		
			0.1	1.5	4.4	G	19.4	G^2
6	98.5	73	0.24	0.5	41	%	58.5	%
			411	44.2	11	μs		
			0.1	0.98	3 8	G	18.6	G^2
11	88	78	0.8	0.4	32.4	%	66.6	%
			857	66	9.5	μs		
			0.05	0.65	4.5	G	18.7	G^2
17,5	77	87	0.06	0.3	22.7	%	77	%
			855	82.5	9.9	μs		
			0.05	0.52	4.3	G	18-3	G^2

for samples of very high crystallinity it is possible to overcome this problem completely using the solid echo technique. The accuracy of the determination of the amounts of the components depends on the accuracy with which the death time gap can be bridged with a suitable extrapolation, and this depends, in turn, on the reliability with which the type of relaxation function representative for these components can be determined. The most critical part is, of course, the determination of $M(o)$ for the component with the fastest relaxation, but we have shown in the last section that a function of the type ($\sin a\,t/a\,t$) exp ($-b\,t^2$) appears to be a good approximation over a wide range of t values. This approximation corresponds to a resonance signal of the type

$$g(H) \sim erf\left[\frac{\gamma}{2\sqrt{b}}\,(H + H_a)\right]$$
$$- erf\left[\frac{\gamma}{2\sqrt{b}}\,(H - H_a)\right]$$

where $H_a = \dfrac{a}{\gamma}$

The first derivative of this signal is, accordingly,

$$g'(H) \sim e^{-\frac{\gamma^2}{4b}\,(H + H_a)^2} - e^{-\frac{\gamma^2}{4b}\,(H - H_a)^2} \qquad [1]$$

two Gaussian distributions with opposite sign centered on $\pm H_a$.

This means that the resonance signal of the protons in the crystalline regions of PE is of the same type as that observed experimentally e.g. for the ^{19}F resonance of CaF_2 crystals (*Lowe* and *Norberg* (6)).

The resonance signal corresponding to an exponential function for $M(t)$ is a Lorentzian distribution of the type

$$g(H) \sim \frac{1}{1 + \gamma^2 T_2^2 H^2}$$

from which one obtains

$$g'(H) \sim \frac{-H}{(1 + \gamma^2 T_2^2 H^2)^2}\,. \qquad [2]$$

Using the expression given in eq. [1] and [2] with the appropriate normalization factors, analytical expressions are obtained for theoretical resonance signal corresponding to the experimental data given in table 1 and 2.

An example (PE 6011 L) is given in figure 9 in which the decomposition of the total signal into the Gaussian and Lorentzian components is demonstrated.

Before comparing such a theoretical curve with experimental resonance signals, the effect of the magnetic field modulation used in the resonance experiment has to be taken into account. Qualitatively, this results in a broadening and distortion of the resonance signals which affects preferentially the narrow lines. A detailed discussion of this problem is given in the appendix in which a mathematical treatment using convolution methods is proposed. Applying this treatment to the curve shown in figure 9 with a field modulation amplitude of 0.5 G one obtains the curve shown in figure 10. For comparison, the experimental resonance values measured by *Bergmann* on the same sample are plotted (after adjusting the intensity scale) which indicates that the resonance and the relaxation measurements result in equivalent total signals. The discrepancy in the results of the decomposition appears thus to be due entirely to the difference in the decomposition methods which are demonstrated in figure 11. The method proposed by *Bergmann* (2) starts with the definition of a "crystalline" signal which is taken to be equivalent to the total signal observed at very low temperatures.

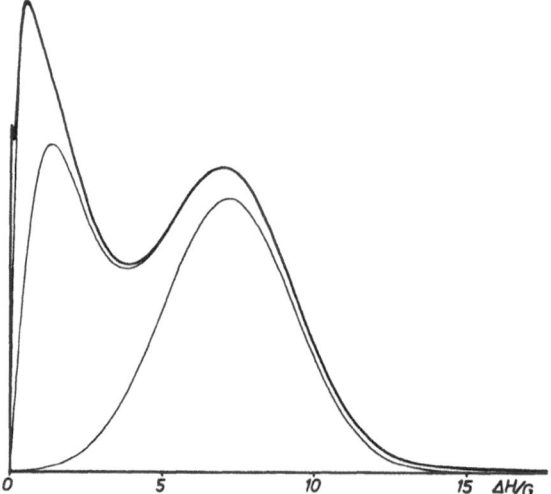

Fig. 9. Resonance signal without field modulation effect and its components for PE calculated from the T_2 relaxation data as given in Tab. 1

Fig. 10. Resonance signal with field modulation effect ($H_\omega = 0.5$ G) for PE calculated from the T_2 relaxation data given in Tab. 1. Solid points: Experimental resonance data from *Bergmann* on the same sample

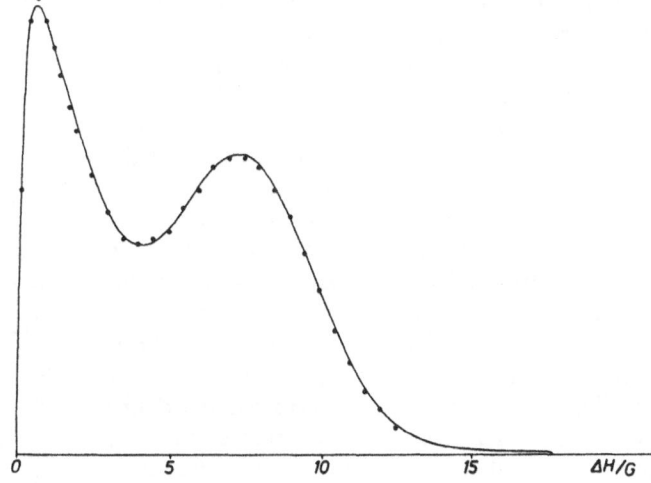

This implies that the shape of the resonance line is not very sensitive to the spacial distribution of the spins and predominantly determined by the relaxation times so that the difference in shape between the "crystalline" and the "amorphous" signal at low temperatures can be neglected. This experimentally determined "crystalline" signal is then used in a least-squares fit together with Lorentzian and products of Lorentzian and Gaussian distributions to decompose the resonance line at higher temperatures. In contrast to this procedure, the method used in the present work is equivalent to starting with the component of the narrowest width in the resonance signal which are taken to be purely Lorentzian and to obtaining the component with the largest width as the residue. Such a procedure is, of course, not directly applicable to the resonance signal since the components with narrow line widths are, in general, affected by the field modulation.

5. Conclusions

The study of the T_2-relaxation in semicrystalline polymers using a pulse spectrometer leads to a decomposition of the signal which appears to be acceptable both from a theoretical and experimental point of view. The results of this decomposition are different from those obtained by resonance methods, but this is entirely due to the difference in the choice of the functions considered representative for the protons in the crystalline and the amorphous domains. The fact that the decomposition method of *Bergmann* (2) leads to crystallinity values comparable with those

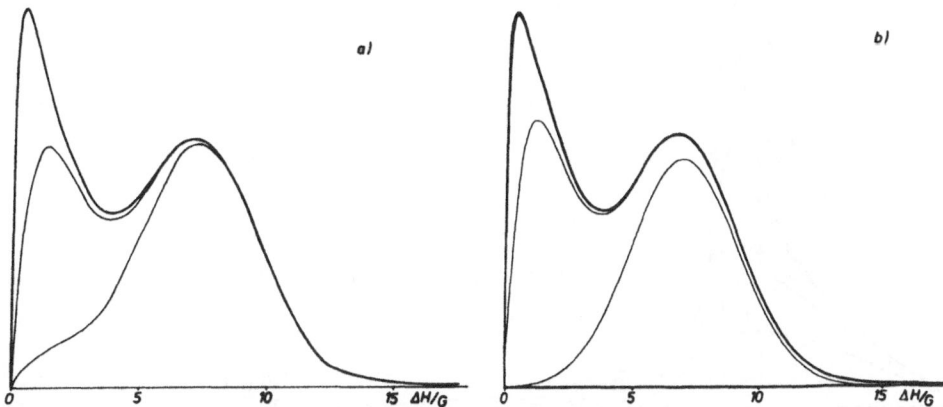

Fig. 11. Comparison of the two methods of decomposition a) *Bergmann*, b) present work

obtained by other methods does, in our opinion, not necessarily mean that this method is the correct one. As indicated in the results of the oxydation series, one has to be careful with a direct correlation between structural features and NMR signals. It is not impossible that the protons in the crystalline domains are involved in more than one type of T_2 relaxation, especially if one considers the relatively high concentration of lattice defects in these domains and the possible influence of the boundary region between crystalline and amorphous domains on T_2 relaxation processes. Further studies, notably of the temperature dependence of the T_2 relaxation, will be necessary before a more detailed discussion of the differences in the results of the resonance and relaxation methods can take place.

Appendix

The effect of the magnetic field modulation on the shape of the NMR-resonance signal.

The deformation of the shape of an NMR-resonance line due to the finite amplitude of the magnetic field modulation is a well-known effect and has been the object of a number of papers (7, 8, 9). If one considers a resonance signal $g(H)$ to be measured using field modulation of the fundamental, the response will be

$$g_m'(H) = \langle g(H + H_\omega \cos \omega t) \cos \omega t \rangle_t \qquad [3]$$

where H_ω is the amplitude and ω the circular frequency of the modulation, and $\langle \ \rangle_t$ stands for time average. For Lorentzian lines eq. [3] results in a closed form (7) whereas the averaging has to be performed numerically for a Gaussian line (9). An inspection of eq. [3] shows that it can be transformed into a form which appears to be more suitable for its interpretation.

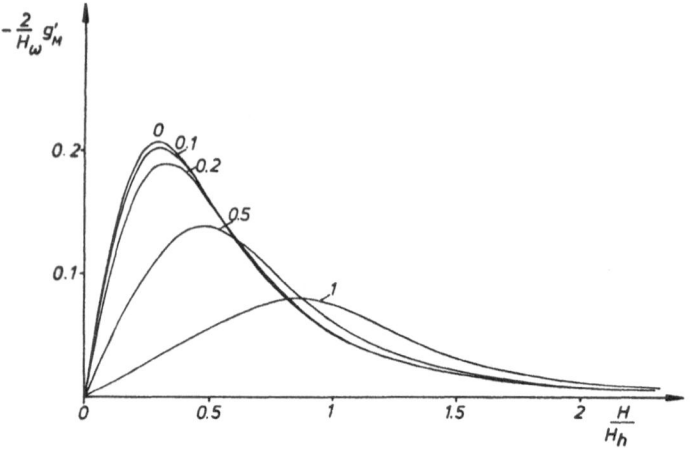

Fig. 12. Field modulation effect on Lorentzian resonance lines for various values of H_ω/H_h.

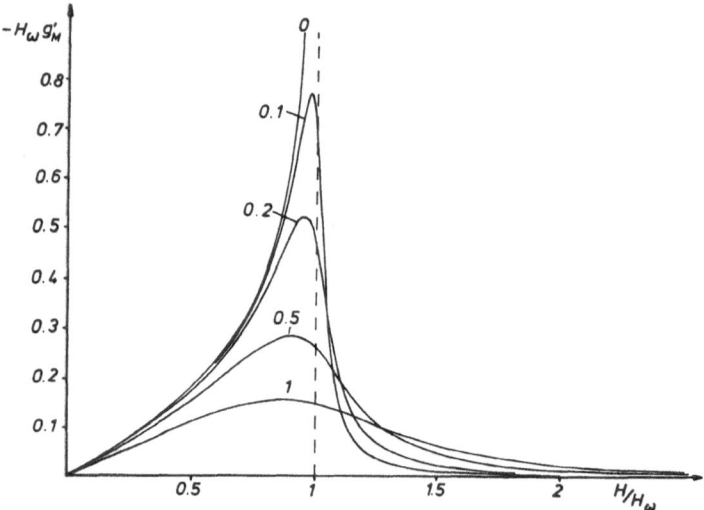

Fig. 13. Field modulation effects on Lorentzian resonance lines for various values of H_h/H_ω.

In fact, one can write

$$g(H + H_\omega \cos \omega t)$$
$$= g(H) * \delta (H + H_\omega \cos \omega t)$$

which leads to

$$g'_m(H) = g(H) * \langle \delta (H + H_\omega \cos \omega t)\rangle_t$$
$$= g(H) * f'_m(H)$$

where $*$ stands for convolution and the prime for derivative with respect to H. It is shown easily that

$$f_m(H) = \frac{1}{\pi H_\omega} \sqrt{H_\omega^2 - H^2}$$

$$f'_m(H) = - \frac{1}{\pi H_\omega} \frac{H}{\sqrt{H_\omega^2 - H^2}}$$

for $|H| \leqslant H_\omega$.

According to the theory of convolutions the response can also be expressed as

$$g'_m(H) = g'(H) * f_m(H)$$

or

$$g'_m(H) = [g(H) * f_m(H)]'$$

which are more suitable forms for a numerical convolution. If H_h is the half-peak width of $g(H)$ the limiting cases are given by

$$H_h \gg H_\omega : g'_m(H) = \frac{H_\omega}{2} g'(H),$$

$$H_\omega \gg H_h : g'_m(H) = f'_m(H).$$

Figures 12 and 13 show the approach of the limiting cases for a Lorentzian $g(H)$ and various H_h/H_ω values.

Since the effect of the magnetic field modulation can be expressed as a convolution, its elimination can be performed using standard deconvolution methods. These are essentially of three different types:

1) Fourier transform methods
2) Iterative methods
3) Matrix methods

Considering the first method one obtains by Fourier transformation of

$$g_m(H) = g(H) * f_m(H)$$

the equation

$$G_m(K) = G(K) \cdot F_m(K)$$

where G_m, G and F_m are the Fourier-cosine transforms of g_m, g and f_m, respectively, and K the variable in Fourier space. Taking the Fourier-cosine transform as

$$\mathscr{F}_{\cos} = 2 \int\limits_0^\infty \cos 2\pi\, HK\, dH$$

one finds an analytical expression for $F_m(K)$

$$F_m(K) = \frac{1}{2\pi K} J_1(2\pi H_\omega K)$$

where J_1 is the Bessel function of first order.

Hence

$$g(H) = \mathscr{F}_{\cos}^{-1} \left[\frac{2\pi K \mathscr{F}_{\cos}(g_m(H))}{J_1(2\pi H_\omega K)} \right]$$

and accordingly

$$g'(H) = \mathscr{F}_{\sin}^{-1} \left[\frac{2\pi K \mathscr{F}_{\sin}(g'_m(H))}{J_1(2\pi H_\omega K)} \right].$$

An applicable iterative method would be that of *van Cittert* which consists in a series of consecutive convolutions to compute in n iterations the n-th approximation for $g(H)$. In compact form, the n-th approximation $g_n(H)$ for $g(H)$ is given by

$$g_n = \left[\sum_{j=1}^n (-1)^{j-1} \binom{n}{j} f_m^{*(j-1)} \right] * g_m .$$

The fact that f_m is given as an analytical expression and bound by H_ω greatly facilitates the computation. However, the method has to be checked for its convergence (*Ruland* (10)) which may cause problems in all cases where the Fourier transform of the function to be eliminated, in our case f_m, has negative values. Since this is the case for F_m, a semi-convergence can be expected at best when applying the van Cittert method.

Any integral transform of the type

$$g_m(H) = \int g(y) f_m(H, y)\, dy$$

can be considered as a matrix-vector multiplication

$$\vec{g_m} = \underline{f_m}\vec{g}$$

where g_m and g are column vectors and f_m is a matrix with k rows and l columns corresponding the number of components of g_m and g, respectively.

The problem to be solved is the computation of the inverse matrix $\underline{f_m^{-1}}$ which yields

$$\vec{g} = \underline{f_m^{-1}} \vec{g_m} .$$

Methods for the computation of $\underline{f_m^{-1}}$ are standard for large computers, the main problem is the sensitivity of $\underline{f_m^{-1}}$ to the experimental errors in $\vec{g_m}$ which, in general, limits the applicability of this method.

Acknowledgments

The authors are indebted to the Deutsche Forschungsgemeinschaft for sponsoring this research project. Thanks are also due to Dr. *K. Bergmann*, BASF, and Prof. *Sillescu*, University of Mainz, for valuable discussions, to Dr. *K. Bergmann*, Dr. *W. Grüber* and Prof. *B. Wunderlich*, RPI Troy, N.Y., for supplying part of the samples and to Dr. *H. Tompa*, University of Louvain, for a critical revision of the manuscript.

Summary

The spin-spin relaxation of protons in polyethylene samples of various crystallinities has been measured using a pulse spectrometer. The magnetisation curves obtained can be decomposed into a series of exponential functions and a $(\sin a\, t/\, at) \cdot \exp(-b\, t^2)$ function. The contribution of the latter function to the total magnetisation at $t = 0$ is increasing with increasing crystallinity but is always lower than the crystallinity measured by other methods.

The study of an oxydation series of polyethylene does not show significant differences in the decrease of components of the "amorphous" signal with increasing oxydation time.

The difference between our results and those obtained by resonance methods on the same sample is essentially due to a basic difference in the decomposition method.

The effect of the field modulation on the resonance signal is discussed and a new method for the elimination of this effect is proposed.

Zusammenfassung

Die Spin-Spin-Relaxation von Protonen in Polyäthylenpräparaten verschiedener Kristallinität wurde mit einem Impulsspektrometer gemessen. Die erhaltenen Magnetisierungskurven können in eine Reihe von Exponentialfunktionen und eine (sin $a\,t/a\,t$) · exp ($-b\,t^2$)-Funktion zerlegt werden. Der Beitrag der letzteren Funktion zur Gesamtmagnetisierung bei $t = 0$ steigt mit zunehmender Kristallinität an, er ist jedoch immer niedriger als die mit anderen Methoden gemessene Kristallinität.

Die Untersuchung einer Oxidationsreihe von Polyäthylen zeigt keine wesentlichen Unterschiede in der Abnahme der Komponenten des "amorphen" Signals mit zunehmender Oxidationszeit.

Der Unterschied zwischen unseren Ergebnissen und den mit der Resonanzmethode bei derselben Probe erhaltenen ist im wesentlichen auf einen grundsätzlichen Unterschied in der Zerlegungsmethode zurückzuführen.

Der Einfluß der Feldmodulation auf das Resonanzsignal wird diskutiert, und eine neue Methode zur Eliminierung dieses Effektes wird vorgeschlagen.

References

1) *Wilson, C. W.*, *G. E. Pake*, J. Polymer Sci. **10**, 503 (1953).
2) *Bergmann, K.*, Kolloid-Z. u. Z. Polymere **251**, 962 (1973).
3) *Phaovibul, O., J. Loboda-Čačković, H. Čačković, R. Hosemann*, Macromol. Chem. **175**, 2991 (1974).
4) *Gölz, W. L. F., H. G. Zachmann*, Kolloid-Z. u. Z. Polymere **247**, 814 (1971).
5) *Fujimoto, K., T. Nishi, R. Kado*, Polymer J. **3**, 448 (1972).
6) *Lowe, I. J., R. E. Norberg*, Phys. Rev. **107**, 46 (1957).
7) *Wahlquist*, J. Chem. Phys. **35**, 1708 (1961).
8) *Haworth, Richards*, Progress in NMR-Spectroscopy **1**, p. 1 (Oxford 1966).
9) *Smith, G. W.*, J. Appl. Phys. **35**, 1217 (1964).
10) *Ruland, W.*, J. Appl. Cryst. **4**, 328 (1971).
11) *Peterlin, A., G. Meinel*, J. Polymer Sci. **B3**, 1059 (1965).

Anschrift der Verfasser

Dipl.-Phys.
Wolfgang Klüver
Fachbereich Physikalische Chemie
der Universität Marburg, Bereich Polymere
Lahnberge, Gebäude H
D-3550 Marburg/Lahn 1

Prof. Dr. *W. Ruland*
Fachbereich Physikalische Chemie
der Universität Marburg, Bereich Polymere
Lahnberge, Gebäude H
D-3550 Marburg/Lahn 1

Progr. Colloid & Polymer Sci. **64**, 267—274 (1978)
© 1978 by Dr. Dietrich Steinkopff Verlag GmbH & Co. KG, Darmstadt
ISSN 0340-255 X

University of Marburg, FB 14, Polymer Physics, Marburg (Germany)

Crystallization kinetics and melting behaviour of oriented natural rubber

W. Sietz, D. Göritz, and *F. H. Müller*

With 10 figures and 1 table

(Received 27. July 1977)

Introduction

The properties important for technology of polymer material depend not only on the chemical structure of the high-polymers, but essentially also on physical entities and the morphology. By crystallization of high-polymers under orientation, systems could be formed with morphologies very divergent from each other. For example, polyethylene can be produced from the oriented solution in shish-kebab-structures (1), from the oriented melt as high modulus oriented solids (2) or as elastic hard materials (3). It is our aim to give a further contribution to the crystallization phenomenons of oriented melt.

In order to maintain the orientation of the melt long enough for improvement of crystallization, a system must be investigated which can be crosslinked and whose crystallization rate can be varied by appropriate means. We have chosen natural rubber crosslinked by Dicumylperoxid (DCP) as a model since this yields the above-mentioned conditions, and — another advantage — because its crystallization during stretching

has already been investigated by us in detail (4, 5). In this work, the kinetics of temperature-induced crystallization (5a) in the oriented state shall be investigated and an analysis of the melting behaviour shall be taken.

Experimental

Our model substance for these investigations was natural rubber crosslinked with Dicumylperoxid. The preparation of the rubber sheets and their characterization is described in an earlier work (6). The measurements were performed using a Du Pont-DSC-calorimeter, Type 990. During all measurements, the length of the sample was kept constant (5a) and the rate of rise of temperature was chosen as 10 deg/min.

The samples had to be oriented at a temperature at which they do not crystallize in the isotropic state. As can be seen from the measurements of the crystallization rate as function of the temperature from *Wood* and *Bekkedahl* (7) (fig. 1) the stretching temperature of T_v = 20 °C meets this condition. The stretched samples were put into a thermostat where they were allowed to crystallize at the maximum of the crystallization rate at T_c = — 25 °C. The crystallization time was varied. The crystallized samples were then transferred to the sample cell of the calorimeter. There they were heated up from deep temperatures (— 60 °C), holding the length of the sample constant (samples with fixed ends).

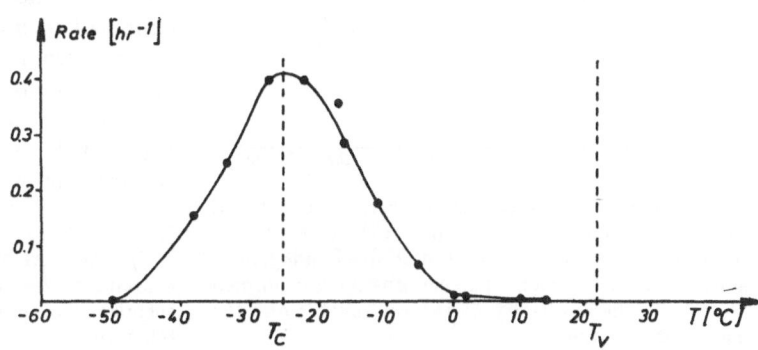

Fig. 1. Crystallization rate, measured as the reciprocal half-time, as a function of the crystallization temperature for isotropic rubber (from *Wood* and *Bekkedahl* (7)). T_v = stretching temperature, T_c = crystallization temperature

Results and discussion

a) Crystallization kinetics

The endotherms, recorded during heating of samples with fixed ends, are of the form shown in figure 2a. There are two separate melting ranges. The samples were stretched at room-temperature. By this process stress-induced crystallites were formed, the melting of which begins always a little above the stretching-temperature and takes place over a wide range. The end of the melting range depends on the degree of elongation. This dependence we have described in detail in earlier papers (4, 5).

The stretched sample was allowed to continue crystallizing at $-25\,°C$. The so-formed crystallites melt at a lower temperature range and show a double-peak.

The necessity to distinguish between stress-induced and temperature-induced crystallization during the crystallization of an oriented system is indicated in earlier work (4, 5a). By the clamping arrangement, used in this work, it is possible to separate both parts of the endotherms. With the hitherto usual methods the samples could shrink in the calorimeter. At free shrinkage the stress-induced crystallites melt in the same temperature range as the temperature-induced ones (fig. 2b). Separation of the both parts from this plot is no more possible.

The degree of crystallization increases up to the total amount of $40-50\%$ after a period of about four months. This could be confirmed by comparison with samples allowed to crystallize for about one year. Increasing the amount of stress-induced crystallization parts thus reduced the temperature-induced crystallization in such a way that the total amount of crystallization is constant ($40-45\%$ for the investigated system).

In this work we will analyze the temperature-induced contribution. The crystallization periods were varied by stopping cooling at $-25\,°C$ after given times, and melting the samples in the calorimeter. The so-determined crystalline parts are plotted versus time in figure 3. The figure shows the typical S-form shape of crystallization isotherms in the isotropic as well in the strained state. The Avrami-plots of the isotherms of figure 3 are shown in figure 4.

In the isotropic state we found the Avrami-exponent of $n = 3$ as hitherto known from the literature (for instance (8)). This corresponds to a three-dimensional growth from preexisting nuclei. In the anisotropic state we calculate an exponent of $n = 1$. That means one-dimensional growth from preexisting nuclei. This result appears independent of the elongation ratio for all hitherto analyzed measurements upwards from 100% strain *). The same behaviour concerning the crystallite-growth is also shown by

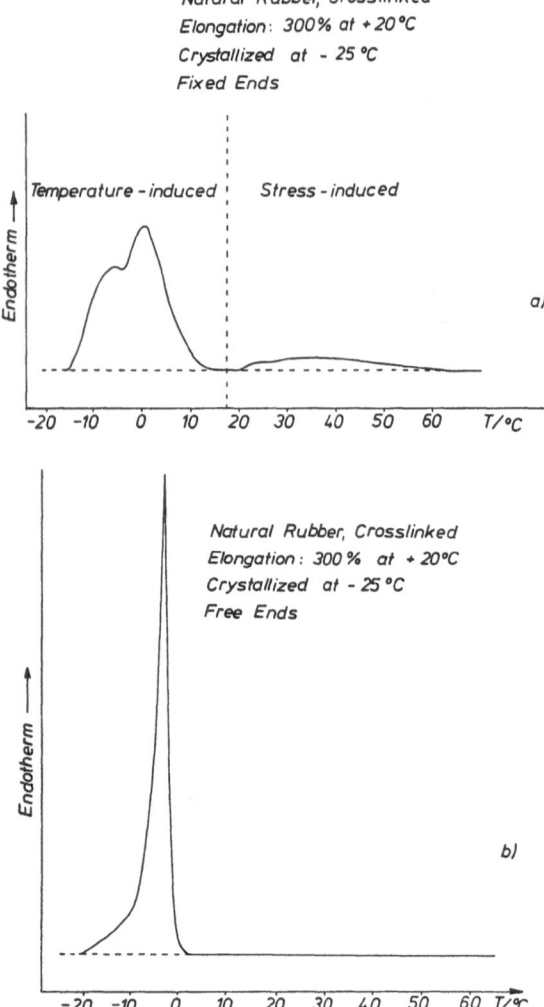

Fig. 2. Endotherms of natural rubber, stretched and crystallized under conditions indicated at the figure. The melting occurs in figure 2a with fixed ends and in figure 2b with free ends. The endotherms are normed referring to the sensitivity of the calorimeter and the mass of the sample

---

*) Note: At high elongation (upwards of 400%), n seems to become smaller than $n = 1$. This is not surprising because of the high stress-induced part of crystallization.

Fig. 3. Crystallization isotherms of crosslinked natural
rubber for an isotropic and
a stretched sample

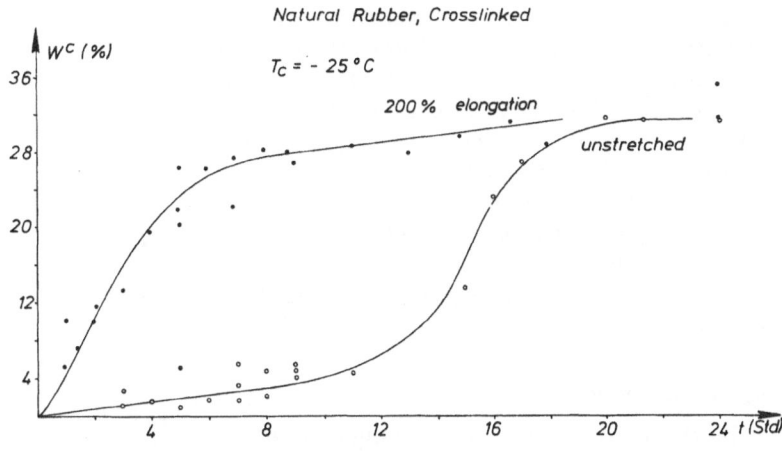

Fig. 4. Avrami-plot of the
crystallization isotherms of
crosslinked natural rubber for
an isotropic and a stretched
sample

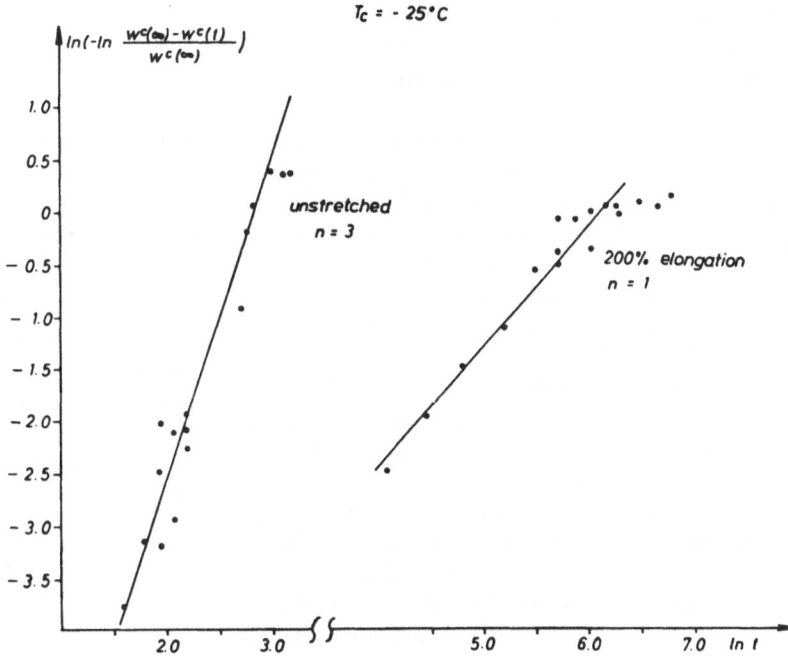

the results attained by deformation-calorimetry
of natural rubber (4, 9). A comparison of temperature-induced and stress-induced crystallization is given in table 1.

Table 1. Avrami-Exponent

| | Crystallization | |
	temperature-induced −25 °C	stress-induced +20 °C
isotropic	3	—
during orientation	—	4
oriented (uniaxial)	1	1

In the isotropic state at −25 °C, the preexisting nuclei grow three-dimensional. In contrast
to this during the actual stretching formation of
nuclei takes place. These nuclei grow three-
dimensional too. Therefore the exponent becomes
$n = 4$. After stopping the stretching process, the
further growing of the crystallites is one-
dimensional ($n = 1$). No additional nuclei are
formed. The existing nuclei grow in only one
direction during further crystallizing at −25 °C
of the sample held stretched (temperature-
induced).

In our experiments we have always found an
one-dimensional growing from preexisting nuclei

if an oriented system crystallizes. In contrast to this *Kim* and *Mandelkern* (10) have found from their experiments on stress-relaxation of stretched samples, however, a continually-varying Avrami-exponent between $n = 3.55$ (unstrained sample) and $n = 1.28$ (500% elongated sample). We have some doubt that stress-relaxation can only be attributed to the crystallization. There may be still other effects. The information from stress-relaxation experiment in crystallization is incomplete.

b) Melting behaviour

In the temperature-induced range there are two peaks. Several possibilities are known for more than one peak for a great number of diverse polymers. It is necessary to discuss each polymer-system with regard to crystallization behaviour and with regard to different heating conditions.

Thus in the case of trans-1,4-polyisoprene, the double-peak is caused by two different modifications of crystallites with different melting behaviour (11). In the case of natural rubber, a similar behaviour can be excluded (12). Other reasons for double-peaks are fractionation of molecular-weights during crystallization and orientation effects. They are not of concern in our samples of crosslinked natural rubber.

Still we have to discuss the recrystallization during heating as reason for the double-peak. This effect is well known for Polyethylene (13—15), isotactic Polystyrene (16), isotactic Polypropylene (17), Polyethyleneterephthalate (18—20), Polybutyleneterephthalate (21), Polycaprolactam (22) and still many other polymers. *Teijtelbaum* and *Anoschina* (23) described recrystallization for natural rubber too, if the rate of heating is small enough ($< 1°$/min). Our heating rate of $10°$/min is too high to allow recrystallization of the rubber. This is confirmed by experiments shown in figure 5. A sample, stretched 300%, was allowed to crystallize at $-23 °$C. The endotherm, measured under the condition of fixed ends with the heating-rate of $10°$/min, is given by the solid line in figure 5. After this, the sample was crystallized in the same way but then annealed for 20 seconds at different given temperatures *). Then the melt-

---

*) The annealing times are indicated with regard to the time, which is necessary to attain the annealing temperature.

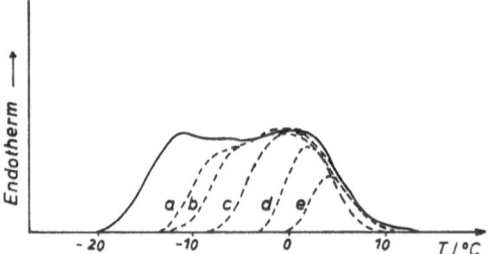

Fig. 5. Endotherms of stretched natural rubber, crystallized under conditions indicated at the figure.
Solid line: Unconditioned sample.
Broken line: Annealed samples, annealing conditions:
  20 sec;
  $a = -14 °$C, $b = -11 °$C, $c = -8 °$C,
  $d = -4 °$C, $e = -1 °$C

ing measurements were repeated in the same way as in the first case. The plots are given by the broken lines in figure 5. The annealing temperatures varied from $T_T = -14 °$C (a) to $T_T = -1 °$C (e).

From figure 5 it follows in every case that during the annealing treatment those crystals are molten, the melting temperature of which is lower than the annealing-temperature. The chosen annealing time of only 20 seconds is not sufficient for recrystallization to the more stable form.

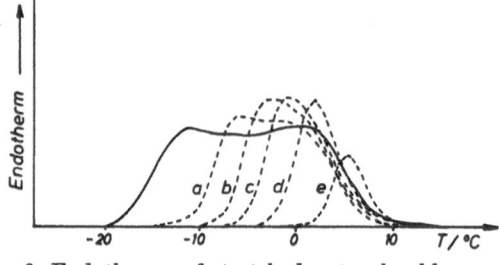

Fig. 6. Endotherms of stretched natural rubber, crystallized under conditions indicated at the figure.
Solid line: Unconditioned sample.
Broken line: Annealed samples; annealing conditions:
  280 sec;
  $a = -14 °$C, $b = -11 °$C, $c = -8 °$C,
  $d = -4.5 °$C, $e = -1 °$C

Repeating this investigation with an annealing time of 280 instead of 20 seconds gives the plot of figure 6. It is obvious that this prolonged annealing already gives the possibility for a certain recrystallization of the rubber sample.

Thus, by appropriate choice of heating rate (for rubber with its relatively slow recrystallization rate), recrystallization can be suppressed. An interpretation of the double-peaks by recrystallization must be excluded, too.

During crystallization, two "crystal-sorts" of different thermic stability appear. Thus, differences are to be attributed to the morphology. That means crystallites with different surface-energies may exist. In the following the peaks are designated as high-temperature and low-temperature peak.

Let us make a hypothesis: during the crystallization, folded and extended-chain crystals may grow. Let us take a rubber with varying density

of crosslinks. If the chain between neighbouring crosslinks becomes too short, folding is no longer possible. Thus, if one of the peaks varies with the density of crosslinking, it is obvious that this peak may be attributed to folded-chain crystallization.

Figure 7 gives a series of observed DSC-plots of isotropic samples crystallized at $-25\,°C$. From top to bottom, the density of crosslinking is varied (m is the mean number of units between two crosslinks). With increasing crosslinking the overall crystallization is markedly reduced, and therefore various crystallization periods are chosen to get comparable degrees of crystallization. Plots on the left show the beginning of crystallization, the degrees of which are in the range of $1-2\%$. Plots on the right show later stages of crystallization ($8-11\%$ crystallinity).

In the case of uncrosslinked rubber shown in the upper two plots (fig. 7a, b) only the high-temperature peak occurs, but after longer crystallization periods the low-temperature peak develops too. However, the high-temperature peak remains the dominating part. With increasing crosslinking (fig. 7c—f) the low-temperature peak occurs already at the beginning of crystallization. The high-temperature peak is more and more reduced even at later stages. In the case of the highest crosslinkage (fig. 7g, h), only the low-temperature peak occurs.

When our hypothesis of simultaneous formation of folded-chain crystallites and extended-chain crystallites works, then the high-temperature peak is to be identified with the melting of folded-chain crystals. Consequently the low-temperature peak should correspond to melting of extended crystals.

The growing of the extended-chain crystal should be influenceable by an orientation of the sample. Therefore the slightly crosslinked sample ($m = 250$) was crystallized at different elongations (100, 200, 300, 500%). The samples were allowed to crystallize for different times in the order of hours, days and months. After these treatments, the samples were run in the calorimeter. The endotherms of these three crystallization times at different elongations are shown in figure 8. At lower elongations as in the isotropic state too, the more stable crystals are dominating with increasing crystallization time.

However, one can see that, at 300% stretching in the case of shorter crystallization periods, low-temperature crystallites are preferred. For

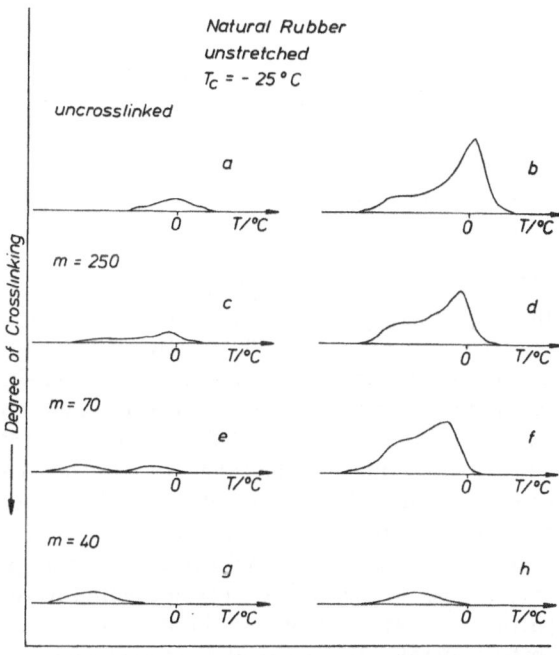

Fig. 7. Endotherms of isotropic natural rubber, crystallized at $-25\,°C$. $m =$ number of the statistical segments between two crosslinking points, $t =$ crystallization period. $W^c =$ amount of crystallization.

a) $t = 2.75\,h$, $\quad W^c = 1.6\%$;
b) $t = 4.5\,h$, $\quad W^c = 10.7\%$;
c) $t = 5\,h$, $\quad W^c = 1.62\%$;
d) $t = 10\,h$, $\quad W^c = 8.8\%$;
e) $t = 2\,d$, $\quad W^c = 1.4\%$;
f) $t = 8\,d$, $\quad W^c = 10.5\%$;
g) $t = 10\,d$, $\quad W^c = 1.3\%$;
h) $t = 43\,d$, $\quad W^c = 1.3\%$

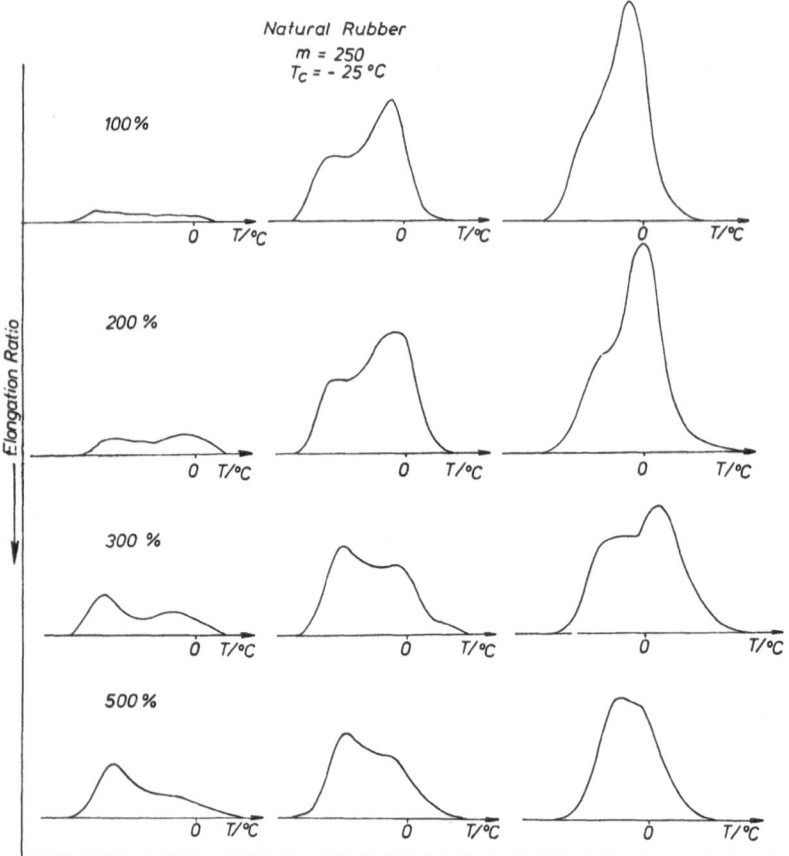

Fig. 8. Endotherms of stretched natural rubber, crystallized at — 25 °C. The crystallization period of the endotherms is in the order of hours at the left side, of days in the middle and of months on the right side

sufficient long crystallization time, however, the old trend reappears. With further increasing degree of stretching, the preferred appearance of low-temperature crystallites is still more evident. Combining the results of figures 7 and 8 one can say: with increasing crystallization times (this corresponds to increasing degrees of crystallization) the occurrence of folded-chain crystallites, with increasing orientation the occurrence of extended-chain crystallites is preferred.

The attribution of the peaks to the melting of extended-chain and folded-chain crystallites is confirmed by a paper of *Gaylord* and *Lohse* (24). These authors have shown that the changes in the morphology of crystallites — formed by deformation of a network — are caused by the entropy changes of the amorphous domains of a chain molecule during crystallization. They calculated the free energy of crystallites as a function of the degree of crystallinity. The application of this theory to the crystallization of natural rubber in the stretched state shows figure 9 and figure 10: The free energies for

different crystallites are plotted as function of the degree of crystallinity W^c for an elongation of 100% in figure 9, and 500% resp. in figure 10. The quantity f is the number of folds per chain in one crystal, which means $f = 0$ corresponds to an extended-chain crystal and $f = 2$ to a crystal with chain-folding. In the calculation of the free energy during formation of a folded-chain crystal according to *Gaylord* and *Lohse* — besides other parameters — the fold surface free energy plays a role. For natural rubber in the literature, there are only very uncertain data for these surface energies. So we calculated the free energy of the folded-chain crystals for two cases: for a surface energy value of $\sigma_e = 2000$ cal/mole and secondly $\sigma_e = 4000$ cal/mole. The differences resulting by the different choices of surface energies are shown in figures 9 and 10 by the hatched areas. As can be seen, this is of no importance for the chance of predictions by means of this calculation.

As one may conclude from figure 9, at the beginning of the crystallization the extended-

Fig. 9. The free energy of crystallization of natural rubber as a function of the degree of crystallinity for an elongation of 100%. (Calculation according to the theory of *Gaylord* and *Lohse* (11).)

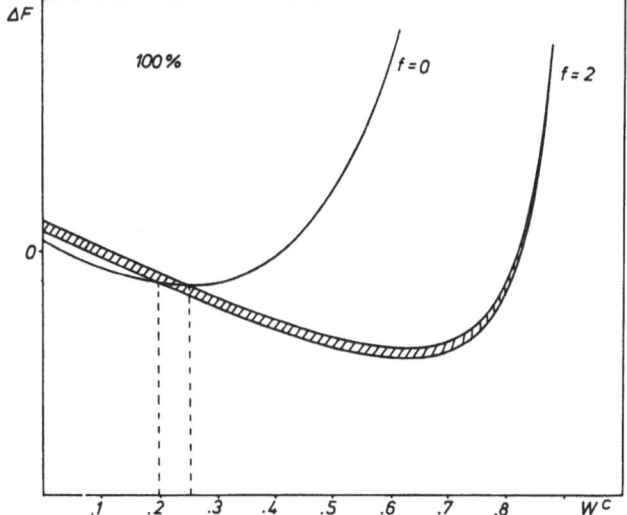

Fig. 10. The free energy of crystallization of natural rubber as a function of the degree of crystallinity for an elongation of 500%. (Calculation according to the theory of *Gaylord* and *Lohse* (11).)

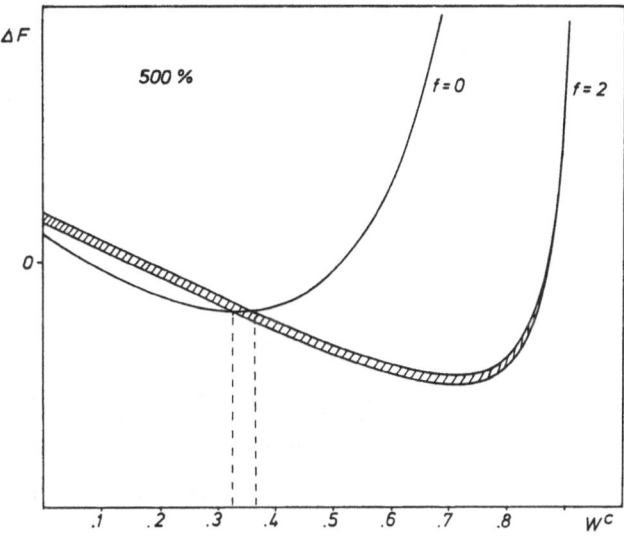

chain crystals have a smaller free energy than the crystals with folds. With increasing degree of crystallinity, the occurrence of folded-chain crystals is preferred. The transition from the extended-chain to the folded-chain crystals occurs at low crystalline parts in the case of low elongation (fig. 9). The calculated free energies of crystallization at an elongation of 500% (fig. 10) prove a shifting of the transition from extended-chain crystals to folded-chain crystals towards higher degrees of crystallinity. Corresponding to our DSC-measurements at high crystallization times (identical to crystallisation-degrees), the occurrence of folded-chain crystals is preferred. Extended-chain crystallites, how-

ever, dominate in the case of high degrees of elongation.

Summary

Oriented samples were crystallized with constant length and melted in a DSC-calorimeter. Analysing the crystallization-isotherms by means of the Avrami-theory yields a one-dimensional growth of the crystallites from preexisting nuclei. This geometry of growth is independent of the degree of orientation for all samples investigated till now (> 100% orientation).

Melting of the crystallized samples yields endotherms with a double-peak in the temperature-induced range. Variation of the degree of orientation and crosslinking permits a distribution to extended-chain crystallites and folded-chain crystallites. In an oriented system probably with increasing degree of orientation the appearance of extended-chain crystallites is preferred. Folded-chain crystallites however dominate with increasing degree of crystallinity.

Zusammenfassung

Es wurden verstreckte Proben unter konstanter Länge kristallisiert. Die Analyse der Kristallisationsisothermen mit Hilfe der Avrami-Theorie ergab ein eindimensionales Kristallitwachstum aus vorgebildeten Keimen. Diese Wachstumsgeometrie ist unabhängig vom Orientierungsgrad für alle bisher untersuchten Proben ($>100\%$ Orientierung).

Das Aufschmelzen der auskristallisierten Proben ergab Endothermen mit einem Doppelpeak im temperaturinduzierten Bereich. Die Variation des Orientierungs- und Vernetzungsgrades erlaubte eine Zuordnung zu Bündelkristalliten und Faltenkristalliten. In einem orientierten System werden wahrscheinlich mit steigendem Orientierungsgrad bevorzugt Bündelkristallite, mit steigendem Kristallisationsgrad bevorzugt Faltenkristallite gebildet.

Unser Dank gilt der Deutschen Forschungsgemeinschaft für die laufende Unterstützung dieser kalorimetrischen Arbeiten.

Literature

1) *Pennings, A. J., A. M. Kiel*, Kolloid-Z. u. Z. Polymere **205**, 160 (1965).
2) *Southern, J. H., R. S. Porter*, J. Macromol. Sci. **B 4**, 541 (1970).
3) *Quynn, R. G., H. Brody*, J. Macromol. Sci. **B 5**, 721 (1971).
4) *Göritz, D., F. H. Müller*, Kolloid-Z. u. Z. Polymere **251**, 892 (1973).
5) *Sietz, W., D. Göritz, F. H. Müller*, Colloid & Polymer Sci. **252**, 854 (1974).
5a) *Göritz, D., F. H. Müller, W. Sietz*, Progr. Colloid & Polymer Sci. **62**, 114 (1977).
6) *Göritz, D., F. H. Müller*, Kolloid-Z. u. Z. Polymere **251**, 679 (1973).
7) *Wood, L. A., N. Bekkedahl*, J. Appl. Phys. **17**, 362 (1946).
8) *Gent, A. N.*, Trans. Faraday Soc. **50**, 521 (1954).
9) *Göritz, D., F. H. Müller*, Rubber Chem. and Techn. **49**, 2, 210 (1976).
10) *Kim, H. G., L. Mandelkern*, J. Polymer Sci. A-2, **6**, 181 (1968).
11) *Lovening, E. G., D. C. Wooden*, J. Polymer Sci. A-2, **7**, 1839 (1969).
12) *Kim, H. G., L. Mandelkern*, J. Polymer Sci. A-2, **10**, 1125 (1972).
13) *Wunderlich, B., T. Arakawa*, J. Polymer Sci. **A 2**, 3697 (1964).
14) *Mandelkern, L., J. G. Fatou, R. Dension, J. Justin*, J. Polymer Sci. **B 3**, 803 (1965).
15) *Mandelkern, L., A. L. Allou* Jr., J. Polymer Sci. **B 4**, 447 (1966).
16) *Boon, J., G. Challa, D. W. van Krevelen*, J. Polymer Sci. A-2, **6**, 1791 (1968).
17) *Pae, K. D., J. A. Sauer*, J. Appl. Polymer Sci. **12**, 1901 (1968).
18) *Holdsworth, P. J., A. Turner-Jones*, Polymer **12**, 195 (1971).
19) *Sweet, G. E., J. P. Bell*, J. Polymer Sci. A-2, **10**, 1273 (1972).
20) *Roberts, R. C.*, J. Polymer Sci. **B 8**, 381 (1970).
21) *Hobbs, S. Y., C. F. Pratt*, Polymer **16**, 462 (1975).
22) *Liberti, F. N., B. Wunderlich*, J. Polymer Sci. A-2, **6**, 833 (1968).
23) *Tejtelbaum, B. Ja., N. I. Anoschina*, Wysokomol. Sojedin. **7**, 2176 (1965).
24) *Gaylord, R. J., D. J. Lohse*, Polymer Preprints **16**, 2, 331 (1976).

Authors' address:

W. Sietz, D. Göritz und *F. H. Müller*
Fachbereich Physikalische Chemie
Bereich Polymere
Universität Marburg
Lahnberge, Gebäude H
D-3550 Marburg

Progr. Colloid & Polymer Sci. **64**, 275–280 (1978)
© 1978 by Dr. Dietrich Steinkopff Verlag GmbH & Co. KG, Darmstadt
ISSN 0340-255 X

Institut für Physikalische Chemie der Universität Mainz und Sonderforschungsbereich 41, Sektion Mainz

Einfluß der thermischen Vorbehandlung auf die Kristallisation von Polyäthylenterephthalat

W. P. Frank und *H. G. Zachmann*

Mit 8 Abbildungen und 1 Tabelle

(Eingegangen am 12. März 1977)

1. Einleitung

Bei der Untersuchung der Kristallisation von Polyäthylenterephthalat durch Unterkühlung der Schmelze zeigt es sich, daß die Geschwindigkeit der isothermen Kristallisation ganz entscheidend davon abhängt, auf welche Weise das Material vorbehandelt wird. So findet man neben der bereits bekannten Abhängigkeit der Kristallisationsgeschwindigkeit von der Stärke der Unterkühlung (1) eine Abhängigkeit von der Höhe der Aufschmelztemperatur und der Länge der Aufschmelzdauer. Diese Abhängigkeit ist offensichtlich auf Änderungen des Molekulargewichtes beim Aufschmelzen zurückzuführen.

In der vorliegenden Arbeit wird nun der Einfluß der Aufschmelzbedingungen auf das Kristallisationsverhalten sowie auf das Molekulargewicht untersucht. Herangezogen wurde eine Probe mit geringem Gehalt an Diäthylenglykol, da ein hoher Anteil des Diäthylenglykols nach Untersuchungen von *Zimmermann* und *Becker* (2) den frühzeitigen thermischen Abbau bereits in fester Phase begünstigt.

2. Experimentelles Verfahren

Die Untersuchungen wurden an Granulat von amorphem Polyäthylenterephthalat der Fa. BASF durchgeführt. Der Diäthylenglykolgehalt wurde mit Hilfe der hochauflösenden magnetischen Kernresonanz (3) bestimmt und betrug 3,5 Mol-%. Der Schmelzpunkt der bestmöglich kristallisierten Probe lag bei 269 °C.

Die unbehandelten Proben, so wie wir sie vom Hersteller erhielten, wurden als erstes im Vakuum von etwa 10^{-2} Torr bei 280 °C bzw. 290 °C verschieden lange Zeiten aufgeschmolzen. Zu Beginn des Schmelzprozesses schäumten Gasblasen auf, was auf eingeschlossene Luft und andere bei dieser Temperatur gasförmige Bestandteile schließen läßt. Nach einigen Minuten des Schmelzens war der größte Teil der Gasblasen entfernt.

Im Anschluß an das Aufschmelzen im Vakuum wurden die Proben in ein Quecksilber-Dilatometer gebracht. Hier wurden sie mehrere Male aufgeschmolzen und jeweils danach isotherm kristallisiert. Der zeitliche Verlauf der Kristallisation wurde gemessen. Die Entgasung im Vakuum vor der dilatometrischen Untersuchung des Kristallisationsverlaufs war erforderlich, da ein Auftreten von Gasblasen im Dilatometer eine Auswertung der Messungen unmöglich machen würde.

Des weiteren wurden noch die Molekulargewichte gemessen, und zwar einmal bei den unbehandelten Proben, zum anderen bei den Proben nach dem Aufschmelzen im Vakuum und als drittes schließlich noch nach dem mehrmaligen Aufschmelzen und Kristallisieren im Dilatometer. Das Molekulargewicht wurde viskosimetrisch bestimmt (4, 5, 6), wobei als Lösungsmittel ein Gemisch aus Phenol und Tetrachloräthan im Gewichtsverhältnis 3:2 verwendet wurde. Da sich bei Raumtemperatur das Material nur sehr langsam löst, wurden die Lösungen kurzzeitig auf 150 °C erhitzt, das Material dort vollständig in Lösung gebracht und anschließend wieder auf Raumtemperatur abgekühlt. Auf diese Weise erhielten wir Lösungen mit Konzentrationen zwischen 0,8 und 1,2 g/dl. Jeweils 3 ml dieser Lösungen wurden in ein Viskosimeter vom Typ *Ostwald* (7) gefüllt, in dem dann bei 25 °C die Durchlaufzeiten gemessen wurden. Um unerwünschte Effekte durch Verunreinigungen in der Lösung bzw. im Lösungsmittel und an den Wänden des Viskosimeters auszuschließen, wurde die Durchlaufzeit einer Füllung jeweils dreimal bestimmt. Anschließend wurden die Messungen jeweils an zwei weiteren Füllungen der gleichen Konzentration wiederholt. Nach jeder Messung wurde mehrmals mit reinem Lösungsmittel gespült und die Durchlaufzeiten bestimmt. Die Konstanz dieser Durchlaufzeiten zeigte, daß das Viskosimeter frei von Lösungsrückständen war.

Aus den relativen Viskositäten $\eta_r = t_L/t_{LM}$ (mit t_L = Durchflußzeit der Lösung, t_{LM} = Durchflußzeit des reinen Lösungsmittels) wurde bei verschiedenen Konzentrationen die Grenzviskositätszahl $[\eta]$ über die Beziehung

$$[\eta] = \lim_{c \to 0} \eta_s/c \qquad [1]$$

mit

$$\eta_s = \eta_r - 1 \qquad [2]$$

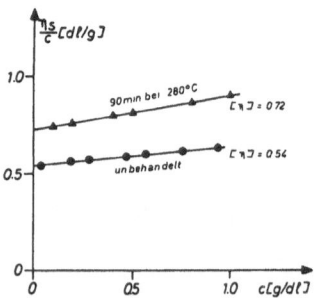

Abb. 1. Spezifische Viskosität η_s als Funktion der Konzentration c einer unbehandelten Probe sowie einer Probe, die 90 min bei 280 °C aufgeschmolzen worden war

bestimmt. Die Grenzviskosität hängt nach *Moore* (8) mit dem Gewichtsmittel des Molekulargewichtes $\overline{M}_w$ über die Beziehung

$$[\eta] = K \cdot \overline{M}_w^a \qquad [3]$$

mit $K = 4{,}68 \cdot 10^{-4}$ (dl/g) und $a = 0{,}68$ zusammen.

Abbildung 1 zeigt als Beispiel die Werte von η_s/c mit der entsprechenden Extrapolation für die amorphe unbehandelte Probe sowie für eine Probe, die bei 280 °C im Vakuum 90 min aufgeschmolzen, 6 h bei 240 °C kristallisiert und dann abgeschreckt worden war.

3. Experimentelle Ergebnisse

Es wurden mehrere Versuchsreihen mit etwas unterschiedlichen Aufheizbedingungen, Abkühlbedingungen und Kristallisationstemperaturen durchgeführt.

In der ersten Versuchsreihe (Messungen I) wurden die Proben im Vakuum möglichst rasch auf die Temperatur der Schmelze gebracht, die bei einem Teil der Proben bei 280 °C und beim zweiten Teil der Proben bei 290 °C lag, und anschließend bei diesen Temperaturen verschieden lange Zeiten $t_s = 5$, 10, 15, 20, 25 min aufgeschmolzen (s. Abb. 2). Anschließend wurden die

Proben langsam auf Raumtemperatur abgekühlt und in ein Dilatometer gefüllt. Im Dilatometer wurde jede Probe nochmals aufgeschmolzen, und zwar bei der gleichen Temperatur und über die gleiche Zeit hinweg wie vorher im Vakuum, und sodann durch Unterkühlung auf eine Temperatur von 235 °C isotherm kristallisiert.

Die bei dieser Kristallisation ermittelten Kristallisationshalbwertszeiten $t_{1/2}$ sind in Abbildung 3 als Funktion der Aufschmelzdauer im Vakuum t_s, die die gleiche war wie die im Dilatometer, aufgetragen. Parameter ist die Temperatur beim Aufschmelzen. Man erkennt, daß die Halbwertszeiten $t_{1/2}$ der bei 280 °C aufgeschmolzenen Proben mit zunehmender Länge der Aufschmelzdauer t_s abnehmen. Vermutlich findet hier ein thermischer Abbau statt. Bei einem Schmelzen bei 290 °C dagegen ist die Halbwertszeit bereits nach der kürzesten Aufschmelzzeit stark abgesunken und bleibt bei längerem Aufschmelzen konstant. Hier findet offenbar der gesamte thermische Abbau rascher innerhalb der ersten fünf Minuten statt.

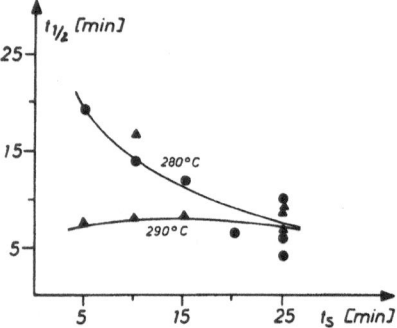

Abb. 3. Halbwertszeiten $t_{1/2}$ der Kristallisation bei 235 °C als Funktion der Zeitdauer des Schmelzens im Vakuum t_s für die Meßserie I. Parameter: Temperatur des Aufschmelzens

Die kristallisierten Proben wurden anschließend im Dilatometer noch zweimal aufgeschmolzen und jeweils wieder bei der gleichen Temperatur kristallisiert. Die Aufschmelzdauer war dabei immer gleich derjenigen im Vakuum. Die Abbildungen 4a und 4b zeigen die Halbwertszeiten der dabei erhaltenen Kristallisationsisothermen als Funktion der Gesamtdauer des Aufschmelzens im Dilatometer. Parameter ist die Zeit des ersten Aufschmelzens im Vakuum. Die geringen Steigungen der sich so ergebenden

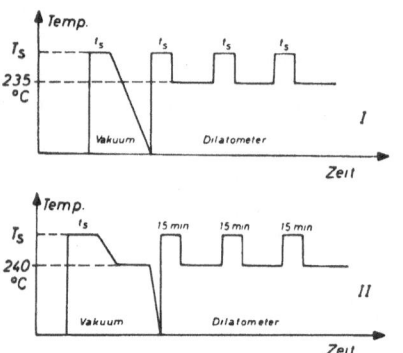

Abb. 2. Temperaturführung bei der Meßserie I bzw. II

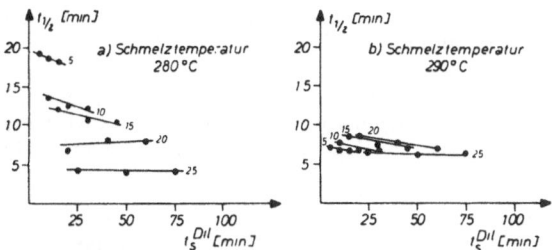

Abb. 4. Halbwertszeiten $t_{1/2}$ der Kristallisation bei 235 °C als Funktion der gesamten Zeit des Schmelzens im Dilatometer t_s^{Dil} für Meßserie I. Paramter: Zeit des Aufschmelzens im Vakuum t_s in min

Geraden weisen darauf hin, daß die zusätzlichen Aufschmelzvorgänge im Dilatometer nur von geringem Einfluß auf die Kristallisationsgeschwindigkeit sind; das Kristallisationsverhalten wird vor allem durch die Zeitdauer des ersten Aufschmelzens im Vakuum bestimmt.

Es ergab sich nun die Frage, wie sich Schmelzzeiten, die länger als 25 min sind, auf das Kristallisationsverhalten auswirken. Diese Frage wurde in einer anderen Meßreihe (Meßreihe II) untersucht. Bei dieser Meßreihe wurden die Proben nach dem Aufschmelzen im Vakuum noch 6 h lang bei 240 °C getempert, bevor sie in das Dilatometer gebracht wurden (s. Abb. 2). Dadurch erreichten wir, daß die Anzahl der Ausfälle im Dilatometer infolge Gasblasenbildung, die trotz der vorangegangenen Evakuierung bisweilen zu beobachten ist, vermindert wurde. Des weiteren erfolgte die Kristallisation im Unterschied zu der in der Meßreihe I bei 240 °C, um längere Halbwertszeiten zu erhalten und so den Kristallisationsverlauf besser verfolgen zu können. Da die Zeit des Aufschmelzens im Dilatometer sich bei den ersten Versuchen als

nicht so wesentlich erwies, wurde diese bei der Meßreihe II einheitlich gewählt und betrug 15 min.

Abbildung 5 zeigt die Halbwertszeit $t_{1/2}$ als Funktion der Zeitdauer des Aufschmelzens im Vakuum. Parameter ist die Aufschmelztemperatur. Bei Aufschmelzzeiten bis zu 20 min beobachtet man das gleiche Verhalten wie in Abbildung 3: eine Abnahme der Halbwertszeit mit zunehmender Aufschmelzdauer für eine Schmelztemperatur von 280 °C und eine nahezu konstante Halbwertszeit für eine Schmelztemperatur von 290 °C. Für längere Aufschmelzzeiten erfolgt aber ein sehr starker Anstieg der Halbwertszeit.

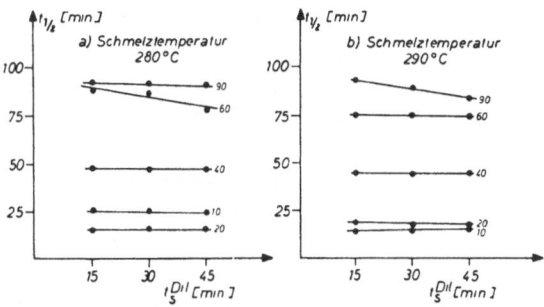

Abb. 6. Halbwertszeiten $t_{1/2}$ der Kristallisation bei 240 °C als Funktion der gesamten Zeit des Schmelzens im Dilatometer t_s^{Dil} für Meßserie II. Parameter: Zeit des Schmelzens im Vakuum t_s in min

Nach der ersten Kristallisation im Dilatometer wurden die Proben noch zweimal je 15 min aufgeschmolzen und danach wieder kristallisiert. Abbildung 6 zeigt die Halbwertszeiten der Kristallisation als Funktion der gesamten Schmelzdauer im Dilatometer. Parameter ist die Dauer des Aufschmelzens im Vakuum in Minuten. Man sieht, daß die Aufschmelzzeit im Dilatometer die Kristallisationsgeschwindigkeit nahezu nicht beeinflußt. Der Haupteinfluß rührt von der Dauer des Aufschmelzens im Vakuum her.

In Ergänzung zu den kristallisationskinetischen Untersuchungen wurden viskosimetrische Molekulargewichtsmessungen vorgenommen. In Abbildung 7 geben die durchgezogenen Kurven die Messungen des Molekulargewichtes an Proben aus der Meßreihe II wieder, die unmittelbar nach dem Aufschmelzen im Vakuum, also noch vor dem Einführen in das Dilatometer durchgeführt wurden. Aufgetragen ist das Gewichts-

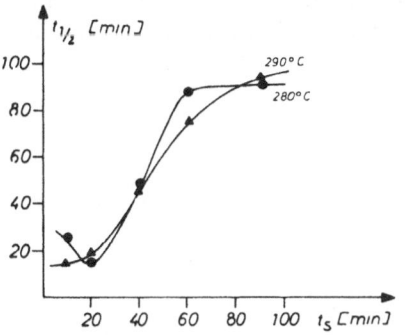

Abb. 5. Halbwertszeiten $t_{1/2}$ der Kristallisation bei 240 °C als Funktion der Zeitdauer des Aufschmelzens im Vakuum t_s für Meßserie II. Parameter: Temperatur des Aufschmelzens

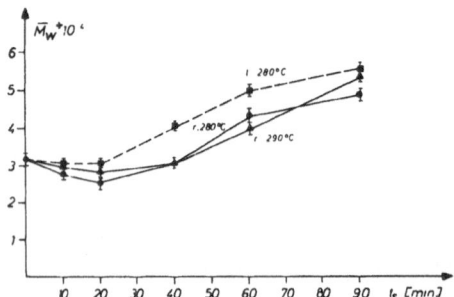

Abb. 7. Molekulargewicht M_w als Funktion der Zeit des Schmelzens im Vakuum t_s. Parameter: Temperatur des Aufschmelzens. ————: Meßserie II, d.h. rasch auf die Temperatur der Schmelze gebracht, gemessen unmittelbar nach dem Abkühlen aus dem Vakuum. ------: gleiche Behandlung wie bei Meßserie I, jedoch langsam auf die Temperatur der Schmelze aufgeheizt

Tabelle 1. Einfluß des Aufschmelzens im Dilatometer (3×15 min) auf das Molekulargewicht

Aufschmelztemperatur (°C)	Aufschmelzzeit im Vakuum (Min)	$\overline{M}_\mathrm{w}$ vor dem Aufschmelzen im Dilat.	$\overline{M}_\mathrm{w}$ nach dreimaligem Aufschmelzen im Dilatometer
280	10	27 500	19 000
	20	25 000	16 000
	40	30 000	26 000
	60	43 000	41 000
	90	48 000	45 000
290	10	29 000	26 000
	20	28 000	24 000
	40	30 000	29 000
	60	40 000	38 000
	90	52 000	40 000

mittel des Molekulargewichtes als Funktion der Zeit des Schmelzens im Vakuum t_s. Parameter ist die Schmelztemperatur. Der Index r deutet darauf hin, daß die Proben rasch aufgeheizt wurden, wie es bei der Beschreibung der Probenvorbehandlung zur Meßreihe I angegeben wurde. Man sieht, daß mit zunehmender Aufschmelzdauer das Molekulargewicht zunächst etwas abnimmt und anschließend stark zunimmt. Dies steht qualitativ in Übereinstimmung mit dem Verhalten der Halbwertszeiten der Kristallisation in Abbildung 5.

Um die Frage zu prüfen, ob der zuerst stattfindende thermische Abbau auf Spuren von Feuchtigkeit zurückzuführen ist, wurde in einer weiteren Versuchsreihe dafür gesorgt, daß die Proben gründlich getrocknet werden, bevor sie den Zustand der Schmelze erreichen. Dies geschah in der Weise, daß die Proben nicht rasch auf die Temperatur der Schmelze gebracht wurden, sondern sehr langsam im Vakuum aufgeheizt wurden. Während des langsamen Aufheizens konnte die Feuchtigkeit aus den Proben entweichen. Das Molekulargewicht von langsam aufgeheizten Proben als Funktion der Schmelzdauer ist durch die gestrichelte Kurve in Abbildung 7 wiedergegeben. Man erkennt, daß bei den langsam aufgeheizten Proben der Abfall des Molekulargewichtes bei kleinen Schmelzzeiten nahezu vollständig unterdrückt ist. Dies ist eine Bestätigung für die Annahme, daß dieser Abfall durch Spuren von Feuchtigkeit bedingt ist.

Als letztes sollte noch geklärt werden, wie sich ein Aufschmelzen im Dilatometer in Gegenwart

von Quecksilber auf das Molekulargewicht auswirkt. Um das zu prüfen, wurde bei der Meßserie II auch das Molekulargewicht nach dem dreimaligen Aufschmelzen im Dilatometer bestimmt. Die Ergebnisse sind in Tabelle 1 in der vierten Spalte zusammengestellt. Zum Vergleich stehen in der dritten Spalte die Molekulargewichte vor dem Aufschmelzen im Dilatometer, die aus Abbildung 7 entnommen wurden. Man erkennt, daß sowohl bei der Schmelztemperatur von 280 °C als auch bei der von 290 °C durch das Aufschmelzen im Dilatometer in Gegenwart von Quecksilber das Molekulargewicht erniedrigt wird. Obwohl also das Quecksilber im Dilatometer von der Qualitätsstufe „chemisch rein" war, reichte die darin vorhandene Feuchtigkeit und Luft aus, um den in Tabelle 1 ersichtlichen Abbau zu bewirken.

Trägt man die nach dem letzten Aufschmelzen ermittelten Halbwertszeiten $t_{1/2}$, d.h. diejenigen, welche man nach dem dritten Aufschmelzen und Unterkühlen erhält, gegen das anschließend ge

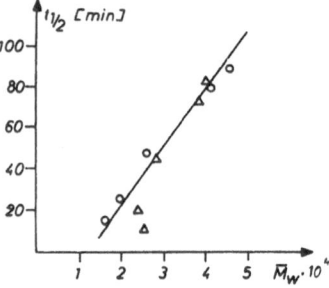

Abb. 8. Halbwertszeit der Kristallisation, $t_{1/2}$, als Funktion des Molekulargewichts

fundene Molekulargewicht auf, so ergibt sich die Kurve in Abbildung 8. Man sieht, daß die Halbwertszeiten im allgemeinen um so größer sind, je größer das Molekulargewicht ist. *Turska* und *Przygocki* (9) untersuchten den Einfluß des Molekulargewichtes von Polyäthylenterephthalat auf die Kristallisation, indem sie die Dichtezunahme von Polyäthylenterephthalat-Proben verschiedener Polymerisationsgrade als Funktion der Zeit ermittelten. Vergleicht man ihre Halbwertszeiten, die allerdings nur ungenau aus den Abbildungen der Veröffentlichung ermittelt werden konnten, mit den unsrigen, so beobachtet man qualitativ das gleiche Verhalten; die Halbwertszeiten nehmen mit steigendem Molekulargewicht zu. Jedoch steigen die Halbwertszeiten mit dem Molekulargewicht stärker an, als es von uns gefunden wurde.

Auch beim langzeitigen Tempern unterhalb des Schmelzpunktes erhält man entsprechende Änderungen im Molekulargewicht. Während beim Tempern im Vakuum das Molekulargewicht ansteigt, führt das Tempern im Stickstoffstrom oder im Silikonöl vermutlich als Folge einer Feuchtigkeitseinwirkung zu einer Abnahme des Molekulargewichtes. Diese Unterschiede beeinflussen auch den maximal erreichbaren Kristallisationsgrad und die mechanischen Eigenschaften. Das im Vakuum getemperte Material erreicht einen maximalen Kristallisationsgrad von 60% und ist nach der Kristallisation biegsam, wohingegen das im Silikonöl getemperte Material Kristallisationsgrade bei 70% erreicht und ausgesprochen spröde wird.

4. Diskussion

Es ist seit längerem bekannt, daß mit wachsender Schmelztemperatur und Schmelzzeit die Anzahl der Kristall-Embryonen, die nach dem Abkühlen zu Kristallkeimen werden können, abnimmt. Das bedeutet, daß mit wachsender Schmelztemperatur und Schmelzzeit die Halbwertszeiten der Kristallisation zunehmen müssen. Da bei uns zumindest bei kurzen Aufschmelzzeiten das umgekehrte Verhalten beobachtet wird, scheint hier die Abhängigkeit der Halbwertszeit der Kristallisation von der Schmelztemperatur und der Schmelzzeit nicht oder nur zu einem geringen Teil durch den Einfluß dieser Größen auf die Embryonenzahl bedingt zu sein. Offensichtlich scheinen aber die Halbwertszeiten durch die Änderungen des

Molekulargewichtes während des Schmelzens beeinflußt zu werden. Im einzelnen ergeben sich folgende Erklärungen.

Die Abnahme der Halbwertszeiten der Kristallisation mit zunehmender Aufschmelzzeit bei kurzen Schmelzzeiten ist auf eine Abnahme des Molekulargewichtes zurückzuführen. Diese entsteht dadurch, daß geringe Spuren von Wasser einen Abbau der Molekülketten durch Hydrolyse bewirken. Die Zunahme der Halbwertszeiten bei längeren Schmelzzeiten ist durch das Anwachsen des Molekulargewichtes verursacht, das wiederum eine Folge des Fortschreitens der Polykondensation, eventuell in Verbindung mit Vernetzungsreaktionen, ist.

Der Einfluß eines mehrmaligen Aufschmelzens im Dilatometer auf die Halbwertszeiten ist zunächst überraschend. Aufgrund der Ergebnisse in Abbildung 5 sollte man nämlich annehmen, daß eine Probe, die zunächst 10 min im Vakuum aufgeschmolzen wurde, nach dreimaligem Aufschmelzen im Dilatometer eine wesentlich höhere Halbwertszeit haben sollte als nach einmaligem Aufschmelzen. Nach dreimaligem Aufschmelzen im Dilatometer ist nämlich die Gesamtzeit, bei der sich die Probe auf der Schmelztemperatur befunden hat, 55 min, während diese Zeit nach einmaligem Aufschmelzen nur 25 min beträgt. Offensichtlich führt das Aufschmelzen im Dilatometer in Gegenwart von Quecksilber nicht zu einer Erhöhung des Molekulargewichtes, wie man sie beim Aufschmelzen im Vakuum erhält. Dies könnte auf Spuren von Wasser zurückzuführen sein, die im Quecksilber vorhanden sind. Allerdings führt die Anwesenheit von Quecksilber nur dazu, daß die Halbwertszeiten nicht mit zunehmender Aufschmelzzeit ansteigen. Eine sukzessiv fortschreitende Verringerung der Halbwertszeiten bei kurzen Schmelzzeiten wird nicht oder nur in geringem Maße beobachtet (s. Abb. 4a und 4b). Man muß daraus schließen, daß der Hauptteil der Molekulargewichtsabnahme beim Schmelzen in Gegenwart von Quecksilber, wie in Tabelle 1 angegeben ist, bereits nach dem ersten Aufschmelzen erreicht wird und daß bei den nachfolgenden Schmelzprozessen das Molekulargewicht annähernd konstant bleibt.

5. Schlußfolgerungen

Das Fortschreiten der Polykondensation beim Erhitzen von Polyäthylenterephthalat kann bereits durch geringe Mengen von Verunreinigungen, wie sie beim Kontakt mit fremden Stoffen wie Quecksilber oder Silikonöl eindringen können, abbrechen und in einen Abbau übergehen. Sowohl die Polykondensation als auch der Abbau wirken sich wesentlich auf das Kristallisationsverhalten und die mechanischen Eigenschaften aus. Aufgrund dieser Tatsachen können bereits geringfügige Änderungen in den Aufschmelzbedingungen zu wesentlichen Veränderungen in den weiteren Eigenschaften führen. Diese Tatsache muß nicht nur bei kristallisationskinetischen Untersuchungen beachtet werden, sondern ist auch für die technische Herstellung und Verarbeitung des Polyäthylenterephthalats von Bedeutung.

Wir danken der Firma BASF, insbesondere Herrn Dr. *H. Pohlemann* und Herrn Dr. *H. J. Kunde* für die Überlassung der Proben. Unser Dank gilt ferner der Deutschen Forschungsgemeinschaft für die finanzielle Unterstützung dieser Arbeit.

Zusammenfassung

Beim Aufschmelzen von Polyäthylenterephthalat findet zunächst eine Abnahme des Molekulargewichtes statt, die vermutlich durch Spuren von Wasser bedingt ist, und anschließend eine Zunahme als Folge eines Fortschreitens der Polykondensation. Die Halbwertszeiten der Kristallisation verringern sich mit abnehmendem Molekulargewicht; bei der Zunahme des Molekulargewichtes wachsen sie wieder bis über den ursprünglichen Wert an. Geringe Mengen von Feuchtigkeit, wie sie z.B. beim Kontakt mit Quecksilber oder Silikonöl auftreten, führen bereits dazu, daß die Polykondensation in einen Abbau übergeht.

Summary

During melting of polyethylene terephthalate there occurs first a decrease of molecular weight caused presumably by small amounts of water, followed by an increase due to polycondensation. The half-times of crystallization decrease with decreasing molecular weight and increase again above the initial value, when the molecular weight becomes larger. Already small amounts of water introduced for example by the presence of mercury or silicon oil cause a change from polycondensation to degradation.

Literatur

1) *Zachmann, H. G.*, Kunststoffhandbuch, Bd. 1 (München 1975).
2) *Zimmermann, H., D. Becker*, Faserf. und Textiltechn. **24**, 479 (1973).
3) *Frank, W. P., H. G. Zachmann*, Colloid & Polymer Sci. **62**, 88 (1977).
4) *Schurz, J.*, Physikalische Chemie der Hochpolymeren, Bd. 148 (Heidelberg-Berlin-New York 1974).
5) *Fielding-Russel, G. S., P. S. Pillai*, Makromol. Chem. **135**, 263 (1970).
6) *Kolb, H. J., E. F. Izard*, J. Appl. Phys. **20**, 564 (1949).
7) *Ostwald, Wi.*, Lehrbuch der allg. Chemie, 2. Aufl. Teil I, S. 550 (Leipzig 1891).
8) *Moore, L. D.*, Polymer Preprints Vol. **1**, 234—243 (1960).
9) *Turska, E., W. Przygocki*, Faserf. und Textiltechn. **15**, 561 (1964).

Für die Verfasser:

Prof. Dr. *H. G. Zachmann*
Institut für Physikalische Chemie
der Universität Mainz
Jakob-Welder-Weg 15
D-6500 Mainz

Progr. Colloid & Polymer Sci. **64**, 281—285 (1978)
© 1978 by Dr. Dietrich Steinkopff Verlag GmbH & Co. KG, Darmstadt
ISSN 0340-255 X

Institut für Physikalische Chemie der Universität Mainz
und Sonderforschungsbereich 41, Chemie und Physik der Makromoleküle

Study of the conformations of the molecules in amorphous polymers by computer simulation

II. Approach to equilibrium in a primitive cubic lattice by simulation of thermal motion

R. de Santis and *H. G. Zachmann*

With 6 figures and 1 table

(Received June 2, 1977)

A. Introduction

In Part I of this publication we studied the conformations of chains introduced into a primitive cubic lattice (1) by means of a biased Monte Carlo procedure. Whenever the chain being introduced meets an occupied position, it avoids the "obstacle" by choosing another lattice point or by displacing the blocking bead. In this way we obtained systems of chains which were not at equilibrium, but we were able to show that the density of the amorphous state could be reached without having the chains partially packed in bundles of parallel segments.

In Part II we bring the systems generated in Part I of this publication to equilibrium by allowing random motion of the beads in the lattice, thus simulating thermal movements. In addition the approach to equilibrium of a set of closely packed stretched parallel chains is studied, in analogy to the melting of crystals.

Three systems of chains of length $N = 100$ beads each were studied at different concentrations: 1) the single chain system; 2) a system of nine chains corresponding to a polymer volume fraction $v_2 = 0.09$ and 3) a system of 87 chains with $v_2 = 0.87$. For the latter we studied only the displacement to equilibrium from the initial non-equilibrium conformation described in Part I.

Systems of single chains of length up to 64 were already investigated by *Verdier* and *Stockmayer* (2). Calculations on concentrated systems were performed by *De Vos* and *Bellemans* (3) as well as by *Olaj* and *Pelinka* (4). The chain length in these investigations was limited to a maximum value of 50 units and only the relaxation of randomly introduced chains were studied.

B. Method of computation

The process simulates the dynamical behavior of a system of chains undergoing random thermal motions. The chains are lying on a primitive cubic lattice of 10 points in the x-direction, 10 points in the y-direction and 100 points in the z-direction. Each chain of the system is represented by a string of 100 connected beads. The beads lie on the vertices and the connecting bonds on the edges of the lattice. The angle between two adjacent bonds can therefore be of 90 or 180 degrees only. Periodical boundary conditions are allowed in order to avoid boundary effects. The repulsion forces between beads are represented by the excluded volume conditions only.

The motion of the chain in the lattice is governed by a set of rules which permit the chain to describe a random walk in the lattice which brings the chain from an initial non-equilibrium conformation to the final equilibrium state. The rules are the same as in Part I: 1) an end-bead can move to anyone of the four positions nearest to its preceding bead in the chain; 2) a corner-bead, i.e., a bead whose two connecting bonds form an angle of 90 degrees, can move only to the diametrically opposite position on the square on which its bonds are lying; 3) a non-corner-bead, i.e., a bead whose connecting bonds form an angle of 180 degrees, cannot be displaced.

A pseudo-random number generator selects a bead in the lattice and an attempt is made to move it to a new location chosen in agreement with the rules stated above. When more than one choice is possible (end-bead), a selection is made at random between them. If the position chosen turns out to be already occupied

Table 1. Mean square end-to-end distance $\langle h^2 \rangle$, radius of gyration $\langle s^2 \rangle$, relaxation time $\tau \nu_0$ and ratio of number of displacements and number of bead cycles for different volume fractions of chains v_2

v_2	0.01	0.09	0.87
h^2	260	238	186
s^2	40	38	29
$\tau \nu_0$	$2 \cdot 10^4$	$17 \cdot 10^4$	
γ	0.55	0.58	0.13

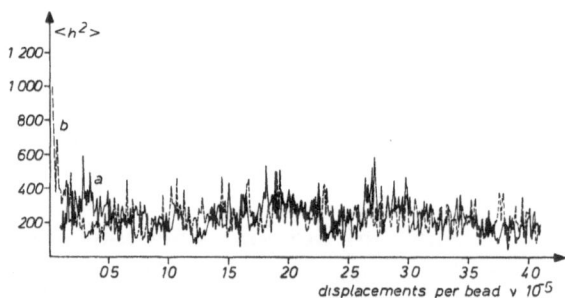

Fig. 1. Mean square end-to-end distance, $\langle h^2 \rangle$, as a function of the number of displacements per bead, ν, for an isolated chain averaged over three systems. (——) relaxation of the extended conformation. (- - -) relaxation of the chain introduced at random

then another bead is chosen in the lattice. Every time a bead is selected, a so-called, "bead cycle" is counted down. Only a part of the bead displacement cycles results in actual displacements of beads (see table 1). The square end-to-end length, square radius of gyration and center of mass of each chain present in the system were periodically sampled.

Two different conformations were chosen for the systems as initial states for the relaxation process: (a) a non-equilibrium conformation generated at random in the lattice, as described in Part I; (b) the closely packed parallel chains conformation of the crystalline state. In the case of the system at polymer volume fraction $v_2 = 0.87$ only the initial conformation (a) was chosen. The "melting" of such a large number of chains would require a very large amount of computer time.

When the initial conformation chosen is the state with extended chains, in the first step of the displacement procedure, the beads to be displaced are selected only from those having a chance to move. That is, at first the choice is made between the end-beads of the outer chains only, and then between these and the beads for which free positions are generated by the displacements of neighbouring beads. These restrictions are applied until each bead has been moved at least once.

C. Results and discussion

1. Mean square end-to-end distance and radius of gyration

In order to study the relaxation to equilibrium of the single chain, six systems were investigated: three of them used as initial conformation the extended chain of square length 99^2, and three used the conformation generated at random. Each run was carried out up to about $82 \cdot 10^6$ bead cycles. Since about half of the bead cycles results in the bead being moved to another position and since there are 100 beads in the system, this time corresponds to about $41 \cdot 10^4$ actual displacements per bead.

In order to study the relaxation of the system at polymer volume fraction $v_2 = 0.09$, the displacement from the parallel chains conformation is carried out up to $370 \cdot 10^6$ bead cycles and up to $350 \cdot 10^6$ cycles from the randomly

generated state. Also in this case about half of the bead cycles results in actual displacement of beads, therefore the times used correspond to about $21 \cdot 10^4$ and $20 \cdot 10^4$ actual displacements per bead present in the system.

In the case of relaxation to equilibrium of the system with $v_2 = 0.87$, the displacement of chains from the initial random conformation proceeds up to $654 \cdot 10^6$ cycles. Due to the high density of the system only about 13% of the bead cycles results in actual displacements, the total time used therefore corresponds to about 10^4 actual displacements per each bead (see also table 1).

Figure 1 shows the relaxation to equilibrium of the square end-to-end distance for the single chain. Line a) is the relaxation from the non-equilibrium state generated at random in Part I of this publication, line b) is the relaxation from the "crystalline" state. The values were sampled at intervals of $2 \cdot 10^5$ bead cycles (about 10^3 actual displacements per each bead) and averaged over the three independent runs. The two functions meet after about $2 \cdot 10^4$ displacements per bead. Both show a larger fluctuation of a period of about $4 \cdot 10^4$ displacements per bead superimposed on the local irregular fluctuations. In order to reduce the number of fluctuations we averaged the values of $\langle h^2 \rangle$ in Figure 1 over the different conformations which have already occurred in the system. We only discarded the conformations during the first $2 \cdot 10^4$ displacements per bead. The results are given in figure 2. So for example the value at $\nu = 340\,000$ gives the average over the values from figure 1 between $\nu = 20\,000$ and $\nu = 340\,000$.

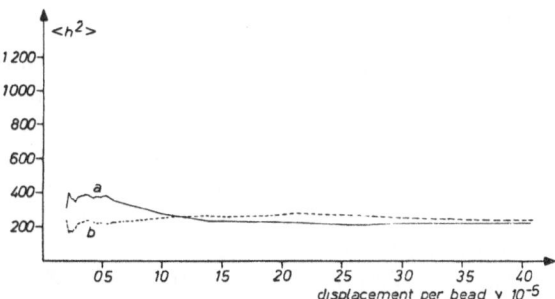

Fig. 2. Mean square end-to-end distance, $\langle h^2 \rangle$, as a function of the number of displacements per bead, ν, for an isolated chain averaged over three systems and over the different conformations during time. (———) relaxation of the extended conformation. (–––) relaxation of the chain introduced at random

We obtain for the square end-to-end distance of the single chain an equilibrium value of 260, in good agreement with *Domb*'s (5) calculated value of 264. The equilibrium value of the square radius of gyration was $\langle s^2 \rangle = 40$ also in agreement with the calculated one.

Figure 3 shows the results for the relaxation of a system with a polymer fraction $v_2 = 0.09$ obtained in the same way as in figure 1. Curve a) gives the relaxation from the non-equilibrium initial state generated at random in Part I of this publication, curve b) gives the relaxation of the closely packed stretched parallel chains.

As in the relaxation process of the single chain, curve a) shows that a larger fluctuation is superimposed on the small local fluctuations. The period in this case is about $4 \cdot 10^3$ displacements per bead. By discarding the values sampled during the first $37 \cdot 10^2$ displacements per bead, we find for the mean square end-to-

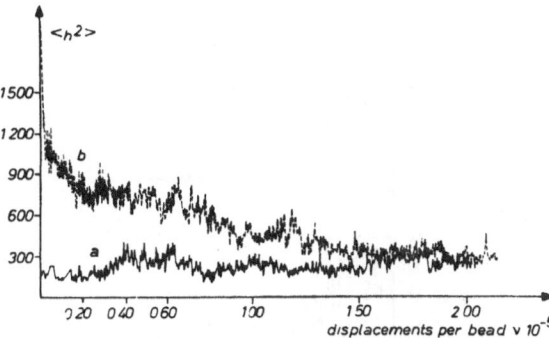

Fig. 3. Mean square end-to-end distance, $\langle h^2 \rangle$, as a function of the number of displacements per bead, ν, for a system of 9 chains ($v_2 = 0.09$). (a) relaxation of the extended conformation. (b) relaxation of the non-equilibrium random state

end length, averaged over the nine chains and also averaged over time, an equilibrium value $\langle h^2 \rangle = 238$, a little lower than the value for the single chain system. The equilibrium mean square radius of gyration is $\langle s^2 \rangle = 38$.

Curve b) shows that three regions can be observed in the relaxation process. Within the first $24 \cdot 10^2$ displacements per bead $\langle h^2 \rangle$ decreases very rapidly from 10^4 to about 10^3, a decrease of 90% from the initial value. Within the next $24 \cdot 10^3$ displacements per bead a further decrease in $\langle h^2 \rangle$ of about 3% can be observed. In the third region a very slow approach to equilibrium takes place. Curve (b) meets curve (a) after $16 \cdot 10^4$ displacements per bead have occurred.

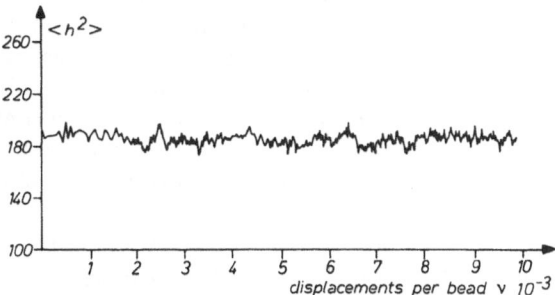

Fig. 4. Mean square end-to-end distance, $\langle h^2 \rangle$, as a function of the number of displacements per bead, ν, for a system of 87 chains ($v_2 = 0.87$). Relaxation of the state generated at random

Figure 4 shows the relaxation of $\langle h^2 \rangle$ for the system having a polymer volume fraction $v_2 = 0.87$. The initial state is the non-equilibrium conformation described in Part I. The function fluctuates about the average value of 186, without any significant change during the displacement time of $654 \cdot 10^6$ bead cycles corresponding to about 10^4 actual displacements per each bead present in the system.

This number might not be sufficiently high in order to reach complete equilibrium. However, from the fact that no change can be observed in the average value of $\langle h^2 \rangle$, we conclude that 186 is the equilibrium value or, at least, is very close to the equilibrium value.

The conformation in space of the chain introduced last in the lattice was periodically inspected in order to have an insight into the actual changes occurring during the displacement intervals and to make sure that the chains are not stuck in a metastable state. Figure 5

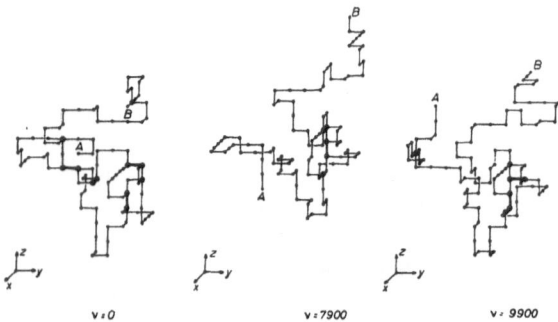

Fig. 5. Change in the conformation of a chain with time in the concentrated system ($v_2 = 0.87$). The open circles and the double lines indicate an overlapping in perspective, not an overlapping in real space

shows various conformations of the 87th chain recorded at intervals of about 2000 actual displacements per bead. As expected, because of the high density of the amorphous state, only separate parts of the chain undergo significant changes in shape in a limited space, while the chain as a whole undergoes only a very slow motion in the lattice.

De Vos and *Bellemans* (3) used a method similar to the one described to investigate the dependence of $\langle h^2 \rangle$ on molecular weight and concentration for chains of length up to 30 beads and polymer volume fraction up to 0.90. By extrapolation they derived a general expression relating the mean square end-to-end distance, the length of the chain and the polymer volume fraction. For a condensed system ($v_2 = 1$) with $N = 100$ they obtained $\langle h^2 \rangle = 158 \pm 24$. For a system with $v_2 = 0.8$ they obtained $\langle h^2 \rangle = 142$.

Olaj and *Pelinka* (5) obtained for a system with $v_2 = 0.9$, by extrapolation, the value $\langle h^2 \rangle = 180$ for chains of length equal to 99 bonds.

According to *Flory* (6) the dimensions of a chain in a condensed system should be the same as in a θ-solvent, which means as those of a chain without excluded volume. For such a chain $\langle h^2 \rangle$ can be calculated by the well known relation (7)

$$\langle h^2 \rangle = N\,l^2\,\frac{1+\langle\cos\theta\rangle}{1-\langle\cos\theta\rangle} \cdot \frac{1+\langle\cos\varphi\rangle}{1-\langle\cos\varphi\rangle}$$

here θ is determined by the valence bond angle and φ is the angular rotation. In the case of our cubic lattice chain $\langle\cos\theta\rangle = 0.2$ and $\langle\cos\varphi\rangle = 0$. Since $N = 99$ and $l = 1$ we obtain $\langle h^2 \rangle = 148.5$.

2. Relaxation time

We define the relaxation time τ as the time required for the function $\langle h^2 \rangle$ to reach the final equilibrium value and ν_0 the number of actual displacements per beads in unit time. The relaxation time can be expressed in terms of the number of actual displacements suffered by one bead during the relaxation process.

Figure 1 shows that the relaxation of the single chain from the extended conformation occurs in about $2 \cdot 10^4$ actual displacements per bead.

From figure 2 we see that the relaxation time for the set of nine closely packed parallel chains is of about $17 \cdot 10^4$ actual displacements per bead, or about 8.5 times higher than for the single chain. In order to extrapolate a value for the system at $v_2 = 0.87$ we would need the results for a few more systems at higher density. By using a simple linear extrapolation we obtain a value of $174 \cdot 10^4$ displacements per bead corresponding to $1330 \cdot 10^4$ cycles per bead. This results in a very large amount of computer time.

3. Distributions of square end-to-end distances

The distribution of the square end-to-end distances was calculated for the single chain system from the values sampled after the first 10^6 bead cycles, figure 6 (a). For the system with $v_2 = 0.09$, figure 6 (b), the samples were taken

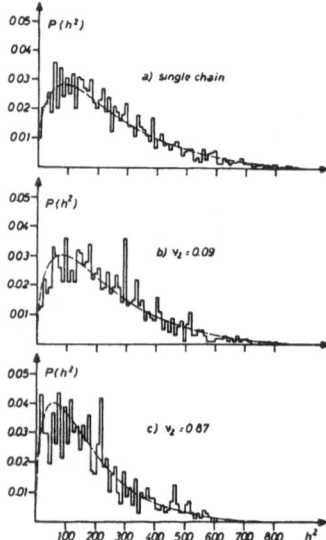

Fig. 6. Distribution of square end-to-end distances. (——) from computer simulation, (–––) fitted Gaussian curve

from the relaxation process from the random conformation after the first $120 \cdot 10^6$ bead cycles. To calculate the distribution of square end-to-end distances for the system with $v_2 = 0.87$, figure 6(c), 10 samples were chosen at intervals of about $20 \cdot 10^6$ bead cycles, the first sample being chosen at the time of $480 \cdot 10^6$ cycles.

For comparison the Gaussian distribution

$$P_0(h^2) = (3/2\pi \langle h^2 \rangle)^{3/2} 2 h \pi \exp[-3h^2/2\langle h^2 \rangle]$$

is also shown in figure 6. The distributions are clearly shown to be Gaussian for values of $\langle h^2 \rangle$ of 260, 240 and 180 respectively.

The distributions found by *Verdier* and *Stockmayer* (2) for shorter chains were not Gaussian. In the case of the longer chain of 64 beads, however, a slight Gaussian behaviour is shown indicating that the Gaussian distribution might appear for longer chains.

Summary

The approach to equilibrium of the conformations of polymer chains is investigated by simulation of thermal motion. Systems with polymer volume fraction $v_2 = 0.01$, corresponding to the isolated chain, $v_2 = 0.09$ and $v_2 = 0.87$ were chosen.

Two different conformations of the chains are chosen as initial states: the non-equilibrium state of randomly coiled chains obtained in Part I of this publication, and a set of closely packed parallel chains.

The mean square end-to-end distance and the radius of gyration are periodically sampled. The constant values reached do not depend on the initial states, and are therefore assumed to be the equilibrium values. The equilibrium end-to-end distance and radius of gyration decrease considerably with the increase of the concentration of the system, without reaching however the values predicted for the θ-solvent, which should be expected for the system at high density.

Zusammenfassung

Durch Simulierung einer thermischen Bewegung wird untersucht, wie sich die Konformationen von Ketten-
molekülen an das Gleichgewicht annähern. Es werden Systeme betrachtet, die verschiedene Volumenanteile v_2 von Molekülen haben, nämlich $v_2 = 0.87$, $v_2 = 0.09$ und $v_2 = 0.01$. Das letzte System entspricht der isolierten Kette. Als Ausgangszustand wurden zwei verschiedene Konformationen angenommen: der Nichtgleichgewichtszustand von verknäulten Ketten, wie er im Teil I dieser Arbeit erhalten wurde, sowie dichtgepackte parallele Ketten.

Der mittlere quadratische Fadenendenabstand und der Trägheitsradius werden im Verlauf der thermischen Bewegung von Zeit zu Zeit ermittelt. Es zeigte sich, daß die konstanten Endwerte, die erreicht werden, nicht von den Anfangskonformationen abhängen. Daher werden diese konstanten Werte als die Gleichgewichtswerte angesehen. Die Gleichgewichtswerte nehmen mit wachsender Konzentration der Ketten beträchtlich ab, erreichen aber nicht die Werte, die für Ketten in einem Theta-Lösungsmittel vorausgesagt werden, was man für das System mit der Dichte des amorphen Stoffes erwarten sollte.

References

1) *De Santis, R., H. G. Zachmann*, Colloid & Polymer Sci. **255**, 729 (1977).
2) *Verdier, P. H., W. H. Stockmayer*, J. Phys. Chem. **36**, 227 (1962).
3) *De Vos, E., A. Bellemans*, Macromolecules **7**, 812 (1974) and 8, 651 (1975).
4) *Olaj, O. F., K. N. Pelinka*, Makromol. Chem. **177**, 3413 (1976).
5) *Domb, C.*, Advances in Chem. Phys. **15**, 229 (1969).
6) *Flory, P. J.*, Principles of Polymer Chemistry (Ithaca, New York 1953).
7) *Volkenstein, M. V.*, Configurational Statistics of Polymer Chains (New York 1963).

Authors' address:

R. de Santis and *H. G. Zachmann*
Institut für Physikalische Chemie
der Universität Mainz
Jakob-Welder-Weg 15
D-6500 Mainz

Progr. Colloid & Polymer Sci. **64**, 286—289 (1978)
© 1978 by Dr. Dietrich Steinkopff Verlag GmbH & Co. KG, Darmstadt
ISSN 0340-255 X

Institut für Physikalische Chemie der Universität Mainz
und Sonderforschungsbereich 41, Chemie und Physik der Makromoleküle

Study of the conformations of the molecules in amorphous polymers by computer simulation

III. Non equilibrium state obtained by introducing chains in a diamond lattice

R. de Santis and *H. G. Zachmann*

With 5 figures

(Received June 2, 1977)

A. Introduction

In Part I and II (1, 2) we studied the conformations of polymer chains introduced into a primitive cubic lattice up to a density corresponding to the amorphous state. The non equilibrium initial conformation was brought to equilibrium by simulation of random thermal motions.

The cubic lattice is usually chosen because its mathematical treatment is comparatively simple. However, since it allows bond angles of 90 and 180 degrees only, it is not the best model for a polymer chain. In the present publication the polymer chains are introduced into a diamond lattice which gives a better representation of the walk of a real macromolecule (3, 4). We want to investigate if in this case also there is no short range order in the amorphous state.

B. Method of computation

A diamond lattice of 5000 points was inserted in a cartesian coordinate system as indicated in figure 1. The dimensions chosen correspond to 10 steps of the cubic structure in the x-direction, 10 steps in the y-direction and 50 steps in the z-direction.

Polymer chains represented by strings of 100 beads were then introduced into the lattice. The beads occupy the vertices and the bonds the tetrahedral edges of the lattice, thus the angle between bonds can be of 109.5 degrees only. A maximum of 50 chains can be introduced into the volume chosen.

As in the case of chains introduced in the cubic lattice, no forces of interaction between beads are assumed. Only the excluded volume effect is taken into account. Periodical boundary conditions are assumed

in order to avoid surface effects: every time a chain crosses a face of the lattice, it will re-enter from the opposite face.

A pseudo-random number generator is used to select the lattice points at which the beads of the chains will be located. The position of the first bead of each chain is selected from the points in the lattice which are not already occupied by other beads. The subsequent beads of the chain are located at one of the three positions in the first coordination shell of the last introduced bead, which corresponds in the tetrahedral walk to the trans, gauche left and gauche right configurations (see fig. 1). If the first coordination shell is completely occupied, thus blocking the walk of the chain up to 99 steps, then, as in the case of the cubic lattice, two methods are used in order to complete the chain: (a) The chain which could not be completed to 99 steps is rejected and a new trial is attempted. This process continues until no other chain can enter the lattice. (b) One of the blocking beads of the first coordination shell is displaced to another lattice point if a free one is available, and its former position is occupied by the new chain being introduced. If none of the beads can be displaced, then the chain is rejected and a new trial is made.

With the first method we could reach a polymer volume fraction of 0.68; with the second method we reached a polymer fraction of 0.74.

The procedure of displacement of beads from their original locations is as follows: 1) An end-bead (see bead 1 in fig. 1) can move to one of the two remaining positions (1′ and 1″ in fig. 1) in the tetrahedral cell which has at its center the adjacent bead and at one vertex the second nearest bead in the chain. 2) A non-end-bead can move only if it is part of a gauche configuration, and always together with its adjacent bead. The three-bond structure, the central bond being the one connecting the two beads undergoing displacements, is made to rotate 120 degrees in one of the two directions about the axis passing through the two end-beads of the gauche structure. A bead in the trans configura-

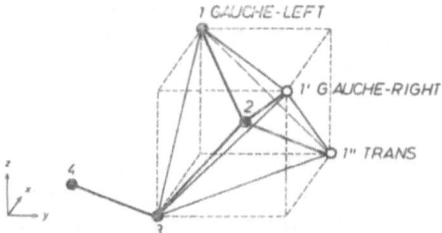

Fig. 1. Representation of cartesian coordinates system and of the three possible positions of an end-bead in the diamond lattice, corresponding to the trans, gauche-left and gauche-right conformations. Primed numbers indicate the possible new locations for the end-bead 1

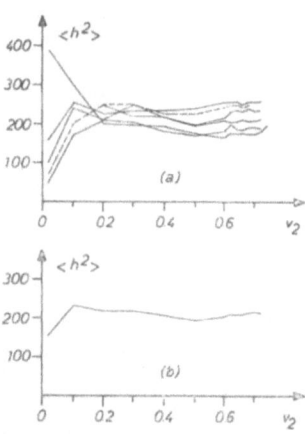

Fig. 3. Mean square end-to-end distance $\langle h^2 \rangle$ as a function of polymer volume fraction, v_2 (fraction of lattice points occupied by beads). (a) for each system; (b) averaged over five independent systems

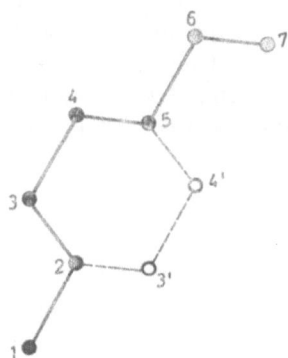

Fig. 2. Possible displacements of non-end beads in the diamond lattice. The initial position is indicated by solid lines and unprimed bead numbers; possible new locations are indicated by dashed lines and primed numbers

tion cannot be displaced. A graphical representation of such displacements is given in figure 2: The bead pair 3 and 4, being in a gauche structure, can be moved to 3' and 4' by rotation of the gauche configuration of 120 degrees on the axis passing through bead 2 and 5. The pairs 2 and 3, 4 and 5, and 5 and 6 cannot be displaced being in trans configurations.

The mean square end-to-end distance, radius of gyration and number of bundles of parallel chains were investigated for five independent systems of chains.

C. Results and discussion

1. End-to-end-distance and radius of gyration

The mean square end-to-end distance $\langle h^2 \rangle$ as a function of the polymer volume fraction, v_2, is shown in figure 3 (a), for five different systems of chains introduced with method (b), (full line). In one case, after a density of 0.20 was reached without displacement of beads, method (a) was followed up to the maximum concentration

obtained of 0.68 (dashed line). Figure 3 (b) shows the values of $\langle h^2 \rangle$ averaged over the five systems.

As observed in the case of "filling" the cubic lattice, at higher concentrations, in this case for $v_2 > 0.20$, for each system in figure 3, the mean square end-to-end distance comes close to a constant value which does not deviate from the average for the five systems $\langle h^2 \rangle = 210$ by more than 24%. The square end-to-end distance for the single chain of 100 beads has been found to reach a constant value of 234 after 191 000 independent samples were taken in calculating the average value. This result is 26% lower than the equilibrium value of 317 obtained from the empirical relation given by *F. T. Wall* and *J. J. Erpenbeck* (4) between $\langle h^2 \rangle$ and the length of the chain, derived from Monte Carlo calculations of equilibrium configurations. A lower value for the end-to-end distance of the single chain introduced with method (a) as an average over a very large number of samples was also found in the case of the cubic lattice. The result confirms that this method of introducing chains in the lattice generates chains which are more coiled than expected at equilibrium.

Figure 4 (a) shows the dependence of the mean square radius of gyration on the polymer volume fraction for the five systems. Figure 4 (b) shows the average value. Also in this case constant values are reached at densities higher than 0.20, which do not deviate from the average of 38 more than 25% in the worst case.

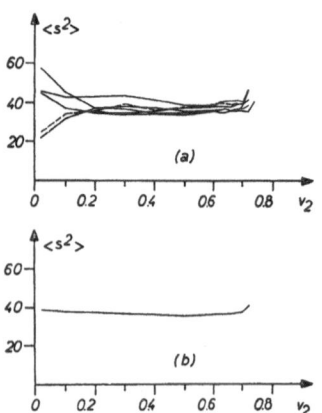

Fig. 4. Mean square radius of gyration $\langle s^2 \rangle$ as a function of the polymer volume fraction, v_2. (a) for each system; (b) averaged over the five systems

The same value is found for the square radius of gyration for the single chain as an average over 191000 independent samples introduced with method (a). The equilibrium value given by *Wall* and *Erpenbeck* (4) is 49.77, higher than our value as in the case of $\langle h^2 \rangle$. The ratio $\langle s^2 \rangle / \langle h^2 \rangle = 0.157$ is identical with the equilibrium value.

2. Bundles with defects

The conformation of chains for the highest polymer volume fraction of 0.74, not far from the density of the amorphous state, was investigated for the possible formation of bundles of parallel segments of chains.

The bundles with defects we investigated in the diamond lattice are defined as a bundle of parallel segments of chains of length equal to ζ bonds and size equal to n segments. The segments are in all-trans conformations. This bundle can be crossed by chains not belonging to it and

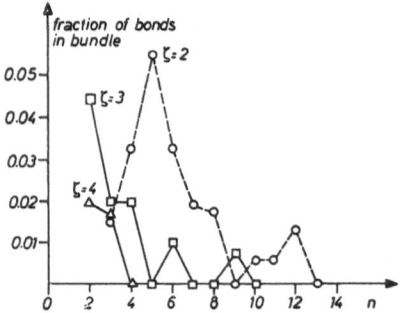

Fig. 5. Fraction of bonds lying in bundles with defects as a function of the number, n, of parallel segments of chains forming the bundle. ζ is the length of the bundle

may contain a maximum of two columns of empty spaces between two neighbouring parallel segments. A segment of length ζ may also be displaced by one step in the direction of the bundle so that only $(\zeta - 1)$ bonds actually belong to the bundle.

Figure 5 shows the fraction of bonds in bundles as a function of the size of the bundles, n, and of its length, ζ. It is found that about 34% of the bonds belong to bundles. Of these, however, about 20% are aligned in "bundles" of $\zeta = 2$ steps, which can hardly be defined as bundles. A further 10% are collected in bundles of length $\zeta = 3$. Of these, 4% are built up of only two parallel segments, 4% are in bundles of size $n = 3$ and 4 segments and about a remaining 2% in bundles of higher size. Only 3.7% are in bundles of length $\zeta = 4$ bonds of 2 and 3 parallel segments and less than 1% in longer bundles of $\zeta = 5$ and 6.

Summary

A biased Monte Carlo procedure is used to fill a diamond lattice with polymer chains up to the density of the amorphous state. It is investigated whether it is possible to pack chains at high density without introducing bundles.

The polymer chains are represented by strings of 100 connected beads. A maximum density of 0.74 is reached. As in the case of the primitive cubic lattice investigated in Part I of this series of publications, the mean square end-to-end distance and radius of gyration do not show a significant deviation from the isolated chain dimensions as the concentration increases. No significant amount of bundles of parallel chains is found in the system at high density.

Zusammenfassung

Mit Hilfe einer nicht die vollständige Statistik berücksichtigenden Monte Carlo-Methode werden Kettenmoleküle in ein Diamantgitter gefüllt bis zum Erreichen einer Dichte, die dem amorphen Zustand entspricht. Es wird untersucht, ob es möglich ist, die Ketten mit so hoher Dichte zu packen, ohne daß dabei Bündel entstehen.

Jedes polymere Molekül besteht aus 100 miteinander verbundenen Kugeln. Es wird ein maximaler Volumenbruch von 0,74 erreicht. Wie im Falle des primitiven kubischen Gitters, das in Teil I dieser Veröffentlichungsreihe untersucht worden ist, ändern sich der mittlere quadratische Fadenendenabstand und der Trägheitsradius nicht mit zunehmender Konzentration. Auch im System mit der hohen Dichte wird keine nennenswerte Zahl von Bündeln aus parallelen Ketten gefunden.

References

1) *De Santis, R., H. G. Zachmann*, Colloid & Polymer Sci.
2) *De Santis, R., H. G. Zachmann*, Colloid & Polymer Sci.
3) *Schrader, E., H. G. Zachmann*, Kolloid-Z. u. Z. Polymere **241**, 996 (1970).
4) *Wall, F. T., J. J. Erpenbeck*, J. Chem. Phys. **30**, 634 (1958).

Authors' address:

Dr. *R. de Santis*
Prof. Dr. *H. G. Zachmann*
Institut für Physikalische Chemie
der Universität Mainz
Jakob-Welder-Weg 15
D-6500 Mainz

Progr. Colloid & Polymer Sci. **64**, 290–297 (1978)
© 1978 by Dr. Dietrich Steinkopff Verlag GmbH & Co. KG, Darmstadt
ISSN 0340-255 X

Philipps-Universität Marburg, Fachbereich 14, Fach Polymere

Untersuchung des dielektrischen Tieftemperaturrelaxationsmaximums bei Polyäthylen und anderen Polymeren

G. Knispel und *F. H. Müller*

Mit 13 Abbildungen

(Eingegangen am 1. April 1977)

Einleitung

Die Arbeiten der letzten Jahre über dielektrische Verluste Polymerer (1—5) haben gezeigt, daß bei Polyäthylen noch unter 10 K deutlich ein Verlustmaximum im Tonfrequenzbereich auftritt. Dieses verschiebt sich mit fallender Frequenz zu tieferen Temperaturen und ist gegenüber einem einzelnen Debyeschen Relaxationsmechanismus kaum verbreitert. Als Ursache hatten wir früher (1) einen Mechanismus diskutiert, der mit der Grenzfläche kristallin-amorph zusammenhängt und durch dort auftretende Verspannungen der Ketten hervorgerufen werden sollte. *W. A. Phillips* (4) und später auch *Carlson* (5) nehmen einen phononeninduzierten Tunnelprozeß an, bei dem das Proton einer einzelnen OH-Gruppe zwischen zwei fast gleich tiefen Potentialmulden hin- und herspringen kann. Damit ist zugleich gesagt, daß das Polyäthylen bei seiner Bearbeitung den Einbau von Sauerstoff erfahren hat *). Es genügt in der Tat eine außerordentlich niedrige Konzentration, z.B. von OH-Gruppen. Erwartungsgemäß ist eine sehr starke Abhängigkeit des Auftretens des tan δ-Maximums von der Vorbehandlung der Proben festzustellen.

Wir haben unsere Untersuchungen in zwei verschiedene Richtungen fortgesetzt. Einmal studierten wir weiter systematisch den Einfluß unterschiedlicher molekularer Bausteine an der Polymerkette (Seitengruppen), wie Cl-, OH-, F-, NH- und C=O-Gruppen, oder auch Ketten mit unterschiedlichen größeren Seitengruppen. Zum

anderen versuchten wir, das beim Polyäthylen gefundene Verlustmaximum unter 5 K durch Variation von ein und demselben Material auf Grund verschiedener Vorbehandlung und die daraus resultierende Änderung des Maximums zu deuten. Überprüft wurde auch der Einfluß der Kettenlänge an linearen Alkanen (von C_7 bis C_{36}).

Wir haben unsere Untersuchungen auch auf niedermolekulare Substanzen ausgedehnt, insbesondere — außer auf Paraffine — auch auf Alkohole und Glyzerin, Flüssigkeiten, die zu Gläsern erstarren können.

Experimentelles

Die Messungen wurden wieder an der in (1) und (2) von uns beschriebenen Apparatur durchgeführt. Für die Messungen an eingefrorenen Flüssigkeiten haben wir eine neue Meßzelle konstruiert. Kurz noch einmal die wichtigsten Daten: Zum Abgleich von Kapazität und Leitwert benutzten wir die Meßbrücke von der Firma General Radio, Typ 1621. Gemessen wurde im Temperaturbereich von 1,2 bis 70 K. Oberhalb 4,2 K kann die Temperatur mit einer Genauigkeit von ± 0,1 Grad gemessen werden, unterhalb mit ± 0,01 Grad. Die *absolute* Meßgenauigkeit für den dielektrischen Verlust (tan δ) ist bei einem tan δ = 10⁻³, 10⁻⁴ und 10⁻⁵ entsprechend 1, 10 und 100%, bei sehr kleinen Werten also schlecht.

Die *relative* Meßgenauigkeit dagegen ist um den Faktor 50—100 größer, so daß der relative Gang des Verlustes mit der Temperatur sehr genau verfolgt werden kann (siehe auch Diskussion der Fehler in (1)).

Durch die langen Zuleitungen treten relativ große Leitungs- und Erdkapazitäten auf, die insbesondere für hohe Frequenzen eine Verschiebung der Leitwerte zu kleineren Werten bewirken. Dies kann so weit gehen, daß die Verluste „negativ" erscheinen. Dies ist aber rein meßtechnisch bedingt und wird durch eine Nullpunktverschiebung der Nullinie hervorgerufen. Auf eine Korrektur verzichten wir, da einerseits kein befriedigen-

---

*) *Carlson* hat gleichzeitig zu diesem Verlustmaximum ein zweites Hochfrequenzmaximum bei 4 MHz gefunden, welches er in ähnlicher Weise deutet.

des Korrekturglied gefunden werden kann, andererseits dadurch der relative Temperaturgang der Kurven nicht verändert wird. Wir beschränken uns deshalb bei der Auswertung im wesentlichen auf diesen relativen Gang des Verlustes und dessen Änderung mit der Vorbehandlung.

Meßergebnisse und Diskussion

Im Anschluß an die Veröffentlichung (2) haben wir inzwischen noch weitere Polymere mit unterschiedlichem Aufbau untersucht. Zur Ergänzung zu den Polyvinylchlorid- und Polyvinylalkohol-Messungen wurde noch Polyvinylfluorid (PVF) gemessen (Abb. 1a, 1b). Es besitzt im Gegensatz zu Polytetrafluoräthylen (PTFE) (tan $\delta < 2 \cdot 10^{-5}$) einen hohen Untergrundverlust und zeigt unter 3 K als Schulter noch ein schwaches Maximum. Dieses fehlt beim Polyvinylalkohol (PVA) vollkommen und ist beim Polyvinylchlorid (PVC) nur als ganz schwacher Anstieg des Verlustes unter 2 K angedeutet.

Beim Vergleich von Polyäthylmethacrylat (PEMA), Polymethylmethacrylat (PMMA), Polyisobutylen (PIB) und Polypropylen (PP) fällt deren unterschiedliches Verhalten auf (Abb. 2, 3, 4, 5). Das PEMA besitzt einen hohen Untergrundverlust, der von einem über 80 K liegenden Verlustmaximum herrührt, zeigt aber keinerlei Verlustmaximum unter 10 K; PMMA hat einen kleineren Untergrund, und der Verlust steigt unter 5 K ganz leicht wieder an.

PIB hat für die höheren Frequenzen einen fast konstanten Verlust bis zu tiefsten Temperaturen, zeigt aber für die niedrigen Frequenzen einen deutlichen Anstieg unter 10 K.

PP dagegen hat unter 10 K ein deutliches frequenzabhängiges Verlustmaximum mit einer ähnlichen Temperaturlage wie PE. Abweichend davon liegt aber zwischen 10 und 50 K ein mit steigender Frequenz stark ansteigendes Verlustmaximum. Aus der Literatur (4, 6) wissen wir, daß auch Poly-4-methylpenten-1 ein deutliches Verlustmaximum unter 10 K hat, mit einem deutlichen Vormaximum zwischen 10 und 50 K.

Nimmt man auf Grund des ähnlichen Verlustverlaufes an, daß die Maxima unter 10 K von PP und P4MP1 dieselbe Ursache wie beim PE haben, so sollten Bewegungen der Seitengruppen, z.B. Rotation der CH_3-Gruppen, nicht die Ursache sein, da gerade in linearem kristallinem PE das Maximum sehr stark werden kann.

Auch schwach vernetzter Naturkautschuk zeigt kein Maximum, womit eventuelle Doppel-

bindungen im Falle des PE für eine Erklärung des PE-Maximums entfallen. Wir wissen schon aus (2), daß 6-PA ein breites aber deutliches Maximum besitzt. Aber auch die anderen Polyamide (6,6-PA bis 12-PA) (Abb. 6) besitzen unter 5 K jeweils ein mehr oder weniger deutliches Verlustmaximum. Beim 6-PA haben wir außerdem die Orientierungsabhängigkeit des Verlustes unter 70 K untersucht.

Aus einem 100% verstreckten 6-PA-Stab wurden Proben senkrecht und parallel zur Verstreckrichtung herausgeschnitten und gemessen. Ähnlich wie bei einer mechanischen Verlust-

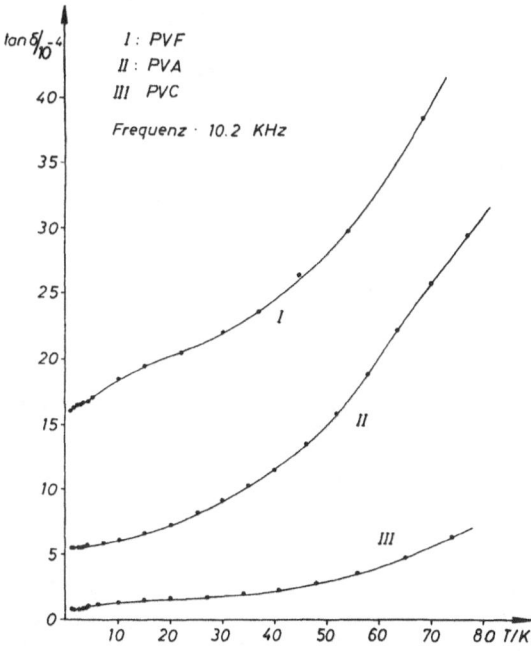

Abb. 1. Dielektrischer Verlust (tan δ) in Abhängigkeit von der Temperatur für 3 verschiedene Polymere

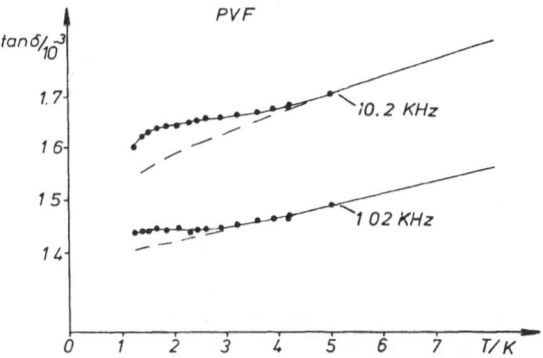

Abb. 1a. tan δ in Abhängigkeit von der Temperatur von PVF für zwei verschiedene Frequenzen

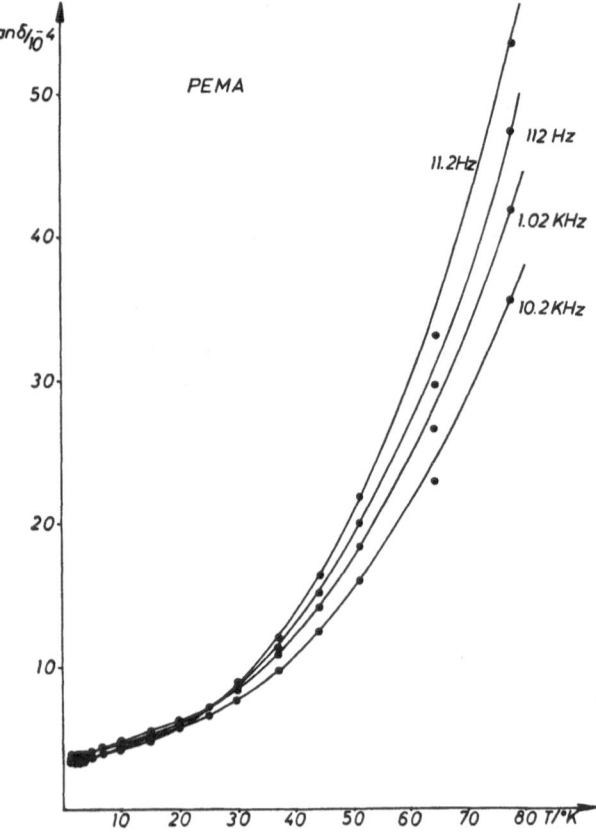

Abb. 2. tan δ in Abhängigkeit von der Temperatur von Polyäthylmethacrylat (PEMA)

messung von *Papir* u. Mitarb. (7) — aber nicht so ausgeprägt — wird das Tieftemperaturmaximum bei der Probe parallel zur Verstreckrichtung stärker, bei der Probe senkrecht dazu schwächer (Abb. 7). Interessanterweise verhält sich der Untergrundverlust analog. Bei der Probe „parallel" liegen die orientierten Ketten bevorzugt senkrecht zur Feldrichtung. So können NH- und C=O-Dipole im elektrischen Wechselfeld umklappen, zwischen verschiedenen

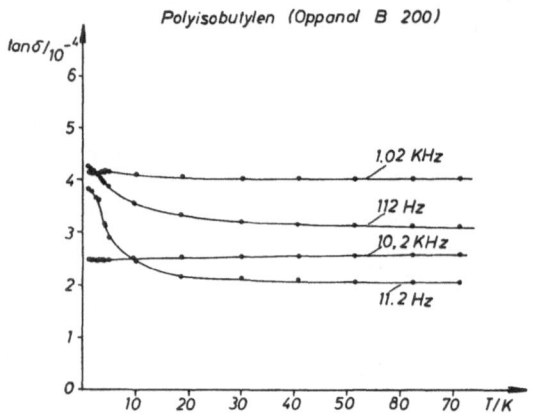

Abb. 4. tan δ in Abhängigkeit von der Temperatur von Polyisobutylen (PIB)

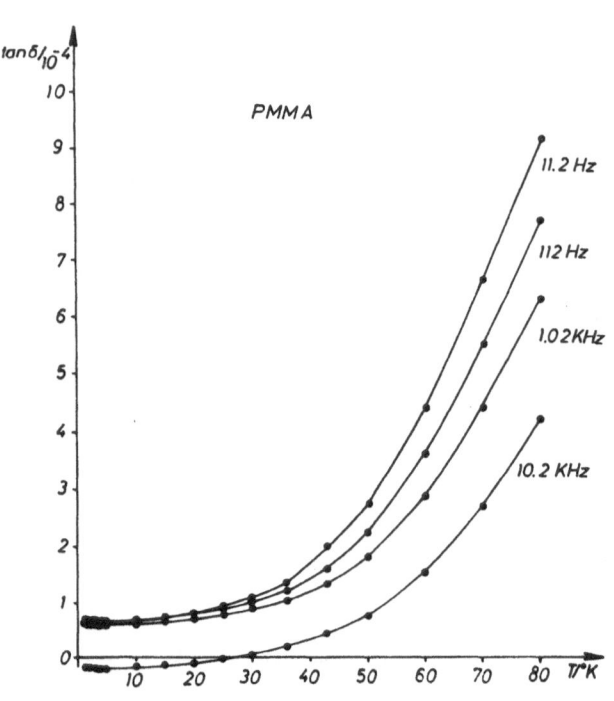

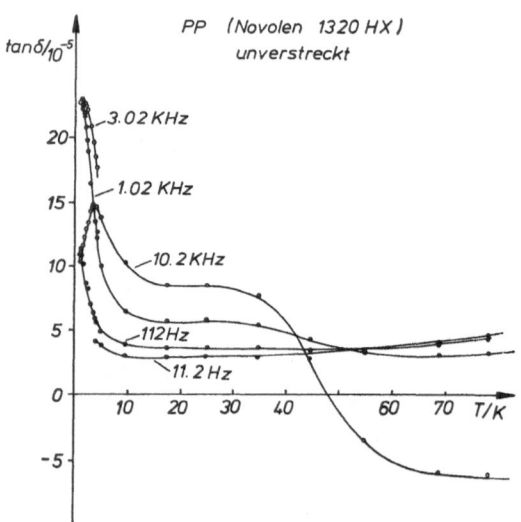

Abb. 5. tan δ in Abhängigkeit von der Temperatur von Polypropylen (PP)

◄

Abb. 3. tan δ in Abhängigkeit von der Temperatur von Polymethylmethacrylat (PMMA)

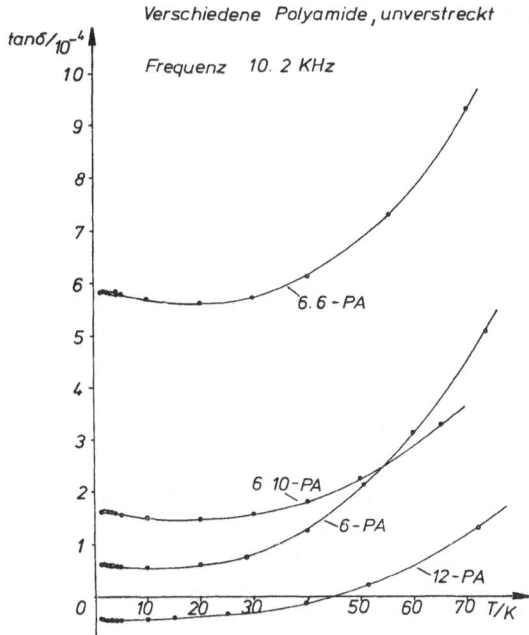

Abb. 6. tan δ in Abhängigkeit von der Temperatur von 4 verschiedenen Polyamiden

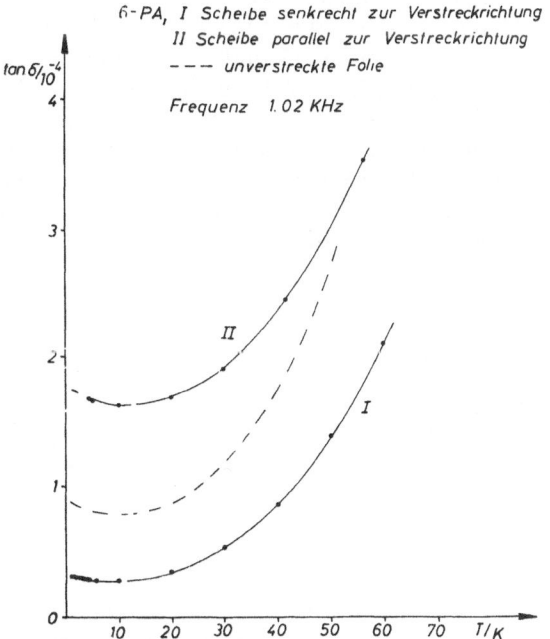

Abb. 7. tan δ in Abhängigkeit von der Temperatur von verstrecktem 6-PA.

I: elektrisches Feld in Verstreckrichtung,
II: elektrisches Feld senkrecht zur Verstreckrichtung

Potentialmulden tunneln. In Kettenrichtung ist die Bewegungsmöglichkeit der Dipole viel geringer, deshalb zeigt sich ein geringerer Untergrundverlust und ein niedriges Maximum. Ob allerdings das breite Verlustmaximum wirklich von den C=O- oder NH-Dipolen herrührt oder von Verunreinigungen, Endgruppen oder anderen Effekten, sei dahingestellt.

Schon diese Auswahl von verschiedenen Polymeren zeigt die Vielzahl von unterschiedlichem dielektrischem Verlustverhalten Polymerer unter 10 K. Wir konnten aus diesen Messungen aber keine Antwort darauf finden, aus welchen Gründen manche Polymere zwischen 1 und 10 K ausgeprägte Relaxationsmaxima besitzen, andere aber nicht.

Wir beschäftigten uns daher noch einmal mit dem PE; insbesondere untersuchten wir die Abhängigkeit der dielektrischen Verluste von der Vorbehandlung. Unter Vorbehandlung verstehen wir einmal den Herstellungsprozeß, der aber zum Teil unbekannt ist. Zum anderen aber haben wir das Material verschiedenen gezielten Behandlungen unterworfen, wie Tempern, Verstrecken und Bestrahlen. Als Hauptschwierigkeit für die Interpretation der Meßergebnisse erwies sich die Möglichkeit, daß trotz der tiefen Temperaturen offensichtlich auch Beweglichkeiten größerer polarer Gruppen (z.B. OH-Gruppen) diskutiert werden sollten. Diese aber können schon bei extrem geringen Konzentrationen einen Verlust bei den tiefen Temperaturen hervorrufen, der mit den von uns gemessenen sehr geringen Verlusten vergleichbar ist. Solche kleinen Konzentrationen lassen sich nicht oder nur sehr ungenau analytisch nachweisen. Das bewirkt in unseren Aussagen eine große Unsicherheit.

Als Ausgangsmaterial diente uns hauptsächlich eine schon verstreckte Folie aus Hochdruck-PE (Suprathen L) der Firma Kalle. Dieses Material ist gemäß Angaben frei von allen Zusätzen (Abb. 8).

In dieser Abbildung ist der Verlustwinkel tan δ gegen die absolute Temperatur aufgetragen, und zwar für die Frequenzen von 11 Hz bis 10 kHz. Von höheren Temperaturen kommend nehmen die Verluste langsam ab, steigen unter 10 K aber wieder an. Für die 3 und 10 kHz-Kurven erreichen sie in dem von uns gemessenen Temperaturbereich ein Maximum bei 1,7 bzw. 3,2 K.

Verstreckt man diese Folie noch zusätzlich kalt auf eine bleibende Verstreckung von insgesamt 800%, so bleibt der Verlust über 10 K

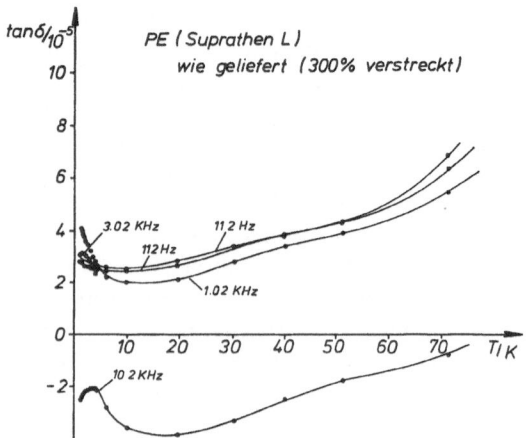

Abb. 8. tan δ in Abhängigkeit von der Temperatur von einem Hochdruckpolyäthylen (Suprathen L)

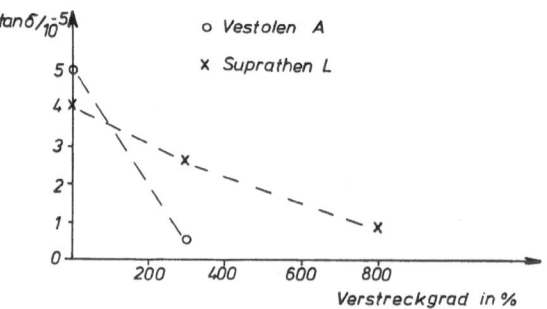

Abb. 10. Abhängigkeit der Höhe der Verlustmaxima (10 kHz) vom Verstreckgrad von 2 Polyäthylenen

völlig gleich, aber das Maximum unter 5 K hat an Stärke abgenommen.

Wird das Ausgangsmaterial unter Stickstoff aufgeschmolzen, d.h. liegt es dann unverstreckt vor, bleibt wieder der Verlust oberhalb 10 K etwa gleich, aber das Maximum hat diesmal an Stärke zugenommen: bei der 10 kHz-Kurve von 2,5 auf 4 · 10⁻⁵ im tan δ (Abb. 9, hier frequenzabhängig aufgetragen).

Die Abhängigkeit vom Verstreckgrad ist in Abbildung 10 aufgetragen. Als Maß für die Stärke dient hier die Höhe des Maximums der 10 kHz-Kurve ohne Untergrundverlust. Das hier noch eingezeichnete Vestolen A ist im Gegensatz zu Suprathen ein Niederdruck-PE der Firma Chemische Werke Hüls und wurde im unverstreckten Zustand geliefert. Hier verschwindet nach einer Kaltverstreckung um 300% das Maximum fast ganz.

Unsere frühere Vermutung, daß das Maximum durch Verspannungen der Ketten — besonders in den Zwischenschichten kristallin-amorph — hervorgerufen wird, kann durch diese Messungen ausgeschlossen werden, denn dann sollte das Maximum durch Verstrecken ansteigen und nicht kleiner werden.

Da uns andererseits zuerst größere polare Gruppen als Ursache eines Verlustmaximums unwahrscheinlich erschienen, zogen wir auch injizierte Elektronen (oder allgemeiner: Raumladungen) im Material in Betracht. Wir legten dazu an die Folie eine hohe Gleichspannung an (etwa 75 000 V/cm), die bewirkt, daß sich im Material Raumladungen ausbilden. Vor der Messung mußte die Spannung ausgeschaltet werden, es ist aber bekannt, daß sich die Raumladungen in diesen hochisolierenden Materialien nur sehr langsam (in Stunden bis Tagen) wieder abbauen (8). Die an solchen Proben aufgenommenen Meßkurven entsprachen — bis auf einen etwas höheren Untergrundverlust — genau der unbehandelten Probe. Freie Elektronen oder

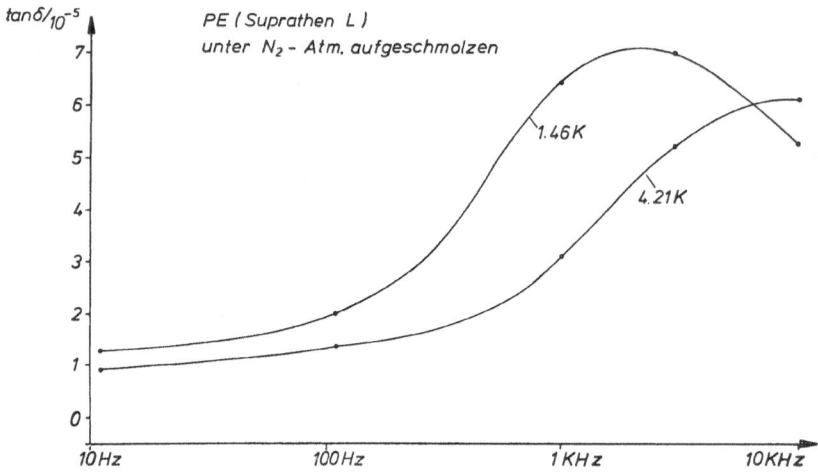

Abb. 9. tan δ in Abhängigkeit von der Frequenz bei 2 verschiedenen Temperaturen von Polyäthylen (Suprathen L)

Raumladungen im Material haben also keinen Einfluß auf das Maximum unter 10 K.

Da normalerweise jedes in Folienform vorliegende Material Vorbehandlungen (Schmelzen, Verstrecken) hinter sich hat und somit z.B. schon oxidiert sein kann, haben wir — um den Einfluß der Oxidation streng zu prüfen — ein PE gewählt, das direkt in der Produktion nach der Polymerisation in Suspension in Pulverform anfiel[1]). Dieses Pulver haben wir unter Vakuum aufbewahrt und unter Vakuum ($6 \cdot 10^{-5}$ mbar) bei 150 °C zu einer Folie geschmolzen. Zum anderen haben wir auch Material unter Luft 1 h bei 150 °C offen aufgeschmolzen und anschließend zu einer Folie gepreßt (zwischen Teflonplatten mit 2 kp Druck) (Abb. 11 und 12).

Die unter Luftausschluß aufgeschmolzene Probe zeigt praktisch keine Andeutung eines Maximums, die an Luft aufgeschmolzene, d.h. offensichtlich oxidierte Probe dagegen ein sehr starkes, unterhalb 10 K liegendes Maximum ($\tan \delta \approx 10^{-3}$ bei der 10 kHz-Kurve). Der chemisch gebundene Sauerstoff kann also offenbar schon in geringsten Mengen (unterhalb der analytischen Nachweisgrenze) ein meßbares Verlustmaximum hervorrufen.

Wir haben Suprathen nicht nur in der Schmelze oxidiert, sondern auch mit konzentrierten Säuren

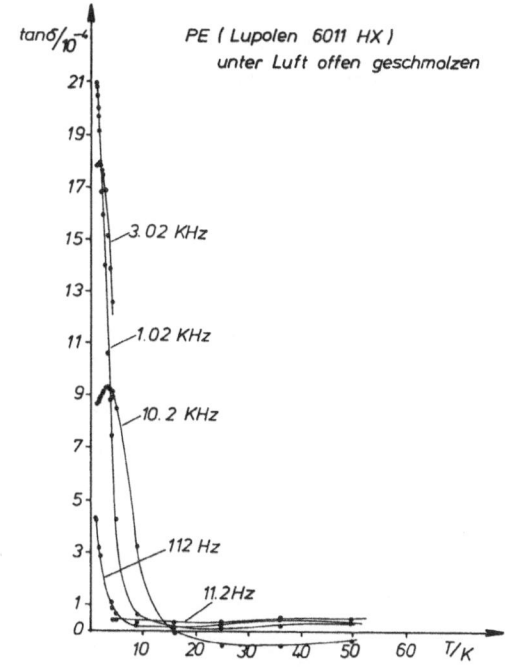

Abb. 12. $\tan \delta$ in Abhängigkeit von der Temperatur von oxidiertem Lupolen 6011 HX

behandelt. Dabei sollten vorwiegend die amorphen Bereiche angegriffen werden.

In Abbildung 13 sind die 10 kHz-Kurven dieser Proben dargestellt. Die Ausgangsfolie ist gestrichelt eingezeichnet. Man sieht, daß in allen Fällen das Maximum unter 10 K durch diese Behandlung sogar schwächer wird. Man erkennt dies nach Abtrennung des jeweiligen Untergrundes. Wir haben einmal konz. Schwefelsäure (Nr. 1), zum anderen konz. Salpetersäure (Nr. 2) zum Oxidieren benutzt. Die unterschiedlichen absoluten Lagen der Kurven rühren hauptsächlich von den eingangs erwähnten Meßfehlern in der Absolutmessung her.

Auch durch UV-Bestrahlung sollen nach der Literatur speziell die amorphen Bereiche oxidiert werden. In unserem Falle allerdings nahm durch die Bestrahlung in Abhängigkeit von der Zeit hauptsächlich das α-Maximum bei 50 °C ab. Dieses wird aber einem Bewegungsmechanismus innerhalb der Kristallbereiche zugeordnet. Uns ist nicht klar, warum dies geschieht. Erwartet hatten wir einen Anstieg des β-Maximums bei 0 °C, der hier aber nur sehr schwach eintrat. Das Tieftemperaturmaximum dieser Probe (Nr. 3) (wieder nach entsprechender Abtrennung) nimmt aber wieder — wie bei der chemisch oxidierten Probe — ab, und zwar diesmal in demselben Maße,

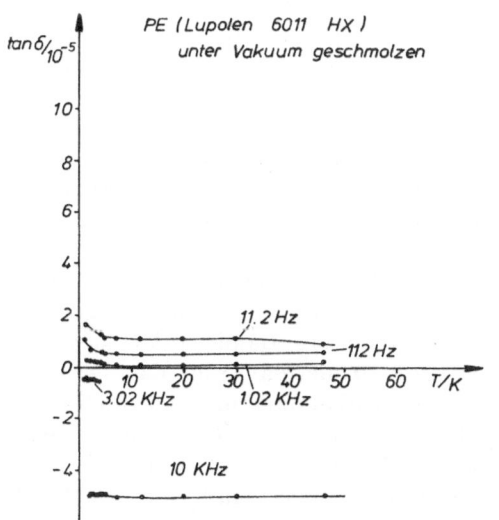

Abb. 11. $\tan \delta$ in Abhängigkeit von der Temperatur von nicht oxidiertem Lupolen 6011 HX

---

[1]) Wir danken der Firma BASF, insbesondere Herrn Dr. *Heinze*, für die Möglichkeit, diese „nativen" Proben zu erhalten.

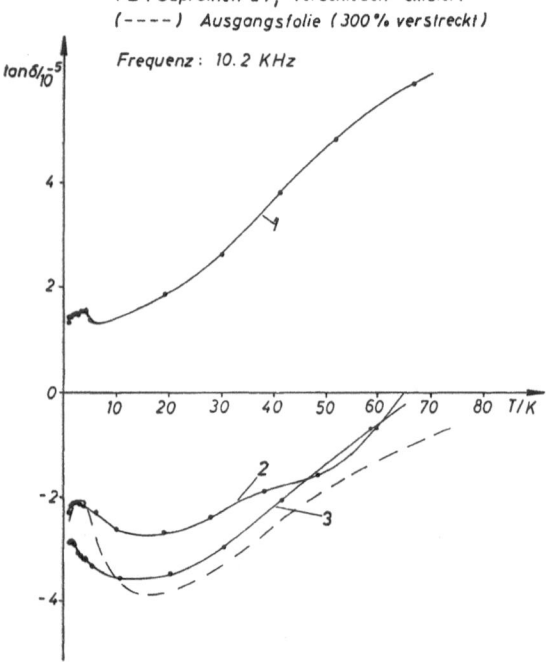

PE (Suprathen L), verschieden oxidiert
(– – – –) Ausgangsfolie (300 % verstreckt)

Frequenz : 10.2 KHz

Abb. 13. tan δ in Abhängigkeit von der Temperatur
von 3 verschiedenen oxidierten Suprathen L-Proben.
1. 1 h bei 95 °C in H_2SO_4;
2. 1/2 h bei 60 °C in HNO_3;
3. 6 h bei 70 °C mit UV-Licht bestrahlt

wie das α-Maximum abnimmt. Gleichzeitig ist hiermit auch eine Verschiebung zu tieferen Temperaturen verbunden.

Diese letzten Messungen zeigen, daß die entscheidende Ursache für das Maximum unter 10 K zwar die Oxidation ist, aber nur wenn die Sauerstoffgruppen in den Kristallbereichen eingebaut werden. Die Oxidation der amorphen Bereiche trägt zum Tieftemperaturverlust nicht bei.

Da wir also Sauerstoffgruppen in den Kristalliten annehmen müssen, bleiben nur kleine Gruppen — wie die Carbonyl- oder Hydroxylgruppe — als mögliche Dipole übrig. Speziell die Carbonylgruppe mit ihrem großen Dipolmoment wird deshalb auch in der Literatur als Ursache für die Stärke des dielektrischen α-Maximums bei 50 °C angesehen.

Wie wir am Anfang gezeigt haben, wird das Tieftemperaturmaximum bei einer Messung senkrecht zur Verstreckrichtung kleiner. Das α-Maximum wird bei dieser Meßanordnung durch Verstrecken aber stärker, wie *P. J. Phillips* u. Mitarb. gezeigt haben (9) und mit der Orientierung der Ketten und damit der

senkrecht dazu stehenden Carbonylgruppen erklären.

Eine gehinderte Carbonylgruppenbewegung sollte aus diesem Grunde für die Ursache des Tieftemperaturmaximums nicht in Frage kommen. Eine andere in Frage kommende Sauerstoffgruppe ist die OH-Gruppe, die auch klein genug ist, um in die Kristallbereiche eingebaut zu werden. Außerdem steht das Dipolmoment schräg zur Kettenachse und kann um die C—O-Achse rotieren bzw. tunneln[1]). Wie soll man sich aber diese Bewegung bei den tiefen Temperaturen vorstellen ?

Wie in der Einleitung schon kurz erwähnt, hat *W. A. Phillips* (4) mit einer sehr empfindlichen kalorimetrischen Methode das Maximum bei PE unter 10 K ebenfalls eingehend untersucht. Er hat es als phononeninduzierten Tunnelprozeß von in PE eingebauten OH-Gruppen diskutiert. Nachgewiesen ist ein solcher Relaxationsmechanismus bei KBr- und KCl-Einkristallen, die mit KOH dotiert wurden (10, 11). Er stützt seine Deutung auf die von ihm gefundene, nicht klassische Relaxationszeit-Temperatur-Beziehung, d.h. eine Arrhenius-Auftragung ergibt keine Gerade. Erst eine für Tunnelprozesse gemäße Auftragung der Relaxationszeit $\tau \propto T^{-n}$ ergibt eine Gerade. Die von uns bestätigte Abhängigkeit von der Oxidation der Probe stützt diese Deutung weiter. Offenbar sind Konzentrationen von OH-Gruppen im ppm-Bereich für den Verlust von 10^{-5} bis 10^{-4} bei den tiefen Temperaturen maßgebend. Und man muß extrem vorsichtig vorgehen, um PE ohne eine solche geringfügigste Schädigung durch Sauerstoff zur Messung zu bringen. Andererseits: Liegen die OH-Gruppen so dicht, daß sie sich gegenseitig beeinflussen können, so tragen sie zum Verlust nicht mehr bei, da schon eine kleine Veränderung der Potentialumgebung den Tunnelprozeß stört. Damit erklärt sich, daß bei einer stark oxidierten Probe das Verlustmaximum wieder abnimmt und daß Stoffe, die von der Struktur her viele OH-Gruppen besitzen — wie PVA, Glyzerin und Cellulose, aber auch die von uns gemessenen niedermolekularen Alkohole — sämtlich keine Maxima unter 10 K zeigen.

---

[1]) Umklappbewegungen (Protonensprungprozesse) in gewissen Fällen (z.B. für Anilinharz) wurden schon früher diskutiert (*F. H. Müller, C. Schmelzer*, aus Ergebnisse der Exakten Naturwissenschaften, Bd. 25, Springer-Verlag 1961, S. 447).

Andererseits kann man feststellen, daß kurzkettige lineare Kohlenwasserstoffe, z. B. n-Heptan, keinerlei Maxima unter 10 K zeigen, ein n-Oktadecan schon eine Andeutung davon besitzt, das längerkettige n-Paraffin $C_{36}H_{74}$ aber ein deutliches und genauso temperaturabhängiges Verlustmaximum zeigt wie PE. Durch geringe Zusätze von Alkohol (z. B. $C_{18}H_{36}O$) zum n-Oktadecan konnte aber der Verlust unter 10 K nicht verstärkt werden.

Aus alledem schließen wir, daß der Mechanismus nur in relativ großen Kristallen eine genügend reguläre Umgebung vorfindet, um diesen speziellen Tunnelprozeß zu ermöglichen, und daß die OH-Gruppen bei den kurzen Molekülen immer die Möglichkeit finden, sich zusammenzulagern und damit sich gegenseitig abzusättigen.

Auf Grund dieser Versuchsergebnisse erscheint es uns als gesichert, daß der Tieftemperaturmechanismus auf Vorgängen in den kristallinen Bereichen beruht. Durch die Messungen an den verstreckten orientierten Folien läßt sich eine Aussage über die Bewegungsrichtung der OH-Gruppen in den kristallinen Bereichen bzw. über den Ort der Potentialminima versuchen. Wir haben ein Zurückgehen des Verlustes mit der Verstreckung festgestellt. Wenn man annimmt, daß die Ketten in Verstreckrichtung orientiert werden, so bedeutet dies ein Ausrichten der OH-Gruppe senkrecht zur Kettenrichtung. Der OH-Dipol aber steht schräg dazu und kann bei höheren Temperaturen eine gehinderte Rotation um die $C-O$-Achse ausführen. Unter 10 K muß die Potentialumgebung aber nur eine Bewegung bzw. Tunnelung zwischen zwei Potentialminima zulassen, die in Kettenrichtung erfolgt und nicht quer dazu.

Ob die bei einigen anderen Polymeren gefundenen Tieftemperaturmaxima (z. B. bei PP, PA, und PET) einem ähnlichen Protonensprungmechanismus zuzuschreiben sind, kann bis jetzt nicht entschieden werden, da zum Teil andere Abhängigkeiten als bei PE auftreten und unsere Meßergebnisse noch keinen eindeutigen Schluß dafür oder dagegen zulassen.

Zusammenfassung

Wir haben den dielektrischen Verlust von Polyäthylen, verschiedenen anderen Polymeren und einigen niedermolekularen Stoffen zwischen 1 und 80 K im Tonfrequenzbereich gemessen.

Dabei treten unter 10 K außer bei Polyäthylen auch bei anderen Polymeren noch Verlustmaxima auf. Zum Teil erscheinen sie nur sehr schwach als Schulter — wie beim Polyvinylfluorid —, oder es deutet nur ein Anstieg des Verlustes unter 2 K auf ein solches bei noch tieferen Temperaturen hin, wie bei Polyvinylchlorid, Polymethylmethacrylat, Polyisobutylen und Polyäthylenterephthalat. Dagegen haben Polypropylen, Poly-4-methyl-penten-1, die Polyamide und von den von uns gemessenen niedermolekularen Stoffen das n-Alkan $C_{36}H_{74}$ deutliche Verlustmaxima unter 5 K.

Leider können wir diese Ergebnisse nicht mit einem einheitlichen Verlustmechanismus interpretieren, da für die zuletzt genannten Stoffe Seitengruppenbeweglichkeiten möglich sind, bei Polyäthylen aber gerade die linearen unverzweigten Proben ein stärkeres Verlustmaximum zeigen. Die daraufhin angestellten Untersuchungen an Polyäthylen lassen auf einen Mechanismus schließen, der durch oxidative Schädigung der Polyäthylenketten, und zwar speziell von der Hydroxylgruppe hervorgerufen wird und nicht eine Eigenschaft der reinen Substanz zu sein scheint. Auf Grund der Abhängigkeit des Verlustmaximums von dem Kristallanteil, von der UV-Bestrahlung und der Kettenlänge, vor allem wegen der sehr engen Relaxationszeitverteilung, schließen wir, daß zu diesem Mechanismus nur die in den Kristallbereichen eingebauten Hydroxylgruppen beitragen. Als Verlustmechanismus nehmen wir einen phononeninduzierten Tunnelprozeß von Hydroxylgruppen an.

Literatur

1) *Heybey, O., F. H. Müller,* Kolloid-Z. u. Z. Polymere **251**, 383 (1973).
2) *Müller, F. H., O. Heybey, G. Knispel,* Kolloid-Z. u. Z. Polymere **251**, 932 (1973).
3) *Vincett, P. S.,* Brit. J. Appl. Phys. (J. Phys. D) **2**, 699 (1969).
4) *Phillips, W. A.,* Proc. Roy. Soc. London **A 319**, 565 (1970).
5) *Carlson, A. J.,* Proc. Roy. Soc. London **A 332**, 255 (1973).
6) *Allan, R. N., P. H. Buxton,* Proc. Inst. Electr. Engrs. **115**, 1846 (1968).
7) *Papir, Y. S., S. Kapur, C. E. Rogers, E. Baer,* J. Polymer Sci. A-2, **10**, 1305 (1972).
8) *Johnsen, U., G. Weber,* Colloid & Polymer Sci. **252**, 836 (1974).
9) *Phillips, P. J., G. Kleinheins, R. S. Stein,* J. Polymer Sci. A-2, **10**, 1593 (1972).
10) *Knop, K., G. Pfister, W. Känzig,* Phys. Kondens. Materie **7**, 107 (1968).
11) *Baur, H., K. Knop, P. Meier, E. Serrallach,* Phys. Kondens. Materie **14**, 15 (1971).

Anschriften der Verfasser:

Dr. *G. Knispel*
Fachbereich 14, Polymere
Lahnberge, Gebäude H
D-3550 Marburg/Lahn

Prof. Dr. *F. H. Müller*
Fachbereich 14, Polymere
Lahnberge, Gebäude H
D-3550 Marburg/Lahn

Progr. Colloid & Polymer Sci. **64**, 298—302 (1978)
© 1978 by Dr. Dietrich Steinkopff Verlag GmbH & Co. KG, Darmstadt
ISSN 0340-255 X

Philipps-Universität Marburg, Fachbereich 14, Fach Polymere

Abhängigkeit der Glasstufe bei Naturkautschuk von der Verstreckung

G. Knispel, D. Göritz, and F. H. Müller

Mit 6 Abbildungen

(Eingegangen am 10. April 1977)

Einleitung

Bei amorphen Polymeren ändert sich die spezifische Wärme c_p am Glaspunkt T_g in einem engen Temperaturintervall. Dabei ist die Höhe ein Maß für die Änderung des Anstiegs in der Enthalpie. Der Glaspunkt selber und auch der Enthalpieverlauf über den Glaspunkt hinweg ist stark abhängig von den Abkühl- und Aufheizbedingungen (1—5). Ein Effekt ist dabei das exotherme Überhitzungsmaximum, welches sich unmittelbar an die Glasstufe anschließt, wenn das Material langsam abkühlt bzw. knapp unter T_g getempert und danach schnell aufgeheizt wird. Dieses Überhitzungsmaximum hat im allgemeinen nichts mit dem Schmelzen von Kristalliten zu tun (3, 4).

Die Abhängigkeit von c_p vom Molekulargewicht, Druck und Vorbehandlung wie Abschrecken und Verstrecken sind schon eingehend untersucht worden (6—9), uns soll hier die Änderung von c_p am Glaspunkt bei aufrecht erhaltener Orientierung interessieren. Das kann an einer verstreckten Probe (vernetzt) geschehen, deren Schrumpfung man durch Einspannen verhindert. Darüber gibt es noch keine Untersuchungen, jedenfalls noch keine systematischen. Dabei entfallen zugleich die bei der Schrumpfung auftretenden beachtlichen Wärmeeffekte (9).

Experimentelles

Um gut orientierte Ketten zu bekommen, benutzten wir für die Untersuchung einen mit Dicumylperoxid schwach vernetzten Naturkautschuk. Bei diesem ist die Beeinflussung der Glasstufe durch die Vernetzung sehr gering, gleichzeitig ist aber eine hohe Orientierung möglich. Außerdem zeigt Naturkautschuk eine deutliche Glasstufe bei −75 °C. Die temperaturinduzierte Kri-

stallisation setzt erst 25 Grad oberhalb T_g ein und ist dort eingehend untersucht worden (10). Die Vernetzungsdichte ist mit zwei verschiedenen Methoden zu 250 statistischen Einheiten pro Vernetzungspunkt bestimmt worden.

Die Änderung der spezifischen Wärme wurde mit der DSC-Meßzelle des Du Pont-Thermoanalyzer 990 mit Schnellkühlaufsatz gemessen. Flüssiger Stickstoff diente als Kühlmittel. Als Probenhalterung benutzten wir besonders eingeschnittene Hermetikpfännchen, so daß die verstreckte Probe zwischen den Rändern des Pfännchens fest eingespannt werden konnte und der Verstreckgrad während der Messung konstant blieb (siehe Abb. 1). Der Kautschuk wurde vor der Verstreckung jeweils bei etwa 80 °C 1 h getempert, danach bei Zimmertemperatur sofort auf den gewünschten Verstreckgrad eingestellt und in dem Pfännchen eingespannt.

Um die zwei Möglichkeiten, nämlich die c_p-Stufe mit und ohne Überhitzungsenthalpie zu realisieren, haben

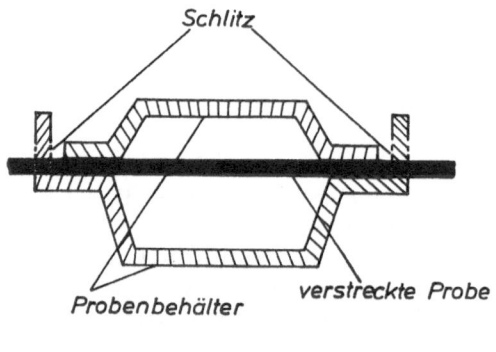

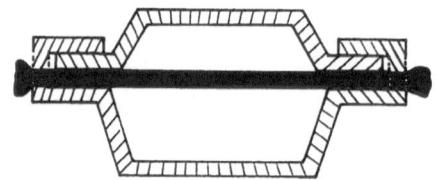

Abb. 1. Schematische Darstellung des Einspannens der verstreckten Proben

wir zwei verschiedene Abkühlgeschwindigkeiten gewählt. Einmal wurden die Proben im Kalorimeter mit der dort maximalen Kühlrate von etwa 20 °C/min weit unter den Glaspunkt bis — 150 °C abgekühlt, zum anderen bestand die Abkühlprozedur der langsam abzukühlenden Probe aus drei Bereichen. In dem Bereich, in dem temperaturinduzierte Kristallisation (Maximum liegt bei — 26 °C) auftritt, wurde wieder schnell abgekühlt (schnell auch im Vergleich zu den Kristallisationszeiten von Naturkautschuk). Von — 55 °C an wurde dann die Probe über den Glaspunkt hinweg bis — 78 °C mit nur 0,5 °C/min abgekühlt und dann weiter wieder mit 20 °C/min. Die Aufheizgeschwindigkeit betrug für alle Messungen 10 °C/min.

Meßergebnisse

Um zu testen, in welchem Temperaturbereich das Maximum der Enthalpierelaxation liegt, haben wir eine 500% verstreckte Probe bei verschiedenen Temperaturen jeweils 30 min getempert. Bis zu dieser Temperatur hin und weiter tiefer wurde mit 20 °C/min abgekühlt. Die Tempertemperatur T_T konnte auf ± 1 Grad konstant gehalten werden. Abbildung 2 gibt eine Meßkurve wieder. In Abbildung 3 sind die aus den Messungen ermittelten Werte der Überhitzungsenthalpie gegen die Tempertemperatur aufgetragen. Die Überhitzungsenthalpie wurde aus der Fläche des endothermen Maximums im Anschluß an die Glasstufe berechnet. Dazu wurde die c_p-Kurve der Schmelze bis zur Glasstufe verlängert und als Basis für die Abtrennung benutzt. Wie man sieht, liegt das Maximum bei — 72 °C und wird sich bei kürzeren Temperzeiten eher zu höheren Temperaturen verschieben. Unser gewählter Temperaturbereich mit der kleinen Abkühlrate (20 min für 10 Grad) reicht also aus, um eine starke Überhitzungserscheinung zu erreichen.

Wir haben nun die Höhe der Glasstufe der langsam und schnell abgekühlten Probe bestimmt (Abb. 4). Hierbei sind die auf ein Gewicht bezogenen Werte in zwei Richtungen hin noch korrigiert worden. Einmal blieb an den Enden der verstreckten Proben durch die Einspanntechnik bedingt etwa 10% unverstrecktes Material stehen. Außerdem ist bekannt, daß sich durch Verstrecken dehnungsinduzierte Kristalle bilden (10). In Abbildung 5 ist die Änderung der inneren Energie mit dem Verstreckgrad abgebildet, aus der sich der Kristallisationsgrad errechnen läßt. Gemessen wurde die Innere Energie mit einem Verstreckungskalorimeter wie in (11, 12) beschrieben. Die Verstrecktemperatur

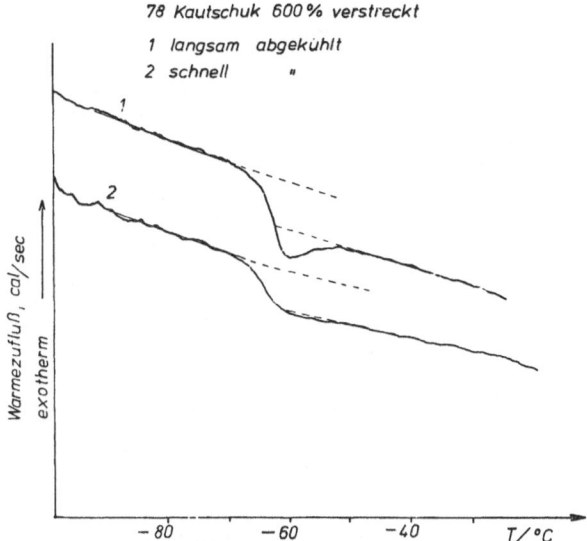

Abb. 2. DSC-Kurven von um 700% verstrecktem Naturkautschuk mit unterschiedlicher Vorbehandlung. 1: langsam abgekühlt; 2: schnell abgekühlt

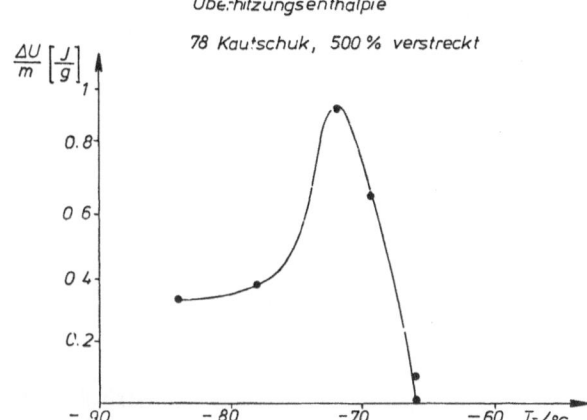

Abb. 3. Überhitzungsenthalpie in Abhängigkeit von der Tempertemperatur T_T von um 500% verstrecktem Naturkautschuk. Die Temperzeit betrug jeweils 30 min

betrug 21 °C, die stufenweise Verstreckung bis 750% dauerte 4 h. Der so ermittelte Kristallanteil ergab sich bei den Verstreckgraden $\Delta l/l_0 = 6, 7, 8, 9$ mit $\Delta H_{krist} = 64$ J/g zu 5, 10, 14 und 16%.

DSC-Messungen an einer um 500% verstreckten Probe von Temperaturen unter T_g bis 80 °C zeigen bei derselben Vorbehandlung wie bei den Glasstufenmessungen keinerlei temperaturinduzierte Kristallanteile und einen Anteil von 2—5% dehnungsinduzierte Kristalle, je nachdem, wie man die Basislinie festlegt.

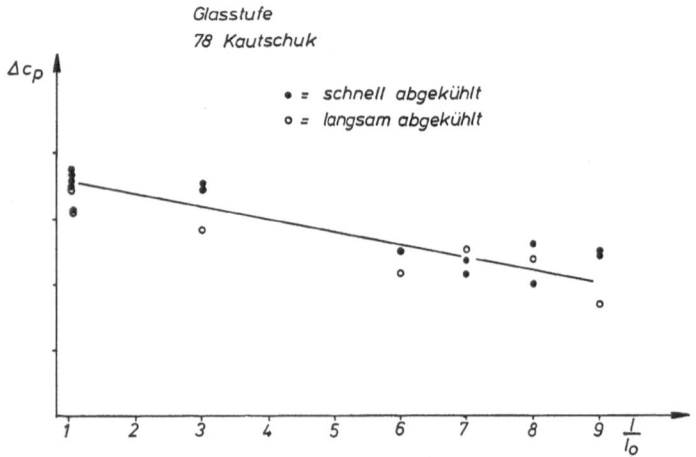

Abb. 4. Die Änderung der spezifischen Wärme von Naturkautschuk an der Glasstufe in Abhängigkeit vom Verstreckgrad l/l_0

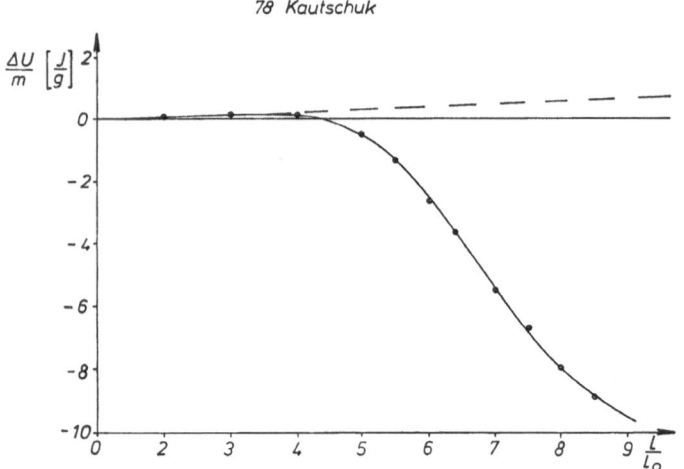

Abb. 5. Änderung der Inneren Energie von Naturkautschuk mit dem Verstreckgrad

Um auch einen eventuell kalorimetrisch nicht erfaßbaren kristallinen Anteil zu berücksichtigen, haben wir für die Korrektur der Höhe der Glasstufe einen um etwa 5% absolut höheren Kristallanteil als verstreckungskalorimetrisch gemessen angenommen, d.h. für die um $\Delta l/l_0 =$ 6, 7, 8 und 9 verstreckten Proben statt 5 10%, statt 15 20%, statt 14 20% und statt 16 sogar 25%. Damit ist eine eventuelle sehr langsame Weiterkristallisation während der Zeit zwischen Verstreckung und Einbringung der Probe zur Messung in das DSC-Gerät berücksichtigt. Trotz dieser Korrektur zu höheren Werten bleibt weiter eine deutliche Abnahme der Höhe mit dem Verstreckungsgrad und damit der Orientierung der Ketten gesichert, z.B. bei $\Delta l/l_0 = 9$ um 1/3 gegenüber dem unverstreckten Material (Abb. 4).

Die verhältnismäßig große Streuung der Meßpunkte erklärt sich aus mehreren Fehlermöglichkeiten:

1. Durch die Temperaturlage der Glasstufe und die geringen Probenmassen (2—4 mg) bedingt, ist die Lage der Nullinie bei jeder Messung etwas unterschiedlich und sie selber ist verhältnismäßig unruhig.

2. Die Gewichtsangabe ist unsicher, da die Menge des unverstreckten Anteils (Korrektur) sich nicht genau bestimmen ließ.

3. Durch unterschiedliche Lagerzeiten der verstreckten Probe bis zur Messung kann sich der Kristallgehalt durch Nachkristallisation etwas ändern.

Systematische Unterschiede in der Höhe der Glasstufe zwischen den schnell und den langsam

Abb. 6. Überhitzungsenthalpie in Abhängigkeit vom Verstreckgrad

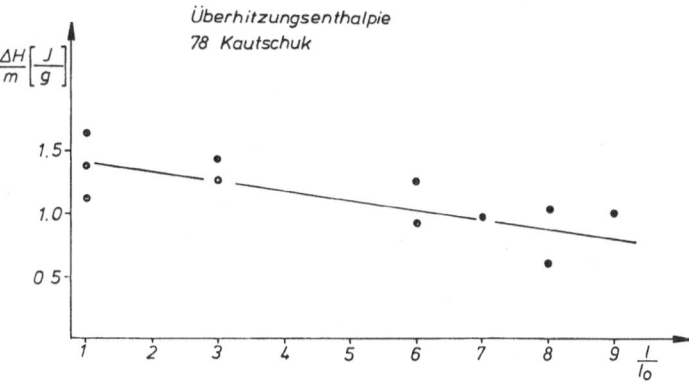

abgekühlten Proben sind nicht vorhanden. Auch die Temperaturlage der c_p-Stufe ändert sich innerhalb einer Fehlerbreite von $\pm 1{,}5$ Grad weder mit dem Verstreckungsgrad noch durch die verschiedenen Abkühlgeschwindigkeiten.

In derselben Weise wie die Glasstufe wurde auch die Fläche des Überhitzungsmaximums bei den langsam abgekühlten Proben korrigiert und dann die Überhitzungsenthalpie berechnet. Wie die Abbildung 6 zeigt, nimmt sie in derselben Weise wie die Glasstufe mit dem Verstreckungsgrad ab.

Diskussion

Die spezifische Wärme gibt die Steigung der Enthalpie an, d.h. beim Glaspunkt hat die Enthalpie (genauso wie z.B. auch das Volumen) in Abhängigkeit von der Temperatur einen Knick. Wird nun — wie in unserem Fall — die Glasstufe kleiner, so bedeutet das, daß die Änderung in der Steigung der Enthalpie geringer wird. Da die Enthalpie im wesentlichen gleich der Inneren Energie ist (der zusätzliche Wert $p \cdot \Delta V$ ist sehr viel kleiner), kann man ganz allgemein folgern, daß die Orientierung von Naturkautschuk eine Änderung des Enthalpieverlaufes mit der Temperatur bewirkt. Bei Zimmertemperatur wissen wir (12), daß durch Verstrecken die Innere Energie um 0,58 J/g bei $\Delta l/l_0 = 9$ erhöht wird und außerdem zwischen 5 und 60 °C temperaturunabhängig ist.

Den Enthalpieverlauf abwärts bis zum Glaspunkt kennen wir aber nicht. Von uns durchgeführte Absolutmessungen der spezifischen Wärme an um 500% verstreckten Proben waren aus meßtechnischen Gründen zu ungenau, um etwaige kleine Abweichungen zum unverstreckten Material feststellen zu können.

Tautz u. Mitarb. (9) haben an verschiedenen amorphen und teilkristallinen Polymeren die spezifische Wärme von unverstreckten und verstreckten Proben gemessen (allerdings nicht von Kautschuk) und haben in den meisten Fällen — außer bei Polystyrol — unterhalb T_g eine etwas größere spezifische Wärme nach dem Verstrecken gefunden. Allerdings wird oberhalb T_g durch das allmähliche Schrumpfen der Probe der weitere c_p-Verlauf durch die Schrumpfungswärme überdeckt.

Stölting und *Müller* (13) haben an Polystyrol durch lösungskalorimetrische Messungen eine Abnahme der Inneren Energie unter T_g durch Verstrecken festgestellt. Allerdings fanden sie diese Abnahme temperaturunabhängig, d.h. die Steigung und damit die spezifische Wärme blieb gleich.

Der Enthalpieverlauf kann also durch das Verstrecken durchaus unterschiedlich verändert werden, so daß wir über den Verlauf beim Kautschuk ohne weitere genaue Messungen nichts aussagen können.

Zu bemerken ist hier noch, daß beim Verstrecken von amorphen unvernetzten Hochpolymeren im Gegensatz zu dem von uns gewählten vernetzten Naturkautschuk Fließvorgänge eine große Rolle spielen und somit unterschiedliche Strukturen des Materials anzunehmen sind.

Es bleibt aber die Feststellung, daß die Glasstufe beim vernetzten Naturkautschuk durch die Orientierung der Ketten und damit die Änderung der Steigung der Enthalpie geringer wird. Diese Aussage wird durch die Messung der Enthalpierelaxation unterstützt, denn ein schwächerer Knick in der Enthalpie am Glaspunkt bedeutet, daß in gleichen Zeiten und Temperaturintervallen auch ein kleinerer Überhitzungseffekt auftritt.

Unsere Vorstellung über die Ursache der Glasstufenerniedrigung durch Verstrecken ist die, daß durch die Ausrichtung der Ketten unter Spannung die Bewegungsmöglichkeit der Kette in Kettenrichtung als Beitrag zur Wärmekapazität oberhalb T_g verlorengeht. Was möglich bleibt, ist die Kettensegmentbewegung senkrecht dazu. Dies würde aber gerade ein um 1/3 kleinere zusätzliche Wärmekapazität bedeuten, was ja auch von uns gefunden wurde (Abb. 4).

Über den Absolutwert von c_p sagt dies nichts aus. Er kann größer, aber auch kleiner als im unverstreckten Zustand sein.

Messungen von *Wiegand* (14) haben gezeigt, daß bei der röntgenographischen Bestimmung der Dichtefluktuation bei T_g zwar ein deutlicher Knick beim Naturkautschuk auftritt, dieser sich aber durch Verstrecken nicht ändert und außerdem auch die absolute Größe der Fluktuation gleich bleibt. Allerdings werden bei dieser Methode nur die zu Dichteschwankungen führenden Longitudinalwellen erfaßt, die beim Glaspunkt einsetzenden Kettensegmentbewegungen leisten keinen Beitrag zur Fluktuation. Unsere oben dargelegte Vorstellung wird daher davon nicht berührt.

Unser Dank gilt der Deutschen Forschungsgemeinschaft für die laufende Unterstützung unserer kalorimetrischen Forschungsrichtung.

Zusammenfassung

Wir haben den Verlauf der spezifischen Wärme über den Glaspunkt hinweg von schwach vernetztem Naturkautschuk gemessen. Dabei wurden die Abkühl- und Aufheizbedingungen so gewählt, daß die Glasstufe mit und ohne Überhitzungserscheinung (endothermes Maximum im Anschluß an die Glasstufe) realisiert werden konnte.

Für die Messungen an verstreckten Proben wurden diese — um einen konstanten Verstreckgrad auch oberhalb der Glastemperatur zu erhalten — mit den Enden fest eingespannt. Die Messungen zeigen, daß mit zunehmender Verstreckung sowohl die Glasstufe als auch die Überhitzungsenthalpie kleiner werden, z.B. bei einem Verstreckgrad von $l/l_0 = 9$ etwa um 1/3.

Dies erklären wir damit, daß bei hohen Verstreckgraden die Ketten in Verstreckrichtung orientiert sind und so die Bewegungsmöglichkeit in dieser Richtung stark eingeschränkt ist. Die beim Glaspunkt einsetzenden Kettensegmentbewegungen senkrecht dazu sind aber nicht behindert. Dies ist in guter Übereinstimmung mit der von uns gemessenen, um 1/3 kleiner werdenden Glasstufe.

Literatur

1) *Martin, H., F. H. Müller*, Makromolekulare Chem. **75**, 75 (1964).
2) *Wunderlich, B., D. M. Bodily, M. H. Kaplan*, J. Appl. Phys. **35**, 95 (1964).
3) *Illers, K. H.*, Makromolekulare Chem. **127**, 1 (1969).
4) *Petrie, S. E. B.*, J. Polymer Sci. A-2, **10**, 1255, (1972).
5) *Straff, R., D. R. Uhlmann*, J. Polymer Sci., Polymer Phys. Ed. **14**, 1087 (1976).
6) *Jenkins, A. D.*, Polymer Science I (New York 1972).
7) *Weitz, A., B. Wunderlich*, J. Polymer Sci., Polymer Phys. Ed. **12**, 2473 (1974).
8) *Ito, E., T. Hatakeyama*, J. Polymer Sci., Polymer Phys. Ed. **12**, 1477 (1974).
9) *Tautz, H., M. Glück, G. Hartmann, R. Leuteritz*, Plaste u. Kautschuk **11**, 657 (1964).
10) *Sietz, W., D. Göritz, F. H. Müller*, Colloid & Polymer Sci. **252**, 854 (1974).
11) *Müller, F. H., W. Dick*, Kolloid-Z. u. Z. Polymere **157**, 89 (1958).
12) *Göritz, D., F. H. Müller*, Kolloid-Z. u. Z. Polymere **251**, 892 (1973).
13) *Müller, F. H., J. Stölting*, Kolloid-Z. u. Z. Polymere **238**, 459 (1970).
14) *Wiegand, W.*, unveröffentlichte Messungen.

Anschriften der Verfasser:

Dr. *G. Knispel*
Bereich Polymere, Fachbereich 14
Lahnberge, Gebäude H
D-3550 Marburg/Lahn

Dr. *D. Göritz*
Sektion Kalorimetrie, Universität Ulm
Oberer Eselsberg
D-7900 Ulm

Prof. Dr. *F. H. Müller*
Bereich Polymere, Fachbereich 14
Lahnberge, Gebäude H
D-3550 Marburg/Lahn

Progr. Colloid & Polymer Sci. **64**, 303—314 (1978)
© 1978 by Dr. Dietrich Steinkopff Verlag GmbH & Co. KG, Darmstadt
ISSN 0340-255 X

Abteilung für Experimentelle Physik I der Universität Ulm, Ulm (Germany)
and University of Concepción, Concepción (Chile)

The quasi-static modulus of partially crystallized copolymers of ethylene at small strains

H.-G. Kilian and *D. Klattenhoff*

With 14 figures and 5 tables

(Received July 7, 1977)

1. Introduction

When lamellar shaped crystals are formed from the polymer melt, chains usually traverse various crystals and "non-crystallized" layers (the so-called "amorphous" regions) thus forming a "*crystal network*" (1—9). In this paper it will be demonstrated that advantage can be taken of the principles of the theory of rubber-elasticity provided that substantial properties of the microstructure are properly taken into consideration.

In order to prove the theoretical concepts developed, measurements of the quasi-static elastic modulus which are confined to small deformations, have been performed for a set of various "pseudo-eutectical" copolymers the "crystallizable" units of which are distributed according to a random statistics (10, 11).

2. Current theories

It is common to all the theories presented that the chains in the non-crystallized layers should only be capable of sustaining isoenergetic changes of the equilibrium conformations when being deformed. *Jackson, Flory, Chiang* and *Richardson* (1, 2) employed the well-known relation for the equilibrium modulus G of an ideal molecular network (8, 9, 18)

$$G = N_v \cdot k \cdot T, \tag{1}$$

k = Boltzmann constant,
T = absolute temperature.

The number of the effective crosslinks per unit volume N_v has been computed with the aid of the theory of crystallization of random copoly-mers published by *Flory* (7, 9) by totalling all chains which are crystallized. In spite of qualitative correspondence between theory and experiments on low-density polyethylene (LDPE) and high-density polyethylene (HDPE) a quantitative fit cannot be achieved (fig. 1).

According to *Nielson* and *Stockton* (3) the "filler-function" of the solid crystallites has been taken into account by defining the extended

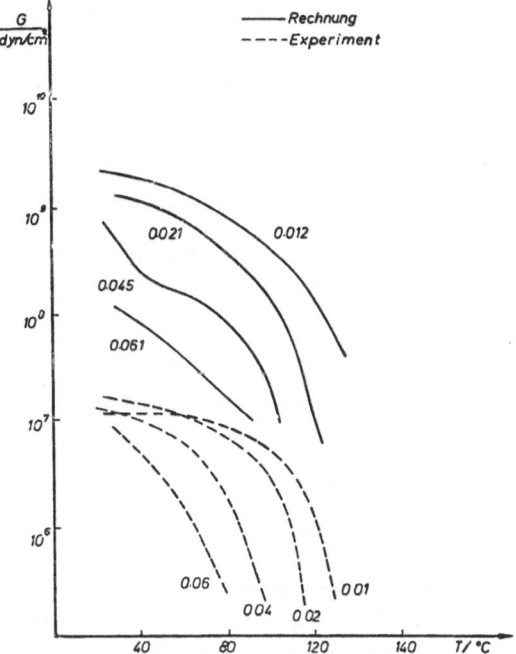

Fig. 1. Shear moduli of random copolymers having a molar concentration of the nc-units as indicated with each curve; ——— experimental, ----- theoretical, according to *Flory* et al. (1, 2)

form of eq. [1]:

$$G = N_v \cdot k \cdot T \cdot F(\varphi_c) , \qquad [2]$$

where $F(\varphi_c)$ corresponds to an equation derived by *Guth* and *Smallwood* (12). Calculating the volume fraction of the crystals φ_c, from the Flory-theory cited above the moduli computed stand in close agreement with data obtained on various copolymers of ethylene. However, the characteristic dependence of the moduli on the composition of the copolymers cannot accurately be predicted.

Krigbaum and *Roe* (4) calculated the entropy changes of deformation of the "amorphous chains with the aid of the non-Gaussian-theory of rubber elasticity". Here, they used the basic assumption that these conformational changes are developed by "equilibrium growth" of crystals the number of which — once nucleated — is assumed to be invariant. In spite of the quantitative agreement of theory and experiments gained for LDP and HDP, the fundamental assumption of a continuously occurring "equilibrium growth" of a constant number of crystals across the total melting range cannot be verified from a body of various experiments (11, 14).

Thus, it is necessary that from a satisfactory account of the microstructure it may be secured which of the principles of the theory of rubber elasticity can be employed for the description of the elastic properties of a crystal network.

3. Basic properties of the Gaussian network

Using the Gaussian distribution function for the chain-end distance distribution (chain vectors see fig. 2)

$$p(r)\,dr = (b^3/\pi^{3/2}) \exp(-b^2 r^2) \cdot 4\pi r^2\,dr \qquad [3]$$

the following characteristic condition can easily be derived

$$\langle r^2 \rangle \cdot b^2 = 3/2 = \text{const} \qquad [4]$$

where $\langle r^2 \rangle$ is the mean-square length. Assuming isoenergetic conformations of the chains of a Gaussian-molecular network as well as the affine transformation of the crosslinks and employing eq. [4], we arrive at expression for the elastically stored energy

$$W = -T \Delta S = (N_v \cdot kT/2)\left(\sum_{i=1}^{3} \lambda_i^2 - 3\right) \qquad [5]$$

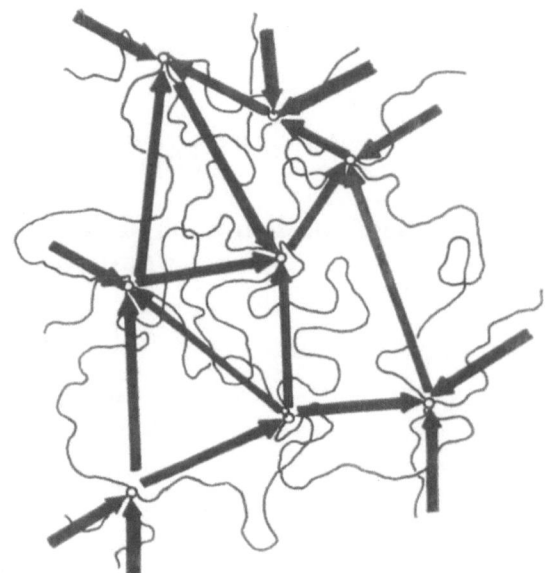

Fig. 2. The chain vector network of a molecular network

with the elastic modulus

$$G = N_v \cdot kT = \varrho\, RT/M_0 \langle y \rangle \qquad [6]$$

ϱ = density,
R = gas constant,
T = absolute temperature,
M_0 = molecular weight of the chain units,
y = average number of units in the chains.

Thus, the ideal Gaussian network appears to be composed of chains, each of them storing the same free energy of deformation. We would like to call them the "subsystems". The density of the subsystems N_v is needed only for a unique description according to eq. [6]. The Gaussian network can equally be represented therefore by a chain-vector network as it is shown in figure 2, each of the chain vectors representing an equivalent subsystem which will be deformed with respect to the crosslinks under the condition of affinity.

4. The ideal crystal network

We confine the further considerations to small deformations which differ from larger deformations in that the crystal lamellae do not participate in the deformation, thus representing solid fillers.

Packing the disk-shaped lamellae, orientation correlations at least to the next neighbours arise. Thus, we arrive at a distinct approach for defining thermodynamically equivalent sub-

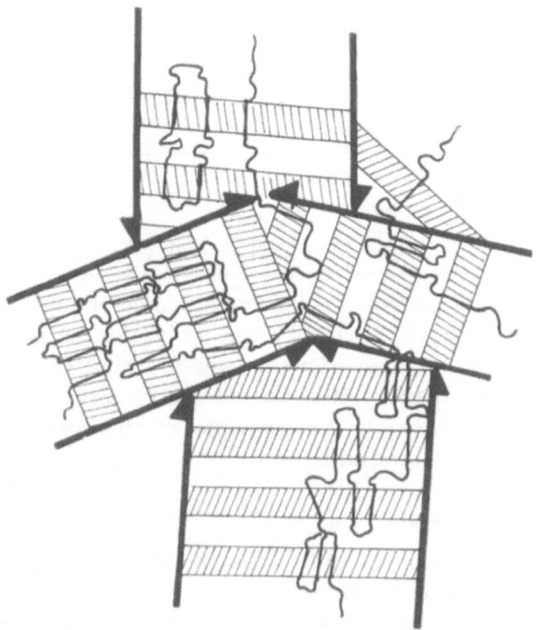

Fig. 3. The simplified two-dimensional scetch of the equivalent "chain-vector" network, characterizing the subunits of deformation in partially crystallized polymer systems with a super-structure represented by a cluster-ensemble

systems the deformation of which is definitely related to the macroscopic strains according to the affine transformation law: *The subsystems are commonly larger units which might be represented by "cluster-units" a simplified two-dimensional scetch of which is drawn out in figure 3.* The existence of these cluster-units can be justified from stained electron-micrographs on various polyethylenes as seen by experimental evidence from figure 4 (30).

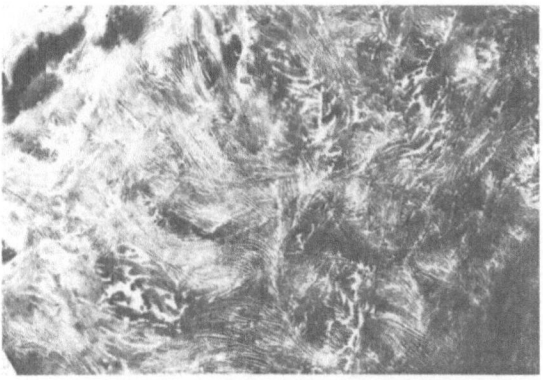

Fig. 4. Electron-micrographs of stained samples of annealed linear polyethylene according to (30)

We consider the cluster ensemble to represent an assembly of chains linked together at a certain number of points so as to form a three-dimensional molecular network. Any acceptable theory of small deformations must take account of the conjunct deformation processes within the various clusters. To this end, we shall find it advantageous to express the work of deformation W in the following manner:

$$W = (N_{cl}/V)(W_{0cl} + W_{Dcl}) \qquad [7]$$

N_{cl} = number of cluster,
V = volume

where W_{0cl} designates the orientational contribution of a single cluster to the work of deformation, W_{Dcl} the deformational energy which arises from the dilatation of the sandwich structure in direction of the "average chain vector" (see fig. 3).

Hope for an application of the theory of rubber elasticity which was inspired by the accords reported above (1—4), can receive new support if the representation of the chain ensemble within a single cluster by a Gaussian ensemble does not suffer from gross inaccuracies. It is worthwhile to mention that the Gaussian must not necessarily identify with the equilibrium distribution of freely joined chains of the same length. Analogously to the derivation of eq. [5] we then may cast W_{Dcl} into the following form

$$W_{Dcl} = 3 \cdot n_{cl} \cdot kT \cdot \varepsilon_a^2/2 = n_{cl} \cdot W_a \qquad [8]$$

with n_{cl} indicating the number of chains in the cluster, ε_a the average strain of the amorphous parts of the chains in direction of the chain vector.

By the use of ε_a the existence of the solid segments within the crystal lamellae has been taken into account as well as the assumption that each cluster represents an equivalent subsystem of deformation. From the fact that W_{0cl} and W_a are expected to be of the same order of magnitude (36) we may at once set down the following inequality for sufficiently large values of n_{cl}

$$W_{0cl}/W_{Dcl} = W_{0cl}/n_{cl} W_a \cong n_{cl}^{-1} \ll 1 . \qquad [9]$$

In these circumstances where a cooperative orientation of the total chain ensemble within a single cluster is assumed, no detectable contribution of the orientational entropy on the total work of deformation is predicted.

In order to arrive ultimately at the internal processes accompanying work of the subsystem, the clusters, we now proceed to take into consideration their internal structure. On taking N as the number of crystal lamellae in a cluster we arrive at the following expression for

$$N_{cl} \cdot n_{cl}/V = \alpha \cdot \varrho \cdot L/(M_0 \cdot N \cdot (\langle y_c \rangle + \langle y_a \rangle)) \quad [10]$$

M_0 = molecular weight of the chain unit,
$\langle y_c \rangle$ = average thickness of the crystal lamellae,
$\langle y_a \rangle$ = average thickness of the amorphous layers,
ϱ = average density in the system,
L = Loschmidt's number.

α containing all unknown factorials. On introducing the degree of crystallinity w^c, we obtain for the strain

$$\varepsilon_a = \varepsilon/(1 - w^c), \quad [11]$$

where ε identifies with the macroscopic strain according to the assumption that on the average the subunits should approximately be deformed according to the affine transformational law.

On account of the sandwich structure of the cluster we have

$$\langle y_c \rangle = w^c \cdot \langle y_a \rangle/(1 - w^c). \quad [12]$$

With the aid of the above equations we thus arrive at

$$W = E_0 \, \varepsilon^2/2 = \alpha \, \frac{RT \, \varrho}{2 \, M_0} \, \frac{\varepsilon^2}{N \, \langle y_a \rangle (1 - w^c)} \quad [13]$$

with the characteristic modulus

$$\boxed{E_0 = \alpha \cdot \frac{\varrho \cdot R \cdot T}{M_0} \, \frac{1}{N \, \langle y_a \rangle (1 - w^c)}} \quad [14]$$

for a partially crystallized polymer system composed of equivalent subsystems of deformation the size of which is indicated by N.

5. The energetic contributions

In view of the defined changes of the conformation of the chains when being deformed appropriate changes of the internal energy must be expected which warrant attention.

Letting f represent the macroscopic force the following thermodynamical relationship has been derived (19)

$$f = (\partial U/\partial L)_{T,V} - T(\partial S/\partial L)_{T,V} = f_e + f_s. \quad [15]$$

With the simple reservation that the energetic component f_e is proportional to the total force f

$$f_e = e \cdot f \quad [16]$$

we obtain from eq. [15]

$$f = f_s/(1 - e), \quad [17]$$

thus yielding the generalized equation for replacing eq. [14].

$$\boxed{\begin{aligned} E_{00} &= E_0/(1 - e) \\ &= \alpha \, \frac{\varrho \, RT}{M_0} \, \frac{1}{N \, \langle y_a \rangle (1 - w^c)(1 - e)} \end{aligned}} \quad [18]$$

In spite of some shortcomings, one should not overlook the fact that the derivation as given here is an improvement over reported theories due to the fact that the microstructure as well as the energetic components of the force are taken into consideration.

6. The parameter N

Each understanding of the deformation of partially crystallized systems with the help of the above theory is based on the knowledge of N, the average number of crystals within the clusters. The parameter N may be related to the parameter w^c by using a very simple structure model. According to figure 5, the average orientation fluctuations of neighbouring lamellae are considered to be determined by

$$\tan \alpha = \langle y_a \rangle/\langle y_b \rangle = (1 - w^c)/\varkappa \cdot w^c, \quad [19]$$

where the relation $\langle y_b \rangle = \varkappa \cdot \langle y_a \rangle$ has been inserted. The validity of this relation has been made probable from a body of experimental results employing the X-ray line-profile analysis (17, 18). Since the orientation correlation has its maximum $\alpha = 0$, we are led to define the orientation correlation parameter C.

$$\boxed{C(w^c) = N - 1 = (\tan \alpha)^{-1} = \varkappa \cdot w^c/(1 - w^c).} \quad [20]$$

The meaning of $C(w^c)$ is plausible: for sufficiently small values of w^c no orientation correla-

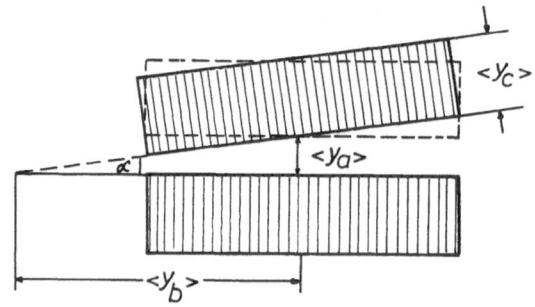

Fig. 5. The scetch of two neighbouring crystal lamellae to demonstrate the origin of the orientation correlations

tion can be developed at all exhibiting a gas-like distribution of the crystal lamellae because of having sufficiently large distances. On the other hand $C(w^c)$ affords considerable orientation correlations for larger values of w^c thus yielding cluster structures of increased size. This appearance of $C(w^c)$ is easy to comprehend: the orientation correlation reveals to be dependent on the form anisotropy as well as on the density of packing of crystals. The validity of eq. [20] has been judged by a body of results obtained from a quantitative synthesis of SAXS-pattern of various copolymers of ethylene (4, 20, 21).

7. The degree of crystallinity

Referring to recent publications (10, 11) we may cut this section short. The pseudo-eutectical units of the copolymers should be distributed according to a random statistics. Defining the molar fraction of the "crystallizable units" (c-units)

$$x_c = n_c/(n_c + n_{nc}) \qquad [21]$$

n_c = molar number of the crystallizable units,
n_{nc} = molar number of the non-crystallizing co-units (units with short chain branchings in the systems involved here)

which is related to the molar fraction of the non-crystallized units, x_{nc}, according to

$$x_c + x_{nc} = 1 , \qquad [22]$$

it has been shown that the molar degree of crystallinity is given by

$$\boxed{w^c = (1 - A/3) \cdot x_c^y((y - y_k) \cdot x_{nc} + x_c)} \qquad [21]$$

where

$$y_k = (B/3 - 1/2)/(1 - A/3) . \qquad [23]$$

A and B are constants defining the solubility parameter M

$$M = A y + B , \qquad [23]$$

which is assumed for empirical reasons to characterize the limited solubility in the solid extended-c-sequence mixed crystals. The parameter y designates the number of crystallizable units in a c-sequence which is also used to indicate the average thickness of the thinnest thermodynamically stable extended-c-sequence mixed crystal (ESMC) at the temperature T_{My}:

$$\boxed{T_{My} = T_M \cdot (1 - 2\sigma_e/H)/B_1 ,} \qquad [24]$$

where

$$H = (1 - A/3)(y - y_k) \cdot \Delta h_0 , \qquad [25]$$

$$B_1 = 1 + \left(\frac{RT_M}{H}\right)\left(\ln \frac{y}{A y/2 + B/2 + 1}\right.$$
$$\left. - \ln \frac{z - 1}{E} - \ln \frac{x_y^m}{x_y^c} - (y - 1) \frac{x_S^P}{2}\right) .$$

T_M is the melting temperature of an ESMC of "infinite" thickness

$$T_M = \lim_{y \to \infty} T_{My}$$
$$= \Delta h_0 \bigg/ \left(\Delta S_0 + \frac{R}{1 - A/3} \cdot \ln \frac{z - 1}{E}\right) . \qquad [26]$$

Substitution of Δs_0 which can be calculated from the expression for the melting temperature of an extended chain crystal of "infinite" size containing chains of equal length only

$$T_{M0} = \Delta h_0 \bigg/ \left(\Delta s_0 + R \ln \frac{z - 1}{E}\right) \qquad [27]$$

into [28] yields

$$T_M = T_{M0} \bigg/ \left(1 + \frac{RT_{M0} \cdot A}{3 \Delta h_0 (1 - A/3)} \cdot \ln \frac{z - 1}{E}\right) \qquad [28]$$

z = coordination number of the lattice used in the statistical treatment of the polymer melt,
E = Euler's number.

Δh_0 designates the heat of fusion per mole of c-units with the following dependence of the temperature (19, 31)

$$\Delta h_0(T) = \Delta h_0(T_{M0}) - \Delta C(T_{M0} - T) \qquad [29]$$

ΔC = heat capacity difference between the solid-state and the liquid state per mole of the c-units.

The longitudinal surface free-enthalpy per unit σ_e is experienced to depend on the temperature according to the empirical equation (11, 19, 22)

$$\sigma_e(T) = \sigma_e(T_{M0}) \cdot \Delta h_0(T)/\Delta h_0(T_{M0}) . \qquad [30]$$

For the mole fraction of the sequences y in the ESMC it is derived

$$x_y^c = x_{nc}/(x_c^{-M/2} - x_c^{M/2}) . \qquad [31]$$

The corresponding mole fraction in the melt is obtained to be equal to

$$x_y^m = x_{nc} x_c^y \qquad [32]$$
$$(1 - (1 - x_c^{M/2})/(x_c^{-M/2} - x_c^{M/2}))/(1 - x_c^y) .$$

Taking into account the relation [12] $\langle y_a \rangle$, the average thickness of the amorphous layers, can be derived from

$$\langle y_c \rangle = (1 - A/3)(x_c/x_{nc} + y - y_k) . \qquad [33]$$

The excess-parameter x_S^P does duty for all effects not covered by the model involved.

8. The copolymers of ethylene

Random-type copolymers of ethylene have been synthesized (11) the short-chain branchings as well as the composition of which are indicated in table 1.

Table 1. Mole fractions x_{nc} of random-type copolymers of ethylene with short-chain branchings as indicated

CH_3-	.02	.05	.08	.1	.12
$CH_3(CH_2)_2$	.02	.05		.1	.12
$Cl-$	.02	.049	.077	.11	

This theoretical treatment brings out a considerable agreement of calculated quantities with the experimental data, when the parameters, listed in table 2, are employed. This is demonstrated by an example in figure 6.

Table 2. See text

$\Delta h_0(T_M)$	$= 970$ cal/mole unit (15, 8, 9)
T_{M0}	$= 415$ K (8, 9, 15)
ΔC	$= 1.4$ cal/mole unit degree (19)
$\sigma_e(T_{M0})$	$= 2050$ cal/mole surface unit
M_0	$= 14$
A	$= .15$ (11)
B	$= 46$ (11)
X_s^p	$= CH_3-$ $CH_3(CH_2)_2-$ Cl (11, 19)
	$.08$ -0.03 0.2
$\varkappa$	$= 1.5$

The value of $\varkappa$ results from an adequate theoretical description of SAXS-patterns (14, 17, 29).

9. The measurements

We used an equipment manufactured by Tokyo Measuring Instruments ("vibron") especially at the frequency of 11 c/s. Experimental results are shown in figures 7 and 8.

For the internal friction of the copolymers three relaxations, the α-, β- and γ-loss peaks, are observed. In this paper we focus our interest on the α-relaxation which occurs just in the temperature range above the glass transition of the amorphous layers. The assignment of the α-relaxation to motions in the crystallites is supported by many authors in spite of differences in the molecular-statistical interpretation (23, 24, 25, 26). Thus, there is no a priori justification for taking the crystallites as solid fillers as suggested in the theoretical considerations, developed in the foregoing sections. However, we should expect eq. [25] to express the quasi-static modulus of partially crystallized polymer systems satisfactorily as a function of temperature for all the systems having a sufficiently small degree of crystallinity. Hence, all the relations derived thus far are only appropriate for the copolymers involved if the concentrations of the nc-units are large enough to keep the degree of crystallinity low enough such that the compliances are mainly determined from the amorphous layers.

From the plot in figure 8 it becomes very likely that no grave error has been committed in taking the crystallites as solid fillers owing to the

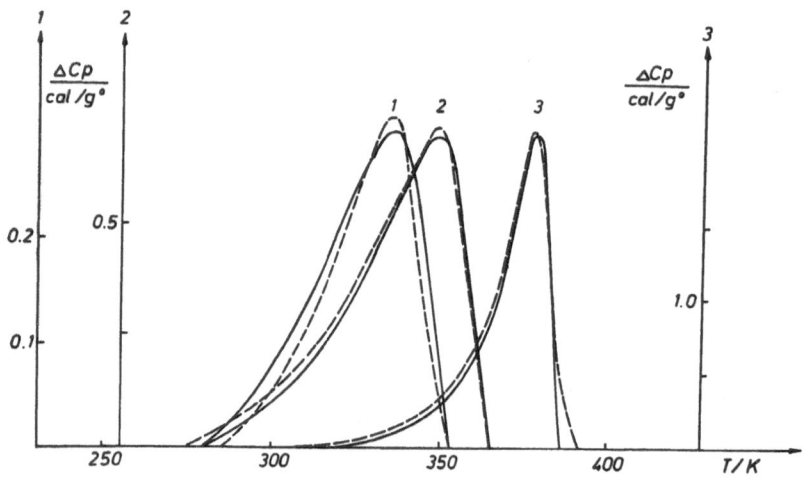

Fig. 6. $\Delta C_p(T)$-curves obtained for various copolymers of ethylene with randomly distributed CH_3-short chain branchings;
1: $x_{nc} = 0.1$,
2: $x_{nc} = 0.06$,
3: $x_{nc} = 0.03$
according to (11)

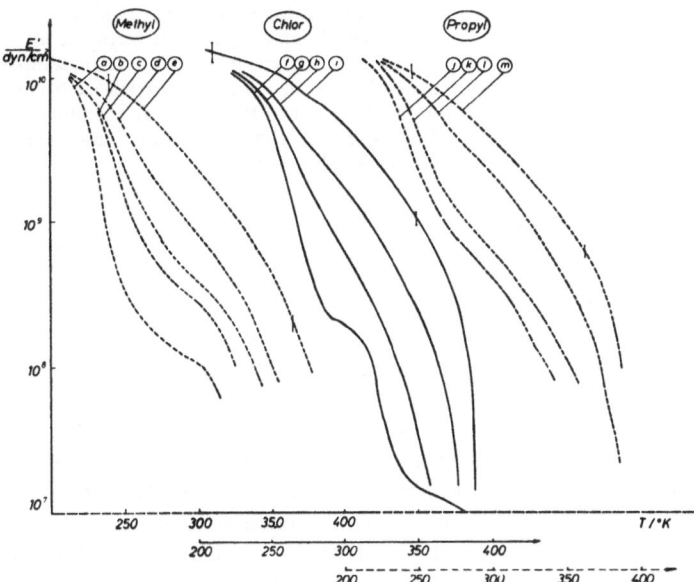

Fig. 7. The (11 c/s)-$E'(T)$-curves of random copolymers with short-chain branchings as indicated with each group. The concentrations are

a: $x_{nc} = 0.12$ h: $x_{nc} = 0.048$
b: $x_{nc} = 0.10$ i: $x_{nc} = 0.021$
c: $x_{nc} = 0.08$ j: $x_{nc} = 0.12$
d: $x_{nc} = 0.05$ k: $x_{nc} = 0.10$
e: $x_{nc} = 0.02$ l: $x_{nc} = 0.05$
f: $x_{nc} = 0.112$ m: $x_{nc} = 0.02$
g: $x_{nc} = 0.077$

small E''-contributions for all the copolymers involved, compared with the α-losses of HD-polyethylene (having in mind that the integral losses determine the maximum change in E' due to the α-processes).

10. Fit of the experiments

From measurements of the static modulus of radiation-crosslinked, non-crystallized poly-ethylene (28) a progressive increase of $f_e/f = e$ is observed in the range of average chain lengths $\langle y_a \rangle$ smaller than 15—20 (see fig. 9). On the other hand, the limiting value of $e = -0.5$ reveals to be identical with data published by *Flory* and *Cifferi* (27). Taking advantage of the mathematical representation of these data by

$$e = 32/\langle y_a \rangle^2 - 0.5 \qquad [37]$$

we introduce the generalized equation for our purposes

$$e = C_1/\langle y_a \rangle^n - 0.5 . \qquad [38]$$

It is essential that the chains be sufficiently large to behave like freely joined chains, a reasonable condition which should be able of being fulfilled in practice. Corrections for conformational impediments for shorter chains are particularly difficult to introduce in a satisfactory manner owing to the lack of appropriate knowledge of conformations of the chains in the amorphous layers of the partially crystallized samples.

Substituting e into eq. [19] nevertheless any attempt fails to examine quantitatively the observations presented above.

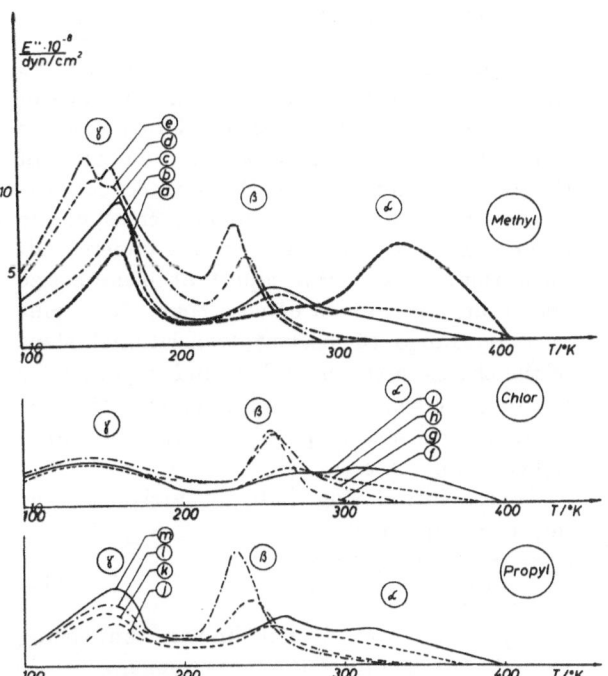

Fig. 8. Plot of the (11 c/s)-$E''(T)$-curves of the random copolymers of ethylene with short branches as indicated. The various losses are characterized by α-, β- and γ-peaks resp. The meaning of the parameters a—m is identical with that one used in the capture of figure 7

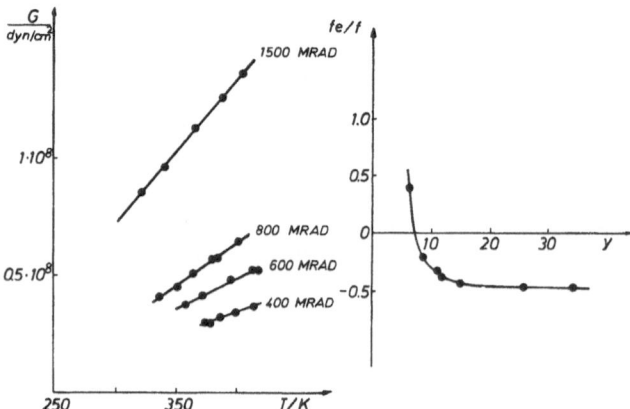

Fig. 9. The static elastic shear moduli at constant length of radiation crosslinked amorphous polyethylene dependent on the temperature. The dosis is indicated with each curve in the left part of the figure. f_e/f is plotted in the figure at the right side. The average chain-length is represented by y (28)

11. The entanglements

To proceed with the improvement of the model, it is necessary to take into account entanglements of the chains in the amorphous layers of a single cluster. For it should be very likely that fold loops are formed thus allowing for a better fit of the blocky branches into the short-range order as illustrated in figure 10A.

The structure of a cluster network discussed hitherto is illustrated in figure 10B. The internal deformation of the chain which has a length of $\langle y_a \rangle \cdot N$ (leaving out the rigid parts of the chains

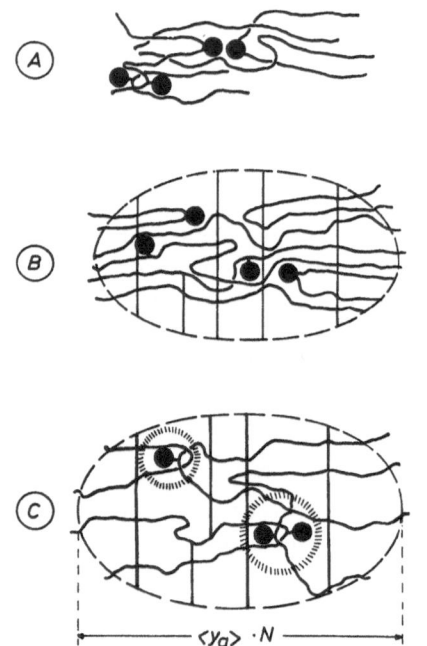

Fig. 10. Sketch of molecular order conceivable in the melt of short-chain branched, semicrystalline linear polymers. The additionally quasi-static crosslinks are indicated by hatched circles in part C of the figure

which are put into the crystal lattice) is related to a corresponding dilatation of the cluster in direction of the "chain-vector". Obviously entangled fold loops become permanent in the presence of cross-linkages which are established with the crystallization itself as it is shown in the sketch of figure 10C. Thus such entanglements may be presumed to increase the number of elastic elements in the cluster.

It is now to express the exact number of such additional crosslinks. Let x_{nc}^+ be the actual molar concentration of the nc-units

$$x_{nc}^+ = x_{nc}/(1 - w^c x_c) . \qquad [39]$$

Then the density of these crosslinks may be written as follows

$$P_{ent} = C_2 \varrho \cdot L \cdot x_{nc}^+/(M_0 \langle y_a \rangle \cdot N) , \qquad [40]$$

where introduction of $\langle y_a \rangle \cdot N$ is intended to take into account that the average distance of permanent crosslinks is assumed to be in the order of magnitude of the average diameter of the cluster, thus giving the chance for the occurrence of additional permanent crosslinks as expressed by $1/(\langle y_a \rangle \cdot N)$. For an understanding of this approach, it is important to emphasize here that, when given enough time, the chains may rearrange themselves translational steps of the chains in the crystals included so that for low frequency experiments the chains within the crystals are not a priori invariantly cross-linked in any case.

Hence, introducing [40] we arrive at the improved equation

$$E = E_{00}/(1 + C_2 x_{nc}^+) . \qquad [41]$$

The parameter C_2 is not known thus being available for the fit of the measurements.

12. The final fit

The theoretical values obtained for $E(T)$ with the aid of eq. [41] employing the parameter listed in table 2 and table 3 actually are fairly

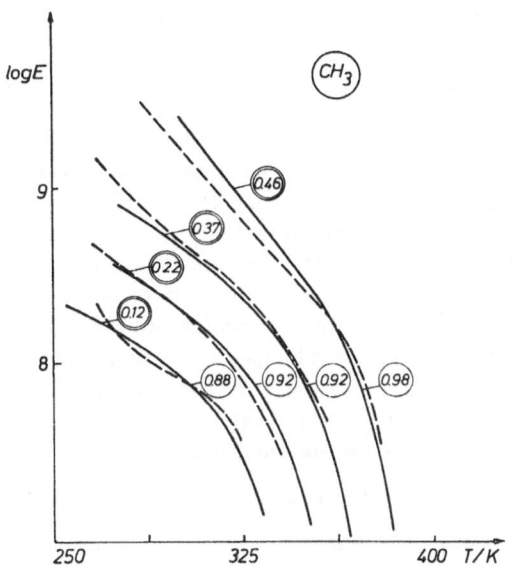

Fig. 11. The (11 c/s)-$E(T)$-curves of CH_3-branched random copolymers are shown by the dotted lines, x_{nc} indicating with each curve the corresponding values of x_c, w^c the values w^c_{max}. The solid lines represent the calculated curves

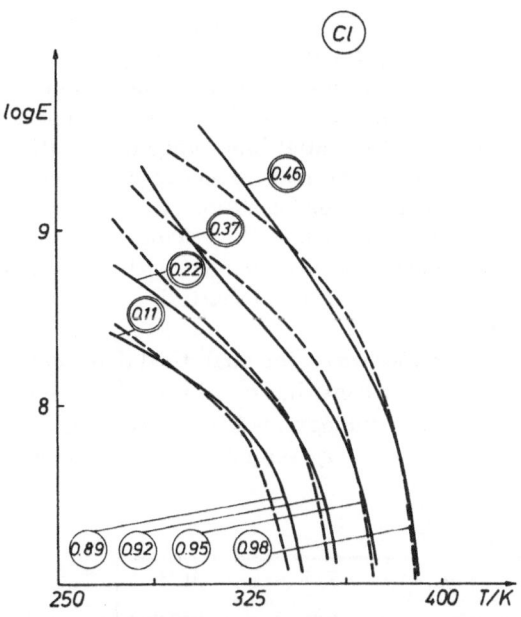

Fig. 12. The (11 c/s)-$E(T)$-curves of chlorinated linear polyethylene are shown by the dotted lines. x_{nc} indicating with each curve the, x_{nc}'s, w^c the w^c_{max}'s. The solid lines are calculated

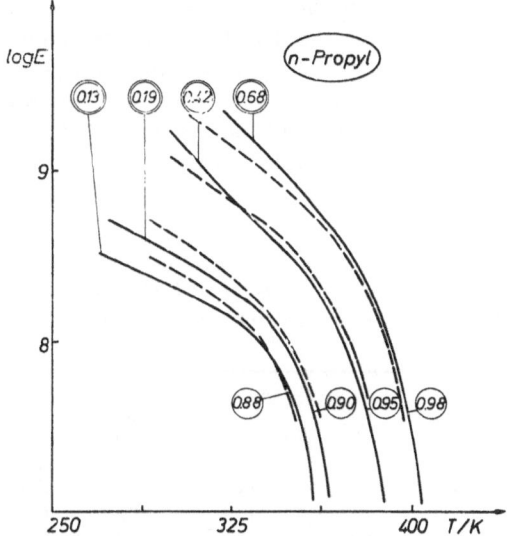

Fig. 13. The (11 c/s)-$E(T)$-curves of C_3H_7-branched polyethylene are shown by the dotted lines, x_{nc} indicating with each curve the corresponding x_{nc}'s, w^c the w^c_{max}'s. The calculating is given by the solid lines

close to those derived from the experiments. Lack of numerical agreement at low temperatures may be excused on the grounds that the average effective length of the chains appears to be very small and that the beginning of the glass-transition of the amorphous layers is observed.

Table 3. See text

$\alpha = 1$;	$n = 1$;	$C_2 = 20$
nc-unit	C_1	
—Cl	17	
—CH_3	17	
—n-Propyle	14	

13. Discussion

The validity of the concepts employed in the theory may be judged, in part at least by the quality of the theoretical approach for small values of the degree of crystallinity w^c at sufficiently high temperatures. With limit $N = 1$ we are led to the approximative equation

$$E \cong 1.5 \cdot \alpha \cdot \varrho\, RT/(M_0 \langle y_a^+ \rangle (1 - e)). \qquad [42]$$

The excellent agreement found in this range engendered some optimism regarding the physical reliability of the theory. The dramatic changings of the moduli over the temperature range involved, are evidently related to corresponding changes of the relevant parameters of the microstructure, particularly marked by $\langle y_a(T) \rangle$ as it is documented in table 4. Thus, we arrive at the conclusion:

Table 4. The structure parameter of chlorinated polythylene with $x_{nc} = .048$ computed with the aid of the thermo-dynamics employing the parameter listed in table 2

y	$\langle y_c \rangle$	$\langle y_a \rangle$	$w^c/$ (mole)	T/K
30	33	62	.352	282
40	43	110	.279	334
50	52	198	.209	345
60	62	344	.152	352
70	71	594	.107	356
80	81	996	.075	360
90	90	1679	.051	362
100	100	2791	.035	364
110	109	4619	.023	366
120	119	7591	.015	367
130	128	12568	.010	368

The characteristic dependence of the elastic properties of crystal networks with small degrees of crystallinity for small strains that are correctly described with the aid of eq. [41], stand in accurate agreement with the predictions of the theory of rubber-elasticity provided the energetic components of the deformation energy are properly taken into account.

According to this result we are encouraged to estimate the average length of the chains at the "crystallization gel-point" as a certain prove of consistency. No orientation correlations between neighbouring crystals occur at this point where in spite of extremely small values of w^c no measurable flow of the sample during the period of experimental time has been observed. Thus, it is hoped that no grave error is committed if the crystals are assumed to be randomly distributed within an amorphous matrix. Hence, we

use the simple relation

$$w^c = V_c/V = (1 + r_a/r_c)^{-3} \qquad [43]$$

r_c = averaged radius of the crystal represented by a sphere in the center of the larger sphere with the amorphous part included,
$r_c + r_a$ = radius of the representative sphere

the average length r_a to calculate

$$r_a = ((w^c)^{-1/3} - 1) \cdot r_c . \qquad [44]$$

From line-profile analysis it is expected that the lateral dimensions of the crystals are in the same order of magnitude as their thickness (16). Hence it is permissible for present purposes to identify r_c with the average thickness $\langle y_c \rangle$ of the ESMC's (see eq. [33]). In order to arrive ultimately at the molecular weight, we now assume that the chains in the non-crystallized regions are randomly coiled. By taking into account the average thickness of the crystals $\langle y_c \rangle \equiv r_c$ we obtain the relation

$$M \cong ((2r_a)^2 + r_c) \cdot M_0 . \qquad [45]$$

From the results listed in table 5 we find satisfying correspondence of the estimated values M to the molecular weight of the original polyethylene which is reported to be in the order of magnitude of 300 000.

These results confirm the theoretical concepts employed: When a sufficient number of first crystals is equitably distributed over the space, at least a crystal network is developed according to the fact that a certain interpenetration of the molecules in the melt is present. Hence, no change of the spatial long-range-distribution of the chains in the melt seems to occur with the extent of the transformation, thus allowing for local rearrangements only. This consideration is in excellent accordance with conclusions derived from neutron-scattering experiments (32, 33, 34).

When we discuss the analytical dependence of the energetic contributions it is at this point that the strict analogy between the topological properties of a crystal-network and a molecular

Table 5. Chlorinated HDP

$x_{nc}/(mole\%)$	$w^c/(mole\%)$	T/K	$\langle y_c \rangle$	T_a	M
.048	.032	372	79	107	642 000
.077	.014	357	52	94	495 000
.112	.011	335	33	87	424 000

network partly breaks down. On assigning to n the value of one, this might have to do with the restraints to the conformational freedoms of the chains in the cluster in spite of various diffusion paths that are even acceptable in the crystals. In view of the complex molecular situation in partially crystallized systems, it appears to be reasonable that energetic components of the deformation work happen to be expanded over a greater range of chain lengths than observed for a molecular network.

We turn now to the discussion of the size of the equivalent subsystems of deformation for varying values of w^c. The average dimension of these systems may be computed from the following expression

$$D = N \langle y_a \rangle / (1 + C_2 x_{nc}^+), \qquad [46]$$

where the contribution of the crystals is omitted in as much as the small strains of the units in direction of the "chain vector" are considered to be confined to the amorphous layers only. From the plot of the difference $D - \langle y_a \rangle$ against $\langle y_a \rangle$ itself, set forth in figure 14, we are led to an interesting classification of the deformation processes in partially crystallized polymer samples: if the value of w^c is sufficiently small, the subsystems are mainly represented by chains the lengths of which are small compared to the average thickness of the amorphous layers themselves. Thus, in this case the deformational processes stand in substantial agreement with the concepts developed in the theory of rubber-

elasticity in taking the chains of the molecular network to be the equivalent subsystems of deformation. The size of the subsystems increases with increasing values of the degree of crystallinity exceeding the average thickness $\langle y_a \rangle$ close to $w^c = 0.5$ with the growth rate very much intensified for $w^c > 0.5$. Thus, the total entropy change accompanying the deformation process is considerably reduced when the size of the subsystems is increased. In spite of this effect, a growth of the total deformation energy is observed represented by a monotonous increase of $E(T)$ when the temperature is lowered, thus indicating the fact that the energetic components of the deformational work are increasing accordingly. In as much as the calculations of $E(T)$ can be performed employing a constant parameter C_1, the energetic contributions involved are nevertheless uniquely determined by the structure of the cluster network $(\langle y_a \rangle)$ and the internal configurational properties of the chains.

We arrive therefore at the conclusion that an acceptable description of the elastic properties of crystal networks at small strains can be developed on the basis of an adequate definition of the equivalent subsystems of deformation.

Summary

Transferring the basic principles of the theory of rubber elasticitiy of a Gaussian network, an analogous description of crystal-networks is presented. This treatment is based on defining equivalent subsystems of deformation the properties of which are related to basic parameters of the microstructure in the partially crystallized systems as well as to essential parameters of the chain structure. The quasi static moduli of various random copolymers of ethylene can be computed quantitatively dependent on the temperature employing also a known thermodynamic theory of melting of such polymer systems. The discussion of the results yields an interesting classification of the deformation mechanism at small strains in partially crystallized polymer systems with different degrees of crystallinity.

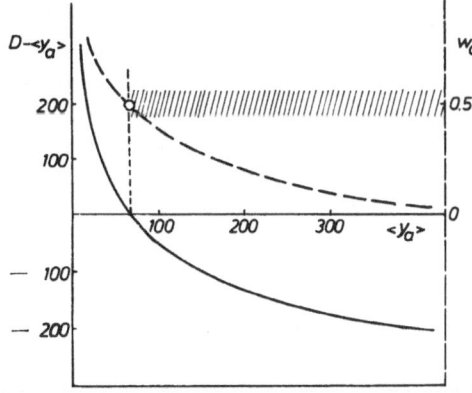

Fig. 14. Plot of the difference between the average diameter of the clusters D and the average thickness of the amorphous layers $\langle y_a \rangle$ over $\langle y_a \rangle$ (solid line). The dotted line indicates the maximum degree of crystallinity w_c

Zusammenfassung

Auf der Grundlage der Theorie des Gauß-Netzwerks wird eine analoge Beschreibung von Kristallnetzwerken vorgestellt: Der Ansatz basiert auf der Definition von äquivalenten Subsystemen der Deformation, deren Eigenschaften von Parametern der Mikrostruktur wie auch von der Struktur der Ketten abhängen. Die quasistatischen elastischen Moduln von verschiedenen statistischen Copolymeren des Äthylens können so abhängig von der Temperatur einheitlich unter Nutzung einer bekannten Theorie des Schmelzens von statistischen Copolymersystemen berechnet werden. Die Diskussion der theoretischen Ansätze liefert für kleine Dehnungen eine interessante Klassifikation der Deformationsprozesse in teilweise kristallisierten Polymeren.

Literature

1) *Jackson, J. B., P. J. Flory, R. Chiang, M. J. Richardson*, Polymer **4**, 237 (1963).
2) *Richardson, M. J., P. J. Flory, J. B. Jackson*, Polymer **4**, 221 (1963).
3) *Nielsen, L. E., F. D. Stockton*, J. Polymer Sci. **A 1**, 1995 (1967).
4) *Krigbaum, W. R., R. J. Roe, K. J. Smith*, Polymer **5**, 533 (1964).
5) *Hosemann, R.*, J. Appl. Phys. **34**, 25 (1963).
6) *Hosemann, R.*, Chem.-Ing. Techn. **42**, 1325 (1970).
7) *Heise, B., H.-G. Kilian, M. Pietralla*, Colloid & Polymer Sci. **62**, 16—36 (1977).
8) *Flory, P. J.*, Trans. Faraday Sci. **51**, 848 (1955).
9) *Flory, P. J.*, Principles of Polymer Chemistry, Cornell (1953).
10) *Mandelkern, L.*, Crystallization of Polymers (London 1964).
11) *Kilian, H.-G.*, Kolloid-Z. u. Z. Polymere **202**, 97 (1965).
12) *Glenz, W., H.-G. Kilian, D. Klattenhoff, F. Stracke*, Polymer **18**, 685 (1977).
13) *Guth, E.*, J. Appl. Phys. **16**, 20 (1945).
14) *Fischer, E. W.*, Kolloid-Z. u. Z. Polymere **231**, 458 (1968).
15) *Kilian, H.-G., W. Wenig*, J. Macromol. Sci.-Phys. **B 9**, 463 (1974).
16) *Wunderlich, B., H. Bauer*, Adv. Polymer Sci. **7**, 151 (1970).
17) *Martis, K. W., W. Wilke*, Colloid & Polymer Sci. **252**, 718 (1974).
18) *Kilian, H.-G., W. Wilke*, to be published.
19) *Treloar, L. R. G.*, The Physics of Rubber Elasticity (Oxford 1975).
20) *Stracke, F.*, Thesis, University of Ulm (1976).
21) *Wenig, W.*, Thesis, University of Ulm (1973).
22) *Meyer, H.*, Thesis, University of Ulm (1976).
23) *Kilian, H.-G., F. Stracke*, Colloid & Polymer Sci. **255**, 10 (1977).
24) *Kajujama, T., T. Okada, A. Sakoda, M. Takayanagi*, J. Macromol. Sci.-Phys. **B 7**, 583 (1973).
25) *Buckley, C. P., N. G. Mc Crum*, I. Mat. Sci. **8**, 928 (1973).
26) *Müller, A., W. Pechhold, W. v. Soden*, Berlin: Deutscher Verband für Materialprüfung: 7. Sitzung des Arbeitskreises „Bruchvorgänge" in Aachen, **148** (1975).
27) *Arai, A., I. Kunigama*, Colloid & Polymer Sci. **254**, 967 (1976).
28) *Cifferi, A., C. A. J. Hoeve, P. J. Flory*, J. Amer. Soc. **83**, 1015 (1961).
29) *Glenz, W., H. G. Kilian*, IUPAC Toronto, A 10.3 (1968).
30) *Kilian, H.-G., E. Maier*, to be published.
31) *Kanig, G.*, Kunststoffe **64**, 470 (1974); Colloid & Polymer Sci. **251**, 15 (1973); Progr. Colloid & Polymer Sci. **57**, 176 (1975).
32) *Flory, P. J., Vrij*, J. Amer. Chem. Soc. **85**, 3548 (1963).
33) *Schelten, J., G. W. Wignall, D. G. H. Ballard*, Polymer **15**, 682 (1974).
34) *Schelten, J.*, Frühjahrstagung der Fachausschüsse der Deutschen Physikalischen Gesellschaft in Rothenburg (1977); Fachsitzung HP-VI; to be published Colloid & Polymer Sci.
35) *Herchenröder, P., M. Dettenmeier, E. W. Fischer, G. Wegner, B. Tieke*, Frühjahrstagung der Fachausschüsse der Deutschen Physikalischen Gesellschaft in Rothenburg (1977); Fachsitzung HP-VI; to be published Colloid & Polymer Sci.
36) *Kuhn, W., F. Grün*, Kolloid-Z. u. Z. Polymere **198**, 5 (1942).

Authors' addresses:

H.-G. Kilian
Abteilung Experimentelle Physik I
Universität Ulm
Oberer Eselsberg
D-7900 Ulm/Donau

D. Klattenhoff
Concepción/Chile
B. Arana 1795 IV Piso

Für die Schriftleitung verantwortlich: Prof. Dr. F. H. Müller, Marburg-Marbach
und Prof. Dr. A. Weiss, München
Dr. Dietrich Steinkopff Verlag GmbH & Co. KG, Saalbaustraße 12, Postfach 11 10 08, 6100 Darmstadt 11
Herstellung: Konrad Triltsch, Graphischer Betrieb, 8700 Würzburg

Aktuelle Probleme der Polymer-Physik

Herausgegeben von Prof. Dr. Erhard Wolfgang Fischer (Mainz) und Prof. Dr. Friedrich Horst Müller (Marburg)

Band I   Vorträge der Arbeitstagung des Fachausschusses „Physik der Hochpolymeren" in der Frühjahrstagung 1970 des Regionalverbandes Hessen-Mittelrhein-Saar der Deutschen Physikalischen Gesellschaft in Darmstadt

(Sonderausgabe aus Kolloid-Zeitschrift & Zeitschrift für Polymere, Band 241)

IV, 184 Seiten, 174 Abb., 38 Tab. (470 g). 1970. Kart. DM 70,–. ISBN 3 7985 0328 1

Band II   Vorträge der Arbeitssitzung des Fachausschusses „Physik der Hochpolymeren" in der Frühjahrstagung 1971 des Regionalverbandes Physikalische Gesellschaft zu Berlin der Deutschen Physikalischen Gesellschaft in Berlin

(Sonderausgabe aus Kolloid-Zeitschrift & Zeitschrift für Polymere, Band 247)

IV, 114 Seiten, 113 Abb., 15 Tab. (340 g). 1971. Kart. DM 70,–. ISBN 3 7985 0343 5

Band III   Vorträge der Arbeitstagung des Fachausschusses „Physik der Hochpolymeren", Frühjahrstagung des Regionalverbandes Hessen-Mittelrhein-Saar der Deutschen Physikalischen Gesellschaft in Bad Nauheim 1972

(Sonderausgabe aus Kolloid-Zeitschrift & Zeitschrift für Polymere, Band 250, Heft 11/12)

IV, 204 Seiten, 188 Abb., 17 Tab. (530 g). 1973. Kart. DM 70,–. ISBN 3 7985 0370 2

Band IV   Vorträge der Arbeitstagung des Fachausschusses Physik der Hochpolymeren im Rahmen der Frühjahrstagung des Arbeitskreises Festkörperphysik bei der Deutschen Physikalischen Gesellschaft in Münster i. W. 1973

(Sonderausgabe aus Kolloid-Zeitschrift & Zeitschrift für Polymere, Band 251, Heft 11)

IV, 237 Seiten, 264 Abb., 30 Tab. (600 g). 1973. Kart. DM 70,–. ISBN 3 7985 0393 1

Band V   Vorträge der Frühjahrstagung des Regionalverbandes Bayern der Deutschen Physikalischen Gesellschaft in Würzburg 1974

(Sonderausgabe aus Colloid and Polymer Science, Vol. 252, No. 9–10)

IV, 264 Seiten, 250 Abb., 51 Tab. (640 g). 1974. Kart. DM 86,–. ISBN 3 7985 0405 9

Band VI   **Physik der Hochpolymeren**
Vorträge der Sitzung des DPG-Fachausschusses Physik der Hochpolymeren anläßlich der 38. Tagung der Deutschen Physikalischen Gesellschaft in Nürnberg 1974

(Sonderausgabe aus Colloid and Polymer Science, Vol. 253, No. 10)

IV, 96 Seiten, 108 Abb., 6 Tab. 1975. Kart. DM 50,–. ISBN 3 7985 0440 7

Band VII   **Kristallinität und Fehlordnung:**
Charakterisierung und technologische Bedeutung
Vorträge der Frühjahrstagung des Fachausschusses Physik der Hochpolymeren im Rahmen der Frühjahrstagung des Arbeitskreises Festkörperphysik der Deutschen Physikalischen Gesellschaft in Münster i. W. 1975

(Sonderausgabe aus Colloid and Polymer Science, Vol. 254, Nos. 2 and 3)

IV, 242 Seiten, 255 Abb., 34 Tab. (600 g). 1976. Kart. DM 96,–. ISBN 3 7985 0457 1

Band VIII   **Mehrphasige Polymersysteme**
(Modifizierung, Verstärkung, Graftcopolymere, Blockcopolymere)
Vorträge der Vortragstagung der GDCh, Fachgruppe Makromolekulare Chemie, und der DPG, Fachausschuß Physik der Hochpolymeren in Bad Nauheim 1976

(Sonderausgabe aus Progress in Colloid and Polymer Science, Vol. 62)

IV, 160 Seiten, 195 Abb., 24 Tab. (400 g). 1977. Kart. DM 96,–. ISBN 3 7985 0366 4

Dr. Dietrich Steinkopff Verlag   ·   **P. O. Box 111008**   ·   **D-6100 Darmstadt 11**

Neu

GUNTHER MÜLLER

Grundlagen der Lebensmittelmikrobiologie

3. Auflage. 267 Seiten, 75 Abb., 38 Tab., DM 32,—

Inhalt:

DR. DIETRICH STEINKOPFF VERLAG · DARMSTADT

Mitarbeiter-Bedingungen · Note to Contributors

Originalbeiträge sind an die folgenden Herren zu senden:

Arbeiten aus dem Bereich der Polymerforschung an

Prof. Dr. F. H. Müller (Bereich Polymere Fachbereich Physikal. Chemie, Marburg/Lahn) Haselhecke 26, 3550 Marburg-Marbach;

Arbeiten aus dem Bereich der Kolloidchemie und Biochemie an

Prof. Dr. A. Weiss (Institut für Anorganische Chemie der Universität München) Meiserstr. 1, 8000 München 2;

Die Zeitschrift veröffentlicht nur angeforderte Originalbeiträge zu jeweils einem bestimmten Thema pro Band.

Manuskripte sollen in zweifacher Ausfertigung eingereicht werden. Ihr Eingang wird umgehend bestätigt. Ihr Inhalt muß unveröffentlicht sein. Die Verantwortung für den Inhalt liegt bei den Autoren. Publikationssprachen: Deutsch, Englisch oder Französisch. Jedem Manuskript ist eine Zusammenfassung in deutscher und englischer Sprache beizugeben. Die Typoskripte müssen einseitig und weitzeilig geschrieben sein. Abbildungen sind mit Legenden zu versehen und als klischierfähige Vorlagen einzureichen, wobei die Beschriftung auf einem transparenten Deckblatt anzubringen ist. Formeln bitte deutlich schreiben, insbesondere griechische Buchstaben und Indices! Die Zahl der Abbildungen und Tabellen ist auf das unbedingt Notwendige zu beschränken. Für Literaturangaben gelten die international üblichen Regeln. Die Literatur ist am Schluß der Arbeit zusammenzufassen. — Anstelle eines Honorars erhalten die Autoren insgesamt 75 Sonderdrucke kostenlos, weitere Exemplare auf ausdrücklichen Wunsch gegen Berechnung. — Kosten für nachträgliche Autorkorrekturen, soweit es sich um Textergänzungen in der Druckfahne handelt, werden dem Autor in Rechnung gestellt. — Ausführliche Sonderdrucke der geltenden Mitarbeiterbedingungen sind kostenlos beim Verlag erhältlich. — Nicht den Richtlinien entsprechende Manuskripte werden zurückgesandt.

Der Verlag erwirbt mit der Annahme des Manuskriptes das ausschließliche Recht der Vervielfältigung, gewerbsmäßigen Verbreitung, Übersetzung und Verwendung für fremdsprachige Ausgaben der in dieser Zeitschrift erscheinenden Beiträge. Gleichzeitig überträgt der Autor gemäß § 54 URG dem Verlag auch das Recht, die Herstellung von photomechanischen, xerographischen oder sonstigen Vervielfältigungen seines Beitrages oder eines Teils desselben nach Maßgabe des zwischen der Verwertungsgesellschaft Wissenschaft GmbH (ehemals Inkassostelle für urheberrechtliche Vervielfältigungsgebühren GmbH) und dem Bundesverband der Deutschen Industrie sowie anderen Verbänden abgeschlossenen Gesamtvertrages vom 15. 7. 1970 zu genehmigen. Diese Genehmigung bezieht sich auf die Herstellung von derartigen Vervielfältigungen in gewerblichen Unternehmen zum innerbetrieblichen Gebrauch. Das Abkommen sieht vor, daß 50% des Reinerlöses zugunsten eines Urheberfonds verbucht werden. Die Weitergabe von Vervielfältigungen, gleichgültig, zu welchem Zwecke sie hergestellt wurden, ist verboten und als Urheberrechtsverletzung strafbar.

Die Wiedergabe von Gebrauchsnamen, Handelsnamen, Warenbezeichnungen usw. in dieser Zeitschrift berechtigt auch ohne besondere Kennzeichnung nicht zu der Annahme, daß solche Namen im Sinne der Warenzeichen- und Markenschutz-Gesetzgebung als frei zu betrachten wären und daher von jedermann benutzt werden dürften.

The authors are requested to submit their **manuscripts** to the following Editors:

Contributions on Polymer Science to

Contributions on Colloid Science and Biochemistry to

This journal will publish original contributions only on request by the editors covering the special scope of each volume.

Manuscripts should be submitted in duplicate and should contain original work as yet unpublished elsewhere. Their receipt will be acknowledged promptly. Authors are fully responsible for the contents of their contributions. Publications languages: English, French or German. Each manuscript should include a summary in English and German. All manuscripts should be double-spaced, typed on one side only. Illustrations and drawings should be made carefully, with India ink on white drawing paper, blue tracing linen or coordinate paper ruled in blue only. Lettering at the sides of graphs may be pencilled in and will be typeset. Legends must accompany the drawings. Formulas, symbols and Greek letters should be carefully made and annotated and subscripts and superscripts clearly shown. The number of figures and tables should be held to a minimum. The list of references should be written on a separate page. It is recommended that abbreviation of the titles of the Journals be made in conformity with Chemical Abstracts (see List of Periodicals, 1961).

Authors will receive 75 reprints of their contribution free of charge and may order an additional number at cost. Authors making elaborate alterations and additions in proof will be required to bear the costs thereof. More detailed instructions to the authors can be obtained from the publisher free of charge. Manuscripts which do not conform with the above guidelines will be returned to the authors.

By accepting the manuscripts the publisher acquires the sole right of reproducing, selling, translating and using it for foreign language editions. The author also gives the publisher the right of photostating, xerographing and otherwise reproducing the paper or part of it in accordance with § 54 German Copyright Law (URG) and the Agreement of the Verwertungsgesellschaft Wissenschaft GmbH (formerly Inkassostelle für urheberrechtliche Vervielfältigungsgebühren GmbH) and the Bundesverband der Deutschen Industrie and other similar institutions of July 15, 1970, respectively. This permission includes reproduction by an industrial organization for internal use only. The Agreement cited above provides that 50% of the net profit is to be paid into the account of a Copyright Fund. The distribution of any reproduced material to other persons or institution is prohibited and will be prosecuted as a violation of the copyright laws.

The reproduction of brand names, trade names, trade marks etc. in this journal should not be interpreted to mean that such names are not covered by the Trademark and Tradename laws, and that they can be used freely.

Geschäftliche Bedingungen · Note to Subscribers

Erscheinungsweise:
Zwanglos nach Bedarf in Bänden verschiedenen Umfangs.

Frequency of Publication:
Irregularly in volumes of different size.

Bezugspreis dieses Bandes:
DM 140,— plus Porto.
Bezieher der Zeitschrift „Colloid and Polymer Science" erhalten den Band automatisch im Rahmen ihres Abonnements mit 20% Nachlaß.

Die Zeitschrift wird automatisch zur Fortsetzung weitergeliefert, sofern nicht vier Wochen vor Jahresende eine Abbestellung vorliegt.

Subscription rate of this volume:
DM 140.— plus postage.
Subscribers to "Colloid and Polymer Science" will receive this volume additionally with a 20% discount.

The subscription will be extended automatically for unless there is a cancellation received four weeks before the end of each year.

Photokopier-Wertmarken:
Für jedes Photokopierblatt eines Beitrages oder Beitragsteiles aus dieser Zeitschrift ist eine Wertmarke von DM —,40 zu verwenden, erhältlich bei der Inkassostelle für urheberrechtliche Vervielfältigungsgebühren GmbH., 6000 Frankfurt a. M. 1.

Photostat-Stamps:
Each photostat-sheet of an article or part of an article published in this journal must show a stamp of DM —.40, which may be obtained by the Inkassostelle für urheberrechtliche Vervielfältigungsgebühren GmbH., 6000 Frankfurt a. M. 1.

Verlag, Copyright:
Dr. Dietrich Steinkopff Verlag GmbH & Co. KG, Postfach 111008, 6100 Darmstadt 11, Telefon (Phone): (06151) 26538/9 — Postscheckkonto (Postal Account) Frankfurt a. M. 95697-607 — Bank (Bankers): Deutsche Bank Darmstadt No. 026/0117. Foreign subcribers are advised to pay by cheque.

Publisher, Copyright:

Anzeigenverwaltung:
Dr. Karl Niedermeyer Nachf., 6000 Frankfurt a. M.-90, Georg-Speyer-Str. 76, Telefon (Phone): (0611) 775036 Postscheckkonto (Postal Account): Frankfurt a. M. 19383.

Advertising Manager:

Titel-Abkürzung:

Abbreviation of Title:
Colloid & Polymer Sci.
Printed in Germany